T0240336

Mathematischer Einführungskurs für die Physik

Siegfried Großmann

Mathematischer Einführungskurs für die Physik

10., überarbeitete und erweiterte Auflage

STUDIUM

 Springer Vieweg

Prof. Dr. Dr. h. c. mult. Siegfried Großmann
Universität Marburg
Deutschland

ISBN 978-3-8351-0254-5   ISBN 978-3-8348-8347-6 (eBook)
DOI 10.1007/978-3-8348-8347-6

Die Deutsche Nationalbibliothek verzeichnet diese Publikation in der Deutschen Nationalbibliografie;
detaillierte bibliografische Daten sind im Internet über http://dnb.d-nb.de abrufbar.

Springer Vieweg
© Vieweg+Teubner Verlag | Springer Fachmedien Wiesbaden 1974, 1976, 1981, 1984, 1988, 1993, 2000,
2005, 2012
Das Werk einschließlich aller seiner Teile ist urheberrechtlich geschützt. Jede Verwertung, die nicht ausdrücklich vom Urheberrechtsgesetz zugelassen ist, bedarf der vorherigen Zustimmung des Verlags. Das gilt
insbesondere für Vervielfältigungen, Bearbeitungen, Übersetzungen, Mikroverfilmungen und die Einspei-
cherung und Verarbeitung in elektronischen Systemen.

Die Wiedergabe von Gebrauchsnamen, Handelsnamen, Warenbezeichnungen usw. in diesem Werk be-
rechtigt auch ohne besondere Kennzeichnung nicht zu der Annahme, dass solche Namen im Sinne der
Warenzeichen- und Markenschutz-Gesetzgebung als frei zu betrachten wären und daher von jedermann
benutzt werden dürften.
Lektorat: Ulrich Sandten, Kerstin Hoffmann
Einbandentwurf: KünkelLopka GmbH, Heidelberg

Gedruckt auf säurefreiem und chlorfrei gebleichtem Papier

Springer Vieweg ist eine Marke von Springer DE.
Springer DE ist Teil der Fachverlagsgruppe Springer Science+Business Media
www.springer-vieweg.de

Vorwort

Meiner Frau,
unseren Kindern und Enkeln

Es ist ein altes und andauerndes Problem in der Anfangsausbildung in Physik: Man braucht ein gewisses Repertoire an mathematischen Kenntnissen und Fähigkeiten. Es handelt sich zunächst um ein charakteristisches, relativ beschränktes Repertoire, das man allerdings rechtzeitig zur Verfügung haben muss. Es zu vermitteln, und zwar wenn irgend möglich in Tutorien, kleinen Arbeitsgemeinschaften, im Selbststudium, aber auch als Vorlesungsbegleittext, stellt sich das vorliegende Studienbuch als Aufgabe.

Das Buch soll vor allem Studienanfänger im ersten Studienjahr ansprechen und möglichst weit führen. Nur die letzten Kapitel gehen deutlich darüber hinaus. Daher ist die Darstellung am Anfang ausführlich und führt erst allmählich zu straffen, redundanzarmen Formulierungen. Die Motivation wird in physikalischen Fragestellungen gesucht. Die Auswahl der behandelten Themen ist an den Bedürfnissen der Physik orientiert, so wie sie in den experimentellen Vorlesungen und in den theoretischen Kursvorlesungen (Mechanik, Elektrodynamik, aber auch Hydrodynamik, Elastizitätstheorie, . . .) auftreten. Einzelne Kapitel kann man überspringen, sofern man ihren Inhalt früh genug in den Mathematikvorlesungen oder in der Schule gelernt hat.

Ein Studientext soll Methoden und Fakten mitteilen, möglichst präzise und verständlich. Ich habe aber auch versucht, den eigentümlichen Reiz mathematischer Begriffsbildungen und Aussagen herauszuarbeiten, gelegentlich auch ihren „Werkzeugcharakter" für den Physiker. Wo nötig, werden durch äquivalente oder redundante Formulierungen Lernhilfen gegeben. Diesem Zweck dienen insbesondere zahlreiche ausgearbeitete Beispiele. Sie sollen die Leserin und den Leser – falls es ihr oder ihm als angenehm und hilfreich erscheint – eng durch konkrete, z. T. rechnerische Aufgaben führen und dadurch „exemplarisches" Lernen erlauben. Dieses „Trainingsprogramm" zu absolvieren sei jedem Leser sehr nahegelegt. Könnerschaft ohne stetige Erprobung und Übung wird nur sehr wenigen geschenkt sein! Der Selbstbestätigung und dem Anreiz, alleine Problemchen mit frisch erworbenen Fähigkeiten zu knacken, dienen die zahlreichen „Übungen zum Selbsttest". Sie sind ganz überwiegend so eng mit dem jeweiligen Erkenntisstand des Textes verknüpft, dass ihre Bewältigung eine lösbare Aufgabe ist. Ja, sie sind eigentlich kleine Abbilder dessen, was im weiteren Studium sowie im späteren Beruf immer wieder benötigt wird.

Wenn man ehrlich ist und keine Vogel-Strauß-Mentalität bevorzugt: Solange die Übungen zum Selbsttest nicht als einfach und leicht empfunden werden, ist das angestrebte Studienziel noch nicht erreicht. Man befrage Tutoren, Assistenten, Professoren und gebe nicht auf! Der schließlich erworbene „mathematische Freischwimmer" wird die Grundlage für die kommenden Studienjahre sein.

Der vorgelegte Text ist bewusst auch unter didaktischen Gesichtspunkten konzipiert worden. Daher sei schon hier eine erste Aufgabe zum Nachdenken gestellt: Der Leser mache sich Gedanken, ob und wie es besser geht. – Da es natürlich zu jedem vorgefundenen Konzept eine oder mehrere Alternativen gibt, verfalle man nicht dem zwar naheliegenden, aber falschen Schluss, es genüge, den obigen Terminus „besser" als „anders" zu lesen. Für Verbesserungsvorschläge bin ich stets dankbar – sicher auch mancher zukünftige Leser, der davon profitiert. Inhalt und Umfang des Buches sind mehrfach erprobt worden. Durch Kontakte mit Übungsleitern und Tutoren sowie durch eigene Erfahrungen in kleinen Übungsgruppen und Vorlesungen habe ich versucht, den Bedürfnissen der Studienanfänger Rechnung zu tragen. Allen sei herzlich gedankt, die auf diese Weise zum Nutzen der Leser am Gelingen mitgewirkt haben.

Besonders erfreut bin ich über die Hinweise aus Ingenieur-Kreisen, dass das Studienbuch auch für den Ingenieur ein nützliches Hilfsmittel darstellt, sodass der Benutzerkreis größer ist als der Kreis der angehenden Physiker, Mathematiker und weiterer Naturwissenschaftler.

Bereits die 9. Auflage ist erheblich erweitert worden, indem eine Reihe von curriculumbegleitenden Änderungen aufgegriffen wurde. Dazugekommen sind insbesondere die Kapitel über die vielverwendete Eigenwertmethode sowie über komplexe Zahlen. Die hier vorgelegte 10. Auflage widmet sich vor allem dem Bemühen um eine Verringerung der inzwischen zunehmend größer gewordenen Lücken zwischen den Schulkenntnissen und dem Kenntnisbedarf für das Studium an der Universität. Dafür ist ein neues Anfangskapitel unter dem Titel „Vorkurs" hinzugekommen. Es soll dazu dienen, die teilweise sehr unterschiedlichen Vorkenntnisse der Studierenden auszugleichen. Es lässt sich auch in den mancherorts eingeführten mathematischen Wiederholungskursen vor dem eigentlichen Studienbeginn angehender Physikstudierender einsetzen.

Bei dieser Gelegenheit habe ich auch Umordnungen späterer Kapitel vorgenommen; dem Verlag sei ausdrücklich dafür gedankt, dass er die dafür nötige Digitalisierung des gesamten Manuskriptes geschultert hat. Auch ist der gesamte Text sorgfältig überarbeitet und wo nötig verständlicher gemacht oder aktualisiert worden. Und natürlich sind inzwischen entdeckte Druckfehler in der vorigen Auflage korrigiert worden. Besonderen Dank möchte ich der Lektorin sagen, Frau Ulrike Klein, die nicht nur das LATEX-File aus dem bestehenden Satz des Buches hergestellt hat, sondern auch aufmerksam gelesen, Hinweise gegeben und einiges unauffällig verbessert hat.

Marburg, am 28. Mai 2012   Siegfried Großmann

Inhaltsverzeichnis

Häufig verwendete Symbole und Abkürzungen

$=:$	definitionsgemäß gleich
$\equiv$	identisch gleich
$\hat{=}$	entspricht
$\vec{a}, \vec{r}, \ldots$	Vektor a, Vektor r, ...
$a, \lvert\vec{a}\rvert$	Beträge des Vektors $\vec{a}$
a_i	Vektorkomponenten
$\vec{e}, \vec{a}^{\circ}$	Einheitsvektoren
$\vec{a} \cdot \vec{b}$	Inneres Produkt
$\vec{a} \times \vec{b}$	Äußeres Produkt
δ_{ij}	$= \begin{cases} 1 \\ 0 \end{cases}$ für $\begin{array}{l} i = j \\ i \neq j \end{array}$
ϵ_{ijk}	$= \begin{cases} 1 & i, j, k \text{ zyklisch zu } 1, 2, 3 \\ -1 & \text{falls } i, j, k \text{ antizyklisch zu } 1, 2, 3 \\ 0 & \text{sonst} \end{cases}$
(a_{ij})	Matrix
$(D_{ij}), D$	Drehmatrix
r, θ, φ	sphärische Koordinaten, Kugelkoordinaten
ρ, φ, z	Zylinderkoordinaten
$\partial\phi/\partial x_i, \partial_i$	partielle Ableitung nach x_i
grad $\phi, \partial\phi/\partial\vec{r}$	Gradient des skalaren Feldes Φ
div $\vec{A}$	Divergenz des vektoriellen Feldes $\vec{A}$
rot $\vec{A}$	Rotation (=curl)
$\vec{\nabla}$	Nabla-Operator
$\int_C \ldots$	Linien- bzw. Kurvenintegral
$\oint$	geschlossenes Kurven- bzw. Flächenintegral
o. B. d. A.	ohne Beschränkung der Allgemeinheit

Vorkurs

Die Physik ist eine *quantifizierende* Wissenschaft. Aus Beobachtungen und gezielten Messungen entwickeln Physiker Begriffe, um die experimentellen Erfahrungen zu beschreiben, sie zu ordnen, sie zu verstehen, sie vorhersagend zu nutzen. Die präziseste Möglichkeit, physikalische Begriffe zu definieren, ist ihre Darstellung in der Sprache der Mathematik. Die Ordnung in der Natur spiegelt sich dann in mathematisch formulierten Naturgesetzen wider. Deshalb kann man Physik nicht betreiben, ohne die Sprache der Mathematik zu kennen, in der die Natur mit uns spricht. Roger BACON (ca. 1214–1292) formulierte es mit den Worten „Ohne Mathematik lassen sich die Naturwissenschaften weder verstehen noch erklären, weder lehren noch erlernen". Galileo GALILEI (1564–1642) drückte es so aus: „Das Buch der Natur ist in der Sprache der Mathematik geschrieben".

Die Grundelemente der Mathematik (und natürlich des Rechnens) lernt man wie das Lesen und Schreiben bereits in der Schule. Breite und Tiefe sind jedoch bei jedem verschieden. In diesem Vorabschnitt soll deshalb einiges für die Physik besonders Wichtige an Mathematik dargestellt oder wiederholt werden. Auch soll der Zahlkörper durch die komplexen Zahlen erweitert werden, weil das für die Physik sehr nützlich und oft notwendig ist.

1.1 Auffrischung

1.1.1 Funktionen

Wie andere Wissenschaften auch hat die Mathematik großen intellektuellen und ästhetischen Reiz für sich. Ihre Entwicklung war historisch sehr oft und immer wieder mit der Physik verknüpft. Ganz besonders gilt das für die Analysis, ohne deren Grundbegriffe die mechanischen Gesetze – z. B. das Newtonsche Gesetz „Kraft gleich Masse mal Beschleunigung" – sich weder formulieren noch zu weiteren Einsichten verwenden ließen. Der zentrale Begriff der Analysis ist die *Funktion*.

S. Großmann, *Mathematischer Einführungskurs für die Physik*,
DOI 10.1007/978-3-8348-8347-6_1,
© Vieweg+Teubner Verlag | Springer Fachmedien Wiesbaden 2012

Eine anschauliche Definition des Begriffs „Funktion", kurz f genannt, lautet: Wenn die Werte einer „abhängigen" Veränderlichen y den Werten einer anderen, sogenannten „unabhängigen" Veränderlichen x zugeordnet sind, nennt man y eine Funktion f von x. Man drückt dieses mit unterschiedlicher Symbolik aus, in der Physik am liebsten als $y = f(x)$. Die unabhängige Variable heißt auch das „Argument der Funktion" f.

Die gebräuchlichste Form einer funktionalen Zuordnung ist eine Rechenvorschrift, z. B. $y = ax + b$ (genannt „lineare" Funktion) oder $f(x) = e^{ax}$ (genannt „Exponentialfunktion") oder $\sin(kx)$ (genannt „Sinus-Funktion") oder $y = \frac{1}{5-x}$ (genannt „gebrochen rationale Funktion") usw. Betrachtet man mehrere Funktionen, so heißen sie $f(x)$, $g(x)$ usw. oder $f_1(x)$, $f_2(x)$, $f_3(x)$ usw. Hängt y zugleich von mehreren unabhängigen Veränderlichen oder „Variablen" $x_1, x_2, \ldots, x_n$ ab, schreibt man $y = f(x_1, x_2, \ldots, x_n)$. Manchmal ist auch die Symbolik $w = f(x, y, z)$ bequem. Beachte, dass jetzt neben x auch y und z unabhängige Variable sind und w (statt f) die abhängige Variable bezeichnet. Der Phantasie in der Bezeichnung sind wenig Grenzen gesetzt. Nur mache man sich stets klar, welches die unabhängige(n) und welches die abhängige(n) Variable(n) sein soll(en). Der Name „Funktion" wird LEIBNIZ zugeschrieben, die obige Definition DIRICHLET. Mathematiker formalisieren gerne; lassen wir sie ruhig. So schreiben sie z. B. $x \mapsto f(x)$ oder Ähnliches für eine funktionale Zuordnung.

1.1.2   Von den Zahlen

Die Variablen x oder $y(x)$ sind i. Allg. reelle Zahlen, Brüche $\frac{a}{b}$, positive oder negative ganze Zahlen $a, b, \ldots$, auch Dezimalzahlen. Reelle Zahlen lassen sich ordnen: $a < b$ heißt „a ist kleiner als b", analog bedeutet $>$ „größer als". $\leq$ bedeutet kleiner oder gleich, $\geq$ größer oder gleich. $|a|$ ist der stets positive „absolute" Betrag von a; z. B. ist $|-5| = 5$.

Es gelten folgende Ungleichungen: $|a \pm b| \leq |a| + |b|$; ferner ist $|a \pm b| \geq |a| - |b|$. Wenn a und b sehr verschiedene absolute Beträge $|a|$ und $|b|$ haben, schreibt man $|a| \ll |b|$ oder $|a| \gg |b|$, wenn „$|a|$ sehr viel kleiner (größer) als $|b|$" ist. Die Zeichen $\ll$ und $\gg$ verwendet man für positive Größen, $<$ und $>$ für beliebige; z. B. ist $-100 < 1$ aber $|-100| \gg |1| = +1$. Folgende Rechenregeln gelten: Aus $a > b$ folgt für positive (!) Größen a, b die Ungleichung $\frac{1}{a} < \frac{1}{b}$; aus $a > b$ folgt $ma > mb$ sofern m positiv ($m > 0$) ist. Aus $a - b < c$ folgt $a < b + c$. Aber aufpassen beim Multiplizieren von Ungleichungen: Aus $x < y$ folgt zwar durch Multiplikation mit 5 dass $5x < 5y$, aber bei Multiplikation mit -5 erhält man $-5x > -5y$.

Für den Umgang mit 0 gilt: Aus $ab = 0$ folgt, dass entweder $a = 0$ oder $b = 0$ (möglicherweise auch beide, doch im allgemeinen ist das nicht der Fall). Achtung: Durch 0 darf man nie teilen! Zum Beispiel wäre $ab = 0$ erfüllt, wenn $a = 0$ und $b = 3$ ist; teilt man dann durch a, so bliebe $b = 0$ übrig, was ja nicht der Fall ist. Deshalb kann man nicht eindringlich genug warnen: Vor dem Dividieren ist *stets* zu prüfen, ob der Divisor ja nicht etwa Null sein kann! Sofern das doch möglich sein kann, muss man eine Fallunterscheidung machen: Aus $ab = 0$ folgt entweder, dass $a = 0$ ist oder aber, wenn das nicht so ist, dass dann $b = 0$ ist.

(Warnendes Beispiel: Aus $(3a - 3b)x = 3b - 3a$ kann man nur dann $x = -1$ schließen, wenn $a \neq b$ ist! Sollte $a = b$ sein, wären beliebige x erlaubt.)

1.1.3 Gleichungen

Gleichungen sind logisch gesehen Identitäten. Manchmal hilft das Bild einer Waage, die links und rechts gleich beladen ist, wenngleich mit womöglich unterschiedlichen Körpern und Materialien. Gleichungen bleiben richtig, wenn man *auf beiden Seiten dasselbe* dazu legt, wegnimmt oder sonst etwas tut. Aus $5a + 7x + c = d \rightarrow 5a + 7x = d - c$ (auf beiden Seiten c abgezogen) $\rightarrow 7x = d - c - 5a$ (auf beiden Seiten $5a$ abgezogen $\rightarrow 35x = 5d - 5c - 25a$ (auf beiden Seiten mit 5 multipliziert). Oder aus $x = 3 \rightarrow x^2 = 9$ (auf beiden Seiten quadriert). Aber Achtung: Aus $y^2 = 16$ folgt entweder $y = 4$ oder $y = -4$; beide Seiten quadrieren erhält die Gleichheit, Wurzelziehen dagegen erfordert stets die Fallunterscheidung $\pm$.

Gleichungen dienen in der Regel dazu, aus ihnen eine noch unbekannte Größe zu bestimmen, von der man etwas weiß, was dann auf die Gleichung geführt hat. Jeder kann z. B. leicht sagen, wie groß x ist, wenn $5x - 30 = 0$ ist. Allgemeiner: Wenn $ax + b = 0$ ist, „bringt man b nach rechts", was heißt, man subtrahiert b auf beiden Seiten und erhält $ax = -b$. Dann teilt man beide Seiten durch a; somit gilt $x = -\frac{b}{a}$.

1.1.3.1 Quadratische Gleichungen

Zwei typische Verallgemeinerungen tauchen oft auf:

1. Es gibt mehrere Unbekannte x, y, z usw. Genau dann, wenn es ebenso viele Gleichungen wie Unbekannte gibt, kann man letztere daraus bestimmen.
2. Die Unbekannte, also etwa x, kommt sogar mit Potenzen vor, z. B. $ax^2 + bx + c = 0$.

Letzteres heißt „quadratische Gleichung". (Mathematiker würden hier sagen, „sofern $a \neq 0$ ist"; Physiker lassen solche Selbstverständlichkeiten meist weg, was ihnen natürlich die Rüge mangelnder Exaktheit einbringt.) Kommt x^3 vor, handelt es sich um eine „kubische" Gleichung; bei x^n sprechen wir von einer Gleichung n-ten Grades. Quadratische Gleichungen sind des Physikers Alltag, siehe sogleich ein Beispiel. Über kubische Gleichungen ist man zwar etwas ungehalten, kann sie aber durchaus analytisch lösen. Bei höheren Graden $n \geq 4$ geht man an den PC oder Laptop und löst die Gleichung numerisch. Hierfür stehen Routinen zur Verfügung oder typische Programme wie Mathematica usw. Der Preis ist dann allerdings, dass man nicht mehr analytisch weiterrechnen kann, wie es mit den Lösungen von Gleichungen vom Grade $n = 2$ oder $n = 3$ möglich ist.

Nun zu einem Beispiel, das zeigt, wie schnell man in der Physik auf quadratische Gleichungen stößt. Frage: Wie lange dauert es, bis ein mit der Geschwindigkeit v_0 in einen Brunnen der Tiefe h geworfener Stein unten auftrifft? Nach den Fallgesetzen hängen Falltiefe h und Fallzeit t gemäß $h = \frac{1}{2}gt^2 + v_0 t$ miteinander zusammen. Da uns h und die Anfangsgeschwindigkeit v_0 (sowie die Erdbeschleunigung g) bekannt sind, ist die gesuchte Größe t aus einer quadratischen Gleichung zu bestimmen! Quadratische Gleichungen müssen Physikerin und Physiker lösen können! Deshalb:

1.1.3.2 Beispiele zur übenden Erläuterung

1. Sei $4x(1-x)+3x^2-(1+2x)^2=-2x^2+12(1+x)-7$. Zunächst einmal sammelt man alle Glieder mit x^2, dann alle mit x und schließlich alle „absoluten" Terme ohne jedes x. Zwischenschritte dazu sind $4x-4x^2+3x^2-(1+4x+4x^2)=-2x^2+12+12x-7$, dann $-5x^2-1=-2x^2+12x+5$ und somit $0=3x^2+12x+6$. Um auf die Standardform zu kommen, bei der das quadratische Glied keinen Vorfaktor hat, teilen wir durch 3: $x^2+4x+2=0$.

   Die ersten beiden Summanden sehen so aus wie aus $(x+2)^2$ entstanden, was allerdings x^2+4x+4 ergäbe. Das absolute Glied lautet jedoch 2 und nicht 4. Dem kann durch passendes Ergänzen und Abziehen abgeholfen werden: $x^2+4x+2=x^2+4x+4-4+2=(x+2)^2+(-4+2)=0$ und somit $(x+2)^2=2$. Jetzt lässt sich die Wurzel ziehen. Aber Achtung, es gibt stets *zwei* Quadratwurzeln, die positive und die negative! Also folgt $\pm(x+2)=\pm\sqrt{2}$. Von den vier möglichen Vorzeichen-kombinationen sind allerdings nur zwei verschieden, + und + sowie + und –; denn – und – sowie – und + ergeben nach Multiplikation der Gleichung mit −1 dasselbe. Also ist $x+2=\pm\sqrt{2}$ und die beiden Lösungen der quadratischen Gleichung lauten $x_{1,2}=-2\pm\sqrt{2}$, d. h. $x_1=-0{,}5857\ldots$, $x_2=-3{,}4142\ldots$

   Ein sorgfältiger Wissenschaftler vergisst nie zu prüfen, ob seine Ergebnisse auch tatsächlich Lösungen sind. Man rechne mit: Der erste Summand links liefert nach Einsetzen von $x_{1,2}$ in der Form ohne explizites Ausrechnen der Wurzel $-32\pm20\sqrt{2}$, der zweite ergibt $18\mp12\sqrt{2}$, der dritte $-17\pm12\sqrt{2}$; alle drei zusammen also $-31\pm20\sqrt{2}$. Die drei Terme auf der rechten Seite berechnet man zu $-12\pm8\sqrt{2}$, $-12\pm12\sqrt{2}$ und -7, alles zusammen also $-31\pm20\sqrt{2}$. Passt und stimmt. (Hand aufs Herz: wie oft verrechnet? Tutoren, Kommiliton(inn)en, Profs fragen; üben!)

2. Wurf im Schwerefeld. Zurück zum Steinwurf in den Brunnen: $\frac{1}{2}gt^2+v_0-h=0$ bzw. $t^2+\frac{2v_0}{g}t-\frac{2h}{g}=0$; nach quadratischer Ergänzung wie beschrieben $(t+\frac{v_0}{g})^2-\frac{v_0^2}{g^2}-\frac{2h}{g}=0$; nach Ziehen der Quadratwurzeln sind rein mathematisch die beiden Lösungen $t_{1,2}=-\frac{v_0}{g}\pm\sqrt{v_0^2/g^2+2h/g}$. Nanu, zwei Fallzeiten? Offenbar ist aber die *mathematisch* zwar auch vorhandene Lösung mit dem Minuszeichen vor der Wurzel negativ und scheidet deshalb *physikalisch* aus. Relevant ist in diesem Falle nur die positive Wurzel $t=-\frac{v_0}{g}+\sqrt{v_0^2/g^2+2h/g}$. Dieses t ist auch positiv (warum?). Das Ergebnis (nach Probe zu bestätigen) lautet folglich: Die Fallzeit beträgt $t=\frac{v_0}{g}\left(\sqrt{1+2hg/v_0^2}-1\right)$. – Prüfe die Dimension: $[v_0/g]=\mathrm{m\,s^{-1}/m\,s^{-2}}=\mathrm{s}$, also in Ordnung.

Hinweis

$[A]$ bezeichnet in der Physik die *Maßeinheit*, die „Dimension", der physikalischen Größe A. So ist etwa $[T]=\mathrm{K}$ (für Kelvin) die Dimension der Temperatur T, $[p]=\mathrm{bar}$ diejenige des Druckes p, oder $[m]=\mathrm{kg}$ die Maßeinheit (Dimension) der Masse. Die *Maßzahl* von A wird mit $\{A\}$ bezeichnet. Beispielsweise ist in der Angabe m = 6 kg also $[m]$ = kg die Dimension und $\{m\}$ = 6 die Maßzahl.

Betrage die Abwurfgeschwindigkeit v_0 = 2 m/s, was $2 \cdot 3{,}6$ km/h oder der Geschwindigkeit eines Autos in der Fußgängerzone entspricht. Der Brunnen sei h = 3 m tief. Dann dauert die Fallzeit t = 0,6 s, ist also recht kurz, was der „gefühlten" Erfahrung entspricht. Ein Physiker interessiert sich immer für weitere Folgerungen aus seinen Ergebnissen. Was z. B., wenn man den Stein einfach fallen lässt, also v_0 = 0 wäre? Dann hat man in der Lösungsformel ein Problem mit dem Term $2hg/v_0^2$, weil man ja durch 0 nicht teilen kann. Doch gemach! Geht auch nicht v_0 = 0, so doch jedes winzige aber noch endliche v_0. Dann wäre $2hg/v_0^2 \gg 1$ („sehr groß gegen"), also $\sqrt{1 + 2hg/v_0^2} \approx \sqrt{2hg}/v_0$. Sofern v_0 winzig genug ist, ist auch dieser Bruch noch groß gegen die abzuziehende 1. Somit erhält man $t \approx \frac{v_0}{g} \cdot \sqrt{2hg}/v_0 = \sqrt{2h/g}$. Für sehr kleine $v_0 \to 0$ hängt die Fallzeit also gar nicht mehr von der Anfangsgeschwindigkeit ab. t ist dann proportional zur Wurzel aus der Fallhöhe und umgekehrt proportional zur Wurzel aus der Erdanziehungskraft (Gravitationsbeschleunigung), $t = \sqrt{2h/g}$. – Hinweis: Man hätte auch anders schließen können. Man multipliziere den Vorfaktor v_0 im allgemeinen Ausdruck für die Fallzeit in die Klammer und unter die Wurzel und erhält $t = \frac{1}{g}\left(\sqrt{v_0^2 + 2hg} - v_0\right)$. In dieser Form steht v_0 nicht mehr im Nenner und der Limes $v_0 \to 0$ kann unmittelbar vollzogen werden, mit dem nun schon bekannten Ergebnis $t = \sqrt{2h/g}$.

Einen anderen, entgegengesetzten Grenzfall hat man, wenn man den Stein so schnell wie möglich herabschleudert, also $v_0 \to \infty$. Dann wird $2hg/v_0^2$ sehr klein gegenüber der 1. Ließe man es im Vergleich zu 1 ganz weg, erhielte man $t = \frac{v_0}{g} \cdot 0 = 0$. Rasant geworfen, sofort unten. Tendenz richtig, Zweifel bleiben: Eine Winzigkeit lang sollte es ja schon dauern, bis der Stein unten ankommt. Auch hat man für unendlich großes v_0 genaugenommen $\infty \cdot 0$ zu berechnen. Deshalb sorgfältiger gedacht: Wenn $2hg/v_0^2 \ll 1$ („sehr klein gegen") ist, kann man die Wurzel näherungweise berechnen. Es gilt $\sqrt{1 + 2hg/v_0^2} \approx 1 + hg/v_0^2$. Zur Probe quadriere man. Bis auf einen kleinen Fehler in quadratischer Ordnung $(hg/v_0^2)^2$ stimmen beide Seiten überein. In dieser Näherung berechnet man als Fallzeit $t = \frac{v_0}{g}\left(\sqrt{1 + 2hg/v_0^2} - 1\right) \approx \frac{v_0}{g}\left(1 + hg/v_0^2 - 1\right) = \frac{h}{v_0}$. Die Flugzeit ist also für jedes noch so große v_0 endlich, ist proportional zur Höhe h und erst im Grenzfall $v_0 \to \infty$ ist $t \to 0$. Interessant – aber nur im ersten Moment überraschend – ist, dass die Erdbeschleunigung g bei sehr starkem Herabschleudern gar keine Rolle mehr spielt. Nanu? Einleuchtend?

Auf noch etwas lohnt es sich hinzuweisen. Was heißt *in der Physik* klein oder groß? Und wie rechnet man mit großen oder kleinen Zahlen? Soeben handelte es sich um $2hg/v_0^2$. Es ist eine dimensionslose, positive Größe, die klein oder groß gegen 1 sein kann. Und „Rechnen mit kleinen Zahlen" heißt, man stellt stets nur die Übereinstimmung in führender Ordnung sicher. Mehr dazu in Abschn. 1.1.4.

1.1.3.3 Quadratische Standardgleichung

Nach dem Anwendungsdiskurs über Fallbewegungen im Schwerefeld sei das Lösungs-schema für die Standardgleichung des Grades zwei noch einmal kurz zusammengefasst. Quadratische Gleichungen haben die Form $ax^2 + bx + c = 0$ mit Koeffizienten a, b, c, die ebenso wie die unbekannte Größe x eine physikalische Bedeutung haben. Im Allgemeinen haben alle diese Größen auch Einheiten („Dimensionen"). Es muss gelten $[ax^2] = [bx] = [c]$. Gängig (konventionell) ist es, zunächst einmal durch a zu teilen, um die Standardform

$$x^2 + px + q = 0 \tag{1.1}$$

zu erhalten. (Darf man durch a teilen? Ja, denn a kann nicht Null sein, $a \neq 0$, sonst handelte es sich nicht um eine quadratische Gleichung, weil dann nämlich das quadratische Glied fehlte. Es läge nur eine lineare Gleichung $bx + c = 0$ vor.) Offenbar gilt $p = b/a, q = c/a$.

Die beiden Lösungen der quadratischen Gleichung (1.1) lauten

$$x_{1,2} = -\frac{p}{2} \pm \sqrt{\left(\frac{p}{2}\right)^2 - q} \, . \tag{1.2}$$

Begründung (wie oben im Spezialfall): $x^2 + px$ in (1.1) ist der Beginn von $\left(x + \frac{p}{2}\right)^2$, nämlich $x^2 + px + \left(\frac{p}{2}\right)^2$. Ergänze deshalb $+\left(\frac{p}{2}\right)^2 - \left(\frac{p}{2}\right)^2$ und finde aus (1.1) $\left(x + \frac{p}{2}\right)^2 = \left(\frac{p}{2}\right)^2 - q$. Durch Wurzelziehen folgt (1.2).

Sofern $\left(\frac{p}{2}\right)^2 \geq q$, ist der Radikand (d. h. der Ausdruck unter der Wurzel) nicht-negativ, man kann also für reelle p, q stets die Quadratwurzel im Reellen ziehen. Ist jedoch $\left(\frac{p}{2}\right)^2 < q$, ist das Wurzelziehen im Reellen nicht möglich. Es bedarf dann der Erweiterung des reellen Zahlkörpers zum Körper der komplexen Zahlen, siehe Abschn. 1.2. Sonst könnte man die auch in der Physik so häufig auftretenden quadratischen Gleichungen gar nicht immer lösen.

Wenn man aber schon komplexe Zahlen als Lösungen zulässt, darf man auch p, q oder schon a, b, c als eventuell komplex zulassen. *Physikalische Größen A* müssen allerdings immer *reelle Maßzahlen* haben, sonst kann man sie nicht als Messgrößen verstehen. Deshalb haben im Komplexen die Real- und die Imaginärteile jeweils für sich eine physikalische Bedeutung. Der gewaltige Vorteil des Gebrauchs der komplexen Zahlen ist, dass Polynom-gleichungen n-ten Grades mit einer Unbekannten dann **stets** genau n Lösungen haben! Das ist nämlich gerade die Aussage des Hauptsatzes der Algebra. Von den n Lösungen $x_1, x_2, \ldots, x_n$ können alle, einige oder gar keine komplex sein. Auch können sie teilweise oder alle gleich sein. Dann spricht man von Mehrfachwurzeln. Auf quadratische Glei-chungen angewandt heißt das: Diese haben *stets* zwei Lösungen x_1, x_2. Im Reellen ist das keineswegs garantiert, im Komplexen aber schon! Diese beiden Lösungen können verschie-den oder auch gleich sein. Gleich sind sie genau dann, wenn der Wurzelradikand Null ist, $p^2/4 = q$. Dann ist $x_1 = x_2 = -p/2$. Hinweis: Manchmal sind die beiden allgemein gültigen Beziehungen nützlich: $x_1 + x_2 = -p$ und $x_1 \cdot x_2 = q$.

1.1.3.4 Biquadratische Gleichungen

Gelegentlich stößt man auf spezielle quadratische Gleichungen, nämlich Polynomgleichungen vom Grade $n = 4$, die man ohne Schwierigkeiten analytisch lösen kann, was allgemein nicht möglich ist.

$$ax^4 + bx^2 + c = 0 \qquad (1.3)$$

ist eine Polynomgleichung vom Grade $n = 4$, der jedoch als Besonderheit die Glieder $\sim x^3$ und $\sim x$ fehlen. Der Lösungsweg liegt nahe, oder? Nämlich setze $x^2 = y$, dann genügt y der Gleichung $ay^2 + by + c = 0$, ist also nach bekanntem Muster aus einer quadratischen Gleichung zu berechnen, $y_{1,2}$. Hieraus findet man x, indem man aus den beiden y_i die Quadratwurzeln zieht, die jeweils positive wie negative. Man erhält somit insgesamt vier Lösungen, $x_{1,2} = \pm\sqrt{y_1}$ und $x_{3,4} = \pm\sqrt{y_2}$. So viele Lösungen x_j müssen es auch sein, handelt es sich doch um eine Gleichung 4. Grades für x. Gleichungen des Typs (1.3) nennt man aus naheliegenden Günden *biquadratische* Gleichungen.

1.1.3.5 Gleichungssysteme

Die bereits oben angesprochene andere Verallgemeinerung einer linearen Gleichung erhält man, wenn es mehrere Unbekannte $x, y, \ldots$ gibt. Betrachten wir z. B. die Verzweigung eines elektrischen Stromes $I = 12$ A an einer Parallelschaltung zweier Widerstände, wobei der eine Teilstrom I_1 dreimal so groß wie der andere sei, I_2. Kann man eigentlich im Kopf ausrechnen, nicht wahr? Formal überlegen wir so: Wir wissen über die Teilströme, dass $I_1 + I_2 = 12$ und $I_1 = 3I_2$. Das sind zwei Gleichungen für die zwei unbekannten Teilströme $I_{1,2}$. Lösungsschema: Durch Einsetzen einer der Unbekannten in die andere Gleichung verringern wir (bei noch mehr Unbekannten schrittweise) die Zahl der Unbekannten; $3I_2 + I_2 = 12$ A, hieraus $I_2 = 12/4 = 3$ A; zurück zur anderen Gleichung: $I_1 = 9$ A.

Oder: Durch drei parallel geschaltete Widerstände $R_1 = 10\,\Omega$, $R_2 = 50\,\Omega$, $R_3 = 75\,\Omega$ fließe insgesamt ein Strom von 2 A. Welche Teilströme gehen durch die drei Widerstände R_i, $i = 1, 2, 3$, und welche Spannung U treibt sie? Lösung für die drei unbekannten Ströme: $I_1 + I_2 + I_3 = 2$ A. Nach dem Ohmschen Gesetz muss $U = R_1 I_1 = R_2 I_2 = R_3 I_3$ sein. Hieraus kann man z. B. I_2 und I_3 zugunsten von I_1 eliminieren. $I_1 + I_1 R_1/R_2 + I_1 R_1/R_3 = 2$ A, also $I_1\left(1 + \frac{R_1}{R_2} + \frac{R_1}{R_3}\right) = 2$ A, woraus $I_1 = 2$ A$/\left(1 + \frac{R_1}{R_2} + \frac{R_1}{R_3}\right) = 1{,}5$ A folgt. Eliminiert man I_1 und I_3 zugunsten von I_2, erhält man auf die analoge Weise $I_2 = 0{,}3$ A. Der Rest muss I_3 sein, d. h. $I_3 = 0{,}2$ A. Die Spannung U ergibt sich nach nunmehriger Kenntnis der Ströme I_i aus jeder der drei Ohmschen Gleichungen zu $U = 15$ V.

Die Methode des sukzessiven Einsetzens ist der Weg der Wahl auch sonst. Gegeben seien die drei Gleichungen mit drei Unbekannten

$$2x + 3y - 4z = 1\,,$$
$$6x - 9y + 8z = 2\,,$$
$$4x - 15y + 12z = 0\,.$$

Multipliziere die erste Gleichung mit 3 und addiere sie zur zweiten; dann fällt $9y$ gegen $-9y$ heraus. Oder man multipliziere die erste Gleichung mit 5 und addiere die dritte; wieder fällt

y weg. Eben deshalb machen wir es so.

$$12x - 4z = 5 \, ,$$

$$14x - 8z = 5 \, .$$

Hier nun ist es offenbar zweckmäßig, die erste Gleichung mit 2 zu multiplizieren und dann die zweite zu subtrahieren; so wird man z los. Es bleibt

$$10x = 5 \, .$$

Folglich ist $x = 1/2$; aus einer der darüberstehenden Gleichungen folgt dann $z = 1/4$ und aus einer der ersten Gleichungen schließlich $y = 1/3$. Probe? Stimmt.

Die Regel ist stets, nacheinander Unbekannte durch Einsetzen oder geeignetes Addieren bzw. Subtrahieren zu eliminieren. Manchmal führt dieser Prozess auf eine Gleichung höheren Grades. Zum Beispiel soll die Zahl 100 so in zwei Faktoren zerlegt werden, dass die Summe aus deren dritten Wurzeln 10 ergibt. Lösung: Wir bezeichnen die beiden gesuchten Faktoren mit x und y. Für sie gelten also die beiden folgenden Bedingungen: $xy = 100$ und $\sqrt[3]{x} + \sqrt[3]{y} = 10$; hieraus $\sqrt[3]{x} + \sqrt[3]{100/x} = 10$; sieht schlimm aus; setze aber $\sqrt[3]{x} \equiv z$, dann gilt $z + \sqrt[3]{100}/z = 10$ oder $z^2 - 10z + \sqrt[3]{100} = 0$; also nichts anderes als eine quadratische Gleichung, s. o. Deren Lösungen bestimmt man nach nunmehr bekanntem Muster zu $z_{1,2} = 5 \pm \sqrt{25 - \sqrt[3]{100}}$, somit $z_1 = 9{,}512\,029\,606$, $z_2 = 0{,}487\,970\,394$. Die jeweils dritten Potenzen liefern die gesuchten Zerlegungsfaktoren $x_1 = 860{,}636\,141\,8$, $y_1 = 0{,}116\,193\,122$ oder $x_2 = 0{,}116\,193\,122$, $y_2 = 860{,}636\,142\,8$. Die beiden Lösungspaare erweisen sich somit hier als gleich. (Das liegt an der Kommutativität des Produktes.)

1.1.4 Kleine Größen

1.1.4.1 Rechenregeln

Sehr oft benötigt man in der Physik den Umgang mit kleinen Größen, üblicherweise (aber keineswegs notwendigerweise!) mit ε bezeichnet. Zum Beispiel ist $\sqrt{1 + \varepsilon} \approx 1 + \frac{\varepsilon}{2}$, s. o. Zur Probe quadrieren wir die rechte Seite und bekommen $(1 + \frac{\varepsilon}{2})^2 = 1 + \varepsilon + \varepsilon^2/4 \approx 1 + \varepsilon$, also in führender Ordnung das Quadrat der linken Seite. Nimmt man etwa $\varepsilon = 1/100$, so lässt man in der Probe $0{,}000\,025$ gegenüber $1{,}01$ weg; bei $\varepsilon = 1/10$ macht man einen Fehler von $0{,}002\,5$ gegenüber $1{,}1$. Bei $\varepsilon = 1$ taugt die Näherung nicht mehr viel: Man vernachlässigt dann $0{,}25$ gegen 2, also $12{,}5\,\%$ Abweichung. Und wie ist es bei $\varepsilon = 10$? Hier vernachlässigt man 25 gegen 11, macht also offensichtlich Unsinn. ε ist da allerdings auch wirklich nicht mehr klein!

Andere Beispiele sind

$$\sin x \approx x - \frac{x^3}{3!} \pm \ldots = x - \frac{x^3}{6} \pm \ldots \, , \qquad \text{für kleine } x \, , \qquad (1.4)$$

$$\cos x \approx 1 - \frac{x^2}{2!} \pm \ldots = 1 - \frac{x^2}{2} \pm \ldots \, , \qquad \text{für kleine } x \, . \qquad (1.5)$$

Das findet man durch Anwenden der Taylorentwicklung, die wir jetzt wiederholen (oder erstmals kennenlernen) wollen.

1.1.4.2 Taylorentwicklung

Sie dient der Darstellung einer Funktion f an einer Stelle ihres Arguments (hier z. B. an der Stelle x) durch die Werte dieser Funktion einschließlich aller ihrer Ableitungen an einer anderen Stelle, hier konkret an der Stelle 0.

$$f(x) = f(0) + \frac{1}{1!}f'(0)x + \frac{1}{2!}f''(0)x^2 + \frac{1}{3!}f'''(0)x^3 + \dots \qquad (1.6)$$

Für das Beispiel der Funktion $\sin x$ berechnen wir: $f(0) = \sin 0 = 0$, $f'(0) = \frac{d \sin x}{dx}\big|_{x=0} = \cos x|_0 = 1$, $f''(0) = -\sin 0 = 0$, $f'''(0) = -\cos 0 = -1$ usw. und finden somit die Näherung (1.4), wenn man wegen der Kleinheit von x nur die beiden ersten Glieder der Reihenentwicklung beibehält und die nachfolgenden vernachlässigt. Natürlich muss man abschätzen, ob sie im konkreten Fall auch wirklich klein sind. Mathematisch heißt das „Restgliedabschätzung" und ist für die gängigen Funktionen Standard.

Die Taylorentwicklung ist ein für den Physiker unschätzbares Werkzeug! Er verwendet sie wieder und wieder. In etwas anderer Gestalt sieht sie so aus:

$$f(x + h) = f(x) + \frac{1}{1!}f'(x)h + \frac{1}{2!}f''(x)h^2 + \frac{1}{3!}f'''(x)h^3 + \dots \qquad (1.7)$$

Auch bei der Wurzel funktioniert die Taylorentwicklung, wie wir zur Übung feststellen: $f(x) = \sqrt{1+x}$ ergibt $f(0) = 1$, $f'(0) = \frac{1}{2}$ usw., also $\sqrt{1+x} = 1 + \frac{1}{2}x + \dots$ Hat man das Grundprinzip verstanden, kann man sich leicht folgende nützliche kleine Tabelle als **Beispiele zur übenden Erläuterung** herleiten:

$$\frac{1}{1-x} \approx 1 + x$$

$$(1+x)^n \approx 1 + nx\,,$$

$$\sqrt{1+x} \approx 1 + \frac{x}{2}\,,$$

$$\frac{1}{\sqrt{1+x}} \approx 1 - \frac{x}{2}\,,$$

$$\sin x \approx x - \frac{x^3}{3!}\,,$$

$$\cos x \approx 1 - \frac{x^2}{2!}\,,$$

$$\tan x \approx x + \frac{x^3}{3}\,,$$

$$e^x \approx 1 + x\,,$$

$$\ln(1+x) \approx x - \frac{x^2}{2}\,.$$

Reihenentwicklungen – und somit auch Taylorreihen – haben einen „Konvergenzradius" ρ. Dieser gibt an, bis zu welchem $x < \rho$ man davon ausgehen kann, dass die (unendliche) Reihe konvergiert. Innerhalb des Konvergenzradius kann man mit den unendlichen Reihen im Wesentlichen so rechnen, wie man es von den endlichen Summen her kennt, addieren, subtrahieren, ... In glücklichen Fällen ist $\rho = \infty$. Das ist z. B. bei der Exponentialfunktion der Fall, $e^x = \sum_{n=0}^{\infty} \frac{1}{n!} x^n$ konvergiert für *alle* x. Manchmal ist ρ zwar endlich, aber wenigstens bekannt. So hat etwa die Reihe $f(x) = 1 + x + x^2 + x^3 + ... = \frac{1}{1-x}$ den Konvergenzradius 1; sie konvergiert für jedes $x < 1$. In physikalischen Fällen kennt man ρ oft leider nicht einmal. Dann stützt man sich auf die Hoffnung, es werde schon gut gehen. Wenigstens kann man aber immer die beiden letzten aufeinander folgenden und noch bekannten Glieder a_m und a_{m+1} der gerade studierten Reihe $\sum_n a_n$ miteinander vergleichen. Wenn deren Verhältnis schon nicht klein sein sollte, ist man i. Allg. wohl jenseits des Konvergenzradius.

Wenden wir das mal auf Bekanntes an. Bei der Exponentialreihe wäre $a_m = \frac{x^m}{m!}$. Also lautet das Verhältnis $\frac{a_{m+1}}{a_m} = \frac{x}{m+1}$. Wir sehen, dass für *jedes* x von einem hinreichend großen m an dieses Verhältnis kleiner als 1 wird; das ist ein Spiegelbild der Konvergenz der e-Reihe für jedes x. Bei der geometrischen Reihe $\sum_n x^n$ ist $\frac{a_{m+1}}{a_m} = x$, unabhängig von m. Also hat man nur Chancen auf Konvergenz solange $x < 1$ ist. Manchmal begegnet man Reihen, bei denen die ersten aufeinanderfolgenden Glieder a_n zwar immer kleiner werden, sie für noch größere n dann aber wieder ansteigen; solche Reihen werden semi-konvergent genannt; sie sind heimtückisch. Eine andere Frage als die nach der Konverganz ist die nach der Qualität der Näherung einer unendlichen Reihe durch eine endliche Summe. Hier kommt es auf das Verhältnis des ersten weggelassenen Gliedes a_{m+1} zur ganzen Summe aus den ersten m Gliedern an, also auf $a_{m+1} / \sum_{n=0}^{n=m} a_n$. Manchmal reicht stellvertretend für die Summe das erste Glied, sodass für eine gute Näherung a_0 / a_m hinreichend klein sein sollte. Als Beispiel diene noch einmal die geometrische Reihe. Für $x = 0{,}1$ ist $a_3 / a_0 = 0{,}001/1 = 0{,}1\,\%$, also für normale Genauigkeiten ausreichend.

Beispiele zur übenden Erläuterung

1. $\sqrt{a^2 + x^2} = |a| \sqrt{1 + \frac{x^2}{a^2}} \approx |a| \left(1 + \frac{x^2}{2a^2} \right) = |a| + \frac{1}{2|a|} x^2$.

2. $\frac{1}{a+x} = \frac{1}{a} \frac{1}{1 + x/a} \approx \frac{1}{a} \cdot \left(1 - \frac{x}{a} \right) = \frac{1}{a} - \frac{x}{a^2}$.

3. $\frac{1}{f(a+\varepsilon)} \approx \frac{1}{f(a) + f'(a)\varepsilon} = \frac{1}{f(a)} \frac{1}{\left(1 + \frac{f'(a)}{f(a)} \varepsilon \right)} \approx \frac{1}{f(a)} \left(1 - \frac{f'(a)}{f(a)} \varepsilon \right)$.

4. $f(a + \varepsilon) \cdot g(b + \varepsilon) \approx (f(a) + f'(a)\varepsilon) \cdot (g(b) + g'(b)\varepsilon) \approx f(a)g(b) + \big(f(a)g'(b) + f'(a)g(b) \big)\varepsilon$. Die Glieder $\sim \varepsilon^2$ sind jeweils vernachlässigt worden.

1.1.4.3 Physikalische Fehlerrechnung

Die Messung einer physikalischen Größe ist stets fehlerbehaftet, ist nur mit endlicher Genauigkeit möglich. Wiederholt man z. B. die Messung der Länge des Labortisches, ergibt jede Wiederholung einen etwas anderen Wert $\ell_1, \ell_2, \ell_3, ..., \ell_n$. Ähnlich ist es bei der Messung von Massen m, Zeiten t, Spannungen U, Temperaturen T usw. Wie geht man damit um? Aus den Messwerten bildet man den *Mittelwert*

$$\bar{\ell} = \frac{1}{n} \sum_{i=1}^{i=n} \ell_i \equiv \langle \ell \rangle .$$ (1.8)

Als Maß für die Abweichungen der einzelnen Messwerte vom Mittelwert verwendet man die *Streuung* oder *Standardabweichung*

$$\sigma_\ell = \left(\frac{1}{n} \sum_{i=1}^{i=n} (\ell_i - \ell)^2 \right)^{1/2} .$$ (1.9)

Die Streuung ist die Wurzel aus der *Varianz* σ_ℓ^2, die als Mittelwert der quadratischen Abweichungen definiert ist. (Frage: Warum lernt man nichts aus dem Mittelwert der Abweichungen selbst? – Antwort: Weil der *stets* 0 ist, denn ...) Manchmal wird σ_ℓ auch als mittlerer Fehler oder als durchschnittlicher Fehler bezeichnet; hier passe man sich den ortsüblichen Gepflogenheiten an. Als kleine Übung zeige man: $\sigma_\ell^2 = \langle \ell^2 \rangle - \langle \ell \rangle^2$.

Die Abweichungen der Messwerte ℓ_i von ihrem Mittelwert sowie ihre Streuung σ_ℓ sind ein Maß für die Messfehler bzw. die Messgenauigkeit bei der betreffenden Messung. Je kleiner der Fehler, desto größer die Genauigkeit und umgekehrt. Manchmal wird auf die Abweichungen von einem sogenannten „wahren" Wert Bezug genommen; was aber dieser wahre Wert ist, wird nicht definiert. Das nimmt dem Konzept seine Bedeutung. Wichtig ist dagegen der Begriff des „Näherungswertes". Zum Beispiel ist 0,11 ein Näherungswert für $1/9 = 0,111\,111... = 0,\bar{1}$, gesprochen 0,1„Periode". Die Abweichung vom Näherungswert wäre dann $0,00\bar{1}$, also etwa 1/1000. Oft drückt man die Abweichung in Prozent aus. In diesem Falle wäre sie etwa 1 %, berechnet aus dem Verhältnis der Abweichung zum Näherungswert mal 100. Oder: 3,14 ist ein Näherungswert für π. Das Verhältnis $\frac{\sigma_\ell}{\ell}$ wird als *relativer Fehler* definiert, oft bezeichnet als δ_ℓ. Dieser relative Fehler ist eine dimensionslose Größe; auch ihn gibt man gern (mit 100 multipliziert) in Prozent an.

Beispiele zur übenden Erläuterung:

1. Der Mittelwert einer Längenmessung sei $\bar{\ell} = 43,8$ cm. Die Streuung werde zu $\sigma_\ell = 0,8$ cm bestimmt. Dann beträgt der relative Fehler $\delta_\ell = 0,8/43,8 = 0,0183 = 1,83/100 = 1,83\,\%$.

2. 0,11 nähert 1/9 an auf $\delta = \frac{0,11 - \frac{1}{9}}{\frac{1}{9}} = -0,01 \cong 1\,\%$ genau. Streng genommen ist nach der Definition der relative Fehler eine positive Größe; als *relative Abweichung* verstanden kann er aber auch negative Werte annehmen.

Oft bestimmt man eine physikalische Größe A durch Messung mehrerer anderer physikalischer Größen, aus denen A „zusammengesetzt" ist. So erfordern z. B. Geschwindigkeitsangaben v die Messung eines zurückgelegten Weges ℓ geteilt durch die dafür benötigte Zeit t. Mögen die beiden Grundmessungen die relativen Fehler δ_ℓ und δ_t haben. Dann ergibt sich der Messfehler für die Geschwindigkeit hieraus additiv, also $\delta_v \approx \delta_\ell + \delta_t$, sofern

die Messfehler $\delta_{\ell,t}$ klein sind. Das sieht man durch folgendes Argument ein: $v \triangleq \frac{\bar{\ell}(1+\delta_\ell)}{\bar{t}(1+\delta_t)} \approx$
$\frac{\bar{\ell}}{\bar{t}}(1+\delta_\ell)(1-\delta_t+\delta_t^2...) \approx \bar{u}(1+\delta_\ell-\delta_t+$ Glieder höherer Ordnung in den δ-Werten). Da
man das Vorzeichen der Einzelabweichung nicht kennt, sind die relativen Teilfehler nicht
zu subtrahieren, sondern zu addieren.

Wenn physikalische Größen aus noch mehr zu messenden Einzelfaktoren bestehen, hat
man all deren relative Fehler zu addieren. Beispielsweise ist die Gravitationskraft zwischen
zwei Massen $m_{1,2}$ im Abstand r gegeben durch $K = \gamma m_1 m_2/r^2$. Die Gravitationskonstan-
te γ ist ihrerseits nur mit gewisser Genauigkeit bekannt, die im Laufe der Geschichte immer
besser geworden ist. Derzeit beträgt sie etwa $10/6673 \approx 0{,}0015$ also etwa $0{,}15\,\%$. Wenn man
die Massen m_i auf ungefähr $3\,\%$ genau kennt und ihren Abstand auf circa $2\,\%$, also durchaus noch ganz ordentlich, so ist die Kraft auf etwa $(3 + 3 + 2 \cdot 2 + 0{,}15)\,\% = 10{,}15\,\%$ genau
bestimmt, ihre Genauigkeit also eigentlich ziemlich miserabel. Das ist leider immer wieder
das Kreuz mit den zusammengesetzen Größen! Diese additive Zusammensetzung der Ein-
zelfehler trägt den Namen *Fehlerfortpflanzungsgesetz*. Zu bedenken ist übrigens ferner, dass
sich auch Rundungsfehler beim (numerischen) Rechnen aufsummieren.

Noch ein Hinweis: Bei hinreichender Genauigkeit spielt es keine Rolle, ob man den relativen Fehler durch Bezug auf den tatsächlichen Mittelwert oder eine gerundete Näherung
hiervon berechnet. Zum Beispiel wird $\delta = 0{,}01\bar{1}/\frac{1}{9}$ hinreichend gut durch $\delta = 0{,}01\bar{1}/0{,}11$ beschrieben. Der Unterschied zwischen beiden Werten beträgt mal gerade 10^{-4} oder $1/100\,\%$.
In Formeln: $\delta = \sigma_\ell/\bar{\ell} \approx \sigma_\ell/(\bar{\ell}+\sigma_\ell) = (\sigma_\ell/\bar{\ell}) \cdot (1-\delta) = \delta - \delta^2 \approx \delta$.

Beispiele zur übenden Erläuterung und Verallgemeinerungen

1. Wenn die Messgröße A eine Funktion $A = f(x)$ einer anderen Messgröße x ist, dann
   ist der Fehler von A mit dem Fehler in x folgendermaßen verbunden: $\sigma_A \equiv f(\bar{x}+\sigma_x) -$
   $f(\bar{x}) \approx [f(x)+\sigma_x \cdot f'(\bar{x})]-f(\bar{x}) = \sigma_x \cdot f'(\bar{x})$. Hier bedeutet $f'(\bar{x})$ die Ableitung der
   Funktion $f(x)$ an der Stelle $\bar{x}$. Wenn diese Ableitung groß sein sollte, A also sehr stark
   von x abhängt, ist der Fehler σ_A leider viel größer als derjenige von x, also σ_x. Der relative
   Fehler von A, wiederum mit $\delta_A = \sigma_A/\bar{A}$ bezeichnet, ergibt sich zu $\delta_A = \sigma_x f'(\bar{x})/f(\bar{x}) =$
   $\delta_x \cdot \frac{\bar{x}f'(\bar{x})}{f(\bar{x})}$. Die beiden relativen Fehler δ_A und δ_x von A und x unterscheiden sich somit
   um einen dimensionslosen Faktor, den man als $\bar{x}\frac{d}{d\bar{x}}\ln f(\bar{x})$ schreiben kann. Wenn also
   die Ableitung $f(x)$ an der fraglichen Stelle $\bar{x}$ klein ist, im Idealfall 0, wäre $\delta_A \approx 0$; klar,
   wenn die Ableitung Null ist heißt das, dass A gar nicht von x abhängt; dann kann sich
   auch ein Fehler in x nicht auf A übertragen, hängt A doch vom x-Wert gar nicht ab.
2. Wenn $A = f(x_1, x_2)$ von zwei (oder noch mehr) Variablen abhängt, beträgt der absolute
   Fehler $\sigma_A = f(\bar{x}_1+\sigma_1, \bar{x}_2+\sigma_2) - f(x_1, x_2) \approx \sigma_1\frac{\partial f}{\partial \bar{x}_1} + \sigma_2\frac{\partial f}{\partial \bar{x}_2}$. Hier bedeutet $\frac{\partial f(x_1, x_2)}{\partial x_1}$ die
   sogenannte „partielle" Ableitung der Funktion f nach der einen Variablen x_1, wobei man
   die andere Variable x_2 konstant gehalten denkt, also vorübergehend f nur als Funktion
   einer einzigen der beiden Variablen ansieht. Analog ist es bei der partiellen Ableitung
   nach x_2; hier hält man beim Differenzieren x_1 konstant.

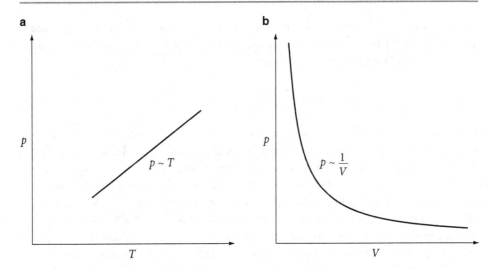

Abb. 1.1 Zusammenhänge gemäß der idealen Gasgleichung. **a** Linearer (proportionaler) Zusammenhang zwischen Druck p und Temperatur T bei konstantem Volumen V eines idealen Gases. **b** Umgekehrt proportionaler Zusammenhang zwischen Druck p und Volumen V bei konstanter Temperatur T eines idealen Gases

1.1.5 Kurvendiskussion

1.1.5.1 Lineare und umgekehrt proportionale Abhängigkeit
Physikalische Ergebnisse möchte/soll/muss man stets „diskutieren", sie verstehen. Wenn man beispielsweise festgestellt hat, dass zwischen dem Druck p und dem Volumen V eines Gases, dessen Stoffmenge gerade 1 Mol ist und das die Temperatur T hat, der Zusammenhang

$$pV = RT \tag{1.10}$$

besteht, mit $R = 8{,}31\,\text{J/(mol K)}$, der für alle Gase gleichen Gaskonstanten, so „diskutiert" man: Der Druck wird mit steigender Temperatur größer und nimmt mit fallender Temperatur ab, sofern das Gas konstantes Volumen hat (präziser gesagt, sich in einem Behälter mit festgehaltenem Volumen befindet). Der Zusammenhang ist „linear", $p \sim T$, siehe Abb. 1.1. Und: Wenn man die Temperatur konstant hält, aber V vergrößert, so verkleinert sich der Druck; p heißt „umgekehrt proportional" zu V, $p \sim \frac{1}{V}$ (siehe wieder Abb. 1.1).

Fragen: Wie hängt das Volumen V vom Druck p bzw. von der Temperatur T ab, wenn T bzw. p konstant gehalten werden? (Umgekehrt proportional bzw. linear oder proportional.)

1.1.5.2 Monotone und nicht monotone Funktionen
Sind diese Zusammenhänge „linear" bzw. „umgekehrt proportional" für die Gaseigenschaften tatsächlich richtig? „Ja", sofern die sogenannte ideale Gasgleichung (1.10) eine gute Näherung ist. Physikalisch genauer hingesehen jedoch „nein", insbesondere wenn man z. B.

T oder V zu sehr verkleinert. Dann verflüssigt sich nämlich das Gas. Statt (1.10) gilt eine andere Zustandsgleichung. Als gute Näherung hat sich die von Johannes Dieterik VAN DER WAALS (1837–1923) aufgestellte Gleichung erwiesen

$$\left(p + \frac{a}{V^2}\right)(V - b) = RT .$$

(1.11)

a und b sind zwei für die betreffende Sorte von Gasmolekülen charakteristische Konstanten. Das den Druck p korrigierende Glied $\frac{a}{V^2}$ heißt „Binnendruck"; es berücksichtigt den Einfluss der Anziehungskräfte der Gasmoleküle. b heißt das „Kovolumen" und spiegelt das endlich große Eigenvolumen aller Gasmoleküle zusammen wider. Dieses steht ja für die Bewegung der Moleküle nicht zur Verfügung. Wie vorher bezeichnet V das Volumen der Stoffmenge 1 mol; hat man v mol im Volumen, stände dort V/v. Physikalisch gilt diese Gleichung nur außerhalb des Bereiches, in dem sich das Gas bereits (eventuell teilweise) verflüssigt hat. Wir „diskutieren" sie im Folgenden aber beispielhaft rein *mathematisch*, so als ob sie für alle Werte von p, V, T richtig wäre, selbst für negative, also gewiss unphysikalische Werte.

Die Zusammenhänge zwischen Druck p, Volumen V und Temperatur T eines Mols des Gases sind nach der van-der-Waals-Gleichung erheblich komplexer als durch die Begriffe linear oder umgekehrt proportional beschreibbar. Sei zunächst wieder V = const; dann ist der Druck p zwar immer noch linear mit T, aber um einen konstanten Zusatzterm erweitert,

$$p = cT - \frac{a}{V^2} , \quad \text{mit} \quad c = \frac{R}{(V - b)} .$$

(1.12)

Hiernach wäre der Druck bereits bei der endlich großen Temperatur

$$T_0 = a(V - b)/RV^2 \equiv T_0(V)$$

(1.13)

Null. Wie verändert sich diese „Null-Druck-Temperatur" T_0, wenn man das Volumen V des Gefäßes verändert? „Diskutieren" wir dazu die Beziehung oder Funktion $T_0(V)$: Wenn V sehr groß ist, genauer gesagt sehr groß gegen b, $V \gg b$, ist $T_0 \sim \frac{1}{V}$. Im Limes $V \to \infty$ erreicht man $T_0 = 0$, wie es beim idealen Gas stets der Fall ist. Wenn man (immer vorausgesetzt $p = 0$!) V verkleinert, steigt T_0 offenbar zunächst an. Erreicht man allerdings $V = b$, so ist dort (wegen des Zählers in (1.13)) T_0 wiederum Null. Noch kleinere V sind unphysikalisch, da eine absolute Temperatur, also auch $T_0 \geq 0$, positiv sein muss.

Also muss $T_0(V)$ zwischen $V = b$ und $V \to \infty$ ein Maximum haben. Maxima von Funktionen $f(x)$ (oder deren Graphen, also der dazugehörigen Kurve) findet man als Nullstellen der ersten Ableitung $f'(x) \left(\equiv \frac{df(x)}{dx}\right)$ = 0 mit Lösungen x_m. Nämlich: Solange x *vor* einem Maximum an der Stelle x_m ist, muss der Anstieg $f'(x)$ der Kurve positiv sein, $f'(x) > 0$, die Funktion $f(x)$ wächst. *Nach* dem Maximum muss der Anstieg $f'(x)$ negativ sein, $f'(x) < 0$, weil die Funktion $f(x)$ dann wieder abnimmt. Genau am Maximum ist deshalb $f'(x)|_{x=x_m}$ = 0. Übrigens: auch bei einem Minimum ist $f'(x)$ = 0, nur ist der Anstieg vor einem Minimum negativ und danach positiv, also gerade umgekehrt wie beim

Abb. 1.2 Die Temperatur $T_0(V)$ eines realen Gases unter verschwindendem Druck $p = 0$ als Funktion des (Mol-)Volumens V

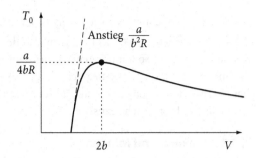

Maximum. Am Minimum selbst ist ebenfalls $f' = 0$. Die Nullstellenbestimmung der Ableitung liefert also sowohl Maxima als auch Minima. Zwischen ihnen zu unterscheiden bedarf es der zweiten Ableitung.

Vor einem Maximum geht die Funktion zunächst „nach oben", also zu größeren Werten, hat somit einen positiven Anstieg. Nach dem Maximum geht sie wieder „herunter", sprich zu kleineren Werten, hat demnach jetzt einen negativen Anstieg. Der Anstieg, also die erste Ableitung $f'(x) \left(= \frac{\mathrm{d}f(x)}{\mathrm{d}x}\right)$, wechselt folglich am Maximum von positiven zu negativen Werten; somit zeigt diese Anstiegsfunktion selbst, nämlich $f'(x)$, ihrerseits „nach unten", hat die Anstiegsfunktion ihrerseits einen *negativen* Anstieg, ist also $\frac{\mathrm{d}f'(x)}{\mathrm{d}x} = \frac{\mathrm{d}^2f(x)}{\mathrm{d}x} < 0$, wie zuvor gesagt. Minima dagegen sind daran zu erkennen, dass die zweite Ableitung gerade *positiv* ist, $\frac{\mathrm{d}^2f(x)}{\mathrm{d}x^2} > 0$. Maxima und Minima einer Funktion $f(x)$ unterscheiden sich somit durch das Vorzeichen der zweiten Ableitung von f: positive zweite Ableitung beim Minimum, negative zweite Ableitung beim Maximum.

Angewendet auf $T_0(V)$: Die Nullstelle der Ableitung folgt aus

$$\frac{\mathrm{d}T_0(V)}{\mathrm{d}V} = \frac{RV^2 \cdot a - a(V-b) \cdot 2RV}{(RV^2)^2} = 0 . \tag{1.14}$$

Ein Bruch (mit endlich großem Nenner) ist Null, wenn der Zähler Null ist. Also (kürze vorher aRV) ist $V_m - 2(V_m - b) = 0$ oder $V_m = 2b$. Wie groß ist dann T_0 für $V = V_m = 2b$? Antwort: $T_0(V_m) = \frac{a}{4bR}$. Machen wir eine Dimensionskontrolle. Dazu werden die Dimensionen von a, b, R benötigt. Diese erschließen wir wie folgt: Da die beiden Summanden im ersten Faktor von (1.11) beide dieselbe, nämlich die Dimension eines Druckes haben müssen, muss die Dimension von $[a] = [p][V]^2$ sein. Damit beide Summanden im zweiten Faktor von (1.11) ebenfalls die gleiche Dimension, nämlich die eines Volumens haben, muss $[b] = [V]$ sein. Schließlich folgt aus der Dimensionsgleichheit beider Seiten von (1.11), dass dimensionsmäßig $[R] = [p][V]/[T]$ ist. Also findet man für die Dimension des Ausdrucks für T_0 gerade $\left[\frac{a}{4bR}\right] = \left[\frac{a}{bR}\right] = \frac{[p][V]^2}{[V]\cdot[p][V][T]^{-1}} = [T]$. Offenbar ist die Kombination $\frac{a}{bR}$ eine für das Gas charakteristische Temperatur; wir werden ihr noch weiterhin begegnen.

Der Verlauf der Funktion $T_0(V)$, wie er sich aus dieser Diskussion ergibt, wird in Abb. 1.2 dargestellt. Der Leser sollte den dargestellten Verlauf „fast" verstehen. Undiskutiert ist nur noch, warum – wie eingezeichnet – der Anstieg der Kurve bei $V = b$ gerade

$\frac{a}{b^2 R}$ ist. Dazu berechnen wir diesen als den Wert der Ableitung bei $V = b$ und erhalten $\left.\frac{dT_0(V)}{dV}\right|_{V=b} = \frac{Rb^2 a - 0}{R^2 b^4} = \frac{a}{b^2 R}$. Könnte man also den Verlauf der Kurve experimentell durch Messen bestimmen, so könnte man daraus die Lage des Maximums bei $2b$, die Höhe des Maximums $\frac{a}{4bR}$ und den Anstieg bei $V = b$, also $\frac{a}{b^2 R}$, ermitteln und somit die für das Gas charakteristischen Parameter a und b bestimmen. Die Kurvendiskussion liefert uns also unmittelbare physikalische Einsicht.

1.1.5.3 Maxima und Minima

Zurück zur realen Gasgleichung. Wie hängt der Druck p vom (Mol-)Volumen V ab, wenn $T = $ const; die Kurven $p(V)$ bei konstanter Temperatur T nennt man sinnvollerweise „Isothermen"

$$p(V) = \frac{RT}{V-b} - \frac{a}{V^2} \,. \tag{1.15}$$

Abbildung 1.3 zeigt den typischen Verlauf zweier solcher Isothermen $p(V)$ als ausgezogene Kurven im ersten Quadranten, für $V > b$. Wie kann man diese Kurven verstehen? Dazu diskutieren wir jetzt den graphischen Verlauf der Funktion (1.15) in Einzelnen. Leicht einzusehen ist das asymptotische Verhalten für $V \to \infty$. Das erste Glied verhält sich wie RT/V sofern $V \gg b$ und das zweite wie a/V^2; letzteres ist schließlich klein gegen ersteres, sofern auch noch $V \gg a/RT$ ist. Wenn beide Bedingungen erfüllt sind, geht (1.15) über in die Gleichung für das ideale Gas $p \approx RT/V$.

Einfach zu verstehen ist auch der V-Bereich kurz oberhalb von $V = b$. Wenn V „von oben" gegen b strebt, $b \leftarrow V$, divergiert der erste Term $\frac{RT}{V-b}$ offenbar nach Unendlich; der zweite dagegen bleibt mit $-\frac{a}{b^2}$ endlich und kann deshalb neben dem divergierenden Summanden vernachlässigt werden. Wieder also ist der erste Term tonangebend.

Zwei Fragen bleiben:

1. Wie verläuft eine Isotherme dazwischen, also für $b < V < \infty$?
2. Was geschieht für $V < b$? Letzteres ist zwar ein unphysikalischer V-Bereich, da das Volumen des Gases ja nicht kleiner als das Eigenvolumen all seiner Moleküle zusammen sein kann, aber mathematisch (zwecks Kurvendiskussion) ist die Frage erlaubt.

Zuerst der Isothermenverlauf zwischen $V = b$ und $V = \infty$. Naheliegend ist die Frage, ob denn $p(V)$ im ganzen V-Bereich monoton abfällt oder nicht, weil das ja sowohl unmittelbar rechts von b als auch bei $V \to \infty$ der Fall ist. Monoton fiele der Druck p dann ab, wenn die Ableitung $\frac{dp(V)}{dV}$, die ja gleich dem Anstieg ist, in diesem Falle stets negativ wäre, $\frac{dp(V)}{dV} < 0$. Wiederum also hilft die erste Ableitung. Sie lautet:

$$\frac{dp(V)}{dV} = -\frac{RT}{(V-b)^2} + \frac{2a}{V^3} \,. \tag{1.16}$$

Sofern der erste Summand für *alle* $V \in (b, \infty)$ überwiegen würde, fiele $p(V)$ mit V monoton ab. Nahe $V = b$ und für $V \to \infty$ überwiegt er allemal. Für andere V schätzen wir

Abb. 1.3 Isothermen $p(V)$ für größere (*oben*) und kleinere (*unten*) Temperaturen T. Dabei wird die Temperatur T mit einer „kritischen" Temperatur T_* verglichen, bei der die eine in die andere Form des Isothermenverlaufs übergeht. Die *gestrichelten Linien* (*links unten*) geben den später zu diskutierenden typischen Verlauf einer Isotherme im unphysikalischen Bereich $V < b$ wieder

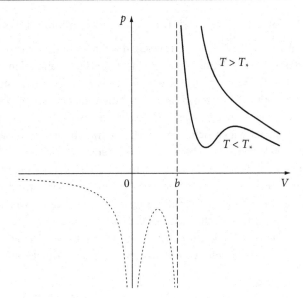

ab, ob $\frac{RT}{(V-b)^2} > \frac{2a}{V^3}$ sein kann. Dann müßte $\frac{RT}{\left(1-\frac{b}{V}\right)^2} > \frac{2a}{V}$ sein. Das gilt gewiss dann für *alle* V, wenn man auf der rechten Seite mit dem kleinstzulässigen Wert $V = b$ abschätzen darf und auf der linken Seite mit dem größtzulässigen, also mit $V \to \infty$. Das erste, negative und monoton abfallende Glied dominiert also sicher dann, wenn $RT > \frac{2a}{b}$ gilt, die Temperatur T also $\frac{2a}{bR}$ übersteigt. Da finden wir wieder unsere für die jeweilige Molekülsorte charakteristische Temperatur $\frac{a}{bR}$! (Anregung: Dimensionsprüfung zur Übung wiederholen.) Sofern T also größere Werte annimmt, fallen die Isothermen monoton ab, wie es die obere eingezeichnete Isotherme in Abb. 1.3 zeigt.

Was aber, wenn es nicht so ist, T also kleinere Werte hat? Dann dürfte die Monotonie im Abfall von $p(V)$ in einem gewissen V-Bereich verloren gehen. Wir überlegen: Wenn die Funktion nicht monoton abfällt, kann die Ableitung $\frac{dp(V)}{dV}$ eben *nicht* immer negativ sein, sondern muss auch mal positive Werte annehmen. Dann allerdings muss sie auch mal durch Null gehen! Wir haben also zur Entscheidung der Monotoniefrage die möglichen Nullstellen der Ableitung (1.16) zu suchen,

$$\frac{RT}{(V-b)^2} = \frac{2a}{V^3} \, . \tag{1.17}$$

Sollte es V geben, die diese Bedingung erfüllen, fällt V nicht monoton ab, sondern hat zwischendrin Maxima und Minima, wie in Abb. 1.3 (untere Isotherme) skizziert. Gleichung (1.17) sieht etwas unappetitlich aus und entpuppt sich als Gleichung 3. Grades in V.

1.1.5.4 Kubische Gleichungen

Um (1.17) zu diskutieren, ist es zweckmäßig, sie zunächst auf ihren wesentlichen Kern zu reduzieren. Ausklammern von V im Nenner links und Multiplizieren der Gleichung mit

V^2 führt zu $\frac{RT}{\left(1-\frac{b}{V}\right)^2} = \frac{2a}{V}$. Die Lösung wird im Intervall $b \le V < \infty$ gesucht; also liegt b/V im Intervall $1 \ge \frac{b}{V} > 0$. Das legt die Einführung der Hilfsvariablen $x \equiv \frac{b}{V}$ nahe, für die dann $x \in (0,1]$ gilt. Die zu lösende Gleichung lautet dann $RT = (1-x)^2 \cdot x \cdot 2a/b$ oder $x(x-1)^2 = T/\left(\frac{2a}{bR}\right)$. Wieder taucht unsere bereits bekannte Kombination a/bR auf, von der wir bereits wissen, dass sie die Dimension einer Temperatur hat. Wir kürzen deshalb die rechte, nunmehr dimensionslose Seite durch $T/\left(\frac{2a}{bR}\right) = \frac{bRT}{2a} \equiv 2\tau$ ab. Alle systemtypischen Parameter haben sich damit in einer einzigen, dimensionslosen Konstanten τ zusammenfassen lassen, die ein Maß für die Temperatur des Gases ist. (Selbstverständlich hätte man in der Definition statt 2τ auch $\tilde{\tau}$ schreiben dürfen, also ohne einen expliziten Faktor 2. Diese andere Konstante $\tilde{\tau}$ wäre dann doppelt so groß wie τ; für den Fortgang der Rechnung ist 2τ bequemer, wenngleich man das erst hinterher merkt. Wer solche voreilende Zweckmäßigkeit nicht mag, rechne jetzt einfach mit $\tilde{\tau}$ weiter, zur Übung.)

Die Gleichung dritten Grades (oder kubische Gleichung) zur Klärung des monotonen oder nicht-monotonen Abfalls einer Isotherme lautet somit

$$x^3 - 2x^2 + x - 2\tau = 0 \;. \tag{1.18}$$

Aus Standard-Formelbüchern (z. B. Milton Abramowitz and Irene Stegun, Handbook of Mathematical Functions, Dover Publications, Sect. 3.8.2) oder auch aus dem Internet entnimmt man folgendes Lösungsschema: Gegeben die kubische Gleichung $x^3 + a_2 x^2 + a_1 x + a_0 = 0$. In unserem Falle ist also $a_2 = -2, a_1 = 1, a_0 = -2\tau$. Man definiere jetzt $q = \frac{1}{3}a_1 - \frac{1}{9}a_2^2$ und $r = \frac{1}{6}\left(a_1 a_2 - 3a_0\right) - \frac{1}{27}a_2^3$. In unserem Falle ist dann $q = -\frac{1}{9}$ und $r = \tau - \frac{1}{27}$. Es kommt nun auf die sogenannte Diskriminante („Unterscheidende") $D \equiv q^3 + r^2$ an. Bei uns hat sie den Wert $D = \tau\left(\tau - \frac{2}{27}\right)$, wie man durch Einsetzen der Werte für q und r findet. Das Lösungsschema besagt dann: Sofern $D > 0$, hat die kubische Gleichung genau eine reelle Lösung. Ist dagegen $D < 0$, so gibt es genau drei reelle Lösungen. Im Spezialfall $D = 0$ fallen (mindestens) zwei der drei reellen Lösungen zusammen, sind dann also eine Doppelwurzel.

Aus diesen allgemeinen Lösungseigenschaften der Gleichungen 3. Grades schließen wir in unserem konkreten Falle, dass es für $\tau > \frac{2}{27}$ genau eine reelle Lösung gibt. Sie muss im unphysikalischen Bereich von V sein, denn im physikalischen Bereich, so wissen wir nach der obigen Diskussion, gibt es bei hinreichend großer Temperatur kein Maximum oder Minimum. Dagegen bestehen im Intervall $0 < \tau < \frac{2}{27}$ genau drei reelle Lösungen; es kommen hier zu der unphysikalischen also noch zwei weitere hinzu. Diese können ein Maximum und ein Minimum beschreiben, sodass die Kurve den in Abb. 1.3 beschriebenen Schlenker macht. Falls jedoch gerade $\tau = \frac{2}{27} \equiv \tau_*$, fallen das Maximum und das Minimum zusammen. Sie fallen dann auch mit dem sonst *zwischen* ihnen liegenden Wendepunkt zusammen, bei dem die zweite Ableitung Null ist.

Für die Temperatur T bedeutet das: Oberhalb ($T > T_*$) von $T_* \equiv \frac{8}{27}\frac{a}{bR}$ sind die Isothermen monoton fallend, unterhalb ($T < T_*$) von T_* sind sie es nicht; $p(V)$ zeigt hier ein Minimum und ein darauffolgendes Maximum. Genau bei $T = T_*$, deshalb „kritische Temperatur" genannt, fallen Minimum und Maximum und der Wendepunkt zwischen ihnen (mit der Eigenschaft $\frac{d^2p}{dV^2} = 0$) zusammen.

Übrigens: Aus den zwei Bedingungen $\frac{dp}{dV} = 0$ und $\frac{d^2p}{dV^2} = 0$, die bei $T = T_*$ gelten, kann man auch das dazugehörige „kritische Volumen" V_* ausrechnen und daraus den „kritischen Druck" p_*. Als kleine Übung führen wir das durch.

$$\frac{dp}{dV} = 0 = -\frac{RT_*}{(V_* - b)^2} + \frac{2a}{V_*^3} \quad \text{und} \quad \frac{d^2p}{dV^2} = 0 = \frac{2RT_*}{(V_* - b)^3} - \frac{6a}{V_*^4} \tag{1.19}$$

Die zusätzliche Kenntnis der zweiten Gleichung erspart es einem, das kritische Volumen V_* bei bekanntem T_* aus der ersten (kubischen!) Gleichung auszurechnen, was selbstverständlich möglich wäre. Man kann (1.19) als zwei Gleichungen mit zwei Unbekannten verstehen und T_*, V_* gemeinsam aus ihnen bestimmen, was sich als einfacher herausstellt. Zunächst (man multipliziere mit V_*^2 bzw. $V_*^3/2$) ist $RT_*/(1 - b/V_*)^2 = 2a/V_*$ bzw. $RT_*/(1 - b/V_*)^3 = 3a/V_*$. Eliminiere hieraus RT_*, und finde

$$\frac{\frac{2a}{V_*}\left(1 - \frac{b}{V_*}\right)^2}{\left(1 - \frac{b}{V_*}\right)^3} = \frac{3a}{V_*}, \tag{1.20}$$

also $\frac{2}{3} = 1 - \frac{b}{V_*}$ und daraus $V_* = 3b$. Aus z. B. der ersten Gleichung (1.19) folgt dann schnell $RT_* = \frac{2a}{3^3 b^3} \cdot (2b)^2 = \frac{8}{27}\frac{a}{b}$, was wir aus der Lösung der kubischen Gleichung allerdings bereits wissen.

In Kenntnis der kritischen Temperatur T_* und des kritischen Volumens V_* lässt sich schließlich aus der van der Waalschen Zustandsgleichung (1.15) auch noch der kritische Druck p_* ausrechnen: $p(V_*, T_*) = \frac{\frac{8}{27}\frac{a}{b}}{3b-b} - \frac{1}{9}\frac{a}{b^2} = \frac{1}{27}\frac{a}{b^2}$. Am kritischen Punkt eines Gases, der in der Physik eine wichtige Rolle spielt, hat man somit gemäß der van-der-Waals-Gleichung folgende Werte für den Druck, das Volumen und die Temperatur:

$$p_* = \frac{1}{27}\frac{a}{b^2}, \quad V_* = 3b, \quad T_* = \frac{8}{27}\frac{a}{bR}. \tag{1.21}$$

Hinweis
Man mache zur Übung die Dimensionsprobe. Lösung: $[p_*] = [a]/[b]^2 = [p][V]^2/[V]^2 = [p]$; $[V_*] = [b] = [V]$; $[RT_*] = [a]/[b] = [p][V]^2/[V] = [pV]$, also alles korrekt.

Jetzt noch kurz zurück zur obigen anderen Frage (2): Was geschieht für $V < b$, wie verhält sich die mathematische Funktion (1.15) dort? Zwar ist das physikalisch irrelevant, s. o., aber mathematisch ist ja $p(V)$ auch für $V < b$ wohldefiniert.

Offenbar sind dann beide Summanden negativ, also ist $p(V < b) < 0$. Wenn V nur sehr wenig unterhalb von b liegt, ist der erste Summand (negativ) dem Betrag nach sehr groß. $p(V)$ springt also von $+\infty$ nach $-\infty$, wenn V von kurz oberhalb nach kurz unterhalb b fällt. Man nennt dieses Verhalten einer Funktion einen „Pol 1. Ordnung". Wenn V noch kleiner wird und gegen Null strebt, gewinnt der zweite Summand $\sim \frac{1}{V^2}$ die Oberhand und treibt $p(V)$ erneut nach $-\infty$ (sogar noch stärker als es im ersten Summanden am Pol 1. Ordnung geschah, wo der Nenner nicht quadratisch wie hier sondern nur linear gegen Null strebte). Folglich muss zwischen $V = b$ und $V = 0$ ein Zwischenmaximum liegen, wo dann $\frac{dp}{dV} = 0$ ist. Dies ist augenscheinlich die stets vorhandene eine reelle Lösung der gerade diskutierten kubischen Gleichung (1.18).

Verfolgen wir den Verlauf von $p(V)$ auch noch für $V < 0$. Zwar ist auch dieser Bereich ebenso unphysikalisch wie der für $0 < V < b$, aber mathematisch ist er wiederum zulässig. Im Bereich negativer V-Werte bleibt der erste Term negativ aber endlich, während der zweite Summand von $-\infty$ zu nach wie vor ebenfalls negativen aber endlichen Werten ansteigt. Mit immer weiter abnehmenden (negativen) V bleibt $p(V)$ immer negativ und geht schließlich monoton nach Null für $V \to -\infty$. Der gesamte Verlauf von $p(V)$ gemäß (1.15) ist auch im unphysikalischen Bereich $V \le b$ bereits in Abb. 1.3 dargestellt worden. Die Isothermen sehen im unphysikalischen Bereich für jedes T ähnlich aus, während sie für $V > b$ je nach $T > T_*$ oder $T < T_*$ qualitativ unterschiedlich verlaufen. Übrigens, im unphysikalischen V-Bereich sind auch die Werte für den Druck p negativ, also ebenfalls unphysikalisch – das passt somit zusammen. Die Singularität bei $V = 0$ heißt „Pol 2. Ordnung". Die Funktion geht vom Betrag her nach Unendlich und kommt von dort auch wieder zurück, ohne ihr Vorzeichen zu wechseln (wie sie es an einem Pol 1. Ordnung, also z. B. bei $V = b$, tut).

1.1.5.5   Allgemeine Verläufe von Funktionen

Der vorige längere Abschnitt verdient eine Zusammenfassung und Betonung des Wesentlichen. Funktionen $y = f(x)$ können Maxima, Minima, Wendepunkte, Polstellen haben. Ihre Maxima und Minima bestimmt man aus den Nullstellen der ersten Ableitung $\frac{df(x)}{dx} = 0$. Wendepunkte sind durch die Nullstellen der zweiten Ableitung definiert, $\frac{d^2 f(x)}{dx^2} = 0$. Pole ergeben sich aus den Nullstellen eventuell vorhandener Nenner. Am häufigsten handelt es sich dabei um einfache Nullstellen. Wenn n solcher Nenner-Nullstellen an einer Stelle x_0 zusammenfallen, verhält sich die Funktion dort wie $f(x) \sim \frac{1}{(x-x_0)^n}$; bei einfachen Nullstellen ($n = 1$) also wie $f(x) \sim \frac{1}{(x-x_0)}$. Man spricht von Polen der Ordnung n. Für ungerades n, allgemein für $n = 1, 3, \ldots$, springt die Funktion an einem Pol ungerader Ordnung von $-\infty$ nach $+\infty$ oder ungekehrt. Ist n gerade, $n = 2, 4, \ldots$, wechselt das Vorzeichen am Pol nicht. $n = 0$ ist übrigens kein Pol; warum nicht?

1.1.5.6   Beispiele von Kurvenverläufen zur Vertiefung des Besprochenen

1. Die Polynomfunktion $f(x) = a_3 x^3 + a_2 x^2 + a_1 x + a_0$ hat keine Pole (warum nicht?); falls $a_3 > 0$, strebt $f(x)$ für große x nach $+\infty$ und bei sehr großen negativen x kommt $f(x)$ von $-\infty$. Sofern $a_3 < 0$ ist es umgekehrt; dazwischen verläuft die Funktion entweder monoton ansteigend oder sie hat ein Zwischenmaximum und ein Zwischenminimum, da $\frac{df(x)}{dx} = 3a_3 x^2 + 2a_2 x + a_1 = 0$ als quadratische Gleichung entweder keine oder genau zwei reelle (wenn auch nicht notwendig verschiedene) Lösungen haben kann. Sofern es das Maximum und das Minimum gibt, hat $f(x)$ dazwischen genau einen Wendepunkt,

der aus der Nullstelle der zweiten Ableitung folgt, also aus $\frac{d^2 f(x)}{dx^2} = 6a_3 x + 2a_2 = 0$. Für passende Koeffizienten a_i können Maximum, Minimum und Wendepunkt zusammenfallen; bei negativem Koeffizienten $a_3 < 0$ kommt $f(x)$ bei negativen x von $+\infty$, geht erst durch das Minimum und dann über das Maximum, sofern der Graph nicht überall monoton nach $-\infty$ für $x \to \infty$ verläuft.

2. $f(x) = \frac{a_2 x^2 + a_1 x + a_0}{b_2 x^2 + b_1 x + b_0}$ hat eventuell Pole, die bei den Nullstellen des Nenners liegen, $b_2 x^2 + b_1 x + b_0 = 0$. Falls diese quadratische Gleichung keine reelle Nullstelle hat, gibt es keine Pole; sofern es zwei verschiedene reelle Lösungen gibt, bezeichnet als $x_{1,2}^P$, hat die Funktionskurve zwei Pole erster Ordnung, $f(x) \sim \frac{1}{(x - x_i^P)}$, an denen sie von $-\infty$ nach $+\infty$ (oder gerade umgekehrt) springt. Sind die beiden reellen Lösungen zufällig gleich (wovon hängt das ab?), $x_1^P = x_2^P \equiv x^P$, hat die Funktion einen Pol zweiter Ordnung $f(x) \sim \frac{1}{(x - x^P)^2}$. Wenn x die Polstelle x^P überstreicht, gibt es an der Singularität diesmal keinen Vorzeichenwechsel; die Funktionskurve geht nach $+\infty$ und kommt von dort auch zurück oder sie geht nach $-\infty$ und dorthin zurück. Für sehr große $x \to \pm\infty$ geht $f(x) \to \frac{a_2}{b_2}$, wird also asymptotisch konstant. Dazwischen hat die Funktion je nach den Zahlenwerten für die Koeffizienten bis zu drei Maxima/Minima, weil sich herausstellt, dass $\frac{df(x)}{dx} = 0$ eine kubische Gleichung ist. All diese Aussagen gelten *generisch*, will sagen typischerweise für diese Funktion. In Sonderfällen für die Koeffizienten a_i, b_i kann es allerdings anders sein. Zum Beispiel könnte eine Nullstelle des Zählers mit einer Nullstelle des Nenners zusammenfallen. Dann kann man in dem Bruch, der die Funktion definiert, kürzen und die Funktion lautet in Wahrheit $f(x) = \frac{\alpha_1 x + \alpha_0}{\beta_1 x + \beta_0}$. Die darstellende Kurve dieser Funktion hätte nur einen einzigen Pol, und zwar von erster Ordnung. Es bleibt noch die Frage. Wie viele Maxima, Minima und Wendepunkte gäbe es in diesem Falle?

1.1.5.7 Maxima/Minima mit Nebenbedingungen

Nach diesen beiden abstrakten Funktionsbeispielen noch ein sehr konkretes Beispiel. Konservendosen haben zwecks guter Möglichkeit, sie zu stapeln, eine kreiszylindrische Form. Manchmal, etwa bei Fischdosen, ist die Grundfläche auch elliptisch statt kreisförmig; die Höhe ist dann in der Regel kleiner als die große und kleine Halbachse der Grundfläche. Wenn man für die Konservendose ein bestimmtes Volumen vorschreibt, soll sie natürlich eine möglichst kleine Oberfläche haben, um so wenig Material wie möglich für die Dose zu verbrauchen. Sofern man andererseits aus bestimmten Gründen pro Dose eine gewisse Materialmenge zur Verfügung hat, also die Oberfläche vorgeben muss, möchte man natürlich das erreichbare Volumen maximieren. Wie kann man diese Wünsche realisieren?

Zuerst – wie bei allen sogenannten „eingekleideten Aufgaben" – übersetzen wir die Beschreibung des Problems in die Sprache der Mathematik. Volumen V und Oberfläche A eines Zylinders der Höhe h und des Durchmessers $2r$ sind durch $V = \pi r^2 h$ und $A = 2\pi r^2 + 2\pi r h$ gegeben. Sei zuerst etwa V vorgegeben und die optimale Größe A der Oberfläche gesucht. A hängt von r und h ab, die aber wegen des vorgegebenen Volumens V nicht unabhängig voneinander geändert werden können. Wählt man sich etwa ein r aus, so muss $h = V/(\pi r^2)$ sein. Setzt man diesen Ausdruck für h in die Formel für die Oberfläche A

ein, wäre A allein durch r zu beschreiben: $A = A(r) = 2\pi r^2 + \frac{2V}{r}$. Ein kleiner Zylinderradius macht die obere und die untere Deckplatte klein und den Mantel der Konservendose hoch und groß. Ein großer Radius r führt zu großen Deckplatten und einem niedrigen Zylinder. (Der Pol bei $r = 0$ interessiert hier nicht; warum nicht?) $A(r)$ ist optimal, wenn $\frac{dA(r)}{dr} = 0$ ist, woraus die Gleichung $0 = 4\pi r_m - 2V/r_m^2$ folgt. Das ist zwar offenkundig eine kubische Gleichung, aber eine sehr einfache: $4\pi r_m^3 = 2V$. Ihre Lösung lautet $r_m = \sqrt[3]{\frac{V}{2\pi}} = \left(\frac{V}{2\pi}\right)^{1/3}$.

Ist das nun eine brauchbare, weil für A minimale Lösung oder liefert sie gerade eine besonders große Oberfläche? Maxima und Minima einer Funktion $f(x)$ unterscheiden sich ja durch das Vorzeichen der zweiten Ableitung von f, siehe Abschn. 1.1.5.2. Maxima liegen vor, wenn die zweite Ableitung an der betreffenden Stelle *negativ* ist, wie oben erklärt. Minima dagegen sind daran zu erkennen, dass die zweite Ableitung gerade *positiv* ist, $\frac{d^2 f(x)}{dx^2} > 0$. – Im vorliegenden Fall lautet die zweite Ableitung $\frac{d^2 A(r)}{dr^2} = 4\pi + \frac{4V}{r^3}$. Dieser Ausdruck ist stets positiv, insbesondere auch für r_m. Also beschreibt obige Lösung r_m ein Minimum von $A(r)$, ist die Oberfläche A der Konservendose dort wie erwünscht kleinstmöglich.

Die zu r_m gehörige Höhe berechnet sich zu $h_m = V/(\pi r_m^2) = \left(\frac{4}{\pi}V\right)^{1/3}$. Also gehen beide, r_m wie h_m, proportional zur dritten Wurzel aus dem Volumen, $r_m, h_m \sim \sqrt[3]{V}$. Das muss natürlich schon aus Dimensionsgründen so sein (wenn man sich nicht verrechnet hat). r_m und h_m sind ja Längen und $V^{1/3}$ ist die einzige Länge, die man aus dem vorgegebenen Volumen V bilden kann. Merkenswert ist das Verhältnis von Dosenhöhe und Dosenradius: Man berechnet $\frac{h_m}{r_m} = 2$. Dosen mit optimaler Oberfläche bei vorgegebenem Volumen sind so hoch wie sie dick sind, $h_m = 2r_m$.

Die Leserin oder der Leser könnte nun zur Übung vielleicht alleine versuchen herauszufinden, wie Dosen aussehen müssen, für die die Materialmenge, also die Größe der Oberfläche A vorgegeben ist. In diesem Falle wünscht man sich ein möglichst großes Volumen V. (Zum Vergleich mit Ihrer eigenen Rechnung hier die Lösung: Bei gegebenem A lässt sich $h = h(r) = (A - 2\pi r^2)/(2\pi r)$ als Funktion von r ermitteln; eingesetzt in die Formel für das Volumen, was man ja optimieren möchte: $V = V(r) = \frac{r}{2} \cdot (A - 2\pi r^2)$. Das Volumen ist dann optimal, wenn $\frac{dV(r)}{dr} = 0 = \frac{A}{2} - 3\pi r^2$, also $r_m = \sqrt{A/6\pi}$. Die hierzu gehörige Höhe der Dose ist dann $h_m = \frac{A - \frac{2A}{6\pi}}{2\pi r_m} = \sqrt{2A/3\pi} = \left(\frac{2A}{3\pi}\right)^{1/2}$. Dieses Ergebnis entspricht auch tatsächlich dem größtmöglichen Volumen, weil $\frac{d^2 V(r)}{dr^2} = -6\pi r_m < 0$, also negativ ist. Beide, r_m wie h_m, sind $\sim A^{1/2}$, was wiederum bereits aus Dimensionsgründen so sein muss. Wie ist das Verhältnis Höhe : Breite diesmal? – Man berechnet $h_m = 2r_m$, wie im anderen Falle auch, also genauso hoch wie dick!

Abschließend noch eine lausige Frage: Wenn Dosenhersteller oder -füller unredlich sind und aus dem vorgegebenen Material, also der vorgegebenen Größe A der Oberfläche ein möglichst kleines Volumen gestalten wollen: wie bestimmen sie dann wohl r_m, h_m?

1.2 Komplexe Zahlen

Mathematisch-historisch hat es einige Zeit gedauert, bis die komplexen Zahlen ein akzeptierter Begriff wurden. Endgültig wurden sie in der Mathematik durch den genialen Carl Friedrich GAUSS (1777–1855) legitimiert, der sie 1831 als Punkte in der Zahlenebene darstellte und die Rechenregeln damit auch geometrisch interpretierte. Vorausgegangen waren Leonhard EULER (1707–1783), der das Symbol i einführte („imaginäre Zahl") und Raffael BOMBIELLI, ein Mathematiker in der Mitte des 16. Jahrhunderts, dem die Verwendung des Symbols $\sqrt{-1}$ zugeschrieben wird.

Schon die Namen der immer umfassender werdenden Zahlenkörper zeugen von der gedanklichen Auseinandersetzung unserer Vorfahren mit neuen Zahl-Begriffen. „Natürlich" heißen die Zahlen $1, 2, 3, \ldots$ zusammengefasst als Menge $\mathbb{N}$. Erweitert wurden sie zu den „ganzen Zahlen" $\mathbb{Z} = \{\ldots, -3, -2, -1, 0, 1, 2, 3, \ldots\}$, um den sich vergrößernden Rechenansprüchen des Addierens und Subtrahierens genügen zu können. Um ausnahmefrei multiplizieren und dividieren zu können, bedurfte es der Erweiterung auf die „rationalen Zahlen" $\mathbb{Q} = \left\{\frac{m}{n} \mid m \in \mathbb{Z}, n \in \mathbb{N}\right\}$. Um schließlich auch Grenzwerte von Zahlenfolgen einordnen zu können, unumgänglich für die Infinitesimalrechnung – nicht zuletzt zur Beschreibung von Naturphänomenen, also um die Physik weiterzuentwickeln –, entstand begrifflich der Körper der „reellen Zahlen" $\mathbb{R}$. Diese bilden die größtmögliche Zahlenmenge mit den gewohnten Rechenregeln, die sich „ordnen" lässt, bei der also zwischen je zwei Zahlen a und b aus $\mathbb{R}$ immer genau eine der Relationen gilt $a < b, a = b, a > b$. Die darin schon enthaltenen, durch Grenzwertbildung definierten „irrationalen Zahlen" wie $\sqrt{2}$ oder „transzendenten Zahlen" wie π, e, zeugen eher von der Schwierigkeit, einen angemessenen Namen für Zahlen mit neuartigen Definitionsverfahren zu finden, als dass sie nicht mehr als rational oder gar aus dem Jenseits kommend empfunden wurden.

Vielleicht lässt sich so auch die Bezeichnung „imaginär", also „eingebildet", eher psychologisch als mathematisch verstehen. „Komplex" heißen Zahlen z, die aus reellen und imaginären Zahlen zusammengesetzt sind. $\mathbb{C}$ bezeichnet die Menge der komplexen Zahlen.

Sie entstanden aus dem Bedürfnis, Gleichungen lösen zu können, die Potenzen der unbekannten Größe x enthalten. Alle bekannten Rechenregeln aber sollten (und mussten) erhalten bleiben, sonst konnte man die Polynom-Aufgabe $x^n + a_1 x^{n-1} + a_2 x^{n-2} + \ldots + a_n = 0$ gar nicht recht hinschreiben.

1.2.1 Imaginäre Einheit i

Lassen wir uns leiten von den beiden Vorgaben, Gleichungen mit Potenzen lösen zu können sowie mit diesen Lösungen die vertrauten Rechenoperationen (addieren, subtrahieren, multiplizieren, dividieren) nach den ebenso vertrauten Regeln (z. B. $(a + b) + c = a + (b + c)$ oder $a(b + c) = ab + ac$ usw.) durchführen zu können. Erstaunlicherweise zeigt sich, dass es schon genügt, Gleichungen des Typs $x^2 + a = 0$ mit reellem, positiven a, also $a > 0$, zu untersuchen. Für die allgemeinen Polynomgleichungen sind wir dann ebenfalls hinreichend gewappnet, wie GAUSS mit seinem Hauptsatz der Algebra bewies (in seiner Doktorarbeit 1799). Schon hier ahnen wir etwas von der Rückführbarkeit auf eine einzige Mustergleichung $x^2 + 1 = 0$. Multipliziert man sie nämlich mit $a, a > 0$, entsteht $ax^2 + a = 0$. Da wir aus positivem, reellen a die Wurzel ziehen können, $\sqrt{a}$, erhalten wir $(\sqrt{a}x)^2 + a = 0$. Würden wir also x kennen, so wäre $\sqrt{a}x$ die Lösung der etwas allgemeineren Gleichung – vorausgesetzt, das Produkt ist wie üblich zu verstehen.

$x^2 + 1 = 0$ ist mit reellem x, also $x \in \mathbb{R}$, nicht zu lösen. Dann wäre ja x^2 positiv und die Summe zweier positiver Zahlen, x^2 und 1, kann nicht Null sein. GAUSS', EULERS, BOMBIELLIS Idee folgend packen wir das Unbekannte einfach an den Hörnern und *definieren* einen neuen Zahlentyp zu den schon vorhandenen reellen Zahlen $a, b, \ldots \in \mathbb{R}$ hinzu, und zwar so, dass er die Problemgleichung *per definitionem* löst und den gewohnten Rechenregeln unterliegt.

Die neue Zahl wird i genannt. Definitionsgemäß ist sie Lösung der Gleichung

$$i^2 + 1 = 0 \,. \tag{1.22}$$

Da die Rechenregeln gelten sollen, stimmt auch $i^2 = -1$ und $i = \sqrt{-1}$ (wobei Sie bitte die Vorzeichenzweideutigkeit der Wurzel beachten sollten, also genauer $i = \pm\sqrt{-1}$).

1.2.2 Definitionen und Rechenregeln im Komplexen

Durch $i^2 + 1 = 0$ und die Gültigkeit der Rechenregeln werden die komplexen Zahlen $z \in \mathbb{C}$ durch ihre *Eigenschaften* axiomatisch festgelegt. Die Notwendigkeit, mehr „verstehen" zu wollen, ist für Mathematiker und Physiker gar nicht gegeben. Es ist natürlich jedem unbenommen, sich darüber hinausgehende, wissenschaftstheoretische oder philosophische Gedanken zu machen, was i „ist", sich daran auch zu erfreuen. Am konkreten Umgang mit den komplexen Zahlen $z \in \mathbb{C}$ ändert das nichts mehr. Deshalb kann man als Physiker auch ebenso gut auf solche Vorstellungen verzichten.

Haben wir also außer $a, b \in \mathbb{R}$ nun auch die Zahl i im Begriffevorrat und sollen die Rechenregeln gelten, gibt es auch Zahlen bi sowie $a + bi$. Addieren und subtrahieren führt – wieder wegen der axiomatischen Gültigkeit der üblichen Rechenregeln – zu Zahlen des gleichen Typs:

$$z_1 + z_2 = (a_1 + b_1 i) + (a_2 + b_2 i) = (a_1 + a_2) + i(b_1 + b_2) \,. \tag{1.23}$$

Auch multiplizieren führt zum selben Zahlentyp,

$$z_1 \cdot z_2 = (a_1 + b_1 i) \cdot (a_2 + b_2 i) = a_1 a_2 + a_1 b_2 i + a_2 b_1 i + b_1 b_2 i^2 \,.$$

Weil $i^2 = -1$, also reell, fassen wir so zusammmen:

$$(a_1 + b_1 i) \cdot (a_2 + b_2 i) = (a_1 a_2 - b_1 b_2) + i(a_1 b_2 + a_2 b_1) \,. \tag{1.24}$$

Jetzt ist es Zeit für passende Definitionen. „Komplexe Zahlen" z sind Bildungen $a + b\mathrm{i}$, mit $a \in \mathbb{R}$ und $b \in \mathbb{R}$. a heißt „Realteil" von z und b heißt „Imaginärteil" von z. Man beachte, der Imaginärteil ist definitionsgemäß also eine reelle (!) Zahl. Wir sagen ferner $z = 0$, wenn $a = 0$ und $b = 0$.

$$z^* = a - b\mathrm{i} \quad \text{heißt konjugiert komplex zu} \quad z = a + b\mathrm{i} \tag{1.25}$$

Das Produkt $zz^* = a^2 - (\mathrm{i}b)^2 = a^2 - \mathrm{i}^2 b^2 = a^2 + b^2$ ist reell und darüber hinaus stets positiv, $zz^* > 0$ sofern $z \neq 0$. Deshalb kann man aus zz^* die (reelle, positive) Wurzel ziehen und nennt sie den „Betrag von z",

$$|z| = {}_+\left(a^2 + b^2\right)^{\frac{1}{2}} . \tag{1.26}$$

Werfen wir einen kleinen Blick zurück, um die Brauchbarkeit dieser komplexen Zahlen zu beleuchten. Als Lösung der allgemeinen quadratischen Gleichung $x^2 + px + q = 0$, mit reellen Koeffizienten $p, q \in \mathbb{R}$, bestimmt man $x_{1,2} = -\frac{p}{2} \pm \sqrt{\frac{p^2}{4} - q}$. Sofern $\frac{p^2}{4} > q$ sind das zwei reelle Lösungen, okay. Sofern jedoch $\frac{p^2}{4} < q$, sind die Lösungen nach den Rechenregeln komplexe Zahlen, nämlich $z_{1,2} = -\frac{p}{2} \pm \mathrm{i}\sqrt{q - \frac{p^2}{4}}$, deren Realteil $a = -\frac{p}{2}$ ist und deren Imaginärteil $b = \pm\sqrt{q - \frac{p^2}{4}}$ lautet. Somit können wir also in dem neu gewonnenen Rahmen alle quadratischen Gleichungen stets lösen, immerhin!

Doch halt: p, q sollten reell sein. Aber warum eigentlich lassen wir nicht auch komplexe Koeffizienten zu? Multiplizieren und addieren können wir ja wie üblich, die komplexe Gleichung $z^2 + pz + q = 0$ ist also auch für $p, q \in \mathbb{C}$ sinnvoll. Der zu $x_{1,2}$ führende Rechengang geht nach wie vor. Es bleibt also nur, auch Wurzeln aus komplexen Zahlen ziehen zu können. Verschieben wir das noch etwas, aber gehen wird es im Rahmen der bestehenden Rechenregeln auch, s. u. Abschn. 1.2.3.

Sie werden es schon gemerkt haben: Gleichungen zwischen komplexen Zahlen, $z_1 = z_2$, sind genau genommen zwei reelle Gleichungen:

$$z_1 = a_1 + b_1\mathrm{i} \quad \text{und} \quad z_2 = a_2 + b_2\mathrm{i} \quad \text{sind gleich genau dann,}$$
$$\text{wenn } a_1 = a_2 \textbf{ und } b_1 = b_2 \text{ gilt} . \tag{1.27}$$

Jetzt merkt man auch, dass uns ja doch etwas verloren gegangen ist. Der bisher makellose Weg in die Welt der komplexen Zahlen erfordert – leider – doch ein Opfer. Komplexe Zahlen lassen sich *nicht mehr ordnen*. Für reelle Zahlen $a, b \in \mathbb{R}$ ist dieses noch das Markenzeichen, $a > b$ oder $a < b$. Aber $z_1 > z_2$?? Zwar könnte man noch auf die Idee kommen, so etwas zu erklären als $a_1 > a_2$ und $b_1 > b_2$. Was aber, wenn zwar $a_1 > a_2$ aber $b_1 < b_2$ ist? Kurz, im Unterschied zu den reellen Zahlen lassen sich komplexe Zahlen aus strukturellen Gründen leider nicht ordnen, ist der Ordnungsbegriff aus dem Reellen nicht ins Komplexe übertragbar.

Wann aber sind dann komplexe Zahlen als groß oder klein anzusprechen? Klein ginge ja noch, nämlich wenn sowohl der Realteil a als auch der Imaginärteil b klein ist. Und wenn sowohl a als auch b groß ist, würde man z groß nennen. Was aber, wenn a groß und b klein ist oder umgekehrt? Da hilft es weiter, an das bereits erklärte $|z|$, Betrag von z, zu denken. Es wichtet nach (1.26) beide Teile, a und b, gleichmäßig und akzeptiert sogar beide Vorzeichen von a bzw. b, weil $\pm$ unter dem Quadrieren gleich sind. Deshalb sagen wir,

$$z \text{ heißt groß oder klein, wenn } |z| \text{ groß oder klein ist.} \qquad (1.28)$$

Physiker müssen immer präzisieren: groß oder klein wogegen. Mathematisch sagen wir $|z| \gg 1$ oder $|z| \ll 1$. Übrigens, z^2 hülfe – anders als im Reellen – nicht weiter, besteht es doch wiederum aus einem Real- und einem Imaginärteil, $z^2 = (a^2 - b^2) + \mathrm{i}(2ab)$. Nichts also mit ordnen. Der Verlust der Ordnungsrelation für komplexe Zahlen rät zur Frage, was es dann genau heißen soll, alle Regeln sollen weiterhin gelten. Einerseits Beruhigung, bei diesem einzigen Verlust bleibt es. Andererseits Präzisierung: Folgende Regeln sind es, die gelten sollen:

Addition:	Kommutativgesetz $a + b = b + a$,
	Assoziativgesetz $(a + b) + c = a + (b + c)$,
	neutrales Element $a + 0 = a$ existiert, genannt Null.
Subtraktion:	Zu je zwei Zahlen a und b gibt es stets eine dritte Zahl c, sodass $a + c = b$.
	c heißt Differenz von b und a und wird als $b - a$ bezeichnet.
Multiplikation:	Kommutativgesetz $ab = ba$,
	Assoziativgesetz $(ab)c = a(bc)$,
	neutrales Element $1a = a$.
Addition und Multiplikation:	Distributivgesetz $(a + b)c = ac + bc$.
Division:	Zu je zwei Zahlen $a \neq 0$ und b gibt es stets eine dritte Zahl c, sodass $ac = b$.
	Es heißt dann c der Quotient von b und a und wird mit $\frac{b}{a}$ (oder $b : a$) bezeichnet.

Dieses sind die Axiome, die auch für komplexe Zahlen gelten sollen. Es fehlen, wie gesagt, die Ordnungsrelationen. Nachgeholt werde, dass offenbar $ib = bi$ ist, wegen des Kommutativgesetzes.

Nachzuholen ist noch die Division. Wir führen sie auf die reelle Division und die komplexe Multiplikation zurück, indem wir geeignet erweitern.

$$\frac{z_1}{z_2} = \frac{z_1 z_2^*}{z_2 z_2^*} = \frac{(a_1 + \mathrm{i}b_1)(a_2 + \mathrm{i}b_2)}{a_2^2 + b_2^2} = \frac{a_1 a_2 - b_1 b_2}{a_2^2 + b_2^2} + \mathrm{i}\frac{a_2 b_1 + a_1 b_2}{a_2^2 + b_2^2} \qquad (1.29)$$

1.2.3 Die Polardarstellung

Potenzieren ist nun klar, z^n, $n = 2, 3, \ldots$ Natürlich möchten wir auch das Wurzelziehen, also $\sqrt[m]{z}$ oder $z^{\frac{1}{m}}$, erklären können, allgemeiner $z^{\frac{n}{m}}$. Dazu ist es zweckmäßig, von der bisherigen sogenannten *kartesischen* Darstellung $z = x + \mathrm{i}y$, mit $x, y \in \mathbb{R}$ zu der *polaren* Darstellung überzugehen. (Die Bezeichnung x, y statt a, b für den Realteil und den Imaginärteil ist dabei natürlich unerheblich, wenngleich gebräuchlich.)

Wir klammern zunächst den Betrag $|z|$ aus,

$$z = |z| \left(\frac{x}{|z|} + \mathrm{i} \frac{y}{|z|} \right) . \tag{1.30}$$

Offensichtlich gilt $-1 \leq \frac{x}{|z|} \leq 1$ und $-1 \leq \frac{y}{|z|} \leq 1$ sowie schließlich $\left(\frac{x}{|z|} \right)^2 + \left(\frac{y}{|z|} \right)^2 = \frac{x^2+y^2}{|z|^2} = 1$, und das für jede Zahl $z \neq 0$. Man erkennt, dass man die beiden Brüche als den $\sin \varphi$ und den $\cos \varphi$ eines geeigneten Winkels φ darstellen kann, die eben diese Beziehungen erfüllen,

$$\frac{x}{|z|} = \cos \varphi, \qquad \frac{y}{|z|} = \sin \varphi . \tag{1.31}$$

Der Winkel φ heißt das „Argument" der komplexen Zahl z. Mit φ ist auch $\varphi + 2\pi$ oder $\varphi + 2\pi n$ mit positivem oder negativem ganzen n ein äquivalentes Argument. Um Eindeutigkeit zu erreichen, definieren wir φ als „Hauptwert" , wenn $-\pi \leq \varphi \leq +\pi$. Man berechnet das Argument einer komplexen Zahl $z = x + \mathrm{i}y$ grundsätzlich aus ihrem Real- und Imaginärteil mittels

$$\frac{y}{x} = \tan \varphi \quad \text{oder} \quad \varphi = \arctan \frac{y}{x} , \quad \text{proviso} \quad x > 0 . \tag{1.32a}$$

Natürlich könnte man auch arcsin oder arccos berechnen, doch bedürfte es dann des Zwischenschrittes über $|z| = \sqrt{x^2 + y^2}$. Warum aber der Vorbehalt „grundsätzlich", warum das proviso $x > 0$? Der Quotient $\frac{y}{x}$, also $\tan \varphi$, hat nämlich die kürzere Periode π statt 2π. So durchläuft φ die Werte von $-\pi/2$ bis $+\pi/2$, wenn $x > 0$, aber $-\infty < y < +\infty$. Der Quotient $\frac{y}{x}$ unterscheidet jedoch nicht zwischen $x > 0, y < 0$ gegenüber $x < 0, y > 0$.

Deshalb definieren wir bei $x < 0$ die Zuordnung

$$\varphi = \pi - \arctan \frac{y}{|x|} , \quad x < 0 .$$

Dann ist φ in beiden Fällen ($x > 0$ und $x < 0$) für $y \to \infty$ gleich $\frac{\pi}{2}$. Wenn y gerade 0 ist, wird $\varphi = \pi$. Geht $y \to -\infty$, wächst φ bis $\pi - \left(-\frac{\pi}{2} \right) = \frac{3}{2}\pi$, was wegen der 2π-Periodizität mit $\frac{3}{2}\pi - 2\pi = -\frac{\pi}{2}$ identisch ist. Wiederum schließt φ stetig an. Um immer im Hauptwertbereich $-\pi \leq \varphi \leq +\pi$ zu bleiben, verwenden wir bei $x < 0$

$$\varphi = \pi - \arctan \frac{y}{|x|} , \quad y > 0 ; \qquad \varphi = -\pi - \arctan \frac{y}{|x|} , \quad y < 0 . \tag{1.32b}$$

Durch (1.32a) und (1.32b) ist der Hauptwert des Argumentes einer jeden komplexen Zahl eindeutig definiert.

Der Klammerfaktor in (1.30) schreibt sich nun als $\cos \varphi + \mathrm{i} \sin \varphi$. Schon von Abraham DE MOIVRE (1730) und Leonhard EULER (1748) stammt die höchst bemerkenswerte, nützliche Einsicht, dass diese komplexe Summe gerade die Exponentialfunktion mit imaginärem

Argument ergibt.

$$\cos\varphi + i\sin\varphi = e^{i\varphi}, \qquad \text{Euler-Moivre-Formel} \tag{1.33}$$

Ihre Gültigkeit kann man sich z. B. durch Reihenentwicklung klarmachen.

$$e^{i\varphi} = 1 + i\varphi + \frac{1}{2!}i^2\varphi^2 + \frac{1}{3!}i^3\varphi^3 + \ldots = 1 - \frac{1}{2!}\varphi^2 + \frac{1}{4!}\varphi^4 + \ldots + i\left(\varphi - \frac{1}{3!}\varphi^3 + \ldots\right).$$

Man erkennt im ersten, reellen Teil die $\cos\varphi$-Reihe wieder und im Imaginärteil die $\sin\varphi$-Reihe. Mittels Eulerformel (1.33) haben wir die sogenannte *Polardarstellung* erreicht:

$$z = x + iy = |z|e^{i\varphi}. \tag{1.34}$$

Zusammengefasst gewinnt man sie aus gegebener kartesischer Darstellung $z = x + iy$ so:

$$|z| = +\sqrt{x^2 + y^2}, \qquad \varphi \triangleq \arctan\left(\frac{y}{x}\right). \tag{1.35a}$$

Das Symbol $\triangleq$ verweist auf die Verfeinerungen: Es bedeutet „$=$" für $x > 0$ sowie $\pi - \arctan\frac{y}{|x|}$ für $x < 0$ und $y \geq 0$ bzw. $-\pi - \arctan\frac{y}{|x|}$, falls $x < 0$ und $y \leq 0$.

Umgekehrt gewinnt man bei gegebener Polardarstellung $z = |z|e^{i\varphi}$ daraus die kartesische Darstellung zurück,

$$x = |z|\cos\varphi, \qquad y = |z|\sin\varphi. \tag{1.35b}$$

Nunmehr im Besitz der Polardarstellung scheinen Potenzieren und Wurzelziehen Kinderspielereien zu sein. Potenzieren:

$$z^n = |z|^n e^{in\varphi}. \tag{1.36}$$

Bei den entsprechenden Wurzeln $\sqrt[m]{z} = z^{\frac{1}{m}} = |z|^{\frac{1}{m}}e^{i\frac{\varphi}{m}}$ fehlt aber offenbar noch etwas.

Wir wissen z. B., dass es zwei Quadratwurzeln gibt, $\pm\sqrt{z}$. Wir haben aber bisher nur eine, nämlich $+|z|e^{i\frac{\varphi}{2}}$. Die andere hätte zusätzlich den Faktor $-1 = \cos 180° + i\sin 180° = e^{i\,180°} = e^{i\pi}$. Die beiden Wurzeln sind also $+\sqrt{|z|}e^{i(\varphi+k2\pi)/2}$ mit $k = 0$ *und* $k = 1$.

Ohne die Wurzel zu ziehen, wären die $\varphi + k2\pi$ zu φ äquivalent. Infolge des Wurzelziehens gerät aber noch ein vorher äquivalentes Argument in den fundamentalen Winkelbereich $[0, 2\pi]$ bzw. Hauptwertbereich $[-\pi, +\pi]$, nämlich $\varphi/2 + \pi$. Bei höheren Wurzeln m geschieht das wegen der Division durch m für noch mehr k-äquivalente Argumente φ:

$$\sqrt[m]{z} = |z|^{\frac{1}{m}}e^{i(\varphi+k2\pi)/m} = |z|^{\frac{1}{m}}e^{i\left(\frac{\varphi}{m} + \frac{k}{m}2\pi\right)}. \tag{1.37}$$

Für $k = 0, 1, \ldots, m-1$ liegt der Winkelzusatz zwischen 0 und 2π, also im unterscheidbaren Bereich. Es gibt folglich m verschiedene m-te Wurzeln! Insbesondere bei $m = 2$ gibt es also zwei.

Mit dieser vollständigen Anzahl von m-ten Wurzeln kann man auch den Fundamentalsatz der Algebra wieder erkennen. Die Potenzgleichung $z^m = a$ hat im Komplexen genau m

Lösungen, nämlich die m Wurzeln $\sqrt[m]{a}$. Man beginnt die Geschlossenheit und wunderbare Ästhetik der Mathematik mit komplexen Zahlen zu verstehen.

Übrigens, die m komplexen Wurzeln von 1 lauten $\sqrt[m]{1} = e^{2\pi i \frac{k}{m}}$, $k = 0, 1, \ldots, m - 1$. Insbesondere $\sqrt[2]{1}$ ist 1 und −1.

1.2.4 Beispiele zur übenden Erläuterung

Seien komplexe Zahlen $z_1 = 4 + 3i$, $z_2 = 4 - 3i$, $z_3 = -1 - i$, $z_4 = 5e^{0,5i}$, $z_5 = e^{2i}$ gegeben.

Wir bestimmen $|z_1| = (4^2 + 3^2)^{\frac{1}{2}} =_+ \sqrt{25} = 5$, $|z_2| = 5$, $|z_3| =_+ \sqrt{2} = 1,414\ldots$ Die Argumente lauten $\varphi_1 = \arctan \frac{3}{4} = 0,6435 = 0,2048\pi = 36,86°$. Sodann ist $\varphi_2 = -\varphi_1$, aus (1.32) oder (1.35a). $\varphi_3 = -\pi - \arctan \frac{-1}{-1} = -\pi + \arctan 1 = -\pi + \frac{\pi}{4} = -\frac{3}{4}\pi = -2,356$.

Die kartesischen Darstellungen von z_4 und z_5 sind mit $x_4 = 5 \cdot \cos 0,5 = 5 \cdot 0,8776 = 4,388$ und $y_4 = 5 \cdot \sin 0,5 = 5 \cdot 0,4794 = 2,397$, also $z_4 = 4,388 + 2,397i$. Entsprechend $x_5 = \cos 2 = -0,4161$ und $y_5 = \sin 2 = 0,9093$, somit $z_5 = -0,4161 + 0,9093i$.

Es ergab sich die Notwendigkeit, den Winkel φ vom Grad-Maß in das Bogen-Maß umzurechnen und umgekehrt. Dazu vergleicht man, dass ein voller Kreisumlauf einerseits 360° ist und dabei andererseits der Bogen $s = 2\pi r$ zurückgelegt wird, was dem Bogen-Maß des Winkels von $\varphi = \frac{s}{r} = 2\pi$ entspricht. Somit gilt die Entsprechung $180° \,\hat{=}\, \pi$. Die Umrechnung vom Grad-Maß $\varphi°$ in das Bogen-Maß φ lautet somit

$$\varphi = \frac{\varphi°}{180°} \cdot \pi \,. \tag{1.38a}$$

Die Umrechnung vom Bogen-Maß φ ins Grad-Maß $\varphi°$ lautet

$$\varphi° = \frac{\varphi}{\pi} \cdot 180° \,. \tag{1.38b}$$

Moderne Taschenrechner liefern das heute gratis. Beispielsweise sind $45° \,\hat{=}\, \frac{\pi}{4} = 0,785\ldots$ oder $\frac{3\pi}{2} = 4,712\ldots \,\hat{=}\, 270°$.

Es ist zur Selbstkontrolle nützlich, die komplexen Zahlen z_4 und z_5 aus der kartesischen Darstellung wieder zurück in die Polardarstellung zu führen. Dann muss die vorgegebene Ausgangsform wieder erreicht werden, sonst hat man sich verhauen! $\sqrt{4,3882^2 + 2,3972^2} = 5,00$ in Genauigkeit von vier Stellen hinter dem Komma, usw. Ausführlicher nur noch φ_5: Weil $x_5 < 0$ und $y_5 > 0$, gilt $\varphi = \pi - \arctan \frac{0,9093}{0,4161} = \pi - 1,1416 = 2$ in vierstelliger Genauigkeit.

Üben wir jetzt zu addieren und zu subtrahieren. $z_1 + z_2 = 8$, $z_1 - z_2 = 6i$, $z_2 + z_3 = 3 - 4i$, $z_1 - z_3 = 5 + 4i$ usw. Um z_4 und z_5 zu addieren, geht man am besten über die kartesische Darstellung: $z_4 + z_5 = 3,972 + 3,306i$. (Aufgepasst, $x_4 + x_5 = 4,388 + (-0,4161) = 3,972$!).

Multiplizieren: $z_1 \cdot z_2 = (16 + 9) + i(12 - 12) = 25$; muss auch deshalb so sein, weil $z_2 = z_1^*$, also $z_1 z_2 = |z_1|^2 = 5^2$. $z_2 \cdot z_3 = (-4 - 3) + i(3 - 4) = -7 - i$.

Schließlich noch dividieren: $z_1/z_2 = z_1 z_2^*/|z_2|^2 = z_1 z_1/|z_2|^2$, weil in diesem Falle $z_2^* = z_1$ ist, zufällig. Deshalb weiter mit $z_1^2 = 4^2 + 2 \cdot 4 \cdot 3i + (3i)^2 = 16 - 9 + 24i = 7 + 24i$. Zu teilen ist dann noch durch $|z_2|^2 = 25$, somit $z_1/z_2 = \frac{7}{25} + i\frac{24}{25} = 0{,}28 + 0{,}96i$. Das kann man in der Polardarstellung prüfen. $z_1/z_2 = 5e^{i\varphi_1}/5e^{i\varphi_2} = e^{i\varphi_1 - i\varphi_2} = e^{i2\varphi_1}$, weil in diesem speziellen Fall $\varphi_2 = -\varphi_1$ ist. Aus $e^{2\varphi_1 i} = e^{i\cdot 73{,}72°}$ erhält man die kartesische Form $\cos(73{,}72°) + i\sin(73{,}72°) = 0{,}28 + i0{,}96$, wie es sich gehört.

Noch $z_3^2 = (-1-i)^2 = (1+i)^2 = 1 + 2i + i^2 = 2i$, rein imaginär. Man hätte auch in Polardarstellung rechnen können:

$$z_3^2 = \left(\sqrt{2}e^{-\frac{3}{4}\pi i}\right)^2 = \sqrt{2}^2 e^{-\frac{3}{2}\pi i} = 2\cdot\left(\cos\left(-\frac{3}{2}\pi\right) + i\sin\left(-\frac{3}{2}\pi\right)\right) = 2\cdot(0+i) = 2i\,.$$

Und wie wäre es mit Wurzelziehen?

$$+\sqrt{z_5} = \left(e^{2i}\right)^{\frac{1}{2}} = e^i = \cos 1 + i\sin 1 = 0{,}54 + 0{,}81i\,.$$

Oder:

$$+\sqrt{z_3} = |z_3|^{\frac{1}{2}}e^{i\varphi\frac{3}{2}} = {}_+\sqrt{+\sqrt{2}}e^{-\frac{3}{8}\pi i} = 1{,}189e^{-\frac{3}{8}\pi i} = 0{,}455 - i\cdot 1{,}098\,,$$

weil

$$\cos\left(-\frac{3}{8}\pi\right) = \cos 67{,}5° = 0{,}383 \text{ und } \sin\left(-\frac{3\pi}{8}\right) = -\sin 67{,}5° = -0{,}924\,.$$

Selbstverständlich ist auch das (-1)fache, also $-0{,}455 + i1{,}098 = 1{,}189e^{\frac{5\pi}{8}i}$ eine Wurzel von z_3; quadrieren Sie auch zur Probe.

1.2.5 Die komplexe Zahlenebene

Der schon Kundige mag die graphische Darstellung der komplexen Zahlen vermissen. Sie ist sehr nützlich und man braucht sie oft, um sich etwas klar zu machen, allein rechnen muss man nach den vorher betrachteten Regeln.

Reelle Zahlen trägt man auf der Zahlengeraden von $-\infty$ bis $+\infty$ auf. GAUSS führte 1831 für die komplexen Zahlen die Zahlenebene ein, in der die Zahlengerade für den Realteil die Abszisse ist und die Zahlengerade für den Imaginärteil die Ordinate, s. Abb. 1.4a.

Jeder komplexen Zahl $z = x + iy$ entspricht ein Punkt mit den Koordinaten x und y. Die Länge der Verbindungslinie vom Koordinatenursprung 0 zum Punkt z ist der absolute Betrag $|z|$. Der Winkel φ, das Argument von z, lässt sich als Winkel dieser Verbindungslinie zur Abszisse ablesen.

Wegen der Ähnlichkeit mit einem Ortsvektor wird die Verbindungslinie oft mit einem Pfeil versehen. Addieren heißt dann einfach, den einen Pfeil z_1 an den anderen z_2 zu setzen. Nichts anderes tut man, wenn man die Abszissen = Realteile, also $x_1 + x_2$ addiert sowie die Ordinaten = Imaginärteile, also $y_1 + y_2$ ebenfalls. Beim Subtrahieren setzt man nicht Ende auf Spitze, sondern Spitze auf Spitze. Ansonsten parallel-verschiebt man beim Addieren und Subtrahieren die Pfeile jeweils nur, siehe Abb. 1.4b.

Multiplikation von komplexen Zahlen $z_1 = |z_1|e^{i\varphi_1}$ und $z_2 = |z_2|e^{i\varphi_2}$ heißt, eine neue komplexe Zahl $z = |z_1||z_2|e^{i(\varphi_1 + \varphi_2)}$ zu berechnen. Ihr absoluter Betrag $|z|$ lautet $|z_1||z_2|$; er ist

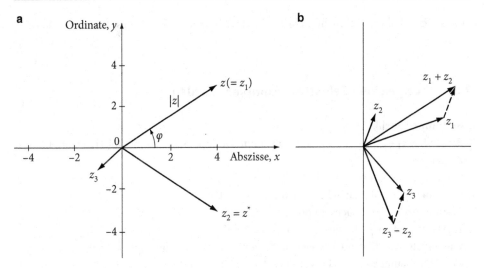

Abb. 1.4 Zur komplexen Zahlenebene **a**. Dargestellt sind die Zahlen $z = z_1 = 4 + 3\mathrm{i}$, $z_2 = z_1^* = 4 - 3\mathrm{i}$ und $z_3 = -1 - \mathrm{i}$. **b** Graphische Addition und Subtraktion komplexer Zahlen

also gestreckt (oder gestaucht, je nach $|z_2| > 1$ oder $|z_2| < 1$) gegenüber $|z_1|$. Ihr Argument ist $\varphi = \varphi_1 + \varphi_2$. Multiplikation und entsprechend Division sind folglich Drehstreckungen.

Analoges gilt für Potenzieren oder Wurzelziehen. So ist z. B. $\sqrt[m]{z}$ diejenige Zahl w, deren Betrag $|w| = \sqrt[m]{|z|}$ die m-te Wurzel aus $|z|$ ist und deren Argument $\varphi_w = \varphi_z/m + 2\pi k/m$ der m-te Teil des Argumentes von z plus $2\pi k/m$ ist. Wiederum hat man Drehstreckungen.

Der Übergang von z zur konjugiert komplexen Zahl z^* bedeutet übrigens, den z-Pfeil an der Abszisse zu spiegeln. Man kann das in Abb. 1.4a sehen, weil $z_2 = z_1^*$ ist.

Der Umgang mit komplexen Zahlen ist physikalischer Alltag. Er ist ebenso einfach wie der mit den reellen Zahlen, die ja als Teilmenge aufgefasst werden können, $\mathbb{R} \in \mathbb{C}$. Die Mathematik kennt heute auch andere Axiomensysteme für die komplexen Zahlen, z. B. durch Darstellung mittels geordneter Paare: $\mathbb{C} := \{(a, b)|a, b \in \mathbb{R}\}$. Addition wird definiert durch $(a, b) + (c, d) := (a + c, b + d)$, Multiplikation durch $(a, b)(c, d) := (ac - bd, ad + bc)$. Spezielle Zahlen sind $(0, 1)$, genannt i, $(a, 0)$, genannt a oder Realteil sowie $(0, b)$, genannt b oder Imaginärteil. Somit erhält man die eindeutige Zerlegung $(a, b) = (a, 0) + \mathrm{i}(0, b) = a + \mathrm{i}b$. Offenbar gilt $(0, 1)(0, 1) = (-1, 0) \triangleq -1$. Kennen wir nun schon alles.

Wichtiger ist es, zu neuen „Zahlen" zu gelangen, indem man bisher axiomatisch festgelegte und verwendete Rechenregeln ändert. So kann man z. B. das multiplikative Kommutativgesetz $ab = ba$ bzw. $ab - ba = 0$ aufgeben und durch das antikommutative Gesetz $ab + ba = 0$ ersetzen. Die Konsequenzen sind dramatisch. Für solche „Zahlen" gilt z. B. $a^2 = 0$, $\mathrm{e}^a = 1 + a$ usw. Sie werden aber in der modernen Physik vielfach angewendet (Graßmann-Zahlen).

Eine andere Erweiterung sind die Quaternionen (Cliffordalgebra, Diracsche Spinoren), die in der modernen Physik wichtig sind, um den Spin von Elementarteilchen zu beschreiben. Das gehört aber wohl nicht mehr in eine Einführung. Man lernt es, wenn man damit zu tun hat.

1.2.6 Übungen zum Selbsttest: komplexe Zahlen

1. Bestimmen Sie $|i|, |1 + i|, |1 - i|, |i|^n$.
2. Prüfen Sie $|z_1 \pm z_2| \leq |z_1| + |z_2|$, die sogenannte Dreiecksungleichung, mit den komplexen Zahlen $i, 1 \pm i, -i$.
3. Berechnen Sie $\frac{z}{z^*}$ und $\frac{|z|}{|z^*|}$.
4. Wie lauten die Polardarstellungen von $i, -1, -i, 1 \pm i$?
5. Bestimmen Sie $\frac{5}{4-3i}$, auch in Polardarstellung.
6. Wie lautet die zu $\frac{1+i}{1-i}$ konjugiert komplexe Zahl?
7. Was ist falsch an folgender Beweisführung für die (offensichtlich unwahre) Behauptung $1 = -1$? Sie lautet so: $1 = \sqrt{1} = \sqrt{(-1)(-1)} = \sqrt{-1} \cdot \sqrt{-1} = i \cdot i = i^2 = -1$.
8. $\sqrt[n]{i} = ?$ (Polar- und kartesische Darstellung.) Was findet man für $n \to \infty$? Was für $\sqrt{i}$, also $n = 2$?
9. Sei $z_1 = -5 - 3i, z_2 = 1 + i$. Wie lauten $z_1 + z_2, z_1 - z_2, z_1 \cdot z_2, z_1 : z_2$?
10. $z = -\frac{3}{5} - \frac{4}{5}i$ liegt im dritten Quadranten. Wie lautet z in Polardarstellung? Machen Sie mit dem Ergebnis die Probe, ob Sie die kartesische Form wiedergewinnen.

Vektoren

2

Wir wollen uns zuerst dem Begriff des Vektors, den Eigenschaften von Vektoren sowie dem praktischen Umgang mit ihnen zuwenden. Dabei werden wir wiederholt von einer physikalischen Motivation ausgehen, dann aber zu mathematisch einwandfreier Definition bzw. sauberer Formulierung von Aussagen vordringen. Häufige konkrete Anwendungen und Beispiele sollen das Erlernen des für alle späteren Physik- (und manchmal auch Mathematik-) Vorlesungen so nützlichen Stoffes erleichtern. Der erste Abschnitt beschäftigt sich mit dem algebraischen Umgang mit Vektoren.

2.1 Definition von Vektoren

Um zu erkennen, was man unter dem Begriff „Vektor" versteht und warum man ihn überhaupt einführt, wollen wir ihn abgrenzen gegen andere physikalische Größen sowie ihn in eine Systematik einbetten. Motiviert durch physikalische Aufgabenstellungen unterscheiden wir zwischen Größen verschiedener Qualität: Skalare, Vektoren, Tensoren. Welches die unterscheidende Qualität ist, soll hier in Abschn. 2.1 entwickelt werden.

2.1.1 Skalare

Viele physikalische Größen lassen sich durch Angabe einer einzigen Zahl zusammen mit der jeweiligen Maßeinheit ausreichend kennzeichnen. Beispiele sind etwa: die Zahl der Teilchen in einem Stück Materie, die Masse eines Teilchens, die Temperatur, die Spannung (bzw. das Potenzial), die Stromstärke in einem Draht, die Zeitdauer eines Vorgangs, die Entfernung zwischen zwei Ereignissen usw.

Im Rahmen dieser mehr auf mathematische Sachverhalte ausgerichteten Vorlesung wollen wir i. Allg. die Maßeinheiten für geeignet gewählt halten und sie nicht explizit er-

S. Großmann, *Mathematischer Einführungskurs für die Physik*,
DOI 10.1007/978-3-8348-8347-6_2,
© Vieweg+Teubner Verlag | Springer Fachmedien Wiesbaden 2012

wähnen. Deshalb beziehen wir die jeweils interessierenden Größen auf eine Maßeinheit und symbolisieren das Verhältnis Größe/[Maßeinheit] durch $x, a, \phi, \ldots$ Dies sind folglich reine Zahlenangaben, mögen aber zur Vereinfachung ebenfalls „physikalische Größen" genannt werden.

Da wir sogleich physikalische Größen kennenlernen werden, die *nicht* durch eine einzige Zahl zu beschreiben sind, lohnt es sich, die soeben betrachteten Fälle mit einem gemeinsamen Namen zu belegen.

▸ **Vorläufige Definition** *Skalare* sind Größen, die durch Angabe einer einzigen Zahl zu kennzeichnen sind.

2.1.2 Vektoren

2.1.2.1 Vorläufiges

Wir begegnen Fragestellungen, bei denen eine einzige Zahl zur Beschreibung nicht genügt. Ein Musterbeispiel ist etwa die Aufforderung: Verschieben Sie dieses Buch um 20 cm. Offenbar weiß man dann noch nicht, wo es hinkommt oder hinsoll. Dazu bedarf es offensichtlich noch einer weiteren Angabe, etwa der Richtung (auf dem Tisch oder im Raum) der Verschiebung.

Analoge Größen wie 1. eine Verschiebung im Raum sind offenbar 2. Geschwindigkeiten, 3. Kräfte, 4. elektrische oder magnetische Feldstärken usw. Man versteht dies, wenn man an den jeweiligen Zusammenhang mit der zuerst genannten Größe „Verschiebung" denkt. So ist etwa die Geschwindigkeit eine Angabe über die Verschiebung in einer gewissen Zeit oder die Kraft die Ursache für eine Verschiebung, usw.

Außer der *Quantitätsangabe* (Ausmaß der Verschiebung, Stärke der Kraft usw.) bedarf es noch einer *Richtungsangabe*. Um sie zu machen, braucht man offensichtlich ein Hilfsmittel, das außerhalb der gerade betrachteten physikalischen Erscheinung liegt, nämlich *Bezugsgeraden*. Relativ zu ihnen kann man im uns geläufigen dreidimensionalen Raum eine Richtung durch genau zwei Winkel festlegen.

Das kann man verschieden machen und deshalb verschieden einsehen; etwa durch Angabe eines Winkels in einer Bezugsebene sowie eines Höhenwinkels. Man denke daran, wie man durch Angabe von Länge und Breite auf der Erdkugel jede Richtung vom Erdmittelpunkt aus beschreiben kann.

Bei den jetzt besprochenen physikalischen Größen ist also folgender Unterschied zu Skalaren erkennbar:

1. Sie sind durch *drei Zahlenangaben* statt nur durch *eine* zu charakterisieren.
2. Es bedarf der Angabe von Bezugsgeraden, um die Zahlenangaben machen zu können.

Abb. 2.1 Vektoren, repräsentiert durch Pfeile
im Raum

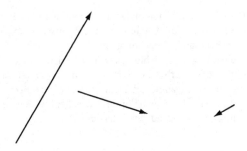

Offenbar liegt in der Auswahl der Bezugsgeraden, genannt „Bezugssystem", einige Willkür. Diese betrifft *nicht* die Verschiebung selbst, wohl aber 2 der 3 Zahlen, mit der wir sie
quantitativ beschreiben. Je nach Wahl des Bezugssystems werden sich verschiedene Winkel
für ein- und dieselbe Verschiebung ergeben. Diese leider nicht vermeidbare Verschiedenheit der Zahlenangaben trotz gleicher Verschiebung, Geschwindigkeit, Kraft, …macht uns
bei der Definition eines gemeinsamen Oberbegriffs für die diskutierten physikalischen Größen etwas Umstände. Wir formulieren deshalb folgende vorläufige Definition.

▶ **Vorläufige Definition** *Vektoren* sind Größen, die einen Betrag und eine Richtung haben.
Graphisch repräsentieren wir Vektoren durch Pfeile (Abb. 2.1), deren Länge den Betrag (die
Quantität) und deren Lage samt Pfeilspitze die Richtung des jeweiligen Vektors angeben.
Zahlenmäßig beschreiben wir Vektoren durch Zahlentripel; diese hängen von der Wahl des
Bezugssystems ab.

2.1.2.2 Bezugssysteme

Um Richtungen im Raum zu beschreiben, mussten wir Bezugsgeraden einführen. Wir ver-
abreden jetzt, wie man das zweckmäßig machen wird. Man wähle sich zuerst eine beliebige
Gerade. Eine weitere Gerade möge, im Prinzip beliebig, hinzukommen. Doch wollen wir
sie so wählen, dass sie die erste Gerade 1. schneidet sowie 2. sogar rechtwinklig schneidet.
Damit ist eine Ebene gekennzeichnet. Da wir auch Richtungen außerhalb dieser Ebene beschreiben wollen, ist es zweckmäßig, eine weitere Gerade im Raum einzuführen. Sie darf
nicht in der soeben gewählten Ebene liegen, denn dann ermöglicht sie als Bezugsgerade
nicht die erwünschte Erschließung der dritten Dimension. Sie soll aber zweckmäßigerweise auch nicht zu schief zu den beiden ersten Bezugsgeraden sein, sondern eine möglichst
übersichtliche und bequeme Nutzung des Bezugssystems gestatten. Deshalb führen wir sie
auch noch 1. durch den schon vorhandenen Schnittpunkt sowie 2. rechtwinklig zu *beiden*
anderen Geraden.

Unser Bezugssystem ist nunmehr ein 6strahliger „Stern". Da wir ihn zum Messen benutzen wollen, bringen wir auf den Bezugsgeraden noch Maßzahlen an. Zweckmäßig ist es
offenbar, den Nullpunkt der Maßeinteilung auf jeder der 3 Geraden in den gemeinsamen
Schnittpunkt zu legen. Eine Richtung auf der ersten Geraden wählen wir willkürlich als positiv; eine Richtung auf der zweiten Geraden ebenfalls. Auf der dritten Geraden bleibt nur

Abb. 2.2 Rechtssystem: Dreht man mit der rechten Hand die 1-Achse in die 2-Achse wie eine Rechtsschraube, so schreitet man in 3-Richtung fort. Analog: 2-Achse in 3-Achse drehen zeigt in 1-Richtung usw. Eine gleichwertige Beschreibung ist: Man erhält ein Rechtssystem, wenn man (in dieser Reihenfolge) Daumen, Zeigefinger und Mittelfinger der rechten Hand rechtwinklig spreizt, wobei Daumen und Zeigefinger in der Handebene bleiben sollen

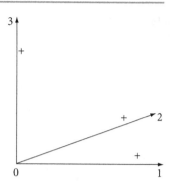

noch die Auswahl zwischen zwei Möglichkeiten. Wir wählen das sog. Rechtssystem, siehe Abb. 2.2. (Übung: Man zeichne ein Linkssystem.)

Blicken wir auf die Konstruktion unseres Standard-Bezugssystems zurück, so erkennen wir, dass trotz Festlegung vieler Einzelheiten noch zwei Eigenschaften willkürlich bleiben:

1. Die *Lage* des gemeinsamen *Schnittpunktes* 0 der Bezugsgeraden.
2. Die *Stellung des Bezugssystems* als „Dreibein" im Raum.

Wir erkennen aber, dass es offensichtlich eines weiteren Bezugssystems bedürfte, um diese Willkür zu beseitigen. Dieses aber hätte wiederum dieselben Freiheiten! Daher schließen wir, dass die Bezugssysteme *prinzipiell* bezüglich 1. *Translation* sowie 2. *Rotation* „freizügig" sein müssen. Die „Wahl" eines Bezugssystems soll im Folgenden stets bedeuten: Wahl eines bestimmten Anfangspunktes 0 sowie einer bestimmten Lage der Achsen des Rechtssystems im Raum der uns umgebenden physikalischen Körper.

Eine Voraussetzung ging in unsere Konstruktion freilich ein: Es sei überhaupt möglich, 3 Geraden in ihrem gemeinsamen Schnittpunkt jeweils aufeinander senkrecht zu machen. Erfahrungsgemäß scheint das in dem uns vorgegebenen physikalischen Raum möglich zu sein.

2.1.2.3 Komponenten

Nunmehr im Besitz eines gewählten Bezugssystems, können wir die Richtungen eines interessierenden Vektors charakterisieren wie vorher beschrieben: Länge des Pfeiles direkt ausmessen und 2 Winkel relativ zu den Bezugsgeraden angeben. Dies fixiert die Lage bis auf eine Zweideutigkeit.

Wir können einen Vektor aber auch anders zahlenmäßig erfassen, nämlich so: Zunächst wählen wir das Koordinatensystem so, dass der Anfangspunkt 0 mit dem Anfangspunkt der Verschiebung übereinstimmt, die der Vektor repräsentiert, siehe Abb. 2.3.

Dann gehe man vom Endpunkt der Verschiebung P parallel zur 3-Richtung bis in die 1–2-Ebene. $|x_3|$ bezeichne die dazu nötige Weglänge. Vom Auftreffpunkt innerhalb der 1–2-Ebene gehe man parallel zur 2-Achse bis zur 1-Achse. $|x_2|$ sei die hierzu nötige Weglänge.

Abb. 2.3 Darstellung eines Vektors durch ein Zahlentripel von „Komponenten"

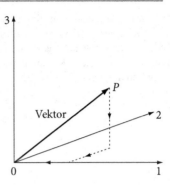

Schließlich gehe man noch vom Auftreffpunkt auf die 1-Achse bis zum Anfangspunkt 0 der Verschiebung, wozu die Länge $|x_1|$ nötig sei.

Damit ist neben der eigentlichen Verschiebung $\overrightarrow{OP}$ ein zweiter Weg von 0 nach P definiert worden, indem man nämlich entlang des soeben konstruierten 3teiligen Weges rückwärts läuft, d. h. von 0 bis P. Die drei Zahlen $|x_i|$ sind – sofern die Konstruktion von Parallelen überhaupt möglich ist – offenbar eindeutig, nämlich durch direkte Konstruktion, bestimmt. Verabreden wir noch, $x_i = +|x_i|$ oder $x_i = -|x_i|$ zu setzen, je nachdem, ob man in positiver oder negativer i-Richtung zu gehen hat um von 0 nach P zu gelangen, so folgern wir:

Jeder Vektor lässt sich eindeutig kennzeichnen durch ein Zahlentripel (x_1, x_2, x_3), genannt seine drei *Komponenten*.

Bemerkungen

1. Man kann offenbar die Komponenten x_i auch in anderer Reihenfolge zu gewinnen trachten, indem man von P etwa zuerst parallel zur 2-Achse in die 1–3-Ebene läuft, usw. Durch Parallelverschiebungen lässt sich klarmachen, dass man dann *dasselbe* Zahlentripel x_i findet.

2. Wir fassen das Zahlentripel als *geordnetes* Tripel auf, d. h. x_i bezieht sich in der Reihenfolge $i = 1, 2, 3$ stets auf die – bei einmal gewähltem Bezugssystem wohldefinierte – i-Achse.

3. Die Zahl 3 der Komponenten spiegelt offenbar die drei Dimensionen wider, die unser physikalischer Raum hat. Vektoren in einer Ebene würde man durch geordnete Paare (x_1, x_2) beschreiben. In der Physik spielen auch höherdimensionale Räume eine Rolle, in denen man folglich Vektoren durch n-Tupel $(x_1, x_2, \ldots, x_n)$ kennzeichnen würde. Es tritt sogar der Fall auf, bei dem n unendlich ist; dieser Raum heißt Hilbertraum und spielt z. B. in der Quantenmechanik eine fundamentale Rolle.

4. Die Komponentenkonstruktion eines Vektors der Verschiebung $\overrightarrow{OP}$ haben wir als möglich hingestellt und nicht weiter hinterfragt. Diese *Möglichkeit* enthält ohne Zweifel eine gewisse Aussage über die Struktur des physikalischen Raumes. Sie hat sich bewährt. Mancher möchte jedoch eine solche Aussage vermeiden, damit eine mathematische

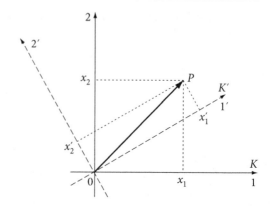

Abb. 2.4 Zwei ebene Koordinatensysteme K und K', gegeneinander gedreht. Ein und dieselbe Punktverschiebung P wird in K durch (x_1, x_2) sowie in K' durch (x_1', x_2') analytisch dargestellt

Disziplin nicht an physikalische – und daher im Prinzip veränderliche – Erkenntnisse geknüpft ist. Er wird bevorzugen, Vektoren ohne Bezug auf räumliche Bezugssysteme einfach ad hoc als n-Tupel zu *definieren*, zusammen mit einigen Rechenregeln. Wir wollen das später auch noch tun, siehe Abschn. 2.3.4.

Da für Anwendungen in der Physik aber schließlich doch die Übereinstimmung allgemeiner mathematischer Strukturen mit gewissen Naturerkenntnissen nötig ist, wollen wir die Einführung in die Vektorrechnung sogleich an diesen Naturerkenntnissen orientieren. Wem dies nicht „schmeckt", der kann die folgenden Abschnitte als heuristische Einleitung ansehen, die algebraische Definition in Abschn. 2.3.4 als Ausgangspunkt wählen und alles Weitere darauf stützen.

2.1.2.4 Koordinatentransformationen

Wir kommen zurück auf die Willkür bei der Wahl von Koordinatensystemen. Wie wirkt sie sich aus auf die analytische, d. h. zahlenmäßige Beschreibung von Vektoren durch n-Tupel?

1. *Verschiebungen* des 0-Punktes wirken sich offenbar gar nicht aus, wenn wir die x_i als Weglängen betrachten, die ebenso wie die gesamte Verschiebung $\overrightarrow{OP}$ nur den *Unterschied* der Maßzahlen zwischen Anfangs- und Endpunkt des Weges darstellen sollen. Umgekehrt heißt das: Wählt man einmal ein festes Bezugssystem, so sind die Vektorpfeile, die die Punktverschiebungen repräsentieren, als frei im Raum parallel-verschiebbar anzusehen. In diesem Sinne *soll* der „Vektor" also eine Äquivalenzklasse aller gleich langen und gleich gerichteten Verschiebungen *sein*.

2. *Drehungen* des Koordinatensystems wirken sich auf die Komponentendarstellung (x_1, x_2, x_3) drastisch aus, wie uns Abb. 2.4 lehrt.

Natürlich kann man den Zusammenhang zwischen dem Tripel (x_1, x_2, x_3) in einem System K sowie dem Tripel (x_1', x_2', x_3') für *dieselbe* Verschiebung in einem gedrehten Bezugssystem K' ausrechnen. Dies ist leicht, und wir werden es später auch tun, (siehe

Abschn. 2.4), sofern man z. B. die Drehwinkel von K' relativ zu K angibt. Hier genüge zunächst die Aussage, dass für *jede Punktverschiebung* ein umkehrbar eindeutiger Zusammenhang zwischen der Komponentendarstellung (x_i) im System K und derjenigen (x_i') im System K' besteht. Wir nennen den Zusammenhang die *Koordinatentransformation*.

$$(x_i') = D_{K'K}(x_i) \quad \text{bzw.} \quad (x_i) = D_{K'K}^{-1}(x_i') \, . \tag{2.1}$$

Diese symbolischen Formeln werden genau dargestellt in Abschn. 2.4.2. Sie sagen uns, *wie* sich das eine Verschiebung repräsentierende Tripel bei Rotation des Koordinatensystems *zahlenmäßig* verändert. Verschiedene Drehungen werden offenbar durch verschiedene D gekennzeichnet. Drehungen D haben offenbar die Eigenschaft $D_{K'K}^{-1} = D_{KK'}$, wie man durch Vergleich der zweiten Formel in (2.1) mit der ersten erkennt, wenn man in dieser die ungestrichenen mit den gestrichenen Symbolen formal vertauscht.

Da nun die Wahl eines Koordinatensystems K zum Zwecke der Beschreibung einer Punktverschiebung diese als solche nicht beeinflusst – ebensowenig wie die physikalischen Größen „Geschwindigkeit", „Kraft" usw. – werden wir die verschiedenen Tripel $(x_i), (x_i'), \ldots$ bei gedrehten Systemen $K, K', \ldots$ als Repräsentanten bzw. Realisierungen *desselben Objektes* ansehen, nämlich der Verschiebung, der Geschwindigkeit, der Kraft, …

2.1.2.5 Vektordefinition
Nunmehr können wir eine brauchbare Kennzeichnung des Begriffes Vektor formulieren:

▸ **Definition** *Vektoren* sind Zahlentripel (allgemeiner: n-Tupel), die sich auf ein Koordinatensystem beziehen und sich bei Koordinatentransformationen wie die Komponenten einer gerichteten Strecke $\overrightarrow{AB}$ transformieren. Man repräsentiert sie graphisch durch frei parallel-verschiebbare Pfeile „von A nach B".

Indem also ein Vektor alle die durch Drehungen D miteinander verbundenen analytischen Darstellungen $(x_i), (x_i'), \ldots$ zugleich symbolisiert und den Koordinaten-Anfangspunkt infolge freier Verschiebbarkeit überhaupt nicht enthält, ist er in diesem Sinne „unabhängig" von der Wahl des Koordinatensystems. Das Vektorsymbol $\overrightarrow{AB}$ steht „über" der Komponentendarstellung und fasst die je nach K verschiedenen Tripel von Zahlen zusammen. Vektoren sind somit Zahlentripel-Äquivalenzklassen.

Wegen eben dieser Unabhängigkeit vom Koordinatensystem braucht man bei Translationen oder Rotationen das Vektorsymbol nicht zu wechseln. Vektorgleichungen sind „invariant" gegenüber den genannten Koordinatentransformationen. Insbesondere deshalb sind Vektoren in der Physik so nützlich.

Merke
Nicht jedes Zahlentripel stellt etwa auch einen Vektor dar! Die Zeitangaben (t_1, t_2, t_3) für die Abfahrt eines Eilzuges von A-Stadt nach B-Dorf sind z. B. sicher nicht als Vektorkomponenten anzusehen, da sie völlig unabhängig sind von jeglichem räumlichen Bezugsystem.

Merke ferner

Wir haben die Eigenschaften von Vektoren angebunden an diejenigen von Punktverschiebungen mit willkürlich verschiebbarem Anfangspunkt. Daher werden wir auch in den folgenden Paragraphen die Rechenregeln an die Punktverschiebungen anbinden. Sie gelten dann für Vektoren allgemein. Schreibt man sie in einem willkürlich gewählten, dann aber festgehaltenen Bezugssystem K in Komponentenform analytisch auf, so gewinnt man zunächst eine Anzahl von Grundregeln. Will man sich lösen von der anschaulichen Realisierung von Vektoren als Punktverschiebungen, so kann man natürlich diese Grundregeln als axiomatische Forderungen für den Umgang mit den n-Tupeln (x_i) hinstellen und damit eine algebraische Definition des Vektorbegriffes geben. Wie schon erwähnt, soll das in Abschn. 2.3.4 geschehen, wo Vektoren als Elemente von unitären K-Moduln betrachtet werden.

Bevorzugt man die Definition des Vektors als Element eines unitären K-Moduls, so muss man umgekehrt *dann* Naturerkenntnis einbringen, wenn man einsehen will, dass z. B. Punktverschiebungen, Kräfte usw. gerade die Eigenschaften haben wie die Elemente von K-Moduln. Nur so wird die Vektorrechnung physikalisch relevant.

▸ **Definition der Bezeichnung von Vektoren** Wir symbolisieren Vektoren durch Buchstaben mit einem Pfeil darüber. Beispiele sind $\vec{r}, \vec{a}, \vec{E}, \vec{K}, \dots$ mit den jeweiligen Komponenten-Darstellungen $(x_i), (a_i), (E_i), (K_i), \dots$ *i* läuft im 3-dimensionalen physikalischen Raum von 1 bis 3. Manchmal bezeichnen wir auch die 1-Achse als x-Achse, die 2-Achse als y-Achse und die 3-Achse als z-Achse. Es sind $\vec{r} \triangleq (x_1, x_2, x_3) \triangleq (x, y, z) \triangleq (r_x, r_y, r_r)$ gebräuchliche Bezeichnungen.

Schreibt man Vektoren mit der Hand, ist es sehr bequem, einen Halbpfeil über den Buchstaben zu setzen, z. B. $\vec{r}, \vec{a}, \vec{E}$ usw.

Die Menge $\{\vec{r}_1, \vec{r}_2, \vec{r}_3, \vec{r}_4, \dots\}$ aller Vektoren als Repräsentanten aller Punktverschiebungen nennen wir „Vektorraum". Bildlich gesprochen ist er ein Haufen von Stecknadeln verschiedenster Länge und Richtung. Wählt man ein festes Koordinatensystem, so sind alle möglichen Punktverschiebungen offenbar erreicht, wenn man speziell von 0 zu jedem Punkt P eine Verschiebung denkt. In diesem Sinne ist der Vektorraum isomorph[1] zu dem 3-dimensionalen Raum (allgemeiner: dem R^n). Die Punktverschiebungen $\overrightarrow{OP}$ heißen auch „Ortsvektoren" $\vec{r}$.

Aufgabe

Man zeichne die Vektoren $\vec{r} = (2, 1, 4), \vec{E} = (1, -1, 0), \vec{a} = (0{,}7; 1{,}2; -0{,}6)$.

---

[1] Isomorph bedeutet struktur-gleich. Räume nennt man dann *isomorph*, wenn ihre Elemente eineindeutig aufeinander abzubilden sind, wobei auch die Rechenregeln zwischen den Bildelementen gleich denen zwischen den Urelementen sein sollen.

Abb. 2.5 Drehung oder Verzerrung eines festen
Körpers unter dem Einfluss äußerer Kräfte

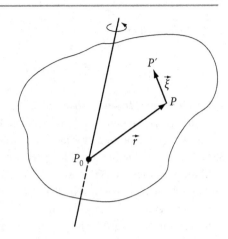

2.1.3 Tensoren

Wir haben Skalare und Vektoren betrachtet. In der Physik treten aber noch weitere Größen
auf, die etwas komplexerer Art sind. Wiederum machen wir uns das an einem physikalischen Beispiel klar.

Wir betrachten einen festen Körper. Auf ihn mögen von außen Kräfte einwirken. Was
bewirken sie?

1. Im einfachsten Fall verschieben sie den Körper. Wir kennen solche Verschiebungen
   schon und wissen, dass man sie durch einen Verschiebungsvektor $\vec{a}$ zu beschreiben hat.
   Jeder Punkt im Körper wird um $\vec{a}$ verschoben.
   Wir lernen somit nichts Neues, wenn wir reine Verschiebungen betrachten. Daher
   denken wir sie uns dadurch verhindert, dass wir den Körper an einer Stelle einfach fest-
   machen. Diese Stelle heiße P_0. Was bewirken äußere Kräfte nun?
2. Falls die Kräfte im Vergleich zur inneren Festigkeit des Körpers klein sind, beobachten
   wir höchstens eine Drehung des Körpers. Die Achse der Drehung muss offensichtlich
   durch den festgehaltenen Punkt P_0 gehen. Alle Punkte P, die *nicht* auf der Achse liegen,
   verändern ihre Lage je nach Abstand von ihr, z. B. P nach P' gemäß Abb. 2.5.
   Um die Wirkung der äußeren Kräfte zu beschreiben, bedienen wir uns des soeben
   gelernten Hilfsmittels: Wir kennzeichnen jeden Punkt P *vor* der Drehung durch den
   Vektor, der von P_0 zu P führt, genannt $\vec{r}$. Durch die Drehung gehe P in P' über, dargestellt durch den Verschiebungsvektor $\vec{\xi}$.
   Natürlich hängen Ausmaß und Richtung der Verschiebung $\vec{\xi}$ von der Stelle P, d. h.
   von $\vec{r}$ ab. Wir schreiben $\vec{\xi}(\vec{r})$. *Eine* Eigenschaft dieser Abhängigkeit erkennen wir ohne
   weiteres: Je weiter P von P_0 weg ist, desto größer ist (i. Allg.) die Verschiebung. Daraus schließen wir: Falls $\vec{r}$ das Zahlentripel (x_1, x_2, x_3) hat, das um $\vec{\xi}$ mit Zahlentripel
   (ξ_1, ξ_2, ξ_3) verschoben wird, so werden die ξ_i proportional zu jedem x_j größer werden,
   und zwar sowohl, falls alle drei x_1, x_2, x_3 einzeln wachsen, als auch falls dies gemeinsam

geschieht. Daher gilt

$$\xi_i = a_{i1}x_1 + a_{i2}x_2 + a_{i3}x_3; \quad i = 1, 2, 3 \ . \tag{2.2}$$

Drehbewegungen sind also durch ein 3×3-Gebilde von Zahlen a_{ij} zu beschreiben, auch Matrix (a_{ij}) genannt. Wir lernen später, dass sie sogar die zusätzliche Eigenschaft $a_{ij} = -a_{ji}$ hat, genannt „*Antisymmetrie*". (Weiteres über Drehbewegungen siehe 2.4.)

3. Falls man die Drehung des Körpers unter dem Einfluss äußerer Kräfte künstlich verhindert, werden die Kräfte statt dessen den Körper verformen. Wieder aber kommt es dadurch zu Verschiebungen aller Punkte P (außer P_0). Man kann Abb. 2.5 einfach uminterpretieren: Jede Stelle $\vec{r}$ wird um $\vec{\xi}(\vec{r})$ „verzerrt". Die einfache Grundregel, dass die Verzerrung umso größer ist, je weiter P von P_0 weg ist, d. h. je größer $\vec{r}$, wird mindestens im einfachsten Fall eines homogenen Körpers mit kleinen Verzerrungen augenscheinlich wieder gelten. Sonst verteilen sich die inneren Spannungen nicht gleichmäßig auf den Körper. Folglich gilt wiederum (2.2) für die Komponenten der Verzerrungen. Wir lernen, dass Drehbewegungen und Verzerrungen durch Matrizen (a_{ij}) zu beschreiben sind, also 2-Indizes-Größen. Im Allgemeinen werden die Kräfte sowohl drehen als auch verzerren. Da

$$a_{ij} = \frac{1}{2}\left(a_{ij} - a_{ji}\right) + \frac{1}{2}\left(a_{ij} + a_{ji}\right)$$

geschrieben werden kann und der erste Teil offenbar antisymmetrisch ist, $\omega_{ij} \equiv (a_{ij} - a_{ji})/2$, folglich Drehbewegungen beschreibt, ordnen wir dem zweiten Teil, $\epsilon_{ij} \equiv (a_{ij} + a_{ji})/2$, die reinen Verzerrungen zu. Es ist $\epsilon_{ij} = \epsilon_{ji}$ „*symmetrisch*".

Wie verhalten sich nun die Matrizen ω_{ij} für Drehbewegungen, ϵ_{ij} für Verzerrungen oder a_{ii} für Verschiebungen allgemein, wenn man das Koordinatensystem K wechselt, mit dessen Hilfe man den Verzerrungszustand darstellt?

Da $\vec{r}$ und $\vec{\xi}(\vec{r})$ Verschiebungsvektoren sind, bleiben ihre Zahlentripel zwar invariant gegenüber Koordinatentranslation. Bei *Koordinatenrotation* jedoch verändern sich (x_1, x_2, x_3) *und* (ξ_1, ξ_2, ξ_3) gemäß der Transformationsgleichung (2.1). Wie man aus (2.2) ablesen kann, müssen sich folglich die a_{ij} auch ändern, und zwar sowohl bezüglich des Vektorkomponenten-Index i *als auch* bezüglich j, das ja ebenfalls Vektorkomponenten indiziert. Symbolisch können wir so schreiben: $(\xi'_i) = D(\xi_i) = D(a_{ij})(x_j) = D(a_{ij})D^{-1}(x'_j)$. Später werden wir lernen, dass $D^{-1} \hat{=} D$. Deshalb lautet die Veränderung des Zahlenschemas (a_{ij}) symbolisch

$$(a'_{ij}) = DD(a_{ij}) \ . \tag{2.3}$$

Während Skalare beim Wechsel von Koordinatensystemen sich gar nicht ändern und Vektoren gemäß (2.1) mit D bezüglich eines Index zu transformieren sind, benennen wir physikalische Größen wie die a_{ij} mit dem Transformationsverhalten nach (2.3) mit einem neuen Namen, nämlich „Tensoren".

▶ **Definition** Ein *Tensor* ist ein 3×3-Gebilde, allgemein ein $n \times n$-Gebilde, (a_{ij}), das sich bei Koordinatentransformationen sowohl bezüglich i als auch bezüglich j wie ein Vektor (d. h. wie eine Punktverschiebung) transformiert.

Zum Beispiel werden Verzerrungen von Körpern also durch Tensoren beschrieben. Ähnlich muss man die sie erzeugenden Kräfte durch einen Spannungstensor kennzeichnen. Oder: Magnetische Momente P_i werden durch äußere Felder B_j erzeugt; der Zusammenhang wird durch den Tensor der Suszeptibilität (χ_{ij}) dargestellt. Viele weitere Beispiele treten in der Physik auf.

Offenbar kann man unsere bisherigen Überlegungen erweitern durch folgende

▶ **Definition** Eine physikalische Größe $A_{ij...m}$ mit insgesamt k Indizes, die unabhängig ist von Koordinatentranslationen und sich bei Koordinatendrehungen bezüglich aller k Indizes *zugleich* wie ein Vektor transformiert, heißt *Tensor k. Stufe*.

Die Transformation (2.3) ist offenbar vom Typ einer „Multiplikation". Tatsächlich *verhalten sich Tensoren k. Stufe wie k-fache Produkte* von Vektoren, d. h. $A_{ij...m} \cong x_i x_j \ldots x_m$. Man erkennt dies aus dem obigen physikalischen Beispiel der Verzerrungen. Aus (2.2) folgt $(\partial/\partial x_j)\xi_i = a_{ij}$; später lernen wir nämlich, dass $(\partial/\partial x_j)$ die Transformationseigenschaften eines Vektors hat.

Nun ist die Systematik bei den Begriffsbildungen in (2.1) wohl klar. Offenbar sind Tensoren (im engeren Sinn) als Tensoren 2. Stufe anzusehen; Vektoren sind speziell Tensoren 1. Stufe; die Skalare schließlich verändern sich bei Drehungen überhaupt nicht, sind also Tensoren 0. Stufe.

Damit haben wir eine Klassifikation physikalischer Größen unter dem Gesichtspunkt ihres Transformationsverhaltens bei Koordinatentranslationen bzw. -rotationen vorgenommen. Im Folgenden beschäftigen wir uns vor allem mit den Tensoren 1. Stufe, d. h. den Vektoren, sowie ein wenig mit Tensoren 2. Stufe, den „Matrizen" (a_{ij}).

2.2 Addition von Vektoren und Multiplikation mit Zahlen

In diesem Abschnitt stellen wir die Rechenregeln mit Vektoren auf, indem wir von den Eigenschaften von Punktverschiebungen ausgehen. Dies wird in ein analytisches Axiomensystem einmünden, das den Vektorraum als K-Modul erscheinen lässt. Bei den Überlegungen sollen wichtige Begriffe wie Einheitsvektor, Projektion usw. eingeführt sowie der quantitative Zusammenhang zwischen den beiden Darstellungen eines Vektors als Pfeil bzw. als Zahlentripel angegeben werden.

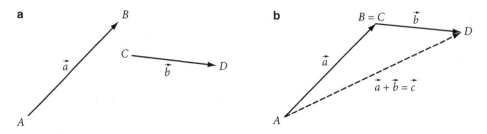

Abb. 2.6 Addition von Vektoren. **a** zeigt die gegebenen Vektoren, **b** zeigt Aufeinanderlegen von C und B sowie die Summe

2.2.1 Addieren und Subtrahieren

Verschiebungen eines Punktes kann man hintereinander mehrmals ausführen, insbesondere zweimal: A nach B und dann B nach C. Im Endergebnis hat man den Punkt somit von A nach C gebracht, was soviel ist wie eine einzige Verschiebung A nach C. Zwei Verschiebungen werden also durch Hintereinanderausführen zu einer anderen Verschiebung. Das legt nahe, Hintereinanderausführen als *Addieren* von Verschiebungen zu *definieren*.

Auf Vektoren als Repräsentanten von Verschiebungen übertragen wir das durch die in Abb. 2.6 erläuterte Definition.

▶ **Definition** Gegeben zwei Vektoren, $\vec{a} \triangleq \overrightarrow{AB}$ und $\vec{b} \triangleq \overrightarrow{CD}$. Unter der *Summe* $\vec{a} + \vec{b}$ verstehen wir den Vektor $\vec{c}$, der durch Hintereinanderausführen der beiden Verschiebungen entsteht: erst Verschiebung $\overrightarrow{AB}$, dann mittels Translation von $\vec{b}$ den Punkt C auf B legen, schließlich Verschiebung $\overrightarrow{CD}$. Dann ist $\vec{c} \triangleq \overrightarrow{AD}$.

Für die Vektorsumme gelten folgende Gesetze:

$$\text{Kommutativgesetz}\quad \vec{a} + \vec{b} = \vec{b} + \vec{a}\,, \tag{2.4}$$

$$\text{Assoziativgesetz}\quad (\vec{a} + \vec{b}) + \vec{c} = \vec{a} + (\vec{b} + \vec{c}) = \vec{a} + \vec{b} + \vec{c}\,. \tag{2.5}$$

Um (2.4) zu beweisen, stelle man sich beide Seiten der Gleichung als Verschiebungen dar und erkennt, dass die Summe die Diagonale eines Parallelogramms ist, $\vec{a}$ und $\vec{b}$ dessen eine sowie $\vec{b}$ und $\vec{a}$ dessen gegenüberliegende Begrenzung. Entscheidend ist die Möglichkeit der freien Parallelverschiebbarkeit der Vektoren.

Analog zeige man (2.5) als Übung.

Nun *definieren* wir $-\vec{a}$ als diejenige Verschiebung, die die Verschiebung $\vec{a} \triangleq \overrightarrow{AB}$ wieder rückgängig macht, d. h. $\overrightarrow{BA}$. Also ist insbesondere

$$\vec{a} + (-\vec{a}) = \vec{0}\,, \tag{2.6}$$

wobei $\vec{0}$ die „Verschiebung" sei, die einen Punkt da lässt, wo er sich sowieso befindet, seine Lage also nicht verändert. $\vec{0}$ heisst auch *neutrales Element*, denn $\vec{a} + \vec{0} = \vec{a}$ für alle Vektoren $\vec{a}$.

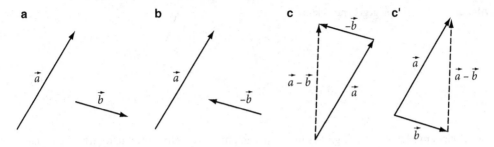

Abb. 2.7 Subtraktion von Vektoren

Ferner *definieren* wir die allgemeine *Subtraktion* von Vektoren:

$$\vec{a} - \vec{b} := \vec{a} + (-\vec{b}) \, . \tag{2.7}$$

Die Durchführung einer Vektorsubtraktion ist in Abb. 2.7 als Bildfolge dargestellt.

Unter Benutzung des Kommutativ- und des Assoziativgesetzes folgert man aus (2.7) folgende äquivalente Definition der Subtraktion:

$\vec{a} - \vec{b}$ ist derjenige Vektor, dessen Summe mit $\vec{a}$ gerade $\vec{b}$ ist.

$$(\vec{a} - \vec{b}) + \vec{b} = \vec{a} \, . \tag{2.8}$$

Dies ist in Abb. 2.7c graphisch zu erkennen.

Um die Nicht-Trivialität des Kommutativgesetzes einzusehen, ist es nützlich, die Frage zu beantworten:

Ist die Subtraktion von Vektoren kommutativ?

Man beweise die aus dem Umgang mit Zahlen vertraute Gleichung

$$- (\vec{a} - \vec{b}) = \vec{b} - \vec{a} \, . \tag{2.9}$$

Fassen wir die bisherigen Resultate zusammen, so erkennen wir folgende Strukturelemente im Raume $\mathbb{R}$ der Vektoren:

G1 Zu je 2 Vektoren existiert eine Verknüpfung, die den beiden Vektoren einen anderen Vektor zuordnet. Die Verknüpfung ist kommutativ und wird „Addition" genannt.

$$\vec{a} \in \mathbb{R} \quad \text{und} \quad \vec{b} \in \mathbb{R} \ \Rightarrow \ \vec{a} + \vec{b} \in \mathbb{R}$$

G2 Die Verknüpfung ist assoziativ,

$$\vec{a} + (\vec{b} + \vec{c}) = (\vec{a} + \vec{b}) + \vec{c} =: \vec{a} + \vec{b} + \vec{c} \, .$$

G3 Es gibt ein „neutrales" Element, genannt $\vec{0} \in \mathbb{R}$, mit der Eigenschaft

$$\vec{a} + \vec{0} = \vec{a}, \quad \text{für alle} \quad \vec{a} \in \mathbb{R} \, .$$

Abb. 2.8 Vier beliebig gegebene Vektoren

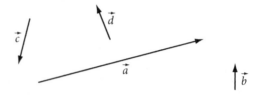

G4 Zu jedem Element $\vec{a} \in \mathbb{R}$ gibt es in $\mathbb{R}$ ein sog. „Inverses", eindeutig definiert als Lösung der Gleichung $\vec{a} + \vec{x} = \vec{0}$. Wir bezeichnen das lösende Element $\vec{x} \in \mathbb{R}$ mit $-\vec{a}$.

Die aufgezeichneten Eigenschaften definieren aber gerade eine „*Gruppe*", die wegen der Gültigkeit des Kommutativgesetzes auch kommutative Gruppe, Abelsche Gruppe oder Modul heißt. Der Vektorraum ist also ein *Modul*.

2.2.2 Übungen zum Selbsttest: Vektoraddition

1. Welche der folgenden Größen sind Skalare und welches sind Vektoren? Volumen, Zentrifugalkraft, Dichte, Frequenz, Geschwindigkeit, spezifische Wärme, Abstand?
2. Man beweise (durch Konstruktion beider Seiten) (2.9)

$$-(\vec{a} - \vec{b}) = \vec{b} - \vec{a} \, .$$

3. Gegeben seien die Vektoren $\vec{a}, \dots, \vec{d}$, z. B. wie in Abb. 2.8.
   Man bestimme: $\vec{r}_1 = \vec{a} - \vec{b} - (\vec{c} - \vec{d})$, $\vec{r}_2 = \vec{c} - (\vec{a} + \vec{d} - \vec{b})$, $\vec{r}_3 = \vec{b} - (\vec{a} - \vec{d}) + \vec{c}$.

Merke Zur Kontrolle für die richtige Berechnung einer Vektorsumme durchlaufe man den geschlossenen Polygonzug einmal rund herum. Jeder Teilvektor muss dann genau einmal positiv und einmal negativ auftreten.

4. Auf einen Körper an der Stelle P mögen eine Reihe von Kräften wirken, z. B. wie in Abb. 2.9.
   Welche weitere Kraft ist nötig, um den Körper an einer eventuellen Bewegung zu hindern?

2.2.3 Multiplikation von Vektoren mit Zahlen

Addiert man $\vec{a} + \vec{a}$, so erhält man offenbar eine Verschiebung in gleicher Richtung, aber von doppelter Länge, da man ja zweimal dieselbe Verschiebung hintereinander ausführt. Es ist naheliegend, die gesamte Verschiebung als $2\vec{a}$ zu definieren. Analog erhielte man $\vec{a} + \vec{a} + \vec{a} =: 3\vec{a}$, allgemein bei n Summanden also $n\vec{a}$ Hieraus lesen wir ab die Zweckmäßigkeit folgender allgemeiner Definition ab.

Abb. 2.9   Ein Körper P unter dem
Einfluss einiger Kräfte

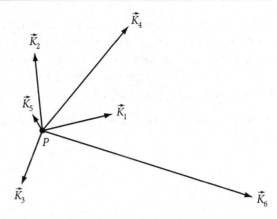

▸ **Definition** Gegeben sei ein beliebiger Vektor $\vec{a}$ als Repräsentant einer Punktverschiebung $\overrightarrow{OP}$ sowie eine beliebige positive reelle Zahl α. Der Vektor $\alpha\vec{a}$ sei dann die Verschiebung in gleicher Richtung, jedoch von α-facher Länge.

▸ **Korollar** Speziell ist dann offenbar $1\vec{a} = \vec{a}$. Zwecks Ausdehnung auf negative reelle Zahlen *definieren* wir ferner

$$(-1)\vec{a} := -\vec{a} \ . \tag{2.10}$$

Aus der Definition leitet man leicht folgende Gesetze ab, denen die Multiplikation von Vektoren mit – positiven sowie negativen – reellen Zahlen genügt.

$\alpha, \beta, \ldots$ seien reelle Zahlen, $\vec{a}, \vec{b}, \ldots$ seien Vektoren. Dann gilt

$$(\alpha + \beta)\vec{a} = \alpha\vec{a} + \beta\vec{a} \ , \tag{2.11}$$

$$\alpha(\vec{a} + \vec{b}) = \alpha\vec{a} + \alpha\vec{b} \ , \tag{2.12}$$

$$\alpha(\beta\vec{a}) = (\alpha\beta)\vec{a} =: \alpha\beta\vec{a} \ . \tag{2.13}$$

Es gelten also zwei distributive Gesetze sowie ein Assoziativgesetz. Bequemerweise definieren wir noch

$$\alpha\vec{a} =: \vec{a}\alpha \ .$$

Der Beweis dieser Gesetze ist leicht zu führen, wenn man sich der Definition der Multiplikation von Vektoren mit Zahlen bedient. Da dabei die Richtung der Vektoren erhalten bleiben soll, sind das distributive Gesetz (2.11) und das assoziative Gesetz (2.13) nichts anderes als die aus dem Körper der reellen Zahlen bekannten Beziehungen, nur dargestellt in der durch $\vec{a}$ definierten Richtung. Das distributive Gesetz (2.12) besagt, dass bei Dehnung eines Parallelogramms um einen Faktor α auch die Diagonale um eben diesen Faktor länger wird (vgl. Abb. 2.6b).

Den soeben untersuchten Sachverhalt können wir formal so zusammenfassen:

Der Raum der Vektoren ist ein *linearer Raum* bezüglich eines Körpers K – hier speziell des Körpers der reellen Zahlen –, auch genannt *K-Modul*.

Das soll heißen: Der Vektorraum $\mathbb{R}$ ist Abelsche Gruppe bezüglich der Addition (G1 bis G4 aus Abschn. 2.2.1), und es gilt ferner:

K1   In $\mathbb{R}$ ist die Multiplikation mit Zahlen aus K erklärt.

$$\alpha \in K; \quad \vec{a} \in \mathbb{R}, \quad \alpha \vec{a} \in \mathbb{R} \,.$$

K2   Distributivgesetze:

$$\alpha(\vec{a} + \vec{b}) = \alpha \vec{a} + \alpha \vec{b} \,,$$
$$(\alpha + \beta)\vec{a} = \alpha \vec{a} + \beta \vec{a} \,.$$

K3   Assoziativgesetz:
$$\alpha(\beta \vec{a}) = (\alpha\beta)\vec{a} =: \alpha\beta\vec{a} \,.$$

K4   Das Element $1 \in K$ erfüllt $1\vec{a} = \vec{a}$ für alle $\vec{a}$.

Jede Realisierung einer Menge von Elementen, die die Strukturen G1 bis G4 sowie K1 bis K4 hat, ist ein linearer Raum. Speziell die Verschiebungen, d. h. Vektoren, sind eine solche Realisierung.

Als einfache Übung beweise man aus der Definition folgende Aussagen:

$$0\vec{a} = \vec{0}; \quad \alpha\vec{0} = \vec{0} \,.$$

Aus

$$\alpha\vec{a} = \vec{0}$$

folgt entweder $\alpha = 0$ oder $\vec{a} = \vec{0}$.

Hier sei gezeigt, wie dies *allein* unter Verwendung der Strukturelemente G und K zu schließen ist:

1. Wir überlegen, dass $0\vec{a}$ das neutrale Element in der Gruppe sein muss. Sei $\vec{b}$ beliebig; wir zerlegen $\vec{b} = \vec{a} + \vec{x}$. Dann ist $\vec{b} + 0\vec{a} = \vec{a} + \vec{x} + 0\vec{a} = (1 + 0)\vec{a} + \vec{x} = \vec{a} + \vec{x} = \vec{b}$.
2. Sei $\vec{b}$ beliebig, dargestellt durch $\alpha(\frac{1}{\alpha}\vec{b})$. Dann ist $\alpha\vec{0} + \alpha(\frac{1}{\alpha}\vec{b}) = \alpha(\vec{0} + \frac{1}{\alpha}\vec{b}) = \alpha(\frac{1}{\alpha}\vec{b}) = \vec{b}$, d. h. $\alpha\vec{0}$ ist neutrales Element.
3. Entweder *ist* $\alpha = 0$ oder nicht; falls nicht, teilen wir durch α und erhalten $\frac{1}{\alpha}\vec{0} = \frac{1}{\alpha}(\alpha\vec{a})$, d. h. $\vec{0} = \vec{a}$, q. e. d.

2.2.4 Komponentendarstellung der Vektoren

Nunmehr im Besitz der Regeln für Addition von Vektoren und Multiplikation mit Zahlen können wir den Zusammenhang herstellen zwischen der Darstellung von Vektoren durch Pfeile und der als Zahlentripel. Ferner wollen wir die allgemeinen Strukturen mit anwendbarem Inhalt füllen.

2.2.4.1 Einheitsvektoren

Als *Länge eines Vektors* $\vec{a}$, bezeichnet mit $|\vec{a}|$, *definieren* wir die Länge der zu $\vec{a}$ gehörigen Punktverschiebung, gemessen in der gewählten Einheit. $|\vec{a}|$ heiße auch *„Betrag von $\vec{a}$"*. Gebräuchliche Bezeichnung ist auch a an Stelle von $|\vec{a}|$.

Offenbar ist die Länge $|\vec{a}|$ eines Vektors ein Skalar, denn sie ist invariant unter Drehungen.

Wir *bezeichnen* als *„Einheitsvektor"* jeden Vektor $\vec{e}$, der die Länge 1 hat, d. h. $|\vec{e}| = 1$.

Offenbar ist für beliebiges $|\vec{a}|$ der Vektor $\frac{1}{a}\vec{a}$ ein Einheitsvektor und zwar in Richtung von $|\vec{a}|$. Wir bezeichnen ihn mit $\vec{a}^0 = \frac{1}{a}\vec{a}$. Es ist $|\vec{a}^0| = 1$.

Einheitsvektoren eignen sich besonders gut zur Kennzeichnung von Richtungen. Denn da ihre Länge per Definition auf 1 festgelegt ist, enthalten Einheitsvektoren nur nichttriviale Information über Verschiebungs*richtungen*. Graphisch kann man sich Einheitsvektoren vorstellen als Pfeile vom Koordinaten-Anfangspunkt 0 zur Oberfläche der Einheitskugel (d. i. einer Kugel mit Radius 1 um 0).

Die Darstellung $\vec{a} = a\vec{a}^0$ trennt die Quantitätsangabe a einer Verschiebung von ihrer Richtungsangabe $\vec{a}^0$.

Beachte
Summe bzw. Differenz von Einheitsvektoren sind i. Allg. *nicht* wieder Einheitsvektoren.

Bequem lassen sich Koordinatensysteme K mittels Einheitsvektoren darstellen. Ausgehend von einem willkürlich ausgewählten Punkt machen wir drei Verschiebungen um die Länge 1 in drei zueinander senkrechten Richtungen, nämlich gerade in positiver Richtung entlang den Bezugsgeraden von K. Diese drei Verschiebungen mögen $\vec{e}_1, \vec{e}_2, \vec{e}_3$ heißen. Es ist $|\vec{e}_i| = 1$. Das *„Dreibein"* $\vec{e}_1, \vec{e}_2, \vec{e}_3$ repräsentiert das gewählte Koordinatensystem.

2.2.4.2 Komponenten

Wir betrachten nochmals Abb. 2.3 und interpretieren sie an Hand von Abb. 2.10 um.

Um das Zahlentripel (x_1, x_2, x_3) einer Verschiebung $\vec{a}$ zu finden, waren wir nacheinander *parallel* zu den drei Bezugsgeraden i gelaufen, und zwar jeweils um das Stück $|\vec{x}_i|$. Nun wird aber eine Verschiebung parallel zur i-Achse gerade durch den Einheitsvektor dargestellt. Da die Länge der Verschiebung $|\vec{x}_i|$ ist, kennzeichnet z. B. $|x_1|\vec{e}_1$ die Verschiebung auf der 1-Achse in Abb. 2.10. Sollte es nötig sein, um die Länge x_1 in negativer 1-Richtung zu verschieben, so eignet sich als Richtungsvektor offenbar $-\vec{e}_1$. Dann ist die Teilverschiebung entlang der negativen 1-Richtung $|x_1|(-\vec{e}_1)$, d. h. $(-|x_1|)\vec{e}_1$.

Abb. 2.10 Darstellung eines Koordinatensystems durch ein Dreibein von
Einheitsvektoren $\vec{e}_1, \vec{e}_2, \vec{e}_3$ sowie Komponentenzerlegung eines Vektors $\vec{a}$

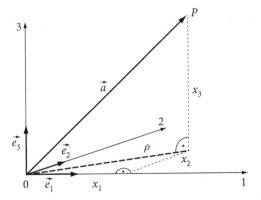

Wegen unserer Definition, $x_1 = \pm|x_1|$ zu setzen, je nachdem ob man in positiver oder
negativer 1-Richtung fortzuschreiten hat, um auf dem Parallelenweg von O nach P zu gelangen, ist folglich das Teilstück auf der 1-Achse durch den Vektor $x_1\vec{e}_1$ darzustellen.

Völlig analog erkennt man: Das Teilstück parallel zur 2-Achse wird durch Verschie-
bungs*richtung* $\pm\vec{e}_2$ und Verschiebungs*betrag* $|x_2|$ charakterisiert, d. h. durch den Vektor
$x_2\vec{e}_2$. – Das letzte Teilstück ergibt sich zu $x_3\vec{e}_3$.

Um von O nach P zu gelangen, musste man die drei achsenparallelen Verschiebungen
nacheinander ausführen. Nacheinanderausführen von Verschiebungen heißt aber, die Vektoren zu addieren. Also gilt:

$$\overrightarrow{OP} = \vec{a} = x_1\vec{e}_1 + x_2\vec{e}_2 + x_3\vec{e}_3 \ . \tag{2.14}$$

Die Kommutativität der Vektorsumme spiegelt die uns schon vertraute Vertauschbarkeit
in der Reihenfolge wider, in der man nacheinander parallel zu den Achsen verschieben
kann, siehe Abschn. 2.1.2.3.

Gleichung (2.14) heißt „*Komponentendarstellung*" eines Vektors $\vec{a}$ bezüglich des Dreibeins $\vec{e}_1, \vec{e}_2, \vec{e}_3$; die x_1, x_2, x_3 nennt man seine Komponenten. Konventionellerweise bezeichnen wir die Komponenten eines Vektors mit denselben Buchstaben wie den Vektor selbst,
sodass man hätte:

$$\vec{a} = a_1\vec{e}_1 + a_2\vec{e}_2 + a_3\vec{e}_3 \ .$$

2.2.4.3 Umrechnung zwischen Komponenten- und Pfeildarstellung

Aus Abb. 2.10 können wir leicht ablesen, wie man aus der Komponentendarstellung eines
Vektors $\vec{a}$, d. h. also bei *bekannten* Komponenten (a_1, a_2, a_3), seine Verschiebungseigen-
schaften ausrechnen kann.

Um die Länge der Verschiebung $\overrightarrow{OP}$, also $|\vec{a}| = a$ zu finden, wenden wir nacheinander
zweimal den Satz des Pythagoras im rechtwinkligen Dreieck an (siehe Abb. 2.10):

$$x_1^2 + x_2^2 = \rho^2 \quad \text{sowie} \quad \rho^2 + x_3^2 = |\overrightarrow{OP}|^2 \ .$$

Abb. 2.11 Zusammenhang zwischen Richtungswinkel und Komponenten

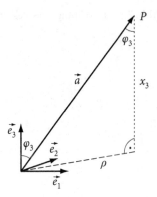

Somit gilt:

$$a = \sqrt{a_1^2 + a_2^2 + a_3^2}, \quad \text{Betrag des Vektors } (a_1, a_2, a_3) . \tag{2.15}$$

Um die Richtung zu finden, betrachten wir als Beispiel den Richtungswinkel φ_3, des Vektors $\vec{a}$ relativ zur positiven 3-Achse, siehe Abb. 2.11.

Der Richtungswinkel φ_3 zwischen $\vec{a}$ und $\vec{e}_3$ (letzteres ist ja gerade der Vektor in positiver 3-Richtung) taucht bei P wieder auf, da die Strecke x_3 parallel zur 3-Richtung ist. Das aus a, x_3, ρ gebildete Dreieck ist nach Konstruktion rechtwinklig, sodass

$$\frac{x_3}{a} = \cos \varphi_3 .$$

Da man von P ausgehend statt auf die 1,2-Ebene zuerst auch auf jede andere Ebene hätte projizieren können und unabhängig von der Reihenfolge immer dasselbe Tripel (x_1, x_2, x_3) findet (s. o.), gilt für $i = 1, 2$ die analoge Formel wie soeben für $i = 3$. Folglich erhält man die Richtung des Vektors $\vec{a}$ aus Kenntnis seiner Komponenten mittels

$$\cos \varphi_i = \frac{a_i}{a} \quad i = 1, 2, 3, \quad \text{Richtung des Vektors } (a_1, a_2, a_3) . \tag{2.16}$$

Die Quotienten a_i/a heißen die „Richtungs-cos" des Vektors. Scheinbar bedarf zufolge (2.16) ein Vektor zu seiner Kennzeichnung dreier Winkel, nämlich $\varphi_1, \varphi_2, \varphi_3$. Tatsächlich genügen jedoch zwei, wie wir es uns schon früher klargemacht haben. Dies sehen wir analytisch so ein:

Es ist $a_2 = a_1^2 + a_2^2 + a_3^2 = a^2 \cos^2 \varphi_1 + a^2 \cos^2 \varphi_2 + a^2 \cos^2 \varphi_3$,

d. h. $\cos^2 \varphi_1 + \cos^2 \varphi_2 + \cos^2 \varphi_3 = 1 .$ (2.17)

Kennt man also 2 Richtungswinkel, so ist der 3. schon festgelegt, abgesehen von der Zweideutigkeit des Vorzeichens, $\pm \cos \varphi_1$.

Offenbar ist $\cos \varphi_1$ zwischen -1 und $+1$, da $-a \le a_i \le +a$. Folglich wäre φ_1 durch $\cos \varphi_1$ eindeutig zwischen 0 und π bestimmt. Definitionsgemäß soll φ_i immer in diesem Bereich

Abb. 2.12 Projektion eines Vektors auf eine Richtung

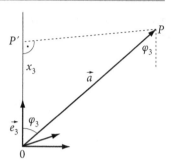

liegen, da mit Richtungswinkel immer der kleinere der beiden Winkel zwischen $\vec{a}$ und der positiven i-Richtung gemeint sein soll. φ_i ist definitionsgemäß positiv. Wenn sign $x_3 > 0$, ist $\varphi_i \in (0, \pi/2)$ usw.

Sei *umgekehrt* ein Vektor durch seine Länge a und seine Richtungen φ_i bestimmt. Letztere sind natürlich nur im Rahmen von (2.17) möglich. Dann findet man die Komponenten des Vektors $\vec{a}$ mittels

$$a_i = a \cos \varphi_i; \quad i = 1, 2, 3, \quad \text{Komponenten des Vektors } (|\vec{a}|, \varphi_i) . \quad (2.18)$$

Hieran anknüpfend formulieren wir noch einen oft nützlichen Tatbestand, der in Abb. 2.12 dargestellt ist (die aus Abb. 2.11 leicht erkennbar hervorgeht).

Fällt man vom Endpunkt P eines Vektors das Lot auf die 3-Achse, so ist offenbar OP' die Parallelverschiebung der Strecke $|x_3|$. Folglich ist $x_3 = a \cos \sphericalangle (\vec{a}, \vec{e}_3)$ die *Projektion* des Vektors auf die 3-Richtung.

Diesen Sachverhalt kennzeichnen wir jetzt allgemein durch die folgende Definition.

▸ **Definition** Gegeben ein Vektor $\vec{a}$ sowie eine Richtung, beschrieben durch einen Einheitsvektor $\vec{e}$. Dann heißt die Größe $a \cos \sphericalangle (\vec{a}, \vec{e}) =: a_{\vec{e}}$ die *Projektion* von $\vec{a}$ auf die Richtung $\vec{e}$. Eine andere Bezeichnung dafür ist $(\vec{a})_{\vec{e}}$.

Offenbar sind die Komponenten eines Vektors seine Projektionen auf die Koordinatenrichtungen (Zeichnung oder (2.18)).

2.2.5 Rechenregeln in Komponentendarstellung

Für das Rechnen mit Vektoren wird man nicht immer zur graphischen Repräsentation durch Verschiebungen greifen wollen. Mit Hilfe der Komponentendarstellung kann man die Grundrechenregeln auch analytisch angeben. Dabei muss man sich zwar eines (willkürlich auszuwählenden) Koordinatensystems K bedienen – und daher beim Wechsel von K alle Gleichungen gemäß (2.1) transformieren – aber die Übersichtlichkeit von Vektorbeziehungen kann man aufrechterhalten.

2.2.5.1 Addition und Subtraktion

Es sollen zwei Vektoren $\vec{a}$ und $\vec{b}$ addiert werden. Wir wählen ein Koordinatensystem einschließlich des Dreibeins wechselseitig senkrechter Einheitsvektoren $\vec{e}_1, \vec{e}_2, \vec{e}_3$ und stellen die Vektoren durch ihre Komponentensumme dar

$$\vec{a} = a_1\vec{e}_1 + a_2\vec{e}_2 + a_3\vec{e}_3 \,, \quad \vec{b} = b_1\vec{e}_1 + b_2\vec{e}_2 + b_3\vec{e}_3 \,.$$

Indem wir die distributive und kommutative Eigenschaft der Vektorsumme ausnutzen, finden wir

$$\vec{c} = \vec{a} + \vec{b} = (a_1 + b_1)\vec{e}_1 + (a_2 + b_2)\vec{e}_2 + (a_3 + b_3)\vec{e}_3 \,.$$

Der Summenvektor $\vec{c}$ mit der Bezeichnung $c_1\vec{e}_1 + c_2\vec{e}_2 + c_3\vec{e}_3$ für seine Komponentendarstellung hat folglich die Komponenten

$$c_i = a_i + b_i, \quad i = 1, 2, 3, \quad \text{Vektorsumme}. \tag{2.19}$$

Dabei wurde die Eindeutigkeit der Komponenten ausgenutzt. Stellen wir die Vektoren jeweils durch ihre Zahlentripel dar, so ist also:

$$(a_1, a_2, a_3) + (b_1, b_2, b_3) = (a_1 + b_1, a_2 + b_2, a_3 + b_3) \,. \tag{2.20}$$

Für die Differenz zweier Vektoren ergibt sich

$$(a_1, a_2, a_3) - (b_1, b_2, b_3) = (a_1 - b_1, a_2 - b_2, a_3 - b_3) \,. \tag{2.21}$$

In Summen oder Differenzen aus 3 oder mehr Summanden sind dann analog jeweils die Komponenten einzeln zu addieren oder subtrahieren:

$$(a_i) \pm (b_i) \pm (c_i) = (a_i \pm b_i \pm c_i) \,. \tag{2.22}$$

Für später ist es nützlich, sich diese Regeln in veränderter Formulierung klar zu machen. Wie wir schon wissen, sind die Komponenten eines Vektors auch anzusehen als die Projektionen des Vektors in Richtung der $\vec{e}_i$. Falls nun auf eine *beliebige* Richtung $\vec{e}$ projiziert werden soll, so kann man wegen der Willkür in der Lage des Koordinatensystems dieses immer gleich so legen, dass eine der Bezugsgeraden in Richtung $\vec{e}$ weist, d. h. dass $\vec{e}$ mit einem der $\vec{e}_i$, zusammenfällt. Somit gilt für die Projektion in beliebiger Richtung folgende Eigenschaft, die wir aus (2.19) und den folgenden ablesen:

Die Projektion einer Vektorsumme (oder -differenz) auf eine Richtung $\vec{e}$ ist gleich der Summe (oder Differenz) der Projektionen der einzelnen Summanden.

$$(\vec{a} + \vec{b} + \ldots)_{\vec{e}} = (\vec{a})_{\vec{e}} + (\vec{b})_{\vec{e}} + \ldots \equiv a_{\vec{e}} + b_{\vec{e}} + \ldots \tag{2.23}$$

Komponentenbildung bzw. Projektion sind also „additive" Operationen. Man mache sich eine Zeichnung dieser Aussage.

2.2.5.2 Multiplikation mit Zahlen

Ebenso einfach ist es, die Multiplikation von Vektoren mit Zahlen $\alpha, \beta, \ldots$ analytisch zu handhaben. Mittels der Rechenregeln aus Absatz 2.2.3 erhalten wir

$$\alpha \vec{a} = \alpha(a_1 \vec{e}_1 + a_2 \vec{e}_2 + a_3 \vec{e}_3) = (\alpha a_1)\vec{e}_1 + (\alpha a_2)\vec{e}_2 + (\alpha a_3)\vec{e}_3 \, .$$

Kurz gefasst ist

$$\alpha(a_1, a_2, a_3) = (\alpha a_1, \alpha a_2, \alpha a_3) \quad \text{bzw.} \quad \alpha(a_i) = (\alpha a_i) \, . \tag{2.24}$$

Die Multiplikation eines Vektors mit einer Zahl ist auszuführen, indem man jede Komponente einzeln mit der Zahl multipliziert.

Speziell haben wir $-\vec{a} \triangleq (-a_i)$.

2.2.5.3 Beispiele zur übenden Erläuterung

Um die gelernten Regeln zu trainieren, seien einige Aufgaben und Anwendungen genannt, die mit ihrer Hilfe zu behandeln sind:

1. Man bestimme die Ortsvektoren $\vec{r}_1, \vec{r}_2$ vom Nullpunkt zu den Punkten $P_1 = (2, 1, 3)$ und $P_2 = (1, -2, -1)$. Summe $\vec{r}_1 + \vec{r}_2$ und Differenz $\vec{r}_1 - \vec{r}_2$ sollen dann zeichnerisch und rechnerisch bestimmt werden.

   Rechnung:

   $$\vec{r}_1 = 2\vec{e}_1 + 1\vec{e}_2 + 3\vec{e}_3 \triangleq (2, 1, 3) \quad \text{sowie} \quad \vec{r}_2 = \vec{e}_1 - 2\vec{e}_2 - \vec{e}_3 \triangleq (1, -2, -1) \, .$$
   $$(2, 1, 3) + (1, -2, -1) = (3, -1, 2) \, ,$$
   $$(2, 1, 3) - (1, -2, -1) = (1, 3, 4) \, .$$

2. Gegeben sind die drei Vektoren $\vec{r}_1 = (3, -2, 1), \vec{r}_2 = (2, -4, -3), \vec{r}_3 = (-1, 2, 2)$. Wie groß ist der absolute Betrag von $\vec{r}_3$, d. h. $|\vec{r}_3| \equiv r_3 = ?$ Man bestimme $\vec{r}_1 + \vec{r}_2 + \vec{r}_3$ sowie $2\vec{r}_1 - 3\vec{r}_2 - 5\vec{r}_3$. Als Antwort berechnen wir $r_3 =_+ \sqrt{(-1)^2 + (2)^2 + (2)^2} =_+ \sqrt{9} = 3$.

   $$\vec{r}_1 + \vec{r}_2 + \vec{r}_3 = (3, -2, 1) + (2, -4, -3) + (-1, 2, 2)$$
   $$= (3 + 2 - 1, -2 - 4 + 2, 1 - 3 + 2) = (4, -4, 0) \, .$$
   $$2\vec{r}_1 - 3\vec{r}_2 - 5\vec{r}_3 = (6, -4, 2) - (6, -12, -9) - (-5, 10, 10) = (5, -2, 1) \, .$$

3. Wie heißt der Einheitsvektor in Richtung der Summe von $\vec{r}_1 = (2, 4, -5)$ und $\vec{r}_2 = (1, 2, 3)$? Zunächst rechnen wir die Summe aus und finden $\vec{r} = \vec{r}_1 + \vec{r}_2 \triangleq (2, 4, -5) + (1, 2, 3) = (3, 6, -2)$. Der Einheitsvektor in Richtung $\vec{r}$ wird gegeben durch $\vec{r}^0 = \frac{\vec{r}}{r}$. Wir brauchen daher r und finden $r = \sqrt{3^2 + 6^2 + (-2)^2} = \sqrt{49} = 7$. Somit ist $\vec{r}^0 = \left(\frac{3}{7}, \frac{6}{7}, -\frac{2}{7}\right)$.

Abb. 2.13 Vektor der Verschiebung eines Punktes P nach Q, $\overrightarrow{PQ}$

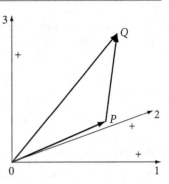

4. Welche Komponenten hat der Vektor der Verschiebung des Punktes P nach Q, wenn im Koordinatensystem K diese Punkte durch die Koordinaten $P = (x_1, x_2, x_3)$ sowie $Q = (y_1, y_2, y_3)$ gekennzeichnet werden? Wie lang ist dieser Vektor? (Siehe Abb. 2.13). Offenbar bedeuten die Punkte-Koordinaten x_i bzw. y_i zugleich die Komponenten der Verschiebungsvektoren $\overrightarrow{OP}$ bzw. $\overrightarrow{OQ}$. Die gesuchte Verschiebung $\overrightarrow{PQ}$ erfüllt nun die Gleichung $\overrightarrow{OP} + \overrightarrow{PQ} = \overrightarrow{OQ}$. Also ist $\overrightarrow{PQ} = \overrightarrow{OQ} - \overrightarrow{OP}$, d. h. $\overrightarrow{PQ} = (y_1 - x_1, y_2 - x_2, y_3 - x_3)$. Die Länge der Verschiebung ist daher

$$|\overrightarrow{PQ}| = \sqrt{(y_1 - x_1)^2 + (y_2 - x_2)^2 + (y_3 - x_3)^2}\ .$$

5. Welche Richtungswinkel hat der Vektor $\vec{r} = (1, -1, \sqrt{2})$ mit den Koordinatenachsen? Wir bestimmen die Richtungs-cos aus Gleichung (2.16). Dazu brauchen wir $|\vec{r}|$; man findet $r = \sqrt{1^2 + (-1)^2 + \sqrt{2}^2} = 2$. Folglich ist $\cos \varphi_1 = 1/2$, $\cos \varphi_2 = -1/2$ und $\cos \varphi_3 = \sqrt{2}/2$. Die zugehörigen Winkel – die man auswendig kennt – sind 60°, 120° und 45°. Wir prüfen auch noch die Beziehung (2.17) für die Summe der Richtungs-cos $(1/2)^2 + (-1/2)^2 + (\sqrt{2}/2)^2 = 1$.

2.2.6 Übungen zum Selbsttest: Vektoralgebra

1. Gegeben sind 4 Vektoren $\vec{r}_1, \ldots, \vec{r}_4$. Man zeichne sie und konstruiere

$$2\vec{r}_1 - 3\vec{r}_2 - (4\vec{r}_3 - \vec{r}_4) \ ; \qquad \frac{2}{3}\vec{r}_1 - \frac{1}{2}(\vec{r}_3 - 2\vec{r}_4) - \frac{1}{4}\vec{r}_2 \ .$$

2. Man überlege, in welcher Größenbeziehung zueinander stehen:

   a) $|\vec{r}_1 + \vec{r}_2|$ mit $|\vec{r}_1| + |\vec{r}_2|$,   b) $|\vec{r}_1 - \vec{r}_2|$ mit $|\vec{r}_1| - |\vec{r}_2|$.

3. $\vec{a}$ und $\vec{b}$ seien nicht parallele Vektoren. (Welches wäre die Bedingung für Parallelität?) Bestimmen Sie zwei Zahlen x, y so, dass für die Vektoren gilt:

$$\vec{r}_1 := (x + 4y)\vec{a} + (2x + y + 1)\vec{b} ,$$

$$\vec{r}_2 = (y - 2x + 2)\vec{a} + (2x - 3y - 1)\vec{b} ,$$

$$3\vec{r}_1 = 2\vec{r}_2 .$$

4. Die Orte A, B seien durch die Koordinatentripel $A = (2, 3, -1)$ und $B = (4, -3, 2)$ gekennzeichnet. Man bestimme $\vec{r} \equiv \overrightarrow{AB}$; wie groß ist $|\vec{r}|$? Welche Richtungen hat die Verschiebung $\overrightarrow{AB}$ relativ zu den Bezugsachsen $i = 1, 2, 3$? Kontrollieren Sie die Bedingung, dass die Summe der $\cos^2 \varphi_i$ genau 1 ist.

5. Gegeben seien die Vektoren

$$\vec{r}_1 = 3\vec{e}_1 - \vec{e}_2 - 4\vec{e}_3, \quad \vec{r}_2 = -2\vec{e}_1 + 4\vec{e}_2 - 3\vec{e}_3, \quad \vec{r}_3 = \vec{e}_1 + 2\vec{e}_2 - \vec{e}_3 .$$

Man berechne:

$$|\vec{r}_1 + \vec{r}_2 + \vec{r}_3| , \quad 4\vec{r}_1 - 2\vec{r}_2 + 5\vec{r}_3 , \quad |6\vec{r}_1 - 5\vec{r}_2 - 4\vec{r}_3| ,$$

und den Einheitsvektor in Richtung $6\vec{r}_1 - 5\vec{r}_2 - 4\vec{r}_3$.

6. Man überlege, dass aus drei nicht in einer Linie oder Ebene liegenden Vektoren $\vec{a}_1, \vec{a}_2, \vec{a}_3$ sich jeder weitere Vektor im $\mathbb{R}^3$ als Linearkombination aufbauen lässt.

2.3   Das Innere Produkt von Vektoren

Wir können jetzt Vektoren addieren, subtrahieren und sie mit Zahlen multiplizieren. Es erhebt sich deshalb die Frage, ob man Vektoren auch miteinander multiplizieren kann?

Angesichts der Zahlentripel, die jeden Faktor eines solchen Produktes repräsentieren, ist a priori unklar, wie „multipliziert" werden soll. Hier besteht offenbar die Notwendigkeit, aber auch der Spielraum für eine sinnvolle *Definition*. Wir werden uns ähnlich wie bei der Definition der Addition von physikalischen Beispielen leiten lassen, wie man zweckmäßig so etwas wie ein Produkt aus Vektoren definieren könnte. Es wird sich dabei nicht nur eine einzige Möglichkeit aufdrängen, sondern sogar deren zwei. Wir unterscheiden diese beiden durch die Namensgebung „Inneres Produkt" und „Äußeres Produkt".

In der physikalischen Literatur verwendet man dafür häufig die (heute eher veralteten) Bezeichnungen „Skalarprodukt" bzw. „Vektorprodukt". In diesem Abschnitt werde zuerst das Innere Produkt eingeführt; in Abschn. 2.7 folgt das Äußere Produkt.

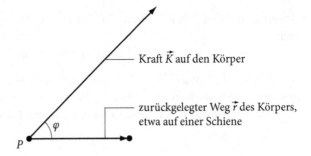

Abb. 2.14 Bewegung eines Körpers P unter dem Einfluss einer Kraft. Im dargestellten Fall „zieht" die Kraft den Körper

Kraft $\vec{K}$ auf den Körper

zurückgelegter Weg $\vec{r}$ des Körpers, etwa auf einer Schiene

2.3.1 Definition

Als physikalisch motivierender Leitfaden zur Definition einer Möglichkeit, Vektoren miteinander zu multiplizieren, diene die mechanische Arbeit, die ein Körper bei Bewegung gegen eine Kraft oder unter der Wirkung einer Kraft verrichten muss. Im einfachsten Fall einer *kleinen* Verschiebung ist der zurückgelegte Weg ein Stückchen auf einer Geraden, dargestellt durch den Verschiebungsvektor $\vec{r}$. Die wirkende Kraft, bei der betrachteten kleinen Verschiebung als konstant anzusehen, muss ebenfalls durch einen Vektor dargestellt werden, siehe Abb. 2.14.

Aus experimenteller Beobachtung erkennt man, dass die Begriffsbildung „mechanische Arbeit" folgende Fakten berücksichtigen sollte: Sie ist proportional zur Stärke der Kraft, sie ist proportional zur Lange des zurückgelegten Weges, und sie ist schließlich positiv oder negativ, je nachdem ob φ kleiner oder größer ist als 90° ist, sie wird sogar Null bei $\varphi = 90°$. Es zeigt sich, dass es auf $\cos\varphi$ ankommt. $K\cos\varphi$ ist der Teil der Kraftwirkung in Richtung der Verschiebung, also die Projektion der Kraft.

Wenn die Arbeit $\sim K$ *und* $\sim r$ ist, erfüllt sie wichtige Eigenschaften dessen, was gewöhnliche Zahlenprodukte tun. Der Vektorcharakter kommt zusätzlich ins Spiel durch den $\cos$ des eingeschlossenen Winkels. Wir lernen, dass es es – in Verallgemeinerung dieses Beispiels – sinnvoll ist, folgendes „Produkt" von Vektoren einzuführen.

▶ **Definition** Das *Innere Produkt* zweier Vektoren $\vec{a}$ und $\vec{b}$ sei die *Zahl* $ab\cos(\sphericalangle\,\vec{a},\vec{b})$. Wir bezeichnen diese Zahl mit $\vec{a}\cdot\vec{b}$ und sprechen „a in b".

$$\vec{a}\cdot\vec{b} := ab\cos(\sphericalangle\,\vec{a},\vec{b})\,. \tag{2.25}$$

2.3.2 Eigenschaften des Inneren Produktes

Die Definition des Inneren Produktes liefert zu je zwei Vektoren eine Zahl, die wegen des Faktors $\cos\varphi$ positiv oder negativ sein kann. Wichtig ist die Feststellung, dass sich die Zahl offenbar *nicht* ändert, wenn man das Koordinatensystem wechselt. Denn die Längen der

Vektoren sind ja invariant gegenüber Koordinatentransformationen und ebenfalls der Ausdruck

$$\angle \, \vec{a}\vec{b} \equiv \text{Winkel zwischen Vektor } \vec{a} \text{ und Vektor } \vec{b} \, .$$

Folglich verändert sich $\vec{a} \cdot \vec{b}$ bei Koordinatentransformationen nicht, gehört also zur Klasse der Skalare. Oft bezeichnet man daher das Innere Produkt auch als „*Skalarprodukt*".

Das Innere Produkt ist – wie man aus der Definition leicht folgern kann – *kommutativ*:

$$\vec{a} \cdot \vec{b} = \vec{b} \cdot \vec{a} \, . \tag{2.26}$$

Ebenso direkt liefert uns die Definition die Eigenschaft

$$(\alpha \vec{a}) \cdot \vec{b} = \alpha (\vec{a} \cdot \vec{b}) = \vec{a} \cdot (\alpha \vec{b}) \, . \tag{2.27}$$

Die Länge a eines Vektors $\vec{a}$ kann man mittels des Inneren Produktes so berechnen:

$$a^2 = \vec{a} \cdot \vec{a} \, .$$

Es ist ja $\cos(\angle \, \vec{a}, \vec{a}) = 1$. Speziell alle Einheitsvektoren erfüllen

$$\vec{e} \cdot \vec{e} = 1 \, .$$

Man beachte, dass es offenbar *keinen* Sinn hat, *Innere* Produkte aus mehr als zwei Faktoren zu bilden. Denn das Skalarprodukt aus zwei Vektoren ergibt ja einen Skalar, der also als Partner eines weiteren Vektors *nicht* im Sinne von (2.25), sondern nur im Sinne gewöhnlicher Zahlenmultiplikation dienen kann (s. Abschn. 2.2.3).

Es ist also nicht möglich, mittels Innerem Produkt allgemeine Potenzen zu bilden, abgesehen von $\vec{a}^2 := \vec{a} \cdot \vec{a} = a^2$; darauf müssen wir verzichten.

Das Innere Produkt ist *distributiv*:

$$\vec{a} \cdot (\vec{b} + \vec{c}) = \vec{a} \cdot \vec{b} + \vec{a} \cdot \vec{c} \, . \tag{2.28}$$

Begründung

Laut Definition ist die linke Seite auch zu lesen als a mal Projektion des Vektors $\vec{b} + \vec{c}$ auf die Richtung $\vec{a}^0$. Denn $|(\vec{b} + \vec{c})| \cos \angle (\vec{b} + \vec{c}, \vec{a}^0)$ ist gemäß Abschn. 2.2.4.3 gerade eine solche Projektion auf $\vec{a}^0$. Damals haben wir aber auch schon bewiesen, dass Projektionen additive Operationen sind, siehe (2.23). Folglich gilt:

$$\vec{a}^0 \cdot (\vec{b} + \vec{c}) = (\vec{b} + \vec{c})_{\vec{a}^0} = (\vec{b})_{\vec{a}^0} + (\vec{c})_{\vec{a}^0} = \vec{a}^0 \cdot \vec{b} + \vec{a}^0 \cdot \vec{c} \, .$$

Multipliziert man diese Gleichung noch mit a, findet man das behauptete distributive Gesetz (2.28). Wir merken uns noch die soeben aufgetauchten Beziehungen:

$$\vec{a} \cdot \vec{b} = a\vec{a}^0 \cdot \vec{b} = ab\vec{a}^0 \cdot \vec{b}^0; \quad \vec{a}^0 \cdot \vec{b}^0 = \cos \angle (\vec{a}, \vec{b}) \, . \tag{2.29}$$

Wie man an der definierenden Gleichung ablesen kann, ist das Innere Produkt ebenso wie das gewöhnliche Produkt offenbar dann 0, wenn einer der Faktoren 0 ist (d. h. entweder $\vec{a} = 0 \Rightarrow a = 0$ oder

$\vec{b} = 0 \Rightarrow b = 0$. Es kann aber auch $\vec{a} \cdot \vec{b}$ verschwinden, wenn beide Faktoren ungleich 0 sind; nämlich auch dann, wenn $\vec{a}$ mit $\vec{b}$ einen rechten Winkel bildet. Dies gibt Anlass zur folgenden Definition.

▶ **Definition** Zwei Vektoren $\vec{a}$ und $\vec{b}$ heißen zueinander orthogonal, $\vec{a} \perp \vec{b}$, wenn $\vec{a} \cdot \vec{b} = 0$. Insbesondere der Nullvektor ist natürlich zu jedem anderen Vektor orthogonal, aber wegen dieses trivialen Falles brauchte man natürlich die Definition nicht.

Die drei Einheitsvektoren $\vec{e}_1, \vec{e}_2, \vec{e}_3$, die in die positiven Bezugsrichtungen eines Rechts-Koordinatensystems weisen, stehen wechselseitig aufeinander orthogonal: $\vec{e}_i \cdot \vec{e}_j = 0$ für $i \neq j$. Da sie Einheitsvektoren sind, ist $\vec{e}_1 \cdot \vec{e}_1 = \vec{e}_2 \cdot \vec{e}_2 = \vec{e}_3 \cdot \vec{e}_3 = 1$. Diese beiden Eigenschaften bedeuten, dass Vektoren „*orthonormiert*" sind. Wir fassen sie zusammen durch

$$\vec{e}_i \cdot \vec{e}_j = \delta_{ij} \quad i, j = 1, 2, 3 . \tag{2.30}$$

Dabei wurde das „*Kroneckersymbol*" verwendet:

$$\delta_{ij} = \left\{ \begin{array}{ll} 1 & i = j, \\ 0 & i \neq j. \end{array} \right. \tag{2.31}$$

Sehr wichtig ist es, sich die Berechnung des Inneren Produktes in der Komponentendarstellung der Faktoren klar zu machen. Unter Ausnutzung der Distributivität des Skalarproduktes sowie der Eigenschaften (2.30) der Basisvektoren $\vec{e}_i$ finden wir

$$\vec{a} \cdot \vec{b} = \left(a_1 \vec{e}_1 + a_2 \vec{e}_2 + a_3 \vec{e}_3 \right) \cdot \left(b_1 \vec{e}_1 + b_2 \vec{e}_2 + b_3 \vec{e}_3 \right)$$
$$= a_1 b_1 + a_2 b_2 + a_3 b_3 .$$
$$\text{Kurz:} \quad \left(a_1, a_2, a_3 \right) \cdot \left(b_1, b_2, b_3 \right) = a_1 b_1 + a_2 b_2 + a_3 b_3 . \tag{2.32}$$

Spätestens jetzt sollte dem Leser das Ausschreiben der langen Summen ebenso lästig geworden sein, wie den „erwachsenen" Physikern und Mathematikern. Deshalb treffen wir eine im Umgang mit Vektoren äußerst bequeme Verabredung.

Summenkonvention

Immer wenn in einem Produkt *zwei gleiche Vektorindizes auftreten*, soll automatisch darüber von 1 bis 3 (allgemein bis n) summiert werden.

Dann ist $\vec{a} = a_i \vec{e}_i$ sowie $\vec{b} = b_i \vec{e}_i$, und das Innere Produkt lautet

$$\vec{a} \cdot \vec{b} = a_i b_i . \tag{2.33}$$

Es ist nützlich zu beachten, dass man statt $a_i b_i$ natürlich auch schreiben kann $a_j b_j$. Denn auch j tritt ja doppelt auf, befiehlt also: Summiere über $j = 1, 2, 3$. Offensichtlich ist die Wahl der Bezeichnung des doppelt vorkommenden Index völlig beliebig; wann immer dasselbe

Symbol doppelt auftritt, wird eben von 1 bis 3 summiert, d. h. es ist $a_i b_i = a_j b_j = a_\lambda b_\lambda = a_\nu b_\nu = \ldots$

Oft ist es unumgänglich, das doppelt vorkommende Symbol zu wechseln. Wenn man etwa die Zahl $a_i b_i$ mit der Zahl $x_i y_i$ multiplizieren will, so meint man doch $(a_1 b_1 + a_2 b_2 + a_3 b_3)(x_1 y_1 + x_2 y_2 + x_3 y_3)$. Das erhält man genau durch $a_i b_i x_j y_j$, nicht aber durch $a_i b_i x_i y_i$. Letzteres ist gar nicht erklärt, da gleich 4-mal derselbe Index auftritt.

Das Innere Produkt erfüllt eine für eine Fülle von Anwendungen nützliche Ungleichung, nach Hermann Amandus SCHWARZ (1843–1921) die

$$\text{Schwarzsche Ungleichung:} \quad |\vec{a} \cdot \vec{b}| \leq |\vec{a}| \cdot |\vec{b}| \qquad (2.34)$$

genannt. Sie ist aus unserer Definition (2.25) sofort abzulesen, da ja $|\cos \varphi| \leq 1$. Siehe hierzu auch das Beispiel 6 in Abschn. 2.3.3.

Wie schon bei der Untersuchung der Addition von Vektoren und ihrer Multiplikation mit Zahlen wollen wir auch hier wieder eine Zusammenfassung der formalen Eigenschaften des Inneren Produktes als Krönung des Abschnitts formulieren.

Das „Innere Produkt" ist eine Vorschrift, die je zwei Vektoren $\vec{a}, \vec{b}$ des Vektorraumes eine reelle Zahl zuordnet, genannt $\vec{a} \cdot \vec{b}$, und die den folgenden Regeln genügt:

I 1. $\vec{a} \cdot \vec{b} = \vec{b} \cdot \vec{a}$, kommutativ,

I 2. $\vec{a} \cdot (\alpha \vec{b}) = \alpha \vec{a} \cdot \vec{b} = (\alpha \vec{a}) \cdot \vec{b}$, assoziativ bzw. homogen,

I 3. $\vec{a} \cdot (\vec{b} + \vec{c}) = \vec{a} \cdot \vec{b} + \vec{a} \cdot \vec{c}$, distributiv bzw. additiv,

I 4. $\vec{a} \cdot \vec{a} \geq 0$ sowie $\vec{a} \cdot \vec{a} = 0 \Leftrightarrow \vec{a} = \vec{0}$.

Hieraus folgt natürlich rückwärts (2.33) und damit auch unsere frühere, anschaulich gewonnene Definition.

2.3.3 Beispiele zur übenden Erläuterung

Um gut mit dem Inneren Produkt umgehen zu lernen, seien einige Aufgaben und Zusätze behandelt:

1. Welchen Winkel bilden die Vektoren $\vec{r}_1 = 2\vec{e}_1 - 4\vec{e}_2 - \vec{e}_3$ und $\vec{r}_2 = -\vec{e}_1 + 2\vec{e}_2 - \vec{e}_3$ miteinander?
   Zur Beantwortung dieser Frage wird man am bequemsten auf die definierende Gleichung (2.25) zurückgreifen sowie auf (2.33). Nämlich einerseits ist $\vec{r}_1 \cdot \vec{r}_2 = x_i y_i = 2(-1) + (-4)(+2) + (-1)(-1) = -9$, andererseits ist $r_1 = \sqrt{x_i x_i} = \sqrt{21}$ und $r_2 =$

Abb. 2.15 Zerlegung eines Vektors $\vec{a}$ in einen Parallelteil $\vec{a}_\parallel$ und einen Orthogonalteil $\vec{a}_\perp$ relativ zu einer beliebig gewählten Richtung $\vec{e}$

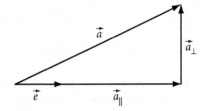

$\sqrt{y_i y_i} = \sqrt{6}$, somit also $\cos \varphi = (\vec{r}_1 \vec{r}_2)/(r_1 r_2) = -9/\sqrt{21 \cdot 6} = -9/\sqrt{126} = -0{,}803$. Also $\varphi = 143{,}5°$, die Vektoren bilden einen stumpfen Winkel.

2. Man bestimme x so, dass die Vektoren $\vec{a} = 5\vec{e}_1 + x\vec{e}_2 + 3\vec{e}_3$ und $\vec{b} = \vec{e}_1 - 2\vec{e}_2 - 7\vec{e}_3$ aufeinander orthogonal stehen.
   Es muss dazu gelten $\vec{a} \cdot \vec{b} = 0$. Es ist nun $\vec{a} \cdot \vec{b} = a_i b_i = 5 \cdot 1 + x(-2) + 3(-7) = 5 - 2x - 21 = -2x - 16$. Dies verschwindet offenbar für $x = -8$.

3. Man zeige:
$$(\vec{a} + \vec{b}) \cdot (\vec{a} - \vec{b}) = a^2 - b^2 \, .$$

4. Mittels des Inneren Produktes können wir den Begriff der Projektion eines Vektors $\vec{a}$ in eine Richtung $\vec{e}$ (siehe Abschn. 2.2.4.3) sehr bequem formulieren. Es ist

$$\vec{a} \cdot \vec{e} = \text{Projektion von } \vec{a} \text{ in Richtung } \vec{e} \equiv a_{\vec{e}} \equiv (\vec{a})_{\vec{e}} \, . \qquad (2.35)$$

Oft ist es nützlich, einen Vektor $\vec{a}$ zu zerlegen in einen Summanden, der in eine vorgeschriebene Richtung weist und einen dazu senkrechten Vektor, siehe Abb. 2.15.
Diese Aufgabe tritt z. B. im Zusammenhang mit Wellenausbreitung auf. Wenn etwa die Wellenamplitude senkrecht zur Ausbreitungsrichtung schwingt (wie beim Licht), sprechen wir von Transversalschwingungen, tut sie das parallel zur Ausbreitungsrichtung (wie beim Schall), sprechen wir von Longitudinalwellen. Die gewählte Richtung ist in diesen Fällen die Ausbreitungsrichtung der Wellen.
Die gewünschte Zerlegung lässt sich so ermitteln: Offensichtlich muss $\vec{a}_\parallel$ parallel zu $\vec{e}$ sein, d. h. $\vec{a}_\parallel = \alpha \vec{e}$ mit noch zu bestimmendem Zahlenfaktor α. Da $\vec{a}_\parallel + \vec{e}_\perp = \vec{a}$ sein soll sowie $\vec{a}_\perp \perp \vec{e}$, also $\vec{a}_\perp \cdot \vec{e} = 0$, muss gelten $\vec{a}_\parallel \cdot \vec{e} + 0 = \vec{a} \cdot \vec{e}$. Somit ist $\alpha = \vec{a} \cdot \vec{e}$.
Resultat:

$$\vec{a} \text{ und } \vec{e} \text{ gegeben}, \quad \vec{a}_\parallel := \vec{e}(\vec{e} \cdot \vec{a}), \quad \vec{a}_\perp := \vec{a} - \vec{e}(\vec{e} \cdot \vec{a}) \, . \qquad (2.36)$$

In Komponenten dargestellt lautet die Zerlegung

$$(\vec{a}_\parallel)_i = e_i e_j a_j, \quad (\vec{a}_\perp)_i = a_i - e_i e_j a_j = (\delta_{ij} - e_i e_j) a_j \, .$$

5. Man zerlege den Vektor $\vec{a} = 2\vec{e}_1 - 3\vec{e}_2 + 4\vec{e}_3$ in den Orthogonalteil $\vec{a}_\perp$ und den Parallelteil $\vec{a}_\parallel$ relativ zum Vektor $\vec{r} = -\vec{e}_1 - \vec{e}_2 - \vec{e}_3$.
   Die interessierende Richtung $\vec{e}$ ist durch die Richtung von $\vec{r}$ gegeben, d. h. $\vec{e} = \vec{r}/r$. Also ist $\vec{a}_\parallel = \frac{\vec{r}}{r}\left(\frac{\vec{r}}{r} \cdot \vec{a}\right)$. Wir benötigen daher $\vec{r} \cdot \vec{a}$ und r^2. Es ist $r^2 = 1 + 1 + 1 = 3$ sowie

$\vec{r} \cdot \vec{a} = -2 + 3 - 4 = -3$. Folglich ist $\vec{a}_\parallel = -\vec{r} = \vec{e}_1 + \vec{e}_2 + \vec{e}_3$. Daraus folgt

$$\vec{a}_\perp = \vec{a} - \vec{a}_\parallel = (2\vec{e}_1 - 3\vec{e}_2 + 4\vec{e}_3) - (\vec{e}_1 + \vec{e}_2 + \vec{e}_3) = \vec{e}_1 - 4\vec{e}_2 + 3\vec{e}_3 \ .$$

Wir prüfen noch, dass tatsächlich $\vec{a}_\parallel \cdot \vec{a}_\perp = 1 - 4 + 3 = 0$ ist, d. h. $\vec{a}_\parallel \perp \vec{a}_\perp$.

6. Man beweise die Schwarzsche Ungleichung aus den formalen Eigenschaften des Inneren Produktes, d. h. aus den Axiomen I 1 bis I 4 in Abschn. 2.3.2, ohne von (2.25) unmittelbar Gebrauch zu machen.

   Um zu zeigen, dass $|\vec{a} \cdot \vec{b}| \leq ab$ ist, betrachten wir vorweg die speziellen Fälle, dass $\vec{a} = 0$ oder $\vec{b} = 0$ ist. Evidenterweise gilt dann die Ungleichung. Seien also $\vec{a}$ und $\vec{b}$ ungleich Null. Wir zerlegen $\vec{a}$ in Richtung von $\vec{b}$ und einen zu $\vec{b}$ senkrechten Teil: $\vec{a} = \frac{\vec{b}(\vec{b} \cdot \vec{a})}{b^2} + \vec{a}_\perp$ und $\vec{a}_\perp \perp \vec{b}$. Rechnen wir nun $\vec{a}^2$ aus, so fällt das gemischte Glied $\sim \vec{b} \cdot \vec{a}_\perp$ wegen der Orthogonalität weg.

   $$\vec{a}^2 = \left(\frac{\vec{b}(\vec{b} \cdot \vec{a})}{b^2} \right)^2 + \vec{a}_\perp^2 \geq \frac{b^2(\vec{b} \cdot \vec{a})^2}{b^4}$$

   Dies ist (nach Wurzelziehen) schon die Schwarzsche Ungleichung. Genau wenn $\vec{a}$ und $\vec{b}$ parallel oder antiparallel sind, gilt in der Ungleichung sogar das Gleichheitszeichen. Dann ist nämlich $\vec{a}_\perp = 0$.

7. Kann man durch Vektoren dividieren?

2.3.4   Algebraische Definition des Vektorraumes

Wir haben die Grundregeln im Umgang mit Vektoren gelernt. Wir können sie addieren, mit Zahlen multiplizieren sowie im Sinne des Inneren Produktes miteinander multiplizieren. Blicken wir zusammenfassend noch einmal zurück, so stellen wir fest:

Die „Vektoren" genannten Objekte bilden eine Menge, die bestimmte Strukturen hat. Nämlich es gibt eine Verknüpfung, die der Menge alle Charakteristika einer Abelschen Gruppe verleiht, genannt Addition (G1 bis G4). Die Multiplikation mit Zahlen, d. h. Elementen eines Körpers K, ist definiert und genügt den Axiomen K1 bis K4. Die Menge der Vektoren wird damit zum K-Modul. Schließlich haben wir noch eine weitere Verknüpfung über der Vektormenge eingeführt, die je zwei Vektoren eine Zahl aus K zuordnet und den Regeln I 1 bis I 4 gehorcht.[2]

Eine Menge mit diesen Strukturen heiße „unitärer Raum". Die Vektoren sind also Elemente eines K-Moduls mit Innerem Produkt, d. h. eines unitären Raumes. Fügt man noch ein Axiom über die „Dimension" des unitären Raumes hinzu, so erhält man eine erschöpfende Kennzeichnung der Objekte „Vektoren", die nicht mehr auf Naturerkenntnisse zurückgreift, sondern eine axiomatische Definition des Vektorbegriffs darstellt. Es lässt sich

---

[2] Sofern K der Körper der reellen Zahlen ist. Benutzt man komplexe Zahlen, so ersetzt man I 1 durch $\vec{a} \cdot \vec{b} = (\vec{b} \cdot \vec{a})^*$. Anstelle von I 2 steht $\vec{a} \cdot (\alpha \vec{b}) = \alpha(\vec{a} \cdot \vec{b}) = (\alpha^* \vec{a}) \cdot \vec{b}$.

nämlich zeigen, dass (bis auf Isomorphie, siehe die Fußnote in Abschn. 1) nur *eine* Realisierung des vierteiligen Axiomensystems G, K, L und D (siehe sogleich) möglich ist.

Das *Dimensionsaxiom* formulieren wir so: Wir nennen Elemente $\vec{e}_i$ des Raumes, die normiert und wechselseitig orthogonal sind, $\vec{e}_i \cdot \vec{e}_j = \delta_{ij}$, ein Orthonormalsystem $\{\vec{e}_i\}$. Die größtmögliche Zahl von Mitgliedern, aus denen solche Orthonormalsysteme bestehen können, nennen wir *Dimension* des Raumes.

▸ **Axiom D** Die Dimension des Raumes der Vektoren, der den Punktverschiebungen isomorph ist, ist 3 (allgemein n), d. h. Orthonormalsysteme bestehen aus höchstens 3 Vektoren $\vec{e}_1, \vec{e}_2, \vec{e}_3$ (allgemein $\vec{e}_1, \ldots, \vec{e}_n$).

Man kann *jeden* Vektor als Linearkombination der $\vec{e}_i$ darstellen: $\vec{a} = a_i \vec{e}_i$. Letztere Aussage kann man aus D beweisen! Wählen wir nämlich die Zahlen $a_i := \vec{a} \cdot \vec{e}_i$, so kann man den Vektor $\vec{x}$ definieren durch die Gleichung $\vec{a} = (\vec{a} \cdot \vec{e}_1)\vec{e}_1 + (\vec{a} \cdot \vec{e}_2)\vec{e}_2 + (\vec{a} \cdot \vec{e}_3)\vec{e}_3 + \vec{x}$. Das geht offenbar immer zu machen. Es ist aber, wie man durch Multiplikation mit $\vec{e}_i$ leicht ausrechnet, $\vec{e}_i \cdot \vec{x} = 0$. Folglich steht $\vec{x}$ senkrecht auf *allen* $\vec{e}_i$. Normiert man $\vec{x}$ zu $\vec{x}_0$ und tut es zu den $\{\vec{e}_i\}$ dazu, so hätte man ein Orthonormalsystem mit mehr als der nach D erlaubten Zahl. Folglich kann x nicht normierbar sein, d. h. $x = 0$. Die Komponentendarstellung ist damit bewiesen.

Bemerkung
Man kann die Dimension endlicher Vektorräume auch so einführen, dass man linear unabhängige Teilmengen betrachtet. Das Axiom D hieße dann: Höchstens 3 (allgemein n) Vektoren können linear unabhängig sein. Der unitäre, n-dimensionale K-Modul der Vektoren wird konventionell mit $\mathbb{R}^n$ bezeichnet.

2.3.5 Übungen zum Selbsttest: Inneres Produkt

1. Man berechne

$$\vec{e}_3 \cdot (\vec{e}_1 + \vec{e}_2) \quad \text{(Bild!)},$$
$$(2\vec{e}_1 + 3\vec{e}_3) \cdot (\vec{e}_2 - 4\vec{e}_3), \quad (5\vec{e}_1 - 3\vec{e}_3 + \vec{e}_2) \cdot (-\vec{e}_3 + 2\vec{e}_1 - 4\vec{e}_2).$$

2. Gegeben seien die Vektoren $\vec{r}_1 = 4\vec{e}_1 - 3\vec{e}_2 + 2\vec{e}_3$ und $\vec{r}_2 = 3\vec{e}_1 + 4\vec{e}_2$. Zu bestimmen sei $|\vec{r}_1|, |\vec{r}_2|, \vec{r}_1 \cdot \vec{r}_2, |2\vec{r}_1 - 3\vec{r}_3|, (\vec{r}_1 - \vec{r}_2) \cdot (\vec{r}_1 + \vec{r}_2)$.

3. Welche Winkel bildet der Vektor $\vec{r} = 4\vec{e}_1 - 3\vec{e}_2$ mit den Koordinatenachsen? Und welche mit $\vec{a} = -4\vec{e}_1 + 3\vec{e}_2$ und $\vec{b} = \vec{e}_1 + \vec{e}_2 + \sqrt{2}\vec{e}_3$?

4. Wie lang ist die Projektion des Vektors $\vec{a} = (4, -3, -1)$ in Richtung von $\vec{b} = (-2, 1, 5)$?

5. Aus den drei Vektoren $\vec{e}_1, 3\vec{e}_1 + 4\vec{e}_2, \vec{e}_1 - 4\vec{e}_2 - 6\vec{e}_3$ bilde man durch Orthogonalisierung und Normierung ein Rechtskoordinatensystem (nicht eindeutig).
   Was erhält man, wenn man von den drei Vektoren ausgeht: $\vec{a}_1 = (1, 1, 0)$, $\vec{a}_2 = (1, 0, 1)$, $\vec{a}_3 = (0, 1, 1)$?

2.4 Koordinatentransformationen

Wir wollen die Frage nach dem Einfluss von Koordinatentransformationen auf die Komponentendarstellung von Vektoren erneut aufgreifen. Dieser ist ja so fundamental, dass das Verhalten unter Koordinatentransformationen sogar zur Klassifizierung physikalischer Größen in Skalare, Vektoren, Tensoren, ...verwendet wurde. Inzwischen haben wir genug über das Rechnen mit Vektoren gelernt, sodass wir die Transformationsformeln genau untersuchen können. Dies lohnt sich aber nicht nur wegen der physikalischen Relevanz, sondern wir lernen bei dieser Gelegenheit einige Grundregeln über Matrizen und Determinanten – oft benutzte Hilfsmittel.

2.4.1 Die Transformationsmatrix

2.4.1.1 Beschreibung einer Koordinatendrehung

Betrachten wir ein Bezugssystem K und ändern dann seine Lage. Da Verschiebungen im Raum ohne Einfluss auf Vektoren sind, möge das veränderte Bezugssystem K' denselben 0-Punkt haben wie K selbst. Beide Systeme können aber gegeneinander verdreht sein.

Das Ausgangs-Koordinatensystem K möge durch das Dreibein $\vec{e}_1, \vec{e}_2, \vec{e}_3$ repräsentiert werden. Erinnern wir uns, dass die $\vec{e}_i$ wechselseitig orthogonal sind sowie normiert auf die Länge 1. Bei der Drehung von K nach K' bleiben die Bezugsgeraden natürlich orthogonal, können also ebenfalls durch ein orthonormiertes Dreibein charakterisiert werden. Wir nennen es $\vec{e}'_1, \vec{e}'_2, \vec{e}'_3$ siehe Abb. 2.16.

Sei nun ein Vektor $\vec{r}$ betrachtet. Sein Komponententripel $(\bar{x}_1, \bar{x}_2, \bar{x}_3)$ im System K unterscheidet sich von demjenigen $(\bar{x}'_1, \bar{x}'_2, \bar{x}'_3)$, das sich auf K' bezieht. Es interessiert uns, wie?

Per Definition der Komponentendarstellung gilt ja $\vec{r} = x_i \vec{e}_i$ in bezug auf das Dreibein $\{\vec{e}_i\}$ des Bezugssystems K. Analog gilt aber auch $\vec{r} = x'_i \vec{e}'_i$ bezüglich des Dreibeins $\{\vec{e}'_i\}$ von K'. Der Vektor $\vec{r}$ selbst ist unabhängig vom Koordinatensystem, wie wir uns erinnern. Also gilt $x_i \vec{e}_i = x'_j \vec{e}'_j$, ausführlich

$$x_1 \vec{e}_1 + x_2 \vec{e}_2 + x_3 \vec{e}_3 = x'_1 \vec{e}'_1 + x'_2 \vec{e}'_2 + x'_3 \vec{e}'_3 . \tag{2.37}$$

Dabei denken wir uns etwa die x_i in K bekannt, dagegen die x'_i in K' noch unbekannt und gesucht. Es dürfte klar sein, dass die x'_i von der neuen Lage K' abhängen. Man muss also die neue Lage K' quantitativ erfassen. Der Trick ist, dass diese quantitative Kennzeichnung des gedrehten Bezugssystems K' z. B. so erfolgen kann, dass man die Lage der neuen Basisvektoren $\vec{e}'_i$ im alten System K angibt! Offenbar fixiert die Angabe der 3 Basisvektoren $\vec{e}'_i$ eindeutig das neue System K'.

Sei also etwa

$$\vec{e}'_i = a_{i1} \vec{e}_1 + a_{i2} \vec{e}_2 + a_{i3} \vec{e}_3 , \quad i = 1, 2, 3 , \tag{2.38}$$

Abb. 2.16 Drehung eines Koordinatensystems K nach K'

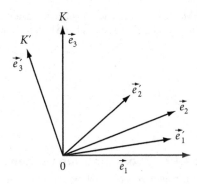

die Komponentendarstellung der neuen Einheitsvektoren $\vec{e}_i'$ im alten System K, d. h. ausgedrückt durch die $\vec{e}_j$. Die 3 mal 3 Zahlen a_{ij}, wiederum „Matrix" genannt, kennzeichnen offenbar K' quantitativ. Jede Lage von K' induziert via (2.38) eine solche Matrix (a_{ij}). Somit bilden diese Matrizen eine Möglichkeit, Koordinatendrehungen zahlenmäßig zu beschreiben. i ist der Zeilenindex, j der Spaltenindex.

Die Bedeutung der Matrixelemente a_{ij} erkennt man, wenn man (2.38) mit $\vec{e}_j$ multipliziert

$$a_{ij} = \vec{e}_i' \cdot \vec{e}_j .\qquad(2.39)$$

In Worten: a_{ij} ist das Innere Produkt zwischen dem Einheitsvektor in *neuer* i-Richtung und dem in *alter* j-Richtung. – Da sowohl $|\vec{e}_i'| = 1$ als auch $|\vec{e}_j| = 1$, ist das Innere Produkt der cos des Winkels φ_{ij} zwischen neuer i-Richtung und alter j-Richtung, nämlich nach (2.25)

$$a_{ij} = \cos \varphi_{ij} .\qquad(2.40)$$

Tatsächlich also beschreibt die Matrix (a_{ij}) alle Winkel φ_{ij} des neuen Systems K' relativ zum alten System K.

Aus der Darstellung (2.40) erkennt man schon, dass *nicht jede* Matrix (a_{ij}) bei Drehungen auftreten kann. So ist z. B. offensichtlich $|a_{ij}| \leq 1$. Aber nützlicher sind folgende Eigenschaften: Da die $\vec{e}_i'$ normiert sind, muss gelten

$$\vec{e}_1' \cdot \vec{e}_1' = 1 = a_{11}^2 + a_{12}^2 + a_{13}^2, \quad \text{analog für} \quad i = 2, 3 .\qquad(2.41)$$

Die $\vec{e}_i'$ sind aber auch wechselseitig orthogonal, sodass

$$\vec{e}_i' \cdot \vec{e}_j' = 0 = a_{i1}a_{j1} + a_{i2}a_{j2} + a_{i3}a_{j3} \quad i \neq j .\qquad(2.42)$$

Zusammenfassung

Koordinatendrehungen lassen sich durch Matrizen (a_{ij}) kennzeichnen, die den Bedingungen (2.41), (2.42) genügen:

$$a_{ik}a_{jk} = \delta_{ij} .\qquad(2.43)$$

Abb. 2.17 Räumliches Parallelepiped, aufgespannt
durch drei nicht in einer Ebene liegende Vektoren

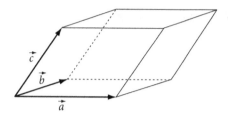

2.4.1.2   Zuordnung von Drehungen und Matrizen

Wir fragen uns nun, wieweit umgekehrt eine beliebig ausgedachte Matrix (a_{ij}) als Drehung
interpretiert werden kann. Wenn man mittels der Formeln (2.38) aus den $\vec{e}_1, \vec{e}_2, \vec{e}_3$ und einer
zunächst willkürlichen Zahlenmatrix (a_{ij}) sich drei neue Vektoren zusammenbastelt, so
sind diese offenbar genau dann wechselseitig senkrecht sowie Einheitsvektoren, wenn die
a_{ij} gerade den genannten einschränkenden Bedingungen (2.41) und (2.42) genügen. Man
kann sich also ein neues Dreibein *vorschreiben*, wenn man die a_{ij} unter diesen Bedingungen
wählt.

Leider ist noch eine Kleinigkeit übersehen worden. Nämlich: Ist das durch willkürliche
Vorgabe der a_{ij} soeben gewonnene Dreigespann $\vec{e}_1', \vec{e}_2', \vec{e}_3'$ auch ein Rechtskoordinatensystem?

Nehmen wir an, das wäre so. Dann wechseln wir mal bei den a_{11}, a_{12}, a_{13} das Vorzeichen,
lassen es aber bei allen anderen a_{ij} unverändert. Dann gilt offenbar (2.41) unverändert
(nur Quadrate gehen ein); ebenso bleibt (2.42) erhalten ($+0 = -0$). Jetzt aber erhalten wir
$-\vec{e}_1', \vec{e}_2', \vec{e}_3'$ was im Gegensatz zu $\vec{e}_1', \vec{e}_2', \vec{e}_3'$ folglich ein Links-System sein muss.

Die Bedingungen (2.41) und (2.42) vermögen also *noch nicht* zwischen der Transformation auf ein Rechts-System oder ein Links-System zu unterscheiden. Aber abgesehen von
diesem – gleich zu behebenden – Mangel erkennen wir die Zuordnung:

Jede Drehung induziert eine „*Drehmatrix*" (a_{ij}) mit Eigenschaften (2.41) und (2.42)
oder zusammengefasst (2.43) und umgekehrt, jede Matrix mit diesen Eigenschaften plus
der noch zusätzlich zu findenden definiert eine Drehung, d. h. Transformation des Koordinatensystems.

2.4.1.3   Die Determinante der Drehmatrix

Um die noch fehlende Bedingung zu formulieren, bedienen wir uns des Begriffs der Determinante[3] einer Matrix (a_{ij}).

Wir werden später, im Abschn. 2.7.2, folgenden Sachverhalt untersuchen: Betrachtet
man zwei Vektoren $\vec{a}$ und $\vec{b}$, so spannen sie ja ein Parallelogramm auf, wenn sie nicht gerade
parallel oder antiparallel sind. Kommt ein weiterer Vektor $\vec{c}$ hinzu, der nicht in der Ebene
von $\vec{a}, \vec{b}$ liege, so spannen alle drei Vektoren zusammen ein räumliches Parallelepiped auf,
siehe Abb. 2.17.

---

[3] Der mit Determinanten noch nicht vertraute Leser möge sich jetzt erst Abschn. 2.6 ansehen.

Das Parallelepiped hat ein gewisses Volumen V. Dies muss bei Kenntnis der Vektoren $\vec{a}, \vec{b}, \vec{c}$ eindeutig berechenbar sein. Denkt man sich die Vektoren jeweils durch ihre Komponententripel repräsentiert, so muss also V aus den 9 Zahlen $a_i, b_i, c_i, (i = 1, 2, 3)$ eindeutig bestimmbar sein. Tatsächlich gilt (siehe Absatz 2.7.2) die Determinantenformel

$$V(\vec{a}, \vec{b}, \vec{c}) = \begin{vmatrix} a_1 & a_2 & a_3 \\ b_1 & b_2 & b_3 \\ c_1 & c_2 & c_3 \end{vmatrix} . \tag{2.44}$$

Im Text zur Formel (2.78) wird erklärt, wie man diese Determinante ausrechnen soll.

Wenden wir diesen Sachverhalt speziell auf das vom Dreibein $\vec{e}_1, \vec{e}_2, \vec{e}_3$ des Koordinatensystems K aufgespannte Volumen an. Es ist sogar ein Würfel mit Kantenlänge 1, hat also das Volumen 1^3, d. h. 1. Das ist auch ohne Determinantendarstellung klar.

Doch kann man auch die Formel (2.44) anwenden. Es ist $\vec{e}_1 = (1, 0, 0), \vec{e}_2 = (0, 1, 0)$, $\vec{e}_3 = (0, 0, 1)$, sodass

$$V(\vec{e}_1, \vec{e}_2, \vec{e}_3) = \begin{vmatrix} 1 & 0 & 0 \\ 0 & 1 & 0 \\ 0 & 0 & 1 \end{vmatrix} = 1 .$$

Wesentlich ist nun die Erkenntnis, dass für ein *Linkssystem*, also etwa $\vec{e}_1, \vec{e}_2, -\vec{e}_3$ die Formel offenbar gerade -1 ergibt. Die Determinantenformel liefert also das Volumen *einschließlich* eines Vorzeichens.

Betrachtet man nun das durch Drehung von K nach K' entstehende neue Dreibein $\vec{e}_1', \vec{e}_2', \vec{e}_3'$, so spannt es natürlich wieder einen Einheitswürfel auf. Die Komponenten der $\vec{e}_i'$ sind (a_{i1}, a_{i2}, a_{i3}), sodass

$$V(\vec{e}_1', \vec{e}_2', \vec{e}_3')' = \begin{vmatrix} a_{11} & a_{12} & a_{13} \\ a_{21} & a_{22} & a_{23} \\ a_{31} & a_{32} & a_{33} \end{vmatrix} . \tag{2.45}$$

Da nun der Einheitswürfel in K infolge der Drehung nach K' das Volumen beibehält, muss $V(\vec{e}_1', \vec{e}_2', \vec{e}_3') = 1$ bleiben! Es kann insbesondere durch *stetige* Drehung aus dem Rechtssystem auch kein Linkssystem werden, dessen Determinantenvolumen ja -1 wäre.

Somit haben wir als weitere notwendige Bedingung für die Matrix (a_{ij}) einer Drehung die Beziehung für ihre Determinante

$$\mathrm{Det}(a_{ij}) = 1 . \tag{2.46}$$

Diese Bedingung vermag aber durch das Vorzeichen $+1$ (und eben nicht -1) ein Rechtssystem von einem Linkssystem zu unterscheiden, sodass sie auch die letzte, noch fehlende notwendige und hinreichende Bedingung ist, unter der eine Matrix (a_{ij}) als Drehung interpretiert werden kann.

Da offenbar V unter Drehungen invariant bleibt, ist die Funktion der drei Vektoren $V(\vec{a}, \vec{b}, \vec{c})$ ein Skalar.

Zusammenfassend stellen wir folgenden Sachverhalt fest:

Die Drehung eines Koordinatensystems K in ein anderes Rechts-Koordinatensystem K' lässt sich durch eine Matrix (a_{ij}) kennzeichnen, deren Elemente a_{ij} die Richtungs-cos des neuen Dreibeins, also der $\vec{e}_i'$ relativ zu den alten $\vec{e}_j$, sind. Die Eigenschaften dieser Matrix sind

$$\text{Orthonormalität der Zeilen} \qquad a_{ik}a_{jk} = \delta_{ij}, \qquad (2.47a)$$

$$\text{Invarianz des Rechtsvolumens} \qquad \text{Det}(a_{ij}) = 1. \qquad (2.47b)$$

Umgekehrt lässt sich *jede* reelle Matrix (a_{ij}), die die Eigenschaften (2.47) besitzt, als eine Drehung eines Koordinatensystems deuten, indem man mittels

$$\vec{e}_i' = a_{ij}\vec{e}_j, \quad i = 1, 2, 3, \qquad (2.47c)$$

aus dem ursprünglichen Dreibein in K das gedrehte Dreibein in K' bestimmt.

2.4.2   Die Transformationsformeln für Vektoren

Nachdem wir eine zahlenmäßige Darstellung von Koordinatentransformationen in Gestalt von Drehmatrizen (a_{ij}) haben, können wir leicht die Komponententripel von Vektoren transformieren. Wir kehren zu der Vektorgleichung (2.37) zurück, die denselben Vektor $\vec{r}$ sowohl bezüglich der $\vec{e}_j$ als auch bezüglich der $\vec{e}_i'$ darstellt.

Um z. B. x_1' auszurechnen, bilden wir das Innere Produkt mit $\vec{e}_1'$. Da $\vec{e}_1' \cdot \vec{e}_2' = \vec{e}_1' \cdot \vec{e}_3' = 0$, finden wir

$$x_1' = x_1\vec{e}_1' \cdot \vec{e}_1 + x_2\vec{e}_1' \cdot \vec{e}_2 + x_3\vec{e}_1' \cdot \vec{e}_3 = x_1a_{11} + x_2a_{12} + x_3a_{13} .$$

Man mache sich die analogen Formeln klar für x_2' bzw. x_3'. Man findet als Transformationsformeln eines Koordinatentripels x_j unter einer Koordinatendrehung (a_{ij}) in kurzer Form zusammengefasst:

$$x_i' = a_{ij}x_j . \qquad (2.48)$$

Aber auch die Drehung von K' nach K, also zurück, kann man leicht beschreiben. Um etwa x_1, durch das Tripel x_i' auszudrücken, multiplizieren wir (2.37) mit $\vec{e}_1$.

$$x_1 = x_1'\vec{e}_1 \cdot \vec{e}_1' + x_2'\vec{e}_1 \cdot \vec{e}_2' + x_3'\vec{e}_1 \cdot \vec{e}_3'$$

Da das Innere Produkt kommutativ ist, gilt $\vec{e}_1 \cdot \vec{e}_j' = \vec{e}_j' \cdot \vec{e}_1 = a_{j1}$. Also lautet die Rücktransformation:

$$x_l = a_{kl}x_k' . \qquad (2.49)$$

Man muss jetzt über den *ersten* Index summieren.

Es ist etwas unbequem, sich merken zu müssen, über welchen Index man nun summieren soll. Deshalb bezeichnen wir die Transformationsmatrix kurz mit D, ihre Elemente hinfort als D_{ij} – folglich $D_{ij} = \vec{e}_i' \cdot \vec{e}_j$ – sowie die umgekehrte Transformation von K' nach K als die *inverse Matrix* D^{-1} mit Elementen $(D^{-1})_{ij}$, kurz D_{ij}^{-1}. Dann ist in Kurzform

$$x' = D\,x \quad \text{bzw.} \quad x_i' = D_{ij}x_j\,, \tag{2.50a}$$

$$x = D^{-1}x' \quad \text{bzw.} \quad x_l = D_{lk}^{-1}x_k'\,, \tag{2.50b}$$

$$\text{mit} \quad D_{lk}^{-1} = D_{kl} = \vec{e}_k' \cdot \vec{e}_l\,. \tag{2.50c}$$

Merke: Man erhält die Matrixelemente der zu einer Drehmatrix D inversen Matrix D^{-1} einfach durch Vertauschung der Indizes, d. h. durch Vertauschung von Zeilen und Spalten!

Wenn man in (2.48) die x' aus den x ausrechnet und sich mittels (2.49) wieder die x aus den x' verschafft,

$$x_i' = a_{ij}x_j = a_{ij}(a_{kj}x_k') = a_{ij}a_{kj}x_k', \tag{2.51}$$

so taucht der uns aus der Drehmatrixbedingung (2.47a) bekannte Ausdruck $a_{ij}a_{kj} = \delta_{ik}$ auf. Es ist also $\delta_{ik}x_k' = x_i'$. Das muss offenbar so sein, denn (2.51) besagt doch Folgendes: Man verschaffe sich aus den x' mittels D^{-1} die y und daraus durch D wieder die x', also $x' = DD^{-1}x'$. Dann muss eben wieder das alte Zahlentripel entstehen.

Wenn man seine Phantasie ein wenig spielen lässt, wird man fragen, warum man eigentlich von K' ausgehend nach K und wieder zurück nach K' rechnet ($K' \to K \to K'$) und nicht ebenso gut von K ausgeht, dann nach K' und wieder zurück nach K, also $K \to K' \to K$. Evidenterweise muss dann eben das Tripel x über x' nach x zurücktransformiert werden, $x = D^{-1}Dx$.

Tun wir das mittels (2.48), (2.49), so finden wir

$$x_l = a_{kl}x_k' = a_{kl}(a_{ki}x_i) = a_{kl}a_{ki}x_i. \tag{2.52}$$

Da nun ebenso, wie vorher $x_i' \to x_i'$, in diesem Falle $x_l \to x_l$, muss also analog zur Formel (2.47a) auch die Summe über den *vorderen* Index das Ergebnis δ_{li} ergeben: $\delta_{li}x_i = x_l$, wie gewünscht.

Eine Drehmatrix erfüllt also *auch* die Bedingung

$$\text{Orthonormalität der Spalten,} \quad a_{ki}a_{kj} = \delta_{ij}\,. \tag{2.53}$$

Selbstverständlich hätte man diese Bedingung ebenso wie die Orthonormalität der Zeilen, (2.47a), unmittelbar aus der Definition $a_{ij} = \vec{e}_i' \cdot \vec{e}_j$ folgern können. Genauso, wie die a_{ij} die Komponenten des Vektors $\vec{e}_i'$ im alten System K sind – also $a_{ij}a_{kj} = \vec{e}_i' \cdot \vec{e}_k'$ bedeutet – kann man sie auch ansehen als die Komponenten des Vektors $\vec{e}_j$ im neuen System K'. Dann ist $a_{ij}a_{ik} = \vec{e}_j \cdot \vec{e}_k$; wegen der Orthonormalität der $\vec{e}_j$ also in der Tat δ_{jk}.

Die Orthonormalität der Zeilen von (a_{ij}) drückt also diejenige des Dreibeins $\{\vec{e}_i'\}$ aus und die Orthonormalität der Spalten von (a_{ij}) diejenige von $\{\vec{e}_j\}$; ein unsere ästhetischen Bedürfnisse befriedigendes „symmetrisches" Ergebnis.

Es sei abschließend noch einmal erinnert an die symbolische Transformationsformel (2.1) für Vektoren. Sie diente ja als definierendes Charakteristikum für die Vektoreigenschaft überhaupt. Wir können sie jetzt genau verstehen. Das Symbol $D_{K'K}$ ist aufzufassen als

Abb. 2.18 Drehung eines Koodinatensystems K mit $(\vec{e}_1, \vec{e}_2, \vec{e}_3)$ nach K' mit $(\vec{e}_1' = \vec{e}_3, \vec{e}_2' = \vec{e}_2, \vec{e}_3' = -\vec{e}_1)$

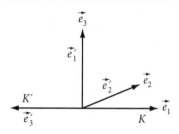

die Drehmatrix D_{ij}, und die „Anwendung" auf das Komponententripel x_j ist zu verstehen als „Multiplikation mit D_{ij} und Summation über j". Die Formel (2.48) ist die wohldefinierte Version der symbolischen Transformation (2.1):

$$x_i' = D_{ij} x_j; \quad x_j = D_{ij} x_i'.$$

2.4.3   Beispiele zur übenden Erläuterung

Einige auch für sich nützliche Beispiele mögen helfen, sich den Umgang mit Koordinatentransformationen einzuprägen:

1. Man bestätige durch Rechnung, dass die Länge von Vektoren bei Drehungen des Koordinatensystems in der Tat unverändert bleibt.
   Sei ein Vektor $\vec{a}$ gegeben und dargestellt durch sein Komponententripel (a_1, a_2, a_3). Bei Drehung des Koordinatensystems, repräsentiert durch eine Drehmatrix $D = (D_{ij})$, transformiert es sich in $a_i' = D_{ij} a_j$. Die Länge, ausgedrückt durch die Komponenten, ist $\sqrt{a_i' a_i'}$. Wir rechnen $a_i' a_i' = (D_{ij} a_j)(D_{ik} a_k) = D_{ij} D_{ik} a_j a_k$. Wegen der Orthonormalität der Spalten einer Drehmatrix ist $D_{ij} D_{ik} a_j a_k = \delta_{jk} a_j a_k = a_k a_k$. Folglich bleibt die Länge invariant, $\sqrt{a_i' a_i'} = \sqrt{a_k a_k}$.
2. Durch analoge Rechnung beweise man, dass das Innere Produkt zweier Vektoren ein Skalar ist, also invariant gegenüber Drehungen. Wir kennen dieses Faktum schon durch Diskussion der Definitionsgleichung des Inneren Produktes und bestätigen es jetzt mittels Komponentendarstellung.

$$\vec{a}' \cdot \vec{b}' = a_i' b_i' = (D_{ij} a_j)(D_{ik} b_k) = D_{ij} D_{ik} a_j b_k = \delta_{jk} a_j b_k = a_k b_k = \vec{a} \cdot \vec{b}$$

3. Das Koordinatensystem K, repräsentiert durch das orthonormale Dreibein $\vec{e}_1, \vec{e}_2, \vec{e}_3$, werde so gedreht, dass das neue Dreibein wie in Abb. 2.18 dargestellt liegt. Wie lautet die Transformationsmatrix? Man bestätige ihre allgemeinen Eigenschaften (2.47a) explizit. Wie groß sind die Drehwinkel φ_{ij}?

Die Elemente der Drehmatrix D_{ij} ergeben sich aus $\vec{e}_i' \cdot \vec{e}_j$. Wir finden

$$D = \begin{bmatrix} 0 & 0 & 1 \\ 0 & 1 & 0 \\ -1 & 0 & 0 \end{bmatrix} .$$

Die Zeilennormierung ebenso wie die Spaltennormierung ist erkennbar aus $0^2 + 0^2 + 1^2 = 1$ usw. Die Orthogonalität je zweier Zeilen (bzw. je zweier Spalten) ergibt sich aus $0 \cdot 0 + 0 \cdot 1 + 1 \cdot 0 = 0$ usw. Die Determinante ist $0 + 0 + 0 - (-1 + 0 + 0) = 1$. Die inverse Drehmatrix ist

$$D^{-1} = \begin{bmatrix} 0 & 0 & -1 \\ 0 & 1 & 0 \\ 1 & 0 & 0 \end{bmatrix} .$$

Schließlich bestimmt man die Drehwinkel zu $\varphi_{11} = 90°$, $\varphi_{12} = 90°$, $\varphi_{13} = 0°$ für die neue 1-Achse; $\varphi_{21} = 90°$, $\varphi_{22} = 0°$, $\varphi_{23} = 90°$ für die neue 2-Achse; $\varphi_{31} = 180°$, $\varphi_{32} = 90°$, $\varphi_{33} = 90°$ für die neue 3-Achse.

4. Wir können später (s. Abschn. 2.7.4, Beispiel 5) mit Hilfe des Äußeren Produktes leicht folgende Relationen beweisen, die eine Drehmatrix erfüllt und die deshalb hier genannt werden sollen:

$$D_{11} = D_{22}D_{33} - D_{23}D_{32} ,$$
$$D_{12} = D_{23}D_{31} - D_{21}D_{33} , \quad \text{kurz: } D_{ij} = \Delta_{ij} ,$$
$$D_{13} = D_{21}D_{32} - D_{22}D_{31} , \tag{2.54}$$

wobei $\Delta_{ij} = (-1)^{i-j}$ mal Unterdeterminante zu D_{ij} bedeutet.

2.4.4   Die Transformationsformeln für Tensoren

Wir können uns jetzt klarmachen, was die symbolische Formel (2.3) für Tensoren bedeutet. Dazu gehen wir aus von dem Beispiel (2.2) eines Tensors, der Verzerrungen oder Drehbewegungen eines festen Körpers darstellte. Wir bezeichnen ihn im Einklang mit der allgemeinen Tensorbezeichnung mit A_{ij}.

Der Verschiebungsvektor ξ_i und der Ortsvektor x_j stehen nach (2.2) in der Beziehung $\xi_i = A_{ij}x_j$. Im gedrehten System sind nun ξ_i' sowie x_j' die zugehörigen Vektortripel. Damit der physikalische Zusammenhang zwischen Verzerrungen und Kräften erhalten bleibt, muss man auch A_{ij} nach A_{ij}' transformieren, sodass im neuen System die analoge Formel gilt: $\xi_i' = A_{ij}'x_j'$. So soll es aus physikalischen Gründen sein!

Da man nun weiß, wie sich die Vektoren transformieren, und man die Invarianz des Gesamtausdrucks physikalisch vorschreibt, kann man den Zusammenhang zwischen A_{ij}' und A_{ij} ausrechnen. Das liefert uns an diesem Beispiel das Transformationsverhalten des Tensors A_{ij} der Verzerrungen.

Wir rechnen $\xi'_i = D_{ij}\xi_i = D_{ij}(A_{jl}x_l)$. Drückt man zwecks leichteren Vergleichs mit der A'-Formel noch die x_l durch die gedrehten Koordinaten aus, $x_l = D_{kl}x'_k$ (Achtung: gemäß (2.49) über den *vorderen* Index summieren), so erhält man

$$\xi'_i = D_{ij}(A_{jl}(D_{kl}x'_k)) = (D_{ij}A_{jl}D_{kl})x'_k .$$

Folglich muss die Klammer gerade A'_{ik} sein. Es gilt daher die

$$\text{Tensor-Transformation:} \quad A'_{ik} = D_{ij}D_{kl}A_{jl} . \tag{2.55}$$

Es ist also *zugleich* bezüglich *beider* Indizes des Tensors mittels der Drehmatrix zu transformieren, d. h. zu multiplizieren und zu summieren. Gleichung (2.55) ist der exakte Inhalt der symbolischen Gleichung (2.3).

Allgemeine Tensoren k. Stufe transformieren sich demzufolge so:

$$A'_{j_1 j_2 \ldots j_k} = D_{j_1 i_1} D_{j_2 i_2} \ldots D_{j_k i_k} A_{i_1 i_2 \ldots i_k}. \tag{2.56}$$

Es ist über k Indizes jeweils von $i = 1, \ldots, 3$ bzw. n zu summieren. Das ergibt ausgeschrieben eine Summe aus n^k Summanden, z. B. $3^2 = 9$ beim Verzerrungstensor 2. Stufe im 3-dimensionalen Raum. Wer jetzt noch nicht den enormen Vorteil der Summenkonvention erkennt, …!

Aufgabe

Warum ist das aus den Komponenten zweier Vektoren erstellte $n \times n$-Gebilde $(x_i y_j)$ ein Tensor?

Weil es sich wie ein solcher bei Drehungen transformiert, nämlich

$$x'_i y'_i = D_{il} D_{jk} x_l y_k .$$

2.4.5 Übungen zum Selbsttest: Koordinatentransformationen

1. Repräsentiert die Matrix $\begin{bmatrix} 1 & 0 & 0 \\ 0 & 0 & 1 \\ 0 & -1 & 0 \end{bmatrix}$ eine Drehung? Falls ja, welche?

2. Wie lautet die Drehmatrix für eine Drehung um die 3-Achse um $45°$?

3. Wie heißen die Vektoren $(1, 1, 0)$ und $(0, 1, 1)$ nach einer Koordinatendrehung, die durch die Transformationsmatrix D definiert ist?

$$D = \begin{bmatrix} \frac{\sqrt{2}}{2} & \frac{\sqrt{2}}{2} & 0 \\ -\frac{\sqrt{2}}{2} & \frac{\sqrt{2}}{2} & 0 \\ 0 & 0 & 1 \end{bmatrix} .$$

4. Transformieren Sie mit der Matrix D der vorigen Aufgabe den Tensor

$$A = \begin{bmatrix} \frac{1}{2}(a+b) & \frac{1}{2}(a-b) & 0 \\ \frac{1}{2}(a-b) & \frac{1}{2}(a+b) & 0 \\ 0 & 0 & c \end{bmatrix}.$$

5. Welches Volumen V spannen die Vektoren $\vec{e}_1 - \vec{e}_2$, $\vec{e}_1 + \vec{e}_2$ sowie $\vec{e}_1 + \vec{e}_2 + \vec{e}_3$ auf? Berechnen Sie V mit der Determinantenformel und prüfen Sie das Ergebnis auf herkömmliche, geometrische Art.

2.5 Matrizen

Wir hatten schon einige Male mit dem Begriff der Matrix zu tun. Seine Nützlichkeit ist also schon belegt. Deshalb wird es zweckmäßig sein, einmal die Definition von Matrizen und die Regeln für den Umgang mit ihnen zusammenzustellen. Dabei werden wir uns so wie stets bei der Einführung neuer Begriffe von Anwendungsgesichtspunkten leiten lassen.

2.5.1 Definitionen

Es ist zweckmäßig, gegenüber den bisher betrachteten 3×3- bzw. $n \times n$-Schemata von Zahlen a_{ij}, gleich etwas Allgemeineres zu besprechen.

▶ **Definition** Unter einer *Matrix A* verstehen wir ein Schema

$$A \equiv (a_{ij}) = \begin{bmatrix} a_{11} & a_{12} & \cdots & a_{1n} \\ a_{21} & a_{22} & \cdots & a_{2n} \\ \vdots & \vdots & \cdots & \vdots \\ a_{m1} & a_{m2} & \cdots & a_{mn} \end{bmatrix}$$

von $m \times n$ Zahlen a_{ij}, bestehend aus m *Zeilen* und n *Spalten*. Der *erste* Index $i = 1, \ldots, m$ kennzeichnet die *Zeilen*, der *zweite* $j = 1, \ldots, n$ die *Spalten*. Die Matrix heißt vom *Typ* $m \times n$.

Beispiele solcher Matrizen sind etwa die Drehungs-Schemata in Abschn. 2.4, Verzerrungstensoren wie in Abschn. 2.1.3, die Koeffizienten linearer Gleichungssysteme, etc. Denkt man z. B. an die Drehungs-Matrizen, so werden folgende weitere Regelungen für den Umgang mit Matrizen klar.

Definitionen

1. Zwei Matrizen A und B heißen gleich,

$$A = B, \quad \text{wenn} \quad a_{ij} = b_{ij}, \quad \text{für alle } i, j. \tag{2.57}$$

Offenbar müssen gleiche Matrizen A und B vom selben Typ $m \times n$ sein; (2.57) repräsentiert $m \times n$ Gleichungen auf einmal. Unter eben diesen Voraussetzungen kann man
ferner definieren:

2. Die *Summe* zweier Matrizen A und B desselben Types $m \times n$ sei

$$C = A + B, \quad \text{wobei} \quad c_{ij} = a_{ij} + b_{ij} \quad \text{für alle } i, j. \tag{2.58a}$$

Sind zwei Matrizen nicht vom selben Typ, hat das Additionssymbol + keinen Sinn.

$$\text{Die Addition ist } \textit{kommutativ:} \quad A + B = B + A. \tag{2.58b}$$

3. Die *Nullmatrix* 0 besteht aus lauter Nullen; es ist $A + 0 = A$. Bei quadratischen Matrizen,
d. h. solchen vom Typ $n \times n$, tritt oft die *Einheits-Matrix* 1 auf.

$$0 = \begin{bmatrix} 0 & 0 & 0 & \cdots & 0 \\ \vdots & & & & \\ 0 & 0 & 0 & \cdots & 0 \end{bmatrix}, \quad 1 = \begin{bmatrix} 1 & 0 & 0 & \cdots & 0 \\ 0 & 1 & 0 & \cdots & 0 \\ 0 & 0 & 1 & \cdots & 0 \\ \vdots & & & & \\ 0 & 0 & 0 & \cdots & 1 \end{bmatrix}$$

So wirkt z. B. die oben besprochene Transformation von K nach K' und wieder zurück
nach K wie die 1-Matrix. Die Elemente der 1-Matrix sind die Kronecker-Zahlen

$$\delta_{ij} = \begin{cases} 1 & \text{für } i = j \\ 0 & \text{für } i \neq j \end{cases}, \quad 1 = (\delta_{ij}).$$

4. Sei α eine beliebige Zahl, so verstehen wir unter αA die Matrix

$$\alpha A = \begin{bmatrix} \alpha a_{11} & \alpha a_{12} & \cdots & \alpha a_{1n} \\ \alpha a_{21} & \alpha a_{22} & \cdots & \alpha a_{2n} \\ \vdots & \vdots & \cdots & \vdots \\ \alpha a_{m1} & \alpha a_{m2} & \cdots & \alpha a_{mn} \end{bmatrix}, \quad \text{d. h. } \alpha A = (\alpha a_{ij}). \tag{2.59}$$

Es soll also *jedes* Element a_{ij} der Matrix mit α multipliziert werden.

5. Genau bei den quadratischen Matrizen A (also vom Typ $n \times n$) kann man die Deter-
minante[4] des Schemas (a_{ij}) bestimmen. Wir bezeichnen sie mit $|A|$ bzw. Det (a_{ij}). Es
ist

$$|\alpha A| = \alpha^n |A|, \tag{2.60}$$

wie später bei den Rechenregeln für Determinanten klar werden wird.

Es sei angemerkt, dass man auch Vektoren als Matrizen ansehen kam, nämlich vom
Typ (1×3), sofern wir unsere bisherige Bezeichnung verwenden, $\vec{a} = (a_1, a_2, a_3)$. Der

---

[4] Siehe die Fußnote auf S. 66

Zeilenindex fehlt, da es nur eine Zeile gibt. Manchmal wird die Bezeichnung $\begin{bmatrix} a_1 \\ a_2 \\ a_3 \end{bmatrix}$

bevorzugt; dann ist der Vektor eine Matrix vom Typ (3×1); der Vektorindex i beschreibt die Zeilen; ein Spaltenindex wird nicht angegeben, da es nur eine Spalte gibt.

Man erkennt leicht, dass die soeben hingeschriebenen Rechenregeln für Matrizen in Übereinstimmung mit den vorher speziell für Vektoren erklärten stehen. Nicht zuletzt deshalb trifft man eben genau solche Definitionen!

6. Eine Matrix A' heißt die zu A *transponierte* Matrix, wenn sie aus A durch Vertauschung von Zeilen und Spalten hervorgegangen ist.

Falls $A = (a_{ij})$, dann $A' \equiv (a'_{ij}) = (a_{ji})$, d. h. wenn

$$A = \begin{bmatrix} a_{11} & a_{12} & \cdots & a_{1n} \\ \vdots & \vdots & & \vdots \\ a_{m1} & a_{m2} & \cdots & a_{mn} \end{bmatrix}, \quad \text{dann} \quad A' = \begin{bmatrix} a_{11} & \cdots & a_{m1} \\ a_{12} & \cdots & a_{m2} \\ \vdots & & \vdots \\ a_{1n} & \cdots & a_{mn} \end{bmatrix}. \tag{2.61}$$

Aus einer $m \times n$-Matrix A wird die $n \times m$-Matrix A'. So lautet z. B. beim Vektor (a_1, a_2, a_3) der transponierte Vektor $(a_1, a_2, a_3)' = \begin{bmatrix} a_1 \\ a_2 \\ a_3 \end{bmatrix}$.

2.5.2 Multiplikation von Matrizen

Wir waren gerade gewahr geworden, dass Vektoren spezielle Matrizen sind. Da wir von Vektoren wissen, dass und wie man sie addieren und mit Zahlen multiplizieren, aber auch im Sinne des Inneren Produktes miteinander multiplizieren kann, liegt die Frage nahe: Lassen sich auch allgemeine Matrizen miteinander multiplizieren? Falls das sinnvoll erklärt werden kann – was sogleich gezeigt werden wird –, ist das Innere Produkt von Vektoren wieder ein Spezialfall der allgemeinen Regel?

Vielleicht versucht der Leser sich einmal daran, das Innere Produkt so zu verallgemeinern, dass eine Regel für Matrix-Multiplikation entsteht. – Wir wollen als Leitfaden die Koordinatentransformationen betrachten, die ja durch Matrizen realisiert werden: Wie können wir den Fall behandeln, dass man nach der Drehung des Koordinatensystems K in die neue Lage K' – dargestellt etwa durch die Drehmatrix D – noch einmal drehen möchte, etwa nach K''?

Natürlich muss auch die neue Drehung wieder zu einer Drehmatrix führen. Ihre Elemente sind die Richtungs-cos der Bezugsrichtungen von K'' relativ zu denen von K'; diese Matrix soll E heißen. Andererseits kann man aber auch K'' direkt auf K beziehen. Das führt zu einer Drehmatrix F.

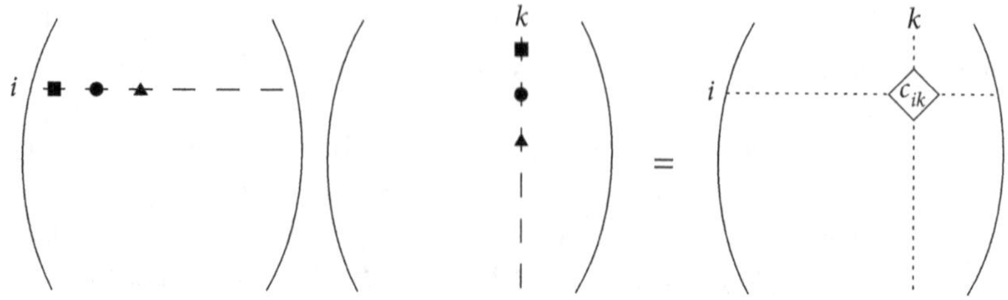

Abb. 2.19 Veranschaulichung und Merkhilfe für die Matrixmultiplikation

Es gilt also symbolisch: $DK = K'$, $EK' = K''$ sowie $FK = K''$. Nun liefern die hintereinander ausgeführten Drehungen $K \to K' \to K''$ gerade die Transformation $E(DK) = K''$, sodass man F mit ED gleichzusetzen hätte.

Mit den Transfomationsformeln (2.48) kann man diese symbolischen Gleichungen mit konkretem Inhalt füllen. $DK = K'$ heißt $x'_i = D_{ij}x_j$; $EK' = K''$ heißt $x''_k = E_{ki}x'_i$; nacheinander drehen wir so: $x''_k = E_{ki}(D_{ij}x_j)$. Also wird mittels $E_{ki}D_{ij}$ das Komponententripel (x_i) übergeführt in (x''_k). Hierbei ist über i zu summieren. Es entsteht zu jeder Wahl von k, j eine Zahl, sodass $E_{ki}D_{ij}$ ein 3×3-Zahlenschema ist, d. h. eine Matrix. Sie muss offenbar ihrer Konstruktion nach wieder eine Drehmatrix sein, denn sie führt ja das Tripel (x_j) über in das Tripel (x''_k), das eine andere Darstellung derselben Verschiebung $\vec{r}$ ist. Folglich gilt $F_{kj} = E_{ki}D_{ij}$.

Hintereinanderausführen von Koordinatendrehungen führt also auf eine Art von Produkt von Matrizen! Zu summieren ist über den *Spalten*index des 1. Faktors und den *Zeilen*index des 2. Faktors. Dies können wir nun leicht verallgemeinern.

▸ **Definition** Seien $A = (a_{ij})$ eine $m_A \times n_A$-Matrix und $B = (b_{lk})$ eine $m_B \times n_B$-Matrix. Falls (!) die Spaltenzahl n_A von A sowie die Zeilenzahl m_B von B gleich sind, sei unter dem Produkt von A mit B verstanden die Matrix $C = AB$ mit den Matrix-Elementen

$$c_{ik} = a_{ij}b_{jk} . \tag{2.62}$$

C ist vom Typ $m_A \times n_B$ d. h. hat die Zeilenzahl der Matrix A und die Spaltenzahl der Matrix B.

Wir veranschaulichen uns die praktische Ausführung der Matrix-Multiplikation mit Hilfe von Abb. 2.19 und prägen uns folgenden *Merksatz* ein:

Man findet das Matrixelement c_{ik} der Produktmatrix, indem man die Elemente der i. Zeile des ersten Faktors mit den Elementen der k. Spalte des zweiten Faktors paarweise multipliziert und dann addiert, wie bei einem Inneren Produkt aus dem „Vektor" der i. Zeile mit dem „Vektor" der k. Spalte.

Achtung: Die Matrix-Multiplikation ist i. Allg. *nicht kommutativ*! Schon die Voraussetzung gleicher Spaltenzahl des 1. Faktors und Zeilenzahl des 2. Faktors wird i. Allg. nicht auch in umgekehrter Reihenfolge erfüllt sein. Es sei z. B. $A = \begin{bmatrix} 1 & 2 \\ 3 & 4 \end{bmatrix}$ und $B = \begin{bmatrix} 5 \\ 6 \end{bmatrix}$.

Dann ist $m_A \times n_A = 2 \times 2$ sowie $m_B \times n_B = 2 \times 1$. Es gilt zwar $n_A = m_B$, und man kann die $m_A \times n_B = 2 \times 1$-Matrix $C = AB$ bilden,

$$C = \begin{bmatrix} 1 & 2 \\ 3 & 4 \end{bmatrix} \begin{bmatrix} 5 \\ 6 \end{bmatrix} = \begin{bmatrix} 1 \cdot 5 + 2 \cdot 6 \\ 3 \cdot 5 + 4 \cdot 6 \end{bmatrix} = \begin{bmatrix} 17 \\ 39 \end{bmatrix}$$

nicht aber das Produkt BA. (Man versuche sich, falls man's nicht glaubt.)

Doch auch der Verdacht, die Matrix-Multiplikation sei vielleicht wenigstens dann kommutativ, wenn außer $n_A = m_B$ auch noch $m_A = n_B$ sei, bestätigt sich nicht. Zwar ist dann sowohl AB als auch BA tatsächlich bildbar, doch sind diese Produkte i. Allg. nicht gleich. Dies erläutere wieder ein Beispiel: $A = [1\,2]$ sei 1×2-Matrix und $B = \begin{bmatrix} 2 \\ 3 \end{bmatrix}$ sei 2×1-Matrix.

Dann ist AB die 1×1-Matrix $[8]$, jedoch BA die 2×2-Matrix $B = \begin{bmatrix} 2 & 4 \\ 4 & 6 \end{bmatrix}$.

Wer immer noch die Schuld dafür, dass die Matrixmultiplikation i. Allg. nicht kommutativ ist, bei der Verschiedenheit von Zeilen- und Spaltenzahlen sucht – die natürlich sehr bedeutsam ist – wird Kommutativität vielleicht bei den quadratischen Matrizen $m_A = n_A = m_B = n_B \equiv n$ erhoffen. Bei solchen ist mit AB stets auch BA bildbar und beide Produkte sind wieder $n \times n$-Matrizen. Trotzdem aber sind sie i. Allg. nicht gleich!

Wieder zeige uns das ein Beispiel. Falls $A = \begin{bmatrix} 1 & 2 \\ 3 & 4 \end{bmatrix}$ und $B = \begin{bmatrix} 2 & 3 \\ 4 & 5 \end{bmatrix}$, erhält man

$AB = \begin{bmatrix} 10 & 13 \\ 22 & 29 \end{bmatrix}$ sowie $BA = \begin{bmatrix} 11 & 16 \\ 19 & 28 \end{bmatrix}$, also $AB \neq BA$. Dem Leser sei nahegelegt, zur Übung nachzurechnen; vielleicht habe ich mich verrechnet?

Wegen der Besonderheit lohnt es sich, die folgende Bezeichnung zu *definieren*: Zwei Matrizen heißen *vertauschbar,* wenn $AB = BA$ ist.

Die Multiplikation mehrerer Matrizen A, B, C ist möglich, falls $n_A = m_B$ und $n_B = m_C$ ist. Man bekommt

$$A(BC) \triangleq a_{ij}(b_{jl}c_{lk}) = (a_{ij}b_{jl})c_{lk} \triangleq (AB)C. \tag{2.63}$$

Also gilt das assoziative Gesetz bei mehrfachen Produkten. Das Ergebnis ist eine $m_A \times n_C$-Matrix.

Potenzen $A^2, \ldots, A^n, \ldots$ gibt es nur bei quadratischen Matrizen. Es ist $A^2 = (a_{ij}a_{jk})$, usw.

Leicht erkennt man die Richtigkeit der Aussage: Die Matrixmultiplikation ist distributiv:

$$A(B + C) = AB + AC. \tag{2.64}$$

Anmerkung

Quadratische Matrizen gleichen Typs $n \times n$ bilden eine Menge $\mathfrak{A}$ von Matrizen, $\{A\}$, die folgende Strukturelemente hat. Summe und Produkt sind erklärt und geben wieder eine Matrix gleichen

Typs. Die Addition ist kommutativ und assoziativ, neutrales und negative d. h. inverse Elemente existieren (Moduleigenschaften). Die Multiplikation ist assoziativ und distributiv (wenn auch nicht kommutativ). Eine Menge $\mathfrak{A}$, deren Elementen diese Eigenschaften zukommen, heißt „Ring". Die quadratischen Matrizen $n \times n$ bilden also einen solchen Ring von Matrizen.

Abschließend sei das Innere Produkt für Vektoren, die ja spezielle Matrizen sind, in die allgemeine Matrix-Multiplikation eingebettet: Falls A die einzeilige Matrix des Komponententripels $\vec{a} = (a_1, a_2, a_3)$ ist und $B = (b_1, b_2, b_3)$ entsprechend den Vektor $\vec{b}$ repräsentiert, so gilt

$$\vec{a} \cdot \vec{b} = a_i b_i = A B' , \tag{2.65}$$

wobei B' die zu B transponierte Matrix ist. Da eine 1×3- mit einer 3×1-Matrix multipliziert wird, entsteht als Inneres Produkt eine 1×1-Matrix, d. h. einfach eine Zahl.

2.5.3 Inverse Matrizen

Erinnern wir uns nochmals an die Koordinatentransfomationen. Speziell konnten wir nacheinander von K nach K' mittels einer Drehung D transformieren und anschließend wieder zurück. Diese Rücktransformation wird man sinnvollerweise als „inverse" Transformation bezeichnen und zum Anlass für folgende allgemeine Definition nehmen.

▸ **Definition** Eine Matrix heißt zu einer gegebenen *quadratischen* Matrix A *invers*, hinfort mit A^{-1} bezeichnet, falls sie die Eigenschaft hat

$$A^{-1} A = 1 . \tag{2.66a}$$

Diese Bedingung erlaubt es, die inverse Matrix aus der Matrix $A = (a_{ij})$ eindeutig zu berechnen, sofern es A^{-1} überhaupt gibt. Bezeichnen wir nämlich die noch unbekannten Matrixelemente von A^{-1} mit x_{ki}, so ist die (2.66a) eigentlich eine Zusammenfassung von n^2 Gleichungen für die n^2 Unbekannten x_{kl}:

$$x_{ik} a_{ki} = \delta_{ij}, \quad i, j = 1, 2, \ldots, n . \tag{2.66b}$$

Wie man bei der Untersuchung von Systemen linearer Gleichungen lernen kann, sind die Unbekannten aus (2.66b) genau dann eindeutig zu berechnen, wenn die Systemdeterminante[5], d. h. $|A| = \mathrm{Det}(a_{ij})$, nicht Null ist. Man findet, sofern $|A| \neq 0$, folgendes Resultat:

$$A^{-1} = (x_{ij}) \quad \text{mit} \quad x_{ij} = \frac{(-1)^{i-j} A_{ji}}{|A|} . \tag{2.67}$$

Dabei ist A_{ij} die Unterdeterminante von A, die man durch Streichen der i. Zeile und j. Spalte aus der Matrix (a_{ij}) bildet. Man beachte die Vertauschung der Indizes in (2.67)!

---

[5] Siehe Fußnote in Abschn. 3

Es gilt zugleich mit (2.66a) auch die Beziehung

$$A A^{-1} = 1 \, . \tag{2.68}$$

Formal ausgedrückt: Rechtsinverses und Linksinverses sind gleich. Verständlich gemacht an Hand der Drehungen: Es ist egal, ob man – wie vorher – von $K \to K' \to K$ transformiert oder – wie jetzt – von $K' \to K \to K'$. Jedesmal ist das Resultat der Hin- und Rück-Drehung dasselbe und zwar 1, d. h. überhaupt keine Gesamtveränderung.

Schließlich mathematisch bewiesen: Sei A^{-1} aus (2.66a) bestimmt. Was ist dann $A A^{-1}$? Wir bilden $A^{-1}(A A^{-1}) = (A^{-1} A) A^{-1} = 1 A^{-1} = A^{-1}$. Da nun auch zu A^{-1} ein Inverses existieren muss (denn $|A^{-1}| \neq 0$, siehe sogleich), welches wir mit $(A^{-1})^{-1}$ bezeichnen wollen, können wir hiermit von links multiplizieren und bekommen $(A^{-1})^{-1}(A^{-1}(A A^{-1})) = (A^{-1})^{-1} A^{-1}$, also $((A^{-1})^{-1} A^{-1})(A A^{-1}) = 1$, somit $A A^{-1} = 1$, wie behauptet.

Wir lesen aus (2.68) ferner ab, dass A ein Inverses von A^{-1} ist, da es bezüglich A^{-1} die Bedingung (2.66a) erfüllt. Daher ist

$$(A^{-1})^{-1} = A \, . \tag{2.69}$$

Warum aber gilt $|A^{-1}| \neq 0$? Aus der definierenden (2.66a) folgern wir $|A^{-1} A| = |1|$, also $|A^{-1}||A| = 1$, folglich $|A^{-1}| = 1/|A| \neq 0$, denn die Determinante eines Matrizenproduktes ist gleich dem Produkt der Einzeldeterminanten, s. Abschn. 2.6

Die Matrizen A mit $|A| = 0$ heißen *singuläre* Matrizen. Eine inverse Matrix zu einer Matrix A gibt es also dann und nur dann, wenn A *nicht* singulär ist. A^{-1} ist dann eindeutig und erfüllt (2.66a), (2.68), (2.69).

Die Eindeutigkeit der Inversen ist in den Beweis von (2.68) noch gar nicht eingegangen und kann leicht so gezeigt werden – sofern man nicht die explizite Berechnung (2.67) glauben will, auch bevor man sie verifiziert hat –:

Falls es zwei Inverse zu A gäbe, genannt etwa B_1 und B_2, so ist ja $B_1 A = B_2 A$, also $(B_1 - B_2) A = 0$. Multipliziert man mit einem Rechtsinversen, so folgt $B_1 - B_2 = 0$.

Als Beispiel bestimmen wir aus (2.67) die Inverse von $A = \begin{bmatrix} 1 & 2 \\ 3 & 4 \end{bmatrix}$ Da $|A| = \begin{bmatrix} 1 & 2 \\ 3 & 4 \end{bmatrix} = 1 \cdot 4 - 2 \cdot 3 = -2$ ist und die Unterdeterminante von 1 gerade 4, von 2 gerade 3. usw., finden wir

$$A^{-1} = \frac{1}{-2} \begin{bmatrix} 4 & -2 \\ -3 & 1 \end{bmatrix}, \quad \text{also} \quad A^{-1} = \begin{bmatrix} -2 & 1 \\ \frac{3}{2} & -\frac{1}{2} \end{bmatrix}.$$

Man prüfe, dass tatsächlich $A^{-1} A = A A^{-1} = 1$ erfüllt ist.

Für die Inverse eines Produktes gilt

$$(A B)^{-1} = B^{-1} A^{-1}, \tag{2.70}$$

sofern $|A| \neq 0$ und $|B| \neq 0$. Beweis: Aus $X(AB) = 1$ erhalten wir durch Multiplikation mit B^{-1} von rechts und anschließend A^{-1} ebenfalls von rechts gerade $X = B^{-1} A^{-1}$, was zu zeigen war.

Analog gilt übrigens für die Transponierte

$$(A\,B)' = B'A' \,. \tag{2.71}$$

Ferner gilt $(A^{-1})' = (A')^{-1}$. (Beweis?)

Die charakteristische Bedingung (2.53) für solche Matrizen, die Drehungen eines Koordinatensystems beschreiben, vergleichen wir einmal mit der (2.66b), die die Elemente der inversen Matrix bestimmt. Offenbar *ist* $x_{ik} = a_{ki}$ eine Lösung; da es nur genau eine Lösung gibt, ist also die zu einer Dehnung $D = (D_{ij})$ inverse Matrix gerade $D^{-1} = (D_{ji})$.

Bei *Drehmatrizen* gilt daher *speziell*

$$D^{-1} = D' \,. \tag{2.72}$$

Umgekehrt ist für solche Matrizen A, die (2.72) erfüllen, die Orthogonalität der Spalten zu erschließen; aus $AA^{-1} = 1$ auch diejenige der Zeilen und damit (2.47a). Da (s. Abschn. 2.6) $|A'| = |A|$ ist, lernen wir aus $|A^{-1}A| = 1$ unter der speziellen Voraussetzung (2.72): $1 = |D'||D| = |D|^2$, also $|D| = \pm1$. Genau im Falle +1 wird also auch (2.47b) erfüllt.

Folgerung

Unter den nicht singulären Matrizen vom Typ $n \times n$ sind genau solche zur Beschreibung von Drehungen zu verwenden, für die $|D| = 1$ und $D^{-1} = D'$ ist. Man nennt solche Matrizen „*orthogonale*" Matrizen.

Kehren wir noch einmal kurz zurück zur eingangs geschilderten Multiplikation zweier Drehmatrizen $E\,D$. Ist es auch formal zu erkennen, dass dieses Produkt wiederum eine Drehmatrix darstellt, früher F genannt?

Zwecks Prüfung bilden wir $(E\,D)^{-1}$ und erhalten $D^{-1}E^{-1} = D'E' = (E\,D)'$. Gleichung (2.72) wird vom Produkt also erfüllt. Ferner ist $|E\,D| = |E||D| = 1 \cdot 1 = 1$. Tatsächlich also ist $E\,D$ eine Drehmatrix.

Hinweis

Für nicht quadratische Matrizen A gibt es i. Allg. keine Matrix A^{-1}, die *sowohl* $A^{-1}A = 1$ *als auch* $AA^{-1} = 1$ erfüllt. Fordert man *nur* $A^{-1}A = 1$, so gilt: Für eine $m_A \cdot n_A$-Matrix A ist A^{-1} eine $n_A \cdot m_A$-Matrix; A^{-1} ist unterbestimmt, falls $m_A > n_A$, jedoch überbestimmt, falls $m_A < n_A$. Genau eine Lösung für A^{-1} gibt es nur bei $m_A = n_A$, $|A| \neq 0$.

2.5.4   Matrizen – Tensoren – Transformationen

Wir haben drei wichtige Begriffe ausführlich untersucht: Matrizen, Tensoren und Transformationen. Zwar wurden sie alle klar definiert, doch wegen ihrer äußerlichen Ähnlichkeit verschwimmt manchmal für den Lernenden die saubere begriffliche Trennung. Daher vergleichen wir die drei Begriffe noch einmal zusammenfassend.

Eine *Matrix* ist ein Zahlenschema, bestehend aus $n \cdot m$ Zahlen a_{ij}, angeordnet in m Zeilen (indiziert durch i) und n Spalten (indiziert durch j).

Ein *Tensor* ist ein physikalisches Objekt, das durch bestimmtes Verhalten bei Koordinatendrehungen definiert ist. Insbesondere Tensoren 2. Stufe werden in einem jeden einmal gewählten Koordinatensystem durch eine $n \times n$-Matrix repräsentiert, also ein Zahlenschema.

Eine *Transformation* ist eine Veränderung des Koordinatensystems. Das Dreibein $(\vec{e}_1, \vec{e}_2, \vec{e}_3)$ eines Systems K wird übergeführt in $(\vec{e}_1', \vec{e}_2', \vec{e}_3')$, welches ein neues System K' definiert. Man kann eine solche Transformation durch die Angabe der Richtungs-cos des neuen relativ zum alten Dreibein quantitativ erfassen. Die 3×3-Zahlen $D_{ij} = \vec{e}_i' \cdot \vec{e}_j$ bilden als Zahlenschema eine Matrix.

2.5.5 Beispiele zur übenden Erläuterung

1. Addition von Matrizen und Multiplikation mit Zahlen.

$$\begin{bmatrix} 1 & 0 & 4 \\ 7 & -3 & 0 \\ 0 & 2 & 1 \end{bmatrix} + \begin{bmatrix} -5 & 2 & -4 \\ -5 & 3 & 4 \\ 1 & -1 & 0 \end{bmatrix} = \begin{bmatrix} -4 & 2 & 0 \\ 2 & 0 & 4 \\ 1 & 1 & 1 \end{bmatrix}.$$

Für die Differenz findet man $\begin{bmatrix} 6 & -2 & 8 \\ 12 & -6 & -4 \\ -1 & 3 & 1 \end{bmatrix}$.

$$3 \begin{bmatrix} 1 & 0 & 4 \\ 7 & -3 & 0 \\ 0 & 2 & 1 \end{bmatrix} - 2 \begin{bmatrix} -5 & 2 & -4 \\ -5 & 3 & 4 \\ 1 & -1 & 0 \end{bmatrix}$$

$$= \begin{bmatrix} 3 & 0 & 12 \\ 21 & -9 & 0 \\ 0 & 6 & 3 \end{bmatrix} + \begin{bmatrix} 10 & -4 & 8 \\ 10 & -6 & -8 \\ -2 & +2 & 0 \end{bmatrix} = \begin{bmatrix} 13 & -4 & 20 \\ 31 & -15 & -8 \\ -2 & 8 & 3 \end{bmatrix}$$

2. Ist die Matrix $D = \begin{bmatrix} \frac{1}{2} & 0 & \frac{\sqrt{3}}{2} \\ 0 & -1 & 0 \\ -\frac{\sqrt{3}}{2} & 0 & \frac{1}{2} \end{bmatrix}$ eine orthogonale Matrix?

Dazu müssen wir z. B. D' mit D^{-1} vergleichen sowie $|D| = 1$ prüfen. – Die transponierte Matrix lautet $D' = \begin{bmatrix} \frac{1}{2} & 0 & -\frac{\sqrt{3}}{2} \\ 0 & -1 & 0 \\ \frac{\sqrt{3}}{2} & 0 & \frac{1}{2} \end{bmatrix}$. Um die inverse Matrix zu finden, benötigen wir sowieso die Determinante. Sie lautet (bei Entwicklung nach der Sarrusschen Regel):, vgl. auch Abschn. 2.6.

$$|D| = \frac{1}{2}(-1)\left(\frac{1}{2}\right) + 0 + 0 - \left(-\frac{\sqrt{3}}{2}\right)(-1)\left(\frac{\sqrt{3}}{2}\right) - 0 - 0 = -\frac{1}{4} - \frac{3}{4} = -1.$$

Um D^{-1} vollends zu bestimmen, benötigen wir noch die Unterdeterminanten von D. Sie lauten:

$$D_{11} = \begin{vmatrix} -1 & 0 \\ 0 & \frac{1}{2} \end{vmatrix} = -1/2, \quad D_{12} = \begin{vmatrix} 0 & 0 \\ -\frac{\sqrt{3}}{2} & \frac{1}{2} \end{vmatrix} = 0, \quad D_{13} = \begin{vmatrix} 0 & -1 \\ -\frac{\sqrt{3}}{2} & 0 \end{vmatrix} = -\frac{\sqrt{3}}{2},$$

$$D_{21} = \begin{vmatrix} 0 & \frac{\sqrt{3}}{2} \\ 0 & \frac{1}{2} \end{vmatrix} = 0, \quad D_{22} = \begin{vmatrix} \frac{1}{2} & +\frac{\sqrt{3}}{2} \\ -\frac{\sqrt{3}}{2} & \frac{1}{2} \end{vmatrix} = 1, \quad D_{23} = \begin{vmatrix} \frac{1}{2} & 0 \\ -\frac{\sqrt{3}}{2} & 0 \end{vmatrix} = 0,$$

$$D_{31} = \begin{vmatrix} 0 & +\frac{\sqrt{3}}{2} \\ -1 & 0 \end{vmatrix} = \frac{+\sqrt{3}}{2}, \quad D_{32} = \begin{vmatrix} \frac{1}{2} & +\frac{\sqrt{3}}{2} \\ 0 & 0 \end{vmatrix} = 0, \quad D_{33} = \begin{vmatrix} \frac{1}{2} & 0 \\ 0 & -1 \end{vmatrix} = -\frac{1}{2}.$$

Mittels $\frac{1}{|D|}(-1)^{j-i} D_{ji}$ erhält man die Matrixelemente D_{ji}^{-1} der Inversen:

$$D^{-1} = \frac{1}{-1} \begin{bmatrix} -\frac{1}{2} & 0 & +\frac{\sqrt{3}}{2} \\ 0 & 1 & 0 \\ -\frac{\sqrt{3}}{2} & 0 & -\frac{1}{2} \end{bmatrix} = \begin{bmatrix} \frac{1}{2} & 0 & -\frac{\sqrt{3}}{2} \\ 0 & -1 & 0 \\ \frac{\sqrt{3}}{2} & 0 & \frac{1}{2} \end{bmatrix}.$$

Folglich gilt zwar $D^{-1} = D'$, jedoch $|D| = -1$. Also ist D keine Drehung eines Rechtssystems in ein Rechtssystem. Wohl aber sind die Spalten unter sich sowie die Zeilen unter sich orthonormiert.

Um eine Deutung der obigen Matrix D zu gewinnen, definieren wir $D_{ij}\vec{e}_j =: \vec{a}_i^0$. Die $\{\vec{a}_i^0\}$ sind wegen der Orthonormalität von D drei zueinander senkrechte Einheitsvektoren. Die Matrixelemente D_{ij} sind offenbar die cos der Winkel zwischen $\{\vec{a}_i^0\}$ und $\{\vec{e}_j\}$. Die Matrix dieser Winkel φ_{ij} lautet daher

$$(\varphi_{ij}) = \begin{bmatrix} 60° & 90° & 30° \\ 90° & 180° & 90° \\ 150° & 90° & 60° \end{bmatrix}.$$

Wir lesen hieraus folgende anschauliche Deutung einer Transformation mit D ab: $\vec{a}_1^0$ liegt in der 1–3-Ebene, jedoch gegenüber $\vec{e}_1$ um 60° gedreht. Auch $\vec{a}_3^0$ ist in dieser Ebene, ebenfalls um 60° gegenüber $\vec{e}_3$ gedreht, $\vec{a}_2^0$ jedoch ist gerade die Spiegelung von $\vec{e}_2$ am 0-Punkt.

Eine Drehmatrix würde man z. B. erhalten, wenn man $\vec{e}_2' = \vec{e}_2$ gelassen hätte. Dann ist $\varphi_{22} = 0°$ anstelle von 180°, und in der Mitte von D steht +1 statt −1.

3. Die 6 Matrizen

$$A_1 = \begin{bmatrix} 1 & 0 & 0 \\ 0 & 1 & 0 \\ 0 & 0 & 1 \end{bmatrix}, \quad A_2 = \begin{bmatrix} 2 & -1 & -1 \\ 2 & -1 & 2 \\ 1 & -1 & 0 \end{bmatrix}, \quad A_3 = \begin{bmatrix} -1 & 4 & -5 \\ 0 & 1 & 0 \\ 0 & 0 & 1 \end{bmatrix},$$

$$A_4 = \begin{bmatrix} -2 & 7 & -11 \\ -2 & 7 & -12 \\ -1 & 3 & -5 \end{bmatrix}, \quad A_5 = \begin{bmatrix} 1 & 2 & -7 \\ 2 & -1 & -2 \\ 1 & -1 & 0 \end{bmatrix}, \quad A_6 = \begin{bmatrix} -1 & 6 & 12 \\ -2 & 7 & -12 \\ -1 & 3 & -5 \end{bmatrix}$$

haben die Eigenschaft, dass das Produkt von je zweien wieder eine der 6 Matrizen ist. Man verifiziert z. B. nach (2.62), dass $A_2 A_3 = A_4$ ist. Ferner $A_3 A_2 = A_5$. Folglich ist die Multiplikation nicht kommutativ. Für A_3^2 erhält man A_1. Offenbar ist für alle i $A_1 A_i = A_i A_1 = A_i$, d. h. A_1 wirkt bezüglich der Multiplikation wie ein neutrales Element. Aus $A_3^2 = A_1 = 1$ schließen wir, dass zu A_3 ein Inverses existiert und $A_3^{-1} = A_3$ ist.

In der Menge $\{A_1, A_2, \ldots, A_6\}$ dieser Matrizen existiert also eine Verknüpfung, definiert durch Matrix-Multiplikation, die je 2 Elementen wieder ein Element der Menge zuordnet; die Verknüpfung ist assoziativ (da Matrix-Multiplikation das ist); es existiert ein neutrales Element, nämlich A_1, und schließlich kann man zu jedem A_i ein geeignetes A_j finden, so dass $A_i A_j = A_1$, d. h. jedes A_i hat ein Inverses. (Man findet entweder durch direkte Konstruktion oder durch Ausprobieren, welche A_j jeweils geeignet sind.) Die Menge dieser 6 Matrizen bildet also eine *Gruppe* von Matrizen. Sie ist endlich und *nicht* kommutativ.

4. Eine wichtige Zahl, die man jeder quadratischen Matrix zuordnen kann, ist ihre „*Spur*". Sie ist definiert als Summe der Diagonalelemente: $\mathrm{Sp}\, A := a_{ii}$. Man zeige

$$\mathrm{Sp}(AB) = \mathrm{Sp}(BA), \qquad (2.73a)$$

$$\mathrm{Sp}(DAD^{-1}) = \mathrm{Sp}\, A. \qquad (2.73b)$$

Zu 2.73a: Es ist $\mathrm{Sp}(AB) = \mathrm{Sp}(a_{ij} b_{jk}) = a_{kj} b_{jk}$ sowie $\mathrm{Sp}(BA) = \mathrm{Sp}(b_{ij} a_{jk}) = b_{kj} a_{jk}$. Durch Umtaufen der Summationsindizes erkennt man die Behauptung.

Zu 2.73b: Mittels 2.73a erhalten wir $\mathrm{Sp}(DAD^{-1}) = \mathrm{Sp}(D^{-1}DA) = \mathrm{Sp}\, A$. – Allgemein darf man die Reihenfolge der Matrizen unter einer Spur zyklisch vertauschen. Dies gilt auch dann, wenn das Matrizenprodukt ansonsten *nicht* vertauschbar ist. In unserem Beispiel 3 ist etwa nachzurechnen, dass $\mathrm{Sp}(A_2 A_3) = \mathrm{Sp}\, A_4 = 0$ sowie $\mathrm{Sp}(A_3 A_2) = \mathrm{Sp}\, A_5 = 0$ ist.

2.5.6 Übungen zum Selbsttest: Matrizen

1. Wie lautet die Formel, mit deren Hilfe man bei einer Koordinatentransformation mit Matrix D das alte Dreibein $\vec{e}_1, \vec{e}_2, \vec{e}_3$ durch das neue $\vec{e}_1', \vec{e}_2', \vec{e}_3'$ ausdrücken kann? (Man erweitere Formel (2.47c).)

2. Man bestimme $\alpha(A + B)$, $A + 0$, $0 \cdot A$ für Matrizen $A, B, \ldots$, die Nullmatrix und Zahlen $\alpha, \ldots$

Wie lautet die Summe der Matrizen

$$A + B + C = \begin{bmatrix} 0 & 5 & -2 \\ 1 & 3 & 0 \\ -4 & 2 & 0 \end{bmatrix} + \begin{bmatrix} 1 & 0 & 0 \\ 0 & 1 & 0 \\ 0 & 0 & 1 \end{bmatrix} - \begin{bmatrix} 8 & 4 & 2 \\ 4 & -8 & 16 \\ -1 & 4 & 12 \end{bmatrix} = ?$$

Gilt das Assoziativgesetz? Berechnen Sie die Determinanten dieser Matrizen.

3. Die Menge der $n \times m$-Matrizen mit Elementen $a_{ij} \in K$ bilden einen K-Modul.

4. Berechnen Sie verschiedene Produkte der obigen Matrizen, etwa $A\,B$, $A\,C$, $C\,A$, $B\,A$, A^2, B^n, $A\,B\,C$, $C\,B\,A$.

5. Ein Produkt aus zwei Matrizen kann 0 sein, obwohl beide Faktoren es nicht sind. Untersuchen Sie $A\,B$ und $B\,A$, falls $A = \begin{bmatrix} 0 & 0 \\ 1 & 0 \end{bmatrix}$ und $B = \begin{bmatrix} 1 & 0 \\ 0 & 0 \end{bmatrix}$.

6. Man beweise $(A^{-1})' = (A')^{-1}$.

7. Man zeige $(A')' = A$ und $(AB)' = B'A'$.

8. Seien D und E zwei Drehungsmatrizen. Man berechne die Matrixelemente des Produktes und zeige, dass diese sowohl zeilenweise als auch spaltenweise orthonormal sind.

2.6 Determinanten

Ein nützliches Hilfsmittel, um Formeln elegant schreiben (aber auch memorieren) zu können, sind Determinanten. Wir sind ihnen schon mehrfach begegnet. Ihre besondere Brauchbarkeit erfährt man spätestens bei der Lösung linearer Gleichungssysteme (wie z. B. bei der Berechnung der inversen Matrix in (Abschn. 2.5.3). Jetzt soll ohne weitere Motivation definiert werden, was man unter der Determinante einer Matrix (a_{ij}) versteht und welche Eigenschaften Determinanten haben.

2.6.1 Definition

▸ **Vorläufige Definition** Unter der *Determinante* der $n \times n$-Matrix $A = (a_{ij})$, gekennzeichnet durch das Symbol $|A|$, $\mathrm{Det}(a_{ij})$ oder $|a_{ij}|$, verstehen wir die durch folgende Vorschrift zu berechnende Zahl:[6]

$$|A| \equiv \begin{vmatrix} a_{11} & a_{12} & a_{13} & \cdots & a_{1n} \\ a_{21} & a_{22} & a_{23} & \cdots & a_{2n} \\ a_{31} & a_{32} & a_{33} & \cdots & a_{3n} \\ \vdots & \vdots & \vdots & & \vdots \\ a_{n1} & a_{n2} & a_{n3} & \cdots & a_{nn} \end{vmatrix} = a_{11}A_{11} - a_{12}A_{12} + a_{13}A_{13} - + \ldots a_{1n}A_{1n} \,. \quad (2.74)$$

Dabei sei A_{kl}, genannt *Unterdeterminante*, die aus $|a_{ij}|$ dadurch hervorgehende Determinante, dass man die Zeile k und die Spalte l streicht. Falls $n = 1$ ist, sei die Determinante das Matrixelement selbst.

Die Definition ist also rekursiv. Sie führt eine *Determinante n. Grades* auf eine Summe über Determinanten $(n-1)$. Grades zurück. Bevor wir einige allgemeine Regeln für Determinan-

---

[6] Man verwechsle die | |-Zeichen von Determinanten nicht mit dem Symbol für den absoluten Betrag

ten zusammenstellen, machen wir uns an einigen, uns später besonders interessierenden Beispielen klar, was die Definitionsformel (2.74) aussagt.

Am einfachsten wäre eine 1×1-Matrix (a_{11}). Ihre Determinante ist definitionsgemäß a_{11}. Der Begriff wäre für $n = 1$ offenbar unnütz. Für $n = 2$ bekommen wir

$$\begin{vmatrix} a_{11} & a_{12} \\ a_{21} & a_{22} \end{vmatrix} = a_{11}a_{22} - a_{12}a_{21} . \tag{2.75}$$

Spätestens bei $n = 3$ erkennt man den zweckmäßigen, übersichtlichen, zusammenfassenden Charakter der Determinante einer Matrix (a_{ij}). Sie lautet:

$$\begin{vmatrix} a_{11} & a_{12} & a_{13} \\ a_{21} & a_{22} & a_{23} \\ a_{31} & a_{32} & a_{33} \end{vmatrix} = a_{11}\begin{vmatrix} a_{22} & a_{23} \\ a_{32} & a_{33} \end{vmatrix} - a_{12}\begin{vmatrix} a_{21} & a_{23} \\ a_{31} & a_{33} \end{vmatrix} + a_{13}\begin{vmatrix} a_{21} & a_{22} \\ a_{31} & a_{32} \end{vmatrix}$$

$$= a_{11}(a_{22}a_{33} - a_{23}a_{32}) - a_{12}(a_{21}a_{33} - a_{23}a_{31}) + a_{13}(a_{21}a_{32} - a_{22}a_{31})$$

$$= a_{11}a_{22}a_{33} - a_{11}a_{23}a_{32} - a_{12}a_{21}a_{33} + a_{12}a_{23}a_{31}$$

$$+ a_{13}a_{21}a_{32} - a_{13}a_{22}a_{31}. \tag{2.76}$$

Hieraus erkennen wir 1. die allgemeine Struktur der Summanden, aus denen Determinanten bestehen und 2. die besonders einfache Struktur der Determinante 3. Grades, die ein vereinfachtes Rechenschema ergeben wird.

Zu 1.

Offenbar besteht jeder Summand aus 3 Faktoren. Allgemein sind es n Faktoren, nämlich: Schließe mittels der vorläufigen Definition (2.74) von n auf $n + 1$. – Jeder Summand enthält aus jeder Zeile i genau einen Faktor, lautet also $a_1.a_2.a_3.$. Auch dies gilt allgemeiner bis $\ldots a_n.$, wie die gleiche Schlussweise lehrt. – Endlich kann jeder Summand auch nur einen Faktor aus jeder Spalte j haben, wie obiger Fall $n = 3$ explizit zeigt und die Induktion von n auf $n + 1$ verallgemeinert. Jedoch kommen die Spaltenindizes $j = 1, 2, 3$ in verschiedener Reihenfolge vor. Offenbar treten alle möglichen „*Permutationen*" auf, insgesamt 3! Stück, also $1 \cdot 2 \cdot 3 = 6$ Anordnungen.

Wieder kann man auf n verallgemeinern: Es kommen dann $n! = 1 \cdot 2 \cdot 3 \cdot \ldots \cdot n$ Anordnungen der n Ziffern 1 bis n vor. Eine Determinante n. Grades besteht daher aus $n!$ Summanden – schon ab $n > 4$ eine Sisyphusarbeit, sie alle hinschreiben zu müssen. Es ist $1! = 1, 2! = 2, 3! = 6, 4! = 24, 5! = 120, 6! = 720$, usw.

Schließlich haben wir noch ordnendes Verständnis in die Vorzeichen zu bringen. Ein „+"-Zeichen steht offenbar stets vor dem Glied $a_{11}a_{22}a_{33}\ldots a_{nn}$. Es kennzeichnet im Determinantenschema die sog. „Hauptdiagonale". Ist ein benachbartes Zahlenpaar beim Spaltenindex j vertauscht, so wechselt das Vorzeichen. Bei $n = 3$ ist das der Wechsel von der „natürlichen" Reihenfolge $j = 1, 2, 3$ der Spalten zu $\underline{1}, 3, 2$ oder $2, 1, \underline{3}$ (unterstrichen ist die jeweils *nicht* vertauschte Spalte). Wechselt man in einer dieser neuen Anordnungen *erneut* ein benachbartes Spaltenindex-Paar aus, so gibt diese „Transposition" – sofern sie überhaupt etwas Neues liefert – *wieder* einen Vorzeichenwechsel, insgesamt also wieder +, wie bei der natürlichen Reihenfolge. Im Beispiel $n = 3$ wäre das aus $\underline{1}, 3, 2$ gerade $3, 1, \underline{2}$ sowie aus $2, 1, \underline{3}$ gerade $\underline{2}, 3, 1$, ansonsten nichts Neues. Durch nochmalige Transposition findet man nur noch eine neue Anordnung, $3, 2, 1$; sie trägt $(-1)^3 = -1$ als Vorzeichen, da 3-mal umgestellt wurde.

Das Vorzeichen eines Gliedes findet man also so: Man zerlege eine Anordnung, genannt eine Permutation der n Spalten-Indizes $1, 2, \ldots, n$ in sukzessive *Transpositionen*, d. h. Vertauschungen genau eines benachbarten Indexpaares. Geht dieses mittels einer ungeraden Anzahl von Schritten, ordne man -1 als Vorzeichen zu; bei einer geraden Zahl dagegen $+1$. Wir kürzen das ab durch das Symbol $(-1)^P$ für jede Permutation P. Zur Beruhigung überlege man sich die Richtigkeit des Satzes: Erreicht man eine Permutation P auf *eine* Weise durch eine (un-)gerade Zahl von Transpositionen, so ist *jede* Weise, zu P zu gelangen, (un-)gerade. – Deshalb ist $(-1)^P$ eindeutig.

Fassen wir unsere Überlegungen zusammen, so können wir eine Determinante als Summe über permutierte Anordnungen (symbolisiert durch P) der Spaltenindizes schreiben. Da diese Darstellung sich besser zur Begründung allgemeiner Determinanteneigenschaften eignen wird, als die etwas speziell wirkende vorläufige Definition, wählen wir diese von Leibniz stammende Form als endgültige Charakterisierung.

▶ **Definition** Die „*Determinante*" $|a_{ij}|$ einer $n \times n$-Matrix (a_{ij}) ist die Zahl $|A| \equiv \mathrm{Det}(a_{ij}) \equiv |a_{ij}|$, erklärt durch

$$|A| := \sum_P (-1)^P \; a_{1j_1}, a_{2j_2}, \ldots a_{nj_n}, \tag{2.77}$$

die durch Summation über alle $n!$ Permutationen $j_1, j_2, \ldots, j_n$ der Spaltenindizes aus der „natürlichen" Reihenfolge $1, 2, \ldots, n$ entsteht.

Zu 2.

Außer dieser schöneren, symmetrischeren Darstellung der Determinante gewinnen wir aber durch Betrachten des speziellen Beispiels $n = 3$ in (2.76) noch ein bequemes, oft benutztes Schema zur Berechnung einer Determinante 3. Grades.

▶ **Sarrussche Regel** für Determinanten 3. Grades:

$$|a_{ij}| = \begin{vmatrix} a_{11} & a_{12} & a_{13} \\ a_{21} & a_{22} & a_{23} \\ a_{31} & a_{32} & a_{33} \end{vmatrix} - \begin{vmatrix} a_{11} & a_{12} & a_{13} \\ a_{21} & a_{22} & a_{23} \\ a_{31} & a_{32} & a_{33} \end{vmatrix}. \tag{2.78}$$

Man erhält die 3 Summanden, vor denen ein Pluszeichen steht, durch Produktbildung parallel zur Hauptdiagonalen (linkes Schema) und diejenigen, vor die ein Minuszeichen zu setzen ist, durch Produktbildung parallel zur Nebendiagonalen (rechtes Schema).

Bemerkung

Dieses spezielle Verfahren klappt *nur* bei Determinanten 3. Grades. Für $n \neq 3$ (also auch bei $n = 2$) stimmt weder die Zahl der Glieder des Sarrusschen Schemas, nämlich $2 \cdot n$ statt $n!$, noch i. Allg. das Vorzeichen.

2.6.2 Eigenschaften von Determinanten

Mittels der definierenden Darstellung (2.77) einer Determinante verstehen wir leicht folgende Eigenschaften von Determinanten:

1. Eine Determinante $|a_{ij}|$ ist *homogen* im Bezug auf die Elemente einer Zeile oder einer Spalte. Das heißt: Multipliziert man *eine* Reihe mit einer Zahl λ, so hat man die Determinante mit λ zu multiplizieren.

$$\begin{vmatrix} a_{11} & a_{12} & \cdots & a_{1n} \\ \lambda a_{21} & \lambda a_{22} & \cdots & \lambda a_{2n} \\ \vdots & \vdots & & \vdots \end{vmatrix} = \lambda \begin{vmatrix} a_{11} & a_{12} & \cdots & a_{1n} \\ a_{21} & a_{22} & \cdots & a_{2n} \\ \vdots & \vdots & & \vdots \end{vmatrix} \qquad (2.79)$$

Denn: Da jeder Summand der Determinante (2.77) genau ein Element aus jeder Spalte bzw. Zeile enthält, kann man λ aus der Summe ausklammern. – Kommt λ vor den Elementen in mehreren Reihen vor, tritt es entsprechend oft als Faktor vor $|a_{ij}|$ auf. Insbesondere ist

$$|(\lambda a_{ij})| = \lambda^n |a_{ij}| . \qquad (2.80)$$

2. Eine Determinante ist (mit derselben Begründung) *additiv* in Bezug auf die Elemente einer Zeile oder Spalte.

$$\begin{vmatrix} a_{11} + \hat{a}_{11} & a_{12} + \hat{a}_{12} & \cdots & a_{1n} + \hat{a}_{1n} \\ a_{21} & a_{22} & \cdots & a_{2n} \\ \vdots & & & \vdots \end{vmatrix} =$$

$$\begin{vmatrix} a_{11} & a_{12} & \cdots & a_{1n} \\ a_{21} & a_{22} & \cdots & a_{2n} \\ \vdots & \vdots & & \vdots \end{vmatrix} + \begin{vmatrix} \hat{a}_{11} & \hat{a}_{12} & \cdots & \hat{a}_{1n} \\ a_{21} & a_{22} & \cdots & a_{2n} \\ \vdots & \vdots & & \vdots \end{vmatrix} \qquad (2.81)$$

3. Eine Determinante wechselt das Vorzeichen, wenn man zwei benachbarte Spalten miteinander vertauscht. Als Beispiel seien die beiden ersten Spalten vertauscht, doch dürften es auch zwei beliebige andere, jedoch benachbarte Spalten sein.

$$\begin{vmatrix} a_{11} & a_{12} & \cdots \\ a_{21} & a_{22} & \cdots \\ a_{31} & a_{32} & \cdots \\ \vdots & \vdots & \end{vmatrix} = - \begin{vmatrix} a_{12} & a_{11} & \cdots \\ a_{22} & a_{21} & \cdots \\ a_{32} & a_{31} & \cdots \\ \vdots & \vdots & \end{vmatrix} . \qquad (2.82)$$

Denn die spaltenvertauschte Determinante ergibt gemäß (2.77) eine Summe, in der gegenüber der ursprünglichen – nicht vertauschten – Form jeder Summand genau eine zusätzliche Transposition erfahren hat. Folglich kann man sie durch diese Transposition in die alte Form bringen, was jedem Summanden einen Faktor −1 gibt, den man ausklammern kann.

> Es sei bemerkt, dass (nach WEIERSTRASS) die Eigenschaften 1. bis 3. für eine ganze rationale Funktion $f(a_{ij})$ von n^2 Variablen a_{ij} diese bis auf einen Faktor *eindeutig festlegen*. Man kann daher Determinanten auch durch die Forderungen 1. bis 3. *definieren*, wenn man den offenen Faktor noch durch die Bedingung $|\delta_{ij}| = 1$ festlegt.

Eine beliebige Reihenfolge der Spalten kann man durch sukzessive paarweise Spaltenvertauschung gewinnen. *Jede* solche Nachbarn-Transposition der Spalten gibt einen Faktor (−1).

4. Die Determinante der transponierten Matrix $A' = (a_{ji})$ stimmt überein mit der Determinante von $A = (a_{ij})$ selbst

$$|A'| = |A| \,. \tag{2.83}$$

Anders ausgedrückt: Eine Determinante verändert nicht ihren Wert, wenn man die Zeilen mit den Spalten vertauscht.

Denn: Sortiert man in der definierenden Gleichung (2.77) in jedem einzelnen Summanden die Faktoren gerade so um, dass die Spaltenindizes $j_1, \ldots j_n$ in die natürliche Reihenfolge $1, \ldots, n$ kommen, so muss man dadurch zwangsläufig die Zeilenindizes $i = 1, 2, \ldots, n$ aus dieser natürlichen Reihenfolge in eine entsprechend permutierte, etwa $i_1, i_2, \ldots, i_n$ bringen: $a_{1j_1}, a_{2j_2}, \ldots a_{nj_n} = a_{i_1 1}, a_{i_2 2}, \ldots a_{i_n n}$. Dadurch ändert sich nicht der Faktor $(-1)^P$, denn die Anzahl der Transpositionen der Zeilenindizes ist natürlich dieselbe wie die der Spaltenindizes vorher. Somit kann man statt (2.77) auch schreiben

$$|a_{ij}| = \sum_P (-1)^P a_{i_1 1}\, a_{i_2 2} \ldots a_{i_n n} \,. \tag{2.84}$$

Gerade diesen Ausdruck aber erhält man, wenn man $|A'|$ entsprechend der Definitionsgleichung (2.77) direkt hinschreibt.

5. Man kann zur Berechnung einer Determinante nicht nur nach der ersten Zeile „entwickeln", wie es in der vorläufigen Definition (2.74) hingeschrieben worden ist. Ebensogut kann man nach jeder beliebigen *anderen* Zeile k entwickeln! Dazu führe man in Gedanken zunächst einige Transpositionen durch, bis die k. Zeile als 1. Zeile erscheint (wodurch ein Faktor $(-1)^{k-1}$ entsteht). Dann wird wie vorher entwickelt. Somit[7]

$$|A| = (-1)^{k-1}\left(a_{k1} A_{k1} - a_{k2} A_{k2} + - \ldots + a_{kn} A_{kn} \right) \,.$$

Es ist bequem, dieses als Summe so zu schreiben:

$$|A| = \sum_j (-1)^{k-j} a_{kj} A_{kj} \,. \tag{2.85}$$

---

[7] Summenkonvention außer Kraft!

k kann jede beliebige der n Zeilen sein, A_{kj} ist die zu a_{kj} gehörige Unterdeterminante, die aus $|a_{ij}|$ durch Herausstreichen der k-ten Zeile und j-ten Spalte entsteht.

Oft ist es viel bequemer, nach einer anderen als der ersten Zeile zu entwickeln (s. Abschn. 2.6.3, Beispiel 1), sodass diese Regel 5. von einiger praktischer Bedeutung ist.

6. Eine Determinante kann nicht nur nach jeder beliebigen Zeile, sondern auch nach jeder beliebigen Spalte entwickelt werden

$$|A| = \sum_i (-1)^{i-k} a_{ik} A_{ik} . \tag{2.86}$$

Dies folgt aus 4. und 5. k ist fest,[8] beliebig, d.h. $k = 1$ oder 2 oder $\dots n$. Zeilen und Spalten einer Determinante sind folglich völlig gleichberechtigt. Wir können je nach *Zweckmäßigkeit* nach einer Zeile oder einer Spalte entwickeln.

7. Sind die Elemente einer Reihe denen einer parallelen anderen Reihe proportional ("Reihe" kann Zeile oder auch Spalte heißen), so ist die Determinante Null.

Denn: Sei etwa $a_{11} = \lambda a_{21}, a_{12} = \lambda a_{22}, \dots$ d.h. seien die beiden ersten Zeilen einander proportional. Dann kann man λ aus der Determinante herausziehen (gemäß (2.79)) und behält eine Determinante mit zwei *gleichen* Zeilen. Folglich ändert sich nichts bei Vertauschung dieser gleichen Zeilen, obwohl andererseits nach 3. das Vorzeichen wechseln muss: $|A| = -|A|$. Folglich muss $|A| = 0$ sein.

8. Als oft verwendete praktische Nutzanwendung leite man aus dem Gelernten folgende Aussage her:

▸ **Satz** Eine Determinante ändert sich nicht, wenn man die mit λ multiplizierten Glieder einer Reihe zu denen einer parallelen Reihe addiert, z. B.:

$$\begin{vmatrix} a_{11} & a_{12} & \cdots & a_{1n} \\ a_{21} & a_{22} & \cdots & a_{2n} \\ \vdots & \vdots & & \vdots \\ a_{n1} & a_{n2} & \dots & a_{nn} \end{vmatrix} = \begin{vmatrix} a_{11} + \lambda a_{21} & a_{12} + \lambda a_{22} & \cdots & a_{1n} + \lambda a_{2n} \\ a_{21} & a_{22} & \cdots & a_{2n} \\ \vdots & \vdots & & \vdots \\ a_{n1} & a_{n2} & \dots & a_{nn} \end{vmatrix} . \tag{2.87}$$

9. Als letzte der oft benutzten Eigenschaften von Determinanten muss folgende aufgezählt werden.

▸ **Multiplikationstheorem** Sei eine Matrix C das Produkt zweier Matrizen A und B,[9] d.h. $c_{ij} = a_{ik}b_{kj}$. Dann ist die Determinante von C das Produkt der Faktor-Determinanten

$$|C| \equiv |A\,B| = |A|\,|B| . \tag{2.88}$$

---

[8] Summenkonvention außer Kraft!

[9] Man beachte wieder die Summenkonvention.

Ein Beweis kann etwa entlang folgender Argumentenkette geführt werden: Es hat $|C|$ die Eigenschaften 1, 2 und 3 als Funktion der c_{ij}, aber auch als Funktion der a_{ik} bei festgehaltenen Werten b_{kj}. Homogenität und Additivität – zusammen kurz „Linearität" genannt – bzgl. der a_{ik} sieht man aus $c_{ij} = a_{ik}b_{kj}$ sofort; vertauscht man zwei Zeilen i_1 und i_2 in (a_{ik}), so vertauschen offenbar auch die entsprechenden Zeilen in (c_{ij}), wodurch $|C|$ einen Vorzeichenwechsel erleidet. $|C|$ ist deshalb als Funktion der n^2-Variablen a_{ik} bis auf einen Faktor gleich der Determinante aus den a_{ik}, wie es der oben genannte Satz von WEIERSTRASS (s. Abschn. 3) sagt: $|C| = \text{const} |A|$. Wählt man nun speziell für A die Einheitsmatrix, so ist $|A| = 1$ sowie $C = 1B = B$, d. h. const $= |B|$.

2.6.3 Beispiele zur übenden Erläuterung

Es seien einige spezielle Determinanten, verknüpft mit nützlichen allgemeinen Aussagen zum Trainieren der Determinantenregeln besprochen:

1.

$$|A| = \begin{vmatrix} 1 & 2 & 3 \\ -2 & 1 & 4 \\ 0 & 1 & 0 \end{vmatrix} = ?$$

Man findet durch Entwickeln nach der 1. Zeile

$$|A| = 1 \cdot \begin{vmatrix} 1 & 4 \\ 1 & 0 \end{vmatrix} - 2 \cdot \begin{vmatrix} -2 & 4 \\ 0 & 0 \end{vmatrix} + 3 \cdot \begin{vmatrix} -2 & 1 \\ 0 & 1 \end{vmatrix}$$

$$= 1(0 - 4) - 2(0 - 0) + 3(-2 + 0) = -4 - 0 - 6 = -10.$$

Viel bequemer wäre es gewesen, nach der 3. Zeile zu entwickeln, weil dort einige Nullen stehen:

$$|A| = 0 - 1 \cdot \begin{vmatrix} 1 & 3 \\ -2 & 4 \end{vmatrix} + 0 = -(4 + 6) = -10 .$$

Nach der (bei Determinanten 3. Grades i. Allg. bevorzugten) Regel von Sarrus erhalten wir die 6 Summanden

$$|A| = 1 \cdot 1 \cdot 0 + 2 \cdot 4 \cdot 0 + 3 \cdot (-2) \cdot 1 - 0 \cdot 1 \cdot 3 - 1 \cdot 4 \cdot 1 - 0 \cdot (-2) \cdot 2 = -6 - 4 = -10.$$

2. Um die Vereinfachung von Determinanten höheren Grades mittels der Eigenschaft 8 zu proben, bestimmen wir

$$|A| = \begin{vmatrix} 1 & 2 & 3 & 4 \\ 4 & 1 & 0 & 1 \\ 2 & 3 & 1 & -2 \\ 1 & -1 & 4 & 3 \end{vmatrix}$$

mit einer völlig willkürlich ausgedachten Matrix A. Zunächst subtrahieren wir z. B. das Doppelte der 2. Zeile von der 1. Zeile

$$|A| = \begin{vmatrix} -7 & 0 & 3 & 2 \\ 4 & 1 & 0 & 1 \\ 2 & 3 & 1 & -2 \\ 1 & -1 & 4 & 3 \end{vmatrix}.$$

Nun z. B. die 2. Zeile zur 4. Zeile addieren

$$|A| = \begin{vmatrix} -7 & 0 & 3 & 2 \\ 4 & 1 & 0 & 1 \\ 2 & 3 & 1 & -2 \\ 5 & 0 & 4 & 4 \end{vmatrix}.$$

Jetzt die dreifache 2. Zeile von der 3. Zeile abziehen

$$|A| = \begin{vmatrix} -7 & 0 & 3 & 2 \\ 4 & 1 & 0 & 1 \\ -10 & 0 & 1 & -5 \\ 5 & 0 & 4 & 4 \end{vmatrix}.$$

Natürlich wird man diese 3 Schritte bei einiger Übung auch gleich auf einmal machen. – Jetzt wird man nach der 2. Spalte entwickeln und bekommt nur einen Summanden

$$|A| = +1 \cdot \begin{vmatrix} -7 & 3 & 2 \\ -10 & 1 & -5 \\ 5 & 4 & 4 \end{vmatrix}.$$

Man ziehe nun z. B. die 2. Spalte von der 3. Spalte ab

$$|A| = \begin{vmatrix} -7 & 3 & -1 \\ -10 & 1 & -6 \\ 5 & 4 & 0 \end{vmatrix}.$$

Nach Abziehen des 6-fachen der 1. Zeile von der 2. Zeile entsteht

$$|A| = \begin{vmatrix} -7 & 3 & -1 \\ 32 & -17 & 0 \\ 5 & 4 & 0 \end{vmatrix}.$$

Entwickeln nach der 3. Spalte ergibt

$$|A| = +(-1) \cdot \begin{vmatrix} 32 & -17 \\ 5 & 4 \end{vmatrix} = -(32 \cdot 4 - 5(-17)) = -(128 + 85) = -213.$$

Das Prinzip ist es, eine Determinante hohen Grades durch geeignetes Addieren von Vielfachen von Spalten oder Zeilen so umzuformen, dass in einer Reihe nur gerade noch ein Element von Null verschieden ist. Genau nach dieser Reihe entwickelt man dann. Dadurch erniedrigt sich der Grad sofort um 1, usw.

3. Wir hatten gelernt, dass man nach beliebigen Zeilen oder Spalten entwickeln kann. Formel (2.85) z. B. kann man wie ein Inneres Produkt aus dem Vektor der k-ten Zeile mit dem aus den zugehörigen Unterdeterminanten gebildeten Vektor $(-1)^{k-j}A_{kj}$ verstehen. j spielt die Rolle des Vektorkomponenten-Index. Analog kann man aber auch mit *anderen* solchen Adjunktenvektoren multiplizieren. Man erhält:

$$\sum_j (-1)^{k-j} a_{lj} A_{kj} = \delta_{lk}|A| \quad \text{(Zeilen)}, \tag{2.89a}$$

$$\sum_i (-1)^{i-k} a_{il} A_{ik} = \delta_{lk}|A| \quad \text{(Spalten)}. \tag{2.89b}$$

Dies erkennt man so: Falls $l = k$, stehen die uns vertrauten Darstellungen einer Determinante da. Falls dagegen $l \neq k$, kann man die Summe deuten als diejenige Determinante, in der die k. Zeile durch die l. Zeile ersetzt worden ist. Da dann aber zwei gleiche Zeilen vorkommen, muss die Determinante Null sein.

4. Um auch den Multiplikationssatz zu üben, zeige man: Die aus den Unterdeterminanten einer Determinante n. Grades gebildete Matrix $\widetilde{A} := \left((-1)^{i-j} A_{ij}\right)$ hat die Determinante $|A|^{n-1}$.

Denn es ist offenbar mittels (2.89a) und (2.89b) $\widetilde{A}A' = (|A|\delta_{ij})$, also $= |A|\mathbf{1}$. Folglich ist $|\widetilde{A}A| = |A|^n \cdot 1$. Die linke Seite ist aber nach (2.88) zu faktorisieren nach $|\widetilde{A}A| = |\widetilde{A}||A|$. Somit

$$|\widetilde{A}| \equiv |(-1)^{i-j} A_{ij}| = |A|^{n-1} . \tag{2.90}$$

Man beachte, dass $|\lambda\mathbf{1}| = \lambda^n$ ist, da aus *jeder* Zeile der Faktor λ herauszuziehen ist, siehe (2.80).

2.6.4   Übungen zum Selbsttest: Determinanten

1.

$$\begin{vmatrix} a & b & 0 & 0 \\ a & 0 & b & 0 \\ a & 0 & 0 & b \\ 0 & a & 0 & b \end{vmatrix} = ?, \qquad \begin{vmatrix} a & b & 0 & 0 \\ a & 0 & b & 0 \\ 0 & a & 0 & b \\ 0 & 0 & a & b \end{vmatrix} = ?$$

2.

$$\begin{vmatrix} 1 & 2 & 3 \\ 3 & 2 & 1 \\ 2 & 1 & 3 \end{vmatrix} = ?$$

3. Man zeige, dass

$$\begin{vmatrix} a & b & c & d \\ -b & a & -d & c \\ -c & d & a & -b \\ -d & -c & b & a \end{vmatrix} = \left(a^2 + b^2 + c^2 + d^2 \right)^2 .$$

Man multipliziere dazu mit der transponierten Matrix.

4. Gegeben sei eine antisymmetrische Matrix $A = \left(a_{ij} \right)$ (d. h. $a_{ij} = -a_{ji}$) vom Grade n. Man beweise, dass $|A| = 0$ ist, falls n ungerade. (Beispiel: Matrix einer Drehbewegung eines Körpers im dreidimensionalen Raum.)

Anleitung: Vergleiche mit transponierter Matrix.

5.

$$\begin{vmatrix} 1 & 1^2 & 0 & 0 & \cdots & & \cdot & 0 \\ -1 & 1 & 2^2 & 0 & \cdots & & \cdot & 0 \\ 0 & -1 & 1 & 3^2 & \cdots & & \cdot & 0 \\ \cdot & \cdot & \cdot & \cdot & \cdots & & \cdot & 0 \\ 0 & 0 & 0 & 0 & \cdots & -1 & 1 & (n-1)^2 \\ 0 & 0 & 0 & 0 & \cdots & 0 & -1 & 1 \end{vmatrix} = n!$$

6. Man bestimme

$$\begin{vmatrix} a_{11} - \lambda & a_{12} & a_{13} \\ a_{21} & a_{22} - \lambda & a_{23} \\ a_{31} & a_{32} & a_{33} - \lambda \end{vmatrix}$$

und diskutiere die Koeffizienten des Polynoms 3. Ordnung in λ.

7. Welches sind die Nullstellen der Determinante der Matrix

$$\begin{vmatrix} 1-\lambda & 0 & 0 & 4 \\ 1 & 0 & 0 & 1-\lambda \\ 0 & 2-\lambda & 5 & 0 \\ 0 & 3 & 4-\lambda & 0 \end{vmatrix} ?$$

(Man bestätige die Lösungen $-1, -1, 3, 7$ sowohl durch Rechnung als auch durch Probe.)

8. Man zeige, dass die Determinante der „reduziblen" Matrix

$$\begin{vmatrix} a_{11} & a_{12} & a_{13} \\ a_{21} & a_{22} & a_{23} \\ a_{31} & a_{32} & a_{33} \\ & & & b_{11} & b_{12} \\ & & & b_{21} & b_{22} \\ & & & & & c_{11} & c_{12} & \cdots & c_{1n} \\ & & & & & c_{21} \\ & & & & & \vdots \\ & & & & & c_{1n} & & \cdots & c_{nn} \end{vmatrix},$$

wobei alle leeren Stellen als Nullen zu lesen sind, gegeben ist durch $|D| = |A||B||C|$. Hinweis: Man diskutiere die Darstellung (2.77) der Determinante von D.

2.7 Das Äußere Produkt von Vektoren

Wir haben in (2.3) als eine sinnvolle Möglichkeit für die Multiplikation zweier Vektoren das Innere Produkt betrachtet. Es ordnet zwei Vektoren eine Zahl zu, die ein Skalar ist. Wir waren zu jener ganz bestimmten Definition angeregt worden durch Betrachtung der Arbeit, die eine Kraft bei Verschiebung eines Körpers verrichtet.

In sehr vielen physikalischen Anwendungen taucht das an diesem Beispiel motivierte Innere Produkt auf. Es gibt aber auch eine Reihe anderer physikalischer Fragestellungen, bei denen einheitlich eine *andere* Art der Produktbildung zweckmäßig ist. Das untersuchen wir jetzt.

2.7.1 Definition

Diesmal wählen wir als physikalisch motivierenden Leitfaden die Wirkung einer Kraft auf einen um einen Punkt drehbaren, ausgedehnten Körper, siehe Abb. 2.20.

Die an einem um $\vec{r}$ vom Befestigungspunkt entfernten Punkt angreifende Kraft bewirkt ein Drehmoment. Dieses hat eine Größe $\sim K$, $\sim r$ sowie $+\sin\varphi$. Es kommt – anders als bei der Arbeit, die die Kraft bei einer Verschiebung verrichtet – auf *die* Komponente der Kraft an, die *senkrecht* zur Verbindungslinie $\overrightarrow{OP}$ steht; die aber ist $K\sin\varphi$ (als Gegenkathete in einem rechtwinkligen Dreieck mit der Hypotenuse K).

Im Gegensatz zum früheren Beispiel (der Arbeit) hat in dem jetzt betrachteten Fall das Drehmoment nicht nur eine Größe, sondern auch noch eine Richtung. Am bequemsten kennzeichnet man diese durch den Effekt, den das Drehmoment bewirkt: Es erfolgt eine Drehung des Körpers. Diese hat eine Achse. Durch sie sowie die Drehrichtung der Bewegung als Rechtsschraube wird eine Richtung im Raum definiert. Diese ordnet man dem Drehmoment als Vektor-Richtung zu. Sie steht senkrecht zu $\vec{r}$, senkrecht zu $\vec{K}$, und man erhält gerade dann eine Rechtsschraube, wenn man $\vec{r}$ in die Richtung von $\vec{K}$ dreht. Folglich bilden ($\vec{r}$, $\vec{K}$ Drehrichtung) ein Rechtssystem.

Dieses Beispiel als Stellvertreter für eine ganze Klasse von ähnlichen legt folgende weitere Definitionsmöglichkeit für ein „Produkt" aus zwei Vektoren nahe.

Abb. 2.20 Drehmoment einer Kraft $\vec{K}$, die an der Stelle P an einem um 0 drehbaren Körper angreift

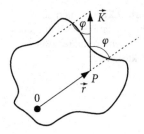

▸ **Definition** Das „*Äußere Produkt*" aus zwei Vektoren $\vec{a}$ und $\vec{b}$, genannt $\vec{a} \times \vec{b}$ – sprich „*a*
aus *b*" oder „*a* Kreuz *b*" –, ist derjenige *Vektor* $\vec{c} := \vec{a} \times \vec{b}$, der folgende Eigenschaften hat:

$$\text{Sein Betrag ist } ab \sin \sphericalangle \, \vec{a}, \vec{b}, \tag{2.91a}$$

$$\text{seine Richtung ist senkrecht auf } \vec{a} \text{ und auf } \vec{b}, \tag{2.91b}$$

$$\vec{a}, \vec{b}, \vec{c} \text{ bilden ein Rechtssystem.} \tag{2.91c}$$

Da $\vec{a} \times \vec{b}$ nach Definition wieder ein *Vektor* ist, heißt das Äußere Produkt auch „*Vektorprodukt*". Wir haben Vektoren durch ihre Transformationseigenschaften unter Koordinatentransformationen erklärt. Hat $\vec{a} \times \vec{b}$ gemäß seiner Definition (2.91) das richtige Transformationsverhalten?

Da der Betrag nach (2.91a) unter Drehungen invariant und die Richtung mittels Vektoreigenschaften festgelegt ist, ist $\vec{a} \times \vec{b}$ vom gewählten Koordinatensystem unabhängig.

Die explizite Transformation seiner Komponenten untersuchen wir in Abschn. 2.7.3 nach Herleitung der Komponentendarstellung des äußeren Produktes.

2.7.2   Eigenschaften des Äußeren Produktes

Aus der Definition erkennen wir zunächst eine Eigentümlichkeit des Äußeren Produktes, auf die man beim Rechnen gut aufzupassen hat:

1. Das Äußere Produkt ist *nicht* kommutativ. Vielmehr gilt

$$\vec{a} \times \vec{b} = -\vec{b} \times \vec{a} \, . \tag{2.92}$$

   Begründung: Zwar hat $\vec{b} \times \vec{a}$ dieselbe Größe wie $\vec{a} \times \vec{b}$. Bilden aber $\vec{a}, \vec{b}$ mit $\vec{a} \times \vec{b}$ ein Rechtssystem, so ist $\vec{b}, \vec{a}$ mit $\vec{a} \times \vec{b}$ ein Linkssystem. Erst durch Umkehrung der Richtung, also $-\vec{a} \times \vec{b}$, wird daraus das in der Definition verlangte Rechtssystem.

2. $\vec{a} \times \vec{a} = 0$.
   Dies folgt aus (2.92); auch die Definition zeigt es unmittelbar wegen $\sin 0 = 0$.

3. Das Äußere Produkt ist homogen.

$$(\alpha \vec{a}) \times \vec{b} = \vec{a} \times (\alpha \vec{b}) = \alpha(\vec{a} \times \vec{b}) \tag{2.93}$$

Abb. 2.21 Geometrische
Interpretation des Betrags des
Äußeren Produktes zweier
Vektoren $\vec{a}, \vec{b}$

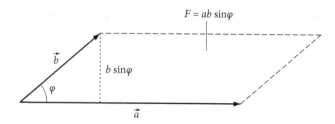

für reelle Zahlen α. Für positive α folgt das leicht aus der Definition, da $|\alpha \vec{a}| = \alpha |\vec{a}|$. Für negative α hat man die Eigenschaft der Rechtsschraubung mit zu beachten: Die Rechtsschraube von $-\vec{a}$ und $\vec{b}$ ist gerade umgekehrt zu der von $+\vec{a}$ und $\vec{b}$ gerichtet.

4. Falls $\vec{a} \times \vec{b} = 0$, ist entweder $\vec{a}$ oder $\vec{b}$ der Nullvektor oder $\sin \varphi = 0$, d. h. beide Vektoren sind zueinander parallel oder antiparallel.

5. Der Betrag des Äußeren Produktes, $|\vec{a} \times \vec{b}|$, gibt den Flächeninhalt des von $\vec{a}$ und $\vec{b}$ aufgespannten Parallelogramms an. $F = $ Grundlinie $\times$ Höhe, letztere ist $b \sin \varphi$, siehe Abb. 2.21.

6. Zwar ist das Äußere Produkt nicht kommutativ, jedoch ist eine andere wichtige Eigenschaft erfüllt:

Das Äußere Produkt ist *distributiv*.

$$\vec{a} \times (\vec{b} + \vec{c}) = \vec{a} \times \vec{b} + \vec{a} \times \vec{c} \tag{2.94}$$

Diese Aussage ist nicht trivial und – von der physikalisch-anschaulich motivierten Definition herkommend – nicht ganz kurz zu beweisen. Daher werde der Beweis in zwei Schritte zerlegt.

(a) Ausgehend vom Vektor $\vec{a}$ zerlegen wir uns $\vec{b}$ (ebenso $\vec{c}$) in seinen Anteil $\parallel$ bzw. $\perp$ zu dem offenbar ausgezeichneten Vektor $\vec{a}$. Dann stellen wir an Hand von Abb. 2.22 fest, dass ins Äußere Produkt nur die Orthogonalkomponente $\vec{b}_\perp$ eingeht: $\vec{a} \times \vec{b} = \vec{a} \times \vec{b}_\perp$. Denn es ist abzulesen: $|\vec{a} \times \vec{b}_\perp| = ab_\perp \sin 90° = ab_\perp$; nun ist aber $b_\perp = b \sin \varphi$, sodass die obige Gleichung dem Betrag nach gilt. Offenbar wird ferner von $b_\perp$ dieselbe *Richtung* gemäß (2.91b,c) erzeugt wie von $\vec{b}$.

Analog ist natürlich $\vec{a} \times \vec{c} = \vec{a} \times \vec{c}_\perp$. Schließlich betrachten wir noch $\vec{b} + \vec{c}$. Natürlich ist wiederum richtig $\vec{a} \times (\vec{b} + \vec{c}) = \vec{a} \times (\vec{b} + \vec{c})_\perp$. Darüber hinaus ist aber die Bildung des Orthogonalteils eine additive Operation – da $\vec{r}_\perp = \vec{r} - \vec{r}_\parallel$ für beliebiges $\vec{r}$ relativ zu beliebigem $\vec{e}$ und Parallelkomponentenbildung ($\parallel$) additiv sind, wie in Abschn. 2.2.3 gezeigt –, sodass sogar gilt: $\vec{a} \times (\vec{b} + \vec{c}) = \vec{a} \times (\vec{b}_\perp + \vec{c}_\perp)$. Die ursprünglich gestellte Frage (2.94) reduziert sich also auf die einfachere:

$$\vec{a} \times (\vec{b}_\perp + \vec{c}_\perp) \overset{?}{=} \vec{a} \times \vec{b}_\perp + \vec{a} \times \vec{c}_\perp \,.$$

(b) Nachdem wir gesehen haben, dass o. B. d. A. im distributiven Gesetz sowohl $\vec{b}$ als auch $\vec{c}$ und damit $\vec{b} + \vec{c}$ als orthogonal zu $\vec{a}$ angenommen werden dürfen – andere

Abb. 2.22 Ins Äußere Produkt gehen nur die jeweils orthogonalen Komponenten der Faktoren ein: $\vec{a} \times \vec{b} = \vec{a} \times \vec{b}_\perp$

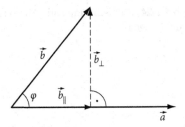

Abb. 2.23 Nachweis der Distributivität des Äußeren Produktes mittels Vektoren $\vec{b}$ und $\vec{c}$, die senkrecht zu $\vec{a}$ liegen

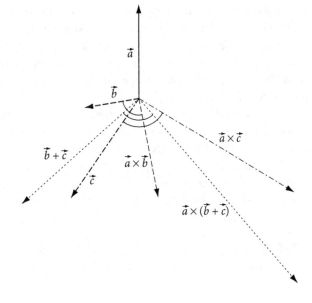

Komponenten gehen überhaupt nicht ein – vereinfacht sich der Nachweis der Distributivität (reduzierte Gleichung (2.94) oben) sehr. Man zeichne gemäß Abb. 2.23 einen Vektor $\vec{a}$, sowie $\vec{b}$ und $\vec{c}$ senkrecht dazu.

Bildet man $\vec{a} \times \vec{b}$, $\vec{a} \times \vec{c}$ und $\vec{a} \times (\vec{b} + \vec{c})$, so entsteht jeweils ein neuer Vektor, der (da $\perp$ zu $\vec{a}$) in der von $\vec{b}$ und $\vec{c}$ aufgespannten Ebene liegt, genau um den Faktor a länger ist, sowie gegenüber dem jeweiligen Ausgangsvektor um 90° gedreht ist. Durch Drehung und Streckung geht aber das ursprüngliche Parallelogramm $\vec{b}$, $\vec{c}$ und $\vec{b} + \vec{c}$ in ein neues, ähnliches über. Daher ist bei ihm wieder die Summe aus den Seitenvektoren gleich dem Diagonalenvektor.

Abb. 2.24 Zyklische und antizyklische Anordnungen und Vertauschungen

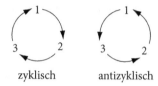

zyklisch   antizyklisch

2.7.3 Komponentendarstellung des Äußeren Produktes, Transformationsverhalten

Wir haben schon beim Inneren Produkt erkennen können, wie bequem der rechnerische Umgang mit Vektoren ist, wenn man sie durch Zahlentripel darstellt. Ähnliches gilt für das Äußere Produkt. Wir berechnen jetzt seine Komponentendarstellung.

Seien $\vec{a} = a_j \vec{e}_j$ sowie $\vec{b} = b_k \vec{e}_k$ zwei Vektoren, beschrieben durch ihre Komponenten. Um $\vec{a} \times \vec{b}$ zu bestimmen, verwenden wir das distributive Gesetz für das Äußere Produkt sowie die Homogenität, d. h. die Möglichkeit, Faktoren herauszuziehen. Es treten dann Ausdrücke des Typs $\sim \vec{e}_j \times \vec{e}_k$ auf.

Wir wissen schon, dass für $j = k$ (also etwa $\vec{e}_1 \times \vec{e}_1$) Null herauskommt. Falls $j \neq k$, erhält man einen Vektor, der die Länge $1 \cdot 1 \cdot \sin 90°$, also wiederum 1, hat. Ferner steht er senkrecht sowohl auf $\vec{e}_j$ als auch auf $\vec{e}_k$, muss also parallel zur dritten Bezugsgeraden des Koordinatensystems sein. Es ist z. B. $\vec{e}_1 \times \vec{e}_2 = \vec{e}_3$, da gerade in dieser Reihenfolge ein Rechtssystem vorliegt. Analog ist auch $\vec{e}_2 \times \vec{e}_3 = \vec{e}_1$ ein Rechtssystem, ebenso $\vec{e}_3 \times \vec{e}_1 = \vec{e}_2$. Die umgekehrte Reihenfolge (z. B. $\vec{e}_2 \times \vec{e}_1$) findet man mittels (2.92), also etwa $\vec{e}_2 \times \vec{e}_1 = -\vec{e}_1 \times \vec{e}_2 = -\vec{e}_3$.

▸ **Definition** Die Anordnungen 1, 2, 3 und 2, 3, 1 und 3, 1, 2 heißen zueinander *zyklische Vertauschungen*, siehe Abb. 2.24. Alle anderen (2, 1, 3 und 3, 2, 1 und 1, 3, 2) nennen wir *antizyklisch*.

Es gilt folglich für Äußere Produkte aus den Basisvektoren:

$$\vec{e}_1 \times \vec{e}_2 = \vec{e}_3, \quad 1, 2, 3 \text{ zyklisch} . \tag{2.95}$$

Die antizyklischen Anordnungen sowie diejenigen mit zwei oder drei gleichen Indizes erfassen wir durch die Formeln:

$$\vec{e}_i \cdot (\vec{e}_j \times \vec{e}_k) = \begin{cases} 1 & i, j, k \text{ zyklisch zu } 1, 2, 3, \\ -1 & i, j, k \text{ antizyklisch zu } 1, 2, 3, \\ 0 & i, j, k \text{ sonstwie.} \end{cases} \tag{2.96}$$

Als Abkürzung bezeichnen wir diesen Ausdruck mit

$$\epsilon_{ijk} := \vec{e}_i \cdot (\vec{e}_j \times \vec{e}_k) \tag{2.97}$$

und nennen ϵ_{ijk} den *total antisymmetrischen Tensor 3. Stufe.*

Dieses Symbol ϵ_{ijk} ist einerseits Tensor, andererseits zahlenmäßig unabhängig vom Koordinatensystem.

Denn berechnen wir einmal das Dreibein-Produkt (2.96) in einem gedrehten System K'. Bilden wir rein formal $\vec{e}_i' \cdot (\vec{e}_j' \times \vec{e}_k')$, so muss natürlich wiederum 1, −1 oder 0 herauskommen, da die $\{\vec{e}_j'\}$ ja wiederum ein Rechtssystem von Einheitsvektoren sind, man also alle Argumente von vorhin wiederholen kann.

Man kann aber auch analytisch wie folgt rechnen: Da $\vec{e}_i' = D_{ij}\vec{e}_j$ gemäß Formel (2.38), erhält man $\vec{e}_i' \cdot (\vec{e}_j' \times \vec{e}_k') = D_{i\nu}D_{j\mu}D_{k\rho}\vec{e}_\nu \cdot (\vec{e}_\mu \times \vec{e}_\rho) = D_{i\nu}D_{j\mu}D_{k\rho}\epsilon_{\nu\mu\rho}$. Vergleicht man mit (2.56), so liest man direkt ab, dass sich $\epsilon_{\nu\mu\rho}$ wie ein Tensor transformiert. Da andererseits $\epsilon_{\nu\mu\rho} = (-1)^P$ ist, kann man die Summe über ν, μ, ρ als Determinante schreiben: $\sum_P (-1)^P D_{il_1}D_{jl_2}D_{kl_3}$ Falls $i, j, k = 1, 2, 3$ ist dies $\mathrm{Det}(D_{ij})$, also 1 nach (2.46). Zyklische Vertauschung bedeutet eine gerade Zahl $2n$ von Transpositionen, man bekommt also $(-1)^{2n} = 1$ heraus; antizyklische Vertauschung bedeutet ungerade Zahl von Transpositionen, man bekommt −1; sollen zwei der vorderen Indizes i, j, k gleich sein, erhält man 0, da dann die Determinante zwei gleiche Zeilen hat.

Es gilt die Beziehung

$$
\begin{aligned}
\epsilon_{ijk}\epsilon_{mnp} = {}& \delta_{im}\delta_{jn}\delta_{kp} + \delta_{in}\delta_{jp}\delta_{km} + \delta_{ip}\delta_{jm}\delta_{kn} \\
& - \delta_{ip}\delta_{jn}\delta_{km} - \delta_{in}\delta_{jm}\delta_{kp} - \delta_{im}\delta_{jp}\delta_{kn}
\end{aligned}
$$

Wir bestimmen jetzt das Äußere Produkt durch die Komponenten der Faktoren:

$$
\begin{aligned}
& (a_1\vec{e}_1 + a_2\vec{e}_2 + a_3\vec{e}_3) \times (b_1\vec{e}_1 + b_2\vec{e}_2 + b_3\vec{e}_3) \\
& = a_1b_1\vec{e}_1 \times \vec{e}_1 + a_1b_2\vec{e}_1 \times \vec{e}_2 + a_1b_3\vec{e}_1 \times \vec{e}_3 + a_2b_1\vec{e}_2 \times \vec{e}_1 + \ldots \\
& = 0 + a_1b_2\vec{e}_3 + a_1b_3(-\vec{e}_2) + a_2b_1(-\vec{e}_3) + 0 + a_2b_3\vec{e}_1 + a_3b_1\vec{e}_2 + a_3b_2(-\vec{e}_1) \\
& = \vec{e}_1(a_2b_3 - a_3b_2) + \vec{e}_2(a_3b_1 - a_1b_3) + \vec{e}_3(a_1b_2 - a_2b_1).
\end{aligned}
$$

Der neue Vektor $\vec{c} = c_i\vec{e}_i$ hat also folgende Komponenten:

$$
\vec{c} = \vec{a} \times \vec{b} \leftrightarrow c_1 = a_2b_3 - a_3b_2 \quad \text{usw. zyklisch.} \tag{2.98a}
$$

Wir können auch die geschlossen Formel verifizieren:

$$
\vec{a} \times \vec{b} = \begin{vmatrix} \vec{e}_1 & \vec{e}_2 & \vec{e}_3 \\ a_1 & a_2 & a_3 \\ b_1 & b_2 & b_3 \end{vmatrix}. \tag{2.98b}
$$

Statt der obigen ausführlichen Rechnung schreiben wir kurz und kompakt lieber auch so: $\vec{c} = \vec{a} \times \vec{b} = (a_j\vec{e}_j) \times (b_k\vec{e}_k) = a_jb_k\vec{e}_j \times \vec{e}_k$. Hieraus finden wir eine Komponente, etwa die i-te, durch Multiplikation mit $\vec{e}_i$. Also $\vec{e}_i \cdot \vec{c} = c_i = a_jb_k\vec{e}_i \cdot (\vec{e}_j \times \vec{e}_k)$.

$$
c_i = \epsilon_{ijk}a_jb_k. \tag{2.98c}
$$

Abschließend betrachten wir noch das *Transformationsverhalten* der Komponenten des Äußeren Produktes. Hat das durch die rechte Seite der Formeln (2.98) dargestellte, eigentümlich geformte Produkt aus den Zahlentripeln (a_j) sowie (b_k) der Vektoren $\vec{a}$ und $\vec{b}$ tatsächlich das Transformationsverhalten eines Vektors?

Betrachten wir z. B. den Ausdruck $a_2 b_3 - a_3 b_2$. Wir drücken ihn durch das transformierte Zahlentripel in K' aus mittels $a_i = D_{ij}^{-1} a_j'$ usw. und finden

$$a_2 b_3 - a_3 b_2 = (D_{2j}^{-1} D_{3k}^{-1} - D_{3j}^{-1} D_{2k}^{-1}) a_j' b_k' \ .$$

Die Summanden $j = k = 1, 2$ oder 3 ergeben Null; die Summanden $j, k = 1, 2$ oder $2, 3$ oder $3, 1$ liefern mittels der Formeln (2.54) gerade D_{13}^{-1}, D_{11}^{-1} bzw. D_{12}^{-1} (wir beweisen sie in Beispiel 5. sogleich); die antizyklische Reihenfolge $2, 1$ usw. ergibt dasselbe mit „$-$"-Zeichen zusätzlich. Folglich

$$a_2 b_3 - a_3 b_2 = D_{11}^{-1}(a_2' b_3' - a_3' b_2') + D_{12}^{-1}(a_3' b_1' - a_1' b_3') + D_{13}^{-1}(a_1' b_2' - a_2' b_1') \ .$$

Dies *ist* aber offenbar genau die Transformationsformel für die 1 Komponente eines Vektors mit Komponenten $c_1' = a_2' b_3' - a_3' b_2'$ usw. zyklisch.

2.7.4 Beispiele zur übenden Erläuterung

1. Gegeben seien die Vektoren $\vec{a} = (-1, 2, -3)$ und $\vec{b} = (2, 3, 1)$. Man berechne $\vec{a} \times \vec{b}, \vec{b} \times \vec{a}$ sowie $(\vec{a} + \vec{b}) \times (\vec{a} - \vec{b})$.
   $\vec{a} \times \vec{b} = (-1, 2, 3) \times (2, 3, 1) = (2 \cdot 1 - (-3) \cdot 3, (-3)2 - (-1) \cdot 1, (-1) \cdot 3 - 2 \cdot 2) = (11, -5, -7)$.
   $\vec{b} \times \vec{a} = (2, 3, 1) \times (-1, 2, -3) = (3(-3) - 1 \cdot 2, 1 \cdot (-1) - 2(-3), 2 \cdot 2 - 3(-1)) = (-11, 5, 7)$.
   $(\vec{a} + \vec{b}) \times (\vec{a} - \vec{b}) = (1, 5, -2) \times (-3, -1, -4) = (3, 1, 4) \times (1, 5, -2) = (-22, 10, 14)$.
2. Was ist $(\vec{a} - \vec{b}) \times (\vec{a} + \vec{b})$ allgemein? Wir beachten (2.92)ff. und finden
   $\vec{a} \times \vec{a} + \vec{a} \times \vec{b} - \vec{b} \times \vec{a} - \vec{b} \times \vec{b} = 0 + \vec{a} \times \vec{b} + \vec{a} \times \vec{b} - 0$

$$(\vec{a} - \vec{b}) \times (\vec{a} + \vec{b}) = 2\vec{a} \times \vec{b} \ . \tag{2.99}$$

   Am Beispiel 1 können wir das auch zahlenmäßig verifizieren.
3. Man bestimme einen Einheitsvektor senkrecht zu der von $\vec{r}_1 = \vec{e}_1 - \vec{e}_2$ und $\vec{r}_2 = -\vec{e}_1 - \vec{e}_2$ aufgespannten Fläche.
   Allgemein wäre $\vec{r}_1 \times \vec{r}_2$ senkrecht auf $\vec{r}_1$ und $\vec{r}_2$, also auch auf der ganzen Fläche, die diese beiden Vektoren aufspannen. Durch Normieren findet man einen Einheitsvektor: $\vec{e} = (\vec{r}_1 \times \vec{r}_2)/|\vec{r}_1 \times \vec{r}_2|$. Im konkreten Fall ist
   $\vec{r}_1 \times \vec{r}_2 = (\vec{e}_1 - \vec{e}_2) \times (-\vec{e}_1 - \vec{e}_2) = 0 - \vec{e}_3 - \vec{e}_3 + 0 = -2\vec{e}_3$.
   Also ist $|\vec{r}_1 \times \vec{r}_2| = 2$ und $\vec{e} = -\vec{e}_3$.
   In Komponenten: $(1, -1, 0) \times (-1, -1, 0) = (0, 0, -1 - 1) = -2(0, 0, 1)$.
4. Kann man die Gleichung lösen; $\vec{a} \times \vec{x} = \vec{b}$? Wir beachten, dass in das Äußere Produkt nur jeweils der Orthogonalteil eingeht, also $\vec{a} \times \vec{x} = \vec{a} \times \vec{x}_\perp$. Folglich ist der Betrag $b = a x_\perp$,

d. h. $x_\perp = b/a$. Die Richtung des Vektors $\vec{x}_\perp$ kann man auch angeben: Da $\vec{a}, \vec{x}_\perp, \vec{b}$ ein Rechtssystem bilden, müssen das auch $\vec{b}, \vec{a}, \vec{x}_\perp$ (zyklische Vertauschung!) tun. Folglich zeigt $\vec{x}_\perp$ in Richtung von $(\vec{b} \times \vec{a})/|\vec{b} \times \vec{a}|$. Insgesamt also ist $\vec{x}_\perp = \dfrac{b}{a} \dfrac{\vec{b} \times \vec{a}}{|\vec{b} \times \vec{a}|}$.

Der Nenner ist noch umzuformen in $|\vec{b} \times \vec{a}| = ba$; denn $\vec{b}$ muss ja senkrecht zu $\vec{a}$ sein, da $\vec{b} = \vec{a} \times \vec{x}$ dargestellt ist. Folglich ist $\vec{x}_\perp$ eindeutig gegeben durch $\vec{x}_\perp = (\vec{b} \times \vec{a})/a^2$. – Da jedoch $\vec{x}_\parallel$ *beliebig* wählbar ist, gibt es unendlich viele Lösungen $\vec{x} = \vec{x}_\parallel + \vec{x}_\perp$ obiger Gleichung, $\vec{x} = \alpha \vec{a} + \vec{b} \times \vec{a}/a^2$, α beliebig.

Man kann also auch in Umkehrung des Äußeren Produktes *nicht* durch Vektoren dividieren!

5. Man beweise (2.54), die für jede Drehmatrix (orthogonale Matrix) D sowie ihre inverse Matrix D^{-1} – die ja auch eine Drehmatrix ist – gelten.

   Wir beachten, dass das durch Drehung mit D_{ij} aus einem Dreibein $\{\vec{e}_i\}$ hervorgehende Dreibein $\{\vec{e}_i'\}$ wieder ein orthonormiertes Rechtssystem ist und daher (2.95) erfüllt. So ist z. B. $\vec{e}_2' \times \vec{e}_3' = \vec{e}_1'$. Mittels $\vec{e}_i' = D_{ij}\vec{e}_j$ folgt $D_{1l}\vec{e}_l = D_{2j}\vec{e}_j \times D_{3k}\vec{e}_k$. Bilden wir das Innere Produkt mit $\vec{e}_i$, so folgt

$$D_{1i} = D_{2j}D_{3k}\epsilon_{ijk} \,. \tag{2.100}$$

Dies *ist* aber gerade die Zusammenfassung der zu beweisenden (2.54), indem man ϵ_{ijk} in der Summe durch 0, −1, +1 ersetzt.

6. Man diskutiere die vektorielle Darstellung der *Drehbewegung* eines physikalischen Körpers.

   Betrachten wir einen Körper in Drehbewegung. Sie erfolgt um eine Achse. Dadurch wird eine Gerade im Raum ausgezeichnet. Diese erhält sogar eine Richtung, wenn man diejenige bevorzugt, in der die Drehbewegung eine Rechtsschraubung vollführt. Ordnet man dieser Richtung noch als Quantität die „Stärke" der Drehung zu – etwa die 2π-fache Zahl ν der Umdrehungen pro Sekunde – so kann man die Drehung durch einen Vektor $\vec{\omega}$ darstellen, dessen Betrag $\omega = 2\pi\nu$ ist. Die Geschwindigkeit $\vec{v}$ eines Punktes $\vec{r}$ lautet dann $\vec{v} = \vec{\omega} \times \vec{r}$ wie man sich leicht klarmacht (der Koordinatenursprung liege auf der Drehachse, indem man ihn einfach dorthin legt).

   Andererseits haben wir schon in Abschn. 2.1.3 gefunden, dass man eine Drehbewegung durch einen (antisymmetrischen) *Tensor* zu kennzeichnen hat. Wie hängt das zusammen?

   Das Argument lautete: Die Geschwindigkeit $\vec{v}$ eines Punktes mit Ortsvektor $\vec{r}$ ist eine lineare Funktion von $\vec{r}$. In Komponenten: $v_i = \omega_{ij}x_j$, wobei der Koordinatenursprung auf der Drehachse liegen möge (stets so wählbar!).

   Wir beweisen zuerst, dass der Tensor ω_{ij} wirklich antisymmetrisch ist, $\omega_{ij} = -\omega_{ji}$. Nach *kurzer* Zeit Δt hat der Punkt den Weg $\Delta t v_i$ zurückgelegt und befindet sich an der Stelle $x_i + \Delta t v_i$. Dieser Ort muss aber *denselben* Abstand von 0 haben wie x_i selbst, da eine reine Drehbewegung Abstände nicht verändert. Somit ist $(x_i + \Delta t v_i)(x_i + \Delta t v_i) = x_i x_i$. Sofern Δt hinreichend klein ist, kann man Glieder $\sim (\Delta t)^2$ weglassen und erhält $2\Delta t x_i v_i = 0$. Folglich $x_i \omega_{ij} x_j = 0$, und zwar für *beliebige* Ortsvektoren (x_i). Nehmen wir einmal speziell $x_1 = x_2 = 0, x_3 \neq 0, \rightarrow \omega_{33} = 0$; analog $\omega_{11} = \omega_{22} = 0$. Wählen wir $x_1 \neq 0, x_2 \neq 0$ und $x_3 = 0, \rightarrow \omega_{12} + \omega_{21} = 0$; usw.

Die Drehbewegungsmatrix ist folglich antisymmetrisch, $\omega_{ij} = -\omega_{ji}$, und hat die Gestalt

$$(\omega_{ij}) = \begin{bmatrix} 0 & \omega_{12} & \omega_{13} \\ -\omega_{12} & 0 & \omega_{23} \\ -\omega_{13} & -\omega_{23} & 0 \end{bmatrix}. \tag{2.101}$$

Zu ihrer Kennzeichnung genügen folglich statt der 9 Zahlen einer allgemeinen 3×3-Matrix schon 3 Zahlen, nämlich $\omega_{12}, \omega_{13}, \omega_{23}$.

Deren physikalische Bedeutung erkennen wir, wenn wir den Tensor ω_{ij} einer Transformation D des Koordinatensystems unterwerfen. Gemäß (2.55) ist die Tensortransformation

$$\omega'_{12} = D_{1k}D_{2l}\omega_{kl}$$
$$= (D_{11}D_{22} - D_{12}D_{21})\omega_{12} + (D_{11}D_{23} - D_{13}D_{21})\omega_{13} + (D_{12}D_{31} - D_{13}D_{22})\omega_{23},$$

wobei schon die spezielle Gestalt (2.54) berücksichtigt worden ist.

Die soeben hergeleiteten Formeln für Produkte von Transformationsmatrizen D_{ij}, (2.93), gestatten aber die Umschreibung

$$\omega'_{12} = D_{33}\omega_{12} - D_{32}\omega_{13} + D_{31}\omega_{23}.$$

Wir lesen ab (nach analoger Berechnung von $\omega'_{23}, \omega'_{13}$), dass sich die 3 Zahlen (ω_{23}, $-\omega_{13}$, ω_{12}) gerade wie die Komponenten eines Vektors transformieren! Also ist durch die Zuordnung (zusätzliches Minuszeichen aus Konvention und Zweckmäßigkeit)

$$- \omega_1 := \omega_{23}, \quad -\omega_2 := \omega_{31} \, (= -\omega_{13}), \quad -\omega_3 := \omega_{12} \tag{2.102}$$

ein *Vektor* definiert, der offenbar die Drehbewegung beschreiben kann. Man überlegt so, dass er mit dem eingangs diskutierten Vektor identisch sein muss: Die Stärke der Drehbewegung ist ja $\sim \omega_{ij}$, und daher $\sim \omega_k$; sofern die Drehbewegung innerhalb einer gewissen Ebene erfolgt (die man o. B. d. A. etwa als 1–2-Ebene wählen kann) so hat $\vec{\omega}$ aus (2.102) nur eine Komponente senkrecht zu dieser Ebene (im Beispiel nur $\omega_{12} = -\omega_3 \neq 0$). Nämlich: Bewegung in der 1–2-Ebene heißt ja, dass $v_3 = 0$ für alle (x_i). $\rightarrow \omega_{3i}x_i = 0 \rightarrow \omega_{31}x_1 + \omega_{23}x_2 = 0$. Damit dies für *beliebige* x_i so ist, muss $\omega_{31} = \omega_{32} = 0$ sein.

Zusammenfassung

Drehbewegungen werden beschrieben durch antisymmetrische Tensoren $\omega_{ij} = -\omega_{ji}$ bzw. einen Vektor $\omega_k = -\omega_{ij}$, wobei i, j, k zyklisch. Die Geschwindigkeit eines Punktes x_j ist $v_i = \omega_{ij}x_j$ bzw.

$$v_1 = \omega_2 x_3 - \omega_3 x_2, \quad 1, 2, 3 \text{ zyklisch}, \quad \text{d. h. } v_i = \epsilon_{ijk}\omega_j x_k, \tag{2.103a}$$

$$\vec{v} = \vec{\omega} \times \vec{r}. \tag{2.103b}$$

$\vec{\omega}$ heißt der Vektor, ω_{ij} der Tensor der Winkelgeschwindigkeit.

2.7.5 Übungen zum Selbsttest: Äußeres Produkt

1. Es seien $\vec{e}_1, \vec{e}_2, \vec{e}_3$ die drei ein Rechts-Koordinatensystem konstituierenden orthonormierten Basisvektoren. Man berechne

$$(3\vec{e}_1 + 5\vec{e}_2) \times \vec{e}_3, \qquad \vec{e}_1 \times (-\vec{e}_2 + 4\vec{e}_1),$$
$$(\vec{e}_1 - \vec{e}_2) \times (\vec{e}_2 - \vec{e}_3), \qquad (5\vec{e}_1 - \vec{e}_2 - 2\vec{e}_3) \times (2\vec{e}_1 - \vec{e}_3).$$

2. Gegeben seien die zwei Vektoren $\vec{r}_1 = (2, -2, 1)$ und $\vec{r}_2 = (4, 1, 0)$. Man bestimme $\vec{r}_1 \times \vec{r}_2$, $(2\vec{r}_1 - 3\vec{r}_2) \times (\vec{r}_2 - 2\vec{r}_1)$ sowie $(\vec{r}_1 + \vec{r}_2) \times (\vec{r}_1 - \vec{r}_2)$.
3. Man berechne den Flächeninhalt des durch $\vec{r}_1$ und $\vec{r}_2$ aus der vorigen Aufgabe bestimmten Parallelogramms und gebe den Normalenvektor des Parallelogramms an.
4. Man zeige $(\vec{a} \times \vec{b})^2 + (\vec{a} \cdot \vec{b})^2 = a^2 b^2$.
5. Ein Körper rotiere um eine Achse durch den Koordinatenursprung mit der Winkelgeschwindigkeit $\vec{\omega} = (-1, 2, 1)$. Welche Geschwindigkeit hat ein Punkt des Körpers, der gerade die Koordinaten $(2, 0, 1)$ hat? Wie würde sich seine Geschwindigkeit ändern, falls die Drehachse so parallel verschoben wird, dass der auf ihr liegende Nullpunkt nach $\vec{a} = (1, 1, 1)$ kommt?

2.8 Mehrfache Vektorprodukte

Wir haben jetzt zwei verschiedene Möglichkeiten kennengelernt, zwei Vektoren miteinander zu multiplizieren. Weitere sinnvolle Definitionen sind nicht gebräuchlich. Wir besprechen nun das Innere sowie Äußere Produkt noch einmal gemeinsam.

2.8.1 Grundregeln

Zunächst prägen wir uns ein: Beiden Definitionen, zwei Vektoren zu einem Produkt zu verknüpfen, ist gemeinsam, dass die Produktbildung sich nicht umkehren lässt. Es ist undefiniert und daher *unmöglich, durch einen Vektor zu dividieren!* Da auch keine andere sinnvolle Definition einer Vektordivision bekannt ist, kann und muss man sich so apodiktisch äußern.

Wie verhält es sich mit Vektorprodukten aus mehr als zwei Faktoren? Hier erinnern wir uns, dass das Innere Produkt aus den beiden Ausgangsvektoren einen Skalar macht, das Äußere Produkt jedoch wieder einen Vektor. Letzteren kann man also ohne weiteres mit einem dritten Vektor multiplizieren und zwar sowohl „Innen" als auch „Außen".

Diese Tatsachen bedeuten also: Seien $\vec{a}$, $\vec{b}$ und $\vec{c}$ drei beliebige Vektoren:

1. Multipliziert man zwei von ihnen, etwa $\vec{a}$ und $\vec{b}$, im Inneren Sinn, $\vec{a} \cdot \vec{b}$, so kann man diese Zahl mit $\vec{c}$ nur als Zahlenmultiplikation verknüpfen:

$$(\vec{a} \cdot \vec{b})\vec{c} \, .$$

Dies ist ein Vektor in Richtung $\vec{c}$. Die Klammern bzw. der Punkt ist zu beachten, denn $\vec{a}(\vec{b} \cdot \vec{c})$ wäre ein Vektor in Richtung $\vec{a}$, also i. Allg. etwas ganz anderes. Folglich gilt *nicht* das Assoziativgesetz.

2. Multipliziert man jedoch zwei von ihnen, etwa $\vec{a}$ und $\vec{b}$, im Äußeren Sinn, $\vec{a} \times \vec{b}$, so kann man diesen *Vektor* auf zwei mögliche Weisen mit $\vec{c}$ verknüpfen:

$$(\vec{a} \times \vec{b}) \cdot \vec{c} \quad \text{oder} \quad (\vec{a} \times \vec{b}) \times \vec{c} \, .$$

Das erste Dreifachprodukt ist ein Skalar und damit aus der Klasse der Vektoren ausgeschieden; man nennt es *„Spatprodukt"*. Das andere Dreifachprodukt ist wiederum ein Vektor, kann also *erneut* mit Vektoren multipliziert werden:

$$((\vec{a} \times \vec{b}) \times \vec{c}) \cdot \vec{d} \quad \text{oder} \quad ((\vec{a} \times \vec{b}) \times \vec{c}) \times \vec{d} \, .$$

Ersteres ist nunmehr Skalar, letzteres erneut ein Vektor, usw. Wiederum gilt nicht das Assoziativgesetz, wie etwa das Beispiel zeige $(\vec{e}_1 \times \vec{e}_1) \times \vec{e}_2 = 0 \times \vec{e}_2 = 0$, jedoch $\vec{e}_1 \times (\vec{e}_1 \times \vec{e}_2) = -\vec{e}_2$.

Die *Grundregel* lautet also: Beachtet man die durch Klammern angezeigte Reihenfolge der Multiplikationen sowie den durch $\cdot$ oder $\times$ angezeigten skalaren oder vektoriellen Charakter des Teilresultats, so lassen sich einige Typen von Mehrfachprodukten bilden.

Dabei zeigen eigentlich nur diejenigen aus drei Faktoren merkenswerte Züge. Wir diskutieren sie jetzt.

2.8.2   Spatprodukt dreier Vektoren

Das *„Spatprodukt"* aus drei Vektoren $\vec{a}$, $\vec{b}$, $\vec{c}$ hat die geometrische Bedeutung des – allerdings mit einem $\pm$ Zeichen versehenen – Volumens $V(\vec{a}, \vec{b}, \vec{c})$ desjenigen Parallelepipeds, das von den drei Vektoren aufgespannt wird, s. Abb. 2.17

$$V(\vec{a}, \vec{b}, \vec{c}) = (\vec{a} \times \vec{b}) \cdot \vec{c} \, . \tag{2.104}$$

Denn definitionsgemäß ist $(\vec{a} \times \vec{b}) \cdot \vec{c} = |\vec{a} \times \vec{b}|c \cos \varphi$, wobei φ der Winkel ist zwischen $\vec{c}$ und $(\vec{a} \times \vec{b})$. Letzteres steht aber senkrecht auf dem Parallelogramm aus $\vec{a}$ und $\vec{b}$, sodass $c \cos \varphi$ als Projektion von $\vec{c}$ auf $\vec{a} \times \vec{b}$ bis auf ein eventuelles Vorzeichen die Höhe des Parallelepipeds ist. Es ergibt daher Grundfläche $|\vec{a} \times \vec{b}|$ mal Höhe $c \cos \varphi$ das Volumen.

Wir können das Volumen $V(\vec{a}, \vec{b}, \vec{c})$ leicht durch die Komponenten $(a_i), (b_i), (c_i)$ der erzeugenden Vektoren bestimmen. Es ist $(\vec{a} \times \vec{b})_k = \epsilon_{kij} a_i b_j = \epsilon_{ijk} a_i b_j$; das Innere Produkt wird durch Multiplikation mit c_k berechnet. Folglich ist

$$(\vec{a} \times \vec{b}) \cdot \vec{c} = \epsilon_{ijk} a_i b_j c_k \,. \tag{2.105}$$

Wir wissen schon von Abschn. 2.7.3, dass $\epsilon_{ijk} = (-1)^P$ ist und die Summe über i, j, k die Determinante 3. Grades aus den a_i, b_j, c_k ergibt:

$$(\vec{a} \times \vec{b}) \cdot \vec{c} = \begin{vmatrix} a_1 & a_2 & a_3 \\ b_1 & b_2 & b_3 \\ c_1 & c_2 & c_3 \end{vmatrix} \,. \tag{2.106}$$

Aus dieser Darstellung erkennen wir mit Hilfe der Determinantenregeln über Vorzeichenwechsel bei Zeilenvertauschung folgendes:

$$(\vec{a} \times \vec{b}) \cdot \vec{c} = (\vec{b} \times \vec{c}) \cdot \vec{a} = (\vec{c} \times \vec{a}) \cdot \vec{b} \,. \tag{2.107}$$

Das heißt: Das Spatprodukt zeigt sich als invariant gegenüber zyklischer Vertauschung in der Reihenfolge der Faktoren. (Die jeweils antizyklischen Anordnungen wie z. B. $(\vec{b} \times \vec{a}) \cdot \vec{c}$ ergeben $-V$.)

Da das Innere Produkt kommutativ ist, kann man im mittleren Ausdruck von (2.107) auch $\vec{a} \cdot (\vec{b} \times \vec{c})$ schreiben und bekommt

$$(\vec{a} \times \vec{b}) \cdot \vec{c} = \vec{a} \cdot (\vec{b} \times \vec{c}) \,. \tag{2.108}$$

Das heißt: Im Spatprodukt darf man bei *fester* Reihenfolge der Vektoren $\times$ und $\cdot$ vertauschen.

2.8.3 Entwicklungssatz für 3-fache Vektorprodukte

Wir diskutieren jetzt das 3-fache Vektorprodukt $\vec{a} \times (\vec{b} \times \vec{c})$. Es ist offenbar im Gegensatz zum Spatprodukt wiederum ein Vektor.

Da ein Vektorprodukt senkrecht auf seinen Faktoren steht, ist das 3-fache Produkt orthogonal zu $\vec{a}$ und auch zu $\vec{b} \times \vec{c}$. Letzteres ist seinerseits senkrecht zu der von $\vec{b}$ und $\vec{c}$ aufgespannten Ebene, sodass der 3-fache Produktvektor eben *in* dieser liegen muss. Er ist daher aus $\vec{b}$ und $\vec{c}$ durch Linearkombination zu gewinnen:

$$\vec{a} \times (\vec{b} \times \vec{c}) = x_1 \vec{b} + x_2 \vec{c}, \quad x_i \text{ noch unbekannt.}$$

Aus der Orthogonalität zu $\vec{a}$ folgt

$$0 = x_1 (\vec{a} \cdot \vec{b}) + x_2 (\vec{a} \cdot \vec{c}) \,.$$

Man kann diese Formel so deuten, dass – abgesehen von eventuellen Spezialfällen – $x_1 \sim$ ($\vec{a} \cdot \vec{c}$) und $x_2 \sim$ ($\vec{a} \cdot \vec{b}$) ist. Definiert man daher $x_1 =: y_1(\vec{a} \cdot \vec{c})$ und $x_2 =: y_2(\vec{a} \cdot \vec{b})$, so gilt

$$(\vec{a} \cdot \vec{b})(\vec{a} \cdot \vec{c})(y_1 + y_2) = 0 \, .$$

Wiederum bis auf eventuelle Spezialfälle muss also $y_1 = -y_2 =: y$ sein. Zusammengefasst gilt:

$$\vec{a} \times (\vec{b} \times \vec{c}) = y(\vec{b}(\vec{a} \cdot \vec{c}) - \vec{c}(\vec{a} \cdot \vec{b})) \, .$$

Bis auf einen noch offenen Faktor y ist damit die Struktur des doppelten Vektorproduktes klar. Wir bestimmen y, indem wir beide Seiten mittels geschickter Wahl eines im Prinzip ja beliebig zu legenden Koordinatensystems K berechnen. Es liege so, dass seine 1-Achse in Richtung von $\vec{b}$ weist; folglich ist $\vec{b} = (b, 0, 0)$. Seine 2-Achse legen wir in die von $\vec{b}$ und $\vec{c}$ aufgespannte Ebene, d. h. $\vec{c} = (c_1, c_2, 0)$. Dann erhält man $\vec{a} \times (\vec{b} \times \vec{c}) = (a_2 bc_2, -a_1 bc_2, 0)$; auf der rechten Seite obiger Gleichung findet man dasselbe bis auf den Faktor y zusätzlich. Er muss folglich $y = 1$ sein!

Kann man K immer so legen? Dazu darf $\vec{b}$ nicht 0 sowie $\vec{c}$ nicht parallel zu $\vec{b}$ sein. *Ist* $\vec{b} = 0$, gilt obige Gleichung mit $y = 1$ offensichtlich, da $0 = 0$ ist. Sei andererseits $\vec{c} = \text{const} \, \vec{b}$, d. h. $\vec{c} = c(1, 0, 0)$. Dann ist die linke Seite zwar 0; die rechte aber auch: $(bca_1, 0, 0) - (ca_1 b, 0, 0) = 0$.

Es gilt somit für das 3-fache Vektorprodukt der *Entwicklungssatz*:

$$\vec{a} \times (\vec{b} \times \vec{c}) = \vec{b}(\vec{a} \cdot \vec{c}) - \vec{c}(\vec{a} \cdot \vec{b}) \, . \qquad (2.109)$$

Hieran erkennt man auch leicht, dass das assoziative Gesetz nicht gilt. $(\vec{a} \times \vec{b}) \times \vec{c}$ wäre in der von $\vec{a}$ und $\vec{b}$ aufgespannten Ebene und nicht, wie $\vec{a} \times (\vec{b} \times \vec{c})$ gemäß (2.109) in derjenigen, die von $\vec{b}$ und $\vec{c}$ gebildet wird. Der Entwicklungssatz (2.109) erweist sich als außerordentlich nützlich und wird oft verwendet.

2.8.4 *n*-fache Produkte

Bildet man mittels der oben formulierten Grundregel Produkte aus mehr als drei Vektoren, so kann man sie mit den schon bekannten Regeln für 3-fache Produkte (2.108) und (2.109) leicht vereinfachen. Neues tritt nicht auf

$$(\vec{a} \times \vec{b}) \cdot (\vec{c} \times \vec{d}) = \vec{a} \cdot (\vec{b} \times (\vec{c} \times \vec{d})) = (\vec{a} \cdot \vec{c})(\vec{b} \cdot \vec{d}) - (\vec{a} \cdot \vec{d})(\vec{b} \cdot \vec{c}) \, , \qquad (2.110)$$

$$(\vec{a} \times \vec{b})^2 = a^2 b^2 - (\vec{a} \cdot \vec{b})^2 \, , \qquad (2.111)$$

$$(\vec{a} \times \vec{b}) \times (\vec{c} \times \vec{d}) = \vec{c}((\vec{a} \times \vec{b}) \cdot \vec{d}) - \vec{d}((\vec{a} \times \vec{b}) \cdot \vec{c})$$

$$= \vec{b}((\vec{c} \times \vec{d}) \cdot \vec{a}) - \vec{a}((\vec{c} \times \vec{d}) \cdot \vec{b}) \, . \qquad (2.112)$$

2.8.5   Beispiele zur übenden Erläuterung

Dieses sind die letzten ausführlichen Übungen in der Vektoralgebra. Wer sich noch nicht sicher fühlt, wende sich an seine Dozenten oder Tutoren wegen weiterer Aufgaben:

1. Man bestimme $\vec{a} \cdot (\vec{a} \times \vec{b})$. – Dies ist 0, da der 2. Faktor auf $\vec{a}$ senkrecht steht. Anschaulich: Das von nur 2 verschiedenen Vektoren aufgespannte Volumen ist 0.
2. Welches Volumen spannen die drei Vektoren

$$\vec{r}_1 = \frac{1}{2}(\vec{e}_1 - \vec{e}_2), \quad \vec{r}_2 = -\vec{e}_1 + \vec{e}_2 - \vec{e}_3; \quad \vec{r}_3 = 2\vec{e}_2 - 3\vec{e}_3$$

auf?

Rechnen wir direkt:

$$\vec{r}_1 \times \vec{r}_2 = \frac{1}{2}(\vec{e}_1 - \vec{e}_2) \times (-\vec{e}_1 + \vec{e}_2 - \vec{e}_3) = \frac{1}{2}(\vec{e}_1 + \vec{e}_2)$$

$$V = \frac{1}{2}(\vec{e}_1 + \vec{e}_2) \cdot (2\vec{e}_2 - 3\vec{e}_3) = \frac{1}{2} \cdot 2 = 1\,,$$

Man kann auch die Determinantenformel verwenden:

$$V = \begin{vmatrix} \frac{1}{2} & -\frac{1}{2} & 0 \\ -1 & 1 & -1 \\ 0 & 2 & -3 \end{vmatrix}$$

$$= \frac{1}{2} \cdot 1 \cdot (-3) + 0 + 0 - 0 - 2 \cdot (-1) \cdot \frac{1}{2} - (-3) \cdot \left(-\frac{1}{2}\right) = 1\,.$$

3. Welchen Wert hat die Summe

$$\vec{a} \times (\vec{b} \times \vec{c}) + \vec{b} \times (\vec{c} \times \vec{a}) + \vec{c} \times (\vec{a} \times \vec{b})\,?$$

Die nach (2.109) entstehenden 6 Summanden heben sich paarweise auf, sodass 0 herauskommt.

4. Es sei zu bestimmen: $(\vec{a} - \vec{c}) \cdot ((\vec{a} + \vec{c}) \times \vec{b})$.
Dies ist $(\vec{a} - \vec{c}) \cdot (\vec{a} \times \vec{b} + \vec{c} \times \vec{b}) = 0 + \vec{a} \cdot (\vec{c} \times \vec{b}) - \vec{c} \cdot (\vec{a} \times \vec{b}) - 0 = (\vec{c} \times \vec{b}) \cdot \vec{a} + \vec{c} \cdot (\vec{b} \times \vec{a}) = 2\vec{c} \cdot (\vec{b} \times \vec{a})$.
5. Gegeben seien die drei Vektoren $\vec{a} = (1, -2, 3)$, $\vec{b} = (-3, 1, -5)$ und $\vec{c} = (1, 0, -2)$. Man berechne und bestätige:

$$\vec{a} \cdot (\vec{b} \times \vec{c}) = (1, -2, 3) \cdot (-2, -11, -1) = 17\,,$$

$$(\vec{a} \times \vec{b}) \cdot \vec{c} = (7, -4, -5) \cdot (1, 0, -2) = 17\,,$$

$$|(\vec{a} \times \vec{b}) \times \vec{c}| = |(8, 9, 4)| = \sqrt{161}\,,$$

$$|\vec{a} \times (\vec{b} \times \vec{c})| = |(35, -5, -15)| = 5\sqrt{59}\,,$$

$$(\vec{a} \times \vec{b}) \times (\vec{b} \times \vec{c}) = (-51, 17, -85)\,,$$

$$(\vec{a} \times \vec{b})(\vec{b} \cdot \vec{c}) = 7(7, -4, -5) = (49, -28, -35)\,.$$

2.8.6   Übungen zum Selbsttest: Mehrfachprodukte

1. Bestimmen Sie auf verschiedene Weisen das Volumen, das von den drei Vektoren aufgespannt wird:

$$\vec{r}_1 = 4\vec{e}_1 - \vec{e}_2 - 3\vec{e}_3, \quad \vec{r}_2 = -2\vec{e}_1 + \vec{e}_2, \quad \vec{r}_3 = \vec{e}_1 - 5\vec{e}_3 \ .$$

2. Welchen Wert hat die Summe

$$(\vec{a} \times \vec{b}) \cdot (\vec{c} \times \vec{d}) + (\vec{b} \times \vec{c}) \cdot (\vec{a} \times \vec{d}) + (\vec{c} \times \vec{a}) \cdot (\vec{b} \times \vec{d}) \ ?$$

3. Beweisen Sie die Gleichung

$$(\vec{a} \times \vec{b}) \cdot ((\vec{b} \times \vec{c}) \times (\vec{c} \times \vec{a})) = (\vec{a} \cdot (\vec{b} \times \vec{c}))^2 \ .$$

4. Vereinfachen Sie $(\vec{a} + \vec{b}) \cdot ((\vec{b} + \vec{c}) \times (\vec{c} + \vec{a}))$.
5. Gegeben seien 3 nicht in einer Ebene liegende Vektoren $\vec{a}_1, \vec{a}_2, \vec{a}_3$ mit dem Spatprodukt $\vec{a}_1 \cdot (\vec{a}_2 \times \vec{a}_3) =: v$. Hieraus denke man sich die 3 „reziproken" Vektoren $\vec{b}_1, \vec{b}_2, \vec{b}_3$ mittels der Definition berechnet:

$$\vec{b}_1 = \frac{\vec{a}_2 \times \vec{a}_3}{\vec{a}_1 \cdot (\vec{a}_2 \times \vec{a}_3)}, \quad 1, 2, 3 \text{ zyklisch} \ .$$

Man zeige:
(a) $\vec{a}_i \cdot \vec{b}_j = \delta_{ij}$
(b) $\vec{b}_1 \cdot (\vec{b}_2 \times \vec{b}_3) = 1/v$.
(c) Die zu den $\vec{b}_i$ reziproken Vektoren sind die $\vec{a}_j$.
(d) Wie lautet das zu den 3 orthonormalen Basisvektoren $\vec{e}_i$ eines rechtwinkligen Koordinatensystems reziproke Vektortripel?

2.9   Eigenwerte, Eigenvektoren

Nachdem nun der Umgang mit Vektoren, Matrizen und Determinanten bekannt ist, soll ein für die Physik besonders wichtiger und sehr oft verwendeter Begriffsbereich besprochen werden, nämlich das sogenannte *Eigenwertproblem*.

2.9.1   Physikalische Motivation

2.9.1.1   Drehungen

Drehungen eines Körpers oder eines Koordinatensystems be- schreibt man gemäß Abschn. 2.4.2 mittels einer Drehmatrix D, deren Matrixelemente $D_{i,j}$ seien. Aus einem Vektor x_j wird der neue Vektor $x_i' = D_{ij}x_j$, kurz als $D\vec{x} = \vec{x}\,'$ geschrieben.

Man kann Drehungen auch durch die Angabe einer Drehachse und eines Drehwinkels kennzeichnen. Ein Vektor $\vec{a}$, der in die Richtung der Drehachse zeigt, ändert sich unter der Drehung offenbar nicht, während sich andere Vektoren durch die Drehung sehr wohl ändern. Für einen solchen Vektor $\vec{a}$ in Richtung Drehachse gilt somit $D\vec{a} = \vec{a}$, komponentenweise also $D_{ij}a_j = a_i$. (Auf die Länge des Vektors kommt es dabei augenscheinlich nicht an. Das spiegelt sich in der Linearität der Gleichung wider, d. h. mit $\vec{a}$ bleibt auch $\alpha\,\vec{a}$ ungeändert. Bedeutsam ist allein die Richtung von $\vec{a}$.)

Das regt zu der Frage an, ob es auch bei anderen Matrizen A, die also nicht Drehungen beschreiben, Vektoren gibt, die unter der Anwendung von A unverändert bleiben, $A\vec{x} = \vec{x}$? (Natürlich mit Ausnahme des Nullvektors $\vec{0}$; für ihn gilt ja völlig unabhängig von A stets $A\,\vec{0} = \vec{0}$.)

2.9.1.2 Der Trägheitstensor von Körpern

Ein weiteres physikalisches Beispiel zeigt uns schnell, dass die Frage, ob sich ein Vektor unter der Anwendung einer Matrix reproduziert oder nicht, etwas allgemeiner gestellt werden sollte. Betrachten wir beispielsweise einen starren Körper, den wir uns in kleine Massenelemente m_a aufgeteilt denken. Diese mögen sich jeweils an den Stellen $\vec{r}_a$ befinden. Die gesamte Masse M des Körpers ist dann die Summe über alle Teile, $\Sigma_a m_a = M$. Der Körper möge sich nun mit einer konstanten Winkelgeschwindigkeit ω um eine Achse in Richtung $\vec{e}_\omega$ drehen; beide Angaben lassen sich im Vektor $\vec{\omega} = \omega\vec{e}_\omega$ zusammenfassen. Ein an der Stelle $\vec{r}_a$ befindliches Massenelement m_a bewegt sich dann mit der Geschwindigkeit $\vec{v}_a = \vec{\omega} \times \vec{r}_a$.

Man macht sich das am leichtesten so klar: Der Betrag dieses Vektors ist $|\vec{v}_a| \equiv v_a = \omega r_a \sin\varphi$, mit φ als Winkel zwischen $(\vec{\omega}, \vec{r}_a)$. Der Ausdruck $r_a \sin\varphi \equiv r_{a\perp}$ ist der senkrechte Abstand des Massenelementes m_a von der Drehachse $\vec{e}_\omega$. Die Größe $\omega r_{a\perp}$ beschreibt deshalb gerade die Drehgeschwindigkeit des Massenelementes um die Achse. Der Einheitsvektor $(\vec{\omega} \times \vec{r}_a)_0$ andererseits gibt die Richtung der Drehbewegung wieder, die ja senkrecht auf $\vec{\omega}$ und auf $\vec{r}_a$ stehen muss.

Die kinetische Energie $E_{\text{kin,rot}}$ des rotierenden Körpers beträgt $E_{\text{kin,rot}} = \sum_a \frac{1}{2} m_a \vec{v}_a^2$. Umformung nach den Regeln mehrfacher Vektorprodukte: $\vec{v}_a^2 = (\vec{\omega} \times \vec{r}_a)^2 = (\vec{\omega} \times \vec{r}_a) \cdot (\vec{\omega} \times \vec{r}_a) = \vec{\omega} \cdot (\vec{r}_a \times (\vec{\omega} \times \vec{r}_a)) = \vec{\omega} \cdot (\vec{\omega}(\vec{r}_a \cdot \vec{r}_a) - \vec{r}_a(\vec{r}_a \cdot \vec{\omega})) = \vec{\omega}^2 \vec{r}_a^2 - (\vec{\omega} \cdot \vec{r}_a)^2 = \omega_i \omega_i x_k^{(a)} x_k^{(a)} - \omega_i x_i^{(a)} \omega_j x_j^{(a)}$ (Summenkonvention beachten). Somit gilt

$$E_{\text{kin,rot}} = \frac{1}{2}\omega_i \omega_j \sum_a m_a \left(\delta_{i,j} x_k^{(a)} x_k^{(a)} - x_i^{(a)} x_j^{(a)}\right) \equiv \frac{1}{2}\Theta_{ij}\omega_i \omega_j \; . \qquad (2.113)$$

Vergleichen wir diesen Ausdruck für die kinetische Energie der Drehbewegung mit derjenigen der Translationsbewegung $E_{\text{kin,trans}} = \frac{1}{2}Mu_i u_i$, so erkennen wir die Analogie zwischen der Translationsgeschwindigkeit $\vec{u}$ und der Winkelgeschwindigkeit $\vec{\omega}$ einerseits sowie der Masse M und Θ_{ij} andererseits, nur dass M ein Skalar und Θ_{ij} eine Matrix ist. Beide beschreiben die Massenträgheit. Physikalisch transformiert sich die Matrix Θ_{ij} unter Drehungen des Koordinatensystems sogar wie ein Tensor, weil nämlich $E_{\text{kin,rot}}$ ein Skalar ist. Deshalb heißt

$$\Theta_{ij} = \sum_a m_a \left(\delta_{i,j} x_k^{(a)} x_k^{(a)} - x_i^{(a)} x_j^{(a)} \right) = \Theta_{ji} \tag{2.114}$$

der *Trägheitstensor*, abgekürzt Θ. Der Trägheitstensor ist offensichtlich symmetrisch, $\Theta_{ij} = \Theta_{ji}$ oder $\Theta = \Theta'$. Und noch eine kleine Besonderheit gibt es (und deshalb diese ganze Betrachtung): Genau dann, wenn $\Theta_{ij}\omega_j$ proportional zu ω_i wäre, geschrieben als $\Theta_{ij}\omega_j = \Lambda\omega_i$ oder $\Theta\vec{\omega} = \Lambda\vec{\omega}$, hätte die Drehenergie $E_{\text{kin,rot}} = \frac{1}{2}\Lambda\omega_i\omega_i$ perfekt dieselbe Form wie $E_{\text{kin,trans}}$. Der Faktor Λ spielt dabei die Rolle der „Drehträgheit" an Stelle der Translationsträgheit M.

Wir sollten also bei der Frage, ob ein Vektor $\vec{x}$ unter Anwendung einer Matrix A wieder auf sich selbst abgebildet wird, noch einen zusätzlichen Zahlenfaktor zulassen, also fragen: Gibt es Vektoren $\vec{x}$ und Zahlenfaktoren λ, für die die Eigenschaft $A\vec{x} = \lambda\vec{x}$ gilt? Die *Richtung* des Vektors soll erhalten bleiben; die Matrix A wirkt auf $\vec{x}$ allein wie die Multiplikation mit einem Faktor.

Im Falle des Trägheitstensors zeigt es sich übrigens, dass es genau drei solche speziellen Vektoren $\Theta\vec{\omega}_b = \Lambda_b\vec{\omega}_b, b = 1, 2, 3$ gibt, mit drei (nicht notwendig verschiedenen) Zahlen Λ_b. Diese drei $\vec{\omega}_b$ stellen sich hier sogar noch als zueinander senkrecht stehend heraus, $\vec{\omega}_b \perp \vec{\omega}_{b'}$ oder $\vec{\omega}_b \cdot \vec{\omega}_{b'} = 0$ für $b \neq b'$. All das liegt vor allem an der Symmetrie des Trägheitstensors. Man nennt diese $\vec{\omega}_b$ die Eigenvektoren und die Λ_b die Eigenwerte oder Hauptträgheitsmomente des Trägheitstensors Θ_{ij}.

2.9.1.3 Ein physikalisches Alltagsproblem

Bevor wir die Frage nach den Eigenvektoren und Eigenwerten allgemein untersuchen, noch ein scheinbar völlig anderes, aber im Kern dann doch ganz analoges physikalisches Problem, das ebenfalls auf eine Matrix A und deren Eigenvektoren und Eigenwerte führt. Auf Schritt und Tritt begegnet man in der Physik den Schwingungen, seien es die Saiten der Musikinstrumente, Maschinenresonanzen, Atombewegungen in Molekülen, elektrische Schwingungen in Antennen, Atomspektren usw. Die Kenngrößen von schwingenden Systemen sind ihre Eigenfrequenzen und ihre Amplituden. Mathematisch nennt man diese die „Eigenwerte" und die dazugehörigen „Eigenvektoren", bezeichnet mit λ und x_λ. Für alle linearen oder linear approximierbaren Systeme sind die möglichen λ und x_λ zentrale Größen, die es zu berechnen gilt. Betrachten wir als einfaches Beispiel ein gedämpft schwingendes Federpendel. Eine Masse m hängt an einer Feder und schwingt auf und ab. Der Schwingungsausschlag $x(t)$ sei klein genug, um der linearen Schwingungsgleichung zu genügen, die nichts anderes ist als die hierzugehörige Newtonsche Gleichung: Masse mal Beschleunigung gleich Summe der angreifenden Kräfte

$$m\ddot{x}(t) = -cx(t) - \beta\dot{x}(t) \,. \tag{2.115}$$

Dabei ist $\ddot{x}$ die zweite Ableitung von $x(t)$ nach der Zeit t, also die Beschleunigung. $-cx(t)$ ist die lineare Rückstellkraft der Feder mit der Federkonstanten c. Schließlich steht $-\beta\dot{x}(t)$ für die zur Geschwindigkeit x proportionale Reibungskraft mit der Reibungskonstanten β.

Man teilt durch m und definiert als neue Konstanten die Kennfrequenz $\omega_0 = \sqrt{c/m}$ und die Dämpfungskonstante $\zeta = \beta/m$. Beide Größen haben die physikalische Dimension s^{-1} (also Hertz), wie man durch Vergleich der Terme in (2.115) schließen kann: wo links d^2x/dt^2 steht, hat man rechts $\omega_0^2 x^2$ bzw. $\zeta dx/dt$. Also „vertritt" ω_0 eine Zeitableitung und ζ ebenfalls; beide haben also dieselbe Dimension wie $1/t$.

Die Lösung linearer Differentialgleichungen 2. Ordnung wird in Abschn. 9.5 systematisch behandelt werden. Hier nur das Wichtigste für das Federpendel vorweg, da es ja in der Physikvorlesung auch schon aufgetaucht sein wird. Wir führen die Geschwindigkeit $v(t) = \dot{x}(t)$ als neue Variable ein. Die Newtonsche Gleichung betrachten wir dann als Gleichung für v, in der statt $\ddot{x}$ jetzt $\dot{v}$ auftaucht. Statt der Differentialgleichung (2.115) „zweiter Ordnung" (also mit zweiten Ableitungen) für eine Variable, nämlich x, haben wir nun zwei Differentialgleichungen „erster Ordnung" (nur erste Ableitungen treten auf) für zwei Variablen x und v,

$$\dot{x} = v, \quad \dot{v} = -\omega_0^2 x - \zeta v. \qquad (2.116)$$

Die Lösung linearer Gleichungen gelingt stets mit dem „Exponentialansatz" $x(t) = e^{\lambda t} x_0$ und $v(t) = e^{\lambda t} v_0$. Die Größe λ gilt es zu bestimmen; sie wird der Eigenwert sein. Die konstanten Amplituden x_0, v_0 bilden zusammen den Eigenvektor. Aus (2.116) ist offensichtlich, dass man jede einmal gefundene Lösung mit einer beliebigen Konstanten b multiplizieren kann – und wieder eine Lösung erhält. Eigenvektoren sind deshalb nur bis auf einen konstanten Faktor festgelegt.

Weil aus dem Ansatz folgt, dass $\dot{x} = \lambda x$, $\dot{v} = \lambda v$ ist, entsteht aus (2.116) (nach Kürzen von $e^{\lambda t}$) das Matrixgleichungssystem

$$\lambda \begin{bmatrix} x_0 \\ v_0 \end{bmatrix} = \begin{bmatrix} v_0 \\ -\omega_0^2 x_0 - \zeta v_0 \end{bmatrix} = \begin{bmatrix} 0 & 1 \\ -\omega_0^2 & -\zeta \end{bmatrix} \begin{bmatrix} x_0 \\ v_0 \end{bmatrix}. \qquad (2.117)$$

Hätte man mehrere solcher Federpendel miteinander gekoppelt, entstünde eine analoge Gleichung, nur mit mehr Komponenten als nur x_0, v_0 allein. Entsprechend größer wäre die Matrix und entsprechend mehrkomponentiger der Vektor aus den konstanten Komponenten-Amplituden. Stets ist bei linearen (oder linear approximierbaren) Systemen also eine Matrixgleichung

$$\lambda x = Ax \quad \text{oder} \quad \lambda x_i = a_{ij} x_j \qquad (2.118)$$

zu lösen. A bzw. $[a_{ij}]$ ist eine $n \times n$-Matrix, x bzw. $[x_i]$ ein n-komponentiger Vektor. Letzterer ist je nach λ i. Allg. verschieden, wird also als x_λ mit Komponenten $x_{\lambda,i}$ zu kennzeichnen sein. i, j laufen von 1 bis n. Die Anzahl verschiedener λ wird sich als $\leq n$ erweisen. Interessant sind natürlich nur Lösungen $x_\lambda \neq 0$, denn der Nullvektor löst zwar immer die lineare Gl. (2.118), enthält aber keinerlei Information über die Matrix A, noch über λ, „weiß" also nichts von den das physikalische System charakterisierenden Matrixelementen a_{ij}, z. B. ω_0 oder ζ.

2.9.2 Eigenwerte: Definition und Berechnung

Die zu lösende Matrixgleichung (2.118) kann man umschreiben zu $[A - \lambda 1]x = 0$. Sollte die Matrix $A - \lambda 1$ eine Inverse haben – und die hätte sie nach Abschn. 2.5.3 genau dann, wenn ihre Determinante $|A - \lambda 1| \neq 0$, also nicht Null ist – so könnte man damit von links multiplizieren und erhielte $[A - \lambda 1]^{-1}[A - \lambda 1]x = 1x = x = 0$, also nur die ungeliebte triviale Lösung, bei der alle Amplituden Null sind und nichts schwingt. Interessant ist also diesmal allein der Fall, in dem die Determinante eben *doch* Null ist, damit es keine Inverse gibt.

$$|A - \lambda 1| = 0 .   \tag{2.119}$$

Bei gegebener Matrix A ist, so stellt sich heraus, das nur für bestimmte Werte λ der Fall. Diese möglichen λ-Werte heißen deshalb die „Eigenwerte" der Matrix A. Ausführlicher geschrieben ist

$$\begin{vmatrix} a_{11} - \lambda & a_{12} & \cdots & a_{1n} \\ a_{21} & a_{22} - \lambda & \cdots & a_{2n} \\ \vdots & \cdots & & \vdots \\ a_{n1} & a_{n2} & \cdots & a_{nn} - \lambda \end{vmatrix} \equiv P_n(\lambda) = 0 .   \tag{2.120}$$

Die Determinante auf den linken Seiten von (2.119), (2.120) ist ein Polynom n. Ordnung in λ, genannt das „charakteristische Polynom" $P_n(\lambda) = \lambda^n + \alpha_1 \lambda^{n-1} + \ldots + \alpha_n$. Gesucht sind seine Nullstellen $P_n(\lambda) = 0$. Diese Nullstellen sind also die Eigenwerte. Nach dem Hauptsatz der Algebra gibt es genau n solcher Nullstellen (= Eigenwerte), sofern man komplexe Zahlen (s. Abschn. 1.2) als Lösungen zulässt. Sie müssen nicht alle verschieden sein; dann spricht man von „entarteten Eigenwerten". Sie können teilweise oder gar alle reell sein. Sind sie komplex, $\lambda = \kappa + i\omega$, so beschreibt κ die Dämpfung, weil die Lösung $\sim e^{\kappa t}$ gegen Null geht sofern $\kappa < 0$, und es beschreibt ω die Schwingungsfrequenz, weil $e^{i\omega t} = \cos \omega t + i \sin \omega t$ mit der Frequenz $\omega/2\pi$ oszilliert. Auch positive κ kommen vor; die Schwingung schaukelt sich dann exponentiell auf.

Hat man die Eigenwerte λ berechnet, setzt man diese Werte in die Matrixgleichung (2.118) ein und bestimmt daraus die jeweiligen Eigenvektoren x_λ, wie gesagt bis auf einen willkürlichen Zahlenfaktor. Es kann zu gegebenem λ mehrere Lösungen geben; diese Eigenvektoren nennt man dann miteinander „entartet". Das entspricht obiger Definition von entarteten Eigenwerten. Weil die Eigenwertgleichung (2.118) linear ist, sind Vielfache von x_λ, also bx_λ, wiederum Lösung zum selben Eigenwert λ. Im Falle der Entartung sind auch Summen oder Differenzen verschiedener Eigenvektoren $x_\lambda^{(1)} + x_\lambda^{(2)}, \ldots$ wiederum Lösungen; man überzeugt sich durch Einsetzen in (2.118), dass dann auch $b_1 x_\lambda^{(1)} + b_2 x_\lambda^{(2)}$ Lösung zum gegebenen λ ist. In diesem Sinne sind die Eigenlösungen sogar „Eigenräume" zum Eigenwert λ, die alle Linearkombinationen enthalten, die man aus den $x_\lambda^{(1)}, x_\lambda^{(2)}, \ldots$ zum *selben* Eigenwert λ bilden kann. Ist der Eigenwert λ nicht entartet, bilden die bx_λ mit diesem x_λ, aber beliebigem Faktor b einen 1-dimensionalen Eigenraum.

2.9.3 Beispiele zur übenden Erläuterung

1. Sei etwa die 2×2 Matrix $\begin{bmatrix} 7 & 4 \\ 4 & 1 \end{bmatrix}$ gegeben. Sie ist symmetrisch und reell. Die Eigenwertgleichung bzw. das charakteristische Polynom lautet

$$|A - \lambda 1| = \left| \begin{bmatrix} 7 & 4 \\ 4 & 1 \end{bmatrix} - \lambda \begin{bmatrix} 1 & 0 \\ 0 & 1 \end{bmatrix} \right| = \begin{vmatrix} 7-\lambda & 4 \\ 4 & 1-\lambda \end{vmatrix}$$

$$= (7-\lambda)(1-\lambda) - 16 = \lambda^2 - 8\lambda - 9 = 0.$$

Die Lösungen sind $\lambda_{1,2} = 4 \pm \sqrt{16+9} = 4 \pm 5$, also $\lambda_1 = 9$, $\lambda_2 = -1$. Es gibt zwei verschiedene Eigenwerte; kein Eigenwert ist entartet, da keine mehrfachen Nullstellen von $P(\lambda)$ vorkommen. Die Eigenvektoren zu $\lambda_1 = 9$ gewinnt man aus

$$|A - 9 \cdot 1| x_{\lambda_1} = \begin{bmatrix} -2x_{\lambda_1,1} & 4x_{\lambda_1,2} \\ 4x_{\lambda_1,1} & -8x_{\lambda_1,2} \end{bmatrix} = 0.$$

Beide Zeilen liefern dieselbe Gleichung, nämlich $-2x_{\lambda_1,1} + 4x_{\lambda_1,2} = 0$. Wählen wir eine Komponente willkürlich, etwa $x_{\lambda_1,2} = 1$, so ist zwangsläufig $x_{\lambda_1,1} = 2$. Es ist also $\begin{bmatrix} 2 \\ 1 \end{bmatrix}$ Eigenvektor zu $\lambda_1 = 9$. Zum anderen Eigenwert $\lambda_2 = -1$ lautet die Bestimmungsgleichung $8x_{\lambda_2,1} + 4x_{\lambda_2,2} = 0$; sie wird gelöst durch $\begin{bmatrix} 1 \\ -2 \end{bmatrix}$. Wir stellen fest, dass x_{λ_1} und x_{λ_2} aufeinander senkrecht stehen, ihr Inneres Produkt Null ist, $x_{\lambda_1} \cdot x_{\lambda_2} = 0$.

2. Beim physikalischen Beispiel des schwingenden Federpendels lautet die Eigenwertgleichung

$$\left| \begin{bmatrix} 0 & 1 \\ -\omega_0^2 & -\zeta \end{bmatrix} - \lambda \begin{bmatrix} 1 & 0 \\ 0 & 1 \end{bmatrix} \right| = \begin{vmatrix} -\lambda & 1 \\ -\omega_0^2 & -\lambda - \zeta \end{vmatrix} = \lambda^2 + \zeta\lambda + \omega_0^2 = 0 .$$

Die quadratische, charakteristische Gleichung hat die Lösungen $\lambda_{1,2} = -\zeta/2 \pm \sqrt{\zeta^2/4 - \omega_0^2}$. Sie bestehen aus einem stets reellen Term $-\zeta/2$ sowie einem ebenfalls reellen Zusatz $\sqrt{\zeta^2/4 - \omega_0^2}$, sofern $\zeta/2 > \omega_0$, die Dämpfung also stark ist. Anderenfalls, bei kleiner Dämpfung $\zeta/2 < \omega$, ist der Zusatzterm imaginär, $i\sqrt{\omega_0^2 - \zeta^2}$. Die Eigenwerte sind somit für kleine Dämpfung $\zeta/2 < \omega_0$ komplex, $\lambda_{1,2} = \kappa \pm i\omega$. Hier bedeutet $\kappa = \zeta/2$ die Dämpfung und die Eigenfrequenz lautet $\omega = \sqrt{\omega_0^2 - \zeta^2/4} < \omega_0$. Es gilt sogar $\lambda_1 = \lambda_2^*$; bzw. $\lambda_2 = \lambda_1^*$, beide Eigenwerte sind zueinander konjugiert komplex. Für große Dämpfung sind beide Eigenwerte reell, aber verschieden. Bei sehr starker Dämpfung (großes ζ) oder sehr kleiner Kennfrequenz (kleines ω_0) lauten die beiden reellen Lösungen näherungsweise $\lambda_1 \approx -\frac{\omega_0^2}{\xi} \to 0$, sehr geringe effektive Dämpfung und $\lambda_2 = -\xi + \frac{\omega_0^2}{\xi} \approx -\xi$, volle Dämpfung. Die Abb. 9.9 in Abschn. 9.5 zeigt, wie sich die Eigenwerte $\lambda_{1,2}$ bei Veränderung von ω_0 in der komplexen λ-Ebene verschieben. Abbildung 9.8 gibt das Zeitverhalten der Eigenlösungen wieder.

Stets ist $\omega < \omega_0$, die beobachtete Eigenfrequenz ω kleiner als die Kennfrequenz ω_0. Infolge der Dämpfung ist auch die Schwingungsfrequenz kleiner, die Schwingungsdauer $2\pi/\omega$ größer. Sofern $\omega_0 = \zeta/2$, gibt es nur einen einzigen Eigenwert, nämlich $\lambda_1 = \lambda_2 = \zeta/2$. Man nennt diesen Fall den „aperiodischen Grenzfall". Er ist durch die kleinste beobachtbare Eigenfrequenz $\omega = 0$ gekennzeichnet, zeigt keine Oszillation mehr, hat die Schwingungsdauer ∞. Bei noch kleineren Kennfrequenzen erfolgen nur monoton abnehmende Auslenkungen des Pendels mit teils zu-, teils abnehmender Dämpfung („überdämpfte Schwingungen").

Für die beiden Eigenvektoren findet man $x_{\lambda_1} = \begin{bmatrix} 1 \\ \lambda_1 \end{bmatrix}$ und $x_{\lambda_2} = \begin{bmatrix} 1 \\ \lambda_2 \end{bmatrix}$. Das folgt am einfachsten aus der ersten der beiden in $\begin{bmatrix} -\lambda & 1 \\ -\omega_0^2 & -\lambda - \zeta \end{bmatrix} \begin{bmatrix} x_{\lambda,1} \\ x_{\lambda,2} \end{bmatrix} = 0$ steckenden Gleichungen. Überzeugen Sie sich aber auch, dass die zweite Gleichung $-\omega_0^2 - (\lambda + \zeta)\lambda = 0$ ebenfalls erfüllt ist, für beide Werte λ_1, λ_2. Zweierlei fällt auf: x_{λ_1} und x_{λ_2} sind nicht zueinander orthogonal; vielmehr gilt $x_{\lambda_1} \cdot x_{\lambda_2} = 1 + \omega_0^2 > 0$. Und, im aperiodischen Grenzfall $\omega_0 = \zeta/2$ wird $\lambda_1 = \lambda_2$, gibt es also *nur einen* Eigenvektor!

3. Welche Eigenwerte und Eigenvektoren hat die Matrix $A = \begin{bmatrix} 2 & -1 & 2 \\ -1 & 2 & -2 \\ 2 & -2 & 5 \end{bmatrix}$? Zunächst stellen wir fest, dass die Matrix A symmetrisch ist, $A = A'$. Ihre Eigenwerte sind deshalb reell, siehe auch Abschn. 2.9.4, Nummer iv. Das charakteristische Polynom zur Berechnung der Eigenwerte lautet

$$\begin{bmatrix} 2 - \lambda & -1 & 2 \\ -1 & 2 - \lambda & -2 \\ 2 & -2 & 5 - \lambda \end{bmatrix} = \lambda^3 - 9\lambda^2 + 15\lambda - 7 = P(\lambda) = 0 \ .$$

Es ist ein Polynom der Ordnung 3; da es sich um eine 3×3-Matrix handelt, muss es auch so sein. Durch Aufzeichnen des Polynoms $P(\lambda)$ findet man leicht, dass $\lambda_1 = 7$ eine Nullstelle ist. Teilt man $P(\lambda)$ durch $(\lambda - 7)$, erhält man zur Bestimmung der verbleibenden Nullstellen die quadratische Gleichung $\lambda^2 - 2\lambda + 1 = 0$. Sie besitzt die doppelte Nullstelle $\lambda_2 = \lambda_3 = 1$. Der Eigenwert 1 ist somit zweifach entartet. Aus

$$\begin{bmatrix} 2 - \lambda & -1 & 2 \\ -1 & 2 - \lambda & -2 \\ 2 & -2 & 5 - \lambda \end{bmatrix} \begin{bmatrix} x_1 \\ x_2 \\ x_3 \end{bmatrix} = 0$$

berechnet man für $\lambda_1 = 7$ den Eigenvektor $x_{\lambda_1} = \begin{bmatrix} 1 \\ -1 \\ 2 \end{bmatrix}$. Setzt man dagegen $\lambda = 1$ ein, entsteht aus jeder Zeile dieselbe Beziehung $x_1 - x_2 + 2x_3 = 0$ für die Komponenten. Man kann also zwei Komponenten willkürlich (und unterschiedlich) *wählen*, erst die dritte liegt dann fest. So findet man die beiden verschiedenen Eigenvektoren $x_{\lambda_2} = \begin{bmatrix} 1 \\ 1 \\ 0 \end{bmatrix}$,

$x_{\lambda_3} = \begin{bmatrix} -2 \\ 0 \\ 1 \end{bmatrix}$.

x_{λ_1} steht senkrecht auf x_{λ_2} und x_{λ_3}, weil $x_{\lambda_1} \cdot x_{\lambda_{2,3}} = 0$ ist. Letztere beiden, x_{λ_2} und x_{λ_3}, sind zwar nicht orthogonal zueinander, doch kann man sie durch geeignete Linearkombination „orthogonalisieren". Und das selbstverständlich unter Aufrechterhaltung der Orthogonalität zu x_{λ_1}.

Das geht so: x_{λ_1} behalten wir bei, benennen es nur um zu y_1. x_{λ_2} steht hierauf schon senkrecht, wird also auch nur umbenannt in y_2. Es verbleibt x_{λ_3}. Dieses steht zwar auf y_1 senkrecht, nicht aber auf y_2. Deshalb bilden wir $y_3 = x_{\lambda_3} + a\,x_{\lambda_2}$, welches automatisch orthogonal zu $y_1 = x_{\lambda_1}$ ist. Die Konstante a bestimmen wir so, dass y_3 auch auf $y_2 = x_{\lambda_2}$ senkrecht steht. Also $y_3 \cdot y_2 = (x_{\lambda_3} + a\,x_{\lambda_2}) \cdot x_{\lambda_2} = 0$. Das ergibt $-2 + a2 = 0$, also $a = 1$.

Die drei Eigenvektoren $y_1 = \begin{bmatrix} 1 \\ -1 \\ 2 \end{bmatrix}$, $y_2 = \begin{bmatrix} 1 \\ 1 \\ 0 \end{bmatrix}$ und $y_3 = \begin{bmatrix} -1 \\ 1 \\ 1 \end{bmatrix}$ stehen aufeinander

senkrecht. y_1 gehört zum Eigenwert $\lambda_1 = 7$. Die beiden Eigenvektoren y_2, y_3 gehören zum Eigenwert $\lambda_2 = \lambda_3 = 1$. Es ist wohl klar, wie das Verfahren bei noch mehr Eigenvektoren, also größeren $n \times n$-Matrizen, fortzusetzen wäre. Die Voraussetzung war, $A = A'$, symmetrisch und reell.

2.9.4   Eigenschaften von Eigenwerten und Eigenvektoren

Wir stellen jetzt die für physikalisches Arbeiten unerlässlichsten Eigenschaften des Eigenwertproblems zusammen, ohne sie alle detailliert zu beweisen:

i. Sind $\lambda_1, \lambda_2, \ldots, \lambda_n$, die n Eigenwerte einer Matrix A, so gilt $|A| = \prod\limits_{\alpha=1}^{n} \lambda_\alpha$, die Determinante ist gleich dem Produkt der Eigenwerte. Bei mehrfachen (entarteten) Eigenwerten sind diese entsprechend mehrfach mitzuzählen. Prüfen Sie die Richtigkeit an den Beispielen.

ii. Die Spur der Matrix A, definiert als die Summe ihrer Diagonalelemente $a_{11} + a_{22} + \cdots + a_{nn}$ ist gleich der Summe der Eigenwerte, $\mathrm{Sp}A = \sum\limits_{\alpha=1}^{n} \lambda_\alpha$. Prüfen Sie auch hier die Richtigkeit an den Beispielen.

Beide Eigenschaften können dazu verwendet werden, die Richtigkeit der Eigenwertberechnung zu überprüfen.

iii. Die Eigenvektoren zu verschiedenen Eigenwerten sind linear unabhängig, es gilt also $c_1 x_{\lambda_1} + c_2 x_{\lambda_2} = 0 \leftrightarrow c_1 = c_2 = 0$. Das Entsprechende gilt bei größerer Zahl von Eigenwerten: Sind sie paarweise verschieden, sind alle Eigenvektoren linear unabhängig.

iv. Die Eigenwerte reeller, symmetrischer Matrizen, also $A = A'$, sind stets reell. Dasselbe gilt für zwar nicht reelle, aber hermitesche Matrizen $A = A^+$. A^+ ist die aus A folgende Matrix mit konjugiert komplexen, transponierten Matrixelementen. „Transponiert" heißt also: Wenn $A = [a_{ij}]$, so ist $A^+ = [a_{ji}^*]$. Matrizen mit der Eigenschaft $A = A^+$ heißen *hermitesch* oder auch *selbstadjungiert*.

v. Die Eigenvektoren reell-symmetrischer sowie hermitescher (= selbstadjungierter) Matrizen stehen wechselseitig aufeinander senkrecht, sofern sie zu verschiedenen Eigenvektoren gehören. Sie lassen sich auch in den entarteten Unterräumen orthogonal machen.

vi. Die Eigenvektoren von Drehmatrizen bzw. unitären Matrizen, $DD^+ = D^+D = 1$ oder $UU^+ = U^+U = 1$ sind wechselseitig orthogonal.

vii. Die paarweise Orthogonalität in der Menge von Eigenvektoren gilt genau dann, wenn die Matrix A „normal" ist. Definitionsgemäß heißt A dann „*normal*", wenn $AA^+ = A^+A$, also wenn die Matrix A mit ihrer hermitesch adjungierten Matrix A^+ vertauschbar ist. Offensichtlich ist das für selbstadjungierte wie für unitäre Matrizen der Fall. Insofern sind die Eigenschaften 5. und 6. Spezialfälle dieser umfassenden Eigenschaft. Beispiel 1 ist hermitesch; wir haben diese Orthogonalität schon gesehen. Beispiel 2, das Federpendel, liefert keine (!) normale Matrix:

$$AA^+ = \begin{bmatrix} 0 & 1 \\ -\omega_0^2 & -\zeta \end{bmatrix} \begin{bmatrix} 0 & -\omega_0^2 \\ 1 & -\zeta \end{bmatrix} = \begin{bmatrix} 1 & -\zeta \\ -\zeta & \zeta^2 + \omega_0^4 \end{bmatrix}$$

ist ungleich $A^+A = \begin{bmatrix} \omega_0^4 & \zeta\omega_0^2 \\ \zeta\omega_0^2 & 1 + \zeta^2 \end{bmatrix}$. Daher ist nicht zu erwarten, dass die Eigenvektoren orthogonal sind; wir haben das schon gesehen. Beispiel 3 ist normal (denn ?). Während in der Quantentechnik die physikalisch relevanten Matrizen selbstadjungiert und damit normal, quantenmechanische Eigenwerte also reell sind, spielen in anderen Gebieten nicht-normale Matrizen

$$AA^+ - A^+A \neq 0 \tag{2.121}$$

eine große Rolle. Wir haben das Beispiel des gedämpften Pendels schon kennengelernt. Oder: Störungen laminarer Strömungen erzeugen i. Allg. ebenfalls ein nicht-normales Eigenwertproblem; die Folge ist dann oft der Turbulenzeinsatz. Aus der glatten, laminaren Strömung wird eine verwirbelte, zeitlich stark fluktuierende Strömung. Weil nicht-normale Matrizen i. Allg. nicht aufeinander orthogonale Eigenvektoren haben, kann es zu einem vorübergehenden zeitlichen Anwachsen ansonsten gedämpfter Störungen kommen.

viii. Diagonalisierung (oder „*Hauptachsentransformation*") einer gegebenen $n \times n$-Matrix A. Im Falle reeller, symmetrischer, hermitescher sowie unitärer Matrizen existieren stets n verschiedene und paarweise orthogonale Eigenvektoren $x_{\lambda_1}, x_{\lambda_2}, \ldots, x_{\lambda_n}$. Normiert man diese, also alle $|x_\lambda| = 1$, und wählt die normierten Eigenvektoren als

Koordinatensystem, so erhält die Matrix A in diesem Koordinatensystem eine diagonale Gestalt

$$\begin{pmatrix} \lambda_1 & & & & \\ & \lambda_2 & & 0 & \\ & & \lambda_3 & & \\ & 0 & & \ddots & \\ & & & & \lambda_n \end{pmatrix}$$

Die Diagonalelemente sind dann genau die Eigenwerte λ_1 bis λ_n, die teilweise gleich (entartet) sein können. Nicht zuletzt hierin liegt die große Bedeutung der Eigenwertanalyse. Es ist jetzt besonders leicht zu beweisen, dass $|A| = \lambda_1 \ldots \lambda_n$ ist und $\mathrm{Sp}A = \sum \lambda_\alpha$.

ix. Die Eigenwerte einer unitären Matrix haben den Betrag 1, d. h. $|\lambda| = 1$ für alle Eigenwerte λ einer unitären Matrix.

2.9.5 Übungen zum Selbsttest: Eigenwerte und -vektoren

1. Bestimmen Sie die Eigenwerte und Eigenvektoren der Matrizen a. $A = \begin{bmatrix} 1 & 2 \\ 4 & 3 \end{bmatrix}$ und b. $A = \begin{bmatrix} 3 & 1 \\ -2 & 1 \end{bmatrix}$. Prüfen Sie, ob die jeweiligen Eigenvektoren linear abhängig sind.

2. Welche der Matrizen unter 1.a und 1.b ist normal?

3. Welche Dämpfung und welche beobachtbare Eigenfrequenz hat ein System mit der Matrix $A = \begin{bmatrix} 3 & -1 \\ 1 & 1 \end{bmatrix}$? Wie lauten seine Eigenvektoren (= Eigenschwingungen)?

4. Vergleichen Sie für die drei Beispielmatrizen aus 1.a, 1.b und 3. deren Determinate $|A|$ mit dem Produkt der Eigenwerte und deren Spur $\mathrm{Sp}A$ mit der Summe der Eigenwerte.

5. Die Matrix $D = \begin{bmatrix} \cos\varphi & \sin\varphi \\ -\sin\varphi & \cos\varphi \end{bmatrix}$ beschreibt eine Drehung der 2-dimensionalen Koordinatenebene um den Ursprung um den Winkel φ. Welche Eigenwerte und Eigenvektoren hat D? Sind die Eigenvektoren linear abhängig? Sind sie orthogonal? Ist D normal oder nicht-normal? Gilt der Satz $|D| = \lambda_1\lambda_2$ und $\mathrm{Sp}D = \lambda_1 + \lambda_2$? Welchen absoluten Betrag haben die Eigenwerte λ_1, λ_2?

Vektorfunktionen

3

Zu diesem Zeitpunkt wird der Leser in seinem Studium bereits mit den Grundregeln der Differentiation von Funktionen vertraut sein. Daher können sie hier angewendet und auf vektorwertige Funktionen erweitert werden. Ferner: Allmählich kann wohl die Darstellung knapper werden?

Der Inhalt dieses Kapitels soll sein, die Eigenschaften von Funktionen einer Variablen mit der Vektoralgebra zu vereinen. Der wesentliche physikalische Anwendungsbereich ist die Beschreibung der Bewegung von Teilchen.

3.1 Vektorwertige Funktionen

3.1.1 Definition

Ein physikalischer Körper bewege sich im Raum. Sein Schwerpunkt ist dann im Laufe der Zeit an verschiedenen Orten. Diese Schwerpunkts-Orte beschreiben wir zu jeder Zeit t durch ihren Ortsvektor $\vec{r}$. Es ist also $\vec{r} = \vec{r}(t)$. Jede Komponente x_i verändert sich (i. Allg.) mit der Zeit; $x_1(t)$, $x_2(t)$, $x_3(t)$ sind Funktionen von t. Die Zuordnung eines $\vec{r}$ zu jedem Zeitpunkt t umfasst somit 3 gewöhnliche funktionale Zusammenhänge $x_i(t)$, $i = 1, 2, 3$.

Wir nennen $\vec{r}(t)$ „*vektorwertige*" *Funktion*, da nicht wie sonst bei Funktionen einer unabhängigen Variablen (hier t genannt) *eine* abhängige Variable zugeordnet wird, sondern deren *drei* (bzw. n im $\mathbb{R}^n$), die zusammen einen Vektor bilden. Der Wertebereich besteht also aus Vektoren.

Mathematisch korrekt *definieren* wir so:

Eine *vektorwertige Funktion* ist eine Menge von geordneten Paaren $(t, \vec{r}(t))$ im „Produktraum" $\mathbb{R}^1 \times \mathbb{R}^n$. Die zugelassenen Zahlen t heißen der *Definitionsbereich*, die zugeordneten Vektoren $\vec{r}(t)$ der *Wertebereich* der vektorwertigen Funktion.

S. Großmann, *Mathematischer Einführungskurs für die Physik*,
DOI 10.1007/978-3-8348-8347-6_3,
© Vieweg+Teubner Verlag | Springer Fachmedien Wiesbaden 2012

Abb. 3.1 Bahnkurve eines Teilchens als Beispiel einer vektorwerti- gen Funktion

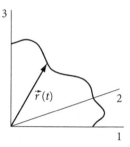

Natürlich kann man die Bezeichnungen wechseln. So sind etwa $\vec{a}(x)$, elektrische Feld- stärke $\vec{E}(h)$ usw. vektorwertige Funktionen *einer* Variablen x, h usw. Allerdings kann man jede solche vektorwertige Funktion einer Variablen anschaulich als eine Raumkurve einer Teilchenbewegung deuten, sofern sie *stetig* ist.

Dieser Begriff wird ganz analog definiert wie bei gewöhnlichen Funktionen: Eine vektorwertige Funktion heißt „*stetig*", wenn für $t \to t_0$ auch $\vec{r}(t) \to \vec{r}(t_0)$, d. h. $|\vec{r}(t) - \vec{r}(t_0)| < \epsilon$ sofern $|t - t_0| < \delta = \delta(\epsilon)$.

Da $|x_i(t) - x_i(t_0)| \leq |\vec{r}(t) - \vec{r}(t_0)| \leq \sqrt{3} \max_i |x_i(t) - x_i(t_0)|$, ist eine vektorwertige Funktion dann und nur dann stetig, wenn alle Komponenten im gewöhnlichen Sinne stetig sind.

Vielleicht ist eine Bemerkung angebracht, die sinngemäß auch bei vielen anderen ma- thematischen Begriffsbildungen bezüglich ihrer physikalischen Relevanz zu machen wäre: *Physikalische* Kurven sind entweder stetig oder es gibt einen *besonderen physikalischen* Grund, warum sie es nicht sind.

3.1.2 Parameterdarstellung von Raumkurven

Stetige vektorwertige Funktionen entstehen also insbesondere bei der Beschreibung von Bewegungen eines Körpers im Raum. Einige typische Beispiele mögen das konkret ver- deutlichen:

1. Ein physikalischer Körper möge sich *auf einer Geraden* durch den Raum bewegen. Wie kann man die Lage seines Schwerpunktes zu verschiedenen Zeiten t kennzeichnen? Sei $\vec{e}$ die Richtung der Bewegung, v die Geschwindigkeit in dieser Richtung und $\vec{r}_0$ die Lage zu einer Anfangszeit t_0. Dann ist offenbar $\vec{r}(t) = \vec{r}_0 + \vec{e}v(t - t_0)$ die vektorwertige Funktion $\vec{r}(t)$, die den Ort des Körpers für verschiedene Zeiten t darstellt, siehe Abb. 3.2. Bequemerweise legen wir den Koordinatenanfangspunkt so, dass zur Zeit $t_0 = 0$ der Körper die Lage $\vec{r}_0 = 0$ hat. Dann ist

$$\vec{r}(t) = vt\vec{e} = vt(\cos\varphi_1, \cos\varphi_2, \cos\varphi_3) \,. \tag{3.1}$$

Abb. 3.2 Bewegung auf einer Geraden im Raum

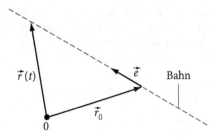

Abb. 3.3 Kreisbahn eines Teilchens, in die 1–2-Ebene gelegt. Der Radius sei ρ

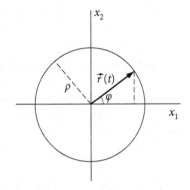

Die φ_i sind die Winkel des Richtungsvektors $\vec{e}$ zu den Koordinatenachsen, kennzeichnen also die Bewegungsrichtung.

2. Wie lautet die Darstellung der Bahn, falls sich ein Körper *auf einem Kreis* bewegt, etwa wie ein Satellit um die Erde oder ein Elektron um den Atomkern?

Wir wählen zunächst ein günstiges Koordinatensystem: Sein 0-Punkt liege im Zentrum der Kreisbewegung; eine der Koordinatenebenen – etwa die 1–2-Ebene – legen wir in diejenige Ebene des Raumes, in der die Kreisbahn verläuft. In ihr sieht die Teilchenbahn aus wie in Abb. 3.3.

Offenbar ist in diesem Koordinatensystem zu jeder Zeit $x_3(t) = 0$. Wählt man als Variable z. B. den Drehwinkel φ zwischen dem Fahrstrahl $\vec{r}(t)$ und der 1-Richtung – „*Polarkoordinate*" – so ist

$$\vec{r}(\varphi) = (\rho \cos \varphi, \rho \sin \varphi, 0) \,. \tag{3.2}$$

Man kann als unabhängige Variable z. B. auch x_1 wählen:

$$\vec{r}(x_1) = \left(x_1, \pm \sqrt{\rho^2 - x_1^2}, 0 \right) \,. \tag{3.3}$$

Andere, recht beliebig geformte, aber *ebene* Kurven haben folgende „*Parameterdarstellung*":

$$\vec{r}(x) = (x, f(x), 0) \,. \tag{3.4}$$

Abb. 3.4 Verschiebung eines Körpers von 0 nach $P = (1,1,1)$ auf drei verschiedenen Wegen. C_1: geradlinige Verbindung; C_2: Teilstücke parallel zu den Koordinatenachsen; C_3: gekrümmt im Raum mit parabolischer Projektion

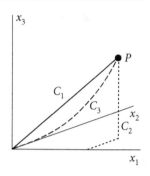

Dabei bedeutet der Parameter x die 1-Koordinate, $f(x)$ die 2-Koordinate des Ortsvektors $\vec{r}$.

3. Als weiteres, später oft herangezogenes Beispiel betrachten wir die Verschiebung eines Körpers nach Abb. 3.4. Mögliche Parameterdarstellung für die Gerade C_1 ist

$$\vec{r}(t) = (t, t, t), \quad 0 \le t \le 1. \tag{3.5a}$$

Die Kurve C_2 lässt sich stückweise angeben:

$$\vec{r}(t) = \begin{cases} (t_1, & 0, & 0), \\ (1, & t_2, & 0), \\ (1, & 1, & t_3) . \end{cases} \quad 0 \le t_i \le 1. \tag{3.5b}$$

Die dritte Kurve, C_3, stellen wir mittels des Parameters t so dar:

$$\vec{r}(t) = (t, t^2, t^4), \quad 0 \le t \le 1. \tag{3.5c}$$

Die Projektion von C_3 in die 1–2-Ebene ist eine gewöhnliche Parabel, da $x_2 = x_1^2$ gilt. Auch in der 2–3-Ebene stellt sich die Bahnkurven-Projektion als Parabel dar, da $x_3 = x_2^2$. In der 1–3-Ebene finden wir eine Parabel 4. Ordnung $x_3 = x_1^4$.

Rückblickend fassen wir zusammen: Stetige, vektorwertige Funktionen einer Variablen sind Raumkurven, und umgekehrt lassen sich physikalisch gegebene Raumkurven durch vektorwertige Funktionen einer Variablen beschreiben. Man spricht von der *Parameterdarstellung* $\vec{r}(t) = (x_1(t), x_2(t), x_3(t))$ *einer Raumkurve*; die unabhängige Variable t heißt *Parameter*. Als Parameter kann je nach Zweckmäßigkeit dienen: die Zeit, ein Winkel, eine Koordinate usw.

Eine häufig in der Physik auftretende Aufgabenstellung ist so: Man beschreibt eine Bahn oder Raumkurve mit geeigneten Worten und sucht nun eine quantitative, mathematische Darstellung. Das bedeutet, man muss sich die Funktionen $x_i(t)$ überlegen und explizit angeben.

3.2   Ableitung vektorwertiger Funktionen

Als Maß für die Abhängigkeit einer vektorwertigen Funktion von der unabhängigen Variablen kann ähnlich wie bei gewöhnlichen Funktionen die Ableitung bzw. der Differentialquotient dienen.

3.2.1   Definition der Ableitung

Angeleitet von den Methoden der Analysis gewöhnlicher Funktionen bzw. anschaulich mittels Abb. 3.5 betrachten wir die Funktionswerte für zwei benachbarte Zeiten t und $t + \Delta t$. Sie unterscheiden sich i. Allg. Der Unterschied $\vec{r}(t + \Delta t) - \vec{r}(t) =: \Delta\vec{r}$ ist ein *Vektor*, in Abb. 3.5 als Sekantenabschnitt erkennbar. Bei hinreichend kleinem Δt zeigt $\Delta\vec{r}$ offenbar in tangentialer Richtung entlang der Kurve.

$\Delta\vec{r}$ wird mit abnehmendem Δt immer kleiner, jedoch die *Vektoren* $\Delta\vec{r}/\Delta t$ streben eventuell gegen einen Grenzwert, der dann ebenfalls ein *Vektor* ist. Dieser zeigt in tangentialer Richtung, da für $\Delta t \to 0$ aus der Sekante die Tangente wird. Der Limes des Differenzenquotienten heißt wie üblich Differentialquotient bzw. Ableitung.

Zusammengefasst:
Die *Ableitung* einer vektorwertigen Funktion $\vec{r}(t)$ ist

$$\frac{\mathrm{d}\vec{r}}{\mathrm{d}t} := \lim_{\Delta t \to 0} \frac{\vec{r}(t + \Delta t) - \vec{r}(t)}{\Delta t} =: \dot{\vec{r}}(t), \tag{3.6}$$

sofern der Limes unabhängig von der Folge $\Delta t \to 0$ existiert. $\frac{\mathrm{d}\vec{r}}{\mathrm{d}t}(t)$ liegt tangential an der Kurve in $\vec{r}(t)$. Die Ableitung hat die Komponentendarstellung

$$\frac{\mathrm{d}\vec{r}}{\mathrm{d}t} = \left(\frac{\mathrm{d}x_1}{\mathrm{d}t}, \frac{\mathrm{d}x_2}{\mathrm{d}t}, \frac{\mathrm{d}x_3}{\mathrm{d}t} \right). \tag{3.7}$$

(Dies folgert man aus der Definition (3.6) in Komponentenschreibweise.)

Man beachte und merke: Die Ableitung einer vektorwertigen Funktion ist ebenfalls eine *vektor*wertige Funktion.

Höhere Ableitungen erklären wir rekursiv (sofern sie existieren):

$$\frac{\mathrm{d}^n\vec{r}}{\mathrm{d}t^n} = \frac{\mathrm{d}}{\mathrm{d}t} \left(\frac{\mathrm{d}^{n-1}\vec{r}}{\mathrm{d}t^{n-1}} \right).$$

Ist z. B. $\vec{r}(t)$ die Bahn eines Teilchens, so bedeutet $\dot{\vec{r}}(t)$ den Vektor der Geschwindigkeit zur Zeit t sowie $\ddot{\vec{r}}(t)$ der Vektor der Beschleunigung zur Zeit t.

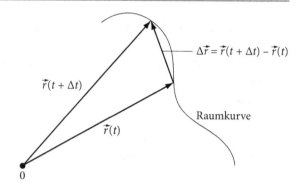

Abb. 3.5 Definition des Differenzenquotienten $\Delta\vec{r}/\Delta t$ vektorwertiger
Funktionen

3.2.2 Beispiele zur übenden Erläuterung

1. Aus der beobachteten Bahn eines physikalischen Körpers kann man auf seine Beschleunigung und damit auf die einwirkende Kraft $\vec{K} = m\ddot{\vec{r}}$ schließen. Welche Kraft wirkte auf
   eine Rakete der als konstant angenommenen Masse m zum Zeitpunkt t, wenn ihr Bahn-
   vektor durch die Funktion $\vec{r} = \left(t^2, (1/2)t^2 - 4t, 3t - 5\right)$ gegeben wird?
   Wir müssen komponentenweise zweimal differenzieren und erhalten $\vec{K}/m = (2, 1, 0)$,
   also eine konstante Kraft.
2. Auf diese Weise fand NEWTON aus den Planetenbahnen das Gravitationsgesetz!
   Heute würde man das Newtonsche Gesetz aus den Keplerschen Beobachtungen über
   die Planetenbahnen etwa so gewinnen:
   i. Das erste Keplersche Gesetz besagt: „Die Bahnen der Planeten sind Ellipsen, in deren
   einem Brennpunkt die Sonne steht." Insbesondere sind es also Bahnen, die jeweils in
   einer Ebene verlaufen. In dieser lässt sich eine Ellipse als der geometrische Ort aller
   Punkte charakterisieren, für die die Summe der Abstände r und r' zu zwei festen,
   gegebenen Punkten, *Brennpunkte* genannt, stets den gleichen Wert hat, bezeichnet
   als $2a$, d. h. $r + r' = 2a$.
   Wie man aus der speziellen Situation, bei der der Planet auf einer Linie mit den
   beiden Brennpunkten steht, unschwer erkennt, hat a die Bedeutung der *großen Halbachse* der Ellipse. a ist somit der Abstand des Planeten in dieser speziellen Lage zum
   Mittelpunkt der Ellipse. Die beiden Brennpunkte liegen auf dieser Linie links und
   rechts in einem mit ae bezeichneten Abstand; die dimensionslose Zahl e heißt *Ex-
   zentrizität*. $e = 0$ hieße, die Brennpunkte fallen zusammen und auf den Mittelpunkt,
   die Ellipse wäre ein Kreis. Allgemein ist $0 \le e \le 1$.
   Wenn der Planet aus der speziell betrachteten Lage (nämlich auf der Verbindungsge-
   raden der beiden Brennpunkte) weiter wandert, kommt er mal in die Position, bei der
   $r = r'$ (somit $r = r' = a$) ist, also die beiden Brennpunkte gleich weit von ihm entfernt
   sind. Sein Abstand zum Ellipsen-*Mittelpunkt* sei dann b, die sog. *kleine Halbachse*.
   Letztere steht senkrecht auf der Verbindungslinie der beiden Brennpunkte. Das aus

b, ae und a gebildete Dreieck ist somit rechtwinklig. Der Satz des Pythagoras liefert den Zusammenhang $b^2 + (ae)^2 = a^2$, d. h. $e^2 = 1 - b^2/a^2$.

Für eine beliebige Lage des Planeten auf der Ellipse verwenden wir nun den cos-Satz für das Dreieck, das aus den beiden Brennpunkten und dem Planeten gebildet wird. Seine Seitenlängen sind r, r' und $2ae$. Der Winkel, den der Verbindungsstrahl Sonne-Planet (Länge r) mit der Verbindungslinie der beiden Brennpunkte bildet, werde $\tilde{\varphi}$ genannt. Bei $\tilde{\varphi} = 0$ stehe der Planet noch hinter dem anderen Brennpunkt in größter Sonnenferne (Aphel), bei $\tilde{\varphi} = \pi$ in größter Sonnennähe (Perihel). Der Leser wird sich längst eine kleine Skizze angefertigt haben, auf der die Ellipse, die beiden Brennpunkte (deren linker z. B. die Sonne ist), die große und die kleine Halbachse usw. zu sehen sind. Sonst sollte er es jetzt tun!

Nach diesen geometrischen Vorüberlegungen zur quantitativen Umsetzung des ersten Keplerschen Gesetzes (man bewundere seine Imaginationskraft!) gewinnen wir sogleich die Brennpunktgleichung für die Ellipse. Der cos-Satz besagt ja für das genannte Dreieck

$$r'^2 = r^2 + (2ae)^2 - 2 \cdot r \cdot 2ae \cos \tilde{\varphi}.$$

Man setze $r' = 2a - r$ ein und forme um zu $r(1 - e \cos \tilde{\varphi}) = a(1 - e^2)$. Die Konstante auf der rechten Seite wird „Parameter" $p = a(1 - e^2) = b^2/a \leq b$ genannt. Offensichtlich ist p die Ordinate im Brennpunkt, also r für $\tilde{\varphi} = \pi/2$. Keplers erstes Gesetz liefert somit folgende Bahngleichung:

$$r = \frac{p}{1 - e \cos \tilde{\varphi}} = \frac{p}{1 + e \cos \varphi}.$$

Kennzeichen einer jeden Planetenbahn sind die Werte für p und e oder alternativ für a und b. Wir haben ferner konventionellerweise $\tilde{\varphi} = 180° + \varphi$ eingeführt. Jetzt ist $\varphi = 0$ der Perihel und $\varphi = \pi$ der Aphel.

ii. Das zweite Keplersche Gesetz („*Flächensatz*" genannt) liefert den Satz von der Drehimpulserhaltung: „Der Fahrstrahl des Planeten überstreicht in gleichen Zeiten gleiche Flächen." Infinitesimal ist somit ein überstrichenes Flächen-Sektörchen $dF = \frac{1}{2} \cdot r \cdot r d\varphi$ proportional zur verstrichenen Zeit dt, also $dF = \text{const} \cdot dt$. Somit gilt $r^2 \dot{\varphi} = 2 \cdot \text{const} \equiv L/m$, wobei m die Masse des Planeten bezeichne. Die mit L abgekürzte Konstante $2 \cdot m \cdot \text{const}$ hat offenkundig die Dimension Länge mal Impuls, also Drehimpuls, und L ist nach dem zweiten Keplerschen Gesetz zeitlich konstant. Es gilt deshalb für die Winkelgeschwindigkeit $\dot{\varphi}$:

$$\dot{\varphi} = L/mr^2.$$

Am Perihel (kleines r) ist die Winkelgeschwindigkeit groß, am Aphel (großes r) klein.

iii. Jetzt können wir die Beschleunigung durch Differenzieren der Bahnkurve ausrechnen. Der Ortsvektor $\vec{r} = \vec{r}(t)$ hat die Komponenten $(r \cos \varphi, r \sin \varphi, 0)$, also $r(\cos \varphi, \sin \varphi, 0)$. Sowohl der Abstand $r(t)$ als auch der Winkel $\varphi(t)$ ändern sich zeitlich. Für r verwenden wir obige Bahngleichung der Ellipse, sodass $\dot{r} = pe \sin \varphi \dot{\varphi} (1 + e \cos \varphi)^{-2} = (e/p) \sin \varphi (L/m)$ wegen $\dot{\varphi} r^2 = L/m$. Man erhält $\dot{\vec{r}} = (L/pm)(-\sin \varphi, \cos \varphi + e, 0)$. Dieser Geschwindigkeits-Vektor ist noch einmal zu differenzieren, um die Beschleunigung zu erhalten: $\ddot{\vec{r}} = -(L/pm)(\cos \varphi, \sin \varphi, 0)\dot{\varphi}$. Verwendet man wiederum $\dot{\varphi} = L/mr^2$, so ergibt sich

$$\ddot{\vec{r}} = -\frac{L^2 \vec{r}^{\circ}}{m^2 p r^2},$$

denn $(\cos \varphi, \sin \varphi, 0)$ ist der Einheitsvektor $\vec{r}^{\circ}$ Sonne-Planet. Wir lesen ab:
Die Beschleunigung ist umgekehrt proportional zum Quadrat des Abstands! Sie ist in Richtung $-\vec{r}^{\circ}$, also von der Erde zur Sonne gerichtet. Zusammen mit „Kraft gleich Masse mal Beschleunigung" ist das gerade das Newtonsche Gesetz, $|m\ddot{\vec{r}}| = \text{const}/r^2$. Aus Symmetriegründen Sonne-Erde schreibt man const $= \gamma mM$, mit der Sonnenmasse M. γ heißt Gravitationskonstante. Folglich besteht der Zusammenhang $L^2/m^2 p = \gamma M$ bzw. der Parameter p bestimmt sich zu $p = L^2/\gamma M m^2$ aus den Massen, dem Drehimpuls und der Gravitationskonstante.
Dieses Beispiel macht deutlich, welche weitreichenden Schlüsse aus der Kenntnis der Bahnkurve gezogen werden können. Zugleich wird klar, wie stringent der Zusammenhang zwischen Kraftgesetz und Ellipsenbahn der Planeten ist; aber auch, wie nützlich der Umgang mit Vektorkurven ist.

3. Nun noch ein leichteres, dafür formaleres Beispiel. Ein Körper bewege sich auf einer Schraubenbahn $\vec{r}(t) = (r_0 \sin(t/\tau), r_0 \cos(t/\tau), v_0 t)$. Man mache sie sich anschaulich klar. Die Geschwindigkeit ist

$$\dot{\vec{r}} = \left(\frac{r_0}{\tau} \cos \frac{t}{\tau}, -\frac{r_0}{\tau} \sin \frac{t}{\tau}, v_0 \right),$$

ist also in 3-Richtung konstant, v_0. Sofern $v_0 = 0$, ist sogar $\vec{r} \perp \dot{\vec{r}}$; dann erfolgt eine reine Kreisbewegung. Der Betrag der Geschwindigkeit ist $v = |\dot{\vec{r}}| = \sqrt{(r_0^2/\tau^2) + v_0^2}$. Die Beschleunigung lautet

$$\ddot{\vec{r}} = \frac{r_0}{\tau^2} \left(-\sin \frac{t}{\tau}, -\cos \frac{t}{\tau}, 0 \right).$$

Sie wirkt nur in Richtung auf die Achse der Schraube und hat den Betrag r_0/τ^2.

3.2.3 Rechenregeln für die Vektordifferentiation

Es gelten folgende Rechenregeln für die Ableitung vektorwertiger Funktionen bzw. von Skalaren, die aus solchen entstehen:

$$\frac{d}{dx}(\vec{a}(x) + \vec{b}(x)) = \frac{d\vec{a}}{dx} + \frac{d\vec{b}}{dx}, \tag{3.8}$$

1. Produktregel: $\quad \dfrac{d}{dx}(\vec{a} \cdot \vec{b}) = \dfrac{d\vec{a}}{dx} \cdot \vec{b} + \vec{a} \cdot \dfrac{d\vec{b}}{dx}, \tag{3.9}$

2. Produktregel: $\quad \dfrac{d}{dx}(\vec{a} \times \vec{b}) = \dfrac{d\vec{a}}{dx} \times \vec{b} + \vec{a} \times \dfrac{d\vec{b}}{dx}, \tag{3.10}$

3. Produktregel: $\quad \dfrac{d}{dx}(f(x)\vec{a}(x)) = f'(x)\vec{a}(x) + f(x)\dfrac{d\vec{a}}{dx}, \tag{3.11}$

wobei $f(x)$ eine Zahlenfunktion sei.

Analog bildet man Ableitungen mehrfacher Produkte bzw. indirekter vektorwertiger Funktionen (Kettenregel). Falls das Vektorprodukt im Spiel ist, kommt es unbedingt auf die Reihenfolge der Faktoren in den beiden Summanden an! (Denn $\vec{a} \times \vec{b} = -\vec{b} \times \vec{a}$.)

Die Quotientenregel wird nur gebraucht, falls der Nenner eine skalare Funktion ist, da man ja durch Vektoren nicht teilen kann. Sie gilt dann wie üblich

$$\frac{d}{dx}\left(\frac{\vec{a}(x)}{f(x)}\right) = \frac{1}{f}\frac{d\vec{a}}{dx} + \vec{a}\left(\frac{-f'}{f^2}\right) = \frac{f\vec{a}' - \vec{a}f'}{f^2}. \tag{3.12}$$

Es ist oft nützlich zu wissen: Die Ableitung $\frac{d\vec{e}}{dx}$ eines Einheitsvektors $\vec{e}$ steht senkrecht auf diesem

$$\vec{e}(x) \quad \text{mit} \quad \vec{e}^2 = 1 \rightarrow \vec{e} \cdot \frac{d\vec{e}}{dx} = 0. \tag{3.13}$$

Der Beweis zeigt, dass dies für Vektorfunktionen mit konstanter Länge generell gilt:

$$\vec{a}^2 = \text{const} \quad \rightarrow \quad \vec{a} \cdot \frac{d\vec{a}}{dx} + \frac{d\vec{a}}{dx} \cdot \vec{a} = 0 \quad \rightarrow \quad 2\vec{a} \cdot \frac{d\vec{a}}{dx} = 0 \quad \text{q. e. d.}$$

Für Vektordifferentiale erhält man aus (3.9) und (3.10) die Formeln

$$d\vec{a} = (dx_1, dx_2, dx_3), \tag{3.14}$$

$$d(\vec{a} \cdot \vec{b}) = d\vec{a} \cdot \vec{b} + \vec{a} \cdot d\vec{b}, \tag{3.15}$$

$$d(\vec{a} \times \vec{b}) = d\vec{a} \times \vec{b} + \vec{a} \times d\vec{b}. \tag{3.16}$$

3.2.4 Übungen zum Selbsttest: Ableitung von Vektoren

1. Wiederholungsübung von Schulmathematik: Wie lauten die Ableitungen folgender Funktionen $y = y(x)$?

a. $y = \ln\left(\frac{x^6}{2+x+3x^4}\right)$

b. $y = \tan^2(x^3 - 1)$

c. $y = \dfrac{1}{1 + e^{-x^2}}$

d. $y = \arcsin\sqrt{x}$

e. $y = \sinh\left(\frac{1+x}{1-x}\right)$ [1]

f. $y = e^{-ax}\log(\cos x)$

2. Gegeben seien 2 Vektoren, $\vec{a} = (1 - t,\, t^2,\, t(1-t))$ und $\vec{b} = (t^3,\, -1,\, 2t^2 - 1)$. Man berechne direkt sowie auch unter Verwendung allgemeiner Differentiationsregeln die Ausdrücke

$$\frac{\mathrm{d}}{\mathrm{d}t}(\vec{a} \cdot \vec{b}), \qquad \frac{\mathrm{d}}{\mathrm{d}t}(\vec{a} \times \vec{b}), \qquad \frac{\mathrm{d}}{\mathrm{d}t}|\vec{a} + \vec{b}|, \qquad \frac{\mathrm{d}}{\mathrm{d}t}\left(\vec{a} \times \frac{\mathrm{d}\vec{a}}{\mathrm{d}t}\right).$$

3. Man beweise: Für eine vektorwertige Funktion $\vec{a}(t)$ mit dem Betrag $a(t)$ gilt die Beziehung $\vec{a} \cdot \frac{\mathrm{d}\vec{a}}{\mathrm{d}t} = a\frac{\mathrm{d}a}{\mathrm{d}t}$.

4. Berechnen Sie für eine hinreichend oft differenzierbare vektorwertige Funktion $\vec{r}(t)$ den Ausdruck

$$\frac{\mathrm{d}}{\mathrm{d}t}\left[\vec{r} \cdot \left(\frac{\mathrm{d}\vec{r}}{\mathrm{d}t} \times \frac{\mathrm{d}^2\vec{r}}{\mathrm{d}t^2}\right)\right].$$

5. Ein Körper bewege sich auf der Bahn $\vec{r}(t) = (\cos\omega t,\ \sin\omega t,\ 0)$. Deutung? Wie groß ist der Vektor seiner Geschwindigkeit zur Zeit t sowie $\vec{r} \times \vec{v}$? Deutung?

6. Man berechne von der Raumkurve

$$\vec{r}(t) = e^{-\sin t}\vec{e}_1 + \frac{1}{\cot t}\vec{e}_2 + \ln(1 + t^2)\vec{e}_3$$

die Ausdrücke $\mathrm{d}\vec{r}/\mathrm{d}t$, $\mathrm{d}^2\vec{r}/\mathrm{d}t^2$, $|\vec{r}|$, $|\mathrm{d}\vec{r}/\mathrm{d}t|$, $|\mathrm{d}^2\vec{r}/\mathrm{d}t|$ für die Zeit $t = 0$.

3.3 Raumkurven

Da man in der Physik oft die Bewegung von Körpern im Raum zu untersuchen hat, wollen wir noch einige Grundbegriffe beschreiben, die dazu nützlich sind. Weitere mathematische Einzelheiten vermittelt die Disziplin „Differentialgeometrie"; physikalische Details lernt man in der „Mechanik".

---

[1] Es ist $\sinh\alpha = (e^{\alpha} - e^{-\alpha})/2$.

3.3.1 Bogenmaß und Tangenten-Einheitsvektor

Betrachten wir eine „*glatte*" Raumkurve $\vec{r}(t)$. Wir *definieren* den Terminus „glatt" als stetig und stetig differenzierbar nach t. Es zeigt $\mathrm{d}\vec{r}/\mathrm{d}t$ jeweils in tangentialer Richtung.

Statt der Zeit t kann man auch jeden anderen Parameter ξ zur Charakterisierung der Raumkurve verwenden, sofern nur eine eindeutige Zuordnung $\xi \rightarrow \vec{r}$ möglich ist. Besonders bequem ist die „*Bogenlänge*" s, die die Länge der Kurve von einem fest gewählten Anfangspunkt auf der Raumkurve bis zum Aufpunkt $\vec{r}(s)$ angibt, gemessen direkt entlang der gekrümmten Bahn.

Betrachten wir die Differenz benachbarter Kurvenpunkte speziell mit dem Bogenmaß als Parameter, $\Delta\vec{r} := \vec{r}(s + \Delta s) - \vec{r}(s)$, so ist gemäß Definition der Bogenlänge $|\Delta\vec{r}| \approx \Delta s$ für hinreichend nahe benachbarte Punkte. Folglich ist der Differenzenquotient nicht nur tangential gerichtet, sondern sogar (im limes $\Delta s \rightarrow 0$) ein Einheitsvektor:

$$\frac{\mathrm{d}\vec{r}(s)}{\mathrm{d}s} =: \vec{t}, \quad \textit{Tangenten-Einheitsvektor.} \tag{3.17}$$

Kennt man zwar $\vec{r}(t)$, noch nicht aber die Bogenlänge s, so bestimmt man s leicht aus der Tatsache, dass der Tangenten-Einheitsvektor den Betrag 1 haben muss. Nämlich

$$\left|\frac{\mathrm{d}\vec{r}(t(s))}{\mathrm{d}s}\right| = 1 = \left|\frac{\mathrm{d}\vec{r}}{\mathrm{d}t}\right|\left|\frac{\mathrm{d}t}{\mathrm{d}s}\right| \quad \text{ergibt} \quad \left|\frac{\mathrm{d}s}{\mathrm{d}t}\right| = \left|\frac{\mathrm{d}\vec{r}(t)}{\mathrm{d}t}\right| = \sqrt{\dot{x}_i(t)\dot{x}_i(t)} \,. \tag{3.18}$$

Die rechte Seite ist als Funktion von t auszurechnen; durch Integrieren (s. Abschn. 5) erhält man die Bogenlänge $s = s(t)$. Bestimmt man $s(t)$ vorher nicht, ist

$$\vec{t} = \frac{\dfrac{\mathrm{d}\vec{r}(t)}{\mathrm{d}t}}{\left|\dfrac{\mathrm{d}\vec{r}(t)}{\mathrm{d}t}\right|} = \vec{t}(t) \,.$$

Beispiel Welches ist die Bogenlänge entlang der Schraubenbahn $\vec{r}(t) = (3\cos t, 3\sin t, 4t)$? Es ist $|\mathrm{d}\vec{r}/\mathrm{d}t| = |(-3\sin t, 3\cos t, 4)| = 5$, also $|\mathrm{d}s/\mathrm{d}t| = 5$. Somit ist das Bogenmaß $s = 5t+$const Der Tangenten-Einheitsvektor der studierten Helix lautet daher im Bogenmaß (bei Wahl const = 0):

$$\vec{t} = \left(-\frac{3}{5}\sin\frac{s}{5}, \frac{3}{5}\cos\frac{s}{5}, \frac{4}{5}\right) \,.$$

3.3.2 Die (Haupt-)Normale

Wenn man auf der Bahn $\vec{r}(s)$ entlangschreitet, verändert sich i. Allg. die Richtung der Tangente, d. h. $\vec{t}(s)$. Es ist naheliegend, die Stärke dieser Änderung als Maß für die Krümmung

Abb. 3.6 Konstruktion des Normalenvektors $\vec{n} \sim \mathrm{d}\vec{t}/\mathrm{d}s$

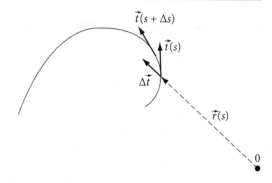

der Kurve anzusehen. Daher sei definiert:

$$\text{Krümmung } \kappa := \left|\frac{\mathrm{d}\vec{t}(s)}{\mathrm{d}s}\right| = \sqrt{\frac{\mathrm{d}^2 x_i}{\mathrm{d}s^2}\frac{\mathrm{d}^2 x_i}{\mathrm{d}s^2}}\,, \tag{3.19a}$$

$$\text{Krümmungsradius } \rho := \frac{1}{\kappa}\,. \tag{3.19b}$$

Die *Richtung* der Änderung der Tangente überlegen wir uns so. Sie muss als $\lim\limits_{\Delta s \to 0} \Delta\vec{t}/\Delta s$ die Richtung von $\Delta\vec{t} = \vec{t}(s+\Delta s) - \vec{t}(s)$ haben, also gemäß Abb. 3.6 in der lokalen Kurvenebene liegen – da die Tangentenvektoren definitionsgemäß entlang der lokalen Kurvenrichtung zeigen – und zwar in Krümmungsrichtung.

Da schließlich $\vec{t}(s)$ ein Einheitsvektor ist, steht $\mathrm{d}\vec{t}/\mathrm{d}s \perp \vec{t}$. Wir *definieren* daher: Die „Hauptnormale" sei der *Einheitsvektor* $\vec{n}$ in der lokalen Kurvenebene, senkrecht zu $\vec{t}$ in Krümmungsrichtung. Dann ist

$$\vec{n} = \frac{\frac{\mathrm{d}\vec{t}(s)}{\mathrm{d}s}}{\left|\frac{\mathrm{d}\vec{t}(s)}{\mathrm{d}s}\right|}, \quad \text{d. h.} \quad \frac{\mathrm{d}\vec{t}}{\mathrm{d}s} = \kappa\vec{n}\,. \tag{3.20}$$

Der Begriff der Hauptnormalen verliert natürlich seinen Sinn, falls $\mathrm{d}\vec{t}/\mathrm{d}s = 0$ ist; für $\vec{t}(s) = $ const liegt offenbar eine Gerade vor.

Es sei bemerkt (s. Abschn. 3.3.5, Beispiel 1), dass für *ebene* Bahnen mit der üblichen Darstellung durch eine Funktion $f(x)$, nämlich $\vec{r}(x) = (x, f(x), 0)$, die Krümmung sich ausrechnen lässt zu

$$\kappa = \frac{|f''(x)|}{\sqrt{1 + f'(x)^2}^{\,3}}\,. \tag{3.21}$$

Beispiel Ein Kreis mit dem Radius ρ lässt sich durch $\vec{r}(\varphi) = (\rho\cos\varphi, \rho\sin\varphi, 0)$ darstellen. Folglich ist $\mathrm{d}\vec{r}/\mathrm{d}\varphi = \rho(-\sin\varphi, \cos\varphi, 0)$ und $\mathrm{d}s/\mathrm{d}\varphi = |\mathrm{d}\vec{r}/\mathrm{d}\varphi| = \rho$. Der Tangenten-Einheitsvektor $\vec{t}$ lautet $\vec{t}(\varphi) = (-\sin\varphi, \cos\varphi, 0)$. Offenbar ist $\vec{t}(\varphi) \perp \vec{r}(\varphi)$ für alle φ. Die Krümmung κ ergibt sich zu $\kappa = |\mathrm{d}\vec{t}/\mathrm{d}s| = |\mathrm{d}\vec{t}/\mathrm{d}\varphi| \cdot \mathrm{d}\varphi/\mathrm{d}s = |(-\cos\varphi, -\sin\varphi, 0)| \cdot 1/\rho$, also

$\kappa = 1/\rho$. Der Krümmungsradius κ^{-1} stimmt mit dem Kreisradius ρ überein, wie man sich das ja bei diesem einfachen Beispiel auch vorstellt.

Beispiel Krümmung und Hauptnormale der oben genannten Helix berechnet man so:

$$\frac{\mathrm{d}\vec{t}}{\mathrm{d}s} = \left(-\frac{3}{25}\cos\frac{s}{5}, -\frac{3}{25}\sin\frac{s}{5}, 0\right),$$

$$\text{also} \quad \kappa = \frac{3}{25} \quad \text{bzw.} \quad \rho = \frac{25}{3} > 3 \quad \text{und} \quad \vec{n} = -\left(\cos\frac{s}{5}, \sin\frac{s}{5}, 0\right).$$

Der Krümmungsradius ρ ist größer als der Kreisradius 3 der Schraubenbahn, da die Streckung entlang der Schraubenachse die Krümmung verkleinert. Die Normale zeigt ins Helix-Innere.

3.3.3 Die Binormale

Zu Tangente $\vec{t}$ und Normale $\vec{n}$ fügen wir als dritten Vektor hinzu die

$$\textit{Binormale} \quad \vec{b} := \vec{t} \times \vec{n} . \tag{3.22}$$

Da $\vec{t}$ und $\vec{n}$ in der lokalen Kurvenebene liegen, steht $\vec{b}$ auf ihr senkrecht. $(\vec{t}, \vec{n}, \vec{b})$ bilden das Dreibein eines Rechtskoordinatensystems. Seine Ausrichtung ändert sich i. Allg. entlang der Kurve $\vec{r}(s)$. Wir nennen es das „*begleitende Dreibein*".

Sofern eine Kurve eben ist, also für alle Werte des Parameters s die Hauptnormale $\vec{n}(s)$ und der Tangenten-Einheitsvektor $\vec{t}(s)$ in derselben Ebene liegen, bleibt $\vec{b}$ = const für alle s und zwar orthogonal zu dieser Ebene. Wenn sich andererseits $\vec{b}$ mit s verändert, so ist das offenbar ein Maß für die „Schraubung" der Kurve in die dritte Dimension hinein.

Deshalb betrachten wir $\mathrm{d}\vec{b}(s)/\mathrm{d}s$. Dieser Vektor steht als Ableitung eines Einheitsvektors, $\vec{b}$, sicherlich auf diesem senkrecht, siehe (3.13). Andererseits ist laut Definition (3.22)

$$\frac{\mathrm{d}\vec{b}}{\mathrm{d}s} = \frac{\mathrm{d}\vec{t}}{\mathrm{d}s} \times \vec{n} + \vec{t} \times \frac{\mathrm{d}\vec{n}}{\mathrm{d}s} = \kappa\vec{n} \times \vec{n} + \vec{t} \times \frac{\mathrm{d}\vec{n}}{\mathrm{d}s} = \vec{t} \times \frac{\mathrm{d}\vec{n}}{\mathrm{d}s} .$$

Da das äußere Produkt auf seinen Faktoren orthogonal ist, muss $\mathrm{d}\vec{b}/\mathrm{d}s \perp \vec{t}$ sein. Da die einzige sowohl auf $\vec{b}$ als auch auf $\vec{t}$ senkrechte Richtung durch $\vec{n}$ gekennzeichnet wird, muss also $\mathrm{d}\vec{b}/\mathrm{d}s \sim \vec{n}$ sein.

Die *Richtung* von $\mathrm{d}\vec{b}/\mathrm{d}s$ liegt somit fest: Die Binormale knickt stets senkrecht zu $\vec{t}$ in Richtung Hauptnormale ein. Der *Betrag* von $\mathrm{d}\vec{b}/\mathrm{d}s$ dagegen ist nach dem oben Gesagten ein Maß für die Schraubung der Kurve in die räumliche Dimension. Man *definiert*

$$\frac{\mathrm{d}\vec{b}}{\mathrm{d}s} =: -\tau\vec{n}, \quad \tau \quad \text{heißt } \textit{Torsion der Raumkurve,}$$

$$\tau^{-1} \quad \text{heißt } \textit{Windungsradius} . \tag{3.23}$$

In unserem *Beispiel* der Helix lautet die Binormale gemäß der Definitionsgleichung (3.22):

$$\vec{b} = \left(-\frac{3}{5}\sin\frac{s}{5}, \frac{3}{5}\cos\frac{s}{5}, \frac{4}{5}\right) \times \left(-\cos\frac{s}{5}, -\sin\frac{s}{5}, 0\right) = \left(\frac{4}{5}\sin\frac{s}{5}, -\frac{4}{5}\cos\frac{s}{5}, \frac{3}{5}\right) .$$

Ihre Ableitung ist

$$\frac{d\vec{b}}{ds} = \left(\frac{4}{25}\cos\frac{s}{5}, \frac{4}{25}\sin\frac{s}{5}, 0\right) ,$$

also in der Tat $\sim \vec{n}$. Der Proportionalitätsfaktor ist $-4/25 = -\tau$, Torsion. Die 4 stammt aus der Wendelhöhe der Schraube $\vec{r}(s)$!

3.3.4 Frenetsche Formeln für das begleitende Dreibein

Wir fassen unsere Überlegungen zusammen. Einer Raumkurve $\vec{r}(s)$ mit der Bogenlänge s als Parameter lässt sich an jeder Stelle ein begleitendes Dreibein zuordnen, bestehend aus den drei Einheitsvektoren Tangenten-Einheitsvektor $\vec{t}(s)$, Hauptnormale $\vec{n}(s)$ und Binormale $\vec{b}(s)$. Sie bilden ein Rechtssystem und genügen folgenden Beziehungen (FRENET):

$$\boxed{\begin{array}{lll} \dfrac{d\vec{r}}{ds} = \vec{t}, & \dfrac{d\vec{t}}{ds} = \kappa\vec{n}, & \vec{t} \times \vec{n} = \vec{b}, \\[2mm] \dfrac{d\vec{b}}{ds} = -\tau\vec{n}, & \dfrac{d\vec{n}}{ds} = \tau\vec{b} - \kappa\vec{t}. & \end{array}} \qquad (3.24)$$

Die Krümmung κ und die Torsion τ sind Skalare, dargestellt durch $\kappa = \vec{n} \cdot (d\vec{t}/ds)$ und $\tau = -\vec{n} \cdot (d\vec{b}/ds)$.

Nachzutragen ist nur der Beweis für die Formel, die die Veränderung der Normalen $\vec{n}$ mit s beschreibt. Dann ist für alle Mitglieder des begleitenden Dreibeins klar, wie sie sich entlang der Kurve $\vec{r}(s)$ verändern.

Es ist $\vec{n} = \vec{b} \times \vec{t}$, also

$$\frac{d\vec{n}}{ds} = \frac{d\vec{b}}{ds} \times \vec{t} + \vec{b} \times \frac{d\vec{t}}{ds} = -\tau\vec{n} \times \vec{t} + \kappa\vec{b} \times \vec{n} = +\tau\vec{b} - \kappa\vec{t} .$$

Dabei ist zweimal die Formel (2.95) für ein orthonormiertes Dreibein verwendet worden, diesmal vertreten durch $(\vec{t}, \vec{n}, \vec{b})$.

3.3.5 Beispiele zur übenden Erläuterung

1. Die Krümmung einer ebenen Kurve $\vec{r}(x) = (x, f(x), 0)$ ist zu bestimmen.
   Zuerst muss der Tangenten-Einheitsvektor berechnet werden. $\mathrm{d}\vec{r}/\mathrm{d}x = (1, f'(x), 0)$, also
   $v \equiv |\mathrm{d}\vec{r}/\mathrm{d}x| = \sqrt{1 + f'^2}$. Dann ist $\vec{t} = (1/v)(1, f', 0)$ und folglich

$$
\frac{\mathrm{d}\vec{t}}{\mathrm{d}s} = \frac{\mathrm{d}\vec{t}}{\mathrm{d}x}\frac{\mathrm{d}x}{\mathrm{d}s} = \frac{\mathrm{d}\vec{t}}{\mathrm{d}x}\frac{1}{v} = \frac{1}{v}\left(-\frac{v'}{v^2}, \frac{vf'' - f'v'}{v^2}, 0\right) = \frac{1}{v^3}\left(-\frac{f'f''}{v}, vf'' - \frac{f'^2 f''}{v}, 0\right)
$$

$$
= \frac{1}{v^4}(-f'f'', f'', 0) .
$$

Der Betrag dieses Vektors ist die Krümmung

$$
\kappa = \frac{1}{v^4}|f''|\,|(-f', 1, 0)| = \frac{1}{v^4}|f''|\sqrt{f'^2 + 1} = \frac{|f''|}{v^3} .
$$

Somit: $\kappa = \dfrac{|f''(x)|}{\left[1 + f'^2(x)\right]^{3/2}}$, wie in (3.21) bereits angegeben.

2. Die Torsion einer Raumkurve lässt sich darstellen durch

$$
\tau = \rho^2 \frac{\mathrm{d}\vec{r}}{\mathrm{d}s} \cdot \left(\frac{\mathrm{d}^2\vec{r}}{\mathrm{d}s^2} \times \frac{\mathrm{d}^3\vec{r}}{\mathrm{d}s^3}\right) . \tag{3.25}
$$

Man setze einfach ein:

$$
\frac{\mathrm{d}\vec{r}}{\mathrm{d}s} \cdot \left(\frac{\mathrm{d}^2\vec{r}}{\mathrm{d}s^2} \times \frac{\mathrm{d}^3\vec{r}}{\mathrm{d}s^3}\right) = \vec{t} \cdot \left(\kappa\vec{n} \times \frac{\mathrm{d}}{\mathrm{d}s}(\kappa\vec{n})\right) .
$$

Die Ableitung von κ wird nicht gebraucht, da $\vec{n} \times \vec{n} = 0$. Somit setzt der Ausdruck sich fort als $\kappa^2\vec{t} \cdot (\vec{n} \times \mathrm{d}\vec{n}/\mathrm{d}s) = \kappa^2\vec{t} \cdot (\vec{n} \times \tau\vec{b})$, denn auch $\vec{t} \cdot (\vec{n} \times \kappa\vec{t}) = 0$.

3.3.6 Übungen zum Selbsttest: Raumkurven

1. Wie lautet die Parameterdarstellung der Bahn eines Körpers, der an einem Faden pendelt, dessen Aufhänger sich gleichförmig entlang einer geraden Schiene bewegt? Der Anstoß des Körpers sei senkrecht zur Schiene erfolgt.

2. Elektrische Hochspannungsleitungen über hügeligem Land werden betrachtet. Zwei Masten verschiedener Höhe und eine zwischen ihnen parabelförmig hängende Leitung seien herausgegriffen. Man gebe Parameterdarstellungen für das genannte Leitungsstück sowie für die (gedachte) Verbindungsgerade zwischen den beiden verschieden hohen Mastspitzen an.

3. Betrachten Sie die Raumkurve $(t, t^2, 2t^3/3)$. Wie kann man die Bogenlänge $s(t)$ bestimmen? Wie groß ist die Krümmung κ bzw. die Torsion τ? Geben Sie das begleitende Dreibein an der Stelle $t = 0$ an.

4. Verifizieren Sie die folgenden allgemeinen Formeln für die Krümmung κ und die Torsion τ einer Raumkurve $\vec{r}(t)$:

$$\kappa = \frac{|\dot{\vec{r}} \times \ddot{\vec{r}}|}{|\dot{\vec{r}}|^3}, \tag{3.26}$$

$$\tau = \frac{\dot{\vec{r}} \cdot (\ddot{\vec{r}} \times \dddot{\vec{r}})}{|\dot{\vec{r}} \times \ddot{\vec{r}}|^2}. \tag{3.27}$$

5. Man diskutiere die Gestalt der Raumkurve $\vec{r}(\varphi) = (\varphi - \sin\varphi, 1 - \cos\varphi, 4\sin(\varphi/2))$. Welche Krümmung, Torsion bzw. begleitendes Dreibein hat sie und wie hängt φ mit der Bogenlänge s zusammen?

Felder

4

Bisher haben wir Vektoren als individuelle Objekte behandelt (s. Kap. 2) sowie einparametrige Scharen von Vektoren, genannt vektorwertige Funktionen (s. Kap. 3). Das umfassende Thema *dieses* Kapitels ist der physikalische Begriff des Feldes im physikalischen (Vektor-)-Raum.

4.1 Physikalische Felder

Zuerst werden wir physikalische Situationen betrachten, in denen man die Zweckmäßigkeit der Begriffsbildung „Feld" einsehen kann. Sodann lernen wir ihre bequeme Beschreibung und Darstellung. – In den späteren Abschnitten werden Differentialeigenschaften von Feldern studiert.

4.1.1 Allgemeine Definition

Betrachten wir eine Rakete bei ihrem Flug. Ihre Flugbahn können wir schon beschreiben, nämlich durch die vektorwertige Funktion von einem Parameter (= einer Variablen) $\vec{r} = \vec{r}(t)$. Was aber „erlebt" sie auf ihrer Bahn?

Sie kann z. B. in der Lufthülle Temperaturmessungen durchführen. Sie funkt dann von jedem durchlaufenen Punkt $\vec{r}$ einen Temperaturwert $T(\vec{r})$.

Die Bewegung der Rakete wird außer durch die Schubkraft vor allem durch die Gravitationskräfte der Erde und anderer Himmelskörper beeinflusst. Die Art der Bahn gestattet, die an den durchflogenen Orten $\vec{r}$ wirkende Gesamtkraft zu bestimmen. Die Kontrollstelle registriert die Kraft nach Stärke und Richtung für jeden Ort, $\vec{K}(\vec{r})$.

S. Großmann, *Mathematischer Einführungskurs für die Physik*,
DOI 10.1007/978-3-8348-8347-6_4,
© Vieweg+Teubner Verlag | Springer Fachmedien Wiesbaden 2012

Abb. 4.1 Modell eines physikalischen Feldes

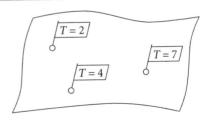

Geeignete Messinstumente an Bord vermessen die elektrischen und magnetischen Felder, $\vec{E}(\vec{r})$ und $\vec{B}(\vec{r})$, sowie die elektrische Ladung, die sich in kleinen Volumenelementen befindet, also die Ladungsdichte $\rho(\vec{r})$.

Wenn die Rakete auf die Erde zurückkommt und ins Wasser fällt, erzeugt sie auf der vorher ruhigen See eine Wasserbewegung, die durch Beobachtung der von Ort zu Ort unterschiedlichen Strömungsgeschwindigkeit $\vec{v}(\vec{r})$ registriert werden kann. Allmählich kommt die Strömung natürlich wieder zur Ruhe, d. h. wir beobachten eine zeitliche Veränderung. $\vec{v}$ ist nicht nur von Ort zu Ort, sondern auch im Laufe der Zeit verschieden: $\vec{v} = \vec{v}(\vec{r}, t)$.

Durch den Aufprall ist die Rakete an einigen Stellen deformiert worden. Wir wissen aus Abschn. 2.1.3, dass man die durch Kraftwirkung auf einen festen Körper entstehende Deformation durch einen Tensor zu beschreiben hat, nämlich den Verzerrungstensor ϵ_{ij}. Die bei der Rakete je nach Aufprall und je nach Materialfestigkeit verschiedene Deformation wird durch einen von Stelle zu Stelle verschiedenen Verzerrungstensor $\epsilon_{ij}(\vec{r})$ beschrieben. Dadurch entstehen lokal unterschiedliche Spannungen, dargestellt durch Angabe des Spannungstensors $\sigma_{ij}(\vec{r})$ als Funktion des Ortes.

Was ist allen diesen Beispielen gemeinsam? Wir betrachten jeweils den physikalischen Raum oder auch nur einen Teil desselben. Jeder Punkt des Raumes erhält eine „Anschrift" oder „Adresse", nämlich in Gestalt seines Ortsvektors $\vec{r} = (x_1, x_2, x_3)$. – Die Adresse hängt natürlich von der getroffenen Wahl des Bezugssystems ab. – An *jeder* dieser Adressen, d. h. für jedes $\vec{r}$ wird nun eine gewisse physikalische Größe „notiert" bzw. „fixiert". Je nach Interesse ist das etwa die Temperatur T, Ladungsdichte $\rho, \ldots$ die Kraft $\vec{K}$, elektrische Feldstärke $\vec{E}$, Strömungsgeschwindigkeit $\vec{v}, \ldots$, der Verzerrungstensor ϵ_{ij}, Spannungstensor $\sigma_{ij}, \ldots$

Der jeweils betrachtete Teil des physikalischen Raumes trägt also „Fähnchen" an jedem Ort, auf dem die interessierende Größe markiert ist, siehe Abb. 4.1.

Die Menge aller dieser Markierungen an den Punkten des Raumes oder eines Teiles davon nennt man ein *Feld*. Je nach der jeweils markierten physikalischen Größe handelt es sich um ein Temperaturfeld, Kraftfeld, Geschwindigkeitsfeld, usw.

▸ **Definition** Ein *Feld* einer physikalischen Größe A ist die Menge von Zahlenwerten $A(\vec{r})$ bzw. $A(x_1, x_2, x_3)$, welche jedem Ort $\vec{r} = (x_1, x_2, x_3)$ des Raumes oder eines Teils des Raumes zugeordnet sind.

Je nach Art der physikalischen Größe unterscheiden wir skalare Felder von vektoriellen Feldern und tensoriellen Feldern. Im Allgemeinen ändern sich Felder im Laufe der Zeit, hängen also außer von den drei Ortskomponenten x_i auch noch von t ab: $A(\vec{r}, t)$. Fehlt die Zeitabhängigkeit, heißt das Feld $A(\vec{r})$ *stationär* oder *statisch*.

Abstrakt formuliert sind *Felder* also *skalarwertige, vektorwertige, tensorwertige Funktionen über dem Ortsraum*, d. h. mit $\vec{r}$ als unabhängiger Variabler. Statt einer einzigen Zahl als unabhängiger Variabler gibt es deren *drei*, x_1, x_2, x_3 (allgemein n).

Deshalb ist eine Veranschaulichung eines Feldes nicht so einfach möglich wie die einer Funktion *einer* Variablen. Um uns im Umgang mit Feldern zu üben, betrachten wir einfache Fälle ausführlicher.

4.1.2 Skalare Felder

Beginnen wir mit einer Wiederholung der *Definition* für diese speziellen Felder.

Ein *skalares* Feld φ ist eine über dem Raum $\mathbb{R}^3$ oder Teilen $\mathbb{D} \subset \mathbb{R}^3$ definierte skalarwertige Funktion des Ortes $\vec{r} = (x_1, x_2, x_3)$. Bei Koordinatentransformationen infolge einer Drehung verändern sich die unabhängigen Variablen x_i in $x_i' = D_{ij} x_j$.

Die Rücktransformation lautet $x_j = x_k' D_{kj}$, s. Abschn. 2.4.2, da bei Drehmatrizen die inverse Matrix gleich der transponierten ist, $D^{-1} = D^T$. Die definierende Eigenschaft eines skalaren Feldes $\varphi(x_i)$ lautet nun

$$\varphi'(x_i') = \varphi(x_i) \, . \tag{4.1}$$

Dabei ist φ' das skalare Feld, wie es vom gedrehten Koordinatensystem aus beschrieben wird, also als Funktion von den x_i'. Das ursprüngliche Feld φ ist als Funktion der ursprünglichen Koordinaten x_i zu lesen. Skalare Felder sind also dadurch gekennzeichnet, dass das „gedrehte" Feld von den „gedrehten" Koordinaten genauso abhängt wie das ursprüngliche Feld von den ursprünglichen Koordinaten. In *diesem* Sinne sind Skalare „Drehinvarianten".

Um die funktionale Form von $\varphi'(x_i')$ aus der als bekannt vorausgesetzten Funktion $\varphi(x_i)$ zu bestimmen, setze man $x_i = x_k' D_{ki}$ in $\varphi(x_i)$ ein. Häufig ist die skalare Funktion φ drehsymmetrisch, will sagen, hängt von den Koordinaten x_i in einer drehinvarianten Weise ab. Es ist also $\varphi(x_i) = \varphi(x_i')$. Dann bleibt natürlich unter Drehungen die funktionale Form erhalten, denn $\varphi'(x_i') = \varphi(x_i) = \varphi(x_i')$ besagt, dass $\varphi' = \varphi$ *dieselbe* Funktion ihrer Argumente ist (der gedrehten wie der umgedrehten).

Physikalische Beispiele für skalare Felder sind das Temperaturfeld $T(\vec{r})$, die Ladungsdichte $\rho(\vec{r})$, usw. Mathematische Beispiele von Skalarfeldern sind $\varphi(x_i) = r^2$ oder $\varphi(x_i) = x_1$. Erstere hängt nur von einer drehinvarianten Größe (nämlich r^2) ab, letzteres von drei Koordinaten, da sich die 1-Koordinate x_1 i. Allg. bei einer Drehung ändert. Das transformierte Feld $\varphi'(x_i')$ lautet im zweiten, allgemeineren Beispiel $\varphi'(x_i') = \varphi(x_i) = x_1 = x_k' D_{k1}$. Somit hängt φ' tatsächlich von allen drei x_k' ab.

Im ersten, spezielleren Beispiel bleibt die funktionale Form von φ unter Drehung erhalten, d. h. $\varphi'(x_i') = r'^2$. Denn: $\varphi'(x_i') = \varphi(x_i) = x_i x_i = x_k' D_{ki} x_l' D_{li} = x_k' \delta_{kl} x_l' = x_k' x_k' = r'^2 = \varphi(x_i')$. Beachtet wurde $D_{ki} D_{li} = D_{ki} D_{il}^{-1} = (DD^{-1})_{kl} = \delta_{kl}$. Der Leser wird nun weitere

Abb. 4.2 Graphische Darstellung skalarer Felder (1). **a** $\phi(\vec{r}) = r^2$. **b** $\phi(\vec{r}) = \vec{a} \cdot \vec{r}$

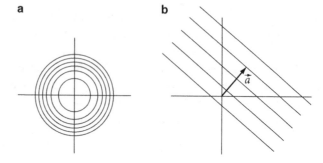

Skalarfelder, z. B. $\varphi(\vec{r}) = \vec{a} \cdot \vec{r}$ mit dem konstanten Vektor $\vec{a}$ unter Drehung transformieren können.

Analog geht man bei Translationen vor. Hier lauten die Beziehungen zwischen den Koordinaten vor bzw. nach der Verschiebung des Koordinaten-Nullpunktes vom Punkt 0 zum Punkt $0'$ um $\vec{a} = \overrightarrow{00'}$ so: $x_i' = x_i - a_i$ bzw. $x_i = x_i' + a_i$.

Ein kompliziertes skalares Feld ist $\varphi(\vec{r}) \equiv \varphi(x_i) = x_1^3 x_2 + x_2^3 x_3 + x_3^3 x_1 - x_1 x_2 x_3$. Die Zahlenwerte dieses Skalarfeldes an einigen beispielhaft gewählten Orten $\vec{r}$ sind: $\varphi(0,0,0) = 0$, $\varphi(1,1,1) = 2$, $\varphi(1,-1,0) = -1$, $\varphi(-1,-1,-1) = 4$, $\varphi(1,2,3) = 47$ usw.

Wie bei allen Funktionen muss man auch bei Feldern i. Allg. auf den Definitionsbereich achten, d. h. auf die Menge der Orte $\vec{r}$, für die $\varphi(\vec{r})$ erklärt ist. So ist z. B. $\varphi(\vec{r}) = 1/r$ nicht für $\vec{r} = 0$ definiert, oder $\varphi(\vec{r}) = \sqrt{1 - r^2}$ ist als reelles Feld nur für $|\vec{r}| \leq 1$ erklärt. Formale Fragen des Definitionsbereiches sollen nicht weiter verfolgt werden, doch gilt auch hier das Motto: Aus dem *physikalischen Problem* muss alles Wesentliche über Einschränkungen oder Besonderheiten des Definitionsbereichs klarwerden.

Wie kann man sich skalare Felder veranschaulichen? Als Funktion *dreier* Variabler geht das nicht direkt in einem x-y-Plot wie sonst. Folgende Hilfsmittel sind nützlich, anschaulich und gebräuchlich:

1. 2-dimensionale Schnitte, in denen die Flächen $\varphi(\vec{r})$ = const als Linien erscheinen; diese heißen *Äquipotenziallinien* oder *Höhenlinien*. Bei $\varphi(\vec{r}) = r^2$ = const bekommt man Kugelflächen um den Nullpunkt, siehe Abb. 4.2(a), bei $\varphi(\vec{r}) = \vec{a} \cdot \vec{r}$ = const Ebenen mit $\vec{a}^0$ als Normalenvektor, siehe Abb. 4.2(b). – Man zeichnet die Linien oft in einem Abstand voneinander, der durch gleiche Unterschiede im Wert der const bestimmt wird.

2. Auftragung über *einer* repräsentativ ausgewählten Variablen, während die beiden anderen konstant gehalten werden. Beispiele sind ebenfalls in Abb. 4.3 dargestellt.

4.1.3 Vektorfelder

Wieder beginnen wir mit der präzisierten Wiederholung der allgemeinen Definition.

▸ **Definition** Ein *Vektorfeld* $\vec{A}(\vec{r})$ ist eine über dem Raum $\mathbb{R}^3$ oder Teilen $\mathbb{D} \subset \mathbb{R}^3$ definierte *vektorwertige* Funktion des Ortes $\vec{r} = (x_1, x_2, x_3)$. Sie transformiert sich bei Koordinaten-

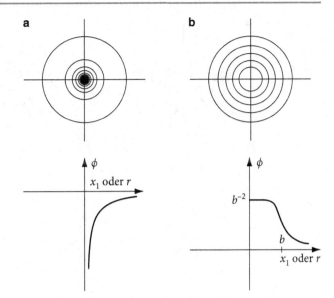

Abb. 4.3 Graphische Darstellung skalarer Felder (2)
a $\phi(\vec{r}) = -1/r$. **b** $\phi(\vec{r}) = 1/(\vec{r}^2 + \vec{b}^2)$

Drehungen an jeder Stelle wie ein Vektor, der also im gedrehten System als Funktion der gedrehten Koordinaten dem *gedrehten* ursprünglichen Vektor als Funktion der ursprünglichen Koordinaten gleich ist

$$A'_j(x'_i) = D_{jk}A_k(x_i) \quad \text{oder} \quad A'_j(x'_i) = D_{jk}A_k(x'_l D_{li}) \,.$$

Anmerkung

Es wird jetzt klar sein, wie man Drehungen nicht nur bei Skalaren (also Tensoren 0. Stufe) oder bei Vektoren (d. h. Tensoren 1. Stufe), sondern bei Tensoren (*n*-ter Stufe) zu definieren hat:

$$A'_{j_1,\ldots,j_n}(x'_i) = D_{j_1 k_1}, D_{j_2 k_2}, \ldots D_{j_n k_n} A_{k_1,\ldots k_n}(x_i) \,.$$

Ersetze dann x_i durch $x'_l D_{li}$, also $\vec{r} = D^{-1}\vec{r}\,'$.

Physikalische Beispiele sind das Kraftfeld $\vec{K}(\vec{r})$ der Erde, elektrische und magnetische Felder $\vec{E}(\vec{r})$ bzw. $\vec{B}(\vec{r})$, Geschwindigkeitsfelder $\vec{v}(\vec{r})$ von Flüssigkeiten, usw.

Formale Beispiele sind:

- $\vec{A}(\vec{r}) = \vec{r}$,
- $\vec{A}(\vec{r}) = \vec{a}$, mit konstantem Vektor $\vec{a}$,
- $\vec{A}(\vec{r}) = -\gamma M \frac{\vec{r}}{r^3}$, das Gravitationskraftfeld einer Masse M,
- $\vec{A}(\vec{r}) = \frac{1}{2}\vec{B} \times \vec{r}$, mit konstantem $\vec{B}$,
- $\vec{A}(\vec{r}) = x_2 x_3 \vec{a} - x_1^3 \vec{b} + x_1 x_2^2 x_3 \vec{c}$, mit konstanten Vektoren $\vec{a},\ldots$

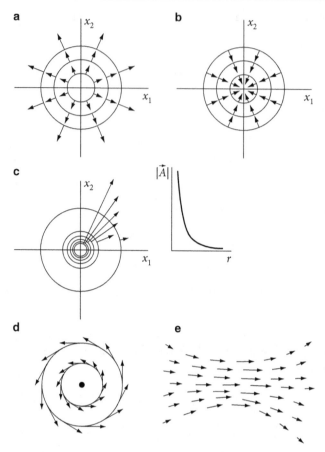

Abb. 4.4 Graphische Darstellung von Vektorfeldern (1). **a** Darstellung des Vektorfeldes $\vec{A}(\vec{r}) = \lambda(x_1\vec{e}_1 + x_2\vec{e}_2)$, kugelsymmetrisch verallgemeinert zu $\vec{A}(\vec{r}) = \lambda\vec{r}$. **b** Das Vektorfeld $\lambda(-x_1\vec{e}_1 - x_2\vec{e}_2)$. **c** Das Feld $\vec{A}(\vec{r}) = \gamma\frac{\vec{r}}{r^3}$. **d** Darstellung von $\vec{A}(\vec{r}) = \frac{1}{2}\vec{B} \times \vec{r}$. Der konstante Vektor $\vec{B}$ stehe senkrecht auf der Zeichenebene und zeige auf den Betrachter. Da $\vec{B} \times \vec{r} = \vec{B} \times \vec{r}_\perp$, ist das gezeichnete Bild zylindrisch aus der Ebene heraus fortzusetzen: „Wirbelfeld". **e** Allgemeines Vektorfeld; verzichtet wurde auf die Angabe von Linien gleicher Feldstärke

Während man den meisten Beispielen ihren vektoriellen Charakter direkt ansieht, ist im letzten auf die invariante, skalare Interpretation der x_i zu achten: $x_i = \vec{r} \cdot \vec{e}_i$.

Wie kann man sich Vektorfelder übersichtlich veranschaulichen? Gebräuchlich sind zweidimensionale Schnitte, bei denen 1. an Linien mit konstanter Feldstärke $|\vec{A}(\vec{r})| = \text{const}$ das Feld in lokaler Richtung und Größe als Pfeil angetragen wird (siehe Abb. 4.4) oder bei denen 2. Stromlinien gezeichnet werden, deren lokale Richtung die Richtung des dort herrschenden Feldes $\vec{A}$ hat und deren Dichte die Stärke von $\vec{A}$ symbolisiert (bei ebenen Feldern ihr proportional ist), siehe Abb. 4.5.

Wie Abb. 4.5a lehrt, können Strömungslinien ohne Unterbrechung durchlaufen. Eine solche Vorstellung hat man vom Vektorfeld der Geschwindigkeitsverteilung in einer Flüs-

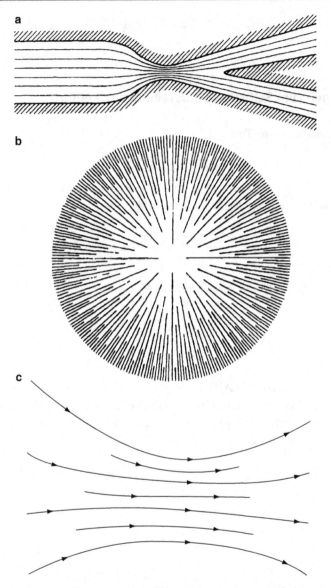

Abb. 4.5 Graphische Darstellung von Vektorfeldern (2). **a** Strömungslinien zur Darstellung eines Vektorfeldes $\vec{v}(\vec{r})$, das das Geschwindigkeitsfeld einer Flüssigkeit in einem sich verengenden und teilenden Kanal in einem ebenen Flüssigkeitstrog beschreibt (wie oft bei Demonstrationsversuchen verwendet). **b** Das Feld $\vec{A}(\vec{r}) = \vec{r}$, jedoch nicht wie in Abb. 4.4, sondern mittels Feldlinien dargestellt. **c** Allgemeines Vektorfeld wechselnder Stärke und Richtung

sigkeitsströmung, in der keine Teilchen entstehen oder vergehen. Es kann aber auch, wie in Abb. 4.5b und 4.5c, zur Erzielung der die lokale Stärke des Feldes $\vec{A}$ beschreibenden Feldliniendichte nötig sein, immer neue Feldlinien beginnen (oder enden) zu lassen. Einem solchen Bild sieht man auf den ersten Blick an, dass „Quellen" oder „Senken" im Vektorfeld sind.

4.1.4 Übungen zum Selbsttest: Darstellung von Feldern

1. Man diskutiere das skalare Feld

$$\varphi(\vec{r}) = 1 + (\vec{a} \cdot \vec{r})^2 \ .$$

2. Zeichnen und interpretieren Sie die skalaren Felder

$$\varphi = \frac{Q}{|\vec{r} - \vec{a}|}, \quad \varphi = \frac{Q}{|\vec{r} - \vec{a}|} \pm \frac{Q}{|\vec{r} + \vec{a}|} \ .$$

3. Man vergleiche die Felder der vorigen Aufgabe mit

$$\varphi(\vec{r}) = \frac{\vec{p} \cdot \vec{r}}{r^3},$$

$\vec{p}$ konstanter Vektor.

4. Diskutieren Sie das Vektorfeld $\vec{A}(\vec{r}) = x_1 \vec{e}_1 - x_2 \vec{e}_2$.
5. Man zeichne das Vektorfeld $\vec{A}(\vec{r}) = x_2 \vec{e}_1 - x_1 \vec{e}_2$ und interpretiere es physikalisch.
6. Wie sieht das elektrische und magnetische Feld einer linear polarisierten Lichtwelle aus, das durch die folgenden Gleichungen dargestellt wird:

$$\vec{E}(\vec{r}, t) = \vec{E}_0 \sin(\vec{k} \cdot \vec{r} - \omega t), \quad \vec{B}(\vec{r}, t) = \vec{B}_0 \sin(\vec{k} \cdot \vec{r} - \omega t) \ ,$$

$$\text{mit} \quad \vec{E}_0 \cdot \vec{k} = 0, \quad \vec{B}_0 = \vec{k} \times \vec{E}_0 / \omega \ .$$

4.2 Partielle Ableitungen

Nachdem wir den Feldbegriff kennengelernt haben, stellt sich die natürliche Frage nach dem Studium der Veränderung des Feldes, wenn man es nacheinander an *verschiedenen* benachbarten Orten im Raum betrachtet. Sei $A(\vec{r})$ ein interessierendes Feld.

Im Moment beachten wir nicht, ob es skalarer, vektorieller oder tensorieller Natur ist. Wohl aber verdeutlichen wir uns, dass es als Funktion über dem Ortsraum von *drei* Variablen abhängt, nämlich von x_1, x_2, x_3, den Komponenten von $\vec{r}$. (Allgemein wären es n Variable x_i.)

Abb. 4.6 Feldänderung entlang eines Weges mit nur partieller Veränderung der unabhängigen Variablen. Allein die durch ↓ gekennzeichnete Variable ändert sich

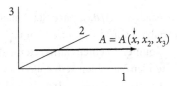

4.2.1 Definition der partiellen Ableitung

Fragt man bei Funktionen *einer* Variablen $f(x)$ nach ihrer Veränderung mit x, so gibt darüber ihre Ableitung $df(x)/dx$ Auskunft (sofern sie existiert und nicht Sprünge in der Funktion auftreten oder Schlimmeres). Felder hängen, wie gesagt, von mehreren Variablen ab. Wenn man aber speziell in Richtung *einer* Koordinatenachse geht, z. B. in 1-Richtung, so durchläuft man Punkte $\vec{r}$, deren x_1 zwar verschieden ist, deren 2- und 3-Koordinate jedoch gleich sind. Wir könnten das so schreiben:

$$\vec{r} = (x, x_2, x_3), \quad x_2, x_3 \text{ fest}, \quad x \text{ veränderlich} \,.$$

Analog hätten wir etwa beim Fortschreiten parallel zur 3-Richtung die Darstellung

$$\vec{r} = (x_1, x_2, x), \quad x_1, x_2 \text{ fest}, \quad x \text{ veränderlich} \,.$$

Beim Fortschreiten parallel zu *einer* Koordinatenrichtung verändern sich also die drei (bzw. n) Variablen nur *partiell*. Das betrachtete Feld $A(x_1, x_2, x_3)$ ist folglich auf diesen speziellen Wegen im Ortsraum nur von *einer* Variablen abhängig, nämlich allein von derjenigen, in deren Achsenrichtung man sich bewegt, siehe Abb. 4.6.

Daher kann man nach dieser allein sich verändernden Variablen wie üblich differenzieren, z. B.

$$\lim_{h \to 0} \frac{A(x + h, x_2, x_3) - A(x, x_2, x_3)}{h} \,.$$

Da hierbei nur *eine* Variable betroffen ist, während alle anderen *konstant* bleiben sollen (im Beispiel x_2 und x_3), nennt man diese Ableitung die *partielle Ableitung*, und zwar im betrachteten Beispiel nach der Variablen in 1-Richtung.

Man könnte deshalb schreiben: $dA(x, x_2, x_3)/dx$. Dabei darf man aber nicht die Bezeichnung der Variablen in A vergessen, sonst würde man die partielle Ableitung in einer anderen Richtung, z. B. $dA(x_1, x_2, x)/dx$, gar nicht unterscheiden können.

Zwecks Vermeidung solcher Missverständnisse benutzt man daher eine zweckmäßigere Bezeichnung für die Ableitung: Statt die unspezifische Variable x in den Nenner zu schreiben, hänge man als Index diejenige Koordinatennummer an, in deren Richtung man fortschreitet. Im betrachteten Beispiel erhielte man dx_1, statt dx. Es ist ferner üblich, das Symbol ∂ statt d für das Differential zu verwenden, wenn die Ableitung in dem beschriebenen Sinne „partiell" ist. – Somit können wir zusammenfassend *definieren*:

$$\lim_{\Delta x_1 \to 0} \frac{A(x_1 + \Delta x_1, x_2, x_3) - A(x_1, x_2, x_3)}{\Delta x_1} =: \frac{\partial A}{\partial x_1}, \quad \text{partielle Ableitung.} \tag{4.2}$$

Analog: $\partial A / \partial x_i$, partielle Ableitung in i-Richtung. Alle *nicht* im Nenner auftretenden Variablen sind *konstant* zu halten.

Könnten in einem konkreten Falle Zweifel bestehen, welches diese anderen, konstant zu haltenden Variablen sein sollen, so schreibe man sie explizit in die Funktion A hinein.

Selbstverständlich sind bezüglich der Existenz oder Stetigkeit von partiellen Ableitungen die gleichen Sprüchlein zu machen wie bei gewöhnlichen. Dies ist Aufgabe der Mathematikvorlesungen.

Wir werden oft die bequemen Abkürzungen verwenden

$$\partial_i A \quad \text{oder} \quad A_{|i} \quad \text{statt} \quad \frac{\partial A}{\partial x_i}. \tag{4.3}$$

Die drei (allgemein n) partiellen Ableitungen treten bei Funktionen mehrerer Veränderlicher x_i anstelle der gewöhnlichen Ableitung bei Funktionen einer Variablen.

4.2.2   Beispiele – Rechenregeln – Übungen

Um mit partiellen Ableitungen vertraut zu werden, betrachten wir einige Beispiele. Sei zunächst A eines der schon betrachteten skalaren Felder $\varphi(\vec{r})$.

1. $\varphi(\vec{r}) = \vec{a} \cdot \vec{r} = a_1 x_1 + a_2 x_2 + a_3 x_3$.

   Dann ist $\partial \varphi / \partial x_1 = a_1$, $\partial \varphi / \partial x_2 = a_2$ usw., allgemein also

$$\partial_i (\vec{a} \cdot \vec{r}) = a_i . \tag{4.4}$$

2. $\varphi(\vec{r}) = r = \sqrt{x_1^2 + x_2^2 + x_3^2}$

   ergibt $\dfrac{\partial r}{\partial x_1} = \dfrac{1}{2} \dfrac{1}{\sqrt{x_1^2 + x_2^2 + x_3^2}} 2 x_1 = \dfrac{x_1}{r}$,

   also allgemein $\partial_i r = \dfrac{x_i}{r}$. \hfill (4.5)

3. $\varphi(\vec{r}) = \dfrac{\alpha}{\vec{r}^2 + \vec{b}^2}$

   liefert $\dfrac{\partial \varphi}{\partial x_i} = \dfrac{-\alpha}{(\vec{r}^2 + \vec{b}^2)^2} 2 x_i$.

Es lohnt sich der Hinweis, dass die drei partiellen Ableitungen $\partial_i \varphi$ *zusammen* in diesen Beispielen offenbar stets einen Vektor bilden, nämlich $\vec{a}, \vec{r}/r, -2\alpha \vec{r}/(\vec{r}^2 + \vec{b}^2)^2$. Das ist kein Zufall und wird uns noch genauer beschäftigen, siehe Abschn. 4.3.

4. Das betrachtete Feld kann auch vektoriellen Charakter haben.

$$\vec{A}(\vec{r}) = \vec{r} = x_1\vec{e}_1 + x_2\vec{e}_2 + x_3\vec{e}_3$$

hat als partielle Ableitungen:

$$\frac{\partial\vec{r}}{\partial x_1} = \vec{e}_1 \text{ etc.}$$

5. $\vec{A}(\vec{r}) = \frac{1}{2}\vec{B}\times\vec{r} = \frac{1}{2}(B_2x_3 - B_3x_2, B_3x_1 - B_1x_3, B_1x_2 - B_2x_1)$

ergibt $\dfrac{\partial\frac{1}{2}\vec{B}\times\vec{r}}{\partial x_1} = \dfrac{1}{2}(0, B_3, -B_2),\quad \dfrac{\partial\frac{1}{2}\vec{B}\times\vec{r}}{\partial x_2} = \dfrac{1}{2}(-B_3, 0, B_1)\quad$ usw.

Es wurde Gebrauch gemacht von der Möglichkeit, jeden Summanden einzeln abzuleiten. Denn die Definition (4.2) der partiellen Ableitung liefert offensichtlich eine additive Operation

$$\partial_i(A + B) = \partial_i A + \partial_i B\,. \tag{4.6}$$

Auch andere bekannte Differentiationsregeln gelten. Einige seien exemplifizierend genannt:

$$\phi = \vec{A}(\vec{r})\cdot\vec{B}(\vec{r}) = A_jB_j \quad \text{ergibt} \quad \partial_i\phi = (\partial_i\vec{A})\cdot\vec{B} + \vec{A}\cdot(\partial_i\vec{B})$$
$$= (\partial_i A_j)B_j + A_j(\partial_i B_j)\,, \tag{4.7}$$

$$\partial_i(\vec{A}\times\vec{B}) = (\partial_i\vec{A})\times\vec{B} + \vec{A}\times(\partial_i\vec{B}). \tag{4.8}$$

Analog zu mehrfachen gewöhnlichen Ableitungen kann man auch höhere partielle Ableitungen einführen. Man definiert sie rekursiv: Das durch die erste partielle Ableitung aus $A(x_1, x_2, x_3)$ entstehende Feld $\partial A/\partial x_i$ wird nach der Definition (4.2) erneut differenziert: $\partial(\partial A/\partial x_i)/\partial x_j$. Unterschiedlich ist jetzt allerdings, dass man nacheinander auch nach *verschiedenen* Variablen ableiten kann, also nicht nur z. B. $\partial^2 A/\partial x_1^2$, sondern auch etwa $\partial^2 A/\partial x_2\partial x_1$ usw. bilden kann.

▸ **Definition**

$$\frac{\partial^n A}{\partial x_{i_n}\ldots\partial x_{i_1}} := \frac{\partial}{\partial x_{i_n}}\left(\frac{\partial}{\partial x_{i_{n-1}}}\left(\ldots\left(\frac{\partial A}{\partial x_{i_1}}\right)\ldots\right)\right). \tag{4.9}$$

Wieder mögen Beispiele diese allgemeine Definition erläutern. Um Indizes zu sparen, setzen wir $x_1 = x, x_2 = y, x_3 = z$.

$$\varphi = xyz \rightarrow \frac{\partial\varphi}{\partial x} = yz,\quad \frac{\partial^2\varphi}{\partial x^2} = 0,\quad \frac{\partial^2\varphi}{\partial y\partial x} = z,\quad \frac{\partial^3\varphi}{\partial z\partial y\partial x} = 1\,.$$

$$\vec{A} = (yz, -zx, xy) \rightarrow \frac{\partial\vec{A}}{\partial y} = (z, 0, x),\quad \frac{\partial^2\vec{A}}{\partial x\partial y} = (0, 0, 1)\quad \text{usw.}$$

Man kann sich leicht denken, dass es prinzipiell auf die Reihenfolge der x_{i_v} ankommt, nach denen man nacheinander ableitet. Im Allgemeinen benötigt man vor allem die 2. Ableitungen; dafür gilt der folgende nützliche Satz.

▸ **Satz** Falls das Feld $A(x_i)$ *stetige* partielle Ableitungen bis mindestens zur 2. Ordnung hat, ist die Reihenfolge der Ableitungen beliebig:

$$\frac{\partial^2 A}{\partial x_i \partial x_j} = \frac{\partial^2 A}{\partial x_j \partial x_i}, \quad \text{falls stetig.} \tag{4.10}$$

So wichtig der Sachverhalt, so unergiebig der Beweis für unsere Zwecke. Daher sei er hier weggelassen.

Zur Übung bilden wir aus den beiden letzten Beispielen das Feld $\phi\vec{A} = xyz(yz, -zx, xy)$ und probieren einige der genannten Rechenregeln praktisch aus.

$$\frac{\partial}{\partial x}(\phi\vec{A}) = (y^2z^2, -2xyz^2, 2xy^2z), \quad \frac{\partial}{\partial y}(\phi\vec{A}) = (2xyz^2, -x^2z^2, 2x^2yz),$$

$$\frac{\partial^2(\phi\vec{A})}{\partial y\partial x} = (2yz^2, -2xz^2, 4xyz), \quad \frac{\partial^2(\phi\vec{A})}{\partial x\partial y} = (2yz^2, -2xz^2, 4xyz),$$

usw. Ferner ist

$$\frac{\partial(\phi\vec{A})}{\partial x} = \frac{\partial\phi}{\partial x}\vec{A} + \phi\frac{\partial\vec{A}}{\partial x} = yz(yz, -zx, xy) + xyz(0, -z, y)$$

$$= (y^2z^2, -xyz^2, xy^2z) + (0, -xyz^2, xy^2z)$$

$$= (y^2z^2, -2xyz^2, 2xy^2z) \quad \text{wie oben, etc} \ldots$$

Ausdrücklich sei bemerkt, dass man den obigen Satz über die Vertauschbarkeit in der Reihenfolge der Ableitungen auf höhere als 2. Ableitungen ausdehnen kann. Wie nämlich?

Es muss noch der Begriff „Stetigkeit" erhellt werden. In evidenter Verallgemeinerung der von Funktionen einer Variablen vertrauten Begriffsbildung lautet die Definition folgendermaßen.

▸ **Definition** Ein Feld $A(\vec{r})$ heißt *stetig* an der Stelle $\vec{r}_0$, sofern $|A(\vec{r}) - A(\vec{r}_0)| \to 0$ für *beliebige* Folgen $\vec{r} \to \vec{r}_0$ d. h. $|\vec{r} - \vec{r}_0| \to 0$. Das Feld heißt stetig schlechthin, wenn es an allen Stellen seines Definitionsbereiches stetig ist.

So weit, so klar. Man wäge jedoch das Wort *beliebig* in seiner vollen Tragweite ab! Es umfasst die Erlaubnis, sich dem herausgegriffenen Punkt $\vec{r}_0$ auf beliebig gewähltem Weg $\vec{r}(t)$ zu nähern und nicht etwa nur parallel zu den Achsen!

So ist z. B. $A(x, y) = x/(x + y)$ als Funktion jeder Variablen *einzeln* an der Stelle $(0, 0)$ stetig: $A(x, 0) = 1$, für alle x, sowie $A(0, y) = 0$, auch für $y \to 0$. Trotzdem ist A an der Stelle $(0,0)$ *nicht stetig* im o. g. Sinne, da der Wert von $A(0,0)$ vom Wege abhängt, auf dem man sich dem Nullpunkt nähert!

4.2.3 Die Kettenregel

Viele Differentiationsregeln bei Funktionen mehrerer Veränderlicher sind ganz analog zu denen bei einer Variablen. *Eine* Besonderheit jedoch haben wir soeben gelernt. Es ist das Auftreten gemischter höherer Ableitungen. Eine *weitere* tritt bei der Kettenregel zur Ableitung impliziter Funktionen auf. Falls $f(x)$ zwar von x, dieses aber seinerseits von einer Variablen t abhängt, $f(x(t))$, findet man die Ableitung nach t bekanntlich so:

$$\frac{df(x(t))}{dt} = \frac{df(x))}{dx} \cdot \frac{dx(t)}{dt} . \tag{4.11}$$

Bei Funktionen mehrerer Variabler wäre das Analogon zur impliziten Funktion einer Variablen offenbar $A(x_1(t_1), \ldots, x_3(t_3))$. Gleichung (4.11) gilt sinngemäß mit $\partial_{x_1}, \ldots$ statt dx. Die mögliche Besonderheit tritt auf, wenn $t_1 = t_2 = \ldots =: t$ ist, d. h. wenn

$$A(x_1(t)), x_2(t), x_3(t))$$

implizit nur von *einer* Variablen t abhängig ist. Dann ändern sich alle expliziten Variablen x_i zugleich, wenn man t verändert!

Um die Kettenregel impliziter Funktionen zu untersuchen, beschränken wir uns bequemerweise, aber o. B. d. A., auf zwei explizite Variable, $A(x(t), y(t))$. Wir bilden die Ableitung als Limes des Differenzenquotienten gemäß der Definition:

$$\frac{A(x(t + \Delta t), y(t + \Delta t)) - A(x(t), y(t))}{\Delta t}$$

$$= \frac{A(x + \Delta x, y + \Delta y) - A(x, y + \Delta y) + A(x, y + \Delta y) - A(x, y)}{\Delta t}$$

$$= \frac{A(x + \Delta x, y + \Delta y) - A(x, y + \Delta y)}{\Delta x} \frac{\Delta x}{\Delta t} + \frac{A(x, y + \Delta y) - A(x, y)}{\Delta y} \frac{\Delta y}{\Delta t} .$$

Im Limes $\Delta t \to 0$ gehen auch $\Delta x = x(t + \Delta t) - x(t) \to 0$ und $\Delta y \to 0$, sodass man findet:

$$\frac{dA(x(t), y(t))}{dt} = \frac{\partial A}{\partial x} \frac{dx}{dt} - \frac{\partial A}{\partial y} \frac{dy}{dt} . \tag{4.12}$$

Damit dies sinnvoll ist, muss natürlich der Limes des Differenzenquotienten unabhängig von der Nullfolge $\Delta t \to 0$ existieren. Dazu muss offenbar – im ersten Summanden explizit erkennbar – A samt ersten partiellen Ableitungen $\partial_a A$ und $\partial_y A$ *zugleich* in beiden Variablen *stetig* sein.

Zwecks späterer Anwendung formulieren wir noch die Kettenregel (4.12) allgemein:

$$\frac{dA(x_1(t), x_2(t), \ldots)}{dt} = \frac{\partial A}{\partial x_i} \frac{dx_i}{dt}, \quad \textit{Kettenregel.} \tag{4.13}$$

Man erinnere sich, dass der doppelt auftretende Index i anzeigt, dass über i von 1 bis 3 (bzw. n) summiert werden soll.

Oft nennt man dA/dt auch die „totale Ableitung" sowie

$$dA := \frac{dA}{dt}dt = \frac{\partial A}{\partial x_i}dx_i \quad \textit{totales Differential.} \tag{4.14}$$

Diese Formeln setzen – wie wir bei der Herleitung sahen – die *Stetigkeit* des Feldes A samt seinen ersten partiellen Ableitungen in allen Variablen zugleich voraus.

Eben diese gleichzeitige Stetigkeit ist auch für die Vertauschbarkeit der 2. Ableitungen nach (4.10) gemeint, dort sogar auch noch für diese 2. partiellen Ableitungen.

4.2.4 Übungen zum Selbsttest: Partielle Ableitungen

1. Aus den beiden Vektorfeldern

$$\vec{a} = \left(-x^2 yz, xy^2 z, -xyz^2\right) \quad \text{und} \quad \vec{b} = \left(yz, -xz, xy\right)$$

bilde man das skalare Feld $\varphi(\vec{r}) = \vec{a} \cdot \vec{b}$ sowie das Vektorfeld $\vec{A}(\vec{r}) = \vec{a} \times \vec{b}$. Man bestimme verschiedene partielle Ableitungen, sowohl direkt als auch mithilfe der Produktregeln, insbesondere verschiedene gemischte Ableitungen an den Stellen $(0, 1, 1)$, $(1, 1, 1)$, $(-1, 1, 1)$, $(-1, -1, -1)$.

2. Das skalare Feld $\varphi(\vec{r}) = e^{-\alpha r}/r$ repräsentiert z. B. das abgeschirmte elektrische Potenzial einer Ladung in einem Plasma. Man berechne $\partial_i \varphi$ sowie das ebenfalls skalare Feld

$$\psi := \frac{\partial^2 \varphi}{\partial x^2} + \frac{\partial^2 \varphi}{\partial y^2} + \frac{\partial^2 \varphi}{\partial z^2} \quad \text{für } \vec{r} \neq 0 \ .$$

Man diskutiere auch (bei erneuter Rechnung) den Spezialfall $\alpha = 0$.

3. Wie lauten verschiedene partielle Ableitungen 1. und 2. Ordnung für das Vektorfeld $\vec{A}(\vec{r}) = \left(r, x\sin y, e^{xyz}\right)$?

4. Bestimmen Sie $\partial_i \left(\dfrac{\vec{p} \cdot \vec{r}}{r^3}\right)$.

4.3 Gradient

4.3.1 Richtungsableitung

Wir haben ausführlich die Veränderung von Feldern $\vec{A}(\vec{r})$ untersucht, wenn man in einer der Koordinatenrichtungen fortschreitet. Darüber geben die partiellen Ableitungen $\partial \ldots /\partial x_i$ Auskunft.

In unserer Überlegung liegt insofern eine gewisse Einseitigkeit, als es ja außer den drei speziellen Koordinatenrichtungen auch noch viele andere Richtungen gibt. Wie verändern

Abb. 4.7 Veränderung eines skalaren Feldes ϕ an der Stelle $\vec{r}$ beim Fortschreiten um das Stück $\Delta\vec{r}$ in der Richtung $\vec{e} = \Delta\vec{r}/|\Delta\vec{r}|$

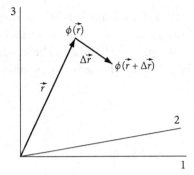

sich also Felder beim Fortschreiten in beliebiger Richtung? Wir untersuchen das anhand von Abb. 4.7 speziell für ein skalares Feld φ.

Die Feldänderung ist ja definitionsgemäß $\Delta\varphi := \varphi(\vec{r} + \Delta\vec{r}) - \varphi(\vec{r})$. Wäre (!) $\Delta\vec{r}$ in Richtung einer Achse, z. B. $\Delta\vec{r} = (\Delta x_1, 0, 0)$, so gälte natürlich $\Delta\varphi = (\partial\varphi/\partial x_1)\Delta x_1$.[1] Nun kann aber $\Delta\vec{r}$ in beliebiger Richtung liegen, d. h. es sei $\Delta\vec{r} = (\Delta x_1, \Delta x_2, \Delta x_3)$ die *allgemeine* Darstellung des Verschiebungsvektors in Komponenten.

Trotzdem – und das ist der Trick – kann man die Feldänderung in dieser allgemeinen Richtung zurückführen auf diejenigen in den speziellen Richtungen der Koordinatenachsen. Wir verwenden nämlich die Invarianz des skalaren Feldes unter Koordinatentransformationen und betrachten die Feldänderung von einem geeignet gedrehten System K' aus. In diesem sei $\vec{e} = \Delta\vec{r}/|\Delta\vec{r}|$ gerade die 1-Richtung! Dann ist $\Delta\vec{r}$ als $(\Delta x_1', 0, 0)$ darzustellen und $\Delta\varphi = (\partial\varphi/\partial x_1')\Delta x_1'$. Dieses Ergebnis brauchen wir nur noch ins ursprüngliche System K zurückzurechnen. Wir tun es hier für ein drehsymmetrisches Skalarfeld und überlassen den Fall eines beliebigen Skalars als Übung.

$\Delta\varphi$ ist unabhängig vom System, und zwar $\Delta\varphi(\Delta x_1')$ in K' bzw. $\Delta\varphi(\Delta x_1, \Delta x_2, \Delta x_3)$ in K. Der Zusammenhang der Verschiebungskoordinaten lautet gemäß Abschn. 2.4.2 so: $x_i = D_{1i}x_1'$.

Daher ist

$$\frac{\partial\varphi}{\partial x_1'} = \frac{\partial}{\partial x_1'}\varphi(x_1, x_2, x_3) = \frac{\partial\varphi}{\partial x_1}\frac{dx_1}{dx_1'} + \frac{\partial\varphi}{\partial x_2}\frac{dx_2}{dx_1'} + \frac{\partial\varphi}{\partial x_3}\frac{dx_3}{dx_1'} ,$$

indem wir die Kettenregel für die Ableitung nach der Variablen x_1' anwenden. Sie kommt ja in allen drei Größen x_1, x_2, x_3 vor. Beachten wir noch $(dx_i/dx_1')\Delta x_1' = D_{1i}\Delta x_1' = \Delta x_i$, so folgt

$$\Delta\varphi = \varphi(\vec{r} + \Delta\vec{r}) - \varphi(\vec{r}) = \frac{\partial\varphi}{\partial x_1}\Delta x_1 + \frac{\partial\varphi}{\partial x_2}\Delta x_2 + \frac{\partial\varphi}{\partial x_3}\Delta x_3 = (\partial_i\varphi)\Delta x_i . \tag{4.15}$$

---

[1] Bis auf Glieder höherer Ordnung in Δx_1. Sei Δx_1 so klein, dass man sie zunächst vernachlässigen kann. Siehe Abschn. 4.3.5.

Die Feldänderung in beliebiger Richtung setzt sich also additiv zusammen aus den Änderungen in den drei Koordinatenrichtungen!

Alternativ und kürzer schließt man mittels Kettenregel: Stellt man $\Delta\vec{r}$ als ein kleines Vielfaches eines Einheitsvektors dar, $\Delta\vec{r} = \Delta\tau\vec{e}$, so erhält man für $\Delta\tau \to 0$ in $\Delta\varphi/\Delta\tau$:

$$\frac{d\varphi}{d\tau}\bigg|_{\tau=0} = \frac{d}{d\tau}\varphi(\vec{r} + \tau\vec{e})\bigg|_{\tau=0} = \frac{\partial\varphi}{\partial x_i}\,\vec{e}_i, \quad \textit{Richtungsableitung.} \tag{4.16}$$

Uns wird die Formulierung (4.15) nützlicher sein. Man vergleiche sie auch mit (4.14).

4.3.2   Definition des Gradienten

Die Veränderung eines skalaren Feldes in Richtung $\Delta\vec{r} = (\Delta x_1, \Delta x_2, \Delta x_3)$ hat gemäß Gleichung (4.15) die Form eines Inneren Produktes. Ein Faktor ist das Zahlentripel $(\Delta x_1, \Delta x_2, \Delta x_3)$, der andere das Tripel $(\partial_1\varphi, \partial_2\varphi, \partial_3\varphi)$. Ersteres ist natürlich ein Vektor, repräsentiert es doch die Verschiebung $\Delta\vec{r}$. Bilden auch die $\partial_i\varphi$ einen Vektor, sodass (4.15) tatsächlich als Inneres Produkt zu verstehen ist?

Darüber kann allein das Transformationsverhalten des Tripels $\partial_i\varphi \equiv \partial\varphi/\partial x_i$ Auskunft geben. Da φ ein skalares Feld ist, gilt $\varphi(x_1, x_2, x_3) = \varphi(x_1', x_2', x_3')$, wobei $x_i' = D_{ij}x_j$ bzw. $x_j = D_{ij}x_i'$ mit einer Koordinaten-Drehmatrix (D_{ij}) ist. Bei Ableitung z. B. nach x_1' müssen wir beachten, dass alle drei x_j von x_1' abhängen, also die Kettenregel anzuwenden ist:

$$\frac{\partial\varphi(x_1, x_2, x_3)}{\partial x_1'} = \frac{\partial\varphi}{\partial x_1}\frac{\partial x_1}{\partial x_1'} + \frac{\partial\varphi}{\partial x_2}\frac{\partial x_2}{\partial x_1'} + \frac{\partial\varphi}{\partial x_3}\frac{\partial x_3}{\partial x_1'} = \frac{\partial\varphi}{\partial x_j}D_{1j}.$$

Allgemein formuliert:

$$\frac{\partial\varphi}{\partial x_i'} = D_{ij}\frac{\partial\varphi}{\partial x_j} \quad \text{kurz} \quad \partial_i'\varphi = D_{ij}\partial_j\varphi. \tag{4.17}$$

Wir erkennen: das Zahlentripel $\partial_i\varphi$ transformiert sich bei Koordinatentransformationen genauso (nämlich nach (2.50a)) wie Vektoren. Da wir Vektoren allein nach diesem Transformationsverhalten diagnostizieren, *ist* also $(\partial_1\varphi, \partial_2\varphi, \partial_3\varphi)$ ein Vektor! (Hingewiesen sei aber noch einmal darauf, dass φ ein *skalares* Feld sein sollte sowie wegen der Verwendung der Kettenregel als *stetig differenzierbar* vorausgesetzt wurde!)

Damit erhält folgende wichtige Definition ihren Sinn.

▶ **Definition** Gegeben sei ein stetig differenzierbares *skalares* Feld $\varphi(\vec{r})$. Diesem kann man an jeder Stelle $\vec{r}$ ein *vektorielles* Feld zuordnen mit den Komponenten

$$\left(\frac{\partial\varphi}{\partial x_1}, \frac{\partial\varphi}{\partial x_2}, \frac{\partial\varphi}{\partial x_3}\right) =: \text{grad}\,\varphi. \tag{4.18}$$

Es heißt das *Gradientenfeld* von $\varphi(\vec{r})$. M. a. W.: Der *Gradient von* φ ist derjenige *Vektor*, dessen i-Komponente gerade die partielle Ableitung von φ nach x_i ist: $\partial_i\varphi$, $i = 1, 2, 3(\ldots n)$. Oft schreibt man leger, aber suggestiv $\partial\varphi/\partial\vec{r}$ statt gradφ (was auf keinen Fall heißen soll, man „teile " durch $\vec{r}$).

Greifen wir nochmals aus unseren Beispielen (4.4) und (4.5) auf. Falls $\varphi = \vec{a}\cdot\vec{r}$, ist $\partial_i\varphi = a_i$, d. h.

$$\text{grad}(\vec{a}\cdot\vec{r}) = \vec{a}\,. \tag{4.19}$$

Analog:

$$\text{grad}\,r = \frac{\vec{r}}{r} \equiv \vec{r}^{\,\circ}\,. \tag{4.20}$$

Ferner:

$$\frac{\partial}{\partial\vec{r}}\left[(\vec{r}\times\vec{a})\cdot\vec{b}\right] = \frac{\partial}{\partial\vec{r}}\left[\vec{r}\cdot(\vec{a}\times\vec{b})\right] = \vec{a}\times\vec{b}\,.$$

Auch (4.20) kann man so ausrechnen:

$$\frac{\partial}{\partial\vec{r}}r = \frac{\partial}{\partial\vec{r}}(\vec{r}\cdot\vec{r})^{\frac{1}{2}} = \frac{1}{2}(\vec{r}\cdot\vec{r})^{-\frac{1}{2}}2\vec{r} = \frac{\vec{r}}{r}\,.$$

4.3.3 Interpretation und Rechenregeln

Welche anschauliche Bedeutung hat der Vektor grad φ, den man einem Skalarfeld an jeder Stelle $\vec{r}$ zuordnen kann?

Diese erkennen wir am bequemsten, wenn wir die Feldänderung $\Delta\varphi$ beim Fortschreiten um $\Delta\vec{r}$ nach (4.15) mittels Gradienten schreiben.

$$\Delta\varphi = \text{grad}\,\varphi\cdot\Delta\vec{r}\,. \tag{4.21}$$

Legt man speziell $\Delta\vec{r}$ in die Richtung, in der sich $\varphi(\vec{r})$ gar nicht verändert, so ist grad $\varphi\cdot\Delta\vec{r} = 0$. Das sind aber gerade alle solchen (kleinen!) $\Delta\vec{r}$, die innerhalb der Flächen konstanten φ's liegen, die wir schon zur graphischen Darstellung skalarer Felder betrachtet haben (also z. B. die Kugeln in Abb. 4.2(a) oder die Ebenen in Abb. 4.2(b)). Da das Innere Produkt von grad φ mit eben solchen speziellen Verschiebungen 0 ist, muss grad φ darauf senkrecht stehen.

Also merke
Die *Richtung* von grad φ ist stets *senkrecht* zu den Flächen $\varphi(\vec{r})$ = const.

Die Größe des Gradientenvektors, $|\text{grad}\,\varphi|$, gibt die Stärke der Veränderung von φ senkrecht zu den Konstanzflächen an – dargestellt durch die Dichte der Höhenlinien in der graphischen Darstellung.

Kurz: die Gradientenbildung im Skalarfeld φ gibt über Stärke und Richtung von φ-Änderungen Auskunft.

Blicken wir zurück auf die Beispiele (4.19) und (4.20), so verifizieren wir diese allgemein bewiesenen Aussagen speziell: Die Flächen $\varphi = \vec{a} \cdot \vec{r} = $ const sind Ebenen im Raum, senkrecht zu $\vec{a}$, da $\vec{r}_\perp$ aus der Flächengleichung herausfällt. Tatsächlich ist grad $(\vec{a} \cdot \vec{r}) = \vec{a}$, also $\perp$ zu den Flächen; ferner ist $|\text{grad} (\vec{a} \cdot \vec{r})| = a$ überall gleich groß, sodass sich $\vec{a} \cdot \vec{r}$ überall gleichmäßig verändert. Die Flächen $\varphi \equiv r^2$ sind Kugelflächen und grad $r^2 = 2\vec{r}$ ist stets radial gerichtet, siehe die Abb. 4.2a, b.

Aus den Regeln für partielle Differentiation folgert man leicht solche für die Gradienten-Operation. So gelten z. B. die Rechenregeln

$$\text{grad}\,(\varphi + \psi) = \text{grad}\,\varphi + \text{grad}\,\psi\,, \tag{4.22}$$

$$\text{grad}\,(\varphi\psi) = \varphi\text{grad}\,\psi + \psi\text{grad}\,\varphi\,. \tag{4.23}$$

Den Beweis führt man, indem man eine Komponente i betrachtet.

4.3.4   Beispiele zur übenden Erläuterung

Da der Gradient eines skalaren Feldes in der Physik oft auftritt, wird sich der Umgang damit auf natürliche Weise einschleifen. Daher seien jetzt nur einige einfache Beispiele ausführlich dargestellt:

1. $\varphi(\vec{r}) = 1/r$. Um grad $(1/r)$ zu bestimmen, brauchen wir die $\partial\varphi/\partial x_i$. Wir rechnen etwa für x_1 so:

$$\frac{\partial}{\partial x_1}\left(\frac{1}{r}\right) = \frac{\partial}{\partial x_1}\frac{1}{\sqrt{x_1^2 + x_2^2 + x_3^2}} = \frac{\partial}{\partial x_1}(x_1^2 + x_2^2 + x_3^2)^{-\frac{1}{2}}$$

$$= -\frac{1}{2}\frac{1}{\sqrt{\cdots}^3}2x_1 = -\frac{x_1}{r^3}.$$

Analog liefert $\partial_2(1/r) = -x_2/r^3$ usw., d. h.

$$\text{grad}\,\frac{1}{r} = -\frac{\vec{r}}{r^3}\,. \tag{4.24}$$

Man kann auch die Kettenregel benutzen und $\varphi = \varphi(r(\vec{r}))$ betrachten. Dann ist $\partial_i\varphi = (\partial\varphi/\partial r)(\partial r/\partial x_i)$, speziell also

$$\text{grad}\,\frac{1}{r} \triangleq \partial_i\frac{1}{r} = -\frac{1}{r^2}\partial_i r = -\frac{1}{r^2}\frac{x_i}{r} \triangleq \frac{\vec{r}}{r^3}\,.$$

2. Auf beide genannten Weisen bestimmt man

$$\text{grad}\,r^n \triangleq \partial_i r^n = nr^{n-1}\partial_i r = nr^{n-1}\frac{x_i}{r} \triangleq nr^{n-1}\vec{r}^{\,0}\,. \tag{4.25}$$

3. Falls $\varphi(\vec{r}) = f(r)$ nur von r allein abhängt, liefert analoge Rechnung grad $\varphi = f'(r)\vec{r}^0$. Die Flächen konstanten Feldes sind Kugeloberflächen, das Gradientenfeld ist stets zentral gerichtet, z. B.:

$$\text{grad}\,(\ln r) = \frac{1}{r}\vec{r}^0 = \frac{\vec{r}}{r^2}\,. \tag{4.26}$$

4.3.5 Taylorentwicklung für Felder

Sehr oft tritt bei physikalischen Untersuchungen die Aufgabe auf, eine komplizierte Funktion in der Nähe einer besonders interessierenden Stelle zu vereinfachen. Sofern es sich um eine gewöhnliche Funktion $f(x)$ einer Variablen handelt, löst man diese Aufgabe mittels der Taylorschen Formeln der Differentialrechnung.

Ihre einfachste Gestalt ist der Mittelwertsatz

$$f(x + \Delta x) = f(x) + \Delta x f'(x + \theta \Delta x)\,. \tag{4.27}$$

f' ist die Ableitung und θ eine geeignete Zahl $0 < \theta < 1$. Falls $f(x)$ im Intervall $[x, x + \Delta x]$ stetig und bis einschließlich n-ter Ordnung stetig differenzierbar ist sowie $f^{n+1}(x)$ auch noch existiert, so kann man die obige Formel allgemeiner schreiben.

$$f(x + \Delta x) = f(x) + \frac{\Delta x}{1!}f'(x) + \frac{\Delta x^2}{2!}f''(x) + \cdots \frac{\Delta x^n}{n!}f^{(n)}(x) + R_n(x), \tag{4.28}$$

wobei z. B.

$$R_n(x) = \frac{\Delta x^{n+1}}{(n+1)!}f^{n+1}(x + \theta \Delta x)\,. \tag{4.29}$$

Die Idee hinter dieser Formel – deren saubere Herleitung Aufgabe der Mathematikvorlesung ist, wo man auch verschiedene weitere Formen für das Restglied $R_n(x)$ kennenlernt – ist folgende. Man approximiert $f(x + \Delta x)$ bei festem x als Funktion von Δx durch ein Polynom P_n, der Ordnung n, das sich bei $\Delta x = 0$ so gut wie möglich an die gegebene Funktion anschmiegt. Dazu *wählt* man alle Ableitungen $P_n^{(v)}$ der Ordnungen $v = 0, 1, \ldots, n$ nach Δx an der Stelle $\Delta x = 0$ gleich denen der Funktion, $f^{(v)}(x)$. Es bleibt dann eventuell noch ein Unterschied $f(x + \Delta x) - P_n(\Delta x) =: R_n(x)$, den man auf verschiedene Weise bestimmen kann. Die oben angegebene Form gewinnt man mittels des verallgemeinerten Satzes von ROLLE; sie heißt Lagrangesches Restglied.

Wenn das Restglied mit wachsendem n für alle $|\Delta x| \leq c$ immer kleiner wird (c ist eine feste Konstante), kann man eine hinreichend oft differenzierbare Funktion durch ihre *Taylorreihe* darstellen:

$$f(x + \Delta x) = f(x) + \frac{\Delta x}{1!}f'(x) + \frac{(\Delta x)^2}{2!}f''(x) + \ldots \tag{4.30}$$

Dazu ist für eine jede konkret gegebene Funktion eine Abschätzung des Restgliedes nötig. Für die unten als Beispiel aufgeführten mathematischen Funktionen ist das leicht durchführbar mit positivem Ergebnis, $R_n \to 0$, mit wachsendem n. In vielen physikalischen

Anwendungen ist es nicht möglich, das Restglied zu bestimmen, sodass die Approximation durch ein Taylorpolynom hoffnungsvoll vorausgesetzt werden muss.

Praktisch (und trotzdem dem Lernenden oft ungewohnt) kann man sich i. Allg. auf ein Polynom der niedrigsten, nicht-trivialen Ordnung beschränken. Es lautet die lineare Näherung

$$f(x + \Delta x) \approx f(x) + \Delta x f'(x) \,. \tag{4.31}$$

Falls $f'(x) = 0$ ist bzw. man etwas besser approximieren möchte, nimmt man die parabelförmige Näherung

$$f(x + \Delta x) \approx f(x) + \Delta x f'(x) + \frac{1}{2} f''(x)(\Delta x)^2 \,. \tag{4.32}$$

Einige oft vorkommende Beispiele sind

$$f(x) = \frac{1}{1-x} \approx 1 + x + x^2 + \dots \,, \tag{4.33a}$$

$$f(x) = (1+x)^n \approx 1 + nx + \frac{n(n-1)}{2}x^2 + \dots, \quad n \text{ ganz,} \tag{4.33b}$$

$$f(x) = (1+x)^{\frac{n}{m}} \approx 1 + \frac{n}{m}x + \frac{n(n-m)}{2m^2}x^2 + \dots, \quad n, m \text{ ganz,} \tag{4.33c}$$

$$f(x) = \sqrt{1+x} \approx 1 + \frac{1}{2}x - \frac{1}{8}x^2 + - \dots \,, \tag{4.33d}$$

$$f(x) = \frac{1}{\sqrt{1+x}} \approx 1 - \frac{1}{2}x + \frac{3}{8}x^2 - + \dots \,, \tag{4.33e}$$

$$f(x) = \sin x \approx x - \frac{1}{3!}x^3 + - \dots \,, \tag{4.33f}$$

$$f(x) = \cos x \approx 1 - \frac{1}{2!}x^2 + \frac{1}{4!}x^4 - + \dots \,, \tag{4.33g}$$

$$f(x) = e^x \approx 1 + x + \frac{1}{2!}x^2 + \dots \,, \tag{4.33h}$$

$$f(x) = \ln(1+x) \approx x - \frac{x^2}{2} + - \dots \,, \tag{4.33i}$$

$$f(x) = \arcsin x \approx x + \frac{x^3}{6} + \dots \,, \tag{4.33j}$$

$$f(x) = \arccos x \approx \frac{\pi}{2} - \left(x + \frac{x^3}{6} + \dots \right) \,, \tag{4.33k}$$

wobei stets in der allgemeinen Formel (4.32) x durch 0 und Δx durch x ersetzt worden ist, um Schreibarbeit zu sparen. Dem Lernenden sei dringend nahegelegt, sich eine Tabelle solcher Potenzreihen-Approximationen[2] zu besorgen; man braucht solche *Entwicklung einer Funktion um eine Stelle* sehr oft.

---

[2] Es eignet sich hierzu z. B. Bronstein-Semendjajew, siehe Literaturverzeichnis.

Wie kann man nun auch für Felder solche approximativen Darstellungen gewinnen, d. h. für Funktionen $A(x_1, x_2, x_3)$ mehrerer Variabler? Wir überlegen uns das am Beispiel eines skalaren Feldes, dessen wiederholte stetige Differenzierbarkeit die folgenden Rechnungen gestatten möge.

Um $\varphi(\vec{r} + \Delta\vec{r})$ durch $\varphi(\vec{r})$ und die Ableitungen auszudrücken, gehen wir so vor wie in niedrigster, linearer Näherung schon in Abschn. 4.3.1 bei der Richtungsableitung: Wir wählen das Koordinatensystem so geschickt, dass eine Koordinatenachse in Richtung $\Delta\vec{r}$ zeigt. Dann ist bei festem $\vec{r}$ die Funktion $\varphi(\vec{r} + \Delta\vec{r}) \equiv \varphi(\Delta x_1')$ nur von *einer* Variablen, $\Delta x_1'$, abhängig. Wir können also eine gewöhnliche Taylorentwicklung nach $\Delta x_1'$ vornehmen.

$$\varphi(\vec{r} + \Delta\vec{r}) = \varphi(\vec{r}) + \frac{d\varphi}{dx_1'}\Delta x_1' + \frac{1}{2!}\frac{d^2\varphi}{dx_1'^2}(\Delta x_1')^2 + \dots$$

Drehen wir nun das Koordinatensystem wieder in seine ursprüngliche Lage zurück, die willkürlich in Bezug auf $\Delta\vec{r}$ war, so ist $\Delta\vec{r} = (\Delta x_1, \Delta x_2, \Delta x_3)$ und alle $\Delta x_j = D_{1j}\Delta x_1'$ hängen von $\Delta x_1'$ ab. Also ist (Summenkonvention wie üblich beachten):

$$\frac{d\varphi}{dx_1'} = \frac{\partial\varphi}{\partial x_j}\frac{dx_j}{dx_1'} = \frac{\partial\varphi}{\partial x_j}D_{1j} \quad \text{sowie}$$

$$\frac{d^2\varphi}{dx_1'^2} = \frac{d}{dx_1'}\left(\frac{\partial\varphi}{\partial x_j}D_{1j}\right) = \frac{\partial^2\varphi}{\partial x_k\partial x_j}D_{1k}D_{1j} \quad \text{usw.}$$

Multipliziert man mit den entsprechenden Potenzen von $\Delta x_1'$, erhält man aus $D_{1k}D_{1j}(\Delta x_1')^2 = \Delta x_k\Delta x_j$ usw. Somit

$$\varphi(\vec{r} + \Delta\vec{r}) = \varphi(\vec{r}) + \frac{\partial\varphi}{\partial x_j}\Delta x_j + \frac{1}{2!}\frac{\partial^2\varphi}{\partial x_k\partial x_j}\Delta x_k\Delta x_j + \dots$$

Die lineare Näherung haben wir schon betrachtet, z. B. (4.15). Als kurze und einprägsame allgemeine Form notieren wir

$$\varphi(\vec{r} + \Delta\vec{r}) = \varphi(\vec{r}) + (\Delta x_j\partial_j)\varphi(\vec{r}) + \frac{1}{2!}(\Delta x_j\partial_j)^2\varphi(\vec{r}) + \dots \tag{4.34}$$

$$\varphi(\vec{r} + \Delta\vec{r}) = \left[\sum_{n=0}^{\infty}\frac{1}{n!}(\Delta x_j\partial_j)^n\right]\varphi(\vec{r}) =: e^{\Delta x_j\partial_j}\varphi(\vec{r}). \tag{4.35}$$

Neben der schon in (4.15) hingeschriebenen linearen Näherung sei hier noch die quadratische angegeben.

$$\varphi(\vec{r} + \Delta\vec{r}) \approx \varphi(\vec{r}) + \frac{\partial\varphi}{\partial x}\Delta x + \frac{\partial\varphi}{\partial y}\Delta y + \frac{\partial\varphi}{\partial z}\Delta z$$
$$+ \frac{1}{2}\left(\Delta x^2\frac{\partial^2\varphi}{\partial x^2} + 2\Delta x\Delta y\frac{\partial^2\varphi}{\partial x\partial y} + 2\Delta x\Delta z\frac{\partial^2\varphi}{\partial x\partial z} + \dots\right). \tag{4.36}$$

Als *Beispiel* betrachten wir das skalare Feld $\varphi = |\vec{a} - \vec{r}|$ als Funktion von $\vec{r}$ für kleine $\vec{r}$, also $r \ll a$. Hier spielt $\vec{a}$ die Rolle des konstanten Vektors $\vec{r}$ in (4.36), während $\vec{r}$ die Variable $\Delta\vec{r}$ vertritt. In niedrigster Näherung ist $\vec{r} \approx 0$, d. h. $\varphi = a$. In linearer Approximation brauchen wir $\partial_i \varphi$ bei $\vec{r} = 0$. Das ist

$$\partial_i |\vec{a} - \vec{r}| = \partial_i \left[(\vec{a} - \vec{r})^2\right]^{\frac{1}{2}} = \partial_i [a^2 - 2\vec{a} \cdot \vec{r} + r^2]^{\frac{1}{2}}$$

$$= \frac{1}{2} \frac{1}{|\vec{a} - \vec{r}|} (-2a_i + 2x_i) \stackrel{\wedge}{=} -\frac{\vec{a} - \vec{r}}{|\vec{a} - \vec{r}|} \Rightarrow -\vec{a}^0 .$$

Folglich ist

$$|\vec{a} - \vec{r}| \approx a - \vec{a}^0 \cdot \vec{r}$$

die Näherung erster Ordnung. Die nächsten Ableitungen bei $\vec{r} = 0$ sind

$$\partial_j (\partial_i |\vec{a} - \vec{r}|) = \partial_j \frac{-a_i + x_i}{|\vec{a} - \vec{r}|} = \frac{\delta_{ij}}{|\vec{a} - \vec{r}|} - (a_i - x_i) \frac{-1}{|\vec{a} - \vec{r}|^2} \frac{-(a_j - x_j)}{|\vec{a} - \vec{r}|}$$

$$\Rightarrow \frac{\delta_{ij}}{a} - \frac{a_i a_j}{a^3} .$$

Folglich ist

$$|\vec{a} - \vec{r}| \approx a - \frac{a_i}{a} x_i + \frac{1}{2} \left(\frac{\delta_{ij}}{a} - \frac{a_i a_j}{a^3}\right) x_i x_j \tag{4.37}$$

die quadratische Approximation. Beachtet man, dass a_i/a von der Länge von $\vec{a}$ unabhängig ist, so erkennt man durch Ausklammern von a in (4.37) eine Entwicklung nach x_i/a, symbolisch r/a. In vektorieller Schreibweise lautet (4.37)

$$|\vec{a} - \vec{r}| \approx a - \frac{\vec{a} \cdot \vec{r}}{a} + \frac{1}{2} \frac{\vec{r} \cdot \vec{r}}{a} - \frac{1}{2} \frac{(\vec{a} \cdot \vec{r})^2}{a^3}$$

$$= a \left(1 - \frac{\vec{a} \cdot \vec{r}}{a^2} + \frac{1}{2} \frac{\vec{r} \cdot \vec{r}}{a^2} - \frac{1}{2} \frac{(\vec{a} \cdot \vec{r})^2}{a^4}\right) . \tag{4.38}$$

Man hätte das auch mithilfe der Taylorentwicklung für gewöhnliche Funktionen herleiten können. Wegen der Nützlichkeit, diese Methode zu beherrschen, sei das ebenfalls ausführlich dargestellt:

$$|\vec{a} - \vec{r}| = \sqrt{(\vec{a} - \vec{r})^2} = \sqrt{a^2 - 2\vec{a} \cdot \vec{r} + r^2} = a \sqrt{1 + \left(\frac{r^2}{a^2} - 2\frac{\vec{r} \cdot \vec{a}}{a^2}\right)} .$$

Mit der Abkürzung $x := r^2/a^2 - 2(\vec{r} \cdot \vec{a})/a^2$ verwenden wir nun (4.33ad), müssen aber dann noch systematisch nach Ordnungen in r/a sortieren. In x kommt r/a in 1. *und* in 2. Ordnung vor, also in x^2 in 2. bis 4. Ordnung. Da uns nur die 2. Ordnung in r/a interessiert, darf man $x^2 \approx \left(-2(\vec{r} \cdot \vec{a})/a^2\right)^2$ approximieren. Somit insgesamt:

$$|\vec{a} - \vec{r}| = a\sqrt{1 + x} = a \left(1 + \frac{1}{2} x - \frac{1}{8} x^2\right)$$

$$= a \left(1 + \frac{1}{2} \frac{r^2}{a^2} - \frac{\vec{r} \cdot \vec{a}}{a^2} - \frac{1}{8} \left(4 \frac{(\vec{r} \cdot \vec{a})^2}{a^4}\right)\right) .$$

Das ist aber in der Tat (4.38).

4.3.6 Übungen zum Selbsttest: Der Gradient

1. Gegeben sei das skalare Feld $\varphi = y^2 z^2 + z^3 x^3 + x^4 y^4$. Bestimmen Sie das zugehörige Gradientenfeld, insbesondere an den Stellen $(0, 1, -1)$ sowie $(1, -2, -3)$.

2. Wie lautet das Gradientenfeld von $\varphi = x \sin(yz)$?

3. Welche Gradientenfelder haben die skalaren Felder $\varphi = f(x) + f(y) + f(z)$ sowie $\varphi = f(x) f(y) f(z)$ bei vorgegebener Funktion f?

4. Was soll man tun bei der Aufforderung, den Gradienten des Feldes $(1/2)(\vec{B} \times \vec{r})$ auszurechnen?

5. Wie könnte das skalare Feld $\varphi(x, y, z)$ lauten, dessen Flächen $\varphi =$ const Ebenen, Kugeloberflächen, Rotationsparaboloide, Ellipsoide sind?

6. Wie berechnet man die Normalenvektoren zu einer im Raum gegebenen Fläche $\varphi(x, y, z) =$ const?

7. Gegeben sei ein Rotationsellipsoid (länglicher Atomkern) $x^2/a^2 + y^2/a^2 + z^2/b^2 = 1$. Wie lautet der nach außen zeigende Normalenvektor auf der Oberfläche allgemein sowie speziell in den Punkten $(a/\sqrt{2}, a/\sqrt{2}, 0)$, $(a/\sqrt{3}, a/\sqrt{3}, b/\sqrt{3})$, $(-a/2, a/\sqrt{2}, -b/2)$, $(0, 0, b)$ und $(0, -a, 0)$? Zeichnung.

8. Bestimmen Sie die Richtungsableitung von $\varphi = xyz$ in Richtung $\vec{a} = (x, y, z)$, insbesondere an den Stellen $(1, 1, 1)$, $(1, -1, -1)$ und $(-1, -1, -1)$. In welcher (eventuell anderen) Richtung wäre an diesen Stellen die Richtungsableitung am größten?

9. Wie lautet die Taylorentwicklung bis zur 2. Ordnung in $\vec{r}$ für $1/|\vec{a} - \vec{r}|$, sofern $a \gg r$?

10. Welche Taylorreihe hat das Feld $\varphi(\vec{r}) = e^{i\vec{k}\cdot\vec{r}}$ mit konstantem Vektor $\vec{k}$?

11. Man bestimme $\partial/\partial\vec{r}$ von $1/r$ und $f(r)$ nach der am Ende von Abschn. 4.3.2 dargestellten Methode.

4.4 Divergenz

Neben der bei skalaren Feldern betrachteten Differentialoperation „Gradient" spielen zwei weitere Differentialoperationen eine fundamentale Rolle. Sie heißen „Divergenz" und „Rotation". Wir behandeln diese jetzt und fassen alle drei abschließend zusammen durch den Vektor-Differentialoperator „Nabla".

4.4.1 Definition der Divergenz von Vektorfeldern

Angeregt durch die Beobachtung, dass sich $(\partial/\partial x_i)\varphi$ bzgl. i wie ein Vektor transformiert, kann man auf die Idee kommen, $\partial/\partial x_i$ auch auf einen Vektor anzuwenden. Aber auf welche Komponente? Aus Gleichbehandlungsgründen vielleicht auf alle? Vielleicht könnte es im Sinne des Inneren Produktes oder auch wie beim Äußeren Produkt geschehen? Beides ist tatsächlich möglich und führt auf die Differentialoperationen „Divergenz" und „Rotation".

▷ **Definition** Gegeben sei ein stetig differenzierbares Vektorfeld
$\vec{A}(\vec{r}) = (A_1(\vec{r}), A_2(\vec{r}), A_3(\vec{r}))$. Mittels

$$\partial_i A_i = \frac{\partial A_1}{\partial x_1} + \frac{\partial A_2}{\partial x_2} + \frac{\partial A_3}{\partial x_3} =: \operatorname{div} \vec{A} \tag{4.39}$$

wird ihm ein skalares Feld, seine *Divergenz*, zugeordnet. Es heißt das *Quellenfeld* von $\vec{A}(\vec{r})$.

Die formale Bildung $\partial_i A_i$ ist als solche natürlich möglich; ihre Interpretation als Quellen-feld besprechen wir in Abschn. 4.4.3. Zu zeigen wäre jetzt, dass div $\vec{A}$ tatsächlich ein Skalar ist.

Bei Koordinatendrehung D_{ij} transformieren sich sowohl das Feld als auch die Variablen. Es gilt $A_i = D_{ji} A'_j$ und $x'_k = D_{kl} X_l$. Da das Feld als *stetig* differenzierbar vorausgesetzt worden ist, dürfen wir bei $\overset{!}{=}$ die Kettenregel verwenden:

$$\frac{\partial A_i}{\partial x_i} = \frac{\partial}{\partial x_i} D_{ji} A'_j(x') \overset{!}{=} D_{ji} \frac{\partial A'_j}{\partial x'_k} \frac{\partial x'_k}{\partial x_i} = D_{ji} \frac{\partial A'_j}{\partial x'_k} D_{kl} \delta_{li} = \frac{\partial A'_j}{\partial x'_k} D_{ji} D_{ki}$$

$$= \frac{\partial A'_j}{\partial x'_k} \delta_{jk} = \frac{\partial A'_j}{\partial x'_j}, \quad \text{q. e. d. (div} \vec{A} \text{ verhält sich wie ein Skalar.)}$$

Wir merken uns: Während der Gradient einem gegebenen Skalarfeld ein Vektorfeld zu-ordnet, wird durch die Anwendung der Divergenz aus einem gegebenen Vektorfeld ein Skalarfeld.

4.4.2   Beispiele und Rechenregeln

Einige oft auftretende Aufgaben seien als erläuternde Beispiele besprochen; sie sind auch für sich nützlich. Wir studieren $\vec{A}(\vec{r}) = \vec{a}, = \vec{r}, = (1/2)\vec{B} \times \vec{r}, = -\vec{r}/r^3$.

$$\operatorname{div} \vec{a} = 0, \quad \vec{a} \text{ konstanter Vektor.}$$

$$\operatorname{div} \vec{r} = \frac{\partial x_i}{\partial x_i} = 1 + 1 + 1 = 3 \ . \tag{4.40}$$

$$\operatorname{div}(\vec{B} \times \vec{r}) = \partial_i \epsilon_{ijk} B_j x_k = \epsilon_{ijk} B_j \delta_{ik} = 0 \ , \quad \vec{B} \text{ konstant} \ . \tag{4.41}$$

Dabei erinnere man sich an ϵ_{ijk} aus (2.97). Das in Abb. 4.4a bzw. 4.5b dargestellte Feld hat also überall die konstante Quellstärke div$\vec{r}$ =3, während das „Wirbelfeld" aus Abb. 4.4d die Quellen div$((1/2)\vec{B} \times \vec{r})$ = 0 hat. Auch das Feld aus Abb. 4.4c ist für $\vec{r} \neq 0$ quellenfrei.

$$\operatorname{div}\left(-\gamma M \frac{\vec{r}}{r^3}\right) = -\gamma M \left(\frac{\operatorname{div} \vec{r}}{r^3} + \vec{r} \cdot \operatorname{grad} \frac{1}{r^3}\right) = -\gamma M \left(\frac{3}{r^3} + \vec{r} \cdot \frac{(-3)}{r^4} \frac{\vec{r}}{r}\right) = 0 \ . \tag{4.42}$$

Dabei haben wir schon zur Abkürzung der Rechnung von einigen charakteristischen Rechenvorschriften Gebrauch gemacht:

$$\operatorname{div}(\vec{A} + \vec{B}) = \operatorname{div}\vec{A} + \operatorname{div}\vec{B}, \tag{4.43}$$

$$\operatorname{div}(\alpha\vec{A}) = \alpha\operatorname{div}\vec{A}, \quad \alpha \text{ Zahl}, \tag{4.44}$$

$$\operatorname{div}(\varphi\vec{A}) = \varphi\operatorname{div}\vec{A} + \vec{A}\cdot\operatorname{grad}\varphi. \tag{4.45}$$

Sehr oft benötigt man die Divergenz eines Gradientenfeldes φ. Sie lautet

$$\operatorname{div}\operatorname{grad}\varphi = \frac{\partial}{\partial x_i}\left(\frac{\partial\varphi}{\partial x_i}\right) = \left(\frac{\partial^2}{\partial x_1^2} + \frac{\partial^2}{\partial x_2^2} + \frac{\partial^2}{\partial x_3^2}\right)\varphi =: \Delta\varphi. \tag{4.46}$$

Diese Differentialvorschrift

$$\Delta := \frac{\partial^2}{\partial x_1^2} + \frac{\partial^2}{\partial x_2^2} + \frac{\partial^2}{\partial x_3^2} \tag{4.47}$$

heißt *Laplaceoperator*.

Es ist

$$\operatorname{div}(\varphi\operatorname{grad}\psi - \psi\operatorname{grad}\varphi) = \varphi\Delta\psi - \psi\Delta\varphi. \tag{4.48}$$

Da $\operatorname{div}\vec{A}$ ein skalares Feld ist, lässt sich hieraus das Gradientenfeld ermitteln. Doch ist $\operatorname{grad}\operatorname{div}\vec{A}$ wohl zu unterscheiden von $\operatorname{div}\operatorname{grad}\varphi$!

4.4.3 Interpretation als lokale Quellstärke

An einem speziellen Beispiel wollen wir die Divergenz eines Vektorfeldes anschaulich interpretieren. Dieses Bild wird dann auf beliebige Vektorfelder übertragen. Es bedeutet in dieser Allgemeinheit nicht mehr und nicht weniger als die Analogie zum speziellen Beispiel hergibt.

Wir beschäftigen uns zunächst mit einem wichtigen physikalischen Begriff, nämlich der sogenannten Stromdichte. $\vec{j}$ als Vektor der Stromdichte repräsentiert in seiner *Stärke* die Zahl der strömenden Teilchen pro Zeit und pro Fläche sowie in seiner *Richtung* die lokale Strömungsrichtung. Durch eine kleine Fläche ΔF mit Normalenvektor $\vec{n}$ nach Abb. 4.8 fließen pro Zeit $\Delta F j \cos(\sphericalangle\,\vec{n}, \vec{j})$ Teilchen, da nur der zu ΔF senkrechte, also zu $\vec{n}$ parallele Anteil von $\vec{j}$ die Fläche durchsetzt, d. h. $\vec{j}_{\parallel}$. Obiger Ausdruck kann als Inneres Produkt gelesen werden, nämlich zwischen $\vec{j}$ und dem „Vektor des Flächenelementes" $\overrightarrow{\Delta F} = \Delta F\cdot\vec{n}$.

$$\vec{j}\cdot\overrightarrow{\Delta F} \quad \text{ist der } \textit{Teilchenstrom pro Zeit durch } \overrightarrow{\Delta F}. \tag{4.49}$$

Allgemein heißt $\vec{A}\cdot\overrightarrow{\Delta F}$ der „Fluss" eines Feldes $\vec{A}$ durch ein Flächenelement $\overrightarrow{\Delta F}$.

Abb. 4.8 Strömung $\vec{j}$ durch eine Fläche ΔF mit $\vec{n}$ als Normaleneinheitsvektor

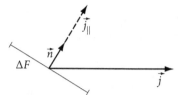

Abb. 4.9 Lokale Quellstärke in einem Quader im Strömungsfeld an einer Stelle $\vec{r}$

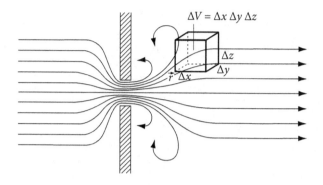

Betrachten wir nun ein Strömungsfeld $\vec{v}(\vec{r})$, etwa wie in Abb. 4.5 oder auch Abb. 4.9. Eine strömende Flüssigkeit verhält sich viel „rationaler" als eine Menschenmenge. Sie ist an Engstellen schneller und dichter als da, wo genug Platz ist. Sofern die Strömung nicht stationär ist, kann sich die lokale Teilchendichte $n(\vec{r},t) = \Delta N/\Delta V$ zeitlich ändern. $\partial n(\vec{r},t)/\partial t$ ist ein Maß dafür, nämlich für die Zu- oder Abnahme der Teilchenzahl ΔN pro Zeit Δt in einem betrachteten Volumen ΔV an einer gerade interessierenden Stelle $\vec{r}$. In Abb. 4.9 ist es ein Quader mit Kantenlängen $\Delta x, \Delta y, \Delta z$, die hinreichend klein sein mögen. $\partial n/\partial t$ ist per Konstruktion also eine lokale Teilchen-„Quellstärke".

Da die Teilchen nun nicht aus dem Nichts entstehen oder vergehen, muss eine Änderung von n als Nettoeffekt der in ΔV hinein- bzw. hinausströmenden Teilchen verstanden werden. Wir nennen dies einen „Erhaltungssatz". Für die Strömung aber ist das Feld $\vec{v}(\vec{r})$ maßgebend bzw. das Vektorfeld der Teilchenstromdichte $\vec{j}(\vec{r})$. Es gibt an, wieviel Teilchen pro Zeit und pro Fläche an der Stelle $\vec{r}$ in der durch den Vektor $\vec{j}$ angezeigten Richtung strömen; übrigens ist $\vec{j} = n\vec{v}$. Da man also aus $\vec{j}(\vec{r})$ den Nettozustrom in und -abstrom aus ΔV bestimmen kann, muss man daraus auch die Quellstärke berechnen können. Wir werden das sogleich tun. Als Ergebnis werden wir die Vorschrift $-\mathrm{div}\,\vec{j}$ finden.

Weil somit im Spezialfall eines Strömungsfeldes

$$\frac{\partial n}{\partial t} = -\mathrm{div}\,\vec{j}, \tag{4.50}$$

bezeichnen wir generell $\mathrm{div}\,\vec{j}$ als *Quellenfeld* des Vektorfeldes $\vec{j}$.

Nunmehr stellen wir die Strömungsbilanz für den Quader in Abb. 4.9 auf. Durch die „linke" Begrenzungsfläche $\Delta y \Delta z$ fließt pro Zeit die Teilchenzahl $j_1(x,y,z)\Delta y \Delta z$. Es trägt nur die Stromdichtekomponente senkrecht zur Fläche bei, also j_1. Durch die „rechte", gegenüberliegende Fläche fließt $j_1(x + \Delta x, y, z)\Delta y\Delta z$. Beide Zahlen geben den Durchsatz in positiver 1-Richtung an. Als Netto-Teilchenzahl pro Zeit bleibt von der Strömung in 1-Richtung *in* ΔV *zurück:* Zustrom minus Abstrom, also

$$j_1(x, y, z)\Delta y\Delta z - j_1(x + \Delta x, y, z)\Delta y\Delta z \approx -\frac{\partial j_1(x, y, z)}{\partial x}\Delta x\Delta y\Delta z \,.$$

Dabei ist im zweiten Summanden die Taylornäherung in niedrigster Ordnung gemacht worden, da Δx beliebig klein gewählt werden kann. Als Netto-Teilchenzahländerung pro Zeit und *pro Volumen* liefert die Strömung in 1-Richtung folglich $-\partial j_1/\partial x$.

Analog überlegen wir noch für eine weitere Richtung, z. B. die 3-Richtung. Dann kommt es auf die Komponente j_3 des Vektors $\vec{j}$ an, da nur sie Teilchen senkrecht zur „unteren" und „oberen" Begrenzungsfläche $\Delta x\Delta y$ des Quaders transportiert. Die Bilanz pro Zeit ist jetzt

$$j_3(x, y, z)\Delta x\Delta y - j_3(x, y, z + \Delta z)\Delta x\Delta y \approx -\frac{\partial j_3}{\partial z}\Delta x\Delta y\Delta z \,.$$

also pro Zeit und pro Volumen $-\partial j_3/\partial z$. Es dürfte klar sein, dass der Netto-Teilchenzahl-zuwachs pro Volumen infolge der Strömung in 2-Richtung, also durch die „vordere" und „hintere" Quaderfläche $\Delta \times \Delta z$, sich zu $-\partial j_2/\partial y$ ergibt.

Alle drei möglichen Strömungsrichtungen zusammen ergeben die Strömungsbilanz durch alle sechs Flächen:

$$-\frac{\partial j_1}{\partial x} - \frac{\partial j_2}{\partial y} - \frac{\partial j_3}{\partial z} \,,$$

also gerade (4.50). Man könnte einwenden, dass doch ein sehr spezielles Volumen betrachtet worden ist, nämlich ein Quader und sogar ein solches mit Begrenzungsflächen parallel zu den Koordinatenflächen. Nun kann man aber beliebig geformte Volumina bis auf kleine Reste durch sehr viele, aber genügend kleine Quader zusammensetzen. Das werden wir später auch tun, wenn wir uns näher mit der Integration beschäftigt haben. Es wird sich dann zeigen, dass unser Ergebnis unverändert richtig bleibt.

Damit haben wir nicht nur div $\vec{j}$ anschaulich gedeutet, sondern auch noch eine ganze Menge über den Transport in einem Strömungsfeld gelernt.

Übertragen wir das Gelernte noch auf zwei andere Beispiele. $\vec{E}(\vec{r})$ sei das Vektorfeld der elektrischen Feldstärke. Dann würden wir div $\vec{E}$ als das Quellenfeld der elektrischen Feldstärke interpretieren. Wenn man sich darüber klar wird, dass die elektrischen Ladungen Ausgangspunkte für elektrische Felder sind, kann man den experimentellen Befund verstehen, dass div$\vec{E} = (1/\epsilon_0)\rho$, wobei ρ die Ladungsdichte ist (und ϵ_0 die Dielektrizitätskonstante des Vakuums).

Da man andererseits noch nie magnetische Ladungen gefunden hat, müsste sein und ist in der Tat div $\vec{B} = 0$, für jedes magnetische Feld $\vec{B}(\vec{r})$.

Quellenfreie Felder $\vec{A}$ (d. h. mit div $\vec{A} = 0$) nennt man daher manchmal auch *solenoidale Felder*, d. h. „wie von einer stromdurchflossenen Spule erzeugte" Felder.

So sind eben magnetische Felder $\vec{B}$ solenoidal oder Strömungsfelder $\vec{v}(\vec{r})$ inkompressibler Flüssigkeiten. Letzteres folgt aus (4.50), wenn man beachtet, dass n von $\vec{r}$ und t unabhängig ist, sofern die Flüssigkeit inkompressibel ist.

Ein einfaches Feld *mit* Quellen ist in Abb. 4.5b dargestellt. $\vec{A}(\vec{r}) = \vec{r}$ hat das konstante Quellenfeld div $\vec{r} = 3$. Daher entstehen überall neue Feldlinien, um die nach außen immer größer werdende Feldliniendichte zu liefern.

4.4.4   Übungen zum Selbsttest: Die Divergenz

1. div $(r\vec{a})$ = ?
2. div $(r^n\vec{r})$ = ?
3. Gegeben seien die skalaren Felder $\varphi = \sin(\vec{k} \cdot \vec{r})$ und $\psi = e^{-\alpha r^2}$, wobei $\vec{k}$ und α konstant sein sollen. Berechnen Sie hieraus die Gradientenfelder und anschließend deren Quellen.
4. Sei $\vec{A} = \vec{r}^0$ der Orts-Einheitsvektor. Welches ist das Quellenfeld div $\vec{r}^0$ und wie heißt dessen Gradientenfeld?
5. div $\left(r \operatorname{grad} \frac{1}{r^3}\right)$ =?
6. Für welche Funktion $f(r)$ ist das Vektorfeld $\vec{A} = f(r)\vec{r}$ quellenfrei?
7. Man bestimme die Quellen des Feldes $\operatorname{grad} \varphi \times \operatorname{grad} \psi$.

4.5   Rotation

Durch skalare Verknüpfung der partiellen Ableitungen $\partial/\partial x_i \ldots$ mit einem Vektorfeld A_i haben wir in (4.39) die Divergenz eines Vektorfeldes A_i eingeführt. Jetzt untersuchen wir die *vektorielle* Verknüpfung von $\partial/\partial x_i$ mit A_i.

4.5.1   Definition der Rotation von Vektorfeldern

Wir beginnen sofort mit der Definition.

▶ **Definition** Gegeben sei ein stetig differenzierbares Vektorfeld $\vec{A}(\vec{r}) = (A_1, A_2, A_3)$. Wir ordnen ihm mittels der partiellen Differentiationsvorschriften $\partial_i \equiv \partial/\partial x_i$ ein anderes Vektorfeld zu,

$$(\partial_2 A_3 - \partial_3 A_2)\vec{e}_1 + (\partial_3 A_1 - \partial_1 A_3)\vec{e}_2 + (\partial_1 A_2 - \partial_2 A_1)\vec{e}_3 =: \operatorname{rot} \vec{A}, \qquad (4.51)$$

genannt die *Rotation* von $\vec{A}$. Das Feld rot $\vec{A}$ heißt das *Wirbelfeld* von $\vec{A}$.

Kürzer können wir die Komponenten des Vektors rot $\vec{A}$ so darstellen:

$$(\operatorname{rot} \vec{A})_1 \equiv \operatorname{rot}_1 \vec{A} = \partial_2 A_3 - \partial_3 A_2 \quad \text{usw. 1 , 2 , 3 zyklisch.} \qquad (4.52)$$

Dasselbe wird ausgedrückt durch

$$(\text{rot}\,\vec{A})_i = \epsilon_{ijk}\partial_j A_k \;. \tag{4.53}$$

Schließlich gilt auch die Determinantendarstellung

$$\text{rot}\,\vec{A} = \begin{vmatrix} \vec{e}_1 & \vec{e}_2 & \vec{e}_3 \\ \partial_1 & \partial_2 & \partial_3 \\ A_1 & A_2 & A_3 \end{vmatrix} \;. \tag{4.54}$$

Alle diese Darstellungen sind abgeguckt von den uns schon vertrauten Schreibweisen für Äußere Produkte, siehe Abschn. 2.7.3. In diesem Fall ist allerdings der erste „Faktor" das Differentiationstripel $(\partial_1, \partial_2, \partial_3)$ und der zweite ist das Feld (A_1, A_2, A_3).

Es ist noch nachzutragen, dass $\text{rot}\,\vec{A}$ tatsächlich ein Vektor ist, sich also unter Koordinatentransfomationen D_{li} transformiert nach $(\text{rot}\,\vec{A})'_l = D_{li}(\text{rot}\,\vec{A})_i$. Dazu dürfen wir wieder die Kettenregel (4.13) verwenden, da $\vec{A}$ als *stetig* differenzierbar vorausgesetzt wurde. Der Gedankengang der Rechnung ist wie am Ende von Abschn. 4.4.1 für $\text{div}\vec{A}$ geschildert und wird so in die Tat umgesetzt:

$$D_{li}(\text{rot}\,A)_i = D_{li}\epsilon_{ijk}\partial_j A_k = D_{li}\epsilon_{ijk}\partial_j A'_n D_{nk} = D_{li}D_{nk}\epsilon_{ijk}\partial'_m A'_n \frac{dx'_m}{dx_j}$$

$$= D_{li}D_{mj}D_{nk}\epsilon_{ijk}\partial'_m A'_n \;.$$

Es ist aber $D_{li}D_{mj}D_{nk}\epsilon_{ijk} = \epsilon'_{lmn} = \epsilon_{lmn}$ der transformierte aber invariante total antisymmetrische Tensor 3. Stufe, siehe Abschn. 2.7.3. Somit gilt

$$D_{li}(\text{rot}\,A)_i = \epsilon_{lmn}\partial'_m A'_n \;. \tag{4.55}$$

Rechts steht aber in der Tat – wie erwartet – die l-Komponente der Rotation im gedrehten System K'.

Einfache Beispiele zur Berechnung der Rotation sind in Abschn. 4.5.4 zusammengestellt. Der interessierte Leser sei schon jetzt darauf hingewiesen.

4.5.2 Interpretation von rot $\vec{A}$ als lokale Wirbelstärke

Wie bei der Interpretation der Divergenz betrachten wir ein *spezielles* Vektorfeld, um eine anschauliche Vorstellung vom Aussagewert der Rotation eines Vektorfeldes zu gewinnen. In einer Flüssigkeit sei ein Wirbel vorhanden, d. h. ein Strömungsbild gemäß Abb. 4.10 (siehe auch Abb. 4.4d). Wie lautet das zugehörige Vektorfeld $\vec{v}(\vec{r})$?

Sei $\vec{\omega}$ der Vektor der Winkelgeschwindigkeit, d. h. $|\vec{\omega}| = \omega$ = Kreisfrequenz ist sein Betrag und die Drehachse mit Rechtsschraubenrichtung ist seine Richtung. In Abb. 4.10 zeigt der Vektor $\vec{\omega}$ aus der Zeichenebene heraus auf den Betrachter zu. Sei ferner $\vec{r}$ der Vektor zu

Abb. 4.10 Strömungsfeld eines Wirbels. Die Wirbelachse ist durch einen Punkt gekennzeichnet. Die Drehungsfrequenz um die Achse sei $\omega/2\pi$. Alle zur Zeichenebene parallelen Ebenen zeigen das gleiche Strömungsbild

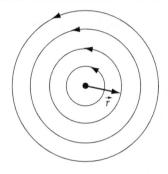

einem beliebigen Punkt, wobei der Koordinaten-Anfangspunkt auf der Drehachse liege. Dann muss der Geschwindigkeitsvektor $\vec{v}$ der Flüssigkeit an der Stelle $\vec{r}$ offenbar auf der durch $\vec{r}$ und $\vec{\omega}$ aufgespannten Ebene senkrecht stehen. Da $\vec{\omega} \times \vec{r}$ in diese Richtung zeigt, spiegelt

$$\vec{v}(\vec{r}) = \vec{\omega} \times \vec{r} \tag{4.56}$$

das Geschwindigkeitsfeld eines homogenen Wirbels mit Achse durch den Ursprung von K, Drehrichtung $\vec{\omega}^0$ und „Wirbelstärke" ω wider. Tatsächlich gibt (4.56) auch quantitativ die Geschwindigkeit. Denn z. B. nach einer Umdrehung ist der zurückgelegte Weg $2\pi|\vec{r}_\perp|$ und $v = 2\pi|\vec{r}_\perp|/\tau$, wobei τ die Umdrehungsdauer bedeutet. Da $2\pi/\tau = \omega$ und $|\vec{\omega} \times \vec{r}| = |\vec{\omega} \times \vec{r}_\perp| = \omega|\vec{r}_\perp|$, stimmt das mit der rechten Seite von (4.56) überein.

Offenbar hat $\vec{\omega}$ die physikalische Bedeutung einer *Wirbelstärke*. Da nun (siehe sogleich)

$$\text{rot}\,\vec{v}(\vec{r}) = \text{rot}\,(\vec{\omega} \times \vec{r}) = 2\vec{\omega}, \tag{4.57}$$

erhält man diese Wirbelstärke (bis auf einen Faktor 2) aus der Rotation rot des Geschwindigkeitsfeldes.

Denkt man sich nun ein beliebiges Vektorfeld $\vec{A}(\vec{r})$ lokal als nur höchstens linear von $\vec{r}$ abhängig approximiert, $A_k(\vec{r}) = A_k^{(0)} + A_{kl}^{(1)}x_l + \ldots$, so ist

$$(\text{rot}\,\vec{A})_1 = \epsilon_{1jk}\partial_j A_k = \epsilon_{1jk}A_{kl}^{(1)}\delta_{jl} = \epsilon_{1jk}A_{kj}^{(1)} = A_{32}^{(1)} - A_{23}^{(1)}\,.$$

Es spielt also nur der *antisymmetrische* Teil der Entwicklungsmatrix $A_{kl}^{(1)}$ eine Rolle, $A_{kl}^{(1)\,\text{antisym}} = (A_{kl}^{(1)} - A_{lk}^{(1)})/2 = -A_{lk}^{(1)\text{antisym}}$. Dieser lässt sich nach Abschn. 2.7.3 gemäß $A_{12}^{(1)\text{antisym}} =: -\omega_3$ sowie 1, 2, 3 zyklisch vertauscht, auf einen Drehungsvektor abbilden. Folglich ist $(\text{rot}\,A)_1 = 2\omega_1$, also (4.57) in diesem lokal approximierenden Sinne allgemein für Vektorfelder richtig.

Wir können die Überlegungen so *zusammenfassen:* Der Ausdruck rot $\vec{A}$ gibt Auskunft über die lokalen Wirbelstärken des Vektorfeldes $\vec{A}$ nach Richtung und Größe. Daher nennt man rot $\vec{A}$ das *Wirbelfeld* von $\vec{A}(\vec{r})$.

Es bleibt nur noch kurz der Beweis von (4.57) nachzuholen:

$$\text{rot}_1(\vec{\omega} \times \vec{r}) = \partial_2(\vec{\omega} \times \vec{r})_3 - \partial_3(\vec{\omega} \times \vec{r})_2$$
$$= \partial_2(\omega_1 x_2 - \omega_2 x_1) - \partial_3(\omega_3 x_1 - \omega_1 x_3) = 2\omega_1 \,.$$

4.5.3 Eigenschaften und Rechenregeln der Operation rot

Aus der Additivität der Differentiationsvorschrift $\partial/\partial x_i$ und der Produktregel kann man folgende oft benutzten Formeln gewinnen

$$\text{rot}\,(\vec{A} + \vec{B}) = \text{rot}\,\vec{A} + \text{rot}\,\vec{B}\,; \tag{4.58}$$

$$\text{rot}\,(\alpha\vec{A}) = \alpha\,\text{rot}\,\vec{A}, \quad \alpha\ \text{Zahl}\,; \tag{4.59}$$

$$\text{rot}\,(\varphi\vec{A}) = \varphi\,\text{rot}\,\vec{A} + (\text{grad}\,\varphi) \times \vec{A}, \quad \varphi\ \text{skalares Feld}\,. \tag{4.60}$$

Letztere Formel werde z. B. für die 1-Komponente abgeleitet, was dann zyklisch fortgesetzt werden kann.

$$\text{rot}_1(\varphi\vec{A}) = \partial_2(\varphi\vec{A})_3 - \partial_3(\varphi\vec{A})_2 = \varphi\partial_2 A_3 + A_3\partial_2\varphi - \varphi\partial_3 A_2 - A_2\partial_3\varphi$$
$$= \varphi(\partial_2 A_3 - \partial_3 A_2) + (\partial_2\varphi)A_3 - (\partial_3\varphi)A_2$$
$$= \varphi\,\text{rot}_1\vec{A} + ((\text{grad}\,\varphi) \times \vec{A})_1 \,.$$

Von großer Bedeutung sind folgende allgemeine Aussagen über Felder.

1. Gradientenfelder sind stets wirbelfrei!

$$\text{rot}\,(\text{grad}\,\varphi) = 0, \quad \varphi\ \text{zweimal stetig diff.-bar, sonst beliebig.} \tag{4.61}$$

Etwa für die 1-Komponente: $\text{rot}_1(\text{grad}\,\varphi) = \partial_2\text{grad}_3\varphi - \partial_3\text{grad}_2\varphi = \partial_2\partial_3\varphi - \partial_3\partial_2\varphi$. (4.61) ist also nichts anderes als die Aussage (4.10) über die Vertauschbarkeit der gemischten partiellen Ableitungen.

Man kann diesen Sachverhalt auch so ausdrücken: Gegeben sei ein Vektorfeld $\vec{A}$. Wenn man von ihm weiß (!), dass es sich durch Gradientenbildung aus einem Skalarfeld φ gewinnen oder darstellen lässt, dann *muss* es wirbelfrei sein – vorausgesetzt natürlich die stetige Differenzierbarkeit. Beispiele: $\vec{r}/r^3$ muss wegen der Darstellbarkeit (4.24) wirbelfrei sein, ebenso $\vec{r}^0$ wegen der Darstellbarkeit als Gradient (4.20).

Später lernen wir noch die höchst bedeutsame Umkehrung:

2. Wenn (!) ein Vektorfeld $\vec{A}$ wirbelfrei ist, d. h. $\text{rot}\,\vec{A} = 0$, dann *muss* es ein geeignetes Skalarfeld φ geben, sodass $\vec{A} = \text{grad}\,\varphi$ darzustellen ist. Eine additive Konstante ist in φ sogar noch willkürlich wählbar. (Eine präzisierte Formulierung, die auch die Zusammenhangsverhältnisse des Definitionsbereiches beachtet, steht in Abschn. 6.2.5.)

Ähnlich bedeutsam ist

3. Wirbelfelder sind stets quellenfrei!

$$\text{div} \left(\text{rot}\, \vec{A} \right) = 0, \quad \vec{A} \text{ zweimal stetig diff.-bar, sonst beliebig.} \qquad (4.62)$$

Denn $\partial_i \text{rot}_i \vec{A} = \partial_i \epsilon_{ijk} \partial_j A_k = \epsilon_{ijk} \partial_i \partial_j A_k$ verschwindet für *jedes* k, weil $\partial_i \partial_j \triangleq \partial_j \partial_i$ und ϵ_{ijk} in i, j antisymmetrisch ist. Auch (4.62) ist also wieder die Aussage der Vertausch-barkeit gemischter 2. Ableitungen, nur in einem anderen vektoriellen Gewand.

Interessanterweise gilt auch hiervon wieder die Umkehrung, die später mithilfe der Integralrechnung bewiesen werden wird:

4. Wenn (!) ein Vektorfeld $\vec{B}$ quellenfrei ist, d. h. div $\vec{B} = 0$, dann muss es ein geeignetes anderes Vektorfeld $\vec{A}$ geben, sodass $\vec{B} = \text{rot}\, \vec{A}$ darzustellen ist. In $\vec{A}$ ist sogar ein additives Gradientenfeld frei.

4.5.4 Beispiele zur übenden Erläuterung

1. Es ist

$$\text{rot}\, \vec{r} = 0 \,. \qquad (4.63)$$

Denn $\text{rot}_1 \vec{r} = \partial_2 (\vec{r})_3 - \partial_3 (\vec{r})_2 = \partial_2 x_3 - \partial_3 x_2 = 0$ usw. zyklisch.

Die Darstellung von $\vec{r}$ als Gradientenfeld lautet $\vec{r} = \text{grad}\,(r^2/2)$, also $\varphi = r^2/2 + \text{const.}$

2.

$$\text{rot}\, \frac{\vec{r}}{r^3} = 0 \,. \qquad (4.64)$$

Es gilt nämlich:

$$\text{rot}_1 \left(\frac{\vec{r}}{r^3} \right) = \partial_2 \left(\frac{\vec{r}}{r^3} \right)_3 - \partial_3 \left(\frac{\vec{r}}{r^3} \right)_2 = \partial_2 \left(\frac{x_3}{r^3} \right) - \partial_3 \left(\frac{x_2}{r^3} \right)$$

$$= x_3 \partial_2 \frac{1}{r^3} - x_2 \partial_3 \frac{1}{r^3} = x_3 \frac{-3}{r^4} \frac{x_2}{r} - x_2 \frac{-3}{r^4} \frac{x_3}{r}$$

$$= -\frac{3}{r^5} (x_3 x_2 - x_2 x_3) = 0 \,.$$

Hier ist $\dfrac{\vec{r}}{r^3} = -\text{grad}\left(\dfrac{1}{r} \right)$.

3.

$$\text{rot} \left(\frac{1}{2} \vec{B} \times \vec{r} \right) = \vec{B}, \quad \vec{B} \text{ konstanter Vektor} \,. \qquad (4.65)$$

Komponentenweise haben wir diese Gleichung schon am Ende von Abschn. 4.5.2 nach-gewiesen. Daher zeigen wir sie jetzt nochmal anders. Die allgemeine i-Komponente heißt

$$\epsilon_{ijk} \partial_j \left(\frac{1}{2} \vec{B} \times \vec{r} \right)_k = \epsilon_{ijk} \partial_j \epsilon_{klm} \frac{1}{2} B_l x_m = \frac{1}{2} B_l \epsilon_{ijk} \epsilon_{klm} \delta_{jm}$$

$$= \frac{1}{2} B_l \epsilon_{ijk} \epsilon_{klj} = \frac{1}{2} B_l 2 \delta_{il} = B_i \,,$$

denn man überlegt leicht die Richtigkeit von

$$\epsilon_{ijk}\epsilon_{ljk} = 2\delta_{il} \ . \tag{4.66}$$

4.

$$\text{rot}\,(f(r)\vec{r}) = 0 \ . \tag{4.67}$$

Denn

$$\text{rot}_1(f(r)\vec{r}) = \partial_2(f\vec{r})_3 - \partial_3(f\vec{r})_2 = \partial_2(fx_3) - \partial_3(fx_2) = x_3\partial_2 f - x_2\partial_3 f$$

$$= x_3 f'\frac{x_2}{r} - x_2 f'\frac{x_3}{r} = 0, \quad \text{wobei } f' = \frac{\mathrm{d}f(r)}{\mathrm{d}r} \ .$$

Man kann auch die allgemeine Formel (4.60) anwenden. $\text{rot}(f(r)\vec{r}) = f\,\text{rot}\,\vec{r} + (\text{grad}\,f(r)) \times \vec{r} = 0 + (f'\vec{r}/r) \times \vec{r} = 0 + 0 = 0$, wobei (4.63) benutzt wurde und $\vec{r} \times \vec{r} = 0$.

5. Man bestimme komponentenweise $\text{rot}\,(\text{rot}\,\vec{A})$, d. h. die Wirbel des Wirbelfeldes von $\vec{A}$. Es ist

$$\text{rot}_1(\text{rot}\,\vec{A}) = \partial_2\text{rot}_3\vec{A} - \partial_3\text{rot}_2\vec{A}$$

$$= \partial_2(\partial_1 A_2 - \partial_2 A_1) - \partial_3(\partial_3 A_1 - \partial_1 A_3)$$

$$= \partial_2\partial_1 A_2 - \partial_2^2 A_1 - \partial_3^2 A_1 + \partial_3\partial_1 A_3.$$

Man ergänze jetzt $+\partial_1^2 A_1 - \partial_1^2 A_1$ und fasse geschickt zusammen.

$$\text{rot}_1(\text{rot}\,\vec{A}) = -\partial_1^2 A_1 - \partial_2^2 A_1 - \partial_3^2 A_1 + \partial_1\partial_1 A_1 + \partial_2\partial_1 A_2 + \partial_3\partial_1 A_3$$

$$= -(\partial_1^2 + \partial_2^2 + \partial_3^2)A_1 + \partial_1(\partial_1 A_1 + \partial_2 A_2 + \partial_3 A_3)$$

$$= -\text{div}\,\text{grad}\,A_1 + \partial_1(\text{div}\,\vec{A}) \ .$$

Wir können also formal zusammengefasst schreiben:

$$\text{rot}\,(\text{rot}\,\vec{A}) = \text{grad}\,(\text{div}\,\vec{A}) - (\text{div}\,\text{grad})\vec{A} \ , \tag{4.68}$$

sofern die 2. Ableitungen vertauscht werden dürfen.

4.5.5 Übungen zum Selbsttest: Die Rotation

1. Man zeichne die Vektorfelder $\vec{A} = x_1\vec{e}_1 + x_2\vec{e}_2$ sowie $\vec{B} = x_2\vec{e}_1 - x_1\vec{e}_2$ und bestimme ihre Quellen und Wirbel.
2. Für welchen Wert der Konstanten a ist das Vektorfeld $\vec{A} = (axy - z^3)\vec{e}_1 + (a-2)x^2\vec{e}_2 + (1-a)xz^2\vec{e}_3$ wirbelfrei? Kann man $\vec{A}$ auch quellenfrei machen?

3. Zeigen Sie, dass $\vec{A} = \left(yz+12xy, xz-8yz^3+6x^2, xy-12y^2z^2\right)$ wirbelfrei ist und versuchen Sie, eingedenk der allgemeinen Aussage 2 in Abschn. 4.5.3, ein skalares Feld φ zu finden, sodass grad φ gerade obiges $\vec{A}$ ergibt.

4. Man zeichne das Vektorfeld $\vec{A} = (f(y), 0, 0)$ und bestimme seine Wirbel und Quellen.

5. Die Quellen des Feldes $\vec{A} \times \vec{B}$ sind durch die Wirbel der einzelnen Felder $\vec{A}$ bzw. $\vec{B}$ bestimmt. Wie?

6. Umgekehrt sind für die Wirbel des Feldes $\vec{A} \times \vec{B}$ die Quellen von $\vec{A}$ sowie von $\vec{B}$ wichtig. In welcher Weise?

4.6   Der Vektor-Differentialoperator $\vec{\nabla}$ (Nabla)

Die in den letzten Abschnitten untersuchten partiellen Differentialoperationen in skalaren und vektoriellen Feldern sollen nun übersichtlich zusammengestellt und vereinheitlicht werden. Dies geschieht durch formale Zusammenfassung der partiellen Ableitungen zu einem Vektor-Differentialoperator. Mit seiner Hilfe wird die Analysis der Felder leicht zu memorieren und einfach anzuwenden.

4.6.1   Formale Zusammenfassung der Vektor-Differentialoperationen durch $\vec{\nabla}$

Zu skalaren Feldern φ ließen sich die vektoriellen Felder

$$\operatorname{grad} \varphi = (\partial_1\varphi, \partial_2\varphi, \partial_3\varphi)$$

bestimmen, sowie zu vektoriellen Feldern (A_1, A_2, A_3) einerseits das skalare Feld

$$\operatorname{div} \vec{A} = \partial_1 A_1 + \partial_2 A_2 + \partial_3 A_3$$

und andererseits das vektorielle Feld

$$\operatorname{rot} \vec{A} = (\partial_2 A_3 - \partial_3 A_2, \partial_3 A_1 - \partial_1 A_3, \partial_1 A_2 - \partial_2 A_1)\ .$$

Stets bedeutet $\partial_i \equiv \partial/\partial x_i$, und stets seien die Felder stetig differenzierbar.

Betrachtet man diese drei Differentialoperationen grad, div, rot, so fällt auf, dass den drei ∂_i offenbar eine doppelte Bedeutung zukommt. Zum *einen* drücken sie einen Befehl zur Differentiation aus und zwar partiell jeweils nach der Variablen x_i. Zum *anderen* verhalten sie sich aber bezüglich der drei Indizes $i = 1, 2, 3$ wie ein Vektor, indem sie nämlich bei Anwendung auf *stetig differenzierbare* Felder genau dasselbe Transformationsverhalten zeigen wie die drei Komponenten eines Vektors.

$$\partial'_i \dots = D_{ij}\partial_j \dots \tag{4.69}$$

Dies haben wir in den vorigen Abschnitten für alle auftretenden Fälle bewiesen. Wir dürfen daher wie folgt definieren.

▸ **Definition** Der Vektor-Differentialoperator

$$\vec{\nabla} := \vec{e}_1 \frac{\partial}{\partial x_1} + \vec{e}_2 \frac{\partial}{\partial x_2} + \vec{e}_3 \frac{\partial}{\partial x_3} \equiv \vec{e}_1 \partial_1 + \vec{e}_2 \partial_2 + \vec{e}_3 \partial_3 \qquad (4.70a)$$

$$\text{bzw.} \quad \vec{\nabla} := (\partial_1, \partial_2, \partial_3) \,, \qquad\qquad\qquad\qquad (4.70b)$$

genannt *Nabla* oder *Del*, ist der Vektor, der als Komponenten keine Zahlen, sondern Differentiationsbefehle hat, die nach (4.69) transformiert werden. Als *Differentialoperator* wirkt er auf alles dahinter Stehende partiell differenzierend. Manchmal schreibt man $\partial / \partial \vec{r}$ statt $\vec{\nabla}$. Das Symbol $\vec{\nabla}$ ist also einerseits ein Vektor, andererseits „hungry for something to differentiate", wie Jeans gesagt haben soll.

Mittels des Nabla-Operators schreiben sich die vorher untersuchten Feldableitungen so, dass man ihr Transformationsverhalten auf Anhieb erkennt:

$$\operatorname{grad} \varphi \equiv \vec{\nabla} \varphi, \quad \text{Vektor} \,, \qquad\qquad (4.71)$$

$$\operatorname{div} \vec{A} \equiv \vec{\nabla} \cdot \vec{A}, \quad \text{Skalar} \,, \qquad\qquad (4.72)$$

$$\operatorname{rot} \vec{A} \equiv \vec{\nabla} \times \vec{A}, \quad \text{Vektor} \,. \qquad\qquad (4.73)$$

Die Kommutativität ist jetzt natürlich vollends aufgehoben, da die zu differenzierende Funktion stets *hinter* $\vec{\nabla}$ stehen muss! So ist etwa $\vec{\nabla} \cdot \vec{A} \neq \vec{A} \cdot \vec{\nabla}$. Zwar ist beides skalar, doch ist ersteres „satt", letzteres aber noch „hungrig" etwas zu differenzieren. $\vec{A} \cdot \vec{\nabla}$ hat nur einen Sinn als *Anzuwendendes* auf ein Feld und heißt dann z. B. $\vec{A} \cdot \vec{\nabla} \varphi = A_1 \partial_1 \varphi + A_2 \partial_2 \varphi + A_3 \partial_2 \varphi$. Analog ist $\vec{\nabla} \times \vec{A} \neq -\vec{A} \times \vec{\nabla}$; auch letzteres kann man auf ein skalares Feld φ anwenden, muss aber außerdem auf den Vorzeichenwechsel achten, wenn man Faktoren im Äußeren Produkt vertauscht. Sei etwa $\vec{a}$ ein konstanter Vektor, dann ist $\vec{\nabla} \times (\vec{a} \varphi) = -\vec{a} \times \vec{\nabla} \varphi$, d. h. $\operatorname{rot}(\vec{a} \varphi) = -\vec{a} \times \operatorname{grad} \varphi$.

4.6.2   Zusammenfassende Übersicht der Eigenschaften von $\vec{\nabla}$

Die uns schon bekannten allgemeinen Rechenregeln für grad, div, rot sowie einige Ergänzungen kann man mittels des Nabla-Operators $\vec{\nabla}$ so schreiben:

Seien φ, ψ hinreichend oft (i. Allg. stetig oder zweimal stetig) differenzierbare skalare Felder sowie $\vec{A}, \vec{B}$ entsprechende Vektorfelder; $\vec{\nabla}$ sei der Vektor-Differentialoperator (4.70):

1. $\vec{\nabla}(\varphi + \psi) = \vec{\nabla} \varphi + \vec{\nabla} \psi$,
2. $\vec{\nabla} \cdot (\vec{A} + \vec{B}) = \vec{\nabla} \cdot \vec{A} + \vec{\nabla} \cdot \vec{B}$,
3. $\vec{\nabla} \times (\vec{A} + \vec{B}) = \vec{\nabla} \times \vec{A} + \vec{\nabla} \times \vec{B}$,

4. $\vec{\nabla} \cdot (\varphi \vec{A}) = \varphi \vec{\nabla} \cdot \vec{A} + \vec{A} \cdot \vec{\nabla} \varphi,$

5. $\vec{\nabla} \times (\varphi \vec{A}) = \varphi \vec{\nabla} \times \vec{A} + (\vec{\nabla} \varphi) \times \vec{A} = \varphi \vec{\nabla} \times \vec{A} - \vec{A} \times \vec{\nabla} \varphi,$

6. $\vec{\nabla} \cdot (\vec{A} \times \vec{B}) = \vec{B} \cdot \vec{\nabla} \times \vec{A} - \vec{A} \cdot \vec{\nabla} \times \vec{B},$

7. $\vec{\nabla} \times (\vec{A} \times \vec{B}) = \vec{\nabla} \cdot \vec{B} \vec{A} - \vec{\nabla} \cdot \vec{A} \vec{B},$

$$= \vec{A} \vec{\nabla} \cdot \vec{B} + \vec{B} \cdot \vec{\nabla} \vec{A} - \vec{B} \vec{\nabla} \cdot \vec{A} - \vec{A} \cdot \vec{\nabla} \vec{B},$$

8. $\vec{\nabla} \times (\vec{\nabla} \varphi) = 0, \qquad$ Wirbelfreiheit eines Gradientenfeldes,

9. $\vec{\nabla} \cdot (\vec{\nabla} \times \vec{A}) = 0, \qquad$ Quellenfreiheit eines Wirbelfeldes,

10. $\vec{\nabla} \times (\vec{\nabla} \times \vec{A}) = \vec{\nabla} \vec{\nabla} \cdot \vec{A} - \vec{\nabla}^2 \vec{A},$

11. Der Laplace-Operator $\partial_1^2 + \partial_2^2 + \partial_3^2 = \partial_i \partial_i \equiv \Delta$ ist $\Delta = \vec{\nabla}^2$, ein Skalar.

12. Man beachte $\vec{A} \cdot \vec{\nabla} \varphi \equiv (\vec{A} \cdot \vec{\nabla}) \varphi$ und $\vec{A} \times \vec{\nabla} \varphi = (\vec{A} \times \vec{\nabla}) \varphi.$

Zur Übung schreibe man frühere Aufgaben in die Sprache des Nabla-Operators $\vec{\nabla}$ um.

Hinweise

a) Zwar ist $\vec{\nabla} \times \vec{\nabla} \varphi = 0$, jedoch ist $\vec{\nabla} \varphi \times \vec{\nabla} \psi$ i. Allg. *nicht* Null. Wenn nämlich $\vec{\nabla}$ auf *verschiedene* Felder wirkt, sind die entstehenden Vektoren i. Allg. nicht parallel.

b) $\vec{\nabla}^2 \vec{A}$ unter Punkt 10 oben hat die i-Komponente $\vec{\nabla}^2 A_i$, sofern $\vec{A} = A_j \vec{e}_j$ in einem Koordinatensystem $|\vec{e}_j|$ betrachtet wird, das ortsunabhängig ist. Dies ist bei krummlinigen Koordinaten (siehe Kap. 8) nicht so, weshalb z. B. die Radialkomponente *nicht* durch $\vec{\nabla}^2 A_r$ gegeben ist; vielmehr gilt (8.26).

4.6.3 Übungen zum Selbsttest: Der Nabla-Operator

1. Berechnen Sie $\vec{\nabla} \cdot (\vec{A} \times \vec{r})$.

2. Man beweise die Formel für $\vec{\nabla} \times (\vec{\nabla} \times \vec{A})$ mittels des Entwicklungssatzes für das zweifache Vektorprodukt und auch direkt, komponentenweise.

3. Gegeben seien die folgenden konkreten Felder:
$$\varphi = xy^2 z^3, \quad \vec{A} = (y^2, x^3 z, -x^2 y^2 z^3), \quad \vec{B} = (yz, -zx, xy).$$
Bestimmen Sie, eventuell auf verschiedene Weisen, $\vec{A} \cdot \vec{\nabla} \varphi, (\vec{B} \cdot \vec{\nabla}) \vec{A}, \vec{A} \times \vec{\nabla} \varphi,$ $\vec{\nabla}(\vec{A} \cdot \vec{B}), \vec{\nabla} \cdot (\vec{A} \times \vec{B}), \vec{\nabla} \cdot (\varphi \vec{B}), \Delta \varphi$ u. ä. Setzen Sie auch spezielle Punkte (x, y, z) ein, z. B. $(1, 0, 1), (-1, 1, -1), (1, 2, 3)$ usw.

4. $\vec{\nabla} f(r) = ?$

5. Zeigen Sie: $\vec{\nabla}(\vec{r} \cdot \vec{a}) = \vec{a}$, falls $\vec{a}$ konstanter Vektor ist.

6. Bestimmen Sie $\vec{\nabla}(\varphi / \psi)$, wobei φ, ψ von r abhängig seien.

7. $\vec{\nabla} \vec{\nabla} \cdot \vec{r}^0 = ?$

8. Jede Lösung φ der Laplaceschen Differentialgleichung $\Delta \varphi = 0$ erzeugt ein Vektorfeld grad φ, das sowohl quellenfrei als auch wirbelfrei ist. Beweis? Beispiel?

9. Verifizieren Sie $\Delta(\varphi \psi) = \varphi \Delta \psi + 2(\vec{\nabla} \varphi) \cdot (\vec{\nabla} \psi) + \psi \Delta \varphi.$

10. rot $(\varphi \text{grad } \varphi) = ?$

11. Welche Quellen und Wirbel hat das Vektorfeld $\vec{A} = (\vec{\nabla} \varphi) \times (\vec{\nabla} \psi)$?

12. Seien $\vec{A}$ und $\vec{B}$ quellen- und wirbelfreie Vektorfelder. Welche Quellen und welche Wirbel hat $\vec{A} \times \vec{B}$?

Integration 5

Zur Formulierung physikalischer Gesetze spielt neben dem Differentialquotienten das *Integral* eine ebenso bedeutende Rolle. Ja, der Ablauf des von uns beobachteten Naturgeschehens ist i. Allg. so etwas wie eine durchgeführte „Integration" von differentiellen Gesetzmäßgkeiten. Beide Begriffe sind eng miteinander verwoben. Historisch sind sie gemeinsam entwickelt worden. Wichtige, große Namen in diesem Kontext sind Isaac NEWTON (1642–1727) und Gottfried Wilhelm LEIBNIZ (1646–1716). Für weitere Entwicklungen stehen Augustin Louis CAUCHY (1789–1857), Georg Friedrich Bernhard RIEMANN (1826–1866), Thomas Jan STIELTJES (1856–1894) und Henri Leon LEBESGUE (1875–1941).

In der heutigen Ausbildung trennt man die Integration von der Differentiation; vielleicht auch deshalb, weil sie mehr Kunstfertigkeit erfordert? Da sie im mathematischen Ausbildungsprogramm einen etwas späteren Platz erhält, man sie aber in der Physik schon sogleich benötigt, wurde dieses Kapitel aufgenommen.

5.1 Physikalische Motivation

Wir diskutieren anhand verschiedener konkreter Beispiele eine oft in der Physik auftretende Aufgabenstellung:

1. Ein Körper, z. B. ein Flugzeug oder ein Planet, bewege sich auf einer Bahn durch den Raum. Seine jeweilige Geschwindigkeit $\vec{v}(t)$ sei uns, z. B. durch lokale Messungen, bekannt. Wir fragen nach dem in einer längeren Zeit zurückgelegten Weg.
   Zuerst betrachten wir den einfachsten Fall. Die Bewegung sei geradlinig, die Geschwindigkeit v konstant. Dann wird, ausgehend von $x = 0$ zur Zeit $t = 0$ bis zur Zeit t der Weg

$$x = vt \tag{5.1}$$

S. Großmann, *Mathematischer Einführungskurs für die Physik*,
DOI 10.1007/978-3-8348-8347-6_5,
© Vieweg+Teubner Verlag | Springer Fachmedien Wiesbaden 2012

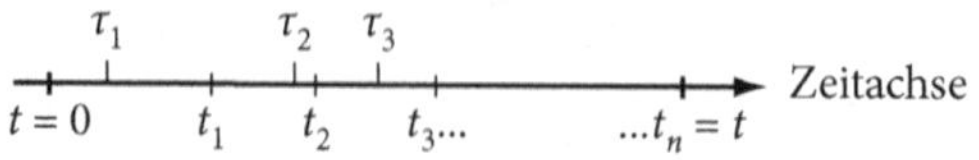

Abb. 5.1 Zerlegung Z eines längeren Zeitintervalls von 0 bis t in viele kurze Intervalle der Länge $\Delta t_i = t_i - t_{i-1}$, in denen die Geschwindigkeit praktisch konstant ist und durch ihren Wert zu einer beliebig gewählten Zeit $\tau_i \in [t_{i-1}, t_i]$ im jeweiligen Zeitintervall repräsentiert werden kann. Die Intervalle können und werden i. Allg. verschieden lang sein, damit v nur um einen vorzugebenden Fehler vom jeweils repräsentativen Wert abweicht

zurückgelegt. Diese Gleichung ist das *physikalische Grundgesetz* dieser speziellen Aufgabe!

Wenn nun die Bewegung zwar geradlinig, jedoch mit veränderlicher Geschwindigkeit $v(t)$ verläuft? Dann bestimmen wir den bis zur Zeit t zurückgelegten Weg so: Wir wählen zunächst ein viel kleineres Zeitintervall Δt_1 von 0 bis t_1, in dem die Geschwindigkeit *praktisch konstant* ist. Als repräsentativen Wert für sie nehmen wir einen solchen, den sie in einem beliebigen Zeitpunkt τ_1, im Intervall $[0, t_1]$ hat, d. h. $v(\tau_1)$. τ_1 ist deshalb beliebig, weil ja $v(t)$ für alle $t \in [0, t_1]$ als praktisch gleich vorausgesetzt wurde; so klein muss Δt_1 eben sein. Zumindest für stetige Funktionen $v(t)$ ist das auch erreichbar.

In dem kurzen Intervall gilt nun aber das Grundgesetz (5.1), sodass der zurückgelegte Weg lautet: $\Delta x_1 = v(\tau_1)\Delta t_1$. Im nächsten Zeitintervall Δt_2, von t_1 bis t_2 wählen wir als repräsentativen Wert für die (inzwischen veränderte) Geschwindigkeit $v(\tau_2)$, wobei τ_2 in $[t_1, t_2]$ liege. Der hiermit zurückgelegte Weg ist $\Delta x_2 = v(\tau_2)\Delta t_2$. Der insgesamt zurückgelegte Weg wäre bis t_2 also $\Delta x_1 + \Delta x_2$.

So setzen wir mehr und mehr kleine Intervalle Δt_i zusammen, bis wir die uns interessierende längere Zeitspanne von 0 bis t zusammen haben, siehe Abb. 5.1.

In der gesamten Zeit $\Delta t_1 + \Delta t_2 + \cdots + \Delta t_n = t$ wird der Weg $x(t)$ zurückgelegt

$$x \approx \Delta x_1 + \Delta x_2 + \ldots + \Delta x_n = v(\tau_1)\Delta t_1 + v(\tau_2)\Delta t_2 + \ldots + v(\tau_n)\Delta t_n$$

$$= \sum_{i=1}^{n} v(\tau_i)\Delta t_i \, . \tag{5.2}$$

Um die Abweichung dieses berechneten vom tatsächlichen Weg kleiner und kleiner zu machen, zerlegen wir $0 \ldots t$ in immer mehr und immer kürzere Intervalle. Diesen Verfeinerungsprozess bezeichnen wir mit dem Symbol $Z \to \infty$, wobei Z für Zerlegung des Intervalls von 0 bis t in der beschriebenen Art und Weise steht. Die so erzeugte Summe aus schließlich beliebig kleinen, jedoch entsprechend vielen Summanden bezeichnen wir statt mit $\sum$ mit dem stilisierten Summensymbol $\int$, genannt *Integral*.

$$x(t) = \lim_{Z \to \infty} \left(\sum_i v(\tau_i)\Delta t_i \right) = \int_0^t v(t')\mathrm{d}t' \, . \tag{5.3}$$

Abb. 5.2 Räumlicher Weg eines Teilchens, falls sich $\vec{v}(t)$ nach Größe und Richtung ändert

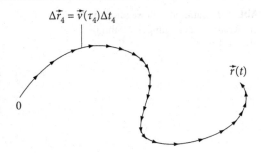

$$\Delta \vec{r}_4 = \vec{v}(\tau_4)\Delta t_4$$

$$\vec{r}(t)$$

Statt des diskreten Index i schreiben wir die kontinuierliche Variable t'. Ebenso wie man einen Summationsindex beliebig bezeichnen darf, ist das auch für die „Integrationsvariable" t' erlaubt. Daher gilt $\int_0^t v(t')\mathrm{d}t' \equiv \int_0^t v(\xi)\mathrm{d}\xi \equiv \int_0^t v(x)\mathrm{d}x \equiv \int_0^t v(M)\mathrm{d}M$ usw.

Wenn die Bewegung nicht geradlinig ist, ändert sich nicht nur der Betrag der Geschwindigkeit, $v(t)$, sondern auch die Richtung, also der ganze Vektor $\vec{v}(t)$. Die in kleineren Zeitintervallen zurückgelegten Wege sind $\vec{v}(\tau_i)\Delta t_i$, also kleine Vektoren. Der gesamte Weg ist die *Vektor*summe (siehe auch Abb. 5.2)

$$\vec{r} \approx \overrightarrow{\Delta r_1} + \overrightarrow{\Delta r_2} + \ldots + \overrightarrow{\Delta r_n} = \sum_{i=1}^{n} \vec{v}(\tau_i)\Delta t_i \,. \tag{5.4}$$

Im Limes $Z \to \infty$ immer feinerer Einteilung des Zeitablaufs entsteht aus der Vektorsumme ein *Vektorintegral*

$$\vec{r}(t) = \int_0^t \vec{v}(t')\mathrm{d}t' = \lim_{Z \to \infty} \sum_i \vec{v}(\tau_i)\Delta t_i \,. \tag{5.5}$$

2. Der eben betrachtete Körper bewege sich durch ein Kraftfeld $\vec{K}(\vec{r})$, siehe Abb. 5.3.
   Er wird dann Arbeit verrichten oder gewinnen, um einen gewissen Weg, etwa von $\vec{r}_a$ bis $\vec{r}_b$, auf der Bahn $\vec{r}(t)$ zurückzulegen. Wir fragen nach dieser Arbeit!
   Wieder gehen wir von einem möglichst einfachen Fall, der das physikalische Grundgesetz darstellt, zur allgemeinen Bewegung über.
   Am einfachsten ist eine geradlinige Bewegung im Felde einer konstanten Kraft. Dann wird auf dem Weg x von einer in Bewegungsrichtung wirkenden Kraft K die Arbeit verrichtet

$$A = Kx \,. \tag{5.6a}$$

Dies ist das *physikalische Grundgesetz*, auf das wir allgemeinere Fälle zurückführen werden.

So kann z. B. die Bewegung in einem Winkel φ zur Kraftrichtung erfolgen. Dann lautet die Kraftkomponente in Bewegungsrichtung $K\cos\varphi$ und die Arbeit ist gemäß Abschn. 2.3.1

$$A = Kx \cos\varphi = \vec{K} \cdot \vec{r} \,. \tag{5.6b}$$

Dabei ist $\vec{r}$ der Vektor der Verschiebung um x.

Abb. 5.3 Räumliche Bewegung durch
ein Kraftfeld. Zerlegung der Bahn in
Stücke $\Delta \vec{r}_i$

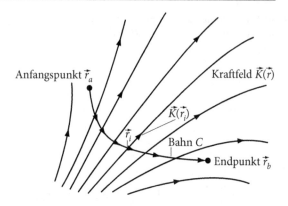

Falls die Kraft sich während der Bewegung in Stärke oder Richtung ändert, zerlegen
wir natürlich die gesamte Verschiebung $\vec{r}$ in kleine Stücke, $\Delta \vec{r}_1 + \Delta \vec{r}_2 + \ldots$, auf denen die
Kraft jeweils praktisch konstant ist. Auf jedem dieser Stücke $\Delta \vec{r}_i$ wird als repräsentativer
Wert $\vec{K}(\vec{r}_i)$ gewählt, nämlich der Vektor $\vec{K}$ an einer Stelle $\vec{r}_i$ auf dem Wegstück $\Delta \vec{r}_i$. Die
Arbeit setzt sich aus kleinen Teilbeträgen zusammen

$$A = \Delta A_1 + \Delta A_2 + \ldots = \vec{K}(\vec{r}_1) \cdot \Delta \vec{r}_1 + \vec{K}(\vec{r}_2) \cdot \Delta \vec{r}_2 + \ldots$$

Analog verfahren wir, wenn der Weg des Körpers nicht geradlinig ist, sondern eine gekrümmte Kurve im Raum wie in Abb. 5.3. Dann sind die kleinen Teilstrecken $\Delta \vec{r}_1$ so
klein zu wählen, dass nicht nur die Kraft auf ihnen konstant ist, sondern auch die Bewegung als praktisch geradlinig anzusehen ist. An unserer letzten Formel 5.6b ändert sich
nichts, da es immer nur auf $\Delta \vec{r}_i$ relativ zu $\vec{K}(\vec{r}_i)$ ankommt, nicht aber auf die relative
Lage der Wegstücke zueinander.

Um den Fehler, der durch die Approximation der Wegstücke durch Geraden sowie der
auf ihnen wirkenden Kraft durch eine konstante Kraft, $\vec{K}(\vec{r}_i)$ entsteht, so klein wie mög-
lich zu machen, wählen wir immer feinere Zerlegungen. $Z \to \infty$ heiße wieder, $\max|\Delta \vec{r}_i|$
gehe gegen Null, die ΔA_i werden immer kleiner, ihre Anzahl immer größer. Der endliche Grenzwert heißt „Kurvenintegral"

$$A = \lim_{Z \to \infty} \sum_i \vec{K}(\vec{r}_i) \cdot \Delta \vec{r}_i = \int_{\vec{r}_a, C}^{\vec{r}_b} \vec{K}(\vec{r}') \cdot d\vec{r}'. \tag{5.7}$$

In Kurvenintegralen sind die Integranden $\vec{K}(\vec{r}')$ Funktionen des Ortes; zu summieren
ist über die skalaren Größen $\vec{K} \cdot d\vec{r}$. Das Resultat hängt nicht nur von Anfangs- bzw.
Endpunkt $(\vec{r}_a \ldots \vec{r}_b)$ der Bewegung ab, sondern i. Allg. auch von der ganzen gewählten Bahn. Um daran zu erinnern, ist C als Symbol dafür an das $\int$-Zeichen geschrieben
worden.

3. Die beiden diskutierten Fälle zeigen das Typische zur Lösung ähnlicher Fragen nach glo-
   balen physikalischen Effekten. Man zerlegt den Effekt in kleine Bestandteile, die einfach

berechnet werden können und das physikalische Grundgesetz repräsentieren. Im Limes beliebig kleiner, aber entsprechend vieler Summanden wird der Gesamteffekt mathematisch als Integral über die Bestandteile geschrieben.

Das Symbol $\int$ ist als stilisiertes S = Summe zu verstehen. Statt integrieren sagt man auch oft summieren. Dies macht auch klar, dass das Integral über dimensionsbehaftete physikalische Größen diejenige Dimension erhält, die jeder Summand hat. Das wäre $[v][dt]$ in (5.5), also $([\text{Weg}]/[\text{Zeit}]) \cdot [\text{Zeit}] = [\text{Weg}]$, oder $[K][dr]$ in (5.7), also $[\text{Kraft}] \cdot [\text{Weg}] = [\text{Arbeit}]$.

Integrale als Grenzwerte von Summen wurden von LEIBNIZ und NEWTON aus physikalischer Fragestellung eingeführt, analytisch von CAUCHY definiert, heute meist in der von RIEMANN (gemäß (5.3) mit Zwischenwerten) gegebenen Darstellung geschrieben. Weiterentwicklungen, die in der Physik ebenfalls oft angewendet werden, gaben STIELTJES und insbesondere LEBESGUE.

Weitere physikalische Beispiele mögen das generelle Schema beleuchten.

4. Ein elektrischer Strom wechselnder Stärke $I(t)$ fließe durch einen Widerstand R. Dieser erwärmt sich infolge der aufgenommenen elektrischen Energie Q. Wie groß ist Q?

   Wäre I zeitlich konstant, wäre das auch die Spannung $U = RI$. Die in der Zeit t aufgenommene Energie ist $Q = IUt$. Schwankt der Strom zeitlich, gilt aber trotzdem dieses Grundgesetz in kleinen Zeitintervallen Δt_i. Q ist die verallgemeinerte Summe über Teilintervalle

$$Q = \lim_{Z \to \infty} \sum_i U(t_i)I(t_i)\Delta t_i = \int_0^t U(t')I(t')dt' = R\int_0^t I^2(t')dt' . \tag{5.8}$$

5. Falls der eben betrachtete Widerstand ein elektrischer Heizofen ist, erwärmt er durch Abstrahlung der elektrisch zugeführten Energie das Zimmer. Wenn man zu einem bestimmten Zeitpunkt den Energiegehalt des Zimmers, d. h. eines Volumens V bestimmen möchte, hat man natürlich zu beachten, dass verschiedene Teile des Raumes i. Allg. einen verschiedenen Energiegehalt haben.

   Deshalb zerlegen wir das untersuchte Volumen V in viele hinreichend kleine Stücke ΔV_i, in denen jeweils der Energiegehalt räumlich praktisch homogen ist, also durch einen repräsentativen Zahlenwert beschrieben werden kann (Abb. 5.4). Dazu eignet sich die lokale Energiedichte $u(\vec{r})$, die die Energie pro Volumen an der Stelle $\vec{r}$ angibt. Ein herausgegriffenes Teilvolumen enthält folglich die Energie $u(\vec{r}_i)\Delta V_i$. Die Summe über alle Teilvolumina, also im Grenzwert beliebig feiner Einteilung das Integral darüber, gibt die Gesamtenergie

$$U = \int_V u(\vec{r})dV(\vec{r}) . \tag{5.9}$$

Dieser Integraltyp heißt *Volumenintegral*; die kleinen Teilsummanden beziehen sich auf kleine Volumina dV, gelegen an der Stelle $\vec{r}$, für die der Integrand betrachtet wird. Man schreibt deshalb $dV(\vec{r})$ bzw. d^3r. Die 3 vertritt die Dimension des Volumens; im n-dimensionalen Raum schriebe man $d^n r$.

Abb. 5.4 Zerlegung eines Volumens V in Teilvolumina ΔV_i. Ihre Lage im Raum kann durch repräsentative Punkte $\vec{r}_i$ gekennzeichnet werden, die in dem jeweiligen ΔV_i liegen

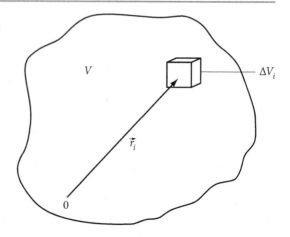

6. Der erwärmte Raum wird sich nach Abschalten des Heizkörpers wieder abkühlen, da durch die Oberfläche F des Volumens Energie hinausströmt. Wir beschreiben diese Energieströmung am bequemsten mithilfe eines Energie-Stromdichtevektors $\vec{q}$. Er ist analog zum Teilchen-Stromdichtevektor $\vec{j}$ in Abschn. 4.4.3 definiert als der Vektor, der die Energie pro Fläche und pro Zeit darstellt, die in der durch $\vec{q}$ bestimmten Richtung strömt.

Selbstverständlich ist i. Allg. der Energiestrom durch verschiedene Stellen der Oberfläche verschieden, d. h. $\vec{q} = \vec{q}(\vec{r})$. Die durch ein kleines Stück der Oberfläche, genannt $\Delta\vec{F}$ und gelegen an einer Stelle $\vec{r}_i$ – also $\Delta\vec{F}(\vec{r}_i)$ –, fließende Energie ist analog zu Abb. 4.9 bzw. (4.49) gegeben durch

$$\vec{q}(\vec{r}_i) \cdot \Delta\vec{F}(\vec{r}_i) \; . \tag{5.10}$$

Sowohl die Energiestromdichte als auch das Flächenstück ist ein Vektor; letzterer hat die Richtung der Flächennormale und die Größe der Fläche, ΔF. Transportiert wird nur vermittels der Komponente von $\vec{q}$ senkrecht zur Fläche, also parallel zum Vektor $\overrightarrow{\Delta F}$. Daher ist für den Energiestrom durch die Fläche das Innere Produkt maßgebend. Der gesamte Energiestrom durch die Oberfläche ergibt sich durch Summieren über viele hinreichend kleine Teilflächen, durch die ein jeweils praktisch konstanter, lokal repräsentativer Strom fließt. Die pro Zeit abfließende Energie, L, ist folglich

$$L = \lim \sum_i \vec{q}(\vec{r}_i) \cdot \overrightarrow{\Delta F}(\vec{r}_i) = \int_F \vec{q} \cdot \overrightarrow{dF} \; . \tag{5.11}$$

Das Integral (5.11) heißt sinnvollerweise „Oberflächenintegral". Die kleinen Teilsummanden beziehen sich auf kleine Flächenelemente, die in ihrer Gesamtheit die Gesamtfläche F zusammensetzen.

Das Symbol F am Integral (5.11) repräsentiert sehr viel Information! Um die Summe (5.11) explizit auszuführen, muss man die Lage und Form der Fläche F durch die Gesamtheit der Punkte $\vec{r}$, die auf ihr liegen, ins Spiel bringen. Dies ist in (5.10) durch die

$\vec{r}_i$ angedeutet worden. Da Flächen ihrem Wesen nach 2-parametrige Mannigfaltigkeiten sind, ist (5.11) ein Beispiel für sog. „Doppelintegrale". Darauf wird in Abschn. 6.3.3 noch genauer eingegangen. Das Volumenintegral (5.9) ist ein „Dreifachintegral", da zur Kennzeichnung der Lage und Größe der kleinen Teilvolumina dV je drei Parameter nötig sind, nämlich die drei Komponenten (x_1, x_2, x_3) des Ortsvektors eines repräsentativen Punktes in dV bzw. die Kantenlängen (dx_1, dx_2, dx_3).

7. Viele physikalische Gesetze haben eine der beschriebenen integralen Formen. Ihr wesentlicher Inhalt ist dann eine Aussage über die *Summe* vieler einfacher, kleiner Teileffekte. Integralrechnung ist die Kunst, Summen auszurechnen aus sehr, sehr vielen jedoch sehr, sehr kleinen Summanden. Gerade um das zu *erleichtern*, wird der Grenzübergang $Z \to \infty$ vorgenommen. Seine Existenz, verschiedene Definitionsmöglichkeiten, Angabe von möglichst allgemeinen Klassen erlaubter Integranden u. ä. wird in mathematischen Vorlesungen studiert.

Im Folgenden soll mehr der anwendungsmotivierte praktische Umgang mit Integralen behandelt werden. Dieses Kapitel 5 wird dem einfachsten Integraltyp gewidmet werden. Im folgenden Kapitel. 6 werden Integrale über Felder besprochen, insbesondere Kurven-, Flächen- und Volumenintegrale über vektorielle und skalare Felder. Dabei spielt es keine Rolle, ob die physikalisch interessierenden Größen Skalare sind, Vektoren, Tensoren – ob die Parameter Skalare sind (z. B. die Zeit t), Vektoren (z. B. der Ortsvektor $\vec{r}$), Volumen- oder Flächenelemente. Die Integralidee ist immer dieselbe, nämlich Summenlimites über sehr viele, sehr kleine, aber sehr einfache Summanden zu bilden. Auch die tatsächliche Berechnung wird letztlich immer auf dieselbe Grundmethode (eventuell mehrfach hintereinander) zurückgeführt. Ihr dient Kap. 5.

5.2 Das Integral über Funktionen

In diesem Abschnitt werden die Grundzüge der Integration von Funktionen einer Variablen behandelt. Dabei werden nicht nur die typischen Verfahren exemplifiziert, sondern auch die für den Physiker relevanten uneigentlichen sowie die parameterabhängigen Integrale.

5.2.1 Definition des (bestimmten) Riemannintegrals

Nach der ausführlichen Motivation und Erläuterung der Idee in Abschn. 5.1, insbesondere unter Punkt 1, kann ich jetzt das abstraktere mathematische Gerüst formulieren.

Gegeben sei eine Funktion $f(x)$ einer Variablen über dem Intervall $[a, b]$. Bequemerweise mag sie stetig sein, wenigstens stückweise. Es ist zwar möglich, auch über allgemeinere Funktionen zu integrieren, doch sei das dem späteren Studium überlassen.

Abb. 5.5 Zur Integraldefinition

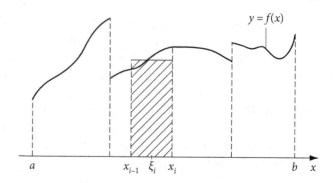

▶ **Definition** Unter dem „bestimmten Integral der Funktion $f(x)$ von a bis b" versteht man die *Zahl*

$$F \equiv \int_a^b f(x)\mathrm{d}x = \lim_{Z\to\infty} S(Z) \quad \text{mit} \quad S(Z) := \sum_i f(\xi_i)\Delta x_i \,, \tag{5.12}$$

die man auf folgende Weise findet, sofern das Verfahren durchführbar ist, d. h. „das Integral existiert":

1. Man mache (siehe Abb. 5.5) eine *Intervalleinteilung* oder *Zerlegung Z*, bestehend aus

$$a \equiv x_0 < x_1 < x_2 < \cdots < x_i < \cdots < x_n \equiv b \,.$$

Sie definiert Teilintervalle der Länge $\Delta x_i = x_i - x_{i-1}$. Eventuelle Unstetigkeitsstellen beziehe man in die Zerlegung ein. $a < b$, beide endlich.

2. Im Inneren oder auf dem Rand eines jeden Teilintervalls wähle man eine beliebige Zwischenstelle ξ_i, d. h. $x_{i-1} \le \xi_i \le x_i$, und bilde $f(\xi_i)$. Die Auswahl der Zwischenwerte sei im Symbol Z mit erfasst. $f(\xi_i)$ repräsentiert die Funktion im jeweiligen Intervall.

3. Nunmehr bilde man die Produkte $f(\xi_i)\Delta x_i$ und addiere sie. Es entsteht die zur Zerlegung Z gehörige *Riemannsumme*

$$S(Z) = \sum_{i,Z} f(\xi_i)\Delta x_i \,.$$

Ihre Bedeutung ist je nach Aufgabenstellung verschieden. Ein Beispiel ist der zurückgelegte Weg (5.2). Stets möglich ist die Interpretation des einzelnen Summanden als Rechteckfläche „unter" dem repräsentativen Funktionswert (Abb. 5.5). Diese „Fläche" kann allerdings positiv oder negativ sein, je nach dem Vorzeichen von $f(\xi_i)$. Die ganze Riemannsumme approximiert die Fläche unter der Funktion im Intervall $[a, b]$.

4. Wir bilden nun immer feinere Intervallzerlegungen Z, symbolisiert durch $Z \to \infty$. Ihre Auswahl sei beliebig, wenn nur die Anzahl n der Teilpunkte beliebig groß wird sowie

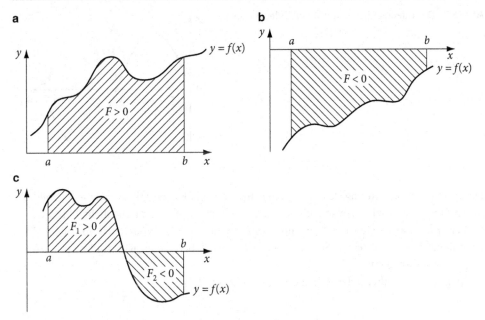

Abb. 5.6 Das bestimmte Integral als vorzeichenbehaftete Fläche, **a** $f(x)$ positiv, **b** $f(x)$ negativ, **c** $f(x)$ wechselt das Vorzeichen. Im letzteren Fall ist $F = F_1 + F_2 = F_1 - |F_2|$

$\max_i \Delta x_i \to 0$, d. h. *alle* Teilintervalle beliebig klein werden. Sonst bliebe ja ein Teil der Abszisse ausgespart.

5. Sofern der Limes $\lim_{Z \to \infty}$ der Riemannsummen existiert und von der Wahl der Z-Folge unabhängig ist, heißt er „bestimmtes Integral", siehe (5.12). Die Funktion $f(x)$ heißt der „Integrand", a die „untere Grenze" und b die „obere Grenze" des Integrals. x symbolisiert die Summationsvariable, hier genannt „*Integrationsvariable*" und kann wie jeder Summationsindex beliebig umbenannt werden (etwa in x', z, ξ, α, ...). Hiervon muss man sogar immer dann Gebrauch machen, wenn das Symbol x etwa noch an anderer Stelle verwendet wird, also Verwechslungen vorkommen könnten.

Bemerkungen
An dieser Stelle ist man versucht zu fragen: Unter welchen Umständen bzw. für welche $f(x)$ existiert denn das Integral? Solche f heißen *integrierbar* oder *integrabel*. Doch für sinnvolle physikalische Fragestellungen, die auf eine Riemannsumme führen, gehe man zunächst von der Integrierbarkeit aus! Nur zur Beruhigung sei angemerkt, dass stetige, stückweise stetige, auch Funktionen von beschränkter Variation im endlichen Intervall integrierbar *sind*.

Integrieren ist „eher" möglich als Differenzieren, denn dazu würde die Stetigkeit nicht reichen.

Wie könnte man prinzipiell die Konvergenz der Riemannsummen prüfen? Man wähle z. B. die Zwischenwerte ξ_i so, dass $f(\xi_i)$ in Δx_i entweder maximal oder minimal ist. So entstehen die „Obersumme" bzw. die „Untersumme". Man zeigt dann, dass ihre Differenz mit $Z \to \infty$ gegen Null geht.

Abb. 5.7 Das Integral über eine volle Periode von $\sin\alpha$

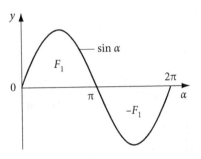

Die geometrische Deutung des bestimmten Integrals als Fläche mit Vorzeichen, gebildet durch $f(x)$, die Abszisse sowie die Ordinaten $f(a)$ und $f(b)$, veranschaulicht Abb. 5.6.

Wir haben bisher stets $a < b$ angenommen. Wenn man (5.12) nun auch im Falle $a > b$ nach dem oben aufgestellten Schema (Schritte 1 bis 5) berechnen will, sind offenbar die $\Delta x_i = x_i - x_{i-1}$ negativ.

Man überlegt anhand der Riemannsummen leicht, dass

$$\int_a^b f(x)\mathrm{d}x = -\int_b^a f(x)\mathrm{d}x\,. \tag{5.13}$$

Zwei einfache Beispiele:

1. Falls $f(x) = 1$, ist ja $\sum_i f(\xi_i)\Delta x_i = \sum_i \Delta x_i = \Delta x_1 + \cdots + \Delta x_n = x_1 - x_0, +x_2 - x_1 + \ldots$ $+x_n - x_{n-1} = -x_0 + x_n = b - a$, unabhängig von Z. Also existiert der Limes $Z \to \infty$ und liefert

$$\int_a^b 1\mathrm{d}x = \int_a^b \mathrm{d}x = b - a\,.$$

2. $F = \int_0^{2\pi} \sin\alpha\,\mathrm{d}\alpha$ muss 0 sein, wie Abb. 5.7 der periodischen Funktion $\sin\alpha$ zeigt: $F = F_1 + (-F_1) = 0$.

5.2.2 Eigenschaften des bestimmten Integrals

Als weitere Beispiele mache man sich anhand graphischer Darstellungen bzw. der zugehörigen Riemannsummen klar, dass folgende Eigenschaften gelten:

1. Wiederholung von (5.13)

$$\int_a^b f(x)\mathrm{d}x = -\int_b^a f(x)\mathrm{d}x\,.$$

Abb. 5.8 Ersetzung der Fläche unter einer Funktion $f(x)$ durch ein Rechteck von geeigneter Höhe $f_0 = f(\xi)$

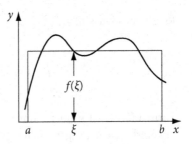

2. Aus der Definition oder aus (5.13) schließt man

$$\int_a^a f(x)\mathrm{d}x = 0\;.$$

3. Man kann das Intervall beliebig zerlegen in $[a,b] = [a,c] \cup [c,b]$.

$$\int_a^b f(x)\mathrm{d}x = \int_a^c f(x)\mathrm{d}x + \int_c^b f(x)\mathrm{d}x$$

Diese Formel gilt auch dann noch, wenn c außerhalb des Intervalls $[a,b]$ liegt. Man zieht dann die „zuviel" berechnete Fläche im 2. Summanden wieder ab. (Zeichnung!)

4. Konstante Faktoren werden vor das Integral gezogen, Summen von Funktionen einzeln integriert.

$$\int_a^b k f(x)\mathrm{d}x = k \int_a^b f(x)\mathrm{d}x,\qquad \int_a^b (f_1 \pm f_2)\mathrm{d}x = \int_a^b f_1\mathrm{d}x \pm \int_a^b f_2\mathrm{d}x\;.$$

All dies gilt für die Riemannsummen, also auch für ihren Limes, das Integral.

5.

$$\int_a^b f(x)\mathrm{d}x \le \int_a^b g(x)\mathrm{d}x,\qquad \text{sofern}\quad f(x) \le g(x)\quad \text{in}\quad [a,b]\;.$$

Oft genügt anstelle einer genauen Berechnung eines Integrals für eine physikalische Anwendung eine approximative Abschätzung. Dies erläutert Abb. 5.8.

Man darf im Integral (5.12) die Funktion $f(x)$ durch einen geeigneten, repräsentativen, aber konstanten Wert f_0 ersetzen, diesen als Konstante vor das Integral ziehen und dann $\int_a^b \mathrm{d}x = b - a$ ausrechnen. Offensichtlich muss f_0 zwischen dem minimalen bzw. maximalen Wert von $f(x)$ im Intervall $[a,b]$ liegen. Da aber eine stetige Funktion jeden Zwischenwert annimmt, muss es (mindestens) ein geeignetes ξ im Inneren des Intervalles geben, sodass $f_0 = f(\xi)$ ist.

$$\int_a^b f(x)\mathrm{d}x = f(\xi)(b-a), \quad \xi \in (a,b).$$ (5.14)

Formel (5.14) ist immer dann nützlich, wenn es auf die genaue Lage von ξ gar nicht ankommt. Sie hat sogar einen eigenen Namen: *Mittelwertsatz* der Integralrechnung. Häufig ist eine Erweiterung nützlich.

▸ **Zweiter Mittelwertsatz der Integralrechnung** Falls $f(x)$ stetig ist in $[a,b]$ und $\varphi(x)$ sein Vorzeichen nicht wechselt, existiert ein geeignetes ξ im Inneren des Intervalles, sodass

$$\int_a^b f(x)\varphi(x)\mathrm{d}x = f(\xi)\int_a^b \varphi(x)\mathrm{d}x.$$ (5.15)

Der einfache Beweis schließt (für $\varphi > 0$) an die Ungleichung $f_{\min}\varphi(x) \le f(x)\varphi(x) \le f_{\max}\varphi(x)$ an: überintegrieren, durch $\int_a^b \varphi(x)\mathrm{d}x$ teilen und Zwischenwertsatz für die stetige Funktion $f(x)$ anwenden.

5.2.3 Übungen zum Selbsttest: Riemannsummen

1. Gesucht sei $\int_a^b x\mathrm{d}x$, das Integral über die einfache, lineare Funktion $f(x) \equiv x$. – Wählen Sie sich das Intervall $[a,b]$ hinreichend allgemein, nehmen Sie eine Zerlegung Z vor und schreiben Sie die zugehörigen Riemannsummen auf, indem Sie als Zwischenwerte einmal die jeweiligen Teilintervall-Anfangspunkte, einmal die zugehörigen Endpunkte und einmal beliebige Zwischenpunkte benutzen. Rechnen Sie die beiden erstgenannten Riemannsummen explizit aus und führen schließlich $Z \to \infty$ durch. Deuten Sie das Ergebnis geometrisch.
2. Gegeben sei ein fadenförmiges Molekül, das in einer Ebene liege (s. Abb. 5.9). Man kann seine Gestalt stückweise durch Funktionen $y = f(x)$ beschreiben, indem man ein Koordinatensystem (x, y) einführt. (a, f_a) sei der Anfangs- und (b, f_b) der Endpunkt des Moleküls. Wie lang ist das Molekül?

Hinweis

Ein kleines, praktisch gerades Teilstück Δs lässt sich durch $(\Delta s)^2 = (\Delta x)^2 + (\Delta y)^2 = (\Delta x)^2[1 + (\Delta y/\Delta x)^2]$ darstellen. Es gilt aber $\Delta y/\Delta x \to f'(x)$.

Abb. 5.9 Fadenförmiges Makromolekül in einer Ebene

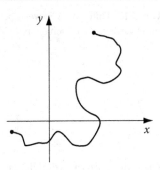

3. Geben Sie das elektrostatische Potenzial $\varphi(\vec{r})$ einer Ladungsverteilung an, die entlang einer Geraden angebracht ist. Ihre Dichte, d. h., die Ladungsmenge pro Länge, sei $\rho(x)$. x kennzeichne die Lage der Punkte auf der Geraden.

Hinweis
Das Potenzial $\varphi(\vec{r})$ einer Ladung Q ist $Q/($Abstand zwischen Ladung und $\vec{r})$. Das Feld mehrerer Ladungen ist eine additive Überlagerung der einzelnen Felder.

5.2.4   Das unbestimmte Integral

Integrale sind nur in seltenen Fällen durch explizites Aufsummieren der Riemannsumme berechenbar. Als wesentliches Werkzeug für aktuelle Rechnungen dient der enge Zusammenhang zwischen Integration und Differentiation. Den erkennen wir so.

Wovon hängt der Wert von $F = \int_a^b f(x)\mathrm{d}x$ eigentlich ab? Selbstverständlich von der Funktion $f(x)$. Aber natürlich auch von der Wahl der oberen bzw. unteren Grenzen b und a. Die Abhängigkeit von einer ganzen Funktion zu studieren, werden Sie später in der Funktional- oder Variationsrechnung lernen. Aber die Veränderung von F mit der oberen Grenze b, also einer Zahlenvariablen, ist leicht zu bestimmen; wir tun es jetzt. (Die Abhängigkeit von der unteren Grenze a bringt nichts Neues, da sie mittels (5.13) zur oberen gemacht werden kann.)

Zunächst schreiben wir unsere Aufgabe etwas suggestiv auf. Da b verändert werden soll, bezeichnen wir die obere Grenze, wie bei einer Variablen üblich, mit x. Damit keine Verwechslung mit der Integrationsvariablen passiert, benennen wir diese lieber um (vgl. Abschn. 5.1 nach (5.3) bzw. Abschn. 5.2.1 Beispiel 5). Unsere Frage lautet dann: Wie hängt ein bestimmtes Integral F von seiner oberen Grenze ab?

$$F(x) = \int_a^x f(x')\mathrm{d}x' \,.$$

Abb. 5.10 Differenz ΔF zweier bestimmter Integrale mit etwas verschiedenen oberen Grenzen

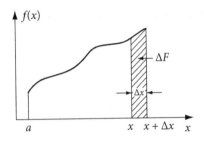

Wie nun schon oft, vergleichen wir wieder F an einer gegebenen Stelle x mit seinem Wert an einer etwas verschiedenen Stelle $x + \Delta x$. Die Regeln aus Abschn. 5.2.2 liefern

$$\Delta F \equiv F(x + \Delta x) - F(x) = \int\limits_{a}^{x+\Delta x} f(x')\mathrm{d}x' - \int\limits_{a}^{x} f(x')\mathrm{d}x' = \int\limits_{x}^{x+\Delta x} f(x')\mathrm{d}x' \, .$$

Abbildung 5.10 spiegelt den Inhalt dieser Gleichung graphisch wider. Aus ihr erkennt man anschaulich, dass $\Delta F \to 0$ bzw. $F(x + \Delta x) \to F(x)$, falls $\Delta x \to 0$, was nichts anderes als die Stetigkeit der Funktion $F(x)$ bedeutet.

Korrekter schließen wir so: Falls $f(x')$ im fraglichen Intervall beschränkt ist, schätzen wir ab

$$|F(x + \Delta x) - F(x)| = \left| \int\limits_{x}^{x+\Delta x} f(x')\mathrm{d}x' \right| \le \left(\max_{x'} |f(x')| \right) \Delta x \, .$$

Für beschränkte $f(x')$ ist also die Stetigkeit von $F(x)$ in der Tat sicher. Falls nun aber $f(x')$ nicht nur beschränkt, sondern sogar *stetig* ist, sagt uns der Mittelwertsatz der Integralrechnung noch Genaueres

$$\Delta F = F(x + \Delta x) - F(x) = \int\limits_{x}^{x+\Delta x} f(x')\mathrm{d}x' = f(\xi)\Delta x \, ,$$

$$\text{mit} \quad \xi \in (x, x + \Delta x) \, .$$

Man teile durch Δx und betrachte den Limes $\Delta x \to 0$. Dann schrumpft das kleine Intervall $(x, x + \Delta x)$ auf einen Punkt zusammen, sodass der Zwischenwert ξ gleich x werden muss. Wegen der Stetigkeit von $f(\xi)$ existiert der Limes und ergibt $f(x)$, d. h., $\mathrm{d}F/\mathrm{d}x = f(x)$. $F(x)$ ist folglich sogar differenzierbar; die Ableitung liefert gerade den Integranden!

Zwecks einprägsamer Zusammenfassung treffen wir die folgende Definition.

▸ **Definition** Sei f in $[a, b]$ integrierbar. Dann heißt die Funktion

$$F(x) = \int\limits_{x_0}^{x} f(x')\mathrm{d}x', \quad \text{mit } x \in [a, b] \, , \tag{5.16}$$

das „unbestimmte Integral" von f. Beliebig, aber fest gewählt sei $x_0 \in [a, b]$.

Es gelten dann folgende Fakten:

1. Sofern f in $[a, b]$ beschränkt und integrierbar ist, ist das unbestimmte Integral $F(x)$ von f stetig in $[a, b]$.

2. Sofern f in $[a, b]$ stetig – und folglich auch integrierbar – ist, ist das unbestimmte Integral $F(x)$ von f in $[a, b]$ sogar differenzierbar und es gilt

$$F'(x) = f(x) \,. \tag{5.17}$$

Dieser Sachverhalt heißt *Hauptsatz der Differential- und Integralrechnung*. Er gestattet, ein Integral auf folgende Weise zu bestimmen. Gegeben sei eine Funktion $f(x)$, gesucht ihr unbestimmtes bzw. ihr bestimmtes Integral. Man „errate" eine Funktion $F(x)$ so, dass ihre (im Prinzip leicht zu bestimmende) Ableitung gerade $f(x)$ liefert, d. h. (5.17) erfüllt ist. Man sagt per

▶ **Definition** Ist eine Funktion $F(x)$ in $[a, b]$ differenzierbar und gilt $F' = f$, so heißt F eine *Stammfunktion* von f.

Wenn überhaupt, hat ein gegebenes f viele Stammfunktionen. Denn mit $F(x)$ erfüllt ja auch $F(x) + $ const die Gleichung (5.17) und somit die Definition einer Stammfunktion. Aber: Zwei Stammfunktionen unterscheiden sich *höchstens* um eine Konstante. Denn ist $F_1' = f$ und $F_2' = f$, so $(F_1 - F_2)' = 0$, folglich $F_1 - F_2 = $ const.

Mit dem Auffinden einer Stammfunktion ist unsere Aufgabe der Integralberechnung praktisch schon gelöst. Denn offenbar ist das unbestimmte Integral (5.16) *eine* Stammfunktion, da es (5.17) erfüllt. Es ist speziell diejenige mit $F(x_0) = 0$. Letzteres legt die Konstante fest, durch die sich verschiedene Stammfunktionen höchstens unterscheiden können.

„Stammfunktion" und „unbestimmtes Integral" sind also so eng verbundene Begriffe, dass man sie oft synonym verwendet.

Aus dem unbestimmten Integral bzw. einer Stammfunktion $F(x)$ von f erhält man schließlich so das bestimmte Integral:

$$F = \int_a^b f(x')\mathrm{d}x' = F(b) - F(a) =: F(x)\Big|_a^b \,. \tag{5.18}$$

Denn nach Punkt 3 in Abschn. 5.2.2 gilt $\int_a^b \ldots = \int_a^{x_0} \ldots + \int_{x_0}^b \ldots = -\int_{x_0}^a \ldots + \int_{x_0}^b \ldots = -F(a) + F(b)$.

Die eventuelle additive Konstante einer zunächst gefundenen Stammfunktion fällt heraus.

Der Hauptsatz der Differential- und Integralrechnung zeigt, dass und inwieweit Differenzieren und Integrieren zueinander „inverse" Operationen sind:

• Übergang von F zu f: Differenzieren, (5.17);
• Übergang von f zu F: Integrieren, (5.16).

Ist das Differenzieren im Wesentlichen ganz schematisch und einfach, so ist das Integrieren die – durch Übung und Routine zu erwerbende – „Kunst" des Findens von Stammfunktionen, also von „Lösungen" F der Gleichung $F'(x) = f(x)$. Hat man sie erst einmal, folgen schnell unbestimmtes und bestimmtes Integral.

Zwar gibt es gewisse Hilfsmittel zur Unterstützung der „Kunst", doch letztlich hilft am besten, sich von möglichst vielen Funktionen $F(x)$ ihre jeweiligen Ableitungen $F'(x)$ „zu merken". Ordnet man sich die $F'(x) = f(x)$ systematisch und übersichtlich an, so kann man durch einfaches Nachschlagen von f das zugehörige F finden.

Diese systematische und typisierte Anordnung der Paare (f, F) braucht zum Glück in unserer arbeitsteiligen Welt nicht mehr jeder für sich aufzuschreiben. Es gibt sie gebrauchsfertig gedruckt unter dem Namen „Integraltabellen".

Jeder selbständig arbeitende Physiker (und andere) beschaffe sich eine solche und arbeite sich ein. Sie wird ihm bald unentbehrlich werden! Bewährte Beispiele von Tabellenwerken werden hier aufgeführt, wobei sich der Leser teilweise neuer Auflagen bedienen kann, die im Internet zu finden sind.

Gradstein, I. S.; Ryschik, I. M.: Tables of Integrals, Series, and Products. New York – London 1983 (4th printing)

Gröbner, W.; Hofreiter, M.: Integraltafel I, II., Berlin – Heidelberg – New York 1965/66

Abramowitz, M.; Stegun, I. A.: Handbook of Mathematical Functions. New York 1968, 5th printing

Bronstein, I. N., Semedjajew, K. A.: Taschenbuch der Mathematik. Frankfurt (Main) 1987, 23. Auflage

Eine einfache Form einer solchen Integraltabelle muss man im Kopf haben, um leichter arbeiten zu können. Als Mindest-Tabelle kann Tab. 5.1 dienen. Ihre Erarbeitung diene zugleich der Übung des soeben Erlernten.

5.2.5 Tabelle einfacher Integrale
5.2.6 Übungen zum Selbsttest: Integrale

1. Verifizieren Sie die Tab. 5.1.

2. Man berechne die Integrale:

a. $\int_0^2 x^3 \, dx,$

b. $\int_0^\pi \cos t \, dt,$

c. $\int_1^e \frac{1}{x} \, dx,$

d. $\int_1^2 \frac{1}{x^3} \, dx,$

e. $\int_0^{2\pi} \sin t \, dt,$

Tab. 5.1 Einfache Integraltabelle

Funktion $f(x)$	Stammfunktion[a] $F(x)$
$f(x) = F'(x)$	$F(x) = \int f(x')\mathrm{d}x'$
$x^n, \quad n \neq -1$	$\dfrac{1}{n+1}x^{n+1}$
1	x
$1/x$	$\ln|x|$
e^x	e^x
$\sin x$	$-\cos x$
$\cos x$	$\sin x$
$\dfrac{1}{1+x^2}$	$\arctan x$
$\dfrac{1}{\sqrt{1-x^2}}$	$\arcsin x$
$\dfrac{1}{\cos^2 x}$	$\tan x$
$\sinh x$	$\cosh x$

[a] Die Stammfunktion wird häufig als Integral ohne Angabe von Grenzen geschrieben. Noch laxer schreibt man oft $F(x) = \int f(x)\mathrm{d}x$, d. h. man verzichtet auf eine an sich nötige unterscheidende Angabe der Integrationsvariablen.

f. $\displaystyle\int_0^\pi \sin t \, \mathrm{d}t,$

g. $\displaystyle\int_0^1 \mathrm{e}^\xi \mathrm{d}\xi,$

h. $\displaystyle\int_1^4 \frac{\mathrm{d}x}{\sqrt{x}},$

i. $\displaystyle\int_0^{\ln 2} \sinh x \, \mathrm{d}x.$

3. An einem (zeitlich als konstant anzusehenden) elektrischen Widerstand R herrsche die Wechselspannung $U(t) = U_0 \sin t$. Man bestimme die Erwärmung, d. h. die Energieaufnahme Q während einer längeren Zeit t. (Hinweis: Integraltabelle benutzen.)

5.3 Methoden zur Berechnung von Integralen

Integrale berechnet man entweder „analytisch" oder „numerisch".

Zuerst wird man stets die analytische, geschlossene Integration versuchen. Sie macht vom Hauptsatz Gebrauch. Man sucht nach einer Stammfunktion. Man findet diese vielleicht durch cleveres Erraten oder in einer Tabelle. Eventuell kann man sie mit der Substitutionsmethode (siehe Abschn. 5.3.1), partieller Integration (vgl. Abschn. 5.3.2) oder einem speziellen Trick finden. Versagt die analytische Behandlung – sei es aus persönlicher Unkenntnis oder objektiver Schwierigkeit –, kann man ein bestimmtes Integral numerisch bestimmen. Es wird von der Riemannsumme oder einer anderen Approximation des Integrals durch eine Summe Gebrauch gemacht (vgl. Abschn. 5.3.5) und ein Computer benutzt bzw. Millimeterpapier.

5.3.1   Substitution

Um die elementaren Integrale einer Tabelle erheblich ausgedehnter anwenden zu können, verwendet man die Grundeigenschaften des Integrals, wie sie in Abschn. 5.2.2 zusammengestellt wurden. Vor allem die Additivität und Homogenität sind nützlich. Aus dem Zusammenhang mit der Differentiation kann man weitere Rechenverfahren herleiten.

Wir beginnen mit der Substitutionsmethode. Zuerst ein erläuterndes Beispiel: Gesucht werde die Stammfunktion $F(t) = \int \cos(\omega t) dt$. Ohne ω (d. h. $\omega = 1$) zeigt die Tabelle an: $\sin t$. Mit ω tritt es aber öfter auf. Als neue Variable verwenden wir $\alpha = \omega t$. Dann ist $dt = (1/\omega) d\alpha$, also $F = \int \cos \alpha (d\alpha/\omega) = (1/\omega) \sin \alpha$, d. h. $F(t) = (1/\omega) \sin \omega t$ (Probe durch Differenzieren).

Analoge Beispiele:

1. Für das (z. B. radioaktive Zerfalls-)Gesetz e^{-ax} kann man mittels der neuen Variablen $y = -ax$ den Anschluss an die Tabelle gewinnen.

$$\int e^{-ax} dx = \int e^y \frac{dy}{-a} = -\frac{1}{a} e^{-ax} .$$

2. Ähnlich

$$\int a^x dx = \int e^{(\ln a)x} dx = \frac{1}{\ln a} a^x .$$

Wesentlich ist also, durch Einführung (= Substitution) einer neuen Variablen den Integranden zu vereinfachen.

Allgemein verwendet man diese „Substitutionsmethode" so: Die Aufgabe laute, $\int f(x) dx$ zu berechnen. Man erkenne oder erahne, dass f von einer Variablen u *einfacher* oder *zweckmäßiger* abhänge. Sei[1] $f(x) \to f(u)$ mit $u = u(x)$, also $du = u'(x) dx$.

$$\int f(x) dx = \int f(u(x)) \frac{du(x)}{u'(x)} \overset{!}{=} \int f(u) \frac{dx}{du}(u) du \qquad (5.19)$$

---

[1] Natürlich ist f von u eine *andere* Funktion als von x, sodass in Strenge ein anderer Buchstabe zu verwenden wäre. Da Sparsamkeit in der Verwendung von Buchstaben zweckmäßig ist und Irrtümer erfahrungsgemäß nicht vorkommen, verwendet man in der Regel dasselbe Symbol f für beide Funktionen.

Dies ist die Substitutionsformel. Bei $\overset{!}{=}$ ist die Umkehrfunktion $x = x(u)$ verwendet worden sowie $u' = \mathrm{d}u/\mathrm{d}x = 1/(\mathrm{d}x/\mathrm{d}u)$.

Den Beweis führe man entweder an der Riemannsumme oder mittels Kettenregel: Sei $F(x)$ Stammfunktion von $f(x)$ sowie $x = x(u)$ die Umkehrfunktion der als zweckmäßig erkannten Substitutionsfunktion $u = u(x)$.

$$\rightarrow \frac{\mathrm{d}F(x(u))}{\mathrm{d}u} = \frac{\mathrm{d}F(x)}{\mathrm{d}x}\frac{\mathrm{d}x}{\mathrm{d}u} = f(x(u))\frac{\mathrm{d}x}{\mathrm{d}u}(u) \,,$$

d. h. $F(u)$ ist Stammfunktion vom Produkt $f(u)\frac{\mathrm{d}x}{\mathrm{d}u}(u)$, q.e.d.

Die Substitutionsformel für das bestimmte Integral heißt

$$\int\limits_{x=a}^{x=b} F(x)\mathrm{d}x = \int\limits_{u=u(a)}^{u=u(b)} f(x(u))\frac{\mathrm{d}x}{\mathrm{d}u}(u)\mathrm{d}u \,. \tag{5.20}$$

Merke:

1. Voraussetzung für die Anwendung der Substitutionsmethode ist, dass $u(x)$ eine eineindeutige Zuordnung von x zu u ermöglicht. Dies ist z. B. für monotone Funktionen direkt garantiert. Oft hilft die Unterteilung des Integrationsintervalls, um stückweise Monotonie zu erzwingen. Etwa $u = x^2$ in $[-1, +1]$ wird so behandelt.
2. Entscheidend für den Erfolg des Verfahrens ist:
   a. f muss von u einfacher abhängen als von x, und vor allem
   b. das Produkt $f(u) \cdot \mathrm{d}x(u)/\mathrm{d}u$ muss einfacher integrierbar sein.
   Prinzipiell hat man beliebige Freiheit in der Substitution, wenn man nur diese Kriterien a. und b. beachtet. Oft nützt es, mehrere Substitutionen nacheinander auszuführen.
3. Rein technisch erhält man die Substitutionsformel durch „Erweitern" von $\mathrm{d}x$ mit $\mathrm{d}u$; anschließend wird konsequent überall x durch u ausgedrückt.

Beispiel: $F = \int\limits_0^a \sqrt{a^2 - x^2}\mathrm{d}x = ?$

Man versuche sich einmal an der naheliegenden Substitution $a^2 - x^2 = y$. Hier sei zuerst a^2 ausgeklammert und dann $y = x/a$ substituiert

$$F = \int\limits_0^a a\sqrt{1 - \left(\frac{x}{a}\right)^2}\,\mathrm{d}x = a^2 \int\limits_0^1 \sqrt{1 - y^2}\mathrm{d}y \,.$$

Sodann neue Substitution $y = \sin \alpha$, monoton zwischen $y \in [0,1]$

$$\rightarrow F = a^2 \int\limits_0^{\frac{\pi}{2}} \sqrt{1 - \sin^2 \alpha}\cos \alpha\mathrm{d}\alpha = a^2 \int\limits_0^{\frac{\pi}{2}} \cos^2 \alpha\mathrm{d}\alpha$$

$$\overset{!}{=} a^2 \frac{1}{2} \int\limits_0^{\frac{\pi}{2}} (\cos^2 \alpha + \sin^2 \alpha)\mathrm{d}\alpha = a^2 \frac{1}{2}\frac{\pi}{2} = \frac{\pi a^2}{4} \,.$$

Bei $\overset{!}{=}$ ist $\alpha \rightarrow (\pi/2) - \alpha$ substituiert worden. Andere Möglichkeit: $\cos^2 \alpha = (1+ \cos 2\alpha)/2$ benutzen und elementar integrieren.

5.3.2 Partielle Integration

Diese Methode wird benutzt, falls der Integrand als Produkt zweier Funktionen vorliegt und bei (mindestens) einem Faktor die Stammfunktion erkennbar ist.

Gesucht sei also $\int f_1(x)f_2(x)\mathrm{d}x$. Etwa von f_2 sei die Stammfunktion F_2 angebbar.

$$\text{Wegen} \quad f_2 = \frac{\mathrm{d}F_2}{\mathrm{d}x} \quad \text{folgt } f_1 f_2 = f_1 \frac{\mathrm{d}F_2}{\mathrm{d}x} = \frac{\mathrm{d}}{\mathrm{d}x}(f_1 F_2) - F_2 \frac{\mathrm{d}f_1}{\mathrm{d}x}.$$

Der erste Summand ist aber eine Ableitung und deshalb besonders einfach zu integrieren!

Nämlich merke Das Integral $\int f(x)\mathrm{d}x$ einer Funktion, *die eine Ableitung* einer weiteren Funktion φ ist, $f = \mathrm{d}\varphi/\mathrm{d}x$, ist eben diese Funktion φ!

$$F(x) = \int \frac{\mathrm{d}\varphi}{\mathrm{d}x}\mathrm{d}x = \varphi(x) + \text{const} \tag{5.21}$$

Hier erkennt man besonders augenfällig die Umkehreigenschaft von Integral und Differential. Erst Ableiten, dann Integrieren reproduziert die ursprüngliche Funktion als Stammfunktion.

> Man mache sich die Behauptung mittels Riemannsummen klar. Es geht analytisch auch so: Die Stammfunktion F eines Integranden f soll die Gleichung lösen $F' = f$. Also ist diesmal $F' = \varphi', \dots$

Dies ausnutzend erhält man

$$\int f_1 f_2 \mathrm{d}x = f_1 F_2 - \int \frac{\mathrm{d}f_1}{\mathrm{d}x} F_2 \mathrm{d}x + \text{const} \tag{5.22}$$

Man hat *ein* Integral – nämlich $\int f_1 f_2 \mathrm{d}x$ – in ein *anderes* Integral – nämlich $\int f_1' F_2 \mathrm{d}x$ – übergeführt. Daher nennt man diesen Schritt *partielle* Integration. Grundlage war neben (5.21) die Produktregel beim Differenzieren.

Nützlich ist die partielle Integration nur, wenn man das neu entstandene Integral über $f_1' F_2$ handhaben kann (eventuell nach Fortsetzung des partiellen Integrierens).

Als sehr wichtig merke man sich die Formel der partiellen Integration eines bestimmten Integrals

$$\int\limits_a^b f g' \mathrm{d}x = f g \Big|_a^b - \int\limits_a^b f' g \mathrm{d}x. \tag{5.23}$$

Ähnlich wie bei der Wahl einer zweckmäßigen Substitution haben Sie auch bei der Zerlegung eines Integranden in ein geeignetes Produkt viel Freiheit. Diese wird allein durch Zweckmäßigkeit bestimmt. Das neue Integral muss besser zu bearbeiten sein als das alte. Denn partielles Integrieren löst ja ein Integral (i. Allg.) nicht, sondern führt es in ein anderes über.

Beispiele

1. $F_n(a) = \int\limits_0^a x^n e^{-x} dx$, $n = 0, 1, 2, \ldots$ sei gesucht. Offenbar könnte man x^n oder e^{-x} als g' auffassen. Wir *wählen* einmal $g' \equiv e^{-x}$, d. h. $g = -e^{-x}$. Für ganze, positive n ist dann

$$F_n(a) = -e^{-x} x^n \Big|_0^a - \int\limits_0^a n x^{n-1} (-e^{-x}) \, dx = -a^n e^{-a} + n F_{n-1}(a) \, .$$

Dies kann man offenbar iterieren und auf F_m mit immer kleinerem m zurückführen. $F_0(a)$ schließlich ist elementar zu integrieren: $F_0(a) = 1 - e^{-a}$. (Siehe auch Abschn. 5.5.4, Beispiel 3).

Insbesondere für $a \to \infty$ erhält man

$$F_n = n F_{n-1} = n(n-1) F_{n-2} = \cdots = n(n-1) \ldots 2 \cdot 1 \cdot F_0 = n!$$

d. h. $\int\limits_0^\infty x^n e^{-x} dx = n!$, $\quad n = 0, 1, 2, \ldots$ \hfill (5.24)

2. Beim Integral $\int \ln x \, dx$ verwenden wir die stets mögliche (aber nicht immer nutzbringende) Produktzerlegung der trivialen Art: $\ln x = 1 \cdot \ln x$. Stammfunktion von 1 ist x. Deshalb $f_1 = \ln x$ und $f_2 = 1$ mit $F_2 = x$ setzen.

$$\rightarrow \int \ln x \, dx = x \ln x - \int x \left(\frac{d}{dx} \ln x \right) dx + \text{const}$$

$$= x \ln x - x + \text{const} \hfill (5.25)$$

5.3.3 Übungen zum Selbsttest: Substitution, partielle Integration

1. $\int f(x) f'(x) dx$ ist mittels Substitution und auch durch partielle Integration zu berechnen.
2. $\int \sin \alpha \cos \alpha \, d\alpha$ ist mithilfe der Beziehung $2 \sin \alpha \cos \alpha = \sin 2\alpha$ durch partielles Integrieren oder gemäß Aufgabe 1 zu bestimmen.
3. $\int \tan \varphi \, d\varphi$.
4. $\int \cos(\varphi + \omega t) dt$.
5. $\int e^{-x^2} x \, dx$.
6. $\int \frac{d\xi}{(a + b\xi)^2}$.
7. $\int \ln(1 + x) dx$.
8. $I_m = \int\limits_0^1 x^m \cos\left(\frac{\pi}{2} x\right) dx$, $\quad m = 0, 1, 2, \ldots$

9. $\int\limits_{0}^{\frac{\pi}{2\omega}} e^{-\alpha t} \cos(\omega t) dt$. Hier, wie oft bei Winkelfunktionen, integriert man zweimal partiell.

10. $\int\limits_{0}^{x} y^3 e^{-y^2} dy$.

11. $\int\limits_{0}^{x} y^2 e^{-y^2} dy$. Hinweis: auf erf$(x)$ zurückführen (s. Abschn. 5.3.4, Beispiel 2).

12. $\int\limits_{1}^{a} x^m \ln x\, dx$.

13. $k \int\limits_{1/k}^{e/k} [\ln(kx)]^n dx$.

14. $\int\limits_{0}^{1} \dfrac{x}{\sqrt{1-x^2}} dx$.

15. Behandeln Sie noch einmal Aufgabe 3 in Abschn. 5.2.6, aber ohne Tabelle.

5.3.4 Integralfunktionen

Oft führen die elementaren Integrationsmethoden einschließlich partieller Integration und Substitution deshalb nicht zum Ziel, weil die Stammfunktion zu kompliziert ist. Falls man – vor allem durch physikalische Fragestellungen – immer wieder auf einen gewissen Integranden stößt, bei dem man die Stammfunktion nicht findet, dreht man den Spieß um!

Man *definiert* als neue Funktion per se die Integraldarstellung mit gegebenem $f(x)$

$$F(x) = \int\limits_{a}^{x} f(x') dx',$$

wertet sie numerisch, durch Reihenentwicklungen asymptotisch oder anders aus, tabelliert und zeichnet sie. Solche Funktionen finden Aufnahme in den o. g. Tabellenwerken. Sie sind ebensolche Funktionen wie $\sin \alpha$, $\tanh x$, $\ln x$, usw., nur eben direkt durch den Limes einer Riemannsumme definiert, d. h. als Integral.

Beispiele solcher „Integralfunktionen" sind:

1.

$$\Gamma(x+1) := \int\limits_{0}^{\infty} t^x e^{-t} dt, \quad \textit{Gammafunktion}$$

Falls $x = n$, positive ganze Zahl, ist $\Gamma(n+1) = n!$, wie aus (5.24) bekannt. Dann kann man das Integral also sogar elementar berechnen.

2.

$$\mathrm{erf}(x) := \frac{2}{\sqrt{\pi}} \int\limits_{0}^{x} e^{-t^2} dt, \quad \textit{Fehlerfunktion}$$

Der Name deutet ihr Auftreten an. Die Wahrscheinlichkeit für das Auftreten einer Abweichung von einem Mittelwert ist oft die „Gaußverteilung", proportional e^{-t^2}. Speziell ist $\mathrm{erf}(0) = 0$, $\mathrm{erf}(\infty) = 1$, $\mathrm{erf}(-|x|) = -\mathrm{erf}(|x|)$.

3.

$$F(k,x) = \int\limits_0^x \frac{dt}{\sqrt{1 - k^2 \sin^2 t}}, \quad \text{\textit{elliptische Integrale}}$$

Diese Integrale treten u. a. bei Pendelschwingungen mit endlicher Amplitude auf.

5.3.5 Numerische Bestimmung von Integralen

Falls die besprochenen Verfahren zur analytischen Bestimmung eines vorgelegten Integrals partout nicht zum Ziel führen, muss man dieses numerisch berechnen:

1. Als besonders einfacher und schneller, aber trotzdem recht genauer Methode bedient sich der Physiker des „Kästchenzählens". Man zeichnet sich den Integranden (in geeignetem Maßstab) auf Millimeterpapier und zählt die mm^2-Kästchen, die die Fläche F gemäß Abb. 5.6 bilden. Bruchteile von Randkästchen lassen sich bequem berücksichtigen. Eine Fehlerabschätzung ist möglich! Natürlich kann man dieses Verfahren durch Integriergeräte perfektionieren.

2. Wenn der Integrand $f(x)$ nicht zeichnerisch vorliegt, sondern analytisch oder gar nur in Tabellenform, macht man von der Definition des bestimmten Integrals als Limes von Riemannsummen direkten Gebrauch. Man vollzieht ihn nicht, sondern approximiert das Integral durch endlich viele, endlich große Summanden. Am bequemsten ist die *Rechteckformel*, entweder wie (5.12) ohne „lim" oder speziell als Ober- oder Untersumme, siehe Abb. 5.11a.

3. Offenbar verbessert man i. Allg. die Approximation einer glatten Funktion $f(x)$, wenn man statt eines konstanten Zwischenwertes $f(\xi_i)$ einen linearen Verlauf von f zwischen x_{i-1} und x_i zulässt. Durch die Sekante entstehen kleine Trapeze als Teilflächen. Die zu (5.12) analoge Summe heißt deshalb *Trapezformel*, siehe Abb. 5.11b.

4. Noch genauere Approximation gestattet die Ersetzung der wahren Kurve $f(x)$ zwischen je 3 Teilpunkten einer Intervallzerlegung Z durch eine Parabel, siehe Abb. 5.11c.
   Die so entstehende Summe aus parabolischen „Säulen" heißt *Parabelformel* oder *Simpsonsche Regel*. Sie ist meist völlig hinreichend, wenn man die Zahl der *Stützstellen*, also der Teilpunkte x_i, geeignet groß wählt.
   Als praktisches Maß für ausreichende Genauigkeit betrachtet man i. Allg. die Veränderung von F bei Vermehrung der Stützstellenzahl. Man hört auf, wenn sich F nur noch so weit hinter dem Komma ändert, wie man für zulässig hält.
   Offensichtlich liefern die numerischen Verfahren stets ein *bestimmtes* Integral.

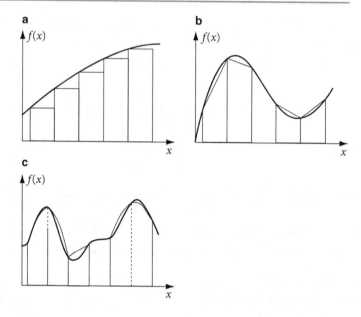

Abb. 5.11 Approximation der Fläche unter einer Funktion $f(x)$ durch **a** Rechtecke (speziell Untersumme), **b** Trapeze oder **c** Parabeln

5.4 Uneigentliche Integrale

Bei vielen physikalischen Problemen reichen die bisher besprochenen Integrale nicht aus. Zwei wesentliche Voraussetzungen zur Definition und Berechnung des Integrals waren: (1) endliche Intervalle und (2) beschränkter Integrand.

Betrachtet man aber z. B. Felder elektrischer Ladungen, Gravitationsfelder punktförmige Massen oder magnetische Felder stromdurchflossener Drähte u. a., so sind sie $\sim 1/r$, werden also beliebig groß gerade an den Stellen, wo sie physikalisch besonders interessant sind.

Oder: Viele elektromagnetische Felder werden durch Ladungsverteilungen erzeugt, die im Prinzip den ganzen Raum füllen. Sie ergeben sich also durch Summieren von Teilfeldern über einen unendlich ausgedehnten Bereich der Integrationsvariablen.

Oder: Verfolgt man die Bahn eines α-Teilchen, das an den Atomen einer Folie gestreut wird, so ist der Ablenkwinkel erst asymptotisch, d. h. nach im Prinzip beliebig großen Zeiten zu bestimmen. Die Integration der Bewegungsgleichungen muss also über unendliche Zeitintervalle erfolgen.

Diese Beispiele erläutern die Notwendigkeit, die bisherige Integraldefinition zu erweitern. Integrale, bei denen entweder die Grenzen nicht endlich oder der Integrand nicht beschränkt ist, heißen „uneigentliche Integrale".

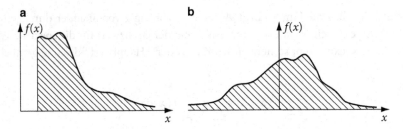

Abb. 5.12 Fläche unter einer Funktion $f(x)$, die sich **a** an der oberen Grenze, **b** an beiden Grenzen bis unendlich erstreckt

5.4.1 Definition uneigentlicher Integrale mit unendlichen Grenzen

Falls eine oder gar beide Integrationsgrenzen aus physikalischen Gründen nicht endlich sind, wie z. B. in Abb. 5.12, verliert unsere bisherige Integraldefinition ihren Sinn. Denn entweder kommt bei der Zerlegung Z des Integrationsintervalls (mindestens) ein unendlich großes Teilintervall vor, oder Z besteht nicht mehr aus endlich vielen Teilstücken.

Im ersteren Fall ist die Riemannsumme bestimmt ∞, im zweiten besteht sie aus unendlich vielen Summanden, sodass schon *vor* dem $\lim\limits_{Z \to \infty}$ Konvergenzprobleme bestehen.

Ein Blick auf Abb. 5.12 zeigt aber, dass das Integral, als Fläche interpretiert, womöglich trotzdem *endlich* sein *kann*, wenn auch nicht muss. Chancen für eine endliche Fläche bestehen zumindest, wenn $f(x) \to 0$ für $x \to \infty$. Dann sollte es genügen, als hinreichend gute Näherung für die volle Fläche den Teil zu betrachten, der bis zu einem großen, aber endlichen Wert B der Variablen x geht. Je größer B gewählt wird, desto genauer erhält man die gesamte Fläche.

Diese Überlegung kleiden wir in folgende Definition.

▸ **Definition** Unter dem Integral über ein halbseitig unendliches Intervall verstehen wir

$$\int\limits_{a}^{\infty} f(x)\mathrm{d}x := \lim_{B \to \infty} \int\limits_{a}^{B} f(x)\mathrm{d}x \,, \tag{5.26a}$$

genannt „uneigentliches Integral", sofern der Limes existiert. Analog

$$\int\limits_{-\infty}^{b} f(x)\mathrm{d}x := \lim_{A \to -\infty} \int\limits_{A}^{b} f(x)\mathrm{d}x \tag{5.26b}$$

und

$$\int\limits_{-\infty}^{+\infty} f(x)\mathrm{d}x := \lim_{A \to -\infty, B \to \infty} \int\limits_{A}^{B} f(x)\mathrm{d}x \,. \tag{5.26c}$$

Im letzteren Fall sollen die Limites bzgl. A und B unabhängig voneinander durchgeführt werden! Sollten sie einzeln *nicht* existieren, wohl aber der Grenzwert für die spezielle Wahl $-A = B \equiv C \to \infty$ existieren, so nennen wir diesen den „Hauptwert" des uneigentlichen Integrals

$$\fint_{-\infty}^{+\infty} f(x)\mathrm{d}x := \lim_{C\to\infty} \int_{-C}^{+C} f(x)\mathrm{d}x \, . \tag{5.27}$$

Er wird durch einen kleinen Strich durch das Integralzeichen gekennzeichnet oder ein P (principal value) davor. Der Hauptwert wird dann verwendet, wenn sich $f(x)$ asymptotisch für $x \to \pm\infty$ bis auf entgegengesetztes Vorzeichen gleich verhält.

Bemerkung
Statt (5.26b) und (5.26c) hätte man die Fälle einer unendlichen unteren Grenze oder beidseitig unendlicher Grenzen auf (5.26a) zurückführen können. Man erinnere sich an Abschn. 5.2.2, Beispiele 1 und 3.

5.4.2 Beispiele zur übenden Erläuterung

1.

$$\int_1^\infty \frac{\mathrm{d}x}{x^2} = \lim_{B\to\infty} \int_1^B \frac{\mathrm{d}x}{x^2} = \lim_{B\to\infty} \left(-\frac{1}{x}\right)\Big|_1^B = \lim_{B\to\infty}\left(-\frac{1}{B}+1\right) = 1$$

Eine anschauliche Darstellung vermittelt Abb. 5.12a.

2.

$$\int_{-\infty}^{+\infty} x\mathrm{d}x = \lim_{A\to-\infty, B\to+\infty} \left(\frac{x^2}{2}\Big|_A^B\right) = \lim_{A\to-\infty, B\to+\infty} \frac{1}{2}\left(B^2 - A^2\right)$$

Die einzelnen Grenzwerte existieren nicht, wohl aber der Hauptwert $-A = B = C \to \infty$. Nämlich

$$\fint_{-\infty}^{+\infty} x\mathrm{d}x = \lim_{C\to\infty} \frac{1}{2}\left(C^2 - C^2\right) = 0 \, .$$

3.

$$\int_{-\infty}^{+\infty} \frac{\mathrm{d}x}{1+x^2} = \lim_{A\to-\infty, B\to\infty} \arctan x\Big|_A^B = \lim_{B\to\infty} \arctan B - \lim_{A\to-\infty} \arctan A$$

$$= \frac{\pi}{2} - \left(-\frac{\pi}{2}\right) = \pi$$

Hier existieren beide Limites auch einzeln.

4.

$$\int_1^\infty \frac{dx}{x} = \lim_{B\to\infty} \ln x \Big|_1^B = \lim_{B\to\infty} \ln B = \infty$$

Dieses uneigentliche Integral existiert also nicht, obwohl $f(x) \equiv \frac{1}{x} \to 0$ asymptotisch.

5. Einen Überblick gibt uns

$$\int_1^\infty \frac{dx}{x^n} = \lim_{B\to\infty} \frac{x^{1-n}}{1-n} \Big|_1^B = \frac{1}{n-1} - \frac{1}{n-1} \lim_{B\to\infty} \frac{1}{B^{n-1}} \, .$$

Genau für $n \le 1$ existiert dieses uneigentliche Integral nicht, während es für $n = 1 + \epsilon$ bei beliebigem $\epsilon > 0$ einen endlichen Wert hat, nämlich $\frac{1}{\epsilon}$.

6. Aus diesen Beispielen kann man ein *Kriterium* herleiten, in welchen Fällen ein uneigentliches Integral existiert oder nicht:

Das uneigentliche Integral $\int_a^\infty f(x)dx$ *existiert*, falls es ein geeignetes c ($\ge a$) gibt, sodass $f(x)$ über dem endlichen Intervall $[a, c]$ integrierbar ist und für alle $x \ge c$ der Integrand durch

$$|f(x)| \le \frac{d}{x^n} \quad \text{mit} \quad n > 1$$

abgeschätzt werden kann. Es existiert sicher nicht, sofern

$$f(x) \ge \frac{d}{x^n} \quad \text{oder} \quad -f(x) \ge \frac{d}{x^n} \quad \text{mit} \quad n \le 1$$

ist. Dabei ist d eine geeignete positive Konstante. Kurz: Man reduziere den Integranden asymptotisch auf eine Potenz $\sim 1/x^n$. Falls $n > 1$ und die Funktion darunter liegt, ist Konvergenz, falls $n \le 1$ und die Funktion darüber liegt, ist Divergenz gesichert.

Natürlich kann man auch bei Majorisierung oder Minorisierung von $f(x)$ durch eine geeignete *andere* Funktion $\varphi(x)$ anstelle der Potenz ähnliche Schlüsse ziehen. f ist sicher dann uneigentlich integrierbar, falls φ dies ist und $|f| \le \varphi$, wenigstens asymptotisch.

5.4.3 Singuläre Integranden

Schwierigkeiten beim Aufstellen von Riemannsummen gibt es auch, falls man ein Integral über eine Funktion $f(x)$ bilden möchte, die *singuluäre* Stellen hat, d.h. solche Stellen x_0, in deren Nähe $f(x)$ unbeschränkt wächst oder fällt, siehe Abb. 5.13.

Die Riemannsummen sind dann bei unbedachter Bildung sehr stark von der Wahl der Zerlegung Z abhängig, ja eventuell sogar ∞, falls nämlich ein Zwischenwert ξ_i gerade mit der Stelle x_0 der Singularität übereinstimmt.

Trotz der Singularität des Integranden $f(x)$ *kann* die Fläche unter $f(x)$ aber endlich sein. Nämlich entweder divergiert $f(x)$ bei x_0 so schwach, dass man die oberste Spitze

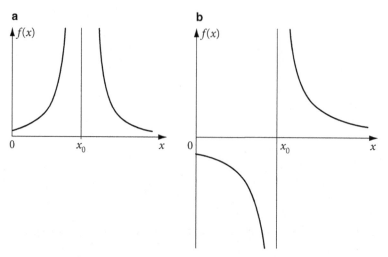

Abb. 5.13 Beispiele singulärer Funktionen. **a** $f(x) = \frac{1}{(x-x_0)^2}$, **b** $f(x) = \frac{1}{x-x_0}$

praktisch vernachlässigen darf, oder aber die Divergenz ist zwar stark, jedoch mit verschiedenem Vorzeichen vor bzw. hinter x_0. Im ersteren Fall lässt man also einfach ein kleines Intervall um x_0 herum weg. Im letzteren kompensieren sich gerade *symmetrisch* gelegene Teilflächen eines kleinen Intervalls um x_0, zu sehen in Abb. 5.13b. So etwas kennen wir schon vom Hauptwertintegral mit symmetrischen Grenzen $\pm C \to \infty$.

▸ **Definition** Falls $\int_a^b f(x)\mathrm{d}x$ über einen Integranden f mit einer singulären Stelle x_0 zu bilden ist, $x_0 \in (a, b)$, zerlege man das Integrationsintevall und setze

$$\int_a^b f(x)\mathrm{d}x := \lim_{\epsilon_1 \to 0, \epsilon_2 \to 0} \left(\int_a^{x_0-\epsilon_1} f(x)\mathrm{d}x + \int_{x_0+\epsilon_e}^b f(x)\mathrm{d}x \right), \qquad (5.28)$$

sofern beide Integrale und deren Grenzwerte mit $\epsilon_{1,2} \to 0$ existieren. Man nennt das Ergebnis ebenfalls *„uneigentliches Integral"*.

Zusätze

1. Gibt es mehrere, endlich viele singuläre Stellen, verfährt man an jeder von ihnen analog. Alle ϵ_i sollen unabhängig voneinander nach Null gehen.

2. Existieren die Limites zwar nicht einzeln, wohl aber noch für $\epsilon_1 = \epsilon_2 \equiv \epsilon \to 0$, d. h. der symmetrische, gekoppelte Limes, so nennt man ihn *„uneigentliches Hauptwertintegral"*

$$\fint_a^b f(x)\mathrm{d}x \equiv P \int_a^b f(x)\mathrm{d}x := \lim_{\epsilon \to 0} \left(\int_a^{x_0-\epsilon} f(x)\mathrm{d}x - \int_{x_0+\epsilon}^b f(x)\mathrm{d}x \right). \qquad (5.29)$$

3. Sollte die Singularität gerade an einer Grenze liegen, $x_0 = a$ oder $x_0 = b$, so besteht das uneigentliche Integral nur aus einem Summanden

$$\int\limits_a^{x_0} f(x)\mathrm{d}x := \lim_{\epsilon \to 0} \int\limits_a^{x_0-\epsilon} f(x)\mathrm{d}x \,. \tag{5.30}$$

5.4.4 Beispiele zur übenden Erläuterung

1.

$$\int\limits_0^1 \frac{\mathrm{d}x}{\sqrt{x}} = \lim_{\epsilon \to 0} \int\limits_\epsilon^1 \frac{\mathrm{d}x}{\sqrt{x}} = \lim_{\epsilon \to 0} \left(2\sqrt{x}\,\Big|_\epsilon^1 \right) = 2 - \lim_{\epsilon \to 0} 2\sqrt{\epsilon} = 2$$

2.

$$\int\limits_{-1}^{+1} \frac{\mathrm{d}x}{x^3} = \lim_{\epsilon_1,\epsilon_2 \to 0} \left(\int\limits_{-1}^{-\epsilon_1} \frac{\mathrm{d}x}{x^3} + \int\limits_{\epsilon_2}^1 \frac{\mathrm{d}x}{x^3} \right)$$

$$= \lim_{\epsilon_i \to 0} \left(-\frac{1}{2}\frac{1}{x^2}\,\Big|_{-1}^{-\epsilon_1} + \left(-\frac{1}{2}\right)\frac{1}{x^2}\,\Big|_{\epsilon_2}^1 \right)$$

$$= -\frac{1}{2}\lim_{\epsilon_i \to 0} \left(\frac{1}{\epsilon_1^2} - 1 + 1 - \frac{1}{\epsilon_2^2} \right) = \frac{1}{2}\lim_{\epsilon_i \to 0} \left(\frac{1}{\epsilon_2^2} - \frac{1}{\epsilon_1^2} \right)$$

Das uneigentliche Integral existiert also nicht, da beide Limites *einzeln* gegen $\pm\infty$ divergieren. Jedoch existiert das uneigentliche Hauptwertintegral $\epsilon_1 = \epsilon_2 \equiv \epsilon \to 0$.

$$\fint\limits_{-1}^{+1} \frac{\mathrm{d}x}{x^3} = \frac{1}{2}\lim_{\epsilon \to 0} \left(\frac{1}{\epsilon^2} - \frac{1}{\epsilon^2} \right) = 0 \,.$$

3. Auch allgemeiner gälte, als ob die Singularität gar nicht vorhanden wäre:

$$\fint\limits_a^b \frac{\mathrm{d}x}{x^3} = -\frac{1}{2}\left(\frac{1}{b^2} - \frac{1}{a^2} \right) \,,$$

sowohl für 0 innerhalb als auch außerhalb $[a, b]$.
Noch allgemeiner gilt oft

$$\fint\limits_a^b f(x)\mathrm{d}x = F(b) - F(a) \,,$$

sofern das Hauptwertintegral existiert, obwohl man den Hauptsatz *nicht* direkt anwenden konnte (wegen der Singularität ist f *nicht* stetig!).

4.

$$\int\limits_0^1 \frac{dx}{x} = \lim_{\epsilon \to 0} \ln x \Big|_\epsilon^1 = -\lim_{\epsilon \to 0} \ln \epsilon \to \infty$$

5. Ein brauchbares *Kriterium* zur Prüfung der Existenz uneigentlicher Integrale mit singulären Integranden liefert die Annäherung des Integranden in der Nähe der Singularität x_0 durch ein Potenzverhalten oder eine andere, leicht integrierbare Funktion $\varphi(x)$.

$$\int\limits_0^b \frac{dx}{x^n} = \lim_{\epsilon \to 0} \frac{1}{1-n} \frac{1}{x^{n-1}} \Big|_\epsilon^b = \frac{1}{1-n} \frac{1}{b^{n-1}}, \quad n < 1$$

Das uneigentliche Integral *existiert*, falls $n < 1$, existiert aber sicher *nicht*, falls $n \geq 1$. Nur schwächere Singularitäten als $1/x$ sind (uneigentlich) integrierbar. Falls n ungerade und die Singularität innerhalb $[a, b]$ liegt, existiert wenigstens stets das Hauptwertintegral.

5.4.5 Übungen zum Selbsttest: Uneigentliche Integrale

1.

$$\int\limits_a^b \frac{dx}{x^2 + 6x + 10}$$

ist zu untersuchen für die Intervalle $[0, \infty), (-\infty, +\infty), [-3, \infty)$. Man diskutiere auch mögliche Singularitäten des Integranden.

2.

$$\int\limits_a^b \frac{\cos^3 \alpha}{\alpha^n} d\alpha, \quad a \to 0, b \to \infty, \quad n \geq 0?$$

3.

$$\int\limits_a^b \frac{2x}{x^2 - 1} dx$$

für beliebige, verschiedene Wahl der Grenzen a, b. Machen Sie eine Skizze des Integranden.

4.

$$\int\limits_0^\pi \tan \alpha \, d\alpha \,.$$

5.

$$\int\limits_a^b \frac{dx}{x \ln x}$$

Man berechne das Integral und untersuche mögliche Grenzen.

6.
$$\int_{-1}^{+1} \frac{x^2}{\sqrt{1-x^2}} dx \, ,$$

(partielle Integration und auch Substitution).

7.
$$\int_{a}^{b} \frac{x}{1+x^4} dx$$

für $[0, \infty)$, $(-\infty, +\infty)$, $(-\infty, 0]$?

8. Existieren die uneigentlichen Integrale

$$\int_{1}^{\infty} \frac{\sin x}{x^{\alpha}} dx \quad \text{bzw.} \quad \int_{1}^{\infty} \sin(x^{\alpha}) dx?$$

Man verwende partielle Integration oder Substitution.

9. Mithilfe des Kriteriums für die Existenz uneigentlicher Integrale untersuche man

$$\int_{0}^{\infty} \frac{\cos x}{1+x^2} dx, \quad \int_{0}^{\infty} e^{-x} \sin x dx \, .$$

Insbesondere letzteres Integral kann explizit berechnet werden.

Skizzieren Sie die Integranden von Aufgabe 8 und 9.

5.5 Parameterintegrale

Oft kommt es bei physikalischen Problemen vor, dass der Integrand eines interessierenden Integrals eine Funktion ist, die nicht nur von der Integrationsvariablen abhängt, sondern darüber hinaus noch von einem (oder mehreren) weiteren Parameter: $f(x, \alpha)$. Zum Beispiel kann sich das Kraftfeld in (5.7) im Laufe der Zeit verändern, $\vec{K}(\vec{r}, t)$.

Auch können die Integrationsgrenzen eines Integrals von einem physikalisch interessierenden Parameter abhängen. So könnte sich etwa die Oberfläche beim Ausströmen von Energie gemäß (5.11) infolge Abkühlung des Körpers verkleinern. Dann wäre die Oberfläche $F = F(T)$, der Parameter T die Temperatur.

Falls Integrand oder Integrationsgrenzen von einem Parameter α abhängen, hängt natürlich auch der Wert des Integrals hiervon ab.

$$F(\alpha) = \int_{a}^{b} f(x, \alpha) dx \, , \tag{5.31}$$

$$F(\alpha) = \int_{a}^{b(\alpha)} f(x) dx \tag{5.32}$$

sind einfache abstrakte Beispiele solcher „*Parameterintegrale*". Oft interessiert, wie sich $F(\alpha)$ als Funktion von α verhält.

5.5.1 Differentiation eines Parameterintegrals

Präzise Information über die Abhängigkeit einer Funktion von ihrer Variablen – hier des Integrals $F(\alpha)$ als Funktion von α – gibt die Ableitung, d. h. $\mathrm{d}F/\mathrm{d}\alpha$. Wie kann man sie berechnen? Im Beispiel (5.31) tun wir das so:

$$
\begin{aligned}
\frac{\mathrm{d}F(\alpha)}{\mathrm{d}\alpha} &= \lim_{\Delta\alpha\to 0} \frac{F(\alpha+\Delta\alpha)-F(\alpha)}{\Delta\alpha} \\
&= \lim_{\Delta\alpha\to 0} \frac{1}{\Delta\alpha}\left(\int_a^b f(x,\alpha+\Delta\alpha)\mathrm{d}x - \int_a^b f(x,\alpha)\mathrm{d}x\right) \\
&= \lim_{\Delta\alpha\to 0} \int_a^b \frac{f(x,\alpha+\Delta\alpha)-f(x,\alpha)}{\Delta\alpha}\mathrm{d}x \overset{!}{=} \int_a^b \frac{\partial f(x,\alpha)}{\partial\alpha}\mathrm{d}x \,.
\end{aligned}
$$

Man kann also die Ableitung des Integrals auf diejenige des Integranden zurückführen, sofern $\partial f/\partial\alpha$ überhaupt existiert und ferner (siehe $\overset{!}{=}$) der $\lim_{\Delta\alpha\to 0}$ mit dem für das Integral nötigen Grenzprozess vertauscht werden darf.

Letzteres ist jedenfalls dann beweisbar[2], falls f und $\partial f/\partial\alpha$ in beiden Variablen x und α *zugleich stetig* (siehe Abschn. 4.2.2) ist.

Wir formulieren die
Leibnizsche Regel:

$$
\frac{\mathrm{d}}{\mathrm{d}\alpha}\int_a^b f(x,\alpha)\mathrm{d}x = \int_a^b \frac{\partial f(x,\alpha)}{\partial\alpha}\mathrm{d}x \,, \tag{5.33}
$$

sofern

1. $\partial f(x,\alpha)/\partial\alpha$ existiert,
2. f und $\partial f/\partial\alpha$ in x und α zugleich stetig sind.

Beispiel

$f(x,\alpha)$ sei $\arctan(x/\alpha)$. Offenbar ist $\alpha=0$ ein singulärer Punkt. Auch die Ableitung $\partial(\arctan(x/\alpha))/\partial\alpha = -x/(x^2+\alpha^2)$ zeigt dies. Während nämlich für $\alpha\neq 0$ die Ableitung an der Stelle $x=0$ den Wert 0 hat, ist sie für $\alpha=0$ an dieser Stelle unendlich. Solange jedoch $\alpha\neq 0$, sind f und $\partial f/\partial\alpha$ in (x,α) stetig.

---

[2] Siehe etwa W.I. Smirnow, Lehrgang der höheren Mathematik, Teil II, S. 225, VEB Deutscher Verlag der Wissenschaften, Berlin, 1995

Aus einer Integraltabelle entnehmen wir die Stammfunktion von $\arctan(x/\alpha)$. Es ist

$$F(\alpha) := \int\limits_0^1 \arctan(x/\alpha)\mathrm{d}x = \left[x\arctan(x/\alpha) - (\alpha/2)\ln(\alpha^2 + x^2)\right]\Big|_0^1$$

$$= \arctan\frac{1}{\alpha} - \frac{\alpha}{2}\ln\frac{\alpha^2+1}{\alpha^2}\,.$$

Man kann nun die Ableitung nach α bilden:

$$\frac{\mathrm{d}F}{\mathrm{d}\alpha} = \frac{1}{1+\frac{1}{\alpha^2}}\left(-\frac{1}{\alpha^2}\right) - \frac{1}{2}\ln\frac{\alpha^2+1}{\alpha^2} - \frac{\alpha}{2}\frac{\alpha^2}{\alpha^2+1}\cdot\frac{\alpha^2 2\alpha - (\alpha^2+1)2\alpha}{\alpha^4}$$

$$= \frac{1}{2}\ln\frac{\alpha^2}{\alpha^2+1}\,.$$

Andererseits ergibt sich mithilfe der Leibnizschen Regel

$$\frac{\mathrm{d}F}{\mathrm{d}\alpha} = \int\limits_0^1\left(\frac{\partial}{\partial\alpha}\arctan\frac{x}{\alpha}\right)\mathrm{d}x = \int\limits_0^1\frac{-x}{x^2+\alpha^2}\mathrm{d}x = -\frac{1}{2}\int\limits_0^1\frac{\mathrm{d}y}{\alpha^2+y}$$

$$= -\frac{1}{2}\ln(y+\alpha^2)\Big|_0^1 = \frac{1}{2}\ln\frac{\alpha^2}{1-\alpha^2}\,,$$

wie vorher, nur einfacher.

Im Falle einer Parameterabhangigkeit der oberen Grenze, (5.32), bestimmen wir die Ableitung nach α mithilfe des Mittelwertsatzes der Integralrechnung.

$$\frac{\mathrm{d}}{\mathrm{d}\alpha}\int\limits_a^{b(\alpha)} f(x)\mathrm{d}x = \lim_{\Delta\alpha\to 0}\frac{1}{\Delta\alpha}\int\limits_{b(\alpha)}^{b(\alpha+\Delta\alpha)} f(x)\mathrm{d}x = \lim_{\Delta\alpha\to 0}\frac{1}{\Delta\alpha}\big(b(\alpha+\Delta\alpha) - b(\alpha)\big)f(\xi)\,.$$

Dabei muss der Zwischenwert $\xi \in (b(a), b(\alpha+\Delta\alpha))$ sich mit $\Delta\alpha \to 0$ auf den Punkt $b(\alpha)$ zurückziehen, da das Intervall hierauf zusammenschrumpft. Somit ist

$$\frac{\mathrm{d}}{\mathrm{d}\alpha}\int\limits_a^{b(\alpha)} f(x)\mathrm{d}x = b'(\alpha)f\big(b(\alpha)\big)\,, \tag{5.34}$$

d.h.: Integrand an der oberen Grenze mal Ableitung der oberen Grenze. (Dasselbe findet man mit der Kettenregel und Formel (5.17).)

Zeigen Sie zur Übung die oft benutzte Formel

$$\frac{\mathrm{d}}{\mathrm{d}\alpha}\int\limits_{a(\alpha)}^b f(x)\mathrm{d}x = -a'(\alpha)f\big(a(\alpha)\big) \tag{5.35}$$

sowie die zusammenfassende Aussage:

$$\frac{d}{d\alpha} \int\limits_{a(\alpha)}^{b(\alpha)} f(x,\alpha)dx = \int\limits_{a(\alpha)}^{b(\alpha)} \frac{\partial f(x,\alpha)}{\partial \alpha}dx + f(b(\alpha),\alpha)b'(\alpha) - f(a(\alpha),\alpha)a'(\alpha) . \qquad (5.36)$$

Dies gilt, falls die Grenzen $a(\alpha)$ und $b(\alpha)$ differenzierbar sowie f, $\partial f/\partial\alpha$ in beiden Variablen zugleich stetig sind.

5.5.2   Integration von Parameterintegralen

Nicht nur die Ableitung eines Parameterintegrals $F(\alpha)$ ist oft erwünscht, sondern auch seine *erneute* Integration nach der Variablen α. Das interessierende Intervall sei $[\xi, \eta]$, d. h. wir suchen $\int_{\xi}^{\eta} d\alpha F(\alpha)$. Falls nicht einmal $f(x,\alpha)$ stetig in α ist, hat man i. Allg. keine Chance, dass $F(\alpha)$ das ist. Damit man ohne Probleme integrieren kann, sollte $F(\alpha)$ und deshalb möglichst auch $f(x,\alpha)$ stetig sein. Dann aber kann man wieder prüfen, ob man nicht gleich zuerst f nach α integriert und das Ergebnis anschließend nach x.

Tatsächlich findet man dann folgende Aussage.

▸ **Satz** Gegeben sei das Parameterintegral $F(a) = \int_{a}^{b} f(x,\alpha)dx$ und gesucht sei $\int_{\xi}^{\eta} F(\alpha)d\alpha$.

(Zumindest:) Falls $f(x,\alpha)$ als Funktion *beider* Variabler *zugleich* in $[a,b] \times [\xi,\eta]$ *stetig* ist, darf man unter dem x-Integral erst nach α integrieren, d. h. die Reihenfolge der Integrationen vertauschen:

$$\int\limits_{\xi}^{\eta} d\alpha \int\limits_{a}^{b} f(x,\alpha)dx = \int\limits_{a}^{b} dx \int\limits_{\xi}^{\eta} f(x,\alpha)d\alpha . \qquad (5.37)$$

Als Beispiel zur Erläuterung diene $f(x,\alpha) = \alpha^x$. Sei etwa $\alpha \in [0,1]$ und $x \in [a,b]$ mit $a > 0$, da bei $a = 0$, $x = 0$ eine Unstetigkeit vorliegt. Es ist

$$F(\alpha) = \int\limits_{a}^{b} \alpha^x dx = \int\limits_{a}^{b} \left(e^{\ln\alpha}\right)^x dx = \frac{\alpha^b - \alpha^a}{\ln\alpha} .$$

Das α-Integral ist analytisch nicht anzugeben. Deshalb vertauschen wir die Reihenfolge der Integrationen:

$$\int\limits_{0}^{1} F(\alpha)d\alpha = \int\limits_{0}^{1} d\alpha \int\limits_{a}^{b} \alpha^x dx = \int\limits_{a}^{b} dx \int\limits_{0}^{1} \alpha^x d\alpha = \int\limits_{a}^{b} dx \frac{\alpha^{x+1}}{x+1}\Big|_{\alpha=0}^{\alpha=1}$$

$$= \int\limits_{a}^{b} dx \frac{1}{x+1} = \ln(1+x)\Big|_{a}^{b} .$$

Folglich gilt

$$\int_0^1 \frac{\alpha^b - \alpha^a}{\ln \alpha}\, d\alpha = \ln \frac{1+b}{1+a}\,,$$

obwohl man zu $F(a)$ keine Stammfunktion finden konnte.

Bemerkung

Um $\int \frac{\alpha^b}{\ln \alpha}\, d\alpha$ zu integrieren, wird man $\ln \alpha = x'$ substituieren. Man stößt auf die als Integral definierte Funktion Ei, genannt *„Exponentialintegral"*.

$$\int_0^{e^x} \frac{\alpha^b}{\ln \alpha}\, d\alpha = \int_{-\infty}^x \frac{e^{(b+1)x'}}{x'}\, dx' = \mathrm{Ei}\big((b+1)x\big)\,.$$

5.5.3 Uneigentliche Parameterintegrale

Wie wir schon gelernt haben, können physikalisch interessierende Integrale uneigentlich sein, sei es ihrer unendlichen Grenzen wegen, sei es wegen einer Singularität ihres Integranden. Selbstverständlich kann das auch bei parameterabhängigen Integralen vorkommen. Gelten dann trotzdem die soeben besprochenen Rechenregeln?

> Diese Frage ist deshalb nicht trivial, weil ja in der Definition uneigentlicher Integrale ein zusätzlicher Grenzprozess auftritt, auf den man bei der Differentiation oder Integration von $F(a)$ zu achten hat. Will man wie vorher „unter dem Integral" zuerst nach α differenzieren oder integrieren, so muss man $\partial/\partial \alpha$ oder $\int d\alpha$ außer mit $\int dx \ldots$ noch mit diesem zusätzlichen Limes vertauschen. Damit das erlaubt ist, muss dieser eine besondere Eigenschaft haben, die im Folgenden diskutiert wird.

In Kürze formuliert: Man darf die Regeln (5.33) und (5.37) auch für uneigentliche Parameterintegrale anwenden, sofern sie nur *gleichmäßig* bzgl. des Parameters *konvergieren!*

Dabei sei an einem Beispiel *definiert:*

$$F(\alpha) \equiv \int_a^\infty f(x,\alpha)\, dx := \lim_{B \to \infty} \int_a^B f(x,\alpha)\, dx$$

heißt *gleichmäßig konvergent,* sofern

$$\left| \int_{b_1}^{b_2} f(x,\alpha)\, dx \right| < \delta \quad \text{für alle} \quad b_1, b_2 > B(\delta)$$

unabhängig von α, d. h. für alle α, eben „gleichmäßig" bzgl. α .

$$(5.38)$$

Wiederum sei an einem möglichen Fall exemplifiziert, wie die modifizierten Aussagen über Parameterintegrale lauten:

1. $F(\alpha)$ gemäß (5.38) ist *stetig* für $\alpha \in [\xi, \eta]$, falls $f(x, \alpha)$ im teilunendlichen Intervall $[a, \infty) \times [\xi, \eta]$ stetig ist *und* $F(\alpha)$ gleichmäßig bzgl. α konvergiert.
2. Integration von $F(\alpha)$ ist dann offenbar möglich. Sie ist unter eben diesen Voraussetzungen der Stetigkeit *und* gleichmäßigen Konvergenz schon unter dem $\int dx$ erlaubt, d. h. es gilt (5.37).
3. Es ist die Ableitung $\partial/\partial x$ unter dem Integral (5.38) erlaubt, falls $f, \partial f/\partial \alpha$ stetig in (x, α) zugleich *und* sowohl $\int\limits^{\infty} f(x, \alpha) dx$ als auch $\int\limits^{\infty} \partial f(x, \alpha)/\partial \alpha dx$ gleichmäßig konvergieren.

Zum Beweis sei auf einschlägige Lehrbücher verwiesen.[3] Die Technik ist: Rückführung auf die Eigenschaften von Reihen mittels

$$\dots + \int\limits_{b_i}^{b_{i+1}} f dx + \dots$$

5.5.4 Übungen zum Selbsttest: Parameterintegrale

1. Man untersuche die Ableitung von

$$F(\alpha) = \int\limits_{\alpha}^{\infty} e^{-x/\alpha} dx$$

durch Parameterableitung nach der allgemeinen Leibnizschen Regel und auch direkt.
2. Oft führt man einen Parameter künstlich ein, um mit diesem Trick Integrale auf einfachere zurückzuführen. Berechnen Sie so

$$F_n = \int\limits_{0}^{\infty} x^{2n} e^{-x^2} dx \, .$$

Hinweis
$x^2 \to \alpha x^2$, mit $n = 0$ beginnen, dann $\partial/\partial \alpha \dots$

3. Analog: $F_n(\alpha) = \int\limits_{0}^{a} x^n e^{-x} dx$ auf $F_0(a)$ zurückführen $(x \to \alpha x)$ und berechnen.
4. Berechnen Sie

$$F(\alpha) = \int\limits_{0}^{\infty} \frac{\sin(\alpha x)}{x} dx$$

und prüfen Sie die Möglichkeit, dieses uneigentliche Parameterintegral *unter* dem Integral nach α zu differenzieren.

---

[3] Z. B. W. I. Smirnow, Lehrgang der Höheren Mathematik, Bd. II, § 84, S. 225, VEB Deutscher Verlag der Wissenschaften, Berlin, 1959.

5. Man integriere die Funktion

$$f(x, y) = \frac{x^2 - y^2}{(x^2 + y^2)^2}$$

erst nach x (wobei y Parameter ist) und dann nach y sowie anschließend in umgekehrter Reihenfolge, jeweils von 0 bis ∞. Gilt die Vertauschbarkeit der Integrationsreihenfolge oder nicht? Man begründe das Ergebnis.

5.6 Die δ-Funktion

5.6.1 Heuristische Motivation

Oft benötigt man für den physikalisch-mathematischen Gebrauch eine „abartige" Funktion und sogar Integrale darüber, die erst recht abartig sind. Sie heißt „δ-Funktion".

Erfunden wurde sie von dem Physiker P. A. M. DIRAC, zunächst zum Gebrauch in der Quantenmechanik. Heute verwendet man sie praktisch überall. Es wurde auch eine mathematisch wohlfundierte Theorie entwickelt, in die die δ-Funktion „eingebettet" ist. Dies tat L. SCHWARTZ mit der Distributionstheorie. In ihrem Rahmen lassen sich alle folgenden Aussagen sauber beweisen. Für uns hier kommt es mehr darauf an, die Bedeutung der δ-Funktion kennenzulernen und sich in ihrem praktischen Gebrauch zu üben.

Wo z. B. stößt man auf sie in der Physik? Betrachten wir etwa eine elektrische Ladungsverteilung im Raum. Wir kennzeichnen sie durch die Ladungsdichte $\rho(\vec{r})$, eindimensional vereinfacht zu $\rho(x)$. Es ist $\int_I \rho(x')\mathrm{d}x'$ die gesamte Ladung im Intervall I. Wie sieht die Ladungsdichte $\rho(x)$ aus, wenn die Ladung nicht im Raum verschmiert, sondern ein idealisiert punktförmiges Gebilde wie ein Elektron ist?

Dann muss die Dichte $\rho(x)$ offenbar überall 0 sein bis auf die Stelle x_0, an der das Elektron sich befindet. Obwohl nur an diesem einen Punkt von 0 verschieden, muss $\int_I \rho(x')\mathrm{d}x' = e$ sein, sofern I die Stelle x_0 enthält (e = Ladung des Elektrons). Wir können uns daher von $\rho(x)$ ein anschauliches Bild wie in Abb. 5.14 machen.

Wir symbolisieren diese abartige „Funktion" durch $e\delta(x - x_0)$. Dabei ist x die Variable, x_0 die Stelle, an der sich die Zacke befindet und e ihre „Höhe". Die Elektronenladung e ist als Faktor aufzufassen.

Mehrere punktförmige Ladungen e_i an verschiedenen Stellen x_i kann man durch $\sum_i e_i\delta(x - x_i)$ beschreiben. Die gesamte Ladung in einem Intervall I ist $\int_I \sum_i e_i\delta(x' - x_i)\mathrm{d}x' = \sum_{x_i \in I} e_i$ wenn man die Linearität des Integrals berücksichtigt.

Ein anderes Beispiel: Ein Pendel der Masse m und der Federkonstanten k werde durch eine äußere Kraft in einem Zeitmoment t_0 angestoßen. Seine Bewegungsgleichung lautet

$$m\ddot{x} = -kx + P\delta(t - t_0). \tag{5.39}$$

Abb. 5.14 Modellvorstellung einer punktförmigen Ladungsdichte an einer Stelle x_0. Sie repräsentiert eine δ-Zacke

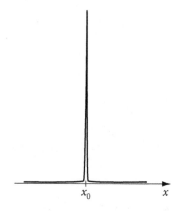

Die δ-Funktion zeigt hierbei an, dass die äußere Kraft bis auf den einen Zeitpunkt t_0 stets
0 ist, dort aber mit solcher Stärke wirkt, dass das zeitliche Integral den endlichen Impuls-
übertrag P bewirkt, der das Pendel ausschwingen lässt.

Das von einer eindimensional verteilten Ladungsdichte $\rho(x)$ erzeugte elektrostatische
Potenzial $\varphi(\vec{r})$ ist

$$\varphi(\vec{r}) = \int \frac{\rho(x')\mathrm{d}x'}{|x'\vec{e} - \vec{r}|} \ . \tag{5.40a}$$

Der Vektor $\vec{e}$ ist die Richtung der Geraden, auf der sich die Ladung befindet, x' eine Koordinate auf dieser Geraden durch den Ursprung und $\vec{r}$ der von uns gewählte Ort im Raum,
an dem wir das Potenzial φ wissen möchten. $|x'\vec{e} - \vec{r}|$ ist der Abstand zwischen diesem
Aufpunkt $\vec{r}$ und dem jeweiligen Ort der Ladung.

Falls die Ladungsdichte von einer punktförmigen Ladung an einer Stelle x_0 erzeugt wird,
macht $\rho(x')$ den Integranden von (5.40a) überall zu Null, wo $x' \neq x_0$. Deshalb trägt nur
die Stelle $x' = x_0$ zum Integral bei, sodass der Nenner $|x_0\vec{e} - \vec{r}|$ lautet. Denken wir uns der
Einfachheit halber $x_0 = 0$, heißt er sogar r. Jedenfalls hängt er nicht mehr von x' ab, sondern
kann als konstant *vor* das Integral gezogen werden. Es bleibt $\int \rho(x')\mathrm{d}x'$ auszurechnen,
was ja die Gesamtladung e gibt. Folglich gewinnen wir als Potenzial einer Punktladung im
Koordinatenursprung als

$$\varphi(\vec{r}) = \frac{e}{r}. \tag{5.40b}$$

Das muss natürlich so sein, denn durch additive Überlagerung solcher Coulomb-Poten-
tiale ist ja (5.40a) gewonnen worden. Die Überlegung sollte aber verdeutlichen, wie die
δ-Funktion mit einer anderen Funktion gemeinsam unter einem Integral wirkt.

Dieses Integral ist nämlich *keineswegs* trivial als Riemannintegral zu verstehen! Ein
solches wäre nämlich seiner Definition nach 0, wenn das effektiv beitragende Integrations-
intervall 0 ist, s. o. Es soll aber gerade $\int \delta(x' - x_0)\mathrm{d}x' = 1$, also *nicht* Null sein. Zur Rettung
kann man sich zwar vorstellen, dass das Intervall 0 ist, auf dem die δ-Zacke liegt, dafür
aber diese Zacke „unendlich" hoch steigt, sodass $0 \cdot \infty$ etwas Endliches liefert. So brauchbar

diese merkwürdige Vorstellung für den praktischen Gebrauch auch oft ist, so wenig rettet sie die fehlgeschlagene Deutung des Integrals als Riemannsch. Denn letzteres konnte ja an singulären Stellen gar nicht erklärt werden.

Es muss deshalb die etwas abartige (aber höchst nützliche) δ-Funktion *zusammen* mit einem entsprechend abartigen Integral *definiert* werden.

5.6.2 Definition der δ-Funktion

Die Überlegungen des vorigen Abschnitts fassen wir zusammen in folgender Definition.

▸ **Definition** Die „δ-Funktion" $\delta(x - x_0)$ ist diejenige verallgemeinerte Funktion von x, die:

1. für alle $x \neq x_0$ den Wert Null hat und
2. zusammen mit stetigen Funktionen unter einem ebenfalls verallgemeinerten Integral wirkt wie

$$\int_a^b \delta(x - x_0)f(x)\mathrm{d}x = f(x_0),\tag{5.41}$$

sofern $x_0 \in (a, b)$.

Zur logischen Struktur von Teil 2 der Definition sei bemerkt, dass die Zuordnung einer ganzen Funktion $f(x)$ zu ihrem speziellen Wert $f(x_0)$ an einer Stelle x_0 die δ-Funktion *zusammen* mit dem Symbol $\int \ldots$ definiert. Falls $x_0 \notin (a, b)$, kommt wegen Teil 1 natürlich 0 heraus.

Falls speziell $f(x) = 1$ gewählt wird, ist

$$\int_a^b \delta(x - x_0)\mathrm{d}x = \begin{cases} 1, & x_0 \in (a, b) \\ 0, & x_0 \notin (a, b) \end{cases}.\tag{5.42}$$

Je nach Lage der Stelle x_0 liegt eine andere, verschobene δ-Funktion vor. Eine Modellvorstellung der so definierten abartigen „Funktion" vermittelt Abb. 5.14.

5.6.3 Darstellung durch „glatte" Funktionen

Es ist nicht nur zur besseren Veranschaulichung nützlich, sich eine approximative Realisierung der δ-Funktion klar zu machen. In vielen physikalischen Problemen stößt man tatsächlich auf solche Näherungen von δ-Funktionen.

Abb. 5.15 Darstellung der δ-Funktion durch eine Folge zunehmend schärferer, d. h. schmalerer und höherer, jedoch beliebig oft differenzierbarer Funktionen $\delta_n(x)$. Wählt man als Argument $x - x_0$, sind sie um x_0 zentriert

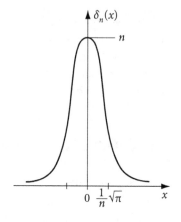

Betrachten wir z. B. die glatten, d. h. hier beliebig oft differenzierbaren Funktionen in Abb. 5.15. Sie seien analytisch gegeben durch

$$\delta_n(x) := n e^{-\pi n^2 x^2}. \tag{5.43}$$

Für hinreichend großes n realisiert $\delta_n(x)$ näherungsweise die in Abschn. 5.6.2 genannten definierenden Merkmale der δ-Funktion nicht nur anschaulich (vgl. Abb. 5.14), sondern auch analytisch. Denn $\delta_n(x) \approx 0$, sofern $x \gg 1/(n\sqrt{\pi})$; ferner ist $\int_{-\infty}^{\infty} \delta_n(x)\mathrm{d}x = 1$, d. h. die Fläche unter dem spitzen Peak ist für alle n gleich, und zwar 1. Schließlich kann man mithilfe des zweiten Mittelwertsatzes (5.15) die Wirkung von $\delta_n(x)$ unter einem Integral mit anderen stetigen Funktionen betrachten.

$$\int_a^b \delta_n(x)f(x)\mathrm{d}x = f(\xi_n) \int_a^b \delta_n(x)\mathrm{d}x \xrightarrow[n\to\infty]{} f(0)\cdot 1 = f(0)\,.$$

Denn für wachsendes n wird angesichts der Schärfe von $\delta_n(x)$ jedes Intervall $[a, b]$, das 0 enthält, äquivalent zu $(-\infty, +\infty)$, und ξ_n muss im effektiven Integrationsbereich liegen, der – ebenfalls wegen der wachsenden Schärfe – mit $n \to \infty$ auf 0 zusammenschrumpft.

Wesentlich für die Interpretation der Folge $\delta_n(x)$ als einer *Darstellung der δ-Funktion* ist es also, *erst das Integral zu bilden und dann $n \to \infty$*. Andere solche „Darstellungen" der δ-Funktion vermitteln die Folgen

$$\delta_n(x) = \frac{1}{\pi}\frac{n}{1 + n^2 x^2}, \quad n \to \infty, \tag{5.44}$$

$$\delta_n(x) = \frac{1}{\pi}\frac{\epsilon}{x^2 + \epsilon^2}, \quad \epsilon \to 0, \tag{5.45}$$

$$\delta_n(x) = \frac{n}{\pi}\left(\frac{\sin nx}{nx}\right)^n, \quad n \to \infty, \tag{5.46}$$

$$\delta_n(x) = \frac{1}{\pi} \frac{\sin nx}{x} = \frac{1}{2\pi} \int\limits_{-n}^{+n} e^{ikx} \mathrm{d}k, \quad n \to \infty. \tag{5.47}$$

Zeichnen Sie diese Funktionen einmal auf und prüfen Sie, ob jeweils $\int_{-\infty}^{+\infty} \delta_n(x)\mathrm{d}x = 1$ ist.

Es ist wohl evident, dass man jeweils Darstellungen von $\delta(x - x_0)$ erhält, wenn man anstelle der Variablen x jeweils $x - x_0$ schreibt.

5.6.4 Praktischer Umgang

Folgende Formeln regeln den praktischen Umgang mit der δ-Funktion. Sie sind leicht aus der Definition durch Substitution o. Ä. zu beweisen:

1. Stets ist $\delta(\ldots)$ Null, falls nicht das Argument 0 ist. So ist z. B. $\delta(\varphi(x)) = 0$ für alle x mit $\varphi(x) \neq 0$.
2. (Wiederholung)

$$\int\limits_I \delta(x - x_0)f(x)\mathrm{d}x = f(x_0), \quad x_0 \in I,$$

für alle stetigen oder differenzierbaren Funktionen $f(x)$.

Achtung
Produktbildung von δ mit singulären Funktionen, insbesondere δ^2, ist i. Allg. *nicht* möglich!

3. $\delta(x) = \delta(-x)$, d. h. die δ-Funktion ist eine gerade „Funktion".
4. $\int\limits_{-\infty}^{x} \delta(x')\mathrm{d}x' = \Theta(x)$, d. h. $\frac{\mathrm{d}\Theta}{\mathrm{d}x} = \delta(x)$.
   $\Theta(x)$ ist die oft verwendete Stufenfunktion

$$\Theta(x) = \left\{ \begin{array}{ll} 1, & x > 0 \\ 0, & x < 0 \end{array} \right. .$$

5. $g(x)\delta(x) = g(0)\delta(x)$.
   Das bedeutet, eine glatte Funktion g, die mit $\delta(x - x_0)$ als Faktor auftritt, darf durch eine Konstante ersetzt werden, nämlich ihren Wert an der Nullstelle x_0 des Argumentes der δ-Funktion.
6. $x\delta(x) = 0$.
7. $\delta(ax) = \frac{1}{|a|}\delta(x)$.
   Die δ-Funktion ist also hochgradig *nichtlinear*.
8. $\delta(\varphi(x)) = \sum\limits_i \frac{1}{|\varphi'(x_i)|}\delta(x - x_i)$
   wobei die x_i *einfache* Nullstellen von $\varphi(x)$ seien.

Abb. 5.16 Modelldarstellung der Ableitung der δ-Funktion

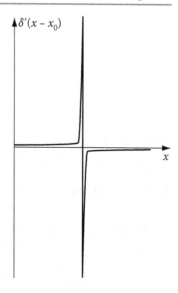

9. Mittels $\int \delta'(x - x_0)f(x)\mathrm{d}x =: -f'(x_0)$ kann man eine Ableitung $\delta'(x - x_0)$ der δ-Funktion *definieren*. $\delta'(x)$ ist ungerade in x. Ein Modell wird in Abb. 5.16 dargestellt. Es ist $\delta'(x) = \lim\limits_{n \to \infty} \delta'_n(x)$ für die glatten Darstellungen $\delta_n(x)$ der δ-Funktion.

5.6.5 Übungen zum Selbsttest: δ-Funktion

1.
$$\int\limits_{-1}^{+1} \delta(x)[f(x) - f(0)]\mathrm{d}x = ?$$

2.
$$\int\limits_{-\infty}^{+\infty} \frac{\cos x}{1 + x^2}\delta\left(x - \frac{\pi}{2}\right)\mathrm{d}x = ?$$

Dasselbe mit $\sin x$.

3.
$$\int\limits_{0}^{\infty} e^{-x^2}\delta(x+1)\left[1 - \cos\left(5\frac{\pi}{2}x\right)\right]\mathrm{d}x\ ;\quad \text{dasselbe mit}\quad \int\limits_{-\infty}^{0}\ \dots$$

4.
$$\delta(x^2 - x_0^2) = ?$$

5. Skizzieren und interpretieren Sie den Real- und den Imaginärteil von $1/(x \mp \mathrm{i}\epsilon)$, also

$$\operatorname{Im}\frac{1}{x \mp \mathrm{i}\epsilon},\quad \operatorname{Re}\frac{1}{x \mp \mathrm{i}\epsilon},\quad \text{für}\quad \epsilon \to 0\,.$$

6. Gegeben sei ein frei auf der Abszisse bewegliches Teilchen, das zur Zeit t_0 einen Anstoß erhält. Seine Bewegungsgleichung lautet $\ddot{x} = a\delta(t - t_0)$. Man bestimme $x(t)$ durch zweimaliges Integrieren und deute die Konstante a.

Vektorintegration

Im vorigen Kapitel 5 haben wir uns am Beginn klar gemacht, wie vielfältig Integrale in physikalischen Fragestellungen auftreten können. Nachdem dargestellt worden ist, wie man den Grundtyp eines Integrals (über reelle, stetige Funktionen einer Variablen) zu berechnen hat, dient dieses Kapitel dazu, die benötigte Vielfalt näher zu betrachten. Fast immer ist sie mit den Eigenschaften von Vektoren und Feldern verknüpft; deshalb „Vektorintegration".

6.1 (Gewöhnliches) Integral über Vektoren

Die trivialste Verallgemeinerung des Integralbegriffs wird verwendet, wenn statt gewöhnlicher Funktionen (genauer: skalarwertiger Funktionen) etwa *vektorwertige* Funktionen *einer* Variablen betrachtet werden, z. B. $\vec{v}(t)$.

6.1.1 Definition

Gegeben sei eine *vektorwertige* Funktion $\vec{a}(t)$ einer Variablen. Mit ihr kann man völlig analog wie in Kap. 5 Riemannsche Summen bilden. Sie entstehen durch eine Intervallzerlegung Z des Variablenintervalls I in die Teilintervalle $[t_{i-1}, t_i]$ und die Wahl von Zwischenwerten $\tau_i \in [t_{i-1}, t_i]$ und lauten

$$\sum_{i=1}^{n} \vec{a}(\tau_i)\Delta t_i .$$

$\vec{a}(t)$ besteht aus den Komponentenfunktionen $\vec{a}(t) = (a_1(t), a_2(t), a_3(t))$. Der jeweilige Faktor Δt_i wirkt komponentenweise, die Summe ist ebenfalls komponentenweise auszuführen. Somit ergeben die Rechenregeln für Vektoren

$$\sum_{i} \vec{a}(\tau_i)\Delta t_i \triangleq \left(\sum_{i} a_1(\tau_i)\Delta t_i, \sum_{i} a_2(\tau_i)\Delta t_i, \sum_{i} a_3(\tau_i)\Delta t_i \right) .$$

S. Großmann, *Mathematischer Einführungskurs für die Physik*,
DOI 10.1007/978-3-8348-8347-6_6,
© Vieweg+Teubner Verlag | Springer Fachmedien Wiesbaden 2012

Jede Komponente k des Summenvektors ist also eine gewöhnliche Riemannsumme, $\sum_i a_k(\tau_i)\Delta t_i$, für $k = 1, 2, 3$. Im Limes immer feinerer Intervallteilung, $Z \to \infty$, wird daraus jeweils das Riemannintegral! Somit wird folgende Definition verständlich:

▶ **Definition** Das Riemannintegral (bestimmt oder unbestimmt) über eine vektorwertige Funktion ist derjenige *Vektor,* dessen Komponenten die jeweiligen Integrale über die Komponentenfunktionen sind

$$\int \vec{a}(t)\mathrm{d}t \triangleq \left(\int a_1(t)\mathrm{d}t, \int a_2(t)\mathrm{d}t, \int a_3(t)\mathrm{d}t \right) \triangleq \left(\int a_k(t)\mathrm{d}t \right). \qquad (6.1)$$

Das gewöhnliche Integral über eine vektorwertige Funktion ist also nichts anderes als die Zusammenfassung von drei Komponentenintegralen, die zusammen einen Vektor bilden.

6.1.2   Beispiele zur übenden Erläuterung

Zunächst sei nochmals auf die physikalische Motivation zurückverwiesen (insbesondere Abschn. 5.1, Beispiel 1), dass und wozu das eingeführte Vektorintegral in physikalischen Fragestellungen nützlich ist. Die folgenden Rechenbeispiele kann man bei Bedarf physikalisch ummänteln:

1. Man integriere die vektorwertige Funktion $\vec{a} \triangleq (t + t^2, e^{6t}, 1)$ über das Intervall $[0, 1]$. Das Integral ist ein Vektor $\vec{F}$ mit den Komponenten F_k, wobei

$$F_1 = \int\limits_0^1 (t + t^2)\mathrm{d}t = \left(\frac{1}{2}t^2 + \frac{1}{3}t^3 \right)\Big|_0^1 = \frac{1}{2} - 0 + \frac{1}{3} - 0 = \frac{5}{6},$$

$$F_2 = \int\limits_0^1 e^{-6t}\mathrm{d}t = -\frac{1}{6}e^{-6t}\Big|_0^1 = \frac{1}{6}\left(1 - e^{-6}\right) \approx \frac{1}{6},$$

$$F_3 = \int\limits_0^1 \mathrm{d}t = t\Big|_0^1 = 1.$$

Also ist $\vec{F} = \left(\frac{5}{6}, \frac{1}{6}(1 - e^{-6}), 1 \right)$.

2. Sei $\vec{a} = t^3\vec{e} + \vec{c}$, wobei $\vec{e}, \vec{c}$ konstante Vektoren bedeuten. Wie lautet das unbestimmte Integral?

$$\int \vec{a}(t)\mathrm{d}t = \frac{1}{4}t^4\vec{e} + t\vec{c} + \vec{d},$$

wobei $\vec{d}$ den Vektor der Integrationskonstanten darstellt. Denn bei *jedem* der drei Komponentenintegrale tritt ja beim unbestimmten Integral eine Integrationskonstante auf, genannt d_k. Sie bilden zusammen den Vektor $\vec{d} = (d_1, d_2, d_3)$.

3. Die Rechenmethoden des gewöhnlichen Integrals übertragen sich auf das vektorielle. $\int (\vec{a} \times \ddot{\vec{a}})dt =$? Offenbar ist $\vec{a} \times \ddot{\vec{a}} = (\vec{a} \times \dot{\vec{a}})^{\cdot}$ (Beweis?). Daher

$$\int (\vec{a} \times \ddot{\vec{a}})dt = \int \frac{d}{dt}(\vec{a} \times \dot{\vec{a}})dt = \vec{a} \times \dot{\vec{a}} + \vec{d} \,.$$

4. Von einem Teilchen sei die jeweilige Beschleunigung $\vec{b}(t)$ bekannt sowie seine Lage und seine Geschwindigkeit zu einem gewissen Zeitpunkt, genannt $t = 0$. Gesucht werden seine Geschwindigkeit $\vec{v}(t)$, seine Bahnkurve $\vec{r}(t)$ sowie die Länge des bis zu einer Zeit $t > 0$ zurückgelegten Weges.
Da $\vec{b} = d\vec{v}/dt$, ist $\vec{v}(t) = \int_0^t \vec{b}(t')dt' + \vec{v}(0)$. Aus $\vec{v}(t) = d\vec{r}/dt$ erhält man $\vec{r}(t) = \int_0^t \vec{v}(t')dt' + \vec{r}(0)$. Die Länge $s(t)$ des Weges schließlich ergibt sich nach Abschn. 3.3.1 aus $\dot{s} = \sqrt{\dot{\vec{r}}^2} = v(t)$, d. h. sie ist $s(t) = \int_0^t v(t')dt'$.
Ein konkretes Beispiel für eine mögliche Beschleunigung sei $\vec{b}(t) = (4\cos 2t, -2\sin 2t, t)$. Durch Integrieren erhält man die Stammfunktion $(2\sin 2t, \cos 2t, t^2/2)$, also $\vec{v}(t) = (2\sin 2t, \cos 2t - 1, t^2/2) + \vec{v}(0)$. Man integriert noch einmal:

$$\vec{r}(t) = \left(-\cos 2t', \frac{1}{2}\sin 2t' - t', \frac{1}{6}t'^3\right)\Bigg|_0^t + \vec{v}(0)\Bigg|_0^t + \vec{r}(0) \,,$$

$$\text{also } \vec{r}(t) = \left(1 - \cos 2t, \frac{1}{2}\sin 2t - t, \frac{1}{6}t^3\right) + \vec{v}(0)t + \vec{r}(0) \,.$$

Der die Länge der Bahn bestimmende Betrag der Geschwindigkeit ist

$$\vec{v}(t) = \left[(2\sin 2t + v_1(0))^2 + (\cos 2t - 1 + v_2(0))^2 + \left(\frac{1}{2}t^2 + v_3(0)\right)^2\right]^{\frac{1}{2}} \,.$$

Diese komplizierte Funktion wäre zu integrieren, um $s(t)$ herauszubekommen.

6.1.3 Übungen zum Selbsttest: Integral über Vektoren

1.
$$\int d\alpha \left(\sin \alpha, \frac{1}{1 + \alpha^2}, \cosh \sqrt{\alpha}\right) = ?$$

2.
$$\int \left[(\sinh x)\vec{a}_1 + e^{-\gamma x}\vec{a}_2\right] dx = ?$$

wobei $\vec{a}_1, \vec{a}_2$ konstante Vektoren seien und γ eine feste Zahl.

3. Bestimmen und diskutieren Sie die Bahn eines Körpers, der einer konstanten Beschleunigung unterliegt, $\vec{b} = -g\vec{e}_3$. Die Anfangsbedingungen bei $t = 0$ können sein: $\vec{r}(0) = 0$ sowie:
   1. $\vec{v}(0) = 0$,

2. $\vec{v}(0) = v_0 \vec{e}_2$,

3. $\vec{v}(0) = (v_0/\sqrt{2})(\vec{e}_1 + \vec{e}_2)$ oder

4. $\vec{v}(0) = (v_0/\sqrt{2})(\vec{e}_1 + \vec{e}_3)$.

Was bedeuten sie? ($\vec{e}_i$ drei orthonormierte Basisvektoren, in $-\vec{e}_3$-Richtung wirke eine konstante Beschleunigung g.)

4. Untersuchen Sie die Bahn eines Teilchens, dessen Beschleunigung die Parameterdarstellung $\vec{b}(t) = (-\omega^2 \cos \omega t, -\omega^2 \sin \omega t, 0)$ hat.

5. Man berechne die Länge s des Weges, den der Körper auf den verschiedenen Bahnen gemäß Aufgabe 3 nach einer gewählten Zeit $t > 0$ zurückgelegt hat. Dabei gebe man auch Näherungen der exakten Resultate für kleine sowie für große t an.

6.2   Kurvenintegrale

Als nächsten physikalisch interessanten Integraltyp betrachten wir das in Abschn. 5.1, Beispiel 2, besprochene Integral. Es beschreibt z. B. die Arbeit, die ein Körper bei Bewegung durch ein Kraftfeld verrichtet. Man lese die früheren Ausführungen über die physikalische Motivation noch einmal.

6.2.1   Definition

Die mathematischen Grundelemente, auf die man durch die physikalische Fragestellung geführt wird, sollen herausgearbeitet werden.

Liege zunächst einmal ein Vektorfeld vor, etwa ein Kraftfeld, allgemein $\vec{A}(\vec{r})$. In diesem sei ferner eine Kurve C gegeben (s. Abb. 5.3). Wir haben früher schon die analytische Darstellung von Kurven im Raum besprochen, s. Abschn. 3.1. Sei also C in einer geeigneten Darstellung explizit angegeben, z. B. in einer stückweise glatten Parameterdarstellung $\vec{r}(t)$. Die Kurve beginne an der Stelle $\vec{r}_a$ und ende bei $\vec{r}_b$.

Wir machen nun eine verallgemeinerte Intervalleinteilung, nämlich *auf* der Kurve (s. Abb. 5.2). Wir nennen sie wieder Z und kennzeichnen sie durch die Punkte $\vec{r}_a \equiv \vec{r}_0, \vec{r}_1, \ldots, \vec{r}_i, \ldots, \vec{r}_n \equiv \vec{r}_b$. Alle $\vec{r}_i$ liegen auf C. Zu Z möge ferner die Auswahl von Zwischenwerten $\vec{r}_i'$ gehören, $\vec{r}_i' \in C$, jeweils zwischen $\vec{r}_{i-1}$ und $\vec{r}_i$ gelegen. $Z \to \infty$ soll heißen, dass eine immer feinere Unterteilung getroffen wird, also $n \to \infty$, $\Delta \vec{r}_i = \vec{r}_i - \vec{r}_{i-1} \to 0$ für *alle* i.

▸ **Definition** Der Grenzwert

$$\lim_{Z \to \infty} \sum_{i=1}^{n} \vec{A}(\vec{r}_i') \cdot \Delta \vec{r}_i =: \int_{\vec{r}_a, C}^{\vec{r}_b} \vec{A}(\vec{r}) \cdot d\vec{r} \qquad (6.2)$$

heißt „Kurvenintegral" oder „Linienintegral" über das Vektorfeld $\vec{A}(\vec{r})$ entlang des „Weges" C von $\vec{r}_a$ bis $\vec{r}_b$; vorausgesetzt ist, dass der Limes unabhängig von der Wahl der Folgen $Z \to \infty$ existiert.

Zusatz

Falls $\vec{r}_a = \vec{r}_b$, die Kurve C also *geschlossen* ist, heißt

$$\oint_C \vec{A} \cdot d\vec{r} \tag{6.3}$$

„Zirkulation" von $\vec{A}$ entlang C oder auch „*geschlossenes Kurvenintegral*".

Merke

Da jeder Summand der Riemannsumme als Inneres Produkt ein Skalar ist, muss die ganze Riemannsumme ein Skalar sein. Das ist für jede Zerlegung Z der Fall, folglich auch für den Limes. Somit ist das Kurvenintegral (6.2) (ebenso die Zirkulation) ein Skalar!

6.2.2 Verfahren zur Berechnung

Um Kurvenintegrale praktisch auszurechnen, führen wir sie auf die eine oder andere Weise auf *gewöhnliche* Riemannintegrale zurück.

1. Sei etwa die Kurve C in Parameterdarstellung gegeben, $\vec{r}(t)$. Dann entspricht jedem $\vec{r}_i$ einer Zerlegung Z ein Parameterwert t_i, jedem Zwischenwert $\vec{r}_i'$ ein Parameterwert τ_i und t_a, t_b liefern Anfangs- bzw. Endpunkt der Kurve.

   Ein jeder Riemannsummand wird nun wie folgt umgeformt:

$$\vec{A}(\vec{r}_i) \cdot \Delta\vec{r}_i = \vec{A}(\vec{r}_i) \cdot \frac{\Delta\vec{r}_i}{\Delta t_i} \Delta t_i .$$

Bei $Z \to \infty$, also $\Delta t_i \to 0$, strebt $\Delta\vec{r}_i/\Delta t_i$ gegen die Ableitung $d\vec{r}/dt$ an *der* Stelle des Parameters, auf die sich das jeweilige Teilintervall $[t_{i-1}, t_i]$ gerade zusammenzieht. Auch τ_i strebt gegen eben diese Stelle. Somit

$$\phi = \int_{\vec{r}_a, C}^{\vec{r}_b} \vec{A}(\vec{r}) \cdot d\vec{r} = \int_{t_a}^{t_b} \vec{A}(\vec{r}(t)) \cdot \frac{d\vec{r}}{dt}(t)\, dt. \tag{6.4}$$

Dieses repräsentiert das Kurvenintegral durch ein gewöhnliches Riemannintegral, dessen Integrand die skalare Funktion *einer* Variablen ist: $\vec{A} \cdot (d\vec{r}/dt)$. Der erste Faktor, $\vec{A}(\vec{r}(t))$, enthält die Werte des gegebenen Feldes entlang der Kurve, der zweite Faktor, $d\vec{r}(t)/dt$, vertritt explizit die Information, die in der Angabe der Kurve C steckt. Schon jetzt sei auf ein ausführliches Beispiel in Abschn. 6.2.3 hingewiesen.

2. Falls C nicht in einer Parameterdarstellung hingeschrieben worden ist, bewährt sich folgende Überlegung: Jeder Summand einer Riemannsumme lässt sich in Komponenten zerlegen. Denn

$$\Delta \vec{r}_i = \Delta x_i \vec{e}_1 + \Delta y_i \vec{e}_2 + \Delta z_i \vec{e}_3 \quad \text{und} \quad \vec{A} = A_x \vec{e}_1, + A_y \vec{e}_2 + A_z \vec{e}_3 .$$

(Wenn man, wie üblich, die drei Komponenten mit $k = 1, 2, 3$ durchnummeriert, wäre

$$\Delta \vec{r}_i = (\Delta x_{1,i}, \Delta x_{2,i}, \Delta x_{3,i}) \quad \text{und} \quad \vec{A}(\vec{r}_i) = (A_1(\vec{r}_i), A_2(\vec{r}_i), A_3(\vec{r}_i)) .$$

Der Index i bezeichnet die Nummer des Teilintervalls einer Zerlegung Z.)
Es ist dann

$$\phi = \int\limits_{\vec{r}_a, C}^{\vec{r}_b} \vec{A}(\vec{r}) \cdot \mathrm{d}\vec{r} = \lim\limits_{Z \to \infty} \left\{ \sum\limits_i A_x(\vec{r}_i) \Delta x_i + \sum\limits_i A_y(\vec{r}_i) \Delta y_i + \sum\limits_i A_z(\vec{r}_i) \Delta z_i \right\} .$$

Jeder dieser drei Summanden geht bei der Limesbildung in ein gewöhnliches Riemannintegral über. Denn betrachten wir als Beispiel einmal den ersten Summanden. Bei $Z \to \infty$ schrumpft jedes Intervall zusammen auf gewisse Werte x. Zu jedem x gehört bei geeigneter Lage der Kurve relativ zur x-Achse ein wohlbestimmter Punkt $\vec{r} = (x, y, z) \in C$. Notfalls zerlegt man C in geeignete Stücke, sodass wenigstens stückweise zur Festlegung von $\vec{r} \in C$ schon die Angabe *einer* Koordinate, hier speziell von x, genügt.

Anders ausgedrückt: Wir beschreiben die Kurve mittels x als einem möglichen Parameter, $\vec{r}(x) \triangleq (x, y(x), z(x))$. Dann ist

$$\lim\limits_{Z \to \infty} \sum\limits_i A_x(\vec{r}_i) \Delta x_i = \int\limits_{x_a}^{x_b} A_x(x, y(x), z(x)) \mathrm{d}x .$$

Der Integrand ist diejenige Funktion einer Variablen, die durch die x-Komponente des Feldes, A_x, an der Stelle $(x, y(x), z(x))$ gegeben ist. Sie ist teils explizit und teils implizit von x abhängig.

Völlig analog führt man im zweiten Summanden alles auf eine y-Integration und im dritten auf eine z-Integration zurück. Folglich gilt

$$\phi = \int\limits_{\vec{r}_a, C}^{\vec{r}_b} \vec{A}(\vec{r}) \cdot \mathrm{d}\vec{r} = \int\limits_{x_a}^{x_b} A_x \mathrm{d}x + \int\limits_{y_a}^{y_b} A_y \mathrm{d}y + \int\limits_{z_a}^{z_b} A_z \mathrm{d}z. \tag{6.5}$$

Zwecks leichteren Überblicks sind die jeweiligen Argumente nicht mit hingeschrieben. (Wie würden sie lauten?) Es tritt immer die k-Komponente des Feldes zusammen mit $\mathrm{d}x_k$ auf! Die *Form* der Kurve ist *mit* in der Funktion A_k enthalten, da ja z. B. in

$A_z(x(z), y(z), z)$ die Art und Weise, wie x und y von z abhängen, genau durch die Kurvenform bestimmt wird.

Hingewiesen sei noch auf eine unmittelbar aus der Definition (6.2) folgende Eigenschaft, die uns auch von gewöhnlichen Integralen vertraut ist:

$$\int_{\vec{r}_a, C}^{\vec{r}_b} \vec{A} \cdot d\vec{r} = - \int_{\vec{r}_b, -C}^{\vec{r}_a} \vec{A} \cdot d\vec{r}. \tag{6.6}$$

Das Kurvenintegral wechselt das Vorzeichen, wenn man den Weg C rückwärts durchläuft, genannt $-C$.

6.2.3 Beispiele zur übenden Erläuterung

Wir machen uns die genannten Formeln an einem konkreten Feld mit einigen typischen, uns schon aus Abschn. 3.1.2 vertrauten Wegen C klar. Das Vektorfeld möge durch

$$\vec{A} = (3x^2 + 2y, -9xy, 8xz^2)$$

gegeben sein. Als Kurven betrachten wir die in Abb. 3.4 dargestellten und analytisch so gekennzeichneten:

- C_1: Gerade von $(0,0,0)$ nach $(1,1,1)$,
- C_2: Polygonzug $(0,0,0) \to (1,0,0) \to (1,1,0) \to (1,1,1)$,
- C_3: Parabelbogen von $(0,0,0)$ nach $(1,1,1)$.

Zugehörige Parameterdarstellungen (können Sie sie durch Überlegen und nicht durch Nachschlagen reproduzieren?) sind die Gleichungen (3.5). Dies alles gegeben, berechnen wir:

1.
$$\int_{C_1} \vec{A} \cdot d\vec{r} = \phi_1 = ?$$

Wir benutzen zunächst das erste Verfahren. Parameterdarstellung von C_1 ist $\vec{r} \triangleq (t, t, t)$, $t \in [0, 1]$. Also $d\vec{r}/dt = (1, 1, 1)$, konstant in diesem Falle. Hieraus folgt

$$\vec{A}(\vec{r}(t)) \cdot \frac{d\vec{r}}{dt} = (3t^2 + 2t) \cdot 1 + (-9t \cdot t) \cdot 1 + (8t \cdot t^2) \cdot 1 = 8t^3 - 6t^2 + 2t.$$

Das ist leicht zu integrieren

$$\int_{C_1} \vec{A} \cdot d\vec{r} = \int_0^1 (8t^3 - 6t^2 + 2t) dt = \left[2t^4 - 2t^3 + t^2\right]\Big|_0^1 = 1.$$

2. Dasselbe Integral, jedoch mit dem anderen Rechenverfahren:

$$\phi_1 = \int\limits_{C_1} \vec{A} \cdot d\vec{r} = \int\limits_{C_1} A_x dx + \int\limits_{C_1} A_y dy + \int\limits_{C_1} A_z dz$$

$$= \int\limits_{C_1} (3x^2 + 2y(x)) dx + \int\limits_{C_1} (-9yz(y)) dy + \int\limits_{C_1} 8x(z)z^2 dz.$$

Auf C_1 ist aber $y = x$ bzw. $z = y$ bzw. $x = z$. Folglich ist

$$\phi_1 = \int\limits_0^1 (3x^2 + 2x) dx + \int\limits_0^1 (-9y^2) dy + \int\limits_o^1 8z^3 dz = 2 - 3 + 2 = 1 .$$

3. Nun werde das Integral $\int_{C_2} \vec{A} \cdot d\vec{r} \equiv \phi_2$ über C_2 berechnet. Da hier der Weg aus drei glatten Teilstücken besteht, zerfällt das gesamte Integral in drei Summanden. $C_2 = C_{2,x} + C_{2,y} + C_{2,z}$. Die Wegteile sind zufällig parallel zu je einer Achse. Deshalb empfiehlt sich diesmal, $d\vec{r}$ in $dx\vec{e}_1 + dy\vec{e}_2 + dz\vec{e}_3$ zu zerlegen! Auf $C_{2,x}$ von $(0,0,0) \rightarrow (1,0,0)$ ist $y = z = 0$, also auch $dy = dz = 0$

$$\int\limits_{C_{2,x}} \vec{A} \cdot d\vec{r} = \int\limits_{C_{2,x}} A_x dx = \int\limits_0^1 3x^2 dx = 1 .$$

Auf $C_{2,y}$ von $(1,0,0) \rightarrow (1,1,0)$ ist $x = 1, z = 0$, somit $dx = dz = 0$

$$\int\limits_{C_{2,y}} \vec{A} \cdot d\vec{r} = \int\limits_{C_{2,y}} A_y dy = \int\limits_0^1 (-9y \cdot 1) dy = \frac{9}{2} .$$

Schließlich noch $C_{2,z}$ von $(1,1,0) \rightarrow (1,1,1)$, wobei $x = y = 1, dx = dy = 0$ ist. Folglich

$$\int\limits_{C_{2,z}} \vec{A} \cdot d\vec{r} = \int\limits_{C_{2,z}} A_z dz = \int\limits_0^1 8 \cdot 1 \cdot z^2 dz = \frac{8}{3} .$$

Alle Wegteile zusammen ergeben

$$\phi_2 = \int\limits_{C_2} \vec{A} \cdot d\vec{r} = 1 + \frac{9}{2} + \frac{8}{3} = \frac{59}{6} = 9\frac{5}{6} .$$

Da $\phi_2 \neq \phi_1$, erkennen wir, dass i. Allg. damit zu rechnen ist, dass Kurvenintegrale sehr wohl von der Kurven*form* zwischen Anfangs- und Endpunkt abhängen.

4.

$$\phi_3 = \int_{C_3} \vec{A} \cdot d\vec{r}$$

wird zweckmäßigerweise wieder mittels (6.4) bestimmt, da $\vec{r}(t)$ in Parameterform vorliegt: $\vec{r}(t) = (t, t^2, t^4), 0 \le t \le 1$. Benötigt wird $d\vec{r}/dt = (1, 2t, 4t^3)$ sowie

$$\vec{A}(\vec{r}(t)) \cdot \frac{d\vec{r}}{dt} = (3t^2 + 2t^2, -9t\,t^2, 8t\,t^8) \cdot (1, 2t, 4t^3) = 5t^2 - 18t^7 + 32t^{12} \,,$$

$$\phi_3 = \int_0^1 (5t^2 - 18t^4 + 32t^{12}) dt = \frac{5}{3} - \frac{18}{5} + \frac{32}{13} = \frac{103}{195} \,.$$

Für diesen dritten Weg kommt also wieder etwas anderes heraus.

5. Selbstverständlich kann man auch beim Weg C_3 die Komponentenzerlegung des Inneren Produktes aus Feld $\vec{A}$ und Differential $d\vec{r}$ vornehmen. Wir rechnen unter Beachtung von $y = x^2, z = y^2$ und $x = z^{1/4}$ so:

$$\phi_3 = \int_{C_3} \vec{A} \cdot d\vec{r} = \int_{C_3} A_x dx + \int_{C_3} A_y dy + \int_{C_3} A_z dz$$

$$= \int_0^1 (3x^2 + 2x^2) dx + \int_0^1 (-9y^{3/2}) dy + \int_0^1 8z^{1/4}z^2 dz$$

$$= \frac{5}{3} - \frac{9}{\frac{5}{2}} + \frac{8}{\frac{13}{4}}, \quad \text{wie vorher} \quad \frac{103}{195} \,.$$

Geschicklichkeit in der Wahl der in einem konkreten Fall besonders günstigen Rechenmethode muss man durch Übung erwerben. Oft führt die Parameterdarstellung mit (6.4) viel schneller, manchmal aber auch die Methode (6.5) leichter zum Ziel. Abschließend sei empfohlen, sich noch einmal die Abschn. 6.2.1 und 6.2.2 anzusehen.

6.2.4 Kurvenintegrale über Gradientenfelder: Unabhängigkeit vom Weg

Kurvenintegrale über Vektorfelder, $\int_C \vec{A} \cdot d\vec{r}$, hängen prinzipiell von ihren konstituierenden Elementen ab, also dem Feld $\vec{A}$ und der Kurve C, insbesondere ihrem Anfangs- und Endpunkt. Wir wissen, dass z. B. die physikalische Arbeit durch Kurvenintegrale beschrieben wird. Natürlich hängt die Arbeit *stets* vom Kraftfeld ab, durch das sich ein Körper bewegt; ebenso auch vom Start- und Zielpunkt, etwa der Höhe. Dagegen ist einem schon aus der Alltagserfahrung bekannt, dass die spezielle Bahn, auf der man den Zielpunkt erreicht, oft unwichtig ist.

Abstrakter formuliert: Hängen Kurvenintegrale unter gewissen Umständen von der *Form* des Weges *gar nicht ab*? Ein Beispiel: Das Kraftfeld sei $\vec{A} := 2\vec{r} \triangleq 2(x, y, z)$, die Wege seien $C_{1,2,3}$ aus Abschn. 6.2.3. Wir erhalten

$$\phi_1 = \int\limits_{C_1} \vec{A} \cdot d\vec{r} = \int\limits_0^1 2(t,t,t) \cdot (1,1,1) dt = 2 \int\limits_0^1 (t+t+t) dt = 3,$$

$$\phi_2 = \int\limits_{C_2} \vec{A} \cdot d\vec{r} = 2 \int\limits_0^1 x dx + 2 \int\limits_0^1 y dy + 2 \int\limits_0^1 z dz = 3,$$

$$\phi_3 = \int\limits_{C_3} \vec{A} \cdot d\vec{r} = \int\limits_0^1 2(t, t^2, t^4) \cdot (1, 2t, 4t^3) dt = 3 \,.$$

Käme auch für andere Wege C von $(0,0,0) \rightarrow (1,1,1)$ dasselbe heraus? Ja, und das verstehen wir so:

$$\int\limits_C \vec{A} \cdot d\vec{r} = \int\limits_C 2\vec{r} \cdot d\vec{r} = 2 \int\limits_C d(r^2) = r^2 \Big|_{\vec{r}_a}^{\vec{r}_b} = \vec{r}_b^2 - \vec{r}_a^2 \,.$$

Es kommt also nur auf lauter Zahlenänderungen $d(r^2)$ an, nicht auf die Lage der $d\vec{r}$ im Raum!

Dieses Beispiel kann leicht verallgemeinert werden. Falls $\vec{A}(\vec{r}) = f(r)\vec{r}$ ist – z. B. das elektrische Feld einer punktförmigen Ladung, $\vec{E} = (-e/r^3)\vec{r}$, ist von diesem Typ – gilt

$$\int \vec{A} \cdot d\vec{r} = \int f(r)\vec{r} \cdot d\vec{r} = \int f(r)\frac{1}{2} d(r^2) = \int f(r) r dr \,.$$

Wiederum hängt der Integrand effektiv nur von r und nicht vom Vektor $\vec{r}$ ab, sodass die Form des Weges keine Rolle spielt. Nur Anfangs- und Endpunkt sind vom ganzen Weg C wesentlich.

Entscheidend für die Frage, ob die Wegform das Kurvenintegral beeinflusst oder nicht, ist offenbar das jeweils betrachtete Vektorfeld $\vec{A}(\vec{r})$. Gibt es noch weitere Felder, wo $\int \vec{A} \cdot d\vec{r}$ unabhängig von C ist? Falls ja, wie sieht man es einem vorgegebenen Feld an, ob es diese schöne Eigenschaft hat? Diese für viele Anwendungen sehr wichtigen Fragen sollen jetzt erschöpfend beantwortet werden.

Um die Antworten zu finden, wollen wir auch gleich methodisch etwas Typisches lernen! Wir drehen mal den Spieß um und denken uns ein an sich beliebiges, stetiges Vektorfeld $\vec{A}(\vec{r})$ vorgelegt, das allerdings die Eigenschaft haben möge, dass $\phi = \int_C \vec{A} \cdot d\vec{r}$ unabhängig sei von der Form des Weges C (Abb. 6.1).

Natürlich hängt ϕ von Anfangs- und Endpunkt ab. Wie? Da mittels (6.6) Anfangspunkte zu Endpunkten gemacht werden könnten, genügt es, $\vec{r}_a$ festzuhalten und nur den Endpunkt, jetzt $\vec{r}$ genannt, zu variieren. ϕ hängt dann nur von $\vec{r}$ ab, s. Abb. 6.1a.

$$\phi(\vec{r}) := \int\limits_{\vec{r}_a}^{\vec{r}} \vec{A}(\vec{r}') \cdot d\vec{r}' \,. \tag{6.7}$$

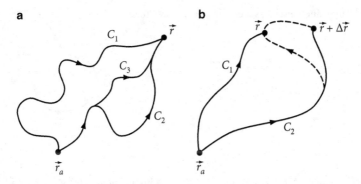

Abb. 6.1 Zur Wegabhängigkeit eines Kurvenintegrals $\phi = \int_C \vec{A} \cdot d\vec{r}$. **a** Für verschiedene Wege C_i zwischen $\vec{r}_a$ und $\vec{r}$ habe ϕ voraussetzungsgemäß denselben Wert. **b** Geeignete Verbiegung (- - -) des nach $\vec{r} + \Delta\vec{r}$ führenden Weges C_2

Um die Abhängigkeit von $\phi(\vec{r})$ von $\vec{r}$ zu studieren, bilden wir, wie schon oft geübt, $\phi(\vec{r} + \Delta\vec{r}) - \phi(\vec{r})$. Falls (Abb. 6.1b) der Weg C_2 des ersten Integrals in dieser Differenz nicht schon durch $\vec{r}$ läuft, wird er entsprechend verbogen (was gemäß Voraussetzung schadlos möglich ist). Da das Kurvenintegral aber additiv bzgl. der Summe von Wegen ist, zerlegen wir C_2 in $\vec{r}_a \to \vec{r}$ und $\vec{r} \to \vec{r} + \Delta\vec{r}$ und bekommen

$$\phi(\vec{r} + \Delta\vec{r}) - \phi(\vec{r}) = \int_{\vec{r}}^{\vec{r}+\Delta\vec{r}} \vec{A}(\vec{r}') \cdot d\vec{r}' \ .$$

$\vec{A}$ sei als stetig von $\vec{r}'$ abhängig vorausgesetzt, die Kurve zwischen $\vec{r}$ und $\vec{r} + \Delta\vec{r}$ lässt sich glatt wählen, folglich liefert der Mittelwertsatz

$$\phi(\vec{r} + \Delta\vec{r}) - \phi(\vec{r}) = \vec{A}(\vec{r}'') \cdot \Delta\vec{r} \ ,$$

mit geeignetem Zwischenwert $\vec{r}''$, der mit $\Delta\vec{r} \to 0$ auf $\vec{r}$ zulaufen muss.

Die linke Seite hatten wir schon früher (s. (4.21)) ausgerechnet zu $\phi(\vec{r} + \Delta\vec{r}) - \phi(\vec{r}) = \operatorname{grad}\phi \cdot \Delta\vec{r}$ (plus Glieder höherer Ordnung oder geeignetem Zwischenwert im Argument von ϕ). Folglich ist im Limes $\Delta\vec{r} \to 0$

$$\operatorname{grad}\phi \cdot \Delta\vec{r} = \vec{A} \cdot \Delta\vec{r} \ .$$

Da $\Delta\vec{r}$ Nullfolge mit beliebiger Richtung sein kann, folgt

$$\operatorname{grad}\phi(\vec{r}) = \vec{A}(\vec{r}) \ .$$

Merke also
Wenn(!) das Kurvenintegral (6.7) über ein Vektorfeld $\vec{A}$ nur von Anfang und Ende, nicht aber von der Form des Weges C abhängt, dann *ist* $\vec{A}$ als Gradient darstellbar, d. h. dann existiert ein geeignetes

Abb. 6.2 Zerlegung einer geschlossenen Kurve C in zwei Teile $\vec{r}_1 \to \vec{r}_2$ und $\vec{r}_2 \to \vec{r}_1$

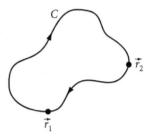

skalares Feld $\phi(\vec{r})$ so, dass $\vec{A} = \mathrm{grad}\ \phi$. ϕ ist sogar durch $\vec{A}$ bis auf eine additive Konstante festgelegt, z. B. durch (6.7), wo die Wahl von $\vec{r}_a$ der Wahl der Konstanten äquivalent ist.

Die Darstellbarkeit von $\vec{A}$ als Gradientenfeld ist also zwingend notwendig, wenn das Kurvenintegral von C unabhängig ist. Tatsächlich reicht das aber auch hin. Wenn(!) $\vec{A}$ ein Gradientenfeld ist, also sich als $\vec{A} = \mathrm{grad}\ \psi$ mit irgendeinem geeigneten skalaren Feld ψ darstellen lässt, dann *ist* ein Kurvenintegral darüber unabhängig vom Weg. Denn

$$\int\limits_{\vec{r}_a,C}^{\vec{r}_b} \mathrm{grad}\ \psi \cdot \mathrm{d}\vec{r} = \int\limits_{\vec{r}_a,C}^{\vec{r}_b} \mathrm{d}\psi = \psi(\vec{r}_b) - \psi(\vec{r}_a)\ , \tag{6.8}$$

das Integral hängt nur von ψ am Anfangs- und Endpunkt ab.

Unsere Erkenntnisse lassen sich zusammenfassen in dem folgenden wichtigen Theorem.

▸ **Theorem** Kurvenintegrale über ein Vektorfeld $\vec{A}$ sind genau dann (d. u. n. d.) vom Weg C unabhängig, wenn $\vec{A}$ als $\mathrm{grad}\ \phi$ darstellbar ist, d. h. eine Funktion $\phi(\vec{r})$ existiert, sodass $\mathrm{grad}\ \phi = \vec{A}$ ist. Legt man ϕ an einer Stelle $\vec{r}_a$ fest, so ist $\phi(\vec{r})$ eindeutig.

ϕ heißt oft Stammfunktion oder „*Potenzial*" von $\vec{A}$; in der Physik wird i. Allg. $-\phi$ so bezeichnet. ϕ ist, wie schon gesagt, als *stetig* differenzierbar anzunehmen.

Es ist nützlich, sich folgende *äquivalente Formulierung* klarzumachen:

Genau dann sind geschlossene Kurvenintegrale wie (6.3) stets, also für beliebige geschlossene Wege C gleich 0, wenn $\vec{A}$ als $\mathrm{grad}\ \phi$ darstellbar ist.

Denn: Sei C eine geschlossene Kurve, s. Abb. 6.2. Durch Wahl zweier beliebiger Punkte $\vec{r}_1, \vec{r}_2 \in C$ zerlegen wir C in zwei Teile $C_1 + C_2$ bzw. $C_1 - (-C_2)$. Wegen

$$\oint\limits_{C} \vec{A} \cdot \mathrm{d}\vec{r} = 0 = \int\limits_{C_1} \vec{A} \cdot \mathrm{d}\vec{r} - \int\limits_{-C_2} \vec{A} \cdot \mathrm{d}\vec{r}$$

folgt aus dem Verschwinden der Zirkulation für beliebiges C die Unabhängigkeit des Kurvenintegrals vom Weg.

Schließen Sie auch umgekehrt!

6.2.5 Wirbelfreiheit als Kriterium

Nachdem die Frage 1 von oben – nämlich ob es weitere Felder mit wegunabhängigen Kurvenintegralen gibt – erschöpfend beantwortet worden ist, wollen wir die 2. Frage angehen.

Wir fanden: Genau alle Felder $\vec{A}$, zu denen ein passendes Skalarfeld ϕ existiert, für das grad $\phi = \vec{A}$ gilt, haben C-unabhängige Kurvenintegrale. Aber was nützt diese Erkenntnis? Wie kann man einem vorgelegten Feld $\vec{A}$ ansehen, ob es ein Gradientenfeld ist?

Wir erinnern uns an Abschn. 4.5.3. Dort fanden wir: Gradientenfelder sind stets wirbelfrei, rot grad $\phi = 0$, sofern ϕ zweimal stetig differenzierbar ist. Falls also ein Feld $\vec{A}$ Kurvenintegrale hat, die unabhängig sind von der Kurvenform C, muss notwendigerweise gelten: rot $\vec{A} = 0$. Tatsächlich ist dieser einfache Tatbestand nicht nur *notwendig*, sondern sogar *fast hinreichend;* das „fast" bezieht sich auf einen zusätzlichen geometrischen Sachverhalt, auf den wir sogleich stoßen werden.

Wir wollen also jetzt nachzuweisen versuchen, dass Kurvenintegrale über ein Vektorfeld $\vec{A}$ *dann* vom Weg C unabhängig sind, wenn die Eigenschaft rot $\vec{A} = 0$ vorliegt. Dazu versuchen wir, unter Ausnutzung dieser Voraussetzung ein geeignetes Skalarfeld ϕ zu konstruieren, dessen Gradientenfeld grad $\phi = \vec{A}$ ist. Dann ist die Erkenntnis des vorigen Abschnitts anwendbar: $\int \vec{A} \cdot dr$ ist C-unabhängig.

Offenbar könnte man nach dem gerade in Abschn. 6.2.4 benutzten Vorgehen versuchen, ϕ durch Integrieren aus $\vec{A}$ zu gewinnen. Da für den Weg keine Präferenz bestehen sollte, treffen wir eine bequeme *Wahl.* Sei C_0 ein Weg vom Typus C_2 aus Abschn. 6.2.3 bzw. Abb. 3.4, nämlich von $\vec{r}_a$ nach $\vec{r}$ auf einem Polygonzug parallel zu den Koordinatenachsen:

$$C_0: \quad \vec{r}_a \triangleq (x_a, y_a, z_a) \to (x, y_a, z_a) \to (x, y, z_a) \to (x, y, z) \triangleq \vec{r} .$$

Sei per definitionem

$$\phi_0(\vec{r}) := \int\limits_{\vec{r}_a, C_0}^{\vec{r}} \vec{A}(\vec{r}') \cdot d\vec{r}'$$

$$= \int\limits_{x_a}^{x} A_x(x', y_a, z_a) dx' + \int\limits_{y_a}^{y} A_y(x, y', z_a) dy' + \int\limits_{z_a}^{z} A_z(x, y, z') dz' . \quad (6.9)$$

Durch Ableiten nach x, y bzw. z prüfen wir, ob grad $\phi_0 = \vec{A}$ ist? Zuerst die Ableitung nach z. Diese Variable kommt nämlich nur in der oberen Grenze des letzten Summanden vor. Also ist der Hauptsatz der Differential- und Integral-Rechnung anzuwenden, (5.17) mit (5.16). $\frac{\partial \phi_0(x,y,z)}{\partial z} = A_z(x, y, z)$. Bei der Ableitung nach y ist nicht nur in analoger Weise der zweite Summand zu behandeln; man erhält $A_y(x, y, z_a)$. Der dritte Summand hängt aber ebenfalls von y ab und zwar als Parameter. Die Voraussetzungen von (5.33) gelten, da ja rot $\vec{A} = 0$, $\vec{A}$ also stetig differenzierbar sein soll. Folglich gilt

$$\frac{\partial \phi_0(x, y, z)}{\partial y} = A_y(x, y, z_a) + \int\limits_{z_a}^{z} \frac{\partial A_z}{\partial y}(x, y, z') dz' .$$

Abb. 6.3 Das Vektorfeld $\vec{A}(\vec{r})$ sei im *schwarzen Bereich* nicht definiert. Dieser ist räumlich nach oben bzw. unten aus der Zeichenebene heraus schlauchförmig fortgesetzt zu denken. Für Wege vom Typ C_0 ist dann der Bereich zwischen den *gestrichelten Linien* unzugängliches Schattengebiet

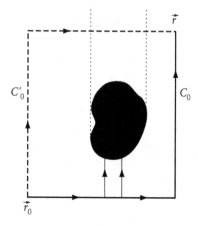

Genau wegen der jetzt erst im Detail gebrauchten Voraussetzung rot $\vec{A}$ = 0 gilt aber $\frac{\partial A_z(x,y,z')}{\partial y} = \frac{\partial A_y(x,y,z')}{\partial z'}$. Damit ist der Integrand des z'-Integrals eine z'-Ableitung, also elementar zu integrieren (s. (5.21)), also

$$\frac{\partial \phi_0}{\partial y} = A_y(x, y, z_a) + A_y(x, y, z') \Big|_{z_a}^{z} = A_y(x, y, z) \,.$$

Nach demselben Gedankengang (auf beide letzten Summanden von (6.9) angewendet) verifiziert man, dass $\partial \phi_0/\partial x = A_x(x, y, z)$ ist. Alles zusammen bedeutet grad $\phi_0 = \vec{A}$, q. e. d.

Damit scheint alles klar und rot $\vec{A}$ = 0 als hinreichende Bedingung für die Darstellbarkeit von $\vec{A}$ als Gradientenfeld nachgewiesen zu sein. Doch aufgepasst! Die Wege C_0 in (6.9) sind von sehr spezieller Gestalt. Wie nun, wenn C_0 zum Erreichen bestimmter Punkte $\vec{r}$ durch Gebiete laufen würde, in denen der Integrand $\vec{A}$ nicht definiert ist, z. B. singulär wird, nicht definiert oder definierbar ist, o. Ä.? Ein Beispiel ist in Abb. 6.3 dargestellt. Für alle Punkte $\vec{r}$, zu denen C_0 durch das „Loch" im Definitionsbereich von $\vec{A}$ führen würde, die also „im Schatten" des fehlenden Gebietes liegen, kann man (6.9) nicht ausrechnen. Es ist also gar nicht für alle $\vec{r}$ des Definitionsbereichs G des Vektorfeldes $\vec{A}(\vec{r})$ ein Skalarfeld $\phi_0(\vec{r})$ definiert!

Dadurch lässt man sich nicht entmutigen und wählt einen anderen Weg, etwa vom Typ C_0'. Er überwindet das „Schattengebiet", allerdings eventuell nicht ganz und insbesondere nicht ohne ein anderes, neues, zu liefern, rechts des schwarzen Bereichs. Ferner gibt es in manchen Punkten (z. B. $\vec{r}$ in Abb. 6.3) nun zwei Felder. Da sie durch verschiedene Wege erzeugt werden, brauchen sie durchaus nicht etwa gleich zu sein. Das soll ja gerade erst aus der Voraussetzung rot $\vec{A}$ = 0 herzuleiten versucht werden.

Am besten machen wir uns an einem *Beispiel* klar, dass i. Allg. bei Verhältnissen wie in Abb. 6.3 die durch C_0 und C_0' erzeugten Felder *nicht* gleich sind, d. h. dass geschlossene

Kurvenintegrale über $C_0 + (-C_0')$ *nicht* Null sind, obwohl rot $\vec{A} = 0$ erfüllt ist. Zur Vereinfachung betrachten wir eine Ebene.[1]

Sei

$$\vec{A} = \left(-\frac{y}{x^2 + y^2}, \frac{x}{x^2 + y^2} \right) .$$

Der Nullpunkt ist auszuschließen, da $\vec{A}$ dort nicht stetig ist. Das in Abb. 6.3 schwarze Gebiet ist also auf einen Punkt zusammengeschrumpft. Ansonsten gilt die Bedingung der Wirbelfreiheit, die sich in der Ebene auf $\mathrm{rot}_3\vec{A} \equiv \partial_1 A_2 - \partial_2 A_1 = 0$ reduziert. (Man rechne einfach nach.) Wir bestimmen nun die Zirkulation auf einem Kreis um den Nullpunkt:

$$\oint (A_x \mathrm{d}x + A_y \mathrm{d}y) = \oint_{2\pi} \left(\frac{-y\mathrm{d}x}{x^2 + y^2} + \frac{x\mathrm{d}y}{x^2 + y^2} \right)$$

$$= \int_0^{2\pi} \left(-\frac{\rho \sin \varphi \mathrm{d}(\rho \cos \varphi)}{\rho^2} + \frac{\rho \cos \varphi \mathrm{d}(\rho \sin \varphi)}{\rho^2} \right)$$

$$= \int_0^{2\pi} (\sin^2 \varphi + \cos^2 \varphi)\mathrm{d}\varphi = 2\pi.$$

ρ ist der Radius des Kreises, also auf C konstant. Das geschlossene Kurvenintegral ist folglich nicht Null. Allgemein können also Kurvenintegrale *doch* vom Weg C abhängig sein, obwohl rot $\vec{A} = 0$ gilt. Der geometrische „Defekt" ist nicht etwa nur eine Schwierigkeit im Beweisgang, sondern echt sachlicher Natur.

Damit aus rot $\vec{A} = 0$ im Definitionsbereich G von $\vec{A}$ die Darstellbarkeit als Gradientenfeld $\vec{A} = \mathrm{grad}\,\phi$ gefolgert werden kann, muss also G *gewisse Eigenschaften* haben, die Pannen ausschließen, wie soeben diskutiert. Diese sollen jetzt ermittelt werden. Zugleich soll der Beweis, den wir schon geführt wähnten, ergänzend zu Ende gebracht werden.

Wenigstens in einem hinreichend kleinen Würfel um $\vec{r}_a$ herum genügt ϕ_0 nach (6.9) allen Anforderungen. Denn für *jeden inneren* Punkt $\vec{r}_a$ von G liegt eine Umgebung und in ihr ein Würfel *ganz* in G, ist also $\phi_0(\vec{r})$ bildbar und obiger Beweis im Würfel schlüssig. Natürlich darf statt des Würfels auch ein anders gestaltetes Gebiet gewählt werden, sofern nur mit Wegen von Typ C_0 jeder Punkt erreichbar ist, ohne es zu verlassen. So darf z. B. eine Ecke abgeschrägt sein, eine Kugel gewählt werden usw.

Für das ganze, große Gebiet G, in dem $\vec{A}$ definiert ist, muss man mit dem Weg flexibler werden. Wir *überdecken* deshalb G mit kleinen Würfeln (oder anderen, erlaubten Volumina), innerhalb derer jeweils wegen rot $\vec{A} = 0$ Kurvenintegrale wegunabhängig sind. Durch sie erreichen wir jeden gewünschten Punkt $\vec{r}$ auf einem Polygonzug $\vec{r}_a \to \vec{r}_2 \to \vec{r}_3 \to \ldots \to \vec{r}$. Voraussetzung ist, dass G zusammenhängend ist, d. h. nicht aus getrennten Stücken besteht, zwischen denen $\vec{A}$ nicht definiert ist.

---

[1] Durch Wahl von $A_3 = 0$ könnte das Beispiel in den Raum fortgesetzt werden. Dann fehlte die ganze z-Achse statt des Nullpunktes allein im Stetigkeitsgebiet von $\vec{A}$.

Abb. 6.4 Zusammenziehen eines Polygonzuges C nach C'. Durch (*gestrichelte*) Verbindungslinien zwischen Eckpunkten entstehen viele kleine Polygone

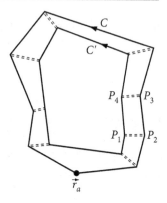

In Abb. 6.3 ist G zusammenhängend. Mit dem Polygonzug kann man auch jeden Punkt erreichen. „Schattengebiete" gibt es für die Polygonzüge nicht mehr. Allerdings: Zwar ist jedes Teilstück von $\vec{r}_{i-1}$ nach $\vec{r}_i$ ein Dreilinienzug vom Typ C_0 und damit universell definiert, jedoch ist die Auswahl der $\vec{r}_i$ von der aktuell gewählten Überdeckung abhängig und deshalb in gewissem Grade spezifisch. Ein eindeutiges Skalarfeld $\phi_0(\vec{r})$, dessen Gradientenfeld $\vec{A}$ liefert, ergibt sich somit dann und auch nur dann, wenn *jeder* so gewählte Polygonzug von $\vec{r}_a$ nach $\vec{r}$ *dasselbe* ergibt. Gleichbedeutend ist, dass entlang *jedem* geschlossenen Polygonzug das Kurvenintegral 0 ist.

Unter welchen Bedingungen ist das der Fall? Um das zu erkennen, ziehen wir einen einmal vorgelegten Polygonzug C etwas zusammen, wie in Abb. 6.4 angedeutet. Dabei soll C' nicht nur wiederum ein in G befindlicher Polygonzug sein, sondern die lokalen Teilpolygone zwischen C und C' sollen jeweils *ganz* in einem der erwähnten Würfel liegen, innerhalb derer Kurvenintegrale unabhängig vom Weg sind. Also ist $\oint \vec{A} \cdot d\vec{r} = 0$, z. B. über $P_1P_2P_3P_4$, aber ebenso über die Summe aller lokalen Teilpolygone. Beim Summieren heben sich jedoch die gestrichelten Teilstücke heraus, da sie genau zweimal, aber entgegengesetzt durchlaufen werden. Folglich: $0 = \sum \oint \vec{A} \cdot d\vec{r} = \int_C \vec{A} \cdot d\vec{r} + \int_{-C'} \vec{A} \cdot d\vec{r}$ und deshalb ist

$$\oint_C \vec{A} \cdot d\vec{r} = \oint_{C'} \vec{A} \cdot d\vec{r} \,.$$

Dieses Zusammenziehen versuchen wir fortzusetzen. Gelingt es, eine Folge von Polygonzügen $C, C', C'', \ldots$ zu bilden, die sich schließlich auf einen einzigen Punkt $C^{(\infty)}$ zusammenziehen, so wird $\oint_{C^{(\infty)}} \vec{A} \cdot d\vec{r} = 0$, da der Integrationsweg die Länge 0 hat. Folglich

$$\oint_C \vec{A} \cdot d\vec{r} = \oint_{C'} \vec{A} \cdot d\vec{r} = \oint_{C''} \vec{A} \cdot d\vec{r} = \cdots = 0 \,.$$

Ebenso hat in der Tat jeder geschlossene Polygonzug die Zirkulation Null bzw. liefert jeder Polygonzug von $\vec{r}_a$ nach $\vec{r}$ dasselbe $\phi_0(\vec{r})$, und unser Beweis wäre perfekt.

Nunmehr erkennen wir, welche geometrische Bedingung für den Definitionsbereich G des wirbelfreien Feldes $\vec{A}(\vec{r})$ gelten muss, um die Darstellbarkeit durch einen Gradienten zu sichern: Er muss zusammenhängend sein (s. o.) und zwar sogar so, dass sich jede geschlossene Kurve C (speziell also Polygone) stetig auf einen Punkt zusammenziehen lässt, *ohne G zu verlassen.*

Eben letzteres wäre im obigen Gegenbeispiel nicht möglich. Will man nämlich den Kreis zusammenziehen, so bleibt man an dem *nicht zu C gehörenden* Nullpunkt hängen. Dies gilt allerdings nur für die Ebene! Im Raum ist ein einzelner singulärer Punkt unschädlich, da man ja C einfach oberhalb oder unterhalb zusammenziehen kann.

Wir fassen unsere Überlegungen in einprägsamer Weise zusammen. Zuerst folgende Definition.

▸ **Definition** Ein Gebiet G heiße *„einfach zusammenhängend"* , wenn für je zwei Punkte aus G mindestens ein ganz in G verlaufender Verbindungsweg C existiert und jeder andere solcher Weg C' durch stetige Verformung in C übergeführt werden kann, ohne G zu verlassen.

Offenbar ist hierzu äquivalent, dass geschlossene Wege sich auf einen Punkt zusammenziehen lassen, ohne G zu verlassen.

Anmerkung

Falls die Menge der möglichen, in G liegenden, Wege zwischen je zwei Punkten in 2 oder m jeweils nur *ineinander* deformierbare Klassen zerfällt, heißt das Gebiet 2-fach bzw. m-fach zusammenhängend. Beispiele für Zusammenhangsverhältnisse bei *ebenen* Gebieten zeigt Abb. 6.5.

Mathematisch ist es oft möglich, ein Gebiet durch „Aufschneiden" wie in Abb. 6.5c einfach zusammenhängend zu machen. Physikalisch jedoch ist i. Allg. das Gebiet G vorgegeben und man kann seine Zusammenhangsverhältnisse nur konstatieren.

Gewisse Singularitäten des Feldes $\vec{A}$ sind unschädlich für die Eigenschaft eines Definitionsbereiches, einfach zusammenhängend zu sein. Wie erwähnt, darf z. B. ein einzelner Punkt in einem *drei*dimensionalen Gebiet durchaus fehlen. Bei der Deformation eines Weges umgeht man ihn einfach. So ist das Coulombfeld $(e/r^3)\vec{r}$ in $\mathbb{R}^3 - \{0\}$ definiert, einem einfach zusammenhängenden Gebiet. Fehlt jedoch eine ganze Gerade des $\mathbb{R}^3$ oder ein Faden, aus dem

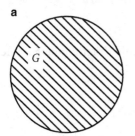
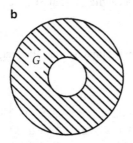
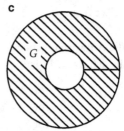

Abb. 6.5 Unterschiedlich zusammenhängende Gebiete. **a** Das Innere eines Kreises ist einfach zusammenhängend. **b** Ein Kreisring oder auch ein nur „punktierter" Kreis sind 2-fach zusammenhängend. **c** Fehlt außerdem noch ein Radius (= aufgeschnittener Kreisring), ist G wieder einfach zusammenhängend

Unendlichen kommend und auch dahin gehend, so ist das verbleibende Gebiet 2-fach zusammenhängend. Fehlen m Fäden, ist es 2^m-fach zusammenhängend.

Auf der Suche nach einem *Kriterium* für die C-Unabhängigkeit von Kurvenintegralen können wir nunmehr als *hinreichend* formulieren den

▸ **Satz** Wenn(!) ein Vektorfeld $\vec{A}(\vec{r})$ in einem *einfach zusammenhängenden Gebiet G wirbelfrei* ist, rot $\vec{A}$ = 0, so ist $\vec{A}$ = grad ϕ mit geeignetem ϕ darstellbar, und so *sind* Kurvenintegrale über $\vec{A}$ unabhängig von der Form des Weges C. ($\vec{A}$ einmal, also ϕ sogar zweimal stetig differenzierbar.)

Erinnert sei daran, dass umgekehrt bei C-Unabhängigkeit der Kurvenintegrale über $\vec{A}$ *notwendig* folgte, dass rot $\vec{A}$ = 0 ist. Die Zusammenhangsverhältnisse von G spielen dafür keine Rolle.

Diese Aussagen werden in der Physik immer wieder eingesetzt. Man sollte sie unbedingt lernen! So erschließt man z. B. in der Elektrostatik hieraus die Existenz des skalaren elektrischen Potenzials, in der Mechanik die Existenz einer potenziellen Energie in wirbelfreien Kraftfeldern u. A.

Bemerkung
rot $\vec{A}$ = 0 wird manchmal auch als „Integrabilitätsbedingung" bezeichnet.

6.2.6   Beispiel zur übenden Erläuterung

Sei das Vektorfeld $\vec{A}$ = $(2xy + z^3, x^2, 3xz^2)$ vorgelegt. Folgende Fragen sind interessant:

1. Welche Werte hat das Kurvenintegral von $(0, 0, 0)$ → $(1, 1, 1)$ auf den Wegen $C_{1,2,3}$ aus Abschn. 6.2.3?
2. Hängen Kurvenintegrale über dieses $\vec{A}$ von der Form des Weges C ab?
3. Ist die Zirkulation, d. h. die Integration über geschlossene Wege, Null?
4. Ist $\vec{A}$ ein Gradientenfeld?
5. Wie lautet gegebenenfalls ein geeignetes Skalarfeld φ, sodass grad φ = $(2xy + z^3, x^2, 3xz^2)$ ist?

Um die Antworten geben, ziehen wir zunächst das alles regierende Kriterium heran: Wie verhält sich rot $\vec{A}$? Es ist

$$
\left.
\begin{aligned}
\text{rot}_1\,\vec{A} &= \partial_2 A_3 - \partial_3 A_2 = 0 - 0 = 0 \\
\text{rot}_2\,\vec{A} &= \partial_3 A_1 - \partial_1 A_3 = 3z^2 - 3z^2 = 0 \\
\text{rot}_3\,\vec{A} &= \partial_1 A_2 - \partial_2 A_1 = 2x - 2x = 0
\end{aligned}
\right\} \rightarrow \text{rot}\,\vec{A} = 0 \, .
$$

Da das Feld $\vec{A}$ in ganz $\mathbb{R}^3$, also einem einfach zusammenhängenden Gebiet, wirbelfrei ist, sind Kurvenintegrale nur vom Anfangs- und Endpunkt abhängig, nicht von der Form von C. Insbesondere die Zirkulation, d. h. $\oint_C \vec{A} \cdot d\vec{r}$ über geschlossene Wege, ist stets Null.

Um nun die erste Frage zu beantworten: Es genügt, *einen* Weg zu wählen, z. B. C_2, denn alle anderen Wege liefern dasselbe

$$\varphi = \int_{C_2} \vec{A} \cdot d\vec{r} = \int_0^1 (2xy + z^3) dx + \int_0^1 x^2 dy + \int_0^1 3xz^2 dz .$$

Auf dem ersten Stück von C_2 ist $y = z = 0$, also der erste Summand 0; auf dem zweiten ist $x \equiv 1$, also $\int_0^1 dy = 1$; der dritte Summand schließlich gibt $3 \int_0^1 z^2 dz = 1$. Folglich ist $\varphi = 2$.

Die Frage 4 können wir mithilfe des rot-Kriteriums mit „ja" beantworten.

Um fünftens φ explizit zu finden, können wir z. B. so vorgehen. Es muss speziell

$$\text{grad}_1 \varphi = \frac{\partial \varphi}{\partial x} = 2xy + z^3$$

sein. Indem wir über x aufintegrieren, folgt

$$\varphi = x^2 y + xz^3 + g(y, z) .$$

Die Integrationskonstante bezüglich x kann nämlich durchaus von y und z abhängen. Somit ist

$$\text{grad}_2 \varphi = \frac{\partial \varphi}{\partial y} = A_2, \quad \text{also} \quad \frac{\partial}{\partial y}(x^2 y + xz^3 + g(y, z)) = x^2 .$$

Daraus entsteht die Gleichung $\partial g / \partial y = 0$, also $g = g(z)$. Schließlich $\partial \varphi / \partial z = A_3$, d. h. $\partial(x^2 y + xz^3 + g(z))/\partial z = 3xz^2$, ergibt $\partial g(z)/\partial z = 0$, also $g = \text{const}$ Insgesamt ist

$$\varphi = x^2 y + xz^3 + \text{const} .$$

Wir hätten auch φ durch die Konstruktion finden können, die zum Beweis des Kriteriums diente. Gleichung (6.9) mit dem Weg C_0 ergibt:

$$\varphi = \int_{\vec{r}_a}^{\vec{r}} \vec{A} \cdot d\vec{r} = \int_{x_a}^x (2x' y_a + z_a^3) dx' + \int_{y_a}^y x^2 dy' + \int_{z_a}^z 3xz'^2 dz'$$

$$= \left[x'^2 y_a + z_a^3 x' \right]\Big|_{x_a}^x + x^2 y' \Big|_{y_a}^y + xz'^3 \Big|_{z_a}^z$$

$$= x^2 y_a - x_a^2 y_a + z_a^3 x - z_a^3 x_a + x^2 y - x^2 y_a + xz^3 - xz_a^3$$

$$= x^2 y + xz^3 + (-x_a^2 y_a - z_a^3 x_a), \quad \text{wie vorher.}$$

Kennt man erst einmal φ, so sind z. B. die Kurvenintegrale aus 1. leichter zu finden.

$$\varphi = \int_{(0,0,0)}^{(1,1,1)} \text{grad}\, \varphi \cdot d\vec{r} = \int d\varphi = \varphi(1, 1, 1) - \varphi(0, 0, 0) = 2 .$$

6.2.7   Kurvenintegrale mit anderem Vektorcharakter: Skalare Felder, Vektorprodukte

In manchen Anwendungen treten Kurvenintegrale in einer anderen Form auf.

1. Es kann z. B eine Kurve C statt durch ein Vektorfeld $\vec{A}$ auch durch ein Skalarfeld ψ führen. Die Riemannsumme (6.2) bestünde dann aus Summanden $\psi(\vec{r}_i')\Delta\vec{r}_i$. Diese sind Vektoren im Gegensatz zu den skalaren Summanden $\vec{A}(\vec{r}_i') \cdot \Delta\vec{r}_i$, aber den Riemannsummenlimes für $Z \to \infty$ kann man auch betrachten. Man erhält das *vektorielle Kurvenintegral über ein Skalarfeld*

$$\vec{F} := \int_C \psi(\vec{r})\mathrm{d}\vec{r}. \tag{6.10}$$

Die Komponenten dieses *Vektors* sind

$$F_1 = \int_{x_a}^{x} \psi(x', y(x'), z(x'))\mathrm{d}x', \tag{6.11a}$$

$$F_2 = \int_{y_a}^{y} \psi(x(y'), y', z(y'))\mathrm{d}y' \quad \text{usw.} \tag{6.11b}$$

Der Vektorcharakter wird vom Differential $\mathrm{d}\vec{r}$ erzeugt.

Den Zusammenhang mit dem vorher betrachteten skalaren Kurvenintegral $\int \vec{A}\cdot\mathrm{d}\vec{r}$ kann man dadurch herstellen, dass man ein Vektorfeld konstanter Richtung betrachtet, d. h. $\vec{A} \equiv \vec{a}\psi(\vec{r})$ mit beliebigem, aber konstantem Vektor $\vec{a}$ wählt. Dann ist $\phi = \int \vec{A} \cdot \mathrm{d}\vec{r} = \vec{a}\cdot\int \psi(\vec{r})\mathrm{d}\vec{r}$. Für $\vec{a} = \vec{e}_1$ z. B. erhält man F_1 usw. Die Rechenmethoden aus Abschn. 6.2.2 übertragen sich.

Dies zu wissen ist auch nützlich zum Beweis folgenden Sachverhalts: Das vektorielle Kurvenintegral $\int \psi(\vec{r})\mathrm{d}\vec{r}$ ist genau dann vom Weg C unabhängig, wenn $\psi = \text{const}$. Denn: $\vec{F}$ unabhängig von C heißt, $\vec{a}\cdot\vec{F}$ für *jedes* konstante $\vec{a}$ ist C-unabhängig; also muss $\vec{a}\psi$ wirbelfrei sein. $\text{rot}\,(\vec{a}\psi) = -\vec{a} \times \text{grad}\,\psi = 0$ für alle $\vec{a}$ heißt aber[2] $\text{grad}\,\psi = 0$, q. e. d. Kurvenintegrale über skalare Felder ψ sind also nur im trivialen Fall $\psi = \text{const}$ (dann ist $\int \psi\mathrm{d}\vec{r} = \text{const}\,\vec{r}$) vom Weg unabhängig, sonst nicht.

2. Eine weitere Möglichkeit ist, dass die betrachtete Kurve C zwar durch ein Vektorfeld $\vec{A}$ führt, aber als kleine Teilsummanden die vektoriellen Produkte $\vec{A}(\vec{r}_i) \times \Delta r_i$ anstelle der skalaren aus (6.2) interessieren. Auch hieraus kann man wieder vektorielle Riemannsummen bilden.

---

[2] Wäre $\text{grad}\,\psi \neq 0$, gäbe es auch ein $\vec{a}$, sodass $\vec{a} \times \text{grad}\,\psi \neq 0$ ist.

Es ergibt sich ein ebenfalls *vektorielles Kurvenintegral über ein Vektorfeld*

$$\vec{B} := \int_C \vec{A}(\vec{r}) \times d\vec{r} \; . \tag{6.12a}$$

Seine Komponenten lauten

$$B_x = \int A_y(x(z')), y(z'), z')dz' - \int A_z(x(y'), y', z(y'))dy'$$

usw. (x, y, z) zyklisch. $\tag{6.12b}$

Der Zusammenhang mit dem skalaren Kurvenintegral (6.2) lässt sich diesmal herstellen, indem man dort das interessierende Vektorfeld als Äußeres Produkt $\vec{a} \times \vec{A}(\vec{r})$ mit konstantem $\vec{a}$ schreibt: $\int [\vec{a} \times \vec{A}] \cdot d\vec{r} = \vec{a} \cdot \int \vec{A} \times d\vec{r}$. Dies benutzend findet man: Der Vektor $\vec{B}$ aus (6.12) ist unabhängig vom Weg C, falls $\vec{A} =$ const; in allen nichttrivialen Fällen hängt das vektorielle Kurvenintegral von C ab.

Im Lichte dieser beiden Ergebnisse (1. und 2.) spielt also das skalare Integral $\int_C \vec{A}(\vec{r}) \cdot d\vec{r}$ eine besondere Rolle gegenüber den vektoriellen Integralen $\int_C \psi(\vec{r})d\vec{r}$ oder $\int_c \vec{A}(r) \times d\vec{r}$. Es kann als einziges Kurvenintegral auch in nichttrivialen Fällen, also für nichtkonstantes $\vec{A}(r)$ unabhängig vom Weg C sein; sofern nämlich rot $\vec{A} = 0$ ist.

6.2.8 Übungen zum Selbsttest: Kurvenintegrale

1. Man überlege, wievielfach zusammenhängend folgende Gebiete im $\mathbb{R}^3$ sind:
   (a) das Innere eines Ellipsoids,
   (b) das Innere eines unendlich langen Zylinders,
   (c) das Äußere eines unendlich langen Zylinders,
   (d) das Innere eines Autoschlauchs,
   (e) eine 5-Zimmerwohnung,
   (f) die Oberfläche der Erde,
   (g) der Innenbereich eines Klosters mit Kreuzgang darum herum, der durch N Säulen zum Garten begrenzt ist,
   (h) das Äußere zweier Kugeln bei verschiedener Lage ihrer Mittelpunkte.
2. Beweisen Sie unter Verwendung von rot $\vec{A} = 0$, dass $\partial\phi_0(x, y, z)/\partial x = A_x(x, y, z)$ für ϕ_0 gemäß (6.9).
3. Gegeben sei das Kraftfeld $\vec{K} = (3xy, -y^2, 0)$. Man berechne die Arbeit, die bei Bewegung eines Körpers auf der Bahn $y = 2x^2$ von $(0, 0, 0)$ nach $(1, 2, 0)$ verrichtet werden muss.
4. Welche Arbeit verrichtet das Feld $\vec{K} = (3xy, -5z, 10x)$ bei Bewegung eines Körpers auf dem Weg $\vec{r}(t) = (t^2 + 1, 2t^2, t^3)$ für t von 1 bis 2?
5. $\int_C \psi d\vec{r} = ?$, falls $\psi = 2xyz^2$ und der Weg $C \triangleq (t^2, 2t, t^3)$ von $t = 0$ bis $t = 1$.
6. $\int \vec{A} \times d\vec{r} = ?$ für den Weg C aus Aufgabe 5. und das Feld $\vec{A} = (xy, -z, x^2)$.

Man berechne alle diese Integrale auf verschiedene Weisen und prüfe eventuelle Abhängigkeit vom Weg.

7. Ist folgendes Vektorfeld ein Gradientenfeld?

$$\vec{A} = \left(y^2 z^3 \cos x - 4x^3 z, 2z^3 y \sin x, 3y^2 z^2 \sin x - x^4 \right)$$

Falls ja, wie lautet dann φ, sodass $\vec{A} = \operatorname{grad} \varphi$?

8. Beweisen Sie $\int_C \vec{A}(\vec{r}) \times d\vec{r}$ ist genau dann unabhängig von der Form des Weges C, wenn $\vec{A} = \text{const}$. Anleitung: Man multipliziere mit $\vec{a}$ und benutze das Kriterium aus Abschn. 6.2.5.

9. Ein Auto bewege sich auf einem ebenen Kreis (als x-y-Ebene gewählt) mit dem Radius/m $= 10$ um den Koordinatenursprung. Welche Arbeit muss es bei einem Umlauf im mathematisch positiven Sinn bzw. im Uhrzeigersinn verrichten, wenn das Kraftfeld $\vec{K} = (2x - y + z, x + y - z^2, 3x - 2y + 4z)$ wirkt?

10. Berechnen Sie für das Kraftfeld $\vec{K} = \frac{1}{2} \vec{\omega} \times \vec{r}$? (s. Abb. 4.4d) die Arbeit, die das Feld beim Umlauf eines Körpers längs eines Kreises mit dem Radius R um den Ursprung verrichtet, der in einer Ebene senkrecht zu dem konstanten Vektor $\vec{\omega}$ liegt. Machen Sie sich das Ergebnis auch anschaulich klar. – Welche Arbeit errechnet man, wenn der Kreis den Mittelpunkt $(1, 1, 0)$ und den Radius 1 hat, also den Ursprung nicht umfasst?

11. Sind Kurvenintegrale im Vektorfeld $\vec{A} = (xy, yz, zx)$ von der Form des Weges abhängig? Prüfen Sie dieses sowohl durch Berechnung mit den speziellen Wegen C und C' (s. u.) als auch mittels des allgemeinen Kriteriums. Zeichnen Sie die Wege auch

C: Gerade $(0, 0, 0) \rightarrow (1, 1, 1)$,
C': Polygonzug $(0, 0, 0) \rightarrow (0, 0, 1) \rightarrow (0, 1, 1) \rightarrow (1, 1, 1)$.

6.2.9 Das Vektorpotenzial

Wir haben folgenden Sachverhalt ermittelt: Wenn ein Vektorfeld $\vec{E}$ die Eigenschaft hat, *wirbelfrei* zu sein, also $\operatorname{rot} \vec{E} = 0$, dann existiert ein Skalarfeld φ, als dessen Gradienten man $\vec{E}$ darstellen kann, also $\vec{E} = \operatorname{grad} \varphi$. Das gilt lokal ohne Einschränkung, global allerdings nur für solche Definitionsbereiche G, die einfach zusammenhängend sind, wenn man die additive Konstante in φ durch Angabe von φ an einer gewählten Stelle $\vec{r}_a$ festlegen möchte.

Bei vielen physikalischen Fragestellungen, insbesondere im Falle magnetischer Felder, taucht folgende verwandte Fragestellung auf: Gegeben ein Feld $\vec{B}$, das die Eigenschaft hat, *quellenfrei* zu sein, also $\operatorname{div} \vec{B} = 0$. Gibt es dann auch ein „Potenzialfeld", dessen Ableitung $\vec{B}$ darstellt?

Man überlegt zunächst so: Im Falle des wirbelfreien Feldes $\vec{E}$ erinnerten wir uns der Identität $\operatorname{rot} (\operatorname{grad} \varphi) = 0$, um zu erraten, dass man vielleicht $\vec{E}$ als $\operatorname{grad} \varphi$ darstellen kann. Für quellenfreie Felder $\vec{B}$, also $\operatorname{div} \vec{B} = 0$, erinnern wir uns deshalb an eine analoge Identität, nämlich $\operatorname{div} (\operatorname{rot} \vec{A}) = 0$ für jedes (zweimal stetig differenzierbare) Feld $\vec{A}$. Daher vermuten wir, dass sich $\vec{B}$ als $\operatorname{rot} \vec{A}$ darstellen lassen sollte, $B = \operatorname{rot} \vec{A}$, mit geeignetem Vektorfeld $\vec{A}$.

Ehe dies verifiziert wird, sei betont:

1. Die Quellenfreiheit eines Feldes impliziert also *nicht* die Existenz eines skalaren Potenzials, sondern die eines *Vektors* $\vec{A}$, als dessen *Rotation* sich $\vec{B}$ darstellt. $\vec{A}$ heißt das „*Vektorpotenzial*" von $\vec{B}$.

2. Wir werden die Aussage nur *lokal* verifizieren, d. h. für hinreichend kleine Umgebungen eines jeden inneren Punktes $\vec{r}_a$ aus dem Definitionsbereich G des Feldes $\vec{B}$.

3. Das Vektorfeld $\vec{A}$ kann durch $\vec{B}$ nicht eindeutig festgelegt sein, nicht einmal bis auf eine Konstante. Zu gegebenem $\vec{A}$ kann man sogar ein beliebiges Gradientenfeld addieren, $\vec{A}+\text{grad }\chi$, denn dieses trägt nicht zu den Wirbeln $\vec{B}$ von $\vec{A}$ bei. Für $\vec{A}$ kann man deshalb noch eine Nebenbedingung wählen, z. B. $\text{div } \vec{A} = 0$ o. Ä. Man nennt das die „*Eichung*" von $\vec{A}$.

Wir bestätigen nun unsere Vermutung über die Existenz eines Vektorpotenzials $\vec{A}$ bei quellenfreien Feldern $\vec{B}$ durch explizite Konstruktion eines $\vec{A}$.

Die drei Feldkomponenten $A_i(x, y, z)$ müssten den drei partiellen Differentialgleichungen $\text{rot}_i \vec{A} = B_i$ genügen für $i = x, y, z$:

$$B_x = \frac{\partial A_z}{\partial y} - \frac{\partial A_y}{\partial z}, \quad B_y = \frac{\partial A_x}{\partial z} - \frac{\partial A_z}{\partial x}, \quad B_z = \frac{\partial A_y}{\partial x} - \frac{\partial A_x}{\partial y}.$$

Wegen der Eichmöglichkeit versuchen wir die Lösung mit dem recht grob erscheinenden Ansatz $A_z = 0$. Dann ist

$$A_y(x, y, z) = -\int_{z_a}^{z} B_x(x, y, z')\mathrm{d}z'$$

$$\text{und} \quad A_x(x, y, z) = \int_{z_a}^{z} B_y(x, y, z')\mathrm{d}z' + f(x, y).$$

Für A_y wurde, ebenfalls willkürlich, auf eine Integrationskonstante verzichtet. Ist trotzdem auch noch die dritte Gleichung zu erfüllen? Wir setzen A_x, A_y in sie ein und erhalten

$$B_z(x, y, z) = -\int_{z_a}^{z} \left[\frac{\partial B_x}{\partial x}(x, y, z') + \frac{\partial B_y}{\partial y}(x, y, z')\right]\mathrm{d}z' - \frac{\partial f}{\partial y}.$$

Wegen $\text{div } \vec{B} = 0$ ist aber die Klammer unter dem Integral $[\ldots] = -\frac{\partial B_z}{\partial z'}(x, y, z')$ und das Integral kann ausgeführt werden. Man findet dann

$$0 = -B_z(x, y, z_a) - \frac{\partial f(x, y)}{\partial y}.$$

Eine Lösung ist $f(x, y) = - \int_{y_a}^{y} B_z(x, y', z_a) \mathrm{d}y'$. Das folgende Feld $\vec{A}$ *ist* somit also ein Vektorpotenzial von $\vec{B}$:

$$A_x(x, y, z) = \int_{z_a}^{z} B_y(x, y, z') \mathrm{d}z' - \int_{y_a}^{y} B_z(x, y', z_a) \mathrm{d}y',$$

$$A_y(x, y, z) = - \int_{z_a}^{z} B_x(x, y, z') \mathrm{d}z',$$

$$A_z(x, y, z) = 0 .$$

Ähnlich wie bei der Konstruktion von φ für ein wirbelfreies Feld ist das Vektorpotenzial $\vec{A}$ durch Integration über einen gewissen Weg (Parallelen zur y- bzw. z-Achse) bestimmt. Wenn $\vec{B}$ im ganzen Raum $\mathbb{R}^3$ integrierbar ist, wird auf diese Weise ein Vektorpotenzial $\vec{A}$ überall definiert.

Bei komplizierteren Definitionsbereichen G des quellenfreien Feldes $\vec{B}$ ist $\vec{A}$ nur in jeweils derjenigen *Umgebung* eines $\vec{r}_a$ erklärt, in der die obigen Integrationen durchführbar sind. Eine genauere und erschöpfende Spezifizierung der geometrischen Eigenschaften von G soll offen bleiben.

Als Ergebnis formulieren wir den folgenden Satz.

▸ **Satz** Ein quellenfreies Feld $\vec{B}$, also div $\vec{B} = 0$, lässt sich als Wirbelfeld verstehen, d. h. *es gibt* Vektorfelder $\vec{A}$, sodass rot $\vec{A} = \vec{B}$ ist. Falls B in ganz $\mathbb{R}^3$ stetig differenzierbar ist, existiert $\vec{A}$ überall, sonst wenigstens lokal.

Die Darstellung eines quellenfreien Feldes $\vec{B}$ durch ein Vektorpotenzial $\vec{A}$ als $\vec{B} = \mathrm{rot}\,\vec{A}$ möge eine andere Indizierung der Vektorkomponenten verständlich machen:

$$B_1 = \partial_2 A_3 - \partial_3 A_2 =: B_{23} = -B_{32}, \quad 1, 2, 3 \text{ zyklisch.} \tag{6.13}$$

Statt durch eine Komponentenzeile (B_1, B_2, B_3) wird $\vec{B}$ dann durch eine antisymmetrische Matrix B_{ij} gekennzeichnet.

$$(B_{ij}) = \begin{pmatrix} 0 & B_3 & -B_2 \\ -B_3 & 0 & B_1 \\ B_2 & -B_1 & 0 \end{pmatrix} .$$

Diese oft benutzte Darstellung ist nicht nur bequem für die Verknüpfung mit dem Vektorpotenzial,

$$B_{ij} = \partial_i A_j - \partial_j A_i, \quad B_{ji} = -B_{ij} .$$

Sie gestattet auch, das Vektorpotenzial als ein Parameterintegral über $\vec{B}$ zu gewinnen:

$$A_i(\vec{r}) = x_j \int_{0}^{1} B_{ji}(\tau\vec{r}) \tau \mathrm{d}\tau, \tag{6.14}$$

sofern $\tau\vec{r}$ für $\tau \in [0, 1]$ im Definitionsbereich von $\vec{B}$ liegt und div $\vec{B} = 0$ ist.

Zunächst ein Anwendungsbeispiel: Sei $\vec{B}$ ein überall definiertes, konstantes Vektorfeld. Dann wäre

$$A_1(\vec{r}) = x_j B_{j1} \int_0^1 \tau d\tau = \frac{1}{2} x_j B_{j1} = \frac{1}{2} x_3 B_2 - \frac{1}{2} x_2 B_3$$

bzw. $\quad \vec{A} = \frac{1}{2} \vec{B} \times \vec{r}$.

Zum Beweis der obigen Formel (6.14) für die explizite Berechnung eines Vektorpotenzials für ein quellenfreies Vektorfeld $\vec{B}$ bilde man z. B.

$$\operatorname{rot}_1 \vec{A} = \partial_2 A_3 - \partial_3 A_2$$

$$= \int_0^1 d\tau \tau [\partial_2 x_j B_{j3}(\tau\vec{r}) - \partial_3 x_j B_{j2}(\tau\vec{r})]$$

$$= \int_0^1 d\tau \tau [B_{23} + x_1 \partial_2 B_{13} + x_2 \partial_2 B_{23} - B_{32} - x_1 \partial_3 B_{12} - x_3 \partial_3 B_{32}](\tau\vec{r})$$

$$= \int_0^1 d\tau \tau [2B_1 + x_2(-\partial_2 B_2 - \partial_3 B_3) + (x_2 \partial_2 + x_3 \partial_3)B_1](\tau\vec{r})$$

$$= \int_0^1 d\tau [2\tau B_1(\tau\vec{r}) + \tau x_j \partial_j B_1(\tau\vec{r})], \qquad \text{da } -\partial_2 B_2 - \partial_3 B_3 = \partial_1 B_1 ,$$

$$= \int_0^1 d\tau \frac{d}{d\tau}[\tau^2 B_1(\tau\vec{r})] = B_1(\vec{r}), \quad \text{q. e. d.}$$

6.3 Flächenintegrale

Lassen Sie sich noch einmal zurückverweisen auf die einführende Motivation zur Betrachtung verschiedener Integrale, insbesondere auf Abschn. 5.1 Punkt 6. Die nun folgenden Überlegungen dienen zur Ausarbeitung der dortigen Gedanken. Manche zusätzliche Erkenntnis wird dazu notwendig und nützlich sein. (Lesen Sie auch noch einmal den Text zu (4.50).)

6.3.1 Definition

Es sei ein Vektorfeld, genannt $\vec{A}(\vec{r})$, von Interesse. Von seiner konkreten physikalischen Bedeutung wollen wir im Moment absehen. Man kann sich z. B. Strömungsfelder $\vec{v}(\vec{r})$, magnetische Felder $\vec{B}(\vec{r})$ o. Ä. vorstellen.

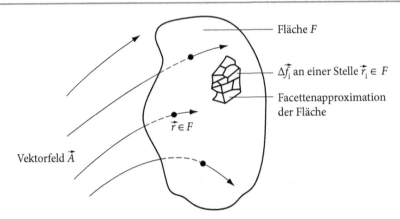

Abb. 6.6 Fläche F in einem Vektorfeld $\vec{A}$. Zerlegung Z von F in Teilflächen, deren jeweilige Lage durch einen repräsentativen Punkt $\vec{r}_i \in F$ gekennzeichnet und deren Form durch ein ebenes Flächenstück $\Delta\vec{f}(\vec{r}_i)$ approximiert wird

Dieses Feld $\vec{A}$ durchsetze eine materielle oder gedachte Fläche F im Raum, s. Abb. 6.6. Auf der Fläche nehmen wir das Analogon einer Intervallzerlegung so vor: Wir zerlegen F in viele kleine Teilstücke, die ihrerseits durch kleine *ebene* Flächenstückchen Δf approximiert werden – so, wie eine Kurve C lokal durch Geradenstücke $\Delta\vec{r}_i$ angenähert wurde. Und ebenso, wie es Kurven gibt, bei denen das womöglich nicht geht, gibt es auch Flächen, die einer solchen fischschuppen- oder facettenähnlichen Approximation nicht zugänglich sind. Zum Glück ist das bei physikalisch definierten Flächen i. Allg. jedoch der Fall. Wir nennen F „glatt", wenn die anschaulich beschriebene Annäherung der Fläche durch das „Facettenkleid" möglich ist, wenigstens stückweise.

Für eine quantitative Behandlung ist es nötig, analytische Darstellungen für Flächen im Raum zu finden. Die als „*glatt*" bezeichneten Flächen sollen derart sein, dass sie das nicht nur erlauben, sondern die dabei auftretenden Funktionen stückweise stetig differenzierbar sind. (Man vergleiche mit dem Begriff der glatten Raumkurve in Abschn. 3.3.1.) Zumindest diese glatten Flächen sind es, für die die gerade untersuchte Approximation sinnvoll möglich ist.

Die analytische Darstellung von Flächen wird der nächste Abschnitt bringen. Führen wir jetzt erst unsere Überlegung zu Ende, auf F eine verallgemeinerte Intervallzerlegung Z zu definieren. Die $\Delta\vec{f}(\vec{r}_i)$ repräsentieren lokal nach Größe (nämlich Δf) und Richtung ($\overrightarrow{\Delta f}$, parallel zur Normalen) die Flächenelemente.

Sie seien so klein, dass das Vektorfeld $\vec{A}$ innerhalb Δf durch *einen* repräsentativen Wert $\vec{A}(\vec{r}_i)$ beschrieben werden kann, der es lokal ersetzt. Der skalare Ausdruck $\vec{A}(\vec{r}_i) \cdot \overrightarrow{\Delta f}(\vec{r}_i)$ heißt der „Vektorfluss des Feldes $\vec{A}$ durch das Flächenelement $\overrightarrow{\Delta f}$". Der Gesamtfluss des Feldes durch F ist die Summe über die Teilflüsse durch die $\overrightarrow{\Delta f}(\vec{r}_i)$.

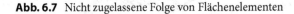

Abb. 6.7 Nicht zugelassene Folge von Flächenelementen

Abb. 6.8 Möbiussches Band; zusammengeklebt eine nicht orientierbare Fläche, darunter, aufgeschnitten, eine orientierbare Fläche.

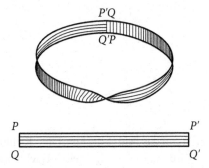

▶ **Definition** Der Limes der Riemannsummen von Vektorflüssen bei beliebig fein werdender verallgemeinerter Intervalleinteilung, $Z \to \infty$, heißt „Flächenintegral" oder „Fluss"

$$\Phi = \int_F \vec{A}(\vec{r}) \cdot \overrightarrow{df}(\vec{r}) := \lim_{Z\to\infty} \sum_i \vec{A}(\vec{r}_i) \cdot \overrightarrow{\Delta f}(\vec{r}_i). \tag{6.15}$$

Der Limes wird als unabhängig von der Folge der Z existierend vorausgesetzt. Die Z sollen nur aus immer mehr $\overrightarrow{\Delta f}$ bestehen, sowie $\max_i |\overrightarrow{\Delta f}(\vec{r}_i)| \to 0$, d. h. der maximale *Durchmesser* aller $\overrightarrow{\Delta f}$ soll ebenfalls gegen Null gehen, die Form der $\overrightarrow{\Delta f}$ jedoch ansonsten beliebig sein. F sei stückweise glatt.

Verboten ist also etwa eine Flächen-Nullfolge, wie sie Abb. 6.7 repräsentiert oder gar, wie sie eine Flächenfolge mit Länge a mal Breite $1/\sqrt{a}$ mit $a \to 0$ darstellen würde.

Vorausgesetzt wird ferner, dass die Fläche F „orientierbar" ist, also zwei unterscheidbare Seiten hat. Sonst kann nicht *eine* der beiden möglichen Flächennormalen für die Richtung aller $\overrightarrow{\Delta f}(\vec{r}_i)$ konsistent ausgewählt werden. Wieder zeige ein Beispiel, was nicht zugelassen ist, s. Abb. 6.8.

Folgende Sonderfälle von Flächenintegralen treten oft auf:

1. Die Fläche F kann Oberfläche eines Raumgebietes sein. Letzteres mag aus einem oder mehreren Stücken bestehen, analog die Fläche F. Man schreibt wie bei geschlossenen Kurvenintegralen ein O-Symbol auf das Integralzeichen,

$$\oint \vec{A} \cdot d\vec{r} .$$

Im Allgemeinen verabredet man, dass die Flächennormale *aus* dem interessierenden Gebiet herauszeigt (6.9).

Abb. 6.9 Geschlossene Fläche um ein räumliches Gebiet, die Normalenrichtung jeweils nach außen. Umkehr dieser Richtung bedeutet Vorzeichenwechsel in (6.15)

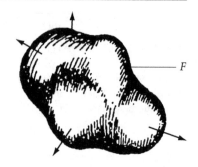

2. Wenn das Feld $\vec{A}$ die konstante Richtung $\vec{a}$ hat, also durch $\vec{A} = \vec{a}\psi(\vec{r})$ beschrieben wird, wird man zum vektoriellen Flächenintegral

$$\int_F \psi(\vec{r})\overrightarrow{\mathrm{d}f}(\vec{r}) \tag{6.16}$$

geführt. Der Vektorcharakter wird von den Flächenelementen $\overrightarrow{\mathrm{d}f}(\vec{r})$ getragen.

3. Die spezielle Form $\vec{a} \times \vec{A}(\vec{r})$ führt auf das vektorielle Flächenintegral

$$\int_F \vec{A} \times \overrightarrow{\mathrm{d}f} \,, \tag{6.17}$$

das ebenfalls ein Vektor ist.

6.3.2   Beschreibung von Flächen im Raum

Wie wir sahen, muss man unbedingt etwas über die analytische Beschreibung von Flächen im Raum lernen. Wir tun es jetzt.

6.3.2.1   Kartesische Koordinaten

Man kann ein Koordinatensystem einführen und die Ortsvektoren $\vec{r}$ der Punkte auf der Fläche F von ihm aus messen, siehe Abb. 6.10. Sei $\vec{r} = (x, y, z) \in F$. Die Angabe zweier der Koordinaten muss schon ausreichen, um $\vec{r}$ zu finden. Wählt man z. B. (x, y) aus der Projektion F_{12}, dann gibt es i. Allg. nur genau ein $z = z(x, y)$ so, dass $(x, y, z(x, y)) \in F$. Falls die Fläche die Parallele zu $\vec{e}_3$ durch (x, y) mehrere Male schneidet, gibt es ebenso viele $z = z_\alpha(x, y)$. Man beschreibt dann F *stückweise* durch 2-parametrige Ortsvektoren $(x, y, z_\alpha, (x, y))$.

Ebenso hätte man natürlich auch (y, z) oder (x, z) als Parameter wählen können.

Abb. 6.10 Beschreibung einer Fläche F in einem Rechtskoordinatensystem. Ihre Projektion in die 1–2-Ebene heiße F_{12}. Zugleich gibt es noch zwei weitere Projektionen F_{23} und F_{31}

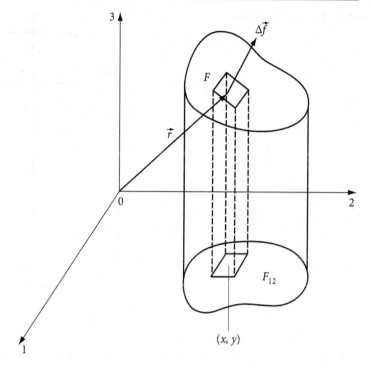

Beispiel

zur Erläuterung sind:

1. Eine *Kugeloberfläche* wird beschrieben durch

$$F : \left(x, y, \pm (R_0^2 - x^2 - y^2)^{\frac{1}{2}} \right), \quad \text{alle } x, y, \text{ sofern } x^2 + y^2 \leq R_0^2 . \tag{6.18}$$

Dabei ist R_0 der Radius, und der Kugelmittelpunkt ist in den Koordinatenursprung gelegt worden.

Die drei möglichen Parameterebenen $(x, y), (x, z), (y, z)$ sind offenbar gleichwertig. Eine zu (6.18) äquivalente Möglichkeit wäre z. B.

$$F : \left(x, \pm (R_0^2 - x^2 - z^2)^{\frac{1}{2}}, z \right), \quad \text{alle } x, z, \text{ sofern } x^2 + z^2 \leq R_0^2 .$$

2. *Oberfläche eines unendlich langen Zylinders.* Natürlich legt man eine Achse des Koordinatensystems in die Zylinderachse. Konventionellerweise nennt man sie die z-Achse. Dann wird allerdings der ganze Zylindermantel in die x-y-Ebene als Kreis projiziert, d. h. x, y sind zur Bestimmung von z ungeeignete Parameter. Mögliche Darstellungen der Zylinderoberfläche sind

$$F : \left(x, \pm \sqrt{R_0^2 - x^2}, z \right) \stackrel{\triangle}{=} \left(\pm \sqrt{R^2 - y^2}, y, z \right) , \tag{6.19}$$

Abb. 6.11 Zylinderkoordinaten

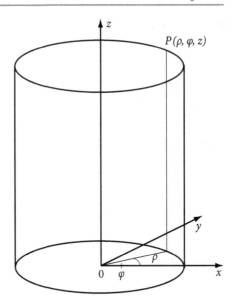

mit $|x| \leq R_0$ bzw. $|y| \leq R_0$, z beliebig. R_0 ist der Zylinderradius.

3. Ein *endlich langer Zylinder* der Höhe h hat außer dem Mantel (wie (6.19)), nur $0 \leq z \leq h$) auch noch eine kreisförmige Boden- und Deckelfläche (Abb. 6.11). Deren Parameterdarstellungen sind besonders einfach, da die Flächen eben sind. Sie lauten in kartesischen Koordinaten so:

$$\text{Grundfläche:}\quad (x, y, z = 0)\,,$$
$$\text{Deckfläche:}\quad (x, y, z = h)\,,\tag{6.20}$$

wobei $-R_0 \leq x \leq +R_0$ und $-\sqrt{R_0^2 - x^2} \leq y \leq +\sqrt{R_0^2 - x^2}$.

Spätestens hier fällt auf, dass die Koordinatenwahl der Symmetrie und Form der betrachteten speziellen Flächen nicht gut angepasst ist. Die kartesische Koordinatenwahl ist eine (i. Allg. stets) *mögliche*, aber für die regelmäßigen Flächen *nicht optimale*. Wegen der außerordentlichen Bedeutung sollen zwei andere Koordinatensätze auch diskutiert werden.

6.3.2.2   Zylinderkoordinaten

Statt durch die bisher benutzten kartesischen Koordinaten (x, y, z) lässt sich ein Punkt $\vec{r}$ im Raum auch z. B. so kennzeichnen, dass die Parameter die zylindrische Symmetrie berücksichtigen (Abb. 6.11): In Richtung der Zylinderachse bleibe z als Variable, aber senkrecht dazu verwenden wir ebene Polarkoordinaten gemäß Abb. 6.12.

Abb. 6.12 Ebene Polarkoordinaten (ρ, φ). Es ist $\rho \geq 0$ und $0 \leq \varphi \leq 2\pi$

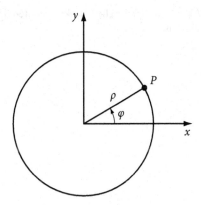

Der Übergang zwischen den beiden Parametersätzen $(x, y, z) \leftrightarrow (\rho, \phi, z)$ wird geregelt durch die Formeln

$$\left.\begin{aligned} \rho &=_+ \sqrt{x^2 + y^2}, \\ \tan \varphi &= y/x, \\ z &= z, \end{aligned}\right\} \quad \text{sofern } (x, y, z) \text{ vorliegen;} \qquad (6.21)$$

$$\left.\begin{aligned} x &= \rho \cos \varphi, \\ y &= \rho \sin \varphi, \\ z &= z, \end{aligned}\right\} \quad \text{sofern } (\rho, \varphi, z) \text{ vorliegen.} \qquad (6.22)$$

In diesen Koordinaten wird die Mantelfläche eines Zylinders vom Radius R_0 beschrieben durch $\rho = R_0 = $ const und φ, z beliebig. Es treten also nur noch zwei, wirklich benötigte Koordinatenparameter auf.

6.3.2.3 Kugelkoordinaten

Eine Koordinatenwahl, die der Kugelsymmetrie angemessen ist, wird aus Abb. 6.13 ersichtlich. Der Winkel ϑ liegt zwischen dem Ortsvektor $\vec{r} = \overrightarrow{OP}$ (mit der Länge r) und der z-Achse, die konventionell als zweiter Schenkel gewählt wird: $0 \leq \vartheta \leq \pi$. Der Auftreffpunkt des Lots von P auf die x-y-Ebene wird durch Polarkoordinaten (ρ, φ) in dieser Ebene beschrieben. Aus Abb. 6.13 entnimmt man, dass $\rho = r \sin \vartheta$ ist.

Daher regeln folgende Formeln den Zusammenhang mit den kartesischen Koordinaten:

$$\left.\begin{aligned} z &= r \cos \vartheta, \\ y &= r \sin \vartheta \sin \varphi, \\ x &= r \sin \vartheta \cos \varphi, \end{aligned}\right\} \quad \text{falls } (r, \vartheta, \varphi) \text{ gegeben;} \qquad (6.23)$$

$$\left.\begin{aligned} r &=_+ \sqrt{x^2 + y^2 + z^2}, \\ \tan \vartheta &= \frac{+\sqrt{x^2 + y^2}}{z}, \\ \tan \varphi &= \frac{y}{x}, \end{aligned}\right\} \quad \text{falls } (x, y, z) \text{ gegeben.} \qquad (6.24)$$

Abb. 6.13 Sphärische Polarkoordinaten oder Kugelkoordinaten

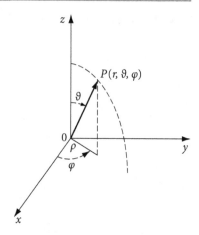

Kugeloberflächen werden in sphärischen Polarkoordinaten nun ganz einfach beschrieben. Es ist $r = R_0 = $ const, während ϑ, φ die natürlichen Oberflächenvariablen sind: $\vartheta \in [0, \pi]$, $\varphi \in [0, 2\pi]$.

Es gibt für andere Symmetrien auch noch weitere „krummlinige" Koordinaten, doch sind die Zylinder- und die Kugelkoordinaten die besonders wichtigen.

Alle Beispiele zur analytischen Darstellung von Flächen zeigten, dass und auf welche Weise Flächen ihrer Natur nach 2-parametrige Gebilde sind.

6.3.2.4 Übungen zum Selbsttest: Krummlinige Koordinaten

1. Man zeichne den Punkt mit dem Zylinderkoordinaten $(\rho, \varphi, z) = (1, -45°, 2)$ in ein kartesisches Koordinatensystem.
2. Welche Zylinder- bzw. Kugelkoordinaten haben die Punkte $(x, y, z) = (1, 0, 1), (0, 1, -1)$ und $(-1, -1, 1)$?
3. Der Punkt mit den Kugelkoordinaten $(r, \vartheta, \varphi) = (3, 30°, 120°)$ werde in ein kartesisches System eingezeichnet. Analog $(1, 90°, -180°)$, $(1, 180°, 50°)$, $(2, 1\,\mathrm{rad}, \pi/2\,\mathrm{rad})$. Hinweis: 360° und 2π rad sind äquivalent.
4. Wie könnte man in der Ebene Koordinaten einführen, die einem elliptisch geformten Gebiet angepasst sind?
5. Wie wird eine Gerade durch den Ursprung in ebenen Polarkoordinaten dargestellt?
6. Geben Sie eine Parameterdarstellung für die Oberfläche einer Blechbüchse ohne Deckel. Der lichte Durchmesser sei $2R_0$, die Blechdicke d, die Höhe h.

6.3.2.5 Flächenelemente

Zur Berechnung von Flächenintegralen wie (6.15) braucht man nicht allein eine analytische Darstellung der gesamten Fläche F, sondern auch die Größe der Flächenelemente $\overrightarrow{\Delta f}$ einer Zerlegung Z. Diese soll jetzt bestimmt werden.

Abb. 6.14 Veränderung einer Fläche ab in $a(b\cos\alpha)$ bei Projektion einer um α gegen die Bildebene gedrehten Ebene

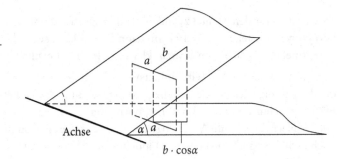

Wie in Abb. 6.10 erkennbar, entspricht einem Flächenelement $\overrightarrow{\Delta f}$ eine gewisse Projektion in die gewählte Parameterebene, im Beispiel die x-y-Ebene. *Deren* Größe ist natürlich einfach zu bestimmen. Sie ist etwa $\Delta x\Delta y$ für kleine Rechtecke in der Parameterebene. Solche können wir deshalb wählen, weil es auf die aktuelle Form der $\overrightarrow{\Delta f}$ in (6.15) nicht ankommen soll.

Der Zusammenhang zwischen der Größe von $\Delta\vec{f} = \vec{n}\Delta f$ und $\Delta x\Delta y$ wird gegeben durch

$$\overrightarrow{\Delta f}\cdot\vec{e}_3 = \Delta x\Delta y\,, \tag{6.25}$$

$$\text{d. h.}\quad \Delta f = \frac{\Delta x\Delta y}{|\vec{n}\cdot\vec{e}_3|}, \quad \vec{n} \equiv \overrightarrow{\Delta f}^0\,. \tag{6.26}$$

Denn: Falls der lokale Normalenvektor $\vec{n}$ mit der Koordinatenebenen-Normalen $\vec{e}_3$ einen Winkel $\vec{n}\cdot\vec{e}_3 = \cos\alpha$ bildet, also F lokal um α gegen die x-y-Ebene geneigt ist, kann man sich eine Drehachse als Schnittlinie beider Ebenen denken. Strecken in F *parallel* zu ihr werden mit gleicher Länge projiziert, s. Abb. 6.14, solche *senkrecht* dazu jedoch um den Faktor $\cos\alpha$ verkürzt. Das drückt (6.26) aus.

Beachtet man (6.26) in der Riemannsumme (6.15), erhält man für das Flächenintegral

$$\phi = \int\limits_F \vec{A}\cdot\overrightarrow{df} = \int\limits_{F_{xy}} \frac{\vec{A}(x,y,z(x,y))\cdot\vec{n}(x,y,z(x,y))}{|\vec{e}_z\cdot\vec{n}(x,y,z(x,y))|}\mathrm{d}x\mathrm{d}y\,. \tag{6.27}$$

Dabei ist F_{xy} die Projektion von F in die x-y-Koordinatenebene. Eventuell besteht sie aus Teilstücken, sofern F aus mehreren glatten Stücken besteht.

Es ist natürlich zulässig, wegen der Additivität

$$\int\limits_{F_1+F_2} \vec{A}\cdot\overrightarrow{df} = \int\limits_{F_1} \vec{A}\cdot\overrightarrow{df} + \int\limits_{F_2} \vec{A}\cdot\overrightarrow{df} \tag{6.28}$$

des Flächenintegrals bezüglich von Teilstücken in jedem Summanden *andere* Parameter zu wählen. (Schon jetzt sei auf die Beispiele in Abschn. 6.3.5.2 hingewiesen.) Berechnet man etwa das Integral über die Fläche einer Säule, die durch eine Halbkugel abgedeckt ist, so wird man für den Mantel zylindrische und für die Kuppel sphärische Polarkoordinaten bevorzugen. Anstelle von $dxdy$ kann dann etwa $d\vartheta d\varphi$ usw. stehen.

Formel (6.27) dürfte im Prinzip klar sein. In ihr ist explizit angegeben, dass der lokale Normalenvektor $\vec{n} \equiv \overrightarrow{\Delta f^0}$ (ein Einheitsvektor) von der Stelle $\vec{r} = (x, y, z(x, y))$ abhängt, an der das jeweilige Flächenelement liegt. Man gewinnt $\vec{n}$ als parallel zu grad ψ, wenn man die Flächengleichung $\psi(x, y, z) = 0$ hat; normieren nicht vergessen; $dxdy$ ist als Limessymbol der Flächenelemente $\Delta x \Delta y$ anzusehen. Aber Integrale von diesem Typ sind uns bisher noch nicht begegnet. Sie heißen „Doppelintegrale", da sie *zwei* unabhängige Variablen berücksichtigen.

6.3.3 Doppelintegrale

Bevor wir Flächenintegrale, etwa in der Form (6.27), tatsächlich ausrechnen können, müssen wir lernen, mit *Doppelintegralen* umzugehen. Auch wenn man nicht kartesische, sondern geeignete andere Koordinaten verwendet: Stets braucht man *zwei*, da Flächen F zweiparametrige Mannigfaltigkeiten sind. Folglich lassen sich Flächenintegrale (6.15), (6.16), (6.17) immer auf Doppelintegrale zurückführen.

Bei Kurvenintegralen wurde über eindimensionale Gebilde, die Wege C, integriert. Daher konnten wir sie auf gewöhnliche Integrale von *einer* Variablen reduzieren.

6.3.3.1 Definition

Folgende Gegebenheiten liegen vor: Ein ebenes Gebiet G mit Punkten P, etwa wie in Abb. 6.15 durch kartesische Koordinaten beschrieben. $P \triangleq (x, y)$; ferner über den $P \in G$ eine Funktion $f(P)$, also von *zwei* Variablen. $f(x, y)$ ist z. B. in (6.27) durch $(\vec{A} \cdot \vec{n})/|\vec{e}_3 \cdot \vec{n}|$ als Funktion von x, y repräsentiert; darauf kommt es jetzt aber nicht an.

▶ **Definition** Das *Doppelintegral*

$$\int_G f(P)d\mu(P) \equiv \int_G f(x, y)dxdy := \lim_{Z \to \infty} \sum_{i,j} f(x_i', y_j')\Delta x_i \Delta y_j \qquad (6.29)$$

ist die Zahl, die als Limes der Riemannsummen entsteht, sofern dieser Limes unabhängig von der Folgenwahl Z existiert. Z seien Zerlegungen des Gebietes G in Teilflächen mit angebbarem Inhalt $\Delta\mu$ (einschließlich der Auswahl repräsentativer Punkte $P_\alpha \triangleq (x_\alpha, y_\alpha)$ in jedem Flächenelement). $Z \to \infty$ soll Verfeinerung bedeuten mit $\max \Delta\mu(P_\alpha) \to 0$, maximaler Durchmesser jeder Teilfläche gegen Null (vgl. aber Abb. 6.7), Form ansonsten beliebig.

$f(x, y)$ *ist* in diesem Sinne integrierbar, wenn die Funktion stetig ist (einschließlich Rand). Die zugelassenen Gebiete sollen stückweise glatten Rand haben.

Abb. 6.15 Zweidimensionales Gebiet G, kartesische Koordinaten und Streifenzerlegung parallel zu den Achsen x = const, y = const. Der Rand C wird gegeben durch $y = y_1(x)$ und $y = y_2(x)$, jeweils von x_a bis x_b

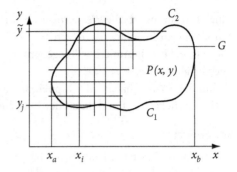

Oft schreibt man auch dP statt $d\mu(P)$ als Maß für den Inhalt der Flächenelemente; ebenso ist d^2P oder d^2r gebräuchlich, um die Dimension des Gebietes bzw. die Zahl der Variablen schon in der Symbolik erkennbar zu machen.

6.3.3.2 Iterierte Integrale

Da die Zerlegungen Z aus weitgehend beliebig geformten Flächenelementen bestehen dürfen, treffen wir eine für die tatsächliche Berechnung besonders günstige Wahl. Gemäß Abb. 6.15 seien die Flächenelemente kleine Rechtecke $\Delta x_i \Delta y_j$. Macht man bei fester j-Einteilung in y-Richtung die i-Einteilung in x-Richtung hinreichend fein und summiert erst über letztere, entsteht

$$\sum_j \Delta y_j \int f(x, y_j) \mathrm{d}x \ .$$

Wird nun auch noch die j-Einteilung verfeinert, so hat man über den Parameter y in $\int f(x, y)\mathrm{d}x$ eben *auch* noch (gewöhnlich) zu integrieren.

Natürlich kam man auch die umgekehrte Reihenfolge betrachten, da *voraussetzungsgemäß* die Art des Limes $Z \to \infty$ keine Rolle spielen soll.

Zur praktischen Berechnung von Doppelintegralen dienen folglich die Ausdrücke

$$\int\limits_G f(x, y)\mathrm{d}x\mathrm{d}y = \int\limits_{x_a}^{x_b} \mathrm{d}x \int\limits_{y_1(x)}^{y_2(x)} f(x, y)\mathrm{d}y = \int\limits_{y_a}^{y_b} \mathrm{d}y \int\limits_{x_1(y)}^{x_2(y)} f(x, y)\mathrm{d}x \ . \tag{6.30}$$

Sie heißen „*iterierte Integrale*", denn man hat *nacheinander* (also wiederholend) jeweils über *eine* Variable zu integrieren.

Der erste Ausdruck z. B. meint nämlich: Man integriere bei *festem* Wert x bezüglich y. In Abb. 6.15 wäre das entlang einer Parallelen zur y-Achse und zwar an der Stelle x. Dort läuft aber die Variable y von der einen Kurve C_1 bis zur anderen, C_2. Je nach x ist der tiefste und der höchste Punkt verschieden, genannt $y_1(x)$ bzw. $y_2(x)$. Das zuerst zu bestimmende Integral

$$\int\limits_{y_1(x)}^{y_2(x)} f(x, y)\mathrm{d}y =: \hat{f}(x)$$

hängt also auf mehrfache Weise von x ab, im Argument der Funktion $f(x, y)$ und auch in den jeweiligen Integrationsgrenzen. Hat man $\hat{f}(x)$ aber berechnet, so wird anschließend über alle x-Werte summiert, will sagen integriert, die im Gebiet G vorkommen. In Abb. 6.15 sind das alle $x \in [x_a, x_b]$.

Auf diese Weise haben wir Doppelintegrale letztlich auf zweimalige gewöhnliche Integration zurückgeführt und damit der Berechnung zugänglich gemacht!

Anmerkungen

1. Prinzipiell sollte die Reihenfolge der Integrationen (für die zulässigen Funktionen) keine Rolle spielen. Ein Blick auf Abb. 6.15 zeigt allerdings, dass man eventuell Vorsicht walten lassen muss. Würde man dort erst über x integrieren (bei festem y), so kommt es vor, dass man, wie etwa auf der Geraden $\tilde{y}$, das Gebiet G zwischendrin verlässt. Dann muss man das x-Integral zerlegen, etwa in

$$\int_{x_1(y)}^{x_2(y)} f(x, y)\mathrm{d}x + \int_{x_3(y)}^{x_4(y)} f(x, y)\mathrm{d}x \, .$$

Das ist immer dann nötig, wenn der Rand von G die Gerade $y = $ const (bzw. $x = $ const) nicht nur zweimal, sondern $2n$-mal schneidet. $x_\alpha(y)$ (bzw. $y_\alpha(x)$) sind die jeweiligen Punkte, in die der Rand zerlegt werden muss, weil man hier das Gebiet G verlässt oder wieder eintritt.

2. Falls sich G teilweise oder ganz bis Unendlich erstreckt oder der Integrand $f(x, y)$ Singularitäten hat, benutzt man sinngemäß die Regeln für uneigentliche Integrale, s. Abschn. 5.4. Es entstehen *uneigentliche Doppelintegrale*.

3. Falls speziell $f(x, y) \equiv g(x)h(y)$ als Produkt zweier nur jeweils von x oder y abhängender Funktionen faktorisiert, ist das Doppelintegral ein Produkt aus zwei gewöhnlichen Integralen:

$$\int (g(x)h(x))\mathrm{d}x\mathrm{d}y = \int g(x)\mathrm{d}x \cdot \int h(y)\mathrm{d}y \, . \tag{6.31}$$

Wegen der Integrations*grenzen* kann aber und wird i. Allg. trotzdem eine Verknüpfung beider Integrale übrigbleiben (siehe später, Abschn. 6.4.5, sowie auch Beispiel 2 in Abschn. 6.3.3.3).

6.3.3.3 Übungen zum Selbsttest: Doppelintegrale

1. Integrieren Sie die Funktion $f(x, y) = x^2 y$ über das Dreieck $(0, 0) - (1, 0) - (1, 1)$. (Zeichnung.) Vergleichen Sie die zwei möglichen Rechnungen nach (6.30), falls erst über x bzw. falls erst über y integriert wird.

2. Sei $f(x, y) = 1$ und das Gebiet G der Kreis um den Nullpunkt mit dem Radius R_0. Bestimmen Sie $\int_G f(x, y)\mathrm{d}x\mathrm{d}y$ und interpretieren Sie das Ergebnis.

3. Die Funktionen $f(x, y) = x^2 y$ und $f(x, y) = x^2|y|$ sind über den Kreis um den Nullpunkt mit dem Radius R_0 zu integrieren.

6.3.4 Wechsel der Variablen

Flächenintegrale lassen sich auf Doppelintegrale, letztere auf iterierte gewöhnliche Integrale über 2 Variablen zurückführen. Da bei der Wahl der Flächenkoordinaten gewisse Freiheiten bestehen, oft sogar verschiedene Möglichkeiten sich als zweckmäßig erweisen können, taucht die Frage nach dem Wechsel der Koordinaten in Flächen- oder Doppelintegralen auf. Dies wird auf eine Verallgemeinerung der Substitutionsregel (s. Abschn. 5.3.1) führen.

6.3.4.1 Parametertransformation

Sei neben den kartesischen Koordinaten (x, y) das Parameterpaar (u, v) als geeignete Koordinaten von Interesse. So könnten es z. B. die ebenen Polarkoordinaten (ρ, φ) sein. Jedem Punkt $P \in G$ entspricht genau ein Parameterpaar der einen oder anderen Art: $P \leftrightarrow (x, y) \leftrightarrow (u, v)$.

Zumindest lokal muss diese ein-eindeutige Zuordnung bestehen, d. h. in geeigneten Gebieten $G \subseteq \mathbb{R}^2$. Ihr entsprechen die Transformationsformeln

$$\begin{aligned} x &= x(u, v) \\ y &= y(u, v) \end{aligned} \quad \text{und} \quad \begin{aligned} u &= u(x, y) \\ v &= v(x, y) \end{aligned} \;, \tag{6.32}$$

die den Übergang vom Parameterpaar (x, y) nach (u, v) und umgekehrt regeln.

Als Beispiel seien noch einmal ebene Polarkoordinaten genannt.

$$\begin{aligned} x &= \rho \cos \varphi \\ y &= \rho \sin \varphi \end{aligned} \quad \text{und} \quad \begin{aligned} \rho &=_+ \sqrt{x^2 + y^2} \\ \varphi &= \arctan\left(\tfrac{y}{x}\right) \end{aligned} \;. \tag{6.33a}$$

Hingewiesen sei ferner auf die Darstellung von Kugeloberflächen in einer Parameterebene. Durch die Transformationsformeln (6.23) und (6.24) (s. auch Abb. 6.13) wird für $r = R_0$ zum Beispiel der Kreis $x^2 + y^2 \le R_0^2$ in der x-y-Ebene auf ein Rechteck $0 \le \vartheta \le \frac{\pi}{2}$, $0 \le \varphi < 2\pi$ abgebildet, das die (eine) Halbkugeloberfläche repräsentiert.

$$\begin{aligned} x &= R_0 \sin \vartheta \cos \varphi \\ y &= R_0 \sin \vartheta \sin \varphi \end{aligned} \quad \text{und} \quad \begin{aligned} \sin \vartheta &= \frac{\sqrt{x^2 + y^2}}{R_0} \\ \tan \varphi &= \frac{y}{x} \end{aligned} \;. \tag{6.33b}$$

6.3.4.2 Die Funktionaldeterminante

Es gibt nun eine wichtige Bedingung, die zu entscheiden gestattet, ob ein vorgelegter Satz (6.32) von Transformationsformeln eine lokal ein-eindeutige Zuordnung vermittelt. Wir leiten sie jetzt ab, da sie von großer praktischer Bedeutung sein wird.

Sei $P \triangleq (x, y) \triangleq (u, v)$ beliebig herausgegriffen und dann festgehalten. Die Umgebung von P überstreicht man durch $(x + \Delta x, y + \Delta y)$ mit geeignet veränderlichen Δx und Δy. Die zugehörigen anderen Parameter lauten dann

$$\begin{aligned} u(x + \Delta x, y + \Delta y) &= u + u_x \Delta x + u_y \Delta y + \dots, \\ v(x + \Delta x, y + \Delta y) &= v + v_x \Delta x + v_y \Delta y + \dots \end{aligned} \tag{6.34}$$

Wir stellen uns Δx und Δy klein vor und haben deshalb eine Taylorentwicklung gemacht. Es bedeuten

$$u_x := \frac{\partial u(x, y)}{\partial x}, \quad u_y := \frac{\partial u(x, y)}{\partial y} \quad \text{usw.}$$

die partiellen Ableitungen an der Stelle $P \triangleq (x, y)$.

Aus (6.34) kann man offenbar zu jedem $(\Delta x, \Delta y)$ ein wohlbestimmtes Paar

$$\Delta u \equiv u(x + \Delta x, y + \Delta y) - u \quad \text{und} \quad \Delta v \equiv v(x + \Delta x, y + \Delta y) - v$$

ausrechnen. Damit das auch *umgekehrt* möglich, also die Zuordnung ein-eindeutig ist, wie erhofft, muss die Koeffizientendeterminante $\begin{vmatrix} u_x & u_y \\ v_x & v_y \end{vmatrix}$ des linearen Gleichungssystems für $\Delta x, \Delta y$ ungleich Null sein, wie man leicht nachrechnet (oder aus der linearen Algebra kennt).

▸ **Definition** Die aus den partiellen Ableitungen der (u, v) nach den (x, y) gebildete Determinante

$$\begin{vmatrix} u_x & u_y \\ v_x & v_y \end{vmatrix} =: \frac{\partial(u, v)}{\partial(x, y)} \tag{6.35}$$

heißt „*Funktionaldeterminante*" der Transformation (6.32).

Das *Kriterium* lautet dann: Ein Satz von Transformationsformeln (6.32) erlaubt genau dann eine ein-eindeutige Zuordnung $(u, v) \leftrightarrow (x, y)$ in der Umgebung eines Punktes, wenn dort die Funktionaldeterminante nicht verschwindet:

$$\frac{\partial(u, v)}{\partial(x, y)} \neq 0 \; . \tag{6.36a}$$

Wegen der „Gleichberechtigung" der Parameterpaare ist zu erwarten, dass dann auch

$$\frac{\partial(x, y)}{\partial(u, v)} \neq 0 \tag{6.36b}$$

ist. Tatsächlich braucht man aber nur *eine* Funktionaldeterminante wirklich auszurechnen, denn es wird später der Zusammenhang (6.42) hergeleitet werden.

Die Funktionaldeterminante für den Übergang (6.33a) von Polarkoordinaten zu kartesischen lautet

$$\frac{\partial(x, y)}{\partial(\rho, \varphi)} = \begin{vmatrix} \cos \varphi & -\rho \sin \varphi \\ \sin \varphi & \rho \cos \varphi \end{vmatrix} = \rho \cos^2 \varphi - (-\rho \sin^2 \varphi) = \rho \; . \tag{6.37}$$

Die Abbildung des (x, y)-Kreises auf das (ϑ, φ)-Rechteck als Repräsentant der Kugeloberfläche hat wegen (6.33b) die Funktionaldeterminante

$$\frac{\partial(x, y)}{\partial(\vartheta, \varphi)} = \begin{vmatrix} R_0 \cos \vartheta \cos \varphi & -R_0 \sin \vartheta \sin \varphi \\ R_0 \cos \vartheta \sin \varphi & +R_0 \sin \vartheta \cos \varphi \end{vmatrix} = R_0^2 \sin \vartheta \cos \vartheta \; . \tag{6.38}$$

6.3.4.3 Die Transformation von Flächenelementen

Der Wunsch, verschiedene Parameterpaare zu betrachten, war aus dem Studium von Flächen- bzw. Doppelintegralen erwachsen. Daher sei jetzt die Frage behandelt: Welchen Effekt hat die Transformation der Variablen für ein Doppelintegral $\int_G f(x, y)\mathrm{d}x\mathrm{d}y$?

Wegen (6.32) wird aus der Funktion $f(x, y)$ eine solche von u, v: $f(x(u, v), y(u, v)) = \tilde{f}(u, v)$. Wie aber verhalten sich die Flächenelemente $\Delta x \Delta y$, deren Limes durch $\mathrm{d}x\mathrm{d}y$ symbolisiert wird?

Um dies zu studieren, überziehen wir das ebene Gebiet G (s. Abb. 6.16) mit einem Koordinatennetz $u = $ const, $v = $ const, statt wie in Abb. 6.15 mit einem x-y-Netz. Im Allgemeinen werden diese neuen Koordinatenlinien nicht wie $x = $ const, $y = $ const gerade sein, sondern gekrümmt. Man spricht deshalb von *„krummlinigen Koordinaten"* .

Bei der Bildung der Riemannsummen in (6.29) kommt es auf die Form der Flächenelemente voraussetzungsgemäß nicht an. Deshalb dürfen wir auch die krummlinig begrenzten Elemente wie in Abb. 6.16 verwenden. Wie groß ist ihr jeweiliger Flächeninhalt, z. B. der des Gebietes $P_1 P_2 P_3 P_4$?

> Naive Gemüter wären geneigt, $\Delta u \Delta v$ als Flächeninhalt anzugeben. Dies meint man nämlich unmittelbar aus Abb. 6.16 ablesen zu können. Doch so simpel kann es offenbar schon deshalb nicht sein, weil im Beispiel ebener Polarkoordinaten (Abb. 6.17) $\mathrm{d}\rho\mathrm{d}\varphi$ die Dimension einer Länge und nicht die einer Fläche hätte.

Für genügend kleine $\Delta u, \Delta v$ sind die Flächenelemente näherungsweise kleine Parallelogramme; ihr Flächeninhalt ist $|(\vec{r}_2 - \vec{r}_1) \times (\vec{r}_4 - \vec{r}_1)|$. Deshalb ist die jeweilige Seitenlänge *nicht* Δu bzw. Δv, sondern so zu bestimmen:

$$P_1: \ (u, v) \leftrightarrow (x_1, y_1),$$
$$P_2: \ (u + \Delta u, v) \leftrightarrow (x_2, y_2), \quad x_2 = x(u + \Delta u, v) = x_1 + x_u \Delta u,$$
$$y_2 = y(u + \Delta u, v) = y_1 + y_u \Delta u.$$
$$P_4: \ (u, v + \Delta v) \leftrightarrow (x_4, y_4), \quad x_4 = x(u, v + \Delta v) = x_1 + x_v \Delta v,$$
$$y_4 = y(u, v + \Delta v) = y_1 + y_v \Delta v.$$

Daraus folgt als Parallelogrammfläche

$$\vec{e}_z \cdot |(\vec{r}_2 - \vec{r}_1) \times (\vec{r}_4 - \vec{r}_1)| = \vec{e}_z \cdot [(x_2 - x_1, y_2 - y_1, 0) \times (x_4 - x_1, y_4 - y_1, 0)]$$
$$= (x_2 - x_1)(y_4 - y_1) - (y_2 - y_1)(x_4 - x_1)$$
$$= x_u \Delta u\, y_v \Delta v - y_u \Delta u\, x_v \Delta v$$
$$= \Delta u \Delta v (x_u y_v - x_v y_u) = \Delta u \Delta v \frac{\partial(x, y)}{\partial(u, v)}.$$

Die krummlinig begrenzten Flächenelemente sind somit zwar $\sim \Delta u \Delta v$, enthalten jedoch noch *zusätzlich* die Funktionaldeterminante, und zwar an der Stelle, wo das Flächenelement sich gerade befindet.

Beispiel ebene Polarkoordinaten: Nach (6.37) ist $\partial(x, y)/\partial(\rho, \varphi) = \rho$; die Flächenelemente in Abb. 6.17 haben folglich den Inhalt $\rho\mathrm{d}\rho\mathrm{d}\varphi$. Dies ist in der Tat das Produkt aus einer Seitenlänge $\mathrm{d}\rho$ und einer weiteren Länge, $\rho\mathrm{d}\varphi$, dem Bogenstück über $\mathrm{d}\varphi$.

Abb. 6.16 Zerlegung eines Gebietes in kleine Flächenelemente, die durch das vorgegebene Parameternetz (u, v) entstehen. Die Begrenzungslinien sind $u = $ const, $u + \Delta u = $ const, usw. Ein konkretes Beispiel gibt Abb. 6.17

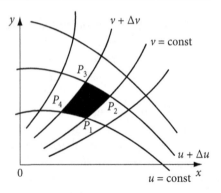

Abb. 6.17 Koordinatennetz, das durch ebene Polarkoordinaten erzeugt wird

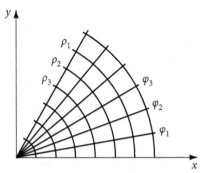

Das Doppelintegral lautet in den krummlinigen Koordinaten (u, v) so:

$$\int f(x, y)\mathrm{d}x\mathrm{d}y = \int f(x(u, v), y(u, v))\frac{\partial(x, y)}{\partial(u, v)}\mathrm{d}u\mathrm{d}v . \qquad (6.39)$$

Um sich dieses leichter merken zu können, schreiben wir symbolisch

$$\mathrm{d}x\mathrm{d}y = \frac{\partial(x, y)}{\partial(u, v)}\mathrm{d}u\mathrm{d}v . \qquad (6.40)$$

Diese *Transformationsformel für Flächenelemente* ist offensichtlich das 2-dimensionale Analogon zur Substitutionsformel (5.19), symbolisch geschrieben als

$$\mathrm{d}x = \frac{\mathrm{d}x}{\mathrm{d}u}\mathrm{d}u . \qquad (6.41)$$

Nach demselben Schema kann man vorgehen, wenn man etwa von (u, v) zu weiteren Variablen (ξ, η) übergeht. Wählt man dafür etwa speziell wieder (x, y), so muss natürlich wiederum das ursprüngliche Flächenelement herauskommen $(x, y) \to (u, v) \to (x, y)$:

$$\mathrm{d}x\mathrm{d}y = \frac{\partial(x, y)}{\partial(u, v)}\mathrm{d}u\mathrm{d}v = \frac{\partial(x, y)}{\partial(u, v)}\frac{\partial(u, v)}{\partial(x, y)}\mathrm{d}x\mathrm{d}y .$$

Es folgt die wichtige Formel

$$\frac{\partial(u, v)}{\partial(x, y)} = \frac{1}{\frac{\partial(x,y)}{\partial(u,v)}} . \tag{6.42}$$

Auch sie entspricht der für Umkehrfunktionen bekannten Formel $\mathrm{d}x/\mathrm{d}u = 1/(\mathrm{d}u/\mathrm{d}x)$.

6.3.4.4 Übungen zum Selbsttest: Variablentransformation

1. Man bestimme explizit $\partial(\rho, \varphi)/\partial(x, y)$ für ebene Polarkoordinaten und verifiziere die Formel (6.42).
2. Wie lautet die Funktionaldeterminante für den Übergang zu ebenen elliptischen Koordinaten (ψ, φ)? Es ist $x = f \cosh \psi \cos \varphi$ und $y = f \sinh \psi \sin \varphi$. Hierbei ist f der halbe Abstand zwischen den beiden Brennpunkten der jeweiligen Ellipse; er setzt das Längenmaß.
3. Verstehen Sie (6.41) als Spezialfall von (6.40), indem Sie $y = v$ unverändert lassen.
4. Versuchen Sie, aus (6.40) und (6.41) zu erraten, wie man wohl bei *drei* Variablen $(x, y, z) \rightarrow (u, v, w)$ kleine Volumenelemente zu transformieren hätte? Ein möglicher Test: Durch Spezialisierung $z = w$ muss sich wieder (6.40) ergeben.
5. Man verifiziere die folgende Zusammenstellung nützlicher Eigenschaften der Funktionaldeterminante:

$$\frac{\partial(x, y)}{\partial(u, v)} = \frac{\partial(y, x)}{\partial(v, u)} = -\frac{\partial(y, x)}{\partial(u, v)} ,$$

$$\frac{\partial(x, z)}{\partial(u, z)} = \frac{\partial x}{\partial u}\bigg|_{z=\mathrm{const}} ,$$

$$\frac{\partial(x, y)}{\partial(u, v)} = \frac{\partial(x, y)}{\partial(\xi, \eta)} \frac{\partial(\xi, \eta)}{\partial(u, v)} .$$

Sie spielen z. B. in der Thermodynamik eine große Rolle.

6.3.5 Berechnung von Flächenintegralen

Nachdem wir viele Begriffsbildungen gelernt haben, die im Zusammenhang mit Flächenintegralen wichtig sind, können wir nun zusammenfassen und an Beispielen üben, mit Flächenintegralen umzugehen. Als Physiker muss man dauernd damit umgehen.

6.3.5.1 Zusammenfassung der Formeln

Gegeben sei ein Vektorfeld $\vec{A}$ oder auch ein anderes interessierendes Feld, etwa ein skalares oder tensorielles. Im Definitionsbereich des vorgegebenen Feldes liege eine (eventuell stückweise) glatte Fläche F, orientierbar, offen oder geschlossen. Dann kann man als Riemannsummen-Limes das *Flächenintegral des Feldes* berechnen:

$$\Phi = \int_F \vec{A}(\vec{r}) \cdot \overrightarrow{\mathrm{d}f}(\vec{r}). \tag{6.43}$$

Dazu wähle man eine der geometrischen Form der Fläche F angepasste analytische Darstellung für F. Sie ist stets 2-parametrig und besteht eventuell aus Stücken, sodass $F = \sum F_\alpha$ ist. So wird z. B. mittels kartesischer Koordinaten, etwa (x, y), F durch die Menge der Ortsvektoren $\vec{r} = (x, y, z_\alpha(x, y))$ mit geeigneten Funktionen $z_\alpha(x, y)$ dargestellt.

Mit $\vec{n}(x, y, z_\alpha(x, y))$ als Normalenvektor zu F an der Stelle $\vec{r} \in F$ und $\vec{e}_3$ als Normalenvektor der Parameterebene wird das Flächenintegral auf ein Doppelintegral zurückgeführt

$$\Phi = \int\limits_{\sum\limits_\alpha F_\alpha} \frac{\vec{A}(x, y, z_\alpha(x, y)) \cdot \vec{n}(x, y, z_\alpha(x, y))}{|\vec{e}_3 \cdot \vec{n}(x, y, z_\alpha(x, y))|} dx dy \,. \tag{6.44}$$

Ein eventuell zweckmäßiger Wechsel der Parameter wird durch die Funktionaldeterminante geregelt, die aus den Transformationsformeln gebildet wird:

$$dx dy = \frac{\partial(x, y)}{\partial(u, v)} du dv \,, \tag{6.45}$$

$$\text{wobei} \quad \frac{\partial(x, y)}{\partial(u, v)} = \begin{vmatrix} x_u & x_v \\ y_u & y_v \end{vmatrix} \,, \quad x_u \equiv \frac{\partial x}{\partial u} \text{ usw.} \tag{6.46}$$

Erlaubt sind nur Transformationen, für die die Funktionaldeterminante nicht 0 wird.

Um die lokalen Normalenvektoren $\vec{n}(\vec{r})$ auf der Fläche F zu finden, hilft im Allgemeinen Fall das aus Abschn. 4.3.3 bekannte Faktum: Sei $\psi(x, y, z) = $ const eine (eventuell nur lokal benutzbare) analytische Darstellung von F. Dann steht der Vektor grad ψ lokal senkrecht zur Fläche, also

$$\vec{n} = \frac{\text{grad } \psi}{|\text{grad } \psi|} \,. \tag{6.47}$$

Ist die Fläche F analytisch *explizit* durch $z = z_\alpha(x, y)$ gegeben, so lautet die Flächengleichung $\psi(x, y, z) \equiv z - z_\alpha(x, y) = 0$. Oft kennt man umgekehrt zunächst nur eine *implizite* Darstellung $\psi(x, y, z) = $ const für die Fläche. Dann hat man hieraus $z_\alpha(x, y)$ zu bestimmen, um es in (6.44) verwenden zu können.

6.3.5.2 Beispiele zur übenden Erläuterung

1. Gegeben sei das Vektorfeld $\vec{A} = (4z, 1, 2x)$ sowie die Fläche F, die als der im ersten Oktanten gelegene Teil der Ebene $2x + 2y + z = 6$ definiert ist. Wie lautet das Flächenintegral von $\vec{A}$ über F?

   Wir müssen uns zuerst mit der analytischen Darstellung von F befassen. Eine anschauliche Vorstellung vermittelt Abb. 6.18. Eine durch die Parameter x, y vermittelte analytische Beschreibung ist $\vec{r} = (x, y, 6 - 2x - 2y) \in F$, $(x, y) \in F_{xy}$. Die überall auf F konstante Normale folgt gemäß (6.47) mit

$$\psi(x, y, z) \equiv 2x + 2y + z = \text{const}$$

$$\text{so:} \quad \text{grad } \psi = (2, 2, 1), \quad \text{also } \vec{n} = (2, 2, 1)/3 \,.$$

Abb. 6.18 Ebenenstück im ersten Oktanten. Die Projektion F_{xy} ist ein Dreieck

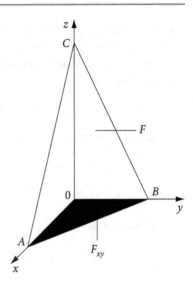

Mit $\vec{n} \cdot \vec{e}_3 = 1/3$ findet man als Flächenintegral

$$\phi = \int\limits_{F_{xy}} dx dy \left(4(6 - 2x - 2y), 1, 2x\right) \cdot (2, 2, 1) = \int\limits_{F_{xy}} dx dy (50 - 14x - 16y) \,.$$

Das Doppelintegral bestimmen wir nach dem in Abschn. 6.3.3.2 geschilderten Verfahren der iterierten Integration.

F_{xy} ist ein Dreieck. Es wird durch die Gerade $x + y = 3$ aus dem 1. Quadranten herausgeschnitten und entsteht als $F \cap \{z = 0\}$. Integriert man z. B. *erst* über y, so ist $0 \le y \le 3 - x$. Anschließend läuft x von 0 bis 3

$$\phi = \int\limits_0^3 dx \int\limits_0^{3-x} dy (50 - 14x - 16y) = \int\limits_0^3 dx \left[50(3 - x) - 14x(3 - x) - 8(3 - x)^2\right]$$

$$= \int\limits_0^3 dx \left[6x^2 - 44x + 78\right] = 2x^3 - 22x^2 + 78x \Big|_0^3 = 2 \cdot 27 - 22 \cdot 9 + 78 \cdot 3 = 90 \,.$$

Man kann auch jeden Summanden in der Formel für ϕ einzeln integrieren. Die Konstante 50 kommt vor das Integral: $\int_{F_{xy}} dx dy$ ist die Dreiecksfläche, also $3 \cdot 3 \cdot (1/2)$; somit $I_1 = 50 \cdot (9/2) = 225$. Im zweiten Summanden integriert man erst über y, also $I_2 = \int_0^3 dx(-14x) \int_0^{3-x} dy = -14 \int_0^3 dx\, x(3 - x) = -63$. Im dritten Summanden integriert man besser *zuerst* über x: $I_3 = \int_0^3 dy(-16y) \int_0^{3-y} dx = -16 \int_0^3 dy\, y(3 - y) = -72$. Insgesamt $\phi = I_1 + I_2 + I_3 = 225 - 63 - 72 = 90$.

2. Ein Vektorfeld $\vec{A}$, z. B. das in Aufgabe 1 gegebene, soll über die Oberfläche der Kugel mit dem Radius R_0 integriert werden.

Zunächst bleibe $\vec{A}$ noch allgemein. Wegen der geometrischen Form von F ist es sinnvoll, sphärische Polarkoordinaten (6.23) zu benutzen. Dann ist mit $r = R_0 = $ const das Feld eine Funktion der zwei Polarwinkel, $\vec{A} = \vec{A}(\vartheta, \varphi)$. Der Normalenvektor ist stets radial gerichtet, also

$$\vec{n} = \frac{\vec{r}}{R_0} = (\sin\vartheta\cos\varphi, \sin\vartheta\sin\varphi, \cos\vartheta) .$$

Insbesondere wird $\vec{n} \cdot \vec{e}_3 = \cos\vartheta$. Schließlich transformieren wir das Flächenelement $dxdy$ gemäß (6.40) mit (6.38) auf $d\vartheta d\varphi$. Dann lautet das Flächenintegral über die Kugel:

$$\phi = R_0^2 \oint A_r(\vartheta, \varphi) \sin\vartheta d\vartheta d\varphi .$$

Dabei ist $A_r(\vartheta, \varphi) \equiv \vec{A} \cdot \vec{n} = \vec{A} \cdot \vec{r}^0$. Man kann also

$$R_0^2 \sin\vartheta d\vartheta d\varphi, \quad \text{d. h.} - R_0^2 d(\cos\vartheta)d\varphi$$

als Flächenelement auf der Kugeloberfläche interpretieren. Ist $A_r = 1$, so erhält man

$$\phi = R_0^2 \int_0^\pi \sin\vartheta d\vartheta \int_0^{2\pi} d\varphi = R_0^2 \cdot 4\pi \quad \text{als Kugeloberfläche} .$$

Das Feld $\vec{A} = (4z, 1, 2x)$ aus Aufgabe 1 lautet in sphärischen Polarkoordinaten $(4R_0\cos\vartheta, 1, 2R_0\sin\vartheta\cos\varphi)$. Es folgt $A_r(\vartheta, \varphi) = 4R_0\cos\vartheta\sin\vartheta\cos\varphi + \sin\vartheta\sin\varphi + 2R_0\sin\vartheta\cos\vartheta\cos\varphi$. Jeder Summand wird einzeln über ϑ, φ integriert. Da jeder Integrand in Faktoren zerfällt, die *nur* von ϑ bzw. nur von φ abhängen, faktorisiert jedes Integral.

Es ist z. B.:

$$\int (\sin\vartheta\sin\varphi)d\vartheta d\varphi = \int \sin\vartheta d\vartheta \cdot \int \sin\varphi d\varphi .$$

Weil $\int_0^{2\pi} \sin\varphi d\varphi = \int_0^{2\pi} \cos\varphi d\varphi = 0$, erhalten wir

$$\phi = \oint_{\text{Kugel}} (4z, 1, 2x) \cdot \vec{df} = 0 .$$

6.3.5.3 Flächenintegrale in Parameterdarstellung

Manchmal ist es geschickt, für eine *im Raum liegende Fläche F* eine Parameterdarstellung anzugeben. In Abschnitt 3.1.2ff. wurde die Parameterdarstellung $\vec{r}(t)$ von Kurven C im Raum behandelt. In Abschn. 6.2.2 erwies sich diese Darstellung als gut geeignet zur Berechnung von Kurvenintegralen.

Flächen sind zweidimensionale Mannigfaltigkeiten. Sie müssen deshalb durch zwei Parameter beschrieben werden, evtl. stückweise.

Abb. 6.19 Koordinatenlinien auf einer Fläche im Raum

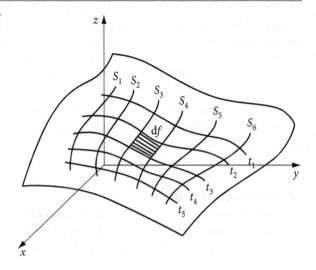

Sei F gekennzeichnet durch die Menge von Ortsvektoren $\vec{r}(s, t)$. Die Parameter s und t mögen geeignete Definitionsbereiche durchlaufen. $\vec{r}$ ändere sich glatt mit s, t, d. h. stetig differenzierbar, evtl. stückweise. s = const bzw. t = const sind geeignete Koordinatenlinien auf der Fläche, s. Abb. 6.19, sofern s, t unabhängige Parameter sind. Sie seien so gewählt. Infinitesimale Änderungen ds, dt führen zu infinitesimalen Änderungen des Ortsvektors.

$$d\vec{r}(s, t) = \frac{\partial \vec{r}}{\partial s}ds + \frac{\partial \vec{r}}{\partial t}dt. \qquad (6.48)$$

Da $\vec{r}(s + ds, t + dt)$ ebenso wie $\vec{r}(s, t)$ ein Punkt der Fläche ist, liegt d$\vec{r}$ tangential zur Fläche an der Stelle $\vec{r}(s, t)$. Insbesondere sind

$$\vec{e}_s = \frac{\dfrac{\partial \vec{r}}{\partial s}}{\sqrt{\dfrac{\partial \vec{r}}{\partial s} \cdot \dfrac{\partial \vec{r}}{\partial s}}}, \quad \vec{e}_t = \frac{\dfrac{\partial \vec{r}}{\partial t}}{\sqrt{\dfrac{\partial \vec{r}}{\partial t} \cdot \dfrac{\partial \vec{r}}{\partial t}}}$$

lokale Einheitsvektoren in Richtung der Koordinatenlinien t = const bzw. s = const

Das lokale Flächenelement $\overrightarrow{df}$, aufgespannt durch die zwischen $s, s + ds$ und $t, t + dt$ liegenden Punkte, hat die Größe und Richtung

$$\overrightarrow{df} = \left(\frac{\partial \vec{r}}{\partial s}ds\right) \times \left(\frac{\partial \vec{r}}{\partial t}dt\right) = \left(\frac{\partial \vec{r}}{\partial s} \times \frac{\partial \vec{r}}{\partial t}\right)ds dt. \qquad (6.49)$$

(Denn nach Abschn. 2.7.2 beschreibt das äußere Produkt zweier Vektoren die von ihnen aufgespannte Fläche nach Größe und Richtung.)

Das Flächenintegral über ein Vektorfeld $\vec{A}(\vec{r})$ lässt sich nun als Integral über die Parameter s, t schreiben:

$$\phi = \int\limits_{F} \vec{A}(\vec{r}) \cdot \overrightarrow{\mathrm{d}f} = \int\limits_{D} \vec{A}(\vec{r}(s,t)) \cdot \left(\frac{\partial \vec{r}}{\partial s} \times \frac{\partial \vec{r}}{\partial t} \right) \mathrm{d}s \mathrm{d}t \; . \tag{6.50}$$

Dabei ist D der Definitionsbereich der Parameter s, t, den diese durchlaufen, um die Fläche F aufzuspannen.

Anwendungsbeispiel

Integration eines Vektorfeldes über eine Kugeloberfläche. Die Kugel habe den Radius R_0, die Parameter seien Höhenwinkel ϑ und Azimut φ, s. Abschn. 6.3.2.3. Die Parameterdarstellung der Ortsvektoren der Kugeloberfläche lautet dann (nach (6.23)):

$$\vec{r}(\vartheta, \varphi) = (R_0 \sin \vartheta \cos \varphi, R_0 \sin \vartheta \sin \varphi, R_0 \cos \vartheta), \quad \vartheta \in [0, \pi], \; \varphi \in [0, 2\pi] \; .$$

Das Oberflächenelement $((\partial \vec{r}/\partial \vartheta) \times (\partial \vec{r}/\partial \varphi)) \mathrm{d}\vartheta \mathrm{d}\varphi$ lautet

$$\overrightarrow{\mathrm{d}f} = (R_0 \cos \vartheta \cos \varphi, R_0 \cos \vartheta \sin \varphi, -R_0 \sin \vartheta) \times (-R_0 \sin \vartheta \sin \varphi, R_0 \sin \vartheta \cos \varphi, 0) \mathrm{d}\vartheta \mathrm{d}\varphi$$

$$= (\sin \vartheta \cos \varphi, \sin \vartheta \sin \varphi, \cos \vartheta) R_0^2 \sin \vartheta \mathrm{d}\vartheta \mathrm{d}\varphi \; .$$

Der vektorielle Faktor ist ein Einheitsvektor, nämlich $\vec{r}/R_0$ und zeigt somit in radiale Richtung. Folglich ist

$$\phi = \int\limits_{\text{Kugeloberfl.}} \vec{A} \cdot \overrightarrow{\mathrm{d}f} = \int\limits_{0}^{\pi} \int\limits_{0}^{2\pi} A_r(\vartheta, \varphi) R_0^2 \sin \vartheta \mathrm{d}\vartheta \mathrm{d}\varphi \; ,$$

wobei $A_r(\vartheta, \varphi) = \vec{A} \cdot \vec{r}/R_0$ die radiale Komponente des Vektorfeldes ist. Dieses Ergebnis für ϕ wurde in Beispiel 2 aus Abschn. 6.3.5.2 mittels kartesischer Koordinaten und anschließender Koordinatentransformation ebenfalls ermittelt; man vergleiche.

Ergänzende Hinweise

1. Der das Flächenelement bestimmende Vektor $(\partial \vec{r}/\partial s) \times (\partial \vec{r}/\partial t)$ hat als Komponenten die Funktionaldeterminanten je zweier kartesischer Koordinaten nach den Parametern s, t:

$$\frac{\partial \vec{r}}{\partial s} \times \frac{\partial \vec{r}}{\partial t} \equiv (x_s, y_s, z_s) \times (x_t, y_t, z_t) = (y_s z_t - z_s y_t, \ldots)$$

$$= \left(\frac{\partial(y,z)}{\partial(s,t)}, \frac{\partial(z,x)}{\partial(s,t)}, \frac{\partial(x,y)}{\partial(s,t)} \right) \; . \tag{6.51}$$

2. Der Betrag dieses Vektors lautet

$$\left| \frac{\partial \vec{r}}{\partial s} \times \frac{\partial \vec{r}}{\partial t} \right| = \sqrt{ \left(\frac{\partial \vec{r}}{\partial s} \right)^2 \left(\frac{\partial \vec{r}}{\partial t} \right)^2 - \left(\frac{\partial \vec{r}}{\partial s} \cdot \frac{\partial \vec{r}}{\partial t} \right)^2 } \; .$$

Es ist nämlich $|\vec{r}_s \times \vec{r}_t|^2 = (\vec{r}_s \times \vec{r}_t) \cdot (\vec{r}_s \times \vec{r}_t) = \vec{r}_s \cdot (\vec{r}_t \times (\vec{r}_s \times \vec{r}_t)) = \vec{r}_s \cdot (\vec{r}_s \vec{r}_t^2 - \vec{r}_t(\vec{r}_s \cdot \vec{r}_t))$, wobei $\vec{r}_s := \partial \vec{r}/\partial s$ usw.

3. Die historischen Gaußschen Parameter $E = \left| \frac{\partial \vec{r}}{\partial s} \right|^2 \equiv \vec{r}_s^2$, $F = \frac{\partial \vec{r}}{\partial s} \cdot \frac{\partial \vec{r}}{\partial t} \equiv \vec{r}_s \cdot \vec{r}_t$ und $G = \left| \frac{\partial \vec{r}}{\partial t} \right|^2 \equiv \vec{r}_t^2$ bestimmen sowohl das Linienelement

$$\vec{dr}^2 = E ds^2 + 2F ds dt + G dt^2$$

als auch das Flächenelement

$$|\vec{df}| = \sqrt{EG - F^2} ds dt \; .$$

Falls $F = 0$, d. h. $\frac{\partial \vec{r}}{\partial s} \cdot \frac{\partial \vec{r}}{\partial t} = 0$, spricht man von einer orthogonalen Parameterdarstellung. Die Parameterlinien s = const und t = const bilden dann lokal miteinander rechte Winkel auf der Fläche. (Dies ist z. B. für die Kugelkoordinaten ϑ, φ der Fall: $(\partial \vec{r}/\partial \vartheta) \cdot (\partial \vec{r}/\partial \varphi) = 0$.) Die Flächennormale lautet dann

$$\vec{n} = \vec{e}_s \times \vec{e}_t = \vec{r}_s \times \vec{r}_t / \sqrt{EG}; \quad |\vec{n}| = 1 \; .$$

4. Schließlich sei angemerkt, dass das Oberflächenelement $\vec{df}$ von der Parameterwahl *unabhängig* ist.

$$\vec{df} = \left(\frac{\partial \vec{r}}{\partial s} \times \frac{\partial \vec{r}}{\partial t} \right) ds dt = \left(\frac{\partial \vec{r}}{\partial u} \times \frac{\partial \vec{r}}{\partial v} \right) du dv$$

für zwei verschiedene zulässige Parametersätze s, t bzw. u, v. Dies versteht man leicht bei Erinnerung an die Eigenschaften von Funktionaldeterminanten, die den Übergang zwischen verschiedenen Variablen regeln, s. Abschn. 6.3.4.2 Es ist gemäß 1.

$$\vec{df} = \left(\frac{\partial(y,z)}{\partial(s,t)}, \frac{\partial(z,x)}{\partial(s,t)}, \frac{\partial(x,y)}{\partial(s,t)} \right) ds dt = \left(\frac{\partial(y,z)}{\partial(s,t)}, \dots \right) \frac{\partial(s,t)}{\partial(u,v)} du dv$$

$$= \left(\frac{\partial(y,z)}{\partial(u,v)}, \dots \right) du dv \; ,$$

weil $\frac{\partial(y,z)}{\partial(s,t)} \frac{\partial(s,t)}{\partial(u,v)} = \frac{\partial(y,z)}{\partial(u,v)}$ etc. gilt, gemäß Kettenregel, wie man direkt nachrechnet:

$$\frac{\partial(y,z)}{\partial(u,v)} = \begin{vmatrix} y_u & y_v \\ z_u & z_v \end{vmatrix} = (y_u z_v - y_v z_u)$$

$$= (y_s s_u + y_t t_u)(z_s s_v + z_t t_v) - (y_s s_v + y_t t_v)(z_s s_u + z_t t_u)$$

$$= (y_s z_t - y_t z_s)(s_u t_v - s_v t_u) = \frac{\partial(y,z)}{\partial(s,t)} \frac{\partial(s,t)}{\partial(u,v)}, \quad \text{q. e. d.}$$

6.3.5.4   Beispiele zur übenden Erläuterung

1. Bestimme die Oberfläche O einer Halbkugel, $F = \int\limits_O df$. Wir wählen Kugelkoordinaten, s. o. Die Parameter seien ϑ, φ, wobei $\vartheta \in \left[0, \frac{\pi}{2}\right]$ und $\varphi \in [0, 2\pi]$ eine Halbkugel aufspannen. Es ist mit

$$\vec{r}(\vartheta, \varphi) = R_0(\sin\vartheta\cos\varphi, \sin\vartheta\sin\varphi, \cos\vartheta)$$

der Betrag des Flächenelementes

$$|\overrightarrow{df}| = \left|\frac{\partial\vec{r}}{\partial\vartheta} \times \frac{\partial\vec{r}}{\partial\varphi}\right| d\vartheta d\varphi = R_0^2 \sin\vartheta d\vartheta d\varphi ,$$

also die Gesamtfläche der Halbkugel

$$F = \int\limits_0^{\frac{\pi}{2}} \int\limits_0^{2\pi} R_0^2 \sin\vartheta d\vartheta d\varphi = R_0^2 \left(-\cos\vartheta\Big|_0^{\pi/2}\right) 2\pi = 2\pi R_0^2 .$$

Ergänzung: Die Gaußschen Fundamental-Parameter lauten für Kugelkoordinaten $E = |\partial\vec{r}/\partial\vartheta|^2 = R_0^2$, $G = |\partial\vec{r}/\partial\varphi|^2 = R_0^2 \sin^2\vartheta$. Die Parameter ϑ, φ sind orthogonal, da $F = (\partial\vec{r}/\partial\vartheta)\cdot(\partial\vec{r}/\partial\varphi) = 0$.

2. Die interessierende Fläche sei eine schief im Raume liegende Ebene. Ihre Parameterdarstellung laute

$$\vec{r}(s, t) = \vec{r}_0 + \vec{a}s + \vec{b}t .$$

Sie geht durch $\vec{r}_0$ und wird von $\vec{a}, \vec{b}$ aufgespannt. Das Flächenelement laute

$$\overrightarrow{df} = (\vec{a} \times \vec{b})dsdt .$$

Insbesondere für orthonormale Grundvektoren $\vec{a} \equiv \vec{e}_1$, $\vec{b} \equiv \vec{e}_2$, ist $\overrightarrow{df} = \vec{e}_3 dsdt$, wobei $\vec{e}_1, \vec{e}_2, \vec{e}_3$ ein orthonormales Dreibein bilden. s, t sind dann kartesische Koordinaten. Die Gaußparameter lauten $E = a^2$, $G = b^2$, $F = \vec{a}\cdot\vec{b}$.

3. Um den Anschluss an die vorher behandelte kartesische Berechnung von Flächenintegralen herzustellen, wählen wir z. B. als das Parameterpaar s, t die Koordinaten x, y. Die Fläche werde durch $z = f(x, y)$ gekennzeichnet. Die Ortsvektoren $\vec{r}(x, y)$ auf der Fläche sind gegeben durch

$$\vec{r}(x, y) = (x, y, f(x, y)) .$$

Somit ist

$$\frac{\partial\vec{r}}{\partial x} = (1, 0, f_x), \quad \frac{\partial\vec{r}}{\partial y} = (0, 1, f_y) .$$

Das Flächenelement

$$\overrightarrow{df} = \left(\frac{\partial\vec{r}}{\partial x} \times \frac{\partial\vec{r}}{\partial y}\right) dxdy = (-f_x, -f_y, 1)dxdy$$

Abb. 6.20 Wendelrampe

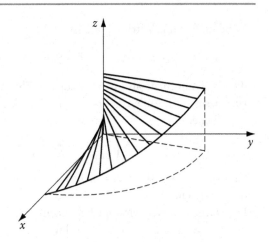

hat den Betrag

$$\mathrm{d}f = \sqrt{1 + f_x^2 + f_y^2}\,\mathrm{d}x\mathrm{d}y$$

und die Richtung

$$\vec{n} = \overrightarrow{\mathrm{d}f}/\mathrm{d}f = (-f_x, -f_y, 1)/\sqrt{1 + f_x^2 + f_y^2}\,.$$

Hieraus liest man $\vec{n} \cdot \vec{e}_3 = 1/\sqrt{1 + f_x^2 + f_y^2}$ ab, sowie $\overrightarrow{\mathrm{d}f} = \vec{n}\mathrm{d}f = \vec{n}\mathrm{d}x\mathrm{d}y/|\vec{n} \cdot \vec{e}_3|$. Für Kugelkoordinaten ergibt sich das schon bekannte Ergebnis bei Aufgabe 2 aus Abschn. 6.3.5.2. Die Flächengleichung ist übrigens $\psi \equiv z - f(x, y) = 0$ und deshalb wiederum $\vec{n} \sim \operatorname{grad} \psi = (-f_x, -f_y, 1)$.

4. Als ein Beispiel, bei dem die Parameterdarstellung besonders geeignet ist, soll die Fläche einer Wendelrampe berechnet werden. Die Rampe habe den Durchmesser $2\rho_0$ und die Ganghöhe a, s. Abb. 6.20. Sie sei definiert durch die Parameterdarstellung

$$\vec{r}(\rho, \varphi) = (\rho \cos \varphi, \rho \sin \varphi, a\varphi/2\pi), \quad \rho \in [0, \rho_0], \ \varphi \geq 0\,.$$

Eine Umdrehung erfolgt, wenn φ sich um 2π ändert. Es liegt eine orthogonale Parameterwahl vor, da

$$\frac{\partial \vec{r}}{\partial \rho} \cdot \frac{\partial \vec{r}}{\partial \varphi} = (\cos \varphi, \sin \varphi, 0) \cdot (-\rho \sin \varphi, \rho \cos \varphi, a/2\pi) = 0\,.$$

Das Flächenelement hat den Betrag

$$\overrightarrow{\mathrm{d}f} = \sqrt{\rho^2 + \left(\frac{a}{2\pi}\right)^2}\,\mathrm{d}\rho\mathrm{d}\varphi$$

und die Richtung

$$\vec{n} = \overrightarrow{\mathrm{d}f}/\mathrm{d}f = \left(\frac{a}{2\pi}\sin \varphi, -\frac{a}{2\pi}\cos \varphi, \rho\right)\bigg/\sqrt{\rho^2 + \left(\frac{a}{2\pi}\right)^2}\,.$$

Insbesondere im Zentrum $\rho = 0$ ist

$$\vec{n} = (\sin\varphi, -\cos\varphi, 0),$$

die Flächennormale also parallel zur x-y-Ebene und senkrecht auf dem Radiusvektor $(\cos\varphi, \sin\varphi, 0)$. Außen, bei $\rho = \rho_0$, ist $\vec{n}$ für kleine Ganghöhe praktisch senkrecht zur x-y-Ebene,

$$\vec{n} \approx \left(\frac{a}{2\pi\rho_0}\cos\varphi, -\frac{a}{2\pi\rho_0}\sin\varphi, 1\right) \approx (0,0,1).$$

Stets ist $\vec{n} \cdot (\cos\varphi, \sin\varphi, 0) = 0$, die Flächennormale senkrecht auf dem Radiusvektor in der x-y-Ebene.

Die Fläche der Wendelrampe bei einem Umlauf beträgt (man beachte und verwende: $\int \sqrt{x^2 + \alpha^2}\,dx = \frac{x}{2}\sqrt{x^2 + \alpha^2} + \frac{1}{2}\alpha^2\ln(x + \sqrt{x^2 + \alpha^2})$).

$$\begin{aligned}
F &= \int\limits_0^{2\pi}\int\limits_0^{\rho_0} \sqrt{\rho^2 + \left(\frac{a}{2\pi}\right)^2}\,d\rho\,d\varphi \\
&= 2\pi\left[\frac{\rho}{2}\sqrt{\rho^2 + \left(\frac{a}{2\pi}\right)^2} + \frac{1}{2}\left(\frac{a}{2\pi}\right)^2\ln\left(\rho + \sqrt{\rho^2 + \left(\frac{a}{2\pi}\right)^2}\right)\right]_0^{\rho_0} \\
&= \pi\left\{\rho_0\sqrt{\rho_0^2 + \left(\frac{a}{2\pi}\right)^2} + \left(\frac{a}{2\pi}\right)^2\ln\left[\left(\rho_0 + \sqrt{\rho^2 + \left(\frac{a}{2\pi}\right)^2}\right)\Big/\frac{a}{2\pi}\right]\right\} \\
&= \pi\rho_0^2\left\{\sqrt{1 + \left(\frac{a}{2\pi\rho_0}\right)^2} + \left(\frac{a}{2\pi\rho_0}\right)^2\ln\frac{1 + \sqrt{1 + \left(\frac{a}{2\pi\rho_0}\right)^2}}{\frac{a}{2\pi\rho_0}}\right\}.
\end{aligned}$$

In Einheiten von $\pi\rho_0^2$ wird die Fläche der Wendelrampe somit durch das Verhältnis

$$\kappa := \frac{a}{2\pi\rho_0}$$

der Ganghöhe zum Umfang der Rampe bestimmt.

$$\frac{F}{\pi\rho_0^2} =: \tilde{F}(\kappa) = \sqrt{1 + \kappa^2} + \kappa^2\ln\frac{1 + \sqrt{1 + \kappa^2}}{\kappa}.$$

Für kleine Ganghöhe und somit kleines κ gilt die Näherung

$$\tilde{F}(\kappa) \approx 1 - \kappa^2\ln\kappa \to 1, \quad \text{bzw.} \quad F \approx \pi\rho_0^2;$$

für große Ganghöhe erhält man

$$\tilde{F}(\kappa) = 2\kappa \to \infty, \quad \text{bzw.} \quad F \approx a\rho_0.$$

6.3.6 Übungen zum Selbsttest: Flächenintegrale

1. Wie groß ist der Fluss des Vektorfeldes $\vec{A} := \vec{r}$ durch die Oberfläche der Kugel vom Radius R_0 um den Koordinatenursprung?
2. Bestimmen Sie das geschlossene Oberflächenintegral des Feldes $\vec{A} := \vec{r}$ über den Einheitswürfel $0 \leq x \leq 1, 0 \leq y \leq 1, 0 \leq z \leq 1$.
3. Gegeben sei das Vektorfeld $\vec{A} = (yz, -xz, xy)$ sowie:
   (a) ein Würfel mit der Kantenlänge L oder
   (b) die Kugel um 0 mit Radius R_0.
   Man bestimme die geschlossenen Oberflächenintegrale.
4. Man berechne den vektoriellen Fluss des Skalarfeldes $\varphi = xyz$ durch die Fläche F, die durch die Koordinatenebenen sowie die Oberfläche des Zylinders mit dem Radius R_0 und der Höhe h gebildet wird, soweit sie im 1. Oktanten liegt. Koordinatenursprung sei der Mittelpunkt des Zylinderbodens, die z-Richtung sei Zylinderachse, die ebenen Seitenflächen sollen mit berücksichtigt werden.
   Man kann kartesische Koordinaten oder Zylinderkoordinaten verwenden. Üben Sie beides.
5. $\oint \vec{r} \times \vec{df}$ für eine Kugel und für einen Zylinder?

6.4 Volumenintegrale

Ein weiterer physikalisch wichtiger Integraltyp ist das räumliche Volumenintegral. Da wir als denkende Menschen einen drei-dimensionalen Raum vorfinden, ist es ein „3-faches" Integral. Verständnismäßig schließt es an die Flächenintegrale an, die 2-fache Integrale sind. Daher können wir ohne viele Worte eine Übertragung von Abschn. 6.3 auf die neue physikalische Problemstellung vornehmen. Auch die Begründungen und Beweise lauten jeweils analog. Ein typisches Volumenintegral ist in der einleitenden physikalischen Motivation dargestellt worden. Auf Abschn. 5.1 Punkt 5 sei rückverwiesen.

6.4.1 Definition

Gegeben sei ein skalares Feld $\varphi(\vec{r})$ über dem $\mathbb{R}^3$ oder Teilen davon, definiert jedenfalls über einem ebenfalls durch die Problemstellung vorgegebenen Gebiet V (dessen Volumeninhalt ebenfalls mit dem Buchstaben V bezeichnet werde, falls wir ihn benötigen sollten). Es ist $V \subseteq \mathbb{R}^3$. Wir bilden Unterteilungen Z des Volumens V in endlich viele Teile ΔV_i (mit Volumeninhalt ΔV_i) gemäß Abb. 5.4; in jedem wird ein repräsentativer Punkt $\vec{r}_i$ ausgewählt, $\Delta V_i \equiv \Delta V(\vec{r}_i)$. Jede solche Zerlegung Z *definiert* eine Riemannsumme, deren Limes für

$Z \to \infty$ das *Volumenintegral:*

$$\int\limits_V \varphi(\vec{r})\mathrm{d}V \equiv \int\limits_V \varphi(\vec{r})\mathrm{d}^3r := \lim_{Z\to\infty} \sum_i \varphi(\vec{r}_i)\Delta V(\vec{r}_i) \,. \tag{6.52}$$

Vorausgesetzt wird, dass der Limes von der Folge der Zerlegungen Z unabhängig ist, falls nur die Zahl der Teile ΔV_i beliebig groß und ihr Inhalt sowie ihr maximaler Durchmesser beliebig klein werden. (Hinweis auf den Text nach (5.9) sowie auf das Analogon zu Abb. 6.7.)

Das Volumenintegral *existiert* gewiss, falls φ *stetig* ist in V einschließlich Rand sowie letzterer (notfalls stückweise) glatt und endlich ist.

6.4.2 Dreifachintegrale

Volumenintegrale *auszurechnen*, ist – zumindest gedanklich – noch leichter als die Bestimmung von Flächenintegralen. Bei letzteren musste zunächst eine analytische Darstellung der Fläche gesucht und mit ihrer Hilfe das Flächenintegral auf ein Doppelintegral über die 2 Parameter zurückgeführt werden. Volumenintegrale andererseits *sind* bereits Dreifachintegrale, d. h. die unmittelbare Erweiterung von Doppelintegralen.

Dies verdeutlicht Abb. 6.21, die eine spezielle Zerlegung des vorgegebenen Gebietes zeigt.

Aus ihr wird die Berechnung des Volumenintegrals als 3-fach *iteriertes Integral* verständlich. Etwa so:

$$\int\limits_V \varphi(\vec{r})\mathrm{d}^3r \equiv \int\limits_V \varphi(x,y,z)\mathrm{d}x\mathrm{d}y\mathrm{d}z = \int\limits_{x_a}^{x_b}\mathrm{d}x\left\{\int\limits_{F(x)}\mathrm{d}y\mathrm{d}z\,\varphi(x,y,z)\right\}$$

$$= \int\limits_{x_a}^{x_b}\mathrm{d}x\left\{\int\limits_{z_a(x)}^{z_b(x)}\mathrm{d}z\left[\int\limits_{y_a(x,z)}^{y_b(x,z)}\mathrm{d}y\,\varphi(x,y,z)\right]\right\} \,. \tag{6.53}$$

Wenn die Riemannsummen (6.52) unabhängig von der Zerlegungsart (und damit der Summationsreihenfolge) konvergieren, existieren auch die iterierten Integrale, sind gleich dem Volumenintegral und spielt die Reihenfolge bei der Iteration keine Rolle.

$$\int \varphi(x,y,z)\mathrm{d}x\mathrm{d}y\mathrm{d}z = \int \mathrm{d}x \int \mathrm{d}y \int \mathrm{d}z\,\varphi = \int \mathrm{d}y \int \mathrm{d}x \int \mathrm{d}z\,\varphi$$

$$= \int \mathrm{d}z \int \mathrm{d}x \int \mathrm{d}y\,\varphi \dots \tag{6.54}$$

Man braucht zwar keine analytische Darstellung für V extra zu suchen, denn die Punkte $\vec{r} \in V$ werden durch die Komponenten (x,y,z) des Ortsvektors beschrieben. Wohl aber benötigt man eine analytische Darstellung der Oberfläche F_V, die V umgibt. Sie bestimmt nämlich die Integrationsgrenzen für die einzelnen Variablen im iterierten Integral!

Abb. 6.21 Zerlegung eines Gebietes V in Scheiben der Breite Δx_i parallel zur y-z-Ebene. Die Scheiben wiederum werden in Säulen zerlegt, z. B. in Richtung y-Achse, mit einer Stärke $\Delta x_i \Delta z_k$. Die Volumenelemente sind kleine Würfel $\Delta x_i \Delta y_j \Delta z_k$

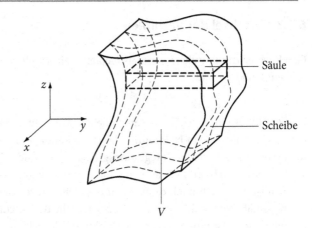

Am Beispiel der Abb. 6.21 lernen wir: Jede Scheibe, gekennzeichnet durch ein festes x, hat eine durch F_V bestimmte, individuelle Berandung. Bei festem x ist daher ein Doppelintegral über eine Fläche ΔF auszuführen, deren Form i. Allg. je nach x anders ist, d. h. $\Delta F = \Delta F(x)$.

Um das Doppelintegral über y, z zu bestimmen, ist jede Scheibe nochmals in Säulen in y-Richtung zerlegt worden. y läuft von dem durch F_V wohlbestimmten „linken" bis zum „rechten" Rand des Gebietes V, der je nach Lage der Säule, also je nach x, z anders sein kann: $y_a(x, z) \leq y \leq y_b(x, z)$.

Hat man über y integriert, muss man über alle Säulen derselben Scheibe summieren, d. h. bei festem x über alle z integrieren. Der „tiefste" bzw. „höchste" nötige z-Wert ist wiederum durch F_V bestimmt und hängt daher i. Allg. von der gerade betrachteten Scheibe, also von x ab: $z_a(x) \leq z \leq z_b(x)$.

Hat man so eine Scheibe „abgefegt", muss man noch über alle Scheiben summieren. Die „vorderste" und „hinterste" Scheibe sind wiederum durch F_V bestimmt, $x_a \leq x \leq x_b$.

Die genannte analytische Darstellung der Oberfläche F_V des betrachteten Volumens V taucht hier also in Form der jeweiligen Begrenzungsfunktionen auf: $y_\alpha(x, z), z_\alpha(x), x_\alpha$. Ihre Eigenschaften werden bei sinnvollen physikalischen Problemen vernünftig sein. Allerdings kann durch sie das Volumenintegral selbst bei einfachem Integranden φ recht kompliziert werden. Prinzipiell setzen wir V stets als mit *glatter Oberfläche F_V* versehen voraus, d. h. die zugehörigen Randflächen sollen – zumindest stückweise – stetig differenzierbar sein.

Natürlich können Gebiete auftreten, bei denen die Scheiben aus mehreren Teilflächen bestehen (etwa beim Autoschlauch). Dann gibt es eben mehr als 2 Randfunktionen pro Variable.

Ferner dürfte klar sein, dass bei veränderter Reihenfolge der Iteration von ein- und derselben Oberfläche F_V *verschiedene* Begrenzungsfunktionen erzeugt werden. Neben obigen etwa $x_\alpha(y, z), y_\alpha(z), z_\alpha$, falls man die Scheiben senkrecht zur z-Achse schneidet, usw.

6.4.3 Wechsel der Variablen

Glücklich ist der Physiker, wenn als Gebiet V ein regelmäßig berandetes von Interesse ist, z. B. ein Quader

$$0 \leq x \leq a, \quad 0 \leq y \leq b, \quad 0 \leq z \leq c . \tag{6.55}$$

Die Randfunktionen sind in diesem Falle *alle* Konstanten. Fein ist man auch dran, wenn V der *ganze* Raum $\mathbb{R}^3$, ein Halbraum oder etwas ähnliches ist. Dann ist zwar das Volumenintegral *uneigentlich* (da die Integrationsgrenzen unendlich sind), aber die Randfunktionen sind wiederum sehr einfach und voneinander unabhängig: $-\infty < x < +\infty$ usw.

Fein ist man auch noch dran, wenn das Gebiet regelmäßig geformt ist oder zumindest aus regelmäßigen Stücken besteht. Zwar sehen die Begrenzungsfunktionen dann schon viel komplizierter aus; z. B. genügen die Punkte der Kugel vom Radius R_0 um den Koordinatenursprung den Einschränkungen

$$|x| \leq R_0, \quad |y| \leq \sqrt{R_0^2 - x^2}, \quad |z| \leq \sqrt{R_0^2 - x^2 - y^2} . \tag{6.56}$$

Doch kann man sich in solchen Fällen dadurch gut helfen, dass man *andere* Koordinaten zur Beschreibung der Punkte von V benutzt als kartesische. So lautet z. B. die soeben beschriebene Kugel in sphärischen Polarkoordinaten (6.23), (6.24)

$$0 \leq r \leq R_0, \quad 0 \leq \vartheta \leq \pi, \quad 0 \leq \varphi \leq 2\pi . \tag{6.57}$$

Dies ist so einfach wie ein Quader (6.55)! Man erkennt, welchen großen Nutzen die Verwendung geeigneter, der speziellen Form des betrachteten Gebietes V angepasster, eventuell krummliniger Koordinaten hat. (Lesen Sie noch einmal Abschn. 6.3.2.)

Es ist deshalb offenbar zweckmäßig, die Rechenregeln bei Wechsel der Koordinaten in Volumenintegralen zusammenzustellen. (Hingewiesen sei auf Abschn. 6.3.4.)

6.4.3.1 Funktionaldeterminante

Sei ein Punkt $\vec{r} \in V$ entweder durch kartesische Variable (x, y, z) oder durch ein geeignetes anderes Tripel (u, v, w) beschrieben.

$$\vec{r} : (x, y, z) \leftrightarrow (u, v, w) . \tag{6.58}$$

Die Transformationsfunktionen

$$u = u(x, y, z), \quad v = v(x, y, z), \quad w = w(x, y, z) \tag{6.59}$$

müssen eine ein-eindeutige Zuordnung erlauben, wenigstens stückweise. Sie müssen folglich lokal umkehrbar sein. Die Umgebung eines beliebig, aber fest herausgegriffenen Punktes (x, y, z), gekennzeichnet durch kleine $\Delta x, \Delta y, \Delta z$, lässt sich in den anderen Parametern durch Taylorentwicklung der Transformationsfunktionen um die Stelle x, y, z

gewinnen:

$$\begin{aligned}
\Delta u &= u(x + \Delta x, y + \Delta y, z + \Delta z) - u(x, y, z) = u_x \Delta x + u_y \Delta y + u_z \Delta z, \\
\Delta v &= \ldots &&= v_x \Delta x + v_y \Delta y + v_z \Delta z, \\
\Delta w &= \ldots &&= w_x \Delta x + w_y \Delta y + w_z \Delta z.
\end{aligned} \tag{6.60}$$

Zu jedem Tripel $(\Delta x, \Delta y, \Delta z)$ gehört ein Tripel $(\Delta u, \Delta v, \Delta w)$. Damit man *umgekehrt* bei Vorgabe von $\Delta u, \Delta v, \Delta w$ *genau ein* kartesisches Tripel $(\Delta x, \Delta y, \Delta z)$ aus der dann als lineares Gleichungssystem zu lesenden Gleichung (6.60) berechnen kann, muss die aus den partiellen Ableitungen

$$u_x := \frac{\partial u}{\partial x}(x, y, z) \quad \text{usw.}$$

bestehende Koeffizientendeterminante ungleich Null sein, wie man aus der linearen Algebra weiß.

Sie heißt wiederum „*Funktionaldeterminante*",

$$\frac{\partial(u, v, w)}{\partial(x, y, z)} := \begin{vmatrix} u_x & u_y & u_z \\ v_x & v_y & v_z \\ w_x & w_y & w_z \end{vmatrix} \tag{6.61}$$

und ist i. Allg. eine Funktion des Ortes.

Zwei besonders wichtige **Beispiele:**

1. Die Funktionaldeterminante für den Übergang zwischen kartesischen und zylindrischen Koordinaten gemäß (6.22) lautet

$$\frac{\partial(x, y, z)}{\partial(\rho, \varphi, z)} = \begin{vmatrix} \cos \varphi & -\rho \sin \varphi & 0 \\ \sin \varphi & \rho \cos \varphi & 0 \\ 0 & 0 & 1 \end{vmatrix} = \rho. \tag{6.62}$$

2. Der Übergang zwischen kartesischen und sphärischen Polarkoordinaten wird geregelt durch (6.23).

$$\frac{\partial(x, y, z)}{\partial(r, \vartheta, \varphi)} = \begin{vmatrix} \sin \vartheta \cos \varphi & r \cos \vartheta \cos \varphi & -r \sin \vartheta \sin \varphi \\ \sin \vartheta \sin \varphi & r \cos \vartheta \sin \varphi & r \sin \vartheta \cos \varphi \\ \cos \vartheta & -r \sin \vartheta & 0 \end{vmatrix}$$

$$= \cos \vartheta \begin{vmatrix} r \cos \vartheta \cos \varphi & -r \sin \vartheta \sin \varphi \\ r \cos \vartheta \sin \varphi & r \sin \vartheta \cos \varphi \end{vmatrix}$$

$$- (-r \sin \vartheta) \begin{vmatrix} \sin \vartheta \cos \varphi & -r \sin \vartheta \sin \varphi \\ \sin \vartheta \sin \varphi & r \sin \vartheta \cos \varphi \end{vmatrix}$$

$$= r^2 \cos^2 \vartheta \sin \vartheta + r^2 \sin^2 \vartheta \sin \vartheta = r^2 \sin \vartheta. \tag{6.63}$$

Damit eine Transformation umkehrbar eindeutig ist, muss neben (6.61) auch die Funktionaldeterminante

$$\frac{\partial(x,y,z)}{\partial(u,v,w)} = \frac{1}{\dfrac{\partial(u,v,w)}{\partial(x,y,z)}} \tag{6.64}$$

ungleich Null sein. Die hingeschriebene Formel beweist man völlig analog zu (6.42), nachdem man den nächsten Abschnitt verstanden hat.

6.4.3.2 Transformation von Volumenelementen

Im Volumenintegral (6.52) ist nicht nur $\varphi(x,y,z)$ durch $\varphi(x(u,v,w),\ldots) =: \tilde{\varphi}(u,v,w)$ zu ersetzen, sondern analog wie in Abschn. 6.3.4.3 eine auf drei Variablen erweiterte Transformation der Volumenelemente $\Delta x \Delta y \Delta z$ vorzunehmen. Man findet (s. u.)

$$\int\limits_V \varphi(x,y,z) \mathrm{d}x \mathrm{d}y \mathrm{d}z = \int\limits_V \tilde{\varphi}(u,v,w) \frac{\partial(x,y,z)}{\partial(u,v,w)} \mathrm{d}u \mathrm{d}v \mathrm{d}w \ . \tag{6.65}$$

Diese auf Dreifachintegrale verallgemeinerte Substitutionsregel lässt sich symbolisch abgekürzt so schreiben:

$$\mathrm{d}x \mathrm{d}y \mathrm{d}z = \frac{\partial(x,y,z)}{\partial(u,v,w)} \mathrm{d}u \mathrm{d}v \mathrm{d}w \ . \tag{6.66}$$

Bei Anwendung auf die beiden besonders interessierenden Beispiele (6.62) (Zylinder-) und (6.63) (Kugelkoordinaten) erhalten wir:

1. das Volumenelement in zylindrischen Koordinaten

$$\mathrm{d}x \mathrm{d}y \mathrm{d}z = \rho \mathrm{d}\rho \mathrm{d}\varphi \mathrm{d}z \ , \tag{6.67}$$

2. das Volumenelement in sphärischen Polarkoordinaten

$$\mathrm{d}x \mathrm{d}y \mathrm{d}z = r^2 \mathrm{d}r \sin \vartheta \mathrm{d}\vartheta \mathrm{d}\varphi$$
$$= r^2 \mathrm{d}r \mathrm{d}(-\cos \vartheta) \mathrm{d}\varphi \ . \tag{6.68}$$

Während (6.67) leicht zu interpretieren ist – das Volumenelement ist ein kleines Flächenelement $\mathrm{d}\rho \cdot \rho \mathrm{d}\varphi$ in Polarkoordinaten, multipliziert mit der Höhe $\mathrm{d}z$ – hilft uns Abb. 6.22 beim anschaulichen Verständnis von (6.68).

Aus (6.68) gewinnen wir übrigens das uns schon bekannte Oberflächenelement auf einer Kugel von Radius R_0 wieder (siehe das Anwendungsbeispiel in Abschn. 6.3.5.3)

$$\mathrm{d}f = R_0^2 \sin \vartheta \mathrm{d}\vartheta \mathrm{d}\varphi. \tag{6.69}$$

Als *Raumwinkelelement* definiert man in Verallgemeinerung des ebenen Winkels $\mathrm{d}\varphi = $ Bogenelement$\mathrm{d}s$/Radiusρ folgendes Verhältnis:

$$\mathrm{d}\Omega := \frac{\mathrm{d}f}{R_0^2} = \sin \vartheta \mathrm{d}\vartheta \mathrm{d}\varphi = -\mathrm{d}(\cos \vartheta) \mathrm{d}\varphi \ . \tag{6.70}$$

Abb. 6.22 Das Volumenelement in sphärischen Polarkoordinaten besteht aus dem Produkt der drei Längenelemente dr, $r\,d\vartheta$ und $(r\sin\vartheta)d\varphi$. Letzteres folgt daraus, dass bei φ-Bewegung der effektive Radius $r\sin\vartheta$ ist

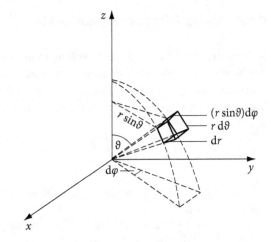

Abb. 6.23 Volumenelement in krummlinigen Koordinaten, approximiert durch ein Parallelepiped mit Rauminhalt $[P_0P_1 \times P_0P_2] \cdot P_0P_3$

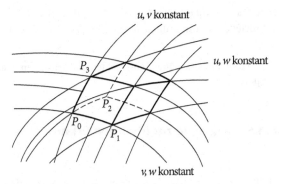

Die *Herleitung* der entscheidenden Formel (6.65) ist völlig analog zu der für die Transformation von Flächenelementen in Abschn. 6.3.4.3. Man zerlegt V in kleine Elemente zwischen den Hyperflächen u = const, $u + \Delta u$ = const usw., s. Abb. 6.23. Die Koordinaten der benötigten Eckpunkte sind

$$P_0 \triangleq (u, v, w) \triangleq (x, y, z)\,,$$
$$P_1 \triangleq (u + \Delta u, v, w) \triangleq (x + x_u\Delta u, y + y_u\Delta u, z + z_u\Delta u)\,,$$
$$P_2 \triangleq (u, v + \Delta v, w) \triangleq (x + x_v\Delta v, y + y_v\Delta v, z + z_v\Delta v)\,,$$
$$P_3 \triangleq (u, v, w + \Delta w) \triangleq (x + x_w\Delta w, y + y_w\Delta w, z + z_w\Delta w)\,.$$

Nach der bekannten, in Abb. 6.23 noch einmal wiederholten Volumenformel erhält man

$$\Delta V = \big((x_u\Delta u, y_u\Delta u, z_u\Delta u) \times (x_v\Delta v, y_v\Delta v, z_v\Delta v)\big) \cdot (x_w\Delta w, y_w\Delta w, z_w\Delta w)$$

$$= \begin{vmatrix} x_u\Delta u & y_u\Delta u & z_u\Delta u \\ x_v\Delta v & y_v\Delta v & z_v\Delta v \\ x_w\Delta w & y_w\Delta w & z_w\Delta w \end{vmatrix} = \Delta u\Delta v\Delta w \frac{\partial(x, y, z)}{\partial(u, v, w)}, \qquad \text{q. e. d.}$$

6.4.4   Vektorielle Volumenintegrale

Selbstverständlich kann man auch Volumenintegrale betrachten, die statt über skalare Felder über Vektor- oder Tensorfelder auszuführen sind. In der Definition (6.52) steht dann statt des Skalars $\varphi(\vec{r}_i)$ z. B. der Vektor $\vec{A}(\vec{r}_i)$. Jeder Riemannsummand ist dann natürlich ein Vektor, folglich auch die Riemannsumme sowie deren Limes, das Volumenintegral. Somit ist

$$\int\limits_V \vec{A}(\vec{r})\mathrm{d}^3 r = \left(\int\limits_V A_1(\vec{r})\mathrm{d}^3 r, \int\limits_V A_2(\vec{r})\mathrm{d}^3 r, \int\limits_V A_3(\vec{r})\mathrm{d}^3 r \right) \qquad (6.71)$$

ein *Vektor*, dessen Komponenten die jeweiligen Volumenintegrale über die Komponenten des Feldes $\vec{A}$ sind.

Ein physikalisches Beispiel ist die Bestimmung des *Schwerpunktes* einer Massenverteilung $\rho(\vec{r})$. Während die Gesamtmasse $M = \int \rho(\vec{r})\mathrm{d}^3 r$ aus der Dichte $\rho(\vec{r})$ durch ein skalares Volumenintegral berechnet wird, ist der Schwerpunkt $\vec{R} = (1/M) \int \vec{r}\rho(\vec{r})\mathrm{d}^3 r$ ein vektorielles Volumenintegral, nämlich über das Vektorfeld $\vec{A} \equiv \vec{r}\rho(r)$.

Volumenintegrale über Tensorfelder sind selbst Tensoren; $\int_V A_{ij}(\vec{r})\mathrm{d}V(\vec{r})$ sind deren Komponenten.

6.4.5   Beispiele zur übenden Erläuterung

1. Betrachten wir das skalare Feld $\varphi = xyz$ sowie das Volumen, das unter der Fläche F aus Abb. 6.18 im 1. Oktanten liegt. Das Volumenintegral

$$\int\limits_V \varphi \mathrm{d}^3 r = \int\limits_V xyz\,\mathrm{d}x\,\mathrm{d}y\,\mathrm{d}z = \int\limits_V x\mathrm{d}x \int y\mathrm{d}y \int z\mathrm{d}z$$

   hat die angenehme Eigenschaft zu faktorisieren. So etwas kennen wir schon aus (6.31) für Doppelintegrale.

   Allgemein gilt: Ist das Feld $\varphi = f(x)g(y)h(z)$ ein Produkt aus drei jeweils nur von einer Variablen abhängenden Funktionen, so *faktorisiert* das Volumenintegral

$$\int\limits_V \varphi \mathrm{d}V(\vec{r}) = \int\limits_V f(x)\mathrm{d}x \int g(y)\mathrm{d}y \int h(z)\mathrm{d}z. \qquad (6.72)$$

   Zu *beachten* ist jedoch, dass durch die Begrenzungsfunktionen von V gemäß Abschn. 6.4.2 eine Verknüpfung der iterierten Integrationen vorhanden sein kann!

   Im betrachteten Beispiel ist das in der Tat der Fall. Dies erkennen wir aus den Randfunktionen, die wir uns mithilfe der Abb. 6.24 überlegen; dabei ist die Wahl getroffen worden: *Erst* über z integrieren (Säule $S(x, y)$), *dann* über alle Säulen einer Scheibe $F(x)$, d. h. über y integrieren, *schließlich* alle möglichen Scheiben abfegen, also über x integrieren.

Abb. 6.24 Zerlegung des Integrationsvolumens in Scheiben und dieser in Säulen parallel zur z-Achse. Die Gleichung der Begrenzungsfläche F ist $2x + 2y + z = 6$

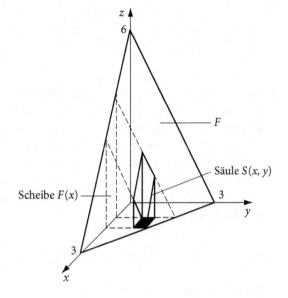

Die Randfunktionen gewinnen wir so: Die Säule $S(x, y)$ durchstoße die Oberfläche des Integrationsgebietes bei $z_1(x, y)$ und $z_2(x, y)$. Offenbar ist $z_1(x, y) = 0$; $z_2(x, y)$ liegt auf F, folgt also aus der Gleichung der Dreiecksfläche zu $z_2(x, y) = 6 - 2x - 2y$. Beim Summieren über y treten alle Werte auf von $y_1(x) \equiv 0$ bis $y_2(x) = 3 - x$; denn der größtmögliche y-Wert liegt auf der Schnittgeraden von F mit der Ebene $z = 0$. Die x-Werte schließlich beim Summieren über alle Scheiben laufen von $x_1 = 0$ bis $x_2 = 3$.

Mit diesen Randfunktionen als Integrationsgrenzen lautet das gesuchte Volumenintegral

$$
\begin{aligned}
\int\limits_{V} \varphi \mathrm{d}V &= \int\limits_{0}^{3} x\mathrm{d}x \int\limits_{0}^{3-x} y\mathrm{d}y \int\limits_{0}^{6-2x-2y} z\mathrm{d}z \\
&= \int\limits_{0}^{3} x\mathrm{d}x \int\limits_{0}^{3-x} y\mathrm{d}y \frac{1}{2}(6 - 2x - 2y)^2 \\
&= 2\int\limits_{0}^{3} x\mathrm{d}x \int\limits_{0}^{3-x} y\mathrm{d}y (9 + x^2 + y^2 - 6x - 6y + 2xy) \\
&= 2\int\limits_{0}^{3} \mathrm{d}x\, x\left[\frac{1}{2}(9 + x^2 - 6x)(3 - x)^2 + \frac{1}{3}(-6 + 2x)(3 - x)^3 + \frac{1}{4}(3 - x)^4\right] \\
&= \frac{1}{6}\int\limits_{0}^{3} \mathrm{d}x\, x(3 - x)^4
\end{aligned}
$$

$$= \frac{1}{6}\left[3^4 \cdot \frac{1}{2} \cdot 3^2 - 4 \cdot 3^3 \cdot \frac{3^3}{3} + 6 \cdot 3^2 \cdot \frac{3^4}{4} - 4 \cdot 3 \cdot \frac{3^5}{5} + \frac{3^6}{6} \right]$$

$$= \frac{81}{20} \, .$$

2. Schon am Anfang von Abschn. 6.3.4 war darauf hingewiesen worden, dass auch Volumenintegrale uneigentlich sein können. Dies kommt in den physikalischen Anwendungen sogar sehr oft vor. Entweder erstreckt sich V bis unendlich oder der Integrand wird singulär. Wir studieren die Verhältnisse exemplarisch. Sei $\varphi = 1/r^n$. Existiert $\int (1/r^n) \mathrm{d}^3 r$? (Man kann auch n verschieden wählen für $r \to \infty$ oder $r \to 0$.)
Wir benutzen sphärische Polarkoordinaten für das Volumenelement $\mathrm{d}^3 r$, also Formel (6.68). Über die Winkel kann man sofort integrieren – und erhält 4π – sofern V kugelsymmetrisch ist.

$$\int \frac{1}{r^n} \mathrm{d}^3 r = 4\pi \int \frac{r^2}{r^n} \mathrm{d}r = \frac{4\pi}{3-n} r^{3-n} + \mathrm{const} \, .$$

Hieraus kann man schließen:

(a) Bezüglich der Singularität des Integranden an der Stelle $r = 0$ existiert das uneigentliche Integral, falls $3 - n > 0$, also $n < 3$. Selbst der für $r \to 0$ ziemlich singuläre Ausdruck $1/r^2$ kann noch 3-dimensional, also räumlich, überintegriert werden.

(b) Im Falle der unendlichen Ausdehnung des Integrationsgebietes, $R_0 \to \infty$, existiert das uneigentliche Integral, falls $3 - n < 0$, d. h. $n > 3$. Also:

$\varphi(r)$ ist volumenintegrierbar, falls

1. φ bei $r = 0$ schwächer als $1/r^3$ singulär wird,

2. φ asymptotisch stärker als $1/r^3$ abfällt.   (6.73)

Die Herleitung zeigt, dass der Grenzfall 3 genau die *Dimension D des Raumes* widerspiegelt! Bei 1-dimensionaler Integration findet man natürlich die früheren Ergebnisse aus Punkt 6 in Abschn. 5.4.2 und Punkt 5 in Abschn. 5.4.4 wieder.

6.4.6 Übungen zum Selbsttest: Volumenintegrale

1. Rauminhalte von Gebieten V lassen sich als Volumenintegrale mit $\varphi = 1$ als Integranden bestimmen. Berechnen Sie so das Volumen eines Zylinders der Höhe h und des Durchmessers $2R$. (Benutzen Sie kartesische und zylindrische Koordinaten.)

2. Man bestimme nach dieser Methode das Volumen einer Kugel vom Radius R. (Man verwende verschiedene Koordinatensysteme.)

3. Die Ladungsverteilung eines Atomkerns sei näherungsweise durch $\rho(r) = \frac{aR^6}{r^6 + R^6}$ zu beschreiben. R ist als Radius des Kerns zu interpretieren. Skizzieren Sie $\rho(r)$. Wie groß ist die gesamte Ladung des Kerns?

4. Das Dipolmoment einer Ladungsverteilung $\rho(\vec{r})$ wird durch das vektorielle Volumen-integral $\vec{p} = \int \vec{r}\rho(\vec{r})\mathrm{d}V(\vec{r})$ definiert. Man berechne die Komponenten $\int x_i\rho\mathrm{d}V$ des Dipolmomentes einer gleichmäßig geladenen Kugel vom Radius R.

5. Können Sie in Aufgabe 4 die Überlegungen zur δ-Funktion und deren Eigenschaften aus Abschn. 5.6 so verallgemeinern, dass Sie das Dipolmoment zweier Punktladungen e im Abstand d als $|\vec{p}| = e\,d$ verifizieren?

6. Das Trägheitsmoment einer Massenverteilung mit der Dichte $\rho(\vec{r})$ ist der Tensor $\Theta_{ij} = \delta_{ij}q_{kk} - q_{ij}$. Dabei bedeutet q_{ij} das tensorielle Volumenintegral $q_{ij} = \int x_i x_j \rho(\vec{r})\mathrm{d}V(\vec{r})$. Bei q_{kk} ist die Summenkonvention wie üblich zu beachten. Wie groß sind die für Dreh-bewegungen des Körpers bestimmenden Komponenten des Tensors q_{ij}, falls der Körper a) quaderförmig oder b) kugelförmig ist? Die Massendichte sei als konstant angenom-men, $\rho(\vec{r}) = \rho_0$. Legen Sie das Koordinatensystem zweckmäßig; hängt das Ergebnis von seiner Wahl ab?

Abschließend eine leichte, wenn auch formale Aufgabe.

7. Berechnen Sie das Volumenintegral über a) das Vektorfeld $\vec{A} = (2xz, -x, y^2)$ sowie b) das zugehörige skalare Quellenfeld $\mathrm{div}\vec{A}$. Das Gebiet V habe die Oberflächen $x = 0$; $y = 6$; $y = 0$; $z = x^2$; $z = 4$. Zeichnen Sie V auf!

Die Integralsätze

7

Wir haben uns nun mit der Integrationsidee beschäftigt, ihrer physikalischen Motivation, den wichtigsten Rechenregeln sowie zuletzt mit den verschiedenen Integralen über Felder. Insbesondere Kurven-, Flächen- und Volumenintegrale werden für die Formulierung vieler Naturgesetze benötigt.

Dieses Kapitel soll nun der Untersuchung des engen Zusammenhangs zwischen den Vektorintegralen über Felder und der vektoriellen Ableitung, dem Nabla-Operator, dienen. Dieser Zusammenhang trägt nicht nur zur Interpretation bei, sondern wird uns eine oft sehr nützliche Umformung der verschiedenen Integrale ineinander ermöglichen. Das geschieht mittels der berühmten Integralsätze von Gauß und Stokes. Insbesondere werden wir mittels des Gaußschen Satzes eine Verallgemeinerung der partiellen Integration auf Vektorintegrale vornehmen können, die von größter praktischer Bedeutung ist.

7.1 Die Darstellung des Nabla-Operators durch den Limes von Flächenintegralen

Wir haben gelernt, den Fluss eines Vektorfeldes $\vec{A}(\vec{r})$ durch eine Fläche als Flächenintegral darzustellen, s. Abschn. 6.3. Wir hatten schon vorher gelernt – Abschn. 4.4.3 – den Fluss durch eine *geschlossene* Fläche mit der Quellstärke des Feldes zu verknüpfen, mit seiner Divergenz. Dieser Zusammenhang soll jetzt vertieft werden.

Die Divergenz ist allerdings nur *eine* Form der Wirksamkeit des Nabla-Operators. Man kann auch die anderen vektoriellen Formen (neben div noch grad, rot) mit dem Fluss, d. h. dem Oberflächenintegral, verknüpfen (s. etwas später).

S. Großmann, *Mathematischer Einführungskurs für die Physik*,
DOI 10.1007/978-3-8348-8347-6_7,
© Vieweg+Teubner Verlag | Springer Fachmedien Wiesbaden 2012

Abb. 7.1 Fluss eines Vektorfeldes durch die
Oberfläche ΔF einer Umgebung ΔV eines
herausgegriffenen Punktes $\vec{r}$

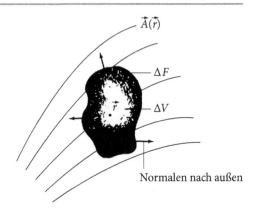

Normalen nach außen

7.1.1 Integraldarstellung von div

Ausgehend von der in Abschn. 4.4.3 gewonnenen Erkenntnis, dass der Gesamtfluss durch
die Oberfläche eines kleinen Quaders $\Delta x \Delta y \Delta z$ an der Stelle (x, y, z) im Definitionsbereich
eines Strömungsfeldes $\vec{j}(\vec{r})$ näherungsweise $\Delta x \Delta y \Delta z \,\mathrm{div}\vec{j}(\vec{r})$ ist, überlegen wir jetzt allgemeiner und genauer so:

Gegeben sei ein Vektorfeld $\vec{A}(\vec{r})$. Es interessiere uns das Verhalten von $\vec{A}$ an einer speziellen Stelle $\vec{r}$, beliebig, aber dann festgehalten. Wir legen um $\vec{r}$ herum ein „kleines“ Volumen
ΔV mit der (geschlossenen!) Oberfläche ΔF. Es ist also $\vec{r} \in \Delta V$ sowie $\vec{A}$ in ganz ΔV definiert, s. Abb. 7.1. ΔV ist sonst beliebig, nur soll ΔF glatt sein, damit das Oberflächenintegral
bildbar ist.

Betrachten wir nun

$$\frac{1}{\Delta V} \oint_{\Delta F} \vec{A} \cdot \overrightarrow{\mathrm{d}f},$$

den Fluss von $\vec{A}$ durch die Oberfläche, pro Volumen.

Falls(!) ΔV speziell als Quader gewählt sein sollte (wie in Abb. 4.9), kennen wir das
Ergebnis schon aus Abschn. 4.4.3. Wir rechnen noch einmal gemäß den Regeln über Flächenintegrale:

$$\oint_{\Delta F} \vec{A} \cdot \overrightarrow{\mathrm{d}f} = \underbrace{\int A_1(x + \Delta x, y', z')\mathrm{d}y'\mathrm{d}z'}_{\text{„rechte Seite“}} + \underbrace{\int (-A_1(x, y'z'))\mathrm{d}y'\mathrm{d}z'}_{\text{„linke Seite“}}$$

$$+ \text{ Integrale über die anderen Seitenflächen.}$$

Dabei ist die Normalenrichtung verabredungsgemäß stets aus ΔV heraus gerichtet. Sofern nun $\vec{A}$ stetig differenzierbar ist, kann man $A_1(x + \Delta x, y', z') = A_1(x, y', z') +$
$\frac{\partial A_1}{\partial x}(\tilde{x}, y', z')\Delta x$ mit geeignetem Zwischenwert $\tilde{x} \in (x, x + \Delta x)$ schreiben sowie den Mittelwertsatz der Integralrechnung anwenden. Man erhält

$$\Delta x \int_{\Delta y \Delta x} \frac{\partial A_1}{\partial x}(\tilde{x}, y', z')\mathrm{d}y'\mathrm{d}z' = \frac{\partial A_1}{\partial x}(\tilde{x}, \tilde{y}, \tilde{z})\Delta x \Delta y \Delta z \,.$$

Es folgt (immer noch in diesem Spezialfall)

$$\frac{1}{\Delta V} \oint_{\Delta F} \vec{A} \cdot \vec{df} = \frac{\partial A_1}{\partial x}(\tilde{x}, \tilde{y}, \tilde{z}) + \frac{\partial A_2}{\partial y}(\hat{x}, \hat{y}, \hat{z}) + \frac{\partial A_3}{\partial z}(\check{x}, \check{y}, \check{z}) \, .$$

Wenn man nun immer kleinere Quader betrachtet, also schließlich den Limes $\Delta x \to 0$, $\Delta y \to 0$, $\Delta z \to 0$, müssen alle Zwischenwerte $\tilde{r}, \hat{r}, \check{r}$ gegen $\vec{r}$ streben, dem einzigen Punkt *in* der Volumenschachtelung.

Wir erhalten (Normalen nach *außen*)

$$\lim_{\Delta V \to 0} \frac{1}{\Delta V} \oint_{\Delta F} \vec{A} \cdot \vec{df} = \operatorname{div} \vec{A} \, . \tag{7.1}$$

Es leuchtet wohl ein, dass die *Form* der Volumina in der Folge $\Delta V \to 0$ bei den verwendeten Schlüssen nicht so wichtig sein sollte. Wesentlich allein ist, dass man die Mittelwertsätze anwenden kann. Deshalb können wir sagen:

Sofern der Limes $\Delta V \to 0$ für *jede* Folge von sich auf $\vec{r} \in \Delta V$ zusammenziehenden Volumina mit glatter Oberfläche existiert und jeweils gleich ist, *definieren* wir diesen Limes als „div $\vec{A}$", auch wenn $\vec{A}$ nicht differenzierbar sein sollte. Wenn $\vec{A}$ jedoch stetig differenzierbar *ist,* gilt darüber hinaus unsere früher als Definition verwendete Formel

$$\lim_{\Delta \to 0} \frac{1}{\Delta V} \oint_{\Delta F} \vec{A} \cdot \vec{df} \equiv \operatorname{div} \vec{A} = \frac{\partial A_1}{\partial x} + \frac{\partial A_2}{\partial y} + \frac{\partial A_3}{\partial z} \, . \tag{7.2}$$

Denn dann *kann* man ja Quader *wählen* und beweist diese Tatsache durch die eben durchgeführte Rechnung.

Es versteht sich wohl von selbst, dass mit dem Symbol $\Delta V \to 0$ stets auch gemeint ist, dass auch der maximale Durchmesser der ΔV gegen null geht.

Wer sich über den Nutzen der allgemeineren div-Definition (7.1) für die Physik weitere Gedanken machen möchte, sei verwiesen auf Müller (1969).[1] Hier genüge das Folgende.

Die Darstellung der Divergenz gemäß (7.1) vermeidet die explizite Benutzung der kartesischen Koordinaten, die in der älteren, engeren Formel (7.2) ja vorkommen. Da wir schon wissen, wie bedeutsam eventuell andere, krummlinige Koordinaten sind, müssen wir uns darüber Gedanken machen, wie div $\vec{A}$ in diesen aussieht. Gleichung (7.1) bietet einen bequemen Ansatz: Man berechnet das Flächenintegral sogleich in den gewünschten Koordinaten!

Ein weiterer großer Nutzen liegt darin, dass (7.1) bereits den Kern des Gaußschen Integralsatzes enthält. Wir werden diesen in Abschn. 7.2.1 aus der Integraldarstellung der Divergenz herleiten.

---

[1] Müller, C.: Foundations of the Mathematical Theory of Electromagnetic Waves. Berlin-Heidelberg-New York 1969

7.1.2 Integraldarstellung von $\vec\nabla$ allgemein

Die Quellstärke eines Vekorfeldes $\vec A$, also $\operatorname{div}\vec A$, ist hinsichtlich des *Vektor*charakters des Nabla-Operators $\vec\nabla = (\partial_1, \partial_2, \partial_3)$ nur *eine* interessierende Bildung partieller Ableitungen. Um auch für grad und rot eine zu div aus (7.1) analoge Darstellung durch einen Limes von Flächenintegralen zu finden, benutzen wir unseren früheren Trick.

Sei $\vec A$ das spezieller gestaltete Vektorfeld $\vec A = \vec a\varphi(\vec r)$ mit beliebigem, aber räumlich konstantem Vektor $\vec a$ und beliebigem Skalarfeld $\varphi(\vec r)$. Dann kann $\vec a$ in (7.1) vor das Integral und den Limes gezogen werden. Es folgt

$$\lim_{\Delta V \to 0} \frac{1}{\Delta V} \oint_{\Delta F} \varphi \overrightarrow{\mathrm df} = \operatorname{grad}\varphi \, . \tag{7.3}$$

Auch dies ist für stetig differenzierbare Felder $\varphi(\vec r)$ unser früheres Ergebnis, $(\operatorname{grad}\varphi)_i = \partial\varphi/\partial x_i$, anderenfalls als Definition aufzufassen.

Komponentenweise gilt (7.3) nur in einem ortsunabhängigen Koordinatensystem, also in kartesischen Orthogonalsystemen. Um nämlich die i-Komponente von $\operatorname{grad}\varphi$ zu bestimmen, hätte man mit $\vec e_i$ zu multiplizieren. Falls nun $\vec e_i$ von Ort zu Ort anders wäre, müsste man $\vec e_i(\vec r)$ an *der* Stelle $\vec r$ nehmen, an der $\operatorname{grad}_i\varphi$ bestimmt werden soll. Auf der linken Seite von (7.3) ist dann aber $\vec e_i(\vec r) \cdot \overrightarrow{\mathrm df}(\vec r\,')$ *nicht* gleich der i-Komponente des lokalen Flächenelementes $\overrightarrow{\mathrm df}(\vec r\,')$; beim Integrieren ändert sich außerdem $\vec r\,'$. Für die Berechnung der Komponenten von $\operatorname{grad}\varphi$ in krummlinigen Koordinaten (s. Kap. 8) ist folglich (7.3) nicht so zweckmäßig.

Um die Wirbel zu finden, verwenden wir das Feld $\vec a \times \vec A(\vec r)$ mit beliebigem, konstantem $\vec a$. Falls $\vec A$ stetig differenzierbar ist, also die alten $\vec\nabla$-Regeln aus Abschn. 4.6.2 gelten, ist $\operatorname{div}(\vec a \times \vec A) = \vec\nabla\cdot(\vec a \times \vec A) = -\vec\nabla\cdot(\vec A \times \vec a) = -(\vec\nabla \times \vec A)\cdot\vec a$. Analog $\oint(\vec a \times \vec A)\cdot\overrightarrow{\mathrm df} = \vec a \cdot \oint \vec A \times \overrightarrow{\mathrm df}$. Da $\vec a$ *beliebig* (jedoch konstant), schließen wir

$$\lim_{\Delta V \to 0} \frac{1}{\Delta V} \oint_{\Delta F} \overrightarrow{\mathrm df} \times \vec A = \operatorname{rot}\vec A \, . \tag{7.4}$$

Komponentenweise gilt auch (7.4) nur im ortsunabhängigen (also im kartesischen) Koordinatensystem. Die Formel entstand nämlich durch „Kürzen" eines konstanten Vektors $\vec a$ und auch die $\vec e_x, \vec e_y, \vec e_z$ wären konstant. Das zu (7.3) Gesagte gilt analog.

Wir fassen die Ergebnisse in einer gemeinsamen Formel zusammen:
Integral-Definition des Nabla-Operators:

$$\vec\nabla \circ \ldots = \lim_{\Delta V \to 0} \frac{1}{\Delta V} \oint_{\Delta F} \overrightarrow{\mathrm df} \circ \ldots \, , \tag{7.5}$$

wobei $\circ\ldots$ bedeutet $\cdot\vec A$, φ bzw. $\times\vec A$. Dadurch werden div, grad und rot definiert. In Anwendung auf stetig differenzierbare Felder stimmt (7.5) mit der früheren Definition überein. (Normalenrichtung stets aus ΔV *heraus*.) In kartesischen Koordinaten kann man (7.5) auch komponentenweise lesen.

Noch einmal sei angemerkt: Bei der Anwendung auf krummlinige Koordinaten (siehe Kap. 8) ist (7.5) nur in der skalaren Form (7.1), also für $\circ \ldots = \cdot \vec{A}$, von besonderem Nutzen. Genau dann tritt das i. Allg. ortsabhängige lokale Koordinatendreibein $\vec{e}_u, \vec{e}_v, \vec{e}_w$ nicht explizit im Flächenintegral in Erscheinung. Natürlich sind (7.3) und (7.4) auch in krummlinigen Koordinatensystemen gültig, jedoch nur schwer auszuwerten. Deshalb leitet man sich Darstellungen von grad φ bzw. von rot $\vec{A}$ in allgemeinen, krummlinigen Koordinaten besser aus anderen, nämlich skalaren Bildungen her, s. Abschn. 8.2.1. Insofern spielt die Integraldarstellung (7.1) gerade für die Divergenz eine Sonderrolle.

7.2 Der Gaußsche Satz

Wir können jetzt einen für Physiker wegen seiner besonderen Wichtigkeit fundamentalen Satz herleiten und anwenden.

7.2.1 Herleitung und Formulierung

Die Integraldarstellung (7.1) der Divergenzoperation div sagt aus, dass *vor* der Ausführung des Grenzwertes, also für ein kleines, aber endlich großes Volumen ΔV um einen Aufpunkt $\vec{r}$ gilt

$$\oint_{\Delta F} \vec{A} \cdot \vec{r} = \Delta V \operatorname{div} \vec{A}(\vec{r}) + \Delta V 0(\Delta V) \,. \tag{7.6}$$

Dabei strebt $0(\Delta V) \to 0$, falls $\Delta V \to 0$, ist also ein kleiner Rest.

Wir legen nun ein weiteres, ebenfalls kleines Teilvolumen ΔV_2 um einen benachbarten Aufpunkt $\vec{r}_2$. Seine Oberfläche ΔF_2 falle teilweise mit ΔF zusammen. Für Quader (die wir als bequeme, aber zulässige Form der Volumina in (7.1) wählten) verdeutlicht das Abb. 7.2.

Auch für das zweite Volumen gilt eine (7.6) entsprechende Gleichung. Wir addieren beide

$$\oint_{\Delta F_1} \vec{A} \cdot \overrightarrow{df} + \oint_{\Delta F_2} \vec{A} \cdot \overrightarrow{df} = \Delta V_1 \operatorname{div} \vec{A}(\vec{r}_1) + \Delta V_2 \operatorname{div} \vec{A}(\vec{r}_2) + \text{kleiner Rest.}$$

Dabei wurde zur einheitlicheren Bezeichnung der Index 1 für den Beitrag des ursprünglichen Teilvolumens ΔV benutzt. ΔF_1 heißt also, diese Fläche umfasst den Aufpunkt $\vec{r}_1$.

Über die *gemeinsame* Seitenfläche F_g (in Abb. 7.2 schraffiert) wird in *beiden* Oberflächenintegralen integriert. Ein wichtiger Unterschied allerdings besteht: Da die Normale stets aus ΔV *heraus* zeigt, ist die Flächennormale von F_g als Teil von ΔF_1 genau entgegengesetzt zur Normale von F_g, aufgefasst als Teil von ΔF_2. Deshalb ist $\vec{A} \cdot \vec{n}_1 = -\vec{A} \cdot \vec{n}_2$ auf F_g, sodass sich der Beitrag von F_g aus dem ersten Integral mit demjenigen aus dem zweiten genau kompensiert!

Wenn aber die gemeinsame Trennfläche keinen Beitrag zur linken Seite der Gleichung liefert, bleibt allein das Integral über die einhüllende Oberfläche des vereinigten Gebietes

Abb. 7.2 Zwei Quader ΔV_1, ΔV_2, im Vektorfeld $\vec{A}(\vec{r})$ um zwei Aufpunkte $\vec{r}_1 \in \Delta V_1$, $\vec{r}_2 \in \Delta V_2$ mit gemeinsamer Seitenfläche F_g

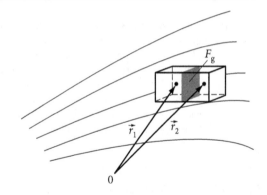

$\Delta V_1 \cup \Delta V_2$ übrig. Wir bezeichnen sie mit ΔF_{1+2}.

$$\oint_{\Delta F_{1+2}} \vec{A} \cdot \overrightarrow{\mathrm{d}f} = \mathrm{div}\,\vec{A}(\vec{r}_1)\Delta V_1 + \mathrm{div}\,\vec{A}(\vec{r}_2)\Delta V_2 + \text{kleiner Rest}\,.$$

Dieses Spiel können wir nun fortsetzen und vorn, oben usw. immer mehr Quader ΔV_i um Aufpunkte $\vec{r}_i$ anfügen. Stets fallen die Trennflächen bei der Oberflächenintegration heraus und es verbleibt die Oberflächenintegration über die einhüllende Oberfläche $F_{1+2+\dots+n}$ der Vereinigung $\bigcup_i \Delta V_i$ aller Teilvolumina.

Auf diese Weise kann man offenbar ein *vorgegebenes* großes Volumen V mit der Oberfläche F_V mit Quadern ausschöpfen (sofern V ganz zum Definitionsbereich des Feldes gehört). Im Allgemeinen bleiben am Rand eines beliebig geformten V kleine Restbereiche frei, d. h. $F_{1+2+\dots+n}$ stimmt nicht völlig mit F_V überein. In

$$\oint_{F_V} \vec{A} \cdot \overrightarrow{\mathrm{d}f} = \sum_{i=1}^{n} \mathrm{div}\,\vec{A}(\vec{r}_i)\Delta V_i + \text{kleiner Rest}$$

soll der „Rest" den kleinen Fehler mit erfassen, der durch den Ersatz von $F_{1+2+\dots+n}$ durch F_V entsteht – neben dem aus (7.6) verursachten.

Unsere Konstruktion hat offenbar in V eine Zerlegung in Teilvolumina erzeugt, wie wir sie aus Abschn. 6.4.1 zur Berechnung von Volumenintegralen kennen. Verfeinern wir sie, ändert sich auf der linken Seite nichts, da hier die Trennflächen ja nicht mehr vorkommen. Auf der rechten Seite wird der „Rest" immer kleiner, denn $F_{1+\dots+n} \rightarrow F_V$ und $|\sum_i \Delta V_i 0(\Delta V_i)| \leq (\sum_i \Delta V_i)|\max_i 0(\Delta V_i)| \rightarrow 0$. Die div-Summe aber ist augenscheinlich eine typische Riemannsumme, strebt also gegen ein Integral, und zwar das Volumenintegral mit dem Integranden $\varphi(\vec{r}) \equiv \mathrm{div}\,\vec{A}(\vec{r})$.

Damit haben wir konstruktiv folgendes Ergebnis bewiesen:

▸ **Gaußscher Satz**   Gegeben sei ein Vektorfeld $\vec{A}(\vec{r})$, darin ein Volumen V mit einer (geschlossenen) Oberfläche F_V, deren Normale nach außen gerichtet sei. Dann gilt folgender Zusammenhang zwischen Oberflächen- und Volumenintegral

$$\oint_{F_V} \vec{A} \cdot \vec{df} = \int_V \operatorname{div} \vec{A}\, dV. \tag{7.7}$$

Dadurch werden die Eigenschaften des Feldes $\vec{A}$ *im Inneren* eines Volumens – insbesondere seine Quellen – mit denen auf der *Oberfläche* – insbesondere dem Fluss – verknüpft. Die physikalische Bedeutung dieses Sachverhaltes ist wohl evident. Doch spielt dieser Gaußsche Satz (7.7) auch mathematisch und für praktische Rechnungen eine bedeutende Rolle.

Heute bezeichnet man (7.7) oft als Satz von Gauß-Ostrogradski, da er von beiden unabhängig voneinander gefunden worden ist.

7.2.2   Beispiele und Erläuterungen

Wegen der Wichtigkeit des Satzes sollen die zwecks besserer Einprägsamkeit zunächst aus der Formulierung weggelassenen Voraussetzungen am Ende dieses Abschnitts nachgeholt werden. Vorher mögen Beispiele den Nutzen des Gaußschen Satzes verdeutlichen

1. Wie groß ist das Oberflächenintegral über eine Würfel-, eine Kugel- o. ä. Oberfläche im Feld $\vec{A}(\vec{r}) = \vec{r}$?

$$\oint_F \vec{r} \cdot \vec{df} = \int_V (\operatorname{div}\vec{r})\,dV = \int_V 3\,dV = 3V$$

   Die *Form* des Gebietes geht gar nicht mehr ein, nur $\int dV = V$, der Rauminhalt.
2. Leicht ist auch der Wirbelfluss durch eine geschlossene Fläche zu berechnen.

$$\oint_F (\operatorname{rot}\vec{A}) \cdot \vec{df} = \int_V \operatorname{div}\operatorname{rot}\vec{A}\,dV = \int_V 0\,dV = 0$$

   Da der Gesamtfluss eines Wirbelfeldes durch eine geschlossene Oberfläche 0 ist, müssen Wirbel also entweder ganz in V verlaufen oder es gehen an einigen Stellen so viele hinein wie an anderen herauskommen.
3. Die globale Quellstärke eines Feldes $\vec{A}$, das auf dem Rande F_V des interessierenden Gebietes V verschwindet, muss null sein. Denn

$$\int_V \operatorname{div}\vec{A}\,dV = \oint_{F_V} \vec{A} \cdot \vec{df} = \oint_{F_V} \vec{0} \cdot \vec{df} = 0, \quad \text{da } \vec{A}(F) = 0 \text{ vorausgesetzt}.$$

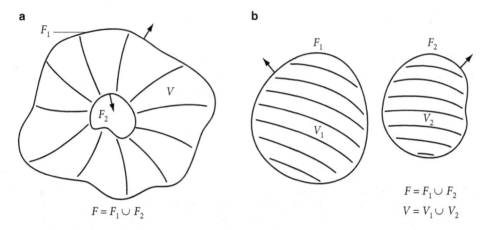

Abb. 7.3 Beispiele von Gebieten, bei denen das Oberflächenintegral und eventuell auch das Volumenintegral im Gaußschen Satz aus Stücken besteht

4. **Merke:** Die Oberfläche F kann je nach Art des Gebietes V eventuell aus mehrfach zusammenhängenden oder aus mehreren, nicht zusammenhängenden Teilen bestehen. Beispiele zeigt Abb. 7.3. Denn evidenterweise kann man in der durchgeführten seifenschaumähnlichen Ausfüllung eines Gebietes V mit kleinen Zellen ΔV_i auch solche, nicht einfach zusammenhängenden Gebiete G erfassen. G darf auch Löcher enthalten.

5. Eine genauere mathematische Formulierung der Voraussetzungen für die Gültigkeit des Gaußschen Satzes hat festzustellen:[2]

   (a) V soll ein *reguläres Gebiet* sein.

   (b) F_V, die Oberfläche, soll *regulär* sein.

   (c) $\vec{A}(\vec{r})$ soll *stetig* in V sowie *stetig differenzierbar* in jedem regulären Teilbereich sein, der ganz in V liegt. Dann kann div $\vec{A}$ als $\partial_i A_i$ verstanden werden.

   Dabei heißt ein Gebiet „regulär", wenn es endlich und abgeschlossen (im $\mathbb{R}^3$) ist sowie von höchstens endlich vielen geschlossenen regulären Oberflächen umrandet wird.

   Eine Oberfläche heißt „regulär", wenn sie aus höchstens endlich vielen regulären Flächenstücken in glatter Weise (d. h. mit glatter Randkurve) zusammengesetzt ist.

   Ein Flächenstück heißt „regulär", wenn für mindestens ein kartesisches Koordinatensystem eine Darstellung $x_3 = f(x_1, x_2)$ mit stetig differenzierbarer Funktion f existiert. Wir nennen reguläre Gebiete mit regulärer Oberfläche kurz „glatt".

6. Unendlich ausgedehnte Gebiete kann man im Gaußschen Satz zulassen, indem man die Integrale wie üblich als uneigentlich versteht, d. h. V als Limes glatter, endlicher Gebiete darstellt.

---

[2] Hingewiesen sei auf das gegen Ende von Abschn. 7.1.1 erwähnte Buch von C. Müller (1969), sowie Kellog, O. D.: Foundations of Potenzial Theory, 1929.

7.2.3   Allgemeine Form des Gaußschen Satzes

In Abschn. 7.1.2 hatten wir uns überlegt, dass nicht nur für die Divergenz, sondern für den Nabla-Operator allgemein eine Darstellung als Flächenintegrallimes gilt, zusammengefasst in (7.5). Daher kann man die Formel (7.7) für den Gaußschen Satz entsprechend umformulieren. Die spezielle Form $\vec{A} = \vec{a}\varphi(\vec{r})$ mit konstantem $\vec{a}$ (siehe Abschnitt 7.1.2) führt auf die vektorielle Gleichung

$$\oint_{F_V} \varphi \,\vec{\mathrm{d}f} = \int_V \mathrm{grad}\,\varphi \,\mathrm{d}V \,. \tag{7.8}$$

Dies ist der *Gaußsche Satz für skalare Felder.*

Setzen wir in (7.7) das Feld $\vec{a} \times \vec{A}(\vec{r})$ ein, so können die Integranden wie vor (7.4) umgeformt werden. Die Koeffizienten vor dem beliebigen Vektor $\vec{a}$ müssen wieder gleich sein, sodass wir erhalten:

$$\oint_{F_V} \vec{\mathrm{d}f} \times \vec{A} = \int_V \mathrm{rot}\,\vec{A}\,\mathrm{d}V \,. \tag{7.9}$$

Die drei Formen, in denen uns der Gaußsche Satz entgegentritt, lassen sich symbolisch so zusammenfassen (und merken!):

$$\oint_{F_V} \vec{\mathrm{d}f} \circ \ldots = \int_V \mathrm{d}V \vec{\nabla} \circ \ldots \tag{7.10}$$

Das Zeichen $\circ \ldots$ bedeutet wieder $\cdot\vec{A}$, φ oder $\times\vec{A}$. *Komponentenweise* lesen darf man (7.10) in ortsunabhängigen (in kartesischen) Koordinatensystemen. Im speziellen Fall $\circ \ldots = \cdot\vec{A}$ (also (7.7)) ist wegen der Unabhängigkeit der Integranden von den Koordinatenrichtungen $\vec{e}_\alpha$ die Übertragung in krummlinige Koordinatensysteme leicht möglich.

Sehr übersichtlich und bequem zu behalten ist die *Formulierung des Gaußschen Satzes in kartesischen Komponenten*

$$\boxed{\oint_{F_V} \mathrm{d}f_i \ldots = \int_V \mathrm{d}V \partial_i \ldots} \tag{7.11a}$$

$i = 1, 2, 3$ und im D-dimensionalen Raum $i = 1, 2, \ldots, D$. Anwenden kann man diese symbolische Gleichung auf A_i (Summenkonvention beachten!) und bekommt die ursprüngliche Form (7.7); auch auf φ und bekommt die Vektorgleichung (7.8) sowie auf $\epsilon_{ijk}A_j$ und findet die k-Komponente der Vektorgleichung (7.9) wieder.

Die Essenz des Gaußschen Integralsatzes ist aus (7.11) besonders deutlich zu erkennen: Ein (geschlossenes) Oberflächenintegral wird mit dem Volumenintegral über die Ableitung des Feldes verknüpft:

$$\boxed{\mathrm{d}f_i \,\hat{=}\, \mathrm{d}V \partial_i \,.} \tag{7.11b}$$

7.2.4   Der Gaußsche Satz in D Dimensionen

In der von der Symbolik div, grad, rot losgelösten Komponentenform (7.11) ist der Gaußsche Satz für beliebige Dimensionen D richtig. Er findet dann z. B. Anwendung bei ebenen
Problemen (also $D = 2$, s. u.) oder in der Relativitätstheorie ($D = 4$) usw.

Warum ist diese Behauptung richtig? Nun, auch wenn man für einen D-dimensionalen Quader das wohldefinierbare Integral

$$\lim_{\Delta V^{(D)} \to 0} \frac{1}{\Delta V^{(D)}} \oint_{\Delta F^{(D-1)}} df_i A_i$$

ausrechnet, kann man stets zwei gegenüberliegende Seiten-Hyperflächen zusammenfassen
und erhält $A_i(\ldots x_i + \Delta x_i \ldots) - A_i(\ldots x_i \ldots) = \frac{\partial A_i}{\partial x_i} \Delta x_i$ für jedes $i = 1, 2, \ldots, D$. Folglich gilt
(7.1), also (7.6) usw.

Was besagt der Gaußsche Satz etwa in $D = 2$ *Dimensionen,* also für Felder in der Ebene? Jetzt
ist $\vec{A} \triangleq (A_x, A_y)$. „Volumen“-Elemente im $\mathbb{R}^2$ sind offenbar *ebene* Gebiete, deren Größe
durch $dV \triangleq dx\,dy$ zu kennzeichnen ist. „Flächen“-Elemente sind folglich 1-dimensionale
Gebilde; sie haben die Größe eines Stückchens der Berandung, also des Kurvenstücks $|\vec{dr}|$,
und die Richtung senkrecht zur Randkurve, s. Abb. 7.4. Als Richtung $\vec{n}$ senkrecht zu $d\vec{r}$
finden wir aus

$$\vec{n} \cdot \vec{df} \equiv n_1 dx + n_2 dy = 0 \, ,$$

dass $\vec{n} \sim (dy, -dx)$. Da $|\vec{n}| = 1$ sein muss, ist $\vec{n} = (dy, -dx)/|\vec{dr}|$, also $\vec{df} = \vec{n}|\vec{dr}| = (dy, -dx)$. Leicht erkennt man auch, dass dieser Vektor *aus* dem Gebiet V zeigt, wenn man
die Randkurve C mathematisch positiv durchläuft.

Damit können wir als Gaußschen Satz im $\mathbb{R}^2$ hinschreiben:

$$\oint_C (A_x dy - A_y dx) = \int_G dx\,dy \left(\frac{\partial A_x}{\partial x} + \frac{\partial A_y}{\partial y} \right) . \tag{7.12}$$

Zwar ist der Sinn der linken Seite als Integral entlang einer Kurve C klar; eine etwas
andere Form als die uns aus Abschn. 6.2.2 vertraute hat der Integrand jedoch.

Um auf die bekannte Gestalt $\vec{A} \cdot \vec{dr}$ zu kommen, betrachten wir das dem Felde $\vec{A} = (A_x, A_y)$ zuzuordnende Feld $\vec{A}' := (A_y, -A_x)$. *Hierfür* lautet (7.12) unter Fortlassung des
Strichs

$$\oint_C (A_x dx + A_y dy) = \int_G dx\,dy \left(\frac{\partial A_y}{\partial x} - \frac{\partial A_x}{\partial y} \right) . \tag{7.13}$$

In der Ebene spielt der Gaußsche Satz sowohl in der Form (7.12) als auch (7.13) eine
Rolle. Während sich natürlich (7.12) völlig in (7.11) einordnet, wird (7.13) den Weg zu
einem weiteren fundamentalen Satz eröffnen.

Wir können nämlich die linke Seite als gewöhnliches, räumliches Kurvenintegral $\oint_C \vec{A} \cdot dr$ lesen, sofern entweder $A_3 \equiv 0$ ist oder die Kurve in der 1-2-Ebene liegt und daher $dz = 0$.

Abb. 7.4 Zur Interpretation des Gaußschen Satzes in zwei Dimensionen

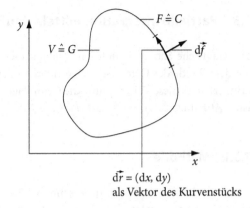

$$\vec{\mathrm{d}r} = (\mathrm{d}x, \mathrm{d}y)$$
als Vektor des Kurvenstücks

Der rechte Integrand ist aber gerade die 3-Komponente von rot $\vec{A}$, also $\vec{e}_3 \cdot \mathrm{rot}\, \vec{A}$. Beachtet man noch, dass $\mathrm{d}x\mathrm{d}y\vec{e}_3$ als gerichtetes Flächenelement im $\mathbb{R}^3$ anzusehen ist, so kann man (7.13) als

$$\oint_C \vec{A} \cdot \vec{\mathrm{d}r} = \int_G \vec{\mathrm{d}f} \cdot \mathrm{rot}\vec{A} \tag{7.14}$$

lesen. Dies wird als Ausgang dienen, um den Stokesschen Satz zu verstehen, s. die Abschn. 7.5 und 7.6.

In $D = 1$ *Dimension* gibt uns der Gaußsche Satz leider nichts Neues, sondern ist uns längst wohlbekannt. Hier ist $\vec{A}$ einkomponentig, also $\vec{A} \triangleq f(x)$. Ferner ist das Volumen V jetzt 1-dimensional, also $\mathrm{d}V \triangleq \mathrm{d}x$, $V \triangleq (a, b)$, ein Intervall. Die Randfläche F_V ist 0-dimensional, besteht also aus den Punkten a und b. Formel (7.11) liefert uns damit einen alten Bekannten:

$$\int_a^b \mathrm{d}x \frac{\mathrm{d}f}{\mathrm{d}x} = f(b) - f(a) \, .$$

In $D = 4$ *Dimensionen* ist $\mathrm{d}V = \mathrm{d}^4 r = \mathrm{d}x_1 \mathrm{d}x_2 \mathrm{d}x_3 \mathrm{d}x_4$ und $\vec{\mathrm{d}f}$ ist 3-dimensional. Letzteres heißt, $\vec{\mathrm{d}f}$ ist ein Vektor mit vier Komponenten $\mathrm{d}f_i$, $i = 1, 2, 3, 4$, deren Größe die Dimension eines Volumens hat.

$$\mathrm{d}^4 V \frac{\partial}{\partial x_i} \triangleq \mathrm{d}^3 f_i \, .$$

Anwendungen gibt es z. B. in der Relativitätstheorie.

In diesem verallgemeinerten Sinn bleibt der letzte Satz aus Abschn. 7.1.2 richtig: Der Gaußsche Satz *verknüpft* ein D-dimensionales Volumenintegral über die Ableitung eines Feldes mit einem $(D-1)$-dimensionalen Hyperflächenintegral über den Rand des Gebiets. Eine Zusammenstellung der Integralsätze in $D = 4$ Dimensionen erfolgt in Abschn. 7.8.

7.3   Partielle Integration mittels Gaußschem Satz

Der Gaußsche Satz verknüpft das Integral über die Ableitung eines Feldes mit dem Feld auf dem Rande des Gebietes. Insbesondere in der 1-dimensionalen Form wird man daran erinnert, dass diese Verknüpfung die Grundlage für die Methode der partiellen Integration ist, s. Abschn. 5.3.2, speziell (5.21) und (5.23).

7.3.1   Methode

Genau nach dem Verfahren in Abschn. 5.3.2 kann man die Methode der partiellen Integration auf Volumenintegrale übertragen. Sie lässt sich anwenden, wenn der Integrand ein *Produkt* aus einem Feld mit der Ableitung eines anderen Feldes ist.

Sei etwa $\int_V \psi(\vec{r})\operatorname{grad}\varphi(\vec{r})\mathrm{d}V$ zu bestimmen. Der Integrand hat die genannte Form. Es ist

$$\psi\operatorname{grad}\varphi = \operatorname{grad}(\psi\varphi) - \varphi\operatorname{grad}\psi .$$

So entstehen zwei Volumenintegrale. Beim ersten liegen aber die Voraussetzungen des Gaußschen Satzes – speziell in der Form (7.8) – vor. Folglich

$$\int_V \psi\operatorname{grad}\varphi\,\mathrm{d}V = \oint_{F_V} \psi\varphi\,\overrightarrow{\mathrm{d}f} - \int_V \varphi\operatorname{grad}\psi\,\mathrm{d}V . \tag{7.15}$$

Dies ist offensichtlich das Analogon zu (5.23). Man hat die Ableitung von einem Feld auf das andere „übergewälzt" sowie zusätzlich Randterme des Produktfeldes erhalten. Da auch diese noch die Form eines (Flächen-)Integrals haben, ist der Name „partielle", d. h. „teilweise" Integration übertrieben. Doch erinnert er daran, dass (7.15) bei Reduktion auf 1-dimensionale Gebiete V (also Intervalle) identisch ist mit der früheren, wirklich teilweisen Integration in Abschn. 5.3.2.

Oft kann man physikalisch die Oberfläche F_V des Gebietes V so wählen, dass wenigstens ein Faktor-Feld auf F_V null ist. Unter *diesen Umständen* gilt

$$\int \mathrm{d}V\,\psi\operatorname{grad}\varphi = - \int \mathrm{d}V\,\varphi\operatorname{grad}\psi . \tag{7.16}$$

In dieser Form wird die partielle Integration besonders oft verwendet. Man prüfe aber stets sorgfältig, ob die Randterme beitragen oder nicht!

7.3.2   Beispiele

Mit dem Gebrauch der Methode der partiellen Integration macht man sich am besten durch Übung und Beispiel vertraut. Im Grunde ist nichts weiter zu beachten als die Vektorrechenregeln des Nabla-Operators in Verbindung mit dem Gaußschen Satz in einer seiner Formen (7.7) bis (7.9)

1. Nach demselben Prinzip wie vor (7.15) findet man

$$\int_V \varphi \operatorname{div}\vec{A}\,dV = -\int_V \vec{A}\cdot\operatorname{grad}\varphi\,dV + \oint_{F_V} \varphi\vec{A}\cdot\vec{df}\,. \qquad (7.17)$$

Versuchen Sie, die zugehörige Nabla-Gleichung hinzuschreiben. Sie lautet $\varphi\vec{\nabla}\cdot\vec{A} = \vec{\nabla}\cdot(\varphi\vec{A}) - \vec{A}\cdot\vec{\nabla}\varphi$.

2. Falls $\vec{A}$ ein Gradientenfeld ist (unter welchen Umständen?), $\vec{A} = \operatorname{grad}\psi$, gilt mit $\operatorname{div}\operatorname{grad}\psi \equiv \Delta\psi$:

$$\int_V \varphi\Delta\psi\,dV = -\int_V \operatorname{grad}\varphi\cdot\operatorname{grad}\psi\,dV + \oint_{F_V} \varphi\operatorname{grad}\psi\cdot\vec{df}\,. \qquad (7.18)$$

Diese wohl evidente Formel heißt manchmal auch 2. Form des Greenschen Satzes.

3. Es soll $\int \vec{A}\times\operatorname{grad}\varphi\,dV$ partiell integriert werden. Wir formen um: $\vec{A}\times\vec{\nabla}\varphi = -(\vec{\nabla}\varphi)\times\vec{A} = -\vec{\nabla}\times(\varphi\vec{A}) + \varphi\vec{\nabla}\times\vec{A}$.

$$\int_V \vec{A}\times\operatorname{grad}\varphi\,dV = \int_V \varphi\operatorname{rot}\vec{A}\,dV + \oint_{F_V} \varphi\vec{A}\times\vec{df}\,. \quad \text{(Vorzeichen beachten!)} \qquad (7.19)$$

4. Um die nützliche Formel

$$\int_V \vec{B}\cdot\operatorname{rot}\vec{A}\,dV = \int_V \vec{A}\cdot\operatorname{rot}\vec{B}\,dV + \oint_{F_V} (\vec{A}\times\vec{B})\cdot\vec{df} \qquad (7.20)$$

zu verifizieren, rechnen wir so:

$$\boldsymbol{B}\cdot\operatorname{rot}\boldsymbol{A} = \boldsymbol{B}\cdot\nabla\times\boldsymbol{A} = (\nabla\times\boldsymbol{A})\cdot\boldsymbol{B} = \nabla\cdot\boldsymbol{A}\times\boldsymbol{B} = \nabla\cdot(\boldsymbol{A}\times\boldsymbol{B}) - \nabla\cdot\boldsymbol{A}\times\boldsymbol{B}$$

$$= \operatorname{div}(\boldsymbol{A}\times\boldsymbol{B}) + \nabla\cdot\boldsymbol{B}\times\boldsymbol{A} = \operatorname{div}(\boldsymbol{A}\times\boldsymbol{B}) + (\nabla\times\boldsymbol{B})\cdot\boldsymbol{A}$$

Ein weiteres Beispiel, das historisch früher gefunden wurde und oft angewendet wird, ist der sog. Greensche Satz oder die sog. 1. Form des Greenschen Satzes, der im folgenden Abschnitt angegeben wird. Manche Autoren bevorzugen die umgekehrte Numerierung der Greenschen Formeln. Im Grunde ist stets der Gaußsche Satz gemeint, in der einen oder anderen Spezialisierung.

7.3.3 Der Greensche Satz

Wir betrachten $\int[\varphi\Delta\psi - \psi\Delta\varphi]\,dV$ für zwei skalare Felder, wobei wie üblich $\Delta = \operatorname{div}\operatorname{grad}$ bedeutet. Partielle Integration *beider* Terme liefert

$$-\int_V [\vec{\nabla}\varphi\cdot\vec{\nabla}\psi - \vec{\nabla}\psi\cdot\vec{\nabla}\varphi]\,dV + \oint_{F_V} [\varphi\vec{\nabla}\psi - \psi\vec{\nabla}\varphi]\cdot\vec{df}\,.$$

Das Volumenintegral ist aber offenbar identisch zu null, weil $[\ldots] = 0$.

▶ **Greenscher Satz** Seien φ, ψ je zweimal stetig differenzierbare Felder, V ein reguläres Gebiet mit regulärem Rand F_V. Dann gilt

$$\int\limits_V [\varphi\Delta\psi - \psi\Delta\varphi]\mathrm{d}V = \oint\limits_{F_V} [\varphi\,\mathrm{grad}\,\psi - \psi\,\mathrm{grad}\,\varphi] \cdot \overrightarrow{\mathrm{d}f} . \tag{7.21}$$

Dieser Satz wurde von George GREEN veröffentlicht.[3] Heute erscheint uns dieser sog. *1. Greensche Satz* als ein gar nicht separat merkenswerter Spezialfall des Gaußschen Satzes, aber:

> „Der Satz ist in Art. 3 der Abhandlung (l. c.) in voller Allgemeinheit ausgesprochen und bewiesen, wobei natürlich nicht vektoriell, sondern kartesisch gerechnet wird. GREEN beweist seinen Satz durch partielle Integration. ... Der Gaußsche Satz war GREEN offenbar nicht bekannt."[4]

Nach diesem kleinen historischen Exkurs sei auch dem um physikalische Motivation bemühten Leser zum wiederholten Male Unterstützung gegeben. Sommerfeld sagt (l. c.):

> „Wir kommen jetzt zum ‚König' der vektoriellen Integralsätze, dem Satz von GREEN. Seine Anwendung in der mathematischen Physik ist unerschöpflich. In der Potenzialtheorie, für die er von GREEN erdacht worden ist, spielt er eine beherrschende Rolle; in der Hydrodynamik, Elektrodynamik, Optik ist er unentbehrlich. Aber auch in der reinen Mathematik ist er von größtem Nutzen. RIEMANN hat auf ihn (in 2-dimensionaler Spezialisierung) seine Theorie der komplexen Funktionen gegründet; auch in der Variationsrechnung, in der Theorie der Eigenfunktionen sowie Integralgleichungen begegnet man ihm auf Schritt und Tritt."

Es ist wohl klar, dass dieses Loblied auch dem Gaußschen Satz gilt.

7.4 Übungen zum Selbsttest: Gaußscher Satz

1. Berechnen Sie $\oint \vec{r} \times \overrightarrow{\mathrm{d}f}$ für einen Zylinder der Höhe h und des Durchmessers $2R_0$ und zwar einmal direkt und einmal mittels des Gaußschen Satzes.
2. Gegeben sei das Vektorfeld $\vec{A} = c\vec{r}^0$. Wie groß ist der Fluss durch die Oberfläche der Kugel vom Radius R_0 um den Koordinatenursprung?
   Zeichnen Sie das Feld. Wenn man es als elektrostatisches Feld versteht, kann man die zugehörigen Quellen, d. h. die Ladungsdichte, berechnen. Welche Gesamtladung ist in der Kugel?

---

[3] Green, George: Ein Versuch, die mathematische Analyse auf die Theorien der Elektrizität und des Magnetismus anzuwenden. Nottingham 1828 (Ostwalds Klassiker der exakten Wissenschaften, Nr. 61).

[4] Sommerfeld, A.: Vorlesungen über Theoretische Physik II, §3.

3. Eine elektrische Punktladung im Punkt $\vec{r} = 0$ erzeugt das skalare Potenzial $\varphi = e/r$ und die elektrische Feldstärke $\vec{E} = -\mathrm{grad}\,\varphi$. Man bestimme den Fluss des Feldes $\vec{E}$ durch eine Oberfläche, die a) die Ladung *nicht* enthält, bzw. b) die die Ladung umschließt. Wenden Sie den Gaußschen Satz kritisch an!

7.5 Die Darstellung des Nabla-Operators durch den Limes von Kurvenintegralen

Der mit Formel (7.14) liegengelassene Faden soll wieder aufgegriffen werden. Da die folgenden Überlegungen ähnlich zu denen in Abschn. 7.1ff sind, kann die Darstellung knapper sein. Das Ergebnis ist eine Verallgemeinerung von (7.14), nämlich der Stokessche Satz. Zwischenstation ist eine Integraldarstellung des Nabla-Operators als Limes von Kurvenintegralen.

7.5.1 Kurvenintegral-Darstellung von rot

Wir wissen schon, dass geschlossene Kurvenintegrale null sind, falls $\mathrm{rot}\,\vec{A} = 0$, s. Abschn. 6.2.5. Deshalb ist an (7.14) der Aspekt verständlich, dass $\oint \vec{A} \cdot \overrightarrow{\mathrm{d}r}$ ein Maß für $\mathrm{rot}\,\vec{A}$ ist. Das kommt noch klarer zum Ausdruck, wenn man G so klein wählt, dass $\mathrm{rot}\,\vec{A}$ für die $\vec{r} \in G$ praktisch konstant ist. Dann ist $\int \mathrm{rot}\,\vec{A} \cdot \overrightarrow{\mathrm{d}f} = \mathrm{rot}\,\vec{A} \cdot \overrightarrow{\Delta F} + $ Rest, wobei ΔF die Richtung von $\vec{e}_f$ hat und die Größe der Fläche von G. Der Rest ist $\mathrm{O}(\Delta F^2)$. Deshalb bilden wir den Limes $\Delta F \to 0$. Beachten wir noch, dass durch geeignete Drehung des Koordinatensystems $\vec{e}_f$ in jede gewünschte Richtung $\vec{n}$ gebracht werden kann, so gelangen wir zu folgender wichtiger Aussage:

$$\lim_{\Delta F \to 0} \frac{1}{\Delta F} \oint_{C_{\Delta F}} \vec{A} \cdot \overrightarrow{\mathrm{d}r} = \vec{n} \cdot \mathrm{rot}\,\vec{A} \equiv (\mathrm{rot}\,\vec{A})_{\vec{n}} \,. \tag{7.22}$$

Der Limes ist zu verstehen als unabhängig von der Folge der Flächen ΔF existierend, wenn diese nur eben und regulär sind, die Richtungsnormale $\vec{n}$ haben und ihr maximaler Durchmesser ebenfalls nach null strebt. $C_{\Delta F}$ ist die jeweilige glatte Randkurve von ΔF.

Gleichung (7.22) erlaubt folgende allgemeinere *Interpretation*: Gegeben sei ein Vektorfeld $\vec{A}$. Betrachtet werde ein Aufpunkt $\vec{r}$ im Definitionsbereich sowie eine Richtung $\vec{n}$ (Abb. 7.5). Dann legen wir um $\vec{r}$ in der Ebene senkrecht zu $\vec{n}$ glatte Kurven $C_{\Delta F}$, orientiert in Rechtsschraubung um $\vec{n}$, und bilden den Limes (7.22). Existiert er im beschriebenen Sinne, so *definieren* wir ihn als $(\mathrm{rot}\,\vec{A})_{\vec{n}}$ auch dann, wenn das Feld $\vec{A}$ womöglich gar nicht differenzierbar sein sollte. *Ist* $\vec{A}$ jedoch stetig differenzierbar, so gilt die frühere Formel

$$\lim_{\Delta F \to 0} \frac{1}{\Delta F} \oint_{C_{\Delta F}} \vec{A} \cdot \overrightarrow{\mathrm{d}f} \equiv \mathrm{rot}_1\,\vec{A} = \partial_2 A_3 - \partial_3 A_2 \,, \tag{7.23}$$

wobei $\vec{n}$ jetzt gerade als 1-Achse eines Rechtssystems gewählt worden ist.

Abb. 7.5 Berechnung der $\vec{n}$-Komponente der Rotation in einem Vektorfeld $\vec{A}(\vec{r})$

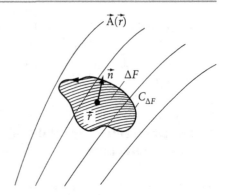

Abb. 7.6 Berechnung der Zirkulation für einen Rechteckweg um $\vec{r}$. Es ist $\Delta F = \Delta y \Delta z$

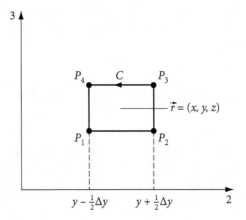

Die 3. Bemerkung nach (7.2) gilt sinngemäß.

Selbstverständlich kann man (7.23) auch direkt verifizieren, also ohne sich auf (7.14) zu beziehen. Wegen der Unabhängigkeit des Limes von der Kurvenform kann man speziell kleine Rechtecke wählen und – wie vor (7.1) – Taylorentwicklung und Mittelwertsatz benutzen, s. Abb. 7.6. Dann ist

$$\oint \vec{A} \cdot d\vec{r} = \int\limits_{P_1 P_2} A_y\left(x, y', z - \frac{1}{2}\Delta z\right) dy' - \int\limits_{P_3 P_4} A_y\left(x, y', z + \frac{1}{2}\Delta z\right) dy'$$

$$+ \int\limits_{P_2 P_3} A_z\left(x, y + \frac{1}{2}\Delta y, z'\right) dz' - \int\limits_{P_4 P_1} A_z\left(x, y - \frac{1}{2}\Delta y, z'\right) dz'$$

$$= -\Delta z \Delta y \frac{\partial A_y}{\partial z}(x, \tilde{y}, \tilde{z}) + \Delta y \Delta z \frac{\partial A_z}{\partial y}(x, \hat{y}, \hat{z}), \quad \text{q. e. d.}$$

7.5.2 Kurvenintegral-Darstellung von $\vec{\nabla}$ allgemein

Ähnlich wie die Darstellung von $\text{div}\vec{A}$ als ein Limes von *Flächen*integralen durch geeignete Wahl der Form des Feldes $\vec{A}$ zu einer Integraldarstellung des $\vec{\nabla}$-Operators verallgemeinert werden konnte, lässt sich auch eine Darstellung als Limes von *Kurven*integralen für Nabla allgemein aus derjenigen für rot $\vec{A}$ herleiten.

Sei speziell $\vec{A} = \vec{a}\varphi(\vec{r})$. Wegen

$$\vec{n} \cdot \text{rot}(\vec{a}\varphi) = \vec{n} \cdot (\vec{\nabla} \times \vec{a}\varphi) = -\vec{n} \cdot (\vec{a} \times \vec{\nabla}\varphi) = -\vec{a} \cdot (\vec{\nabla}\varphi \times \vec{n}) = \vec{a} \cdot (\vec{n} \times \vec{\nabla}\varphi)$$

kann man in (7.22) wieder Koeffizientenvergleich vor dem konstanten, aber beliebigen Vektor $\vec{a}$ machen:

$$\lim_{\Delta F \to 0} \frac{1}{\Delta F} \oint_{C_{\Delta F}} \varphi \, d\vec{r} = \vec{n} \times \text{grad}\varphi \ . \tag{7.24}$$

Wählt man als Feld $\vec{a} \times \vec{A}(\vec{r})$ und beachtet

$$\vec{n} \cdot \text{rot}(\vec{a} \times \vec{A}) = \vec{n} \cdot (\vec{\nabla} \times (\vec{a} \times \vec{A})) = (\vec{n} \times \vec{\nabla}) \cdot (\vec{a} \times \vec{A})$$

$$= -(\vec{n} \times \vec{\nabla}) \cdot (\vec{A} \times \vec{a}) = -((\vec{n} \times \vec{\nabla}) \times \vec{A}) \cdot \vec{a} \ ,$$

findet man

$$\lim_{\Delta F \to 0} \frac{1}{\Delta F} \oint_{C_{\Delta F}} d\vec{r} \times \vec{A} = (\vec{n} \times \vec{\nabla}) \times \vec{A} \ . \tag{7.25}$$

Man vermutet, dass $\vec{n} \times \vec{\nabla}$ die allgemeine, durch die Zirkulation $\oint d\vec{r} \circ \dots$ vermittelte Nabla-Operation ist. Diese Ableitung wirkt *in der Ebene senkrecht zu* $\vec{n}$.

$$\lim_{\Delta F \to 0} \frac{1}{\Delta F} \oint_{C_{\Delta F}} d\vec{r} \circ \dots = (\vec{n} \times \vec{\nabla}) \circ \dots \tag{7.26a}$$

Für $\circ \dots$ gleich φ bzw. $\times \vec{A}$ ist dies (7.24) bzw. (7.25), während $\cdot \vec{A}$ die Ausgangsgleichung (7.22) liefert. (Denn: $(\vec{n} \times \vec{\nabla}) \cdot \vec{A} = \vec{n} \cdot (\vec{\nabla} \times \vec{A}) = \vec{n} \cdot \text{rot}\vec{A}$.)

Gleichung (7.26a) kann in kartesischen Koordinaten (allgemeiner: bei ortsunabhängigen Koordinatendreibeinen) auch *komponentenweise* gelesen werden. Im Falle $\circ \dots = \cdot \vec{A}$, also in (7.22), ist der Integrand ein Skalar und enthält das Koordinatendreibein $\vec{e}_\alpha$ nicht. Deshalb ist (7.22) zur Übertragung in krummlinige Koordinaten besonders geeignet, siehe später Abschn. 8.2.1.

In kartesischen Koordinaten lässt sich (7.26a) schreiben

$$\lim_{\Delta F \to 0} \frac{1}{\Delta F} \oint_{C_{\Delta F}} dx_i \dots = \epsilon_{ikl} n_k \partial_l \dots \tag{7.26b}$$

Anwenden kann man diese symbolische Gleichung auf A_i (Summenkonvention beachten) und erhält (7.22); auch auf φ und erhält die Vektorgleichung (7.24); sowie auf $\epsilon_{imn}A_m$ und findet die n-Komponente der Vektorgleichung (7.25) wieder.

Abb. 7.7 Benachbarte kleine, ebene Flächen mit stückweise gemeinsamem Rand

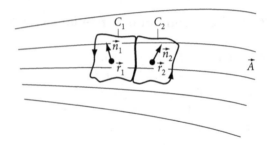

Hinweis

$\epsilon_{ikl} n_k = \epsilon_{kli} n_k = \vec{n} \cdot (\vec{e}_l \times \vec{e}_i) \equiv n_{li}$ bedeutet die Projektion des Normalenvektors $\vec{n}$ auf die Normale der l, i-Ebene.

In den Formeln (7.5) und (7.26) haben wir zwei verschiedene Integraldarstellungen der Nabla-Operation zur Verfügung, einmal durch Flächen- und zum anderen durch Kurvenintegrale.

Speziell im $\mathbb{R}^2$ sind beide äquivalent, da „Flächen" im $\mathbb{R}^2$ nämlich Kurven sind. Im $\mathbb{R}^3$ oder höherdimensionalen Räumen ist das anders. Die Flächenintegral-Darstellung führte zum Gaußschen Satz, die jetzt gefundene Kurvenintegral-Darstellung wird den Stokesschen Satz ergeben.

7.6　Der Stokessche Satz

Er beinhaltet einen Zusammenhang zwischen dem Kurvenintegral über ein Feld und dem Flächenintegral über eine beliebige, eventuell auch gekrümmte Fläche, die über die Kurve C gespannt werden kann.

7.6.1　Herleitung und Formulierung

Für *kleine, ebene* Flächen ΔF_1 um einen Aufpunkt $\vec{r}_1$ in einem Feld $\vec{A}$ liefert (7.22)

$$\oint_{C_1} \vec{A} \cdot d\vec{r} = \Delta \vec{F}_1 \cdot \operatorname{rot} \vec{A}(\vec{r}_1) + \text{Rest} . \qquad (7.27)$$

Wir legen um einen benachbarten Aufpunkt $\vec{r}_2$ eine weitere kleine Fläche, ΔF_2, mit Normale $\vec{n}_2$ und Randkurve C_2. Letztere möge teilweise mit C_1 zusammenfallen. Es wird zugelassen, dass $\vec{n}_2$ nicht parallel zu $\vec{n}_1$ ist, also $\vec{n}_1 \neq \vec{n}_2$, s. Abb. 7.7.

Addiert man (7.27) zu der entsprechenden Gleichung für die Nachbarfläche, so fällt der Beitrag des *gemeinsamen* Stücks der Randkurven heraus, da dieses im Zuge von C_1 genau negativ zum entsprechenden für C_2 durchlaufen wird. Es verbleibt das Kurvenintegral über die gemeinsame einhüllende Randkurve C_{1+2}.

Das kann man mehrfach machen. Es entsteht eine größere Fläche, zusammengesetzt aus lauter kleinen ebenen Stücken $\overrightarrow{\Delta F_i}$ um Aufpunkte $\vec{r}_i$ und einhüllendem Rand $C_{1+2+\cdots+n}$. Die

Abb. 7.8 Eine Kurve C mit Umlaufsinn und eine von C „eingespannte", darüber „gestülpte" Fläche F_C

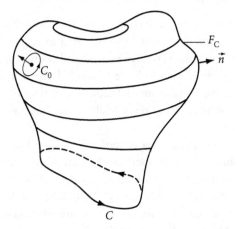

Addition aller zugehörigen Beziehungen (7.27) liefert

$$\oint\limits_{C_{1+2+\cdots+n}} \vec{A}\cdot\mathrm{d}\vec{r} = \sum_{i=1}^{n} \mathrm{rot}\,\vec{A}(\vec{r}_i)\cdot\overrightarrow{\Delta F_i} + \mathrm{Rest}\,.$$

Die facettenähnliche Fläche ist aber gerade so, wie wir sie von der Definition des Flächenintegrals kennen, siehe Abschn. 6.3.1. Die Summe auf der rechten Seite kann also als Riemannsumme über die Funktion $\mathrm{rot}\,\vec{A}(\vec{r})$ interpretiert werden.

Gibt man sich eine (glatte) Randkurve C vor, gegen die die einhüllende Kurve $C_{1+\cdots+n}$ strebt, sowie eine darüber gespannte Fläche F_C, gegen die bei immer weiterer Verfeinerung die Facettenflächen streben, so geht der „Rest" $\to 0$, die Summe gegen das Flächenintegral (zumindest falls $\mathrm{rot}\,\vec{A}$ stetig, also $\vec{A}$ stetig differenzierbar ist) und die Zirkulation erstreckt sich über C.

Abbildung 7.8 zeigt ein Beispiel für die möglichen geometrischen Verhältnisse.

Wir können zusammenfassen.

▸ **Stokesscher Satz** Gegeben sei ein (stetig differenzierbares) Vektorfeld $\vec{A}(\vec{r})$. Im Definitionsbereich liege eine (glatte) Kurve C mit Umlaufsinn und eine über C gespannte (reguläre) Fläche F_C. Dann gilt folgender Zusammenhang zwischen dem Kurvenintegral und dem Fluss des Wirbelfeldes von $\vec{A}$:

$$\boxed{\oint\limits_{C} \vec{A}\cdot\mathrm{d}\vec{r} = \int\limits_{F_C} \mathrm{rot}\,\vec{A}\cdot\overrightarrow{\mathrm{d}F}.} \tag{7.28}$$

Die *Orientierung* von F_C ist so mit derjenigen von C verknüpft: Man umgibt einen beliebigen Punkt $\vec{r}$ der Fläche F_C mit einer kleinen, orientierten Kurve C_0 und errichtet in $\vec{r}$ die Normale $\vec{n}$, die von C_0 mathematisch positiv umlaufen wird (s. Abb. 7.8). Verschiebt man dann C_0 und $\vec{n}$ stetig über die Fläche, so erhält man nicht nur die Menge $\vec{n}(\vec{r})$ aller Normalen und damit eine Orientierung von F_C, sondern man kann am Rand die Orientierungen von C_0 und C vergleichen. Sie sollen übereinstimmen.

Ein Hinweis soll vor falschem Gebrauch des Stokesschen Satzes warnen. Nicht nur die Kurve C muss im Definitionsbereich des Vektorfeldes $\vec{A}(\vec{r})$ liegen. Auch für die ganze Fläche F_C muss rot $\vec{A}$ bildbar sein. Sonst ist (7.28) nicht anwendbar, gestattet also keine Aussage.

Ein Beispiel möge verdeutlichen, dass diese im Satz genannte Voraussetzung unbedingt zu beachten ist; sonst macht man Fehler. Durch einen dünnen Draht fließe ein stationärer Strom I. Er erzeugt ein Magnetfeld $\vec{B}(\vec{r})$, das sich außerhalb des Drahtes als wirbelfrei erweist, rot $\vec{B} = 0$. Mittels (7.28) könnte man schließen, dass die sog. magnetische Spannung $\oint_C \vec{B} \cdot \mathrm{d}\vec{r}$ $(= \int \mathrm{rot}\,\vec{B} \cdot \mathrm{d}\vec{F})$ entlang einer geschlossenen Kurve C, die ganz außerhalb des Drahtes verläuft, null sei, weil dort ja rot $\vec{B} = 0$ gilt. Dies erweist sich als richtig, wenn sich über C eine Fläche spannen lässt, die nirgends vom Draht getroffen wird (s. C_1 in Abb. 7.9). Es ist jedoch falsch, wenn C den Draht umschlingt (s. C_2 oder C_3). Der Stokessche Satz ist dann gar nicht anwendbar, weil an der Durchstoßstelle des Drahtes durch F_C die Eigenschaft rot $\vec{B} = 0$ nicht erfüllt ist.

Ohne hier einen Beweis zu geben, sei erwähnt, dass $\oint_{C_2} \vec{B} \cdot \overrightarrow{\mathrm{d}\vec{r}} = 2\pi I$ sowie $\oint_{C_3} \vec{B} \cdot \mathrm{d}\vec{r} = 3 \cdot 2\pi I$. Bei n Umläufen der Kurve kommt für das Kurvenintegral $n \cdot 2\pi I$ heraus.

Obwohl rot $\vec{B} = 0$ überall außerhalb des Drahtes, ist das Kurvenintegral über $\vec{B}$ also i. Allg. nicht null, ja hängt von der Art der Kurve ab. Dies ist auch nicht im Widerspruch zur Gradientendarstellung, wie in den Abschn. 6.2.4 und 6.2.5 besprochen; ist doch wegen des Drahtes das Gebiet, in dem rot $\vec{B} = 0$ gilt, nicht einfach zusammenhängend.

7.6.2 Beispiele und Erläuterungen

1. Zunächst ein einfaches konkretes Beispiel. Sei $\vec{A} = \frac{1}{2}\vec{B} \times \vec{r}$ (s. Abb. 4.4d) und C der Kreis vom Radius R_0 mit dem Mittelpunkt im Koordinatenursprung sowie in der Ebene senkrecht zu $\vec{B}$.

   Dann ist

$$\int_C \vec{A} \cdot \mathrm{d}\vec{r} = \frac{1}{2}\vec{B} \cdot \oint \vec{r} \times \mathrm{d}\vec{r} = \frac{1}{2}B \int_0^{2\pi} R_0^2 \mathrm{d}\varphi = B\pi R_0^2 = BF \,,$$

   wobei $F = \pi R_0^2$ die Fläche des Kreises ist. Der Stokessche Satz liefert das nicht nur schneller,

$$\oint_C \vec{A} \cdot \mathrm{d}\vec{r} = \int_{F_C} \mathrm{rot}\,\vec{A} \cdot \mathrm{d}\vec{F} = \vec{B} \cdot \int_{F_C} \mathrm{d}\vec{F} = BF \,,$$

   sondern zeigt zugleich, dass es auf die Form von C und damit F_C im einzelnen gar nicht ankommt. Es interessiert nur die Größe der Fläche F senkrecht zu $\vec{B}$.

2. Der Wirbelfluss eines Feldes durch eine *geschlossene* Fläche ist null. Das ist uns schon aus Abschn. 7.2.2 Beispiel 2 bekannt. Jetzt können wir auch so schließen: Eine geschlossene

Abb. 7.9 Stromdurchflossener, dünner, langer Draht. C_1 umschlingt diesen nicht, C_2 einmal, C_3 dreimal

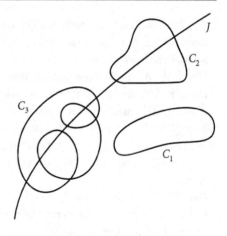

Fläche entsteht, wenn man C, die Randkurve, auf einen Punkt zusammenzieht wie bei einem Beutel. Dann ist $\oint_C \dots \equiv 0$, da die Kurvenlänge null ist. Folglich gilt

$$\oint_F \operatorname{rot} \vec{A} \cdot \overrightarrow{\mathrm{d}F} = 0 \,.$$

3. Hieraus folgt, dass man die in (7.28) vorkommende Fläche F_C über einer festgehaltenen Randkurve C beliebig (aber natürlich im Definitionsbereich von $\vec{A}$) verformen darf. Es kommt auf die Wahl der Fläche F_C im Stokesschen Satz nicht an, wenn sie nur C als Rand hat.

Denn verschiebt man sie, etwa von F_C nach F_C', so ist $\int_{F_C} \dots = \int_{F_C'} \dots + \int_{F_C - F_C'} \dots$ wegen der Additivität des Flächenintegrals. Der zweite Summand ist 0, da $F_C - F_C'$ eine geschlossene Fläche ist.

4. Der Stokessche Satz erlaubt es, noch einmal die Frage nach der Unabhängigkeit von Kurvenintegralen vom Weg übersichtlich zu diskutieren. Weg-Unabhängigkeit ist ja äquivalent dazu, dass geschlossene Kurvenintegrale null sind.

Wenn $\oint \vec{A} \cdot \mathrm{d}\vec{r} = 0$ für beliebige, geschlossene Kurven, so wähle man insbesondere eine Kurve um eine *kleine* Fläche. Man findet aus (7.28): $\operatorname{rot} \vec{A} = 0$.

Umgekehrt: Sei $\operatorname{rot} \vec{A} = 0$ sowie seien geschlossene Kurven C im Definitionsbereich betrachtet. Sofern man über jede von ihnen (mindestens) eine Fläche F spannen kann, die ganz im Definitionsbereich verläuft, liefert (7.28): $\oint_C \vec{A} \cdot \mathrm{d}\vec{r} = 0$, also die Unabhängigkeit des Kurvenintegrals vom Weg.

Eine solche Fläche existiert aber offenbar genau dann, wenn der Definitionsbereich einfach zusammenhängend ist. Denn auf ihr könnte man C auf einen Punkt zusammenziehen.

Notwendige und hinreichende Bedingung für die Weg-Unabhängigkeit von Kurvenintegralen in einfach zusammenhängenden Gebieten ist also, wie schon in Abschn. 6.2.5 dargelegt: $\operatorname{rot} \vec{A} = 0$.

5. Abschließend noch ein weiteres, konkretes Beispiel. Wir betrachten noch einmal Abschn. 6.3.5.2, Aufgabe 1. Das dortige Flächenintegral soll jetzt mithilfe des Stokesschen Satzes berechnet werden.

Um $\int_F \vec{A} \cdot d\vec{f}$ als Kurvenintegral über die Berandung von F zu berechnen (also das Dreieck ABC in Abb. 6.18), stellen wir $\vec{A}$ als rot $\vec{K}$ mit einem geeigneten Vektorfeld $\vec{K}$ dar. Es sei daran erinnert[5], dass dies stets möglich ist, wenn div$\vec{A} = 0$. Der Ansatz $\vec{K} = (2z - 2xy, 0, x + 4yz)$ hat offenbar die Rotation $\vec{A} = (4z, 1, 2x)$, wie gewünscht. Jemand mag $\vec{K}' = (z - 2xy, 0, 4xz)$ bevorzugen. Der Unterschied ist $\vec{K} - \vec{K}' = (z, 0, x)$, also grad$(xz)$, was unter rot sowieso nichts beiträgt. Viele andere $\vec{K}$ tun es natürlich auch.

Der Fluss lautet dann $\phi = \int_F \vec{A} \cdot d\vec{f} = \int_F$ rot $\vec{K} \cdot d\vec{f} = \oint_C \vec{K} \cdot d\vec{r}$ mit $C = C_1 + C_2 + C_3$. Es hat $C_1 \equiv \overline{AB}$ die Parameterdarstellung $\vec{r}(t) = (t, 3 - t, 0)$, also $\dot{\vec{r}} = (1, -1, 0)$, wobei t von 3 bis 0 läuft. Entsprechend für $C_2 = \overline{BC} : \vec{r}(t) = (0, t, 6 - 2t)$ mit t von 3 bis 0 und $\dot{\vec{r}} = (0, 1, -2)$. Schließlich $C_3 = \overline{CA} : \vec{r}(t) = (t, 0, 6 - 2t)$, t von 0 bis 3, $\dot{\vec{r}} = (1, 0, -2)$. Die drei Randstücke liefern folgende Beiträge zu ϕ:

$$\phi_1 = \int_{C_1} \vec{K} \cdot d\vec{r} = \int_0^3 \vec{K} \cdot \dot{\vec{r}} dt = \int_0^3 (-2)t(3 - t)dt = 9,$$

$$\phi_2 = \int_{C_2} \vec{K} \cdot d\vec{r} = \int_0^3 (-2)4t(6 - 2t)dt = 72,$$

$$\phi_3 = \int_{C_3} \vec{K} \cdot d\vec{r} = \int_0^3 (2z - 2x)dt = \int_0^3 [2(6 - 2t) - 2t]dt = 9 .$$

Also ist $\phi = \phi_1 + \phi_2 + \phi_3 = 90$, wie früher.

7.6.3 Allgemeine Form des Stokesschen Satzes

Es ist wohl klar, dass die Überlegungen und Ergebnisse in Abschn. 7.5.2 Umformulierungen des Stokesschen Satzes (7.28) auf vektorielle Kurvenintegrale ermöglichen. Das Feld $\vec{A} = \vec{a}\varphi(\vec{r})$ führt (7.28) über in

$$\oint_C \varphi d\vec{r} = \int_{F_C} d\vec{F} \times \text{grad}\varphi . \tag{7.29}$$

Man vergleiche mit (7.24). Das Feld $\vec{x} \times \vec{A}(\vec{r})$ ergibt

$$\oint_C d\vec{r} \times \vec{A} = \int_{F_C} (d\vec{F} \times \vec{\nabla}) \times \vec{A} , \tag{7.30}$$

worin man (7.25) wiedererkennt.

---

[5] Siehe Abschn. 6.2.9

Diese verschiedenen Formeln zur Umwandlung eines geschlossenen Kurvenintegrals in eines über die Wirbel des Feldes, die durch eine von C eingefasste Fläche gehen, lassen sich formal so zusammenfassen und leicht merken:

$$\oint_C \mathrm{d}\vec{r} \circ \ldots = \int_{F_C} (\mathrm{d}\vec{F} \times \vec{\nabla}) \circ \ldots \qquad (7.31)$$

Wie üblich liefert $\circ\ldots$ als $\cdot\vec{A}$, φ, $\times\vec{A}$ die speziellen Beziehungen (7.28–7.30). In kartesischen (ortsunabhängigen) Koordinatendreibeinen ist (7.31) auch komponentenweise richtig.

Auf krummlinige Koordinaten übertragbar ist der Fall $\circ\ldots = \cdot\vec{A}$, weil dann die ortsabhängigen Koordinaten-Einheitsvektoren $\vec{e}_\alpha$ nicht explizit auftauchen. Die Zuordnung

$$\mathrm{d}\vec{r} \mathrel{\hat{=}} \overrightarrow{\mathrm{d}F} \times \vec{\nabla} \qquad (7.32)$$

des Stokesschen Satzes ist zu kontrastieren mit derjenigen des Gaußschen Satzes,

$$\overrightarrow{\mathrm{d}F} \mathrel{\hat{=}} \mathrm{d}V\vec{\nabla} . \qquad (7.33)$$

Die (kartesische!) Komponentendarstellung von (7.33) steht in (7.11b), diejenige von (7.32) folgt aus (7.26b) zu

$$\mathrm{d}x_i \mathrel{\hat{=}} \epsilon_{ikl}\mathrm{d}F_k\partial_l .$$

Wie schon nach (7.26b) erläutert, kann man auch hier $\epsilon_{ikl}\mathrm{d}F_k = \epsilon_{kli}\mathrm{d}F_k = \overrightarrow{\mathrm{d}F}\cdot(\vec{e}_l\times\vec{e}_i) \equiv \mathrm{d}F_{li}$ als die Projektion des Flächenelementes in die l, i-Ebene verstehen. Die Zuordnung der Differentiale im Stokesschen Satz lautet dann

$$\mathrm{d}x_i \mathrel{\hat{=}} \mathrm{d}F_{li}\partial_l .$$

7.6.4 Der Stokessche Satz in D Dimensionen

Die Komponentendarstellung des Stokesschen Satzes ist höchst nützlich, da sie sich auf beliebig-dimensionale Räume übertragen lässt. Die Begründung ist sinngemäß wie in Abschn. 7.2.4 für den Gaußschen Satz zu geben.

Während das Kurvenelement $\mathrm{d}\vec{r}$ natürlich – auch in D Dimensionen – durch $\mathrm{d}x_i$ repräsentiert wird, muss das Flächenintegral von der speziell für den $\mathbb{R}^3$ geltenden Formulierung gelöst werden. Nur hier sind 2-dimensionale Flächenelemente $\overrightarrow{\mathrm{d}F}$ in ihrer *Richtung* durch einen *Vektor* zu kennzeichnen, nämlich durch die auf der Flächenebene senkrechte Normale. Falls $D > 3$ ist, gibt es über einer 2-dimensionalen Fläche $\mathrm{d}F$ beliebig viele Senkrechte. Schreibt man $(\mathrm{d}\vec{F} \times \vec{\nabla})_i = \epsilon_{ijk}\mathrm{d}F_j\partial_k$ und *definiert*

$$\mathrm{d}F_{ik} := \epsilon_{ijk}\mathrm{d}F_j = \overrightarrow{\mathrm{d}F}\cdot(\vec{e}_k\times\vec{e}_i) , \qquad (7.34)$$

so erhält man als Essenz des *Stokesschen Satzes:*

$$\boxed{\mathrm{d}x_i \triangleq \mathrm{d}F_{ik}\partial_k.}$$ (7.35)

$\mathrm{d}F_{ik}$ kennzeichnet ein 2-dimensionales Flächenelement *durch seine Projektion auf die i-k-Ebene.* Dies beinhaltet nämlich die im $\mathbb{R}^3$ wohlerklärte Definition (7.34). Mit dieser verallgemeinerungsfähigen Interpretation von $\mathrm{d}F_{ik}$ bezüglich der Koordinatenebenen i-k in $\mathbb{R}^D$ gibt nun (7.35) auch den *Inhalt des Stokesschen Satzes im D-dimensionalen Raum* wieder.

Denken wir uns das Flächenelement $\overrightarrow{\mathrm{d}F}$ durch zwei infinitesimale Vektoren $\mathrm{d}\vec{r}$ und $\mathrm{d}\vec{r}'$ erzeugt, so ist im $\mathbb{R}^3$ $\overrightarrow{\mathrm{d}F} = \mathrm{d}\vec{r} \times \mathrm{d}\vec{r}'$, also

$$\mathrm{d}F_{ik} = (\mathrm{d}\vec{r} \times \mathrm{d}\vec{r}') \cdot (\vec{e}_k \times \vec{e}_i) = \mathrm{d}\vec{r} \cdot \left(\mathrm{d}\vec{r}' \times (\vec{e}_k \times \vec{e}_i)\right)$$

$$= \mathrm{d}\vec{r} \cdot (\vec{e}_k \mathrm{d}\vec{r}' \cdot \vec{e}_i - \vec{e}_i \mathrm{d}\vec{r}' \cdot \vec{e}_k),$$

$$\mathrm{d}F_{ik} = \mathrm{d}x_k \mathrm{d}x_i' - \mathrm{d}x_i \mathrm{d}x_k' \equiv \begin{vmatrix} \mathrm{d}x_k & \mathrm{d}x_i \\ \mathrm{d}x_k' & \mathrm{d}x_i' \end{vmatrix}.$$ (7.36)

Formel (7.36) ist auf den D-dimensionalen Raum zu übertragen. Auf eine Zusammenstellung der Integralsätze in $D = 4$ Dimensionen in Abschn. 7.8 wird hingewiesen.

Es sei bemerkt, dass auch in Formel (7.11b) das „Flächenelement" $\mathrm{d}F_i$ als $d^{D-1}(x_1, \ldots, \not{x}_i, \ldots, x_D)$ uminterpretiert werden muss, also als $(D-1)$-dimensionales Stück einer Hyperfläche. Dies haben wir in Abschn. 7.2.4 tatsächlich mehrfach ad hoc getan!

Der interessierte Leser sei bezüglich allgemeinerer Formulierungen in D-dimensionalen Räumen verwiesen auf Maak (1969).[6]

7.7 Übungen zum Selbsttest: Stokesscher Satz

1. Man bestimme direkt und mithilfe des Stokesschen Satzes $\frac{1}{2}\oint_C \vec{r} \times \mathrm{d}\vec{r}$ für die folgenden Fälle:
   (a) C ist ein Kreis um den Koordinatenursprung,
   (b) C ist ein Rechteck mit den Seiten a und b,
   (c) C ist eine beliebige Kurve.
   Interpretieren Sie das Ergebnis geometrisch, indem Sie $\frac{1}{2}\vec{r} \times \mathrm{d}\vec{r}$ als vom Fahrstrahl überstrichenes kleines Flächenelement deuten.
2. Man wende auf $\oint_C \varphi \operatorname{grad} \psi \cdot \mathrm{d}\vec{r}$ den Stokesschen Satz an.
3. Verifizieren Sie den Stokesschen Satz durch explizite Berechnung der beiden relevanten Integrale, falls $\vec{A} = (xy^2, -yz^2, zx^2)$, F die obere Hälfte der Kugel mit dem Radius R_0 und C der Randkreis der Halbkugel ist.

---

[6] Maak, W.: Differential- und Integralrechnung. Göttingen 1969, §. 52/53.

7.8 Die Integralsätze in $D = 4$ Dimensionen

Wegen der Dreidimensionalität des physikalischen Raumes spielen die Integralsätze von
Gauß und Stokes, die in den Abschn. 7.2 und 7.6 behandelt worden sind, in $D = 3$ Dimensionen eine besondere Rolle in der Physik. Die jeweilige Ausdehnung auf beliebige
Dimension D ist angesprochen worden (siehe Abschn. 7.2.4 und 7.6.4). In der relativistischen Physik werden die drei Raumdimensionen und die Zeit zu Vierervektoren
zusammengefasst. Man stößt ferner auf Vierergeschwindigkeiten, Viererkräfte, Viererpo-
tenziale, Viererfelder, … In den relativistischen Feldtheorien werden die Integralsätze für
$D = 4$ Dimensionen benötigt. Deshalb sollen sie in diesem Abschnitt separat zusammengestellt werden. Es genügt, die Aussagen zu formulieren und die Formeln hinzuschreiben;
die Beweise und Herleitungen sind aus den vorigen Paragrafen klar bzw. längst gegeben. Es
ist nicht nur ausreichend, sondern verbessert den Überblick, sich auf die jeweiligen Diffe-
rentialelemente zu beschränken. Integralzeichen und Integranden davorzusetzen, ist dann
keine Kunst mehr:

1. 1-dimensionales Kurvenintegral. Darstellung einer Kurve C in einer vierdimensionalen
   Mannigfaltigkeit durch die Parameterdarstellung $\vec{r}(s) \in \mathbb{R}^4$. Das Längenelement ist $\mathrm{d}\vec{r} \triangleq$
   $\mathrm{d}x_\alpha$ oder $\triangleq (\mathrm{d}x_\alpha/\mathrm{d}s)\mathrm{d}s$. α durchläuft die Werte 1, 2, 3, 4.
2. 2-dimensionale Flächenintegration. Darstellung einer 2-dimensionalen Fläche F im $\mathbb{R}^4$
   durch die Parameterdarstellung $\vec{r}(s, s') \in \mathbb{R}^4$. Lokal werde die Fläche durch $\overrightarrow{\mathrm{d}r}, \overrightarrow{\mathrm{d}r'}$ aufgespannt. Aus $\mathrm{d}x_\alpha$, $\mathrm{d}x'_\beta$ gewinnt man die Projektion von $\mathrm{d}F$ auf die Koordinatenebene
   $\alpha\beta$:

$$\mathrm{d}F_{\alpha\beta} = \mathrm{d}x_\alpha \mathrm{d}x'_\beta - \mathrm{d}x_\beta \mathrm{d}x'_\alpha \;. \tag{7.37}$$

   Wir prüfen das im $\mathbb{R}^3$ nach. So wäre z. B. $\mathrm{d}F_{23} = \vec{e}_1 \cdot (\mathrm{d}\vec{r} \times \mathrm{d}\vec{r}') = (\mathrm{d}\vec{r} \times \mathrm{d}\vec{r}')_1 = $
   $\mathrm{d}x_2 \mathrm{d}x'_3 - \mathrm{d}x_3 \mathrm{d}x'_2$. Im $\mathbb{R}^3$ kann man aus den $\mathrm{d}F_{\alpha\beta}$ *einen* Vektor $\overrightarrow{\mathrm{d}F}$ aufbauen, mit den
   Komponenten $\mathrm{d}F_\gamma = \epsilon_{\gamma\alpha\beta}\mathrm{d}F_{\alpha\beta}/2$. Er steht senkrecht zur Fläche und hat als Länge den
   Inhalt des Flächenelementes. Im $\mathbb{R}^4$ gibt es zu einem 2-dimensionalen Flächenelement
   jedoch mehr als nur einen senkrechten Vektor.
   Beachte die Antisymmetrie $\mathrm{d}F_{\alpha\beta} = -\mathrm{d}F_{\beta\alpha}$. Natürlich durchlaufen α, β usw. die Werte
   von 1 bis 4.
3. 3-dimensionale Integration über eine Hyperfläche H. Eine Hyperfläche H im $\mathbb{R}^4$ hat
   die Parameterdarstellung $\vec{r} = \vec{r}(s, s', s'') \in \mathbb{R}^4$. Sie ist eine 3-dimensionale Mannigfaltigkeit (allgemein: $D - 1$). Sie werde lokal aufgespannt durch $\mathrm{d}\vec{r}, \mathrm{d}\vec{r}', \mathrm{d}\vec{r}''$. Die Projektion
   des Hyperflächenelements auf den $\alpha\beta\gamma$ Koordinaten-Unterraum ist das 3-dimensionale
   Volumenelement

$$\mathrm{d}H_{\alpha\beta\gamma} = \begin{vmatrix} \mathrm{d}x_\alpha & \mathrm{d}x'_\alpha & \mathrm{d}x''_\alpha \\ \mathrm{d}x_\beta & \mathrm{d}x'_\beta & \mathrm{d}x''_\beta \\ \mathrm{d}x_\gamma & \mathrm{d}x'_\gamma & \mathrm{d}x''_\gamma \end{vmatrix} \;. \tag{7.38}$$

Dies sind antisymmetrische Tensoren dritter Stufe, $\mathrm{d}H_{\alpha\beta\gamma} = -\mathrm{d}H_{\alpha\gamma\beta} = \mathrm{d}H_{\gamma\alpha\beta} = \ldots$
Da es senkrecht zu einer 3-dimensionalen Mannigfaltigkeit im 4-dimensionalen Raum

nur eine Richtung gibt, kann man den Hyperflächenelement-Vektor durch $dH_\delta = \epsilon_{\delta\alpha\beta\gamma}H_{\alpha\beta\gamma}/6$ einführen, $d\vec{H} \in \mathbb{R}^4$. Der Faktor $1/6$ berücksichtigt die bei der Summation von α, β, γ über 1 bis 4 entstehenden 3! gleichen Beiträge zu festem δ (beachte, dass sowohl $\epsilon_{\delta\alpha\beta\gamma}$ als auch $H_{\alpha\beta\gamma}$ total antisymmetrisch sind).

4. 4-dimensionales Volumenelement. Es lautet

$$dV = dx_1 dx_2 dx_3 dx_4 \ .$$

Nunmehr formulieren wir den Gaußschen Satz, der 4-dimensionale Volumenintegrale mit 3-dimensionalen Hyperflächenintegralen verknüpft

$$\boxed{dV\partial_\delta \triangleq dH_\delta} \text{ oder } \boxed{dV\partial_\delta \triangleq \epsilon_{\delta\alpha\beta\gamma}H_{\alpha,\beta\gamma}/6} \ . \tag{7.39}$$

Die Hyperfläche H soll das betrachtete Volumen V umschließen.

Der Stokessche Satz verknüpft ein 1-dimensionales Kurvenintegral mit einem 2-dimensionalen Flächenintegral

$$\boxed{dx_\alpha \triangleq dF_{\beta\alpha}\partial_\beta} \ . \tag{7.40}$$

Die Kurve C soll die betrachtete Fläche F umschließen.

Folgendes Schema verdeutliche die Zusammenhänge, die die Integralsätze in $D = 4$-, 3-, 2-dimensionalen Räumen liefern.

$D = 4 : 4 \quad 3 \quad 2 \quad 1$

$D = 3 : \quad 3 \quad 2 \quad 1$

$D = 2 : \quad\quad 2 \quad 1$

Dabei kennzeichnet ⌣ die Verknüpfung durch den Gaußschen Satz und ⌣⌣ diejenige durch den Stokesschen Satz. Speziell im $\mathbb{R}^2$ fallen beide Sätze zusammen; darauf wurde bereits in Abschn. 7.2.4 hingewiesen, s. auch (7.12) und (7.13)

Es sieht so aus, als ob für $D = 4$ in der Verknüpfung durch Integralsätze zwischen 3 und 2 eine Lücke sei. Diese lässt sich durch folgende Zuordnung schließen.

$$\boxed{dF^*_{\alpha\beta} = (dH_\alpha\partial_\beta - dH_\beta\partial_\alpha)/2} \ . \tag{7.41}$$

Dabei ist $dF^*_{\alpha\beta} = \epsilon_{\alpha\beta\gamma\delta}dF_{\gamma\delta}/2$ der zu $dF_{\alpha\beta}$ „duale" Flächentensor. Er steht in dem Sinne senkrecht zum Flächentensor, als alle in $dF_{\alpha\beta}$ liegenden Richtungen senkrecht zu allen in $dF_{\alpha\beta}$ liegenden sind. Die letzte Formel verknüpft das Integral über eine Hyperfläche (3-dimensional) mit einem Integral über die die Hyperfläche umschließende gewöhnliche Fläche (2-dimensional).

Krummlinige Koordinaten

Es ist uns schon wiederholt begegnet, dass physikalische Probleme mit spezieller Geometrie besser in angepassten krummlinigen Koordinaten als in kartesischen Koordinaten behandelt werden können. Oft gebraucht werden z. B. Zylinderkoordinaten (s. Abschn. 6.3.2.2) und Kugelkoordinaten (s. Abschn. 6.3.2.3).

Früher hatten wir gelernt, wie man in Flächen- oder Volumen *integralen* einen Koordinatenwechsel vornehmen kann. Es geschieht mittels Funktionaldeterminante. In diesem Kapitel sollen die *differentiellen* Operationen in krummlinigen Koordinaten behandelt werden. Zwar ist dies gedanklich äußerst simpel, doch andererseits so wichtig, dass man sich damit vertraut machen muss.

8.1 Lokale Koordinatensysteme

Die Punkte $\vec{r}$ des Raumes mögen außer durch kartesische Koordinaten (x, y, z) durch die krummlinigen Parameter (u, v, w) gekennzeichnet sein. Beispiele zeigen die Abb. 6.16, 6.19 oder 6.23. Die analytischen Beziehungen wurden schon in Abschn. 6.4.3.1 hingeschrieben, worauf rückverwiesen sei.

8.1.1 Das Linienelement in krummlinigen Koordinaten

Zwei benachbarte Punkte $\vec{r}$ und $\vec{r} + \Delta\vec{r}$ mögen die krummlinigen Koordinaten (u, v, w) und $(u + \Delta u, v + \Delta v, w + \Delta w)$ haben. Der Abstandsvektor $\Delta\vec{r}$ lautet dann

$$\Delta\vec{r} = \vec{r}(u + \Delta u, v + \Delta v, w + \Delta w) - \vec{r}(u, v, w) \ .$$

Man kann ihn aus drei Teilvektoren zusammensetzen, die jeweils in diejenige Richtung zeigen, in der sich nur ein Parameter ändert. Wenn sich etwa nur u verändert, jedoch v, w

S. Großmann, *Mathematischer Einführungskurs für die Physik*,
DOI 10.1007/978-3-8348-8347-6_8,
© Vieweg+Teubner Verlag | Springer Fachmedien Wiesbaden 2012

Abb. 8.1 Einheitsvektoren an krummlinigen Koordinatenlinien. Es ist $\vec{e}_u \sim \partial \vec{r}/\partial u$ usw.

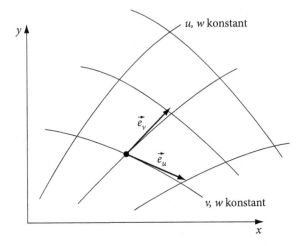

konstant bleiben, gelangt man von $\vec{r}(u, v, w)$ nach $\vec{r}(u + \Delta u, v, w)$. Hält man jetzt $u + \Delta u$ und w konstant, gelangt man nach $\vec{r}(u + \Delta u, v + \Delta v, w)$, usw. Dies drückt die folgende Gleichung aus,

$$\Delta \vec{r} = \vec{r}(u + \Delta u, v + \Delta v, w + \Delta w) - \vec{r}(u, v, w)$$
$$= (u + \Delta u, v, w) - \vec{r}(u, v, w)$$
$$+ \vec{r}(u + \Delta u, v + \Delta v, w) - \vec{r}(u + \Delta u, v, w)$$
$$+ \vec{r}(u + \Delta u, v + \Delta v, w + \Delta w) - \vec{r}(u + \Delta u, v + \Delta v, w),$$

deren rein rechnerische Richtigkeit man sofort sieht. Wir entwickeln die Differenzen nach Δu bzw. Δv bzw. Δw. In niedrigster Ordnung erhalten wir

$$\Delta \vec{r} = \frac{\partial \vec{r}}{\partial u} \Delta u + \frac{\partial \vec{r}}{\partial v} \Delta v + \frac{\partial \vec{r}}{\partial w} \Delta w, \text{ die Ableitungen jeweils an der Stelle } u, v, w \text{ genommen.}$$

$$(8.1)$$

Da in $\partial \vec{r}/\partial u$ die Parameter v, w konstant zu halten sind, liegt dieser Vektor in tangentialer Richtung an der krummlinigen Koordinatenlinie $v = $ const, $w = $ const, die ja durch die Parameterdarstellung $\vec{r} = (x(u), y(u), z(u))$ beschrieben wird. Analog ist $\partial \vec{r}/\partial v$ tangential zur Koordinatenlinie $u = $ const, $w = $ const usw. Abbildung 8.1 verdeutlicht das in einer Ebene.

Normiert man die Tangentialvektoren, so erhält man ein lokales System von Einheitsvektoren

$$\vec{e}_u = \frac{\dfrac{\partial \vec{r}}{\partial u}}{\left| \dfrac{\partial \vec{r}}{\partial u} \right|}, \quad \vec{e}_v = \frac{\dfrac{\partial \vec{r}}{\partial v}}{\left| \dfrac{\partial \vec{r}}{\partial v} \right|}, \quad \vec{e}_w = \frac{\dfrac{\partial \vec{r}}{\partial w}}{\left| \dfrac{\partial \vec{r}}{\partial w} \right|}.$$

$$(8.2)$$

Die $\vec{e}_u, \vec{e}_v, \vec{e}_w$ hängen vom Ort $\vec{r} \triangleq (u, v, w)$ ab! Sie zeigen an jeder Stelle $\vec{r}$ in Richtung der jeweiligen Koordinatenlinie: In Richtung $\vec{e}_u$ verändert sich nur u, während v, w konstant bleiben usw. Ihre Länge ist 1.

Der Abstandsvektor zwischen eng benachbarten Punkten heißt somit im lokalen Dreibein $(\vec{e}_u, \vec{e}_v, \vec{e}_w)$ krummliniger Koordinaten

$$\Delta\vec{r} = \vec{e}_u \left| \frac{\partial \vec{r}}{\partial u} \right| \Delta u + \vec{e}_v \left| \frac{\partial \vec{r}}{\partial v} \right| \Delta v + \vec{e}_w \left| \frac{\partial \vec{r}}{\partial w} \right| \Delta w \; . \tag{8.3}$$

Seine Länge, das sog. „*Linienelement*", hat das Quadrat (mit $u, v, w \Rightarrow u_1, u_2, u_3$)

$$(\Delta \vec{r})^2 = g_{ij} \Delta u_i \Delta u_j \quad \text{mit} \quad g_{ij} = \frac{\partial \vec{r}}{\partial u_i} \cdot \frac{\partial \vec{r}}{\partial u_j} \; . \tag{8.4}$$

Die Matrix g_{ij} heißt *Metrik* .

8.1.2 Krummlinig-orthogonale Koordinaten

In der Regel interessiert man sich bei physikalischen Problemen für solche krummlinigen Koordinaten, bei denen die Koordinatenlinien an jeder Stelle jeweils aufeinander senkrecht stehen. Das ist z. B. bei zylindrischen oder sphärischen Polarkoordinaten der Fall, siehe nächster Abschnitt.

Man nennt solche Parameter *krummlinig-orthogonal*, definiert durch

$$\vec{e}_{u_i} \cdot \vec{e}_{u_j} = \delta_{ij} \; . \tag{8.5}$$

Die Numerierung sei stets so verabredet, dass $\vec{e}_u, \vec{e}_v, \vec{e}_w$ ein Rechtssystem bilden. (Natürlich bedeutet $\vec{e}_u \equiv \vec{e}_{u_1}, \vec{e}_v \equiv \vec{e}_{u_2}, \vec{e}_w \equiv \vec{e}_{u_3}$.)

In krummlinig-orthogonalen Koordinaten lautet das Linienelement

$$(\Delta r)^2 = g_u^2 \Delta u^2 + g_v^2 \Delta v^2 + g_w^2 \Delta w^2 \; , \tag{8.6}$$

mit

$$g_u = \left| \frac{\partial \vec{r}}{\partial u} \right|, \quad g_v = \left| \frac{\partial \vec{r}}{\partial v} \right|, \quad g_w = \left| \frac{\partial \vec{r}}{\partial w} \right| \; . \tag{8.7}$$

Diese Größen g_u, g_v, g_w werden als *metrische Koeffizienten* bezeichnet. In krummlinigorthogonalen Koordinaten ist $g_{ij} = \delta_{ij} g_i^2$ (Summenkonventionen außer Kraft).

Der Abstandsvektor ist

$$\Delta\vec{r} = \vec{e}_u g_u \Delta u + \vec{e}_v g_v \Delta v + \vec{e}_w g_w \Delta w \; . \tag{8.8}$$

Hieraus lässt sich schließen, wie lang die Seiten eines kleinen, von krummlinigorthogonalen Koordinatenlinien begrenzten Volumens sind, nämlich wie in Abb. 8.2

Abb. 8.2 Kleines, krummlinig-orthogonal begrenztes Volumenelement. Die Seitenlängen sind $g_u\Delta u, g_v\Delta v, g_w\Delta w$. Hieraus berechnet man die Größe des Volumens und die der Oberflächen. So lautet z. B. das Volumen $g_u g_v g_w \, du\,dv\,dw$

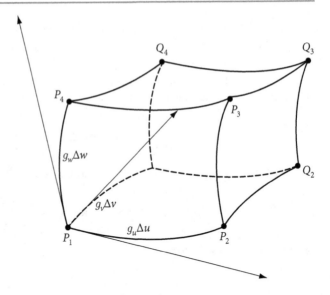

angegeben. Beweis für das Beispiel $\overline{P_1 P_2}$: Da auf dieser Linie v und w konstant bleiben, liefert (8.8): $(\overline{P_1 P_2})^2 = g_u^2 \Delta u^2$, q. e. d.

Jeder Vektor, insbesondere auch jedes Vektorfeld $\vec{A}(\vec{r})$, ist nach dem lokalen Dreibein zu zerlegen.

$$\vec{A} = A_u \vec{e}_u + A_v \vec{e}_v + A_w \vec{e}_w \, ,$$

mit

$$A_u := \vec{A} \cdot \vec{e}_u, \quad A_v := \vec{A} \cdot \vec{e}_v, \quad A_w := \vec{A} \cdot \vec{e}_w \, . \tag{8.9}$$

Zu beachten ist, dass nicht nur die Komponenten A_u, A_v und A_w, sondern auch das lokale Dreibein $\vec{e}_u, \vec{e}_v, \vec{e}_w$ vom Ort abhängen! Das kartesische Dreibein $(\vec{e}_x, \vec{e}_y, \vec{e}_z)$ ist dagegen *nicht* ortsabhängig.

8.1.3   Zylinder- und Kugelkoordinaten als Beispiele

Ausgehend von den Formeln (6.22) und (6.23) können wir die jeweiligen lokalen Dreibeine $\vec{e}_{u_i}$ sowie die metrischen Koeffizienten g_i berechnen.

Zylinderkoordinaten:

$$\frac{\partial \vec{r}}{\partial \rho} = (\cos \varphi, \sin \varphi, 0) = \vec{e}_\rho \,, \tag{8.10a}$$

$$\frac{\partial \vec{r}}{\partial \varphi} = (-\rho \sin \varphi, \rho \cos \varphi, 0) = \rho \vec{e}_\varphi \,, \tag{8.10b}$$

$$\frac{\partial \vec{r}}{\partial z} = (0, 0, 1) = \vec{e}_z \,. \tag{8.10c}$$

Offenbar stehen $\vec{e}_\rho, \vec{e}_\varphi, \vec{e}_z$ wechselseitig aufeinander senkrecht, sodass Zylinderkoordinaten krummlinig-orthogonal sind. Gleichung (8.7) liefert:

$$g_\rho = 1, \quad g_\varphi = \rho, \quad g_z = 1 \,. \tag{8.11}$$

Kugelkoordinaten:

$$\frac{\partial \vec{r}}{\partial r} = (\sin \vartheta \cos \varphi, \sin \vartheta \sin \varphi, \cos \vartheta) = \vec{e}_r \,, \tag{8.12a}$$

$$\frac{\partial \vec{r}}{\partial \vartheta} = (r \cos \vartheta \cos \varphi, r \cos \vartheta \sin \varphi, -r \sin \vartheta) = r \vec{e}_\vartheta \,, \tag{8.12b}$$

$$\frac{\partial \vec{r}}{\partial \varphi} = (-r \sin \vartheta \sin \varphi, r \sin \vartheta \cos \varphi, 0) = r \sin \vartheta \vec{e}_\varphi \,. \tag{8.12c}$$

Wieder rechnet man leicht die Orthonormiertheit des Dreibeins $(\vec{e}_r, \vec{e}_\vartheta, \vec{e}_\varphi)$ nach. Die metrischen Koeffizienten gemäß (8.7) lauten nach (8.12):

$$g_r = 1, \quad g_\vartheta = r, \quad g_\varphi = r \sin \vartheta \,. \tag{8.13}$$

Das Volumenelement z. B. ist mit diesen metrischen Koeffizienten $r^2 \sin \vartheta dr d\vartheta d\varphi$ bzw. $r^2 dr d(-\cos \vartheta) d\varphi$.

8.1.4 Übungen zum Selbsttest: Krummlinig-orthogonale Koordinatensysteme

1. Wie lautet der Vektor $\vec{r}$ im lokalen Dreibein $\vec{e}_r, \vec{e}_\vartheta, \vec{e}_\varphi$ von Kugelkoordinaten?
2. Welche Komponenten hat das Feld $(1/2)\vec{B} \times \vec{r}$ mit konstantem $\vec{B}$ im lokalen Dreibein von (zweckmäßig liegenden) Zylinderkoordinaten?
3. Zerlegen Sie die Vektoren $\vec{A}_1 = (1, -1, 2)$ bzw. $\vec{A}_2 = (-y, x, z)$ nach den lokalen Dreibeinen für zylindrische und sphärische Polarkoordinaten an den Stellen $\vec{r} = \vec{r}_1 = (1, -1, 2)$ bzw. $\vec{r} = (x, y, z)$.
4. Wie kann man $\operatorname{grad} r$ im lokalen Dreibein von Kugelkoordinaten darstellen?
5. Bestimmen und diskutieren Sie $\partial \vec{e}_{u_i}/\partial u_j$ für sphärische Polarkoordinaten. Machen Sie sich das Resultat auch anschaulich klar.

8.2 Differentialoperatoren in krummlinig-orthogonalen Koordinaten

Die Differentialoperationen grad, div, rot sowie Nabla allgemein waren ursprünglich in kartesischen Koordinaten angegeben worden, s. Abschn. 4.3 bis Abschn. 4.6. Wenn man krummlinige (im Folgenden ferner als orthogonal vorausgesetzte) Variablen benutzen möchte oder muss, braucht man die Differentialoperatoren in diesen neuen Variablen.

Dabei ist entscheidend, dass man *nicht* etwa die *formale* Definition übernimmt, also etwa $(\partial_u \varphi, \partial_v \varphi, \partial_w \varphi)$ oder $\partial_u A_u + \partial_v A_v + \partial_w A_w$ betrachtet. Natürlich *könnte* man diese Ausdrücke bilden. Doch wären sie im Allgemeinen keine Vektoren, Skalare etc. und hätten *nicht* dieselbe Bedeutung wie in kartesischen Koordinaten!

Wie aber lauten grad, div, rot in krummlinig-orthogonalen Koordinaten dann? Dazu wird man von ihrer Definition in der Form ausgehen, die unabhängig von einer speziellen Koordinatenwahl ist. *Dies* ist verabredungsgemäß die eigentliche Bedeutung von grad, div, rot sowie dem Laplaceoperator $\Delta \equiv \text{div grad}$. Die formale Bildung Nabla, $\vec{\nabla} = (\partial_1, \partial_2, \partial_3)$, ist nur für kartesische Koordinaten sinnvoll als Vektor definiert.

8.2.1 grad, div, rot, Δ allgemein

Als koordinatenunabhängige Definition von $\text{grad}\varphi$ betrachten wir (s. (4.15))

$$\Delta \varphi = \text{grad } \varphi \cdot \Delta \vec{r},$$

die Feldänderung bei kleinen Verschiebungen $\Delta \vec{r}$. *Wählt* man nun $\Delta \vec{r}$ nacheinander entlang einer der Koordinatenrichtungen, s. Abb. 8.2, erhält man z. B. wegen $\Delta \vec{r}_{P_1 P_2} = \vec{e}_u |\Delta r_{P_1 P_2}| = \vec{e}_u g_u \Delta u$:

$$\text{grad}_u \varphi \equiv \text{grad } \varphi \cdot \vec{e}_u = \frac{\partial \varphi}{g_u \partial u} ,$$

denn die Längenänderung in $\vec{e}_u$-Richtung ist in Abb. 8.2 als $g_u \Delta u$ angegeben. Somit:

$$\text{grad}_u \varphi = \frac{1}{g_u} \frac{\partial \varphi}{\partial u}, \quad \text{grad}_v \varphi = \frac{1}{g_v} \frac{\partial \varphi}{\partial v}, \quad \text{grad}_w \varphi = \frac{1}{g_w} \frac{\partial \varphi}{\partial w} . \tag{8.14a}$$

Selbstverständlich kann man $\text{grad}_u \varphi, \dots$ auch rein formal berechnen. Es ist

$$\text{grad}_u \varphi = \vec{e}_u \cdot \text{grad } \varphi = \frac{1}{g_u} \frac{\partial \vec{r}}{\partial u} \cdot \text{grad } \varphi = \frac{1}{g_u} \left(\frac{\partial x}{\partial u} \frac{\partial \varphi}{\partial x} + \frac{\partial y}{\partial u} \frac{\partial \varphi}{\partial y} + \frac{\partial z}{\partial u} \frac{\partial \varphi}{\partial z} \right) .$$

Die Klammer ist aber nach der Kettenregel (4.13) gerade $\partial \varphi / \partial u$, q. e. d.

Zusammengefasst lautet also der Vektor grad φ in krummlinigen, orthogonalen Koordinaten

$$\text{grad } \varphi = \left(\frac{1}{g_u} \frac{\partial \varphi}{\partial u}, \frac{1}{g_v} \frac{\partial \varphi}{\partial v}, \frac{1}{g_w} \frac{\partial \varphi}{\partial w} \right) . \tag{8.14b}$$

Als koordinatenunabhängige Definition von $\text{div}\vec{A}$ können wir die Darstellung (7.1) als Limes von Flächenintegralen verwenden. In dieser Darstellung kommt das lokale Dreibein $\{\vec{e}_u, \dots\}$ nicht explizit vor. Da die *Form* der gewählten Volumina unwesentlich ist (per definitionem), verwenden wir solche wie in Abb. 8.2. Sie sind den interessierenden Variablen u, v, w angepasst.

Das Volumen ΔV ist offenbar $g_u \Delta u g_v \Delta v g_w \Delta w$. Der Integrand $\vec{A} \cdot \overrightarrow{\Delta F}$ lässt sich leicht durch die Komponenten des Feldes $\vec{A}$ im lokalen System ausdrücken. Auf der rechten Seitenfläche $P_2 Q_2 Q_3 P_3$ z. B. ist die Normale $\vec{e}_u$, also $\vec{A} \cdot \overrightarrow{\Delta F} = [A_u g_v g_w \Delta v \Delta w]_{u+\Delta u}$. Der Index an der Klammer erinnert daran, dass auf der besagten Fläche der erste der drei Parameter u, v, w den konstanten Wert $u + \Delta u$ hat. Auf der linken Seitenfläche $P_1 Q_1 Q_4 P_4$ ist $\vec{A} \cdot \overrightarrow{\Delta F} = -[A_u g_v g_w \Delta v \Delta w]_u$. Analog werden die anderen vier Seitenflächen behandelt. Es ist die Summe aller Beiträge zu bilden, nämlich $\oint \vec{A} \cdot \overrightarrow{dF}$. Fasst man, wie früher in kartesischen Koordinaten schon einmal diskutiert, je zwei gegenüberliegende Seitenflächen zusammen, entwickelt bis zur niedrigsten nichttrivialen Ordnung, etwa

$$[A_u g_v g_w \Delta v \Delta w]_{u+\Delta u} - [A_u g_v g_w \Delta v \Delta w]_u = \frac{\partial(g_v g_w A_u)}{\partial u} \Delta u \Delta v \Delta w \,,$$

benutzt den Mittelwertsatz der Integralrechnung und führt $\Delta V \to 0$ durch, so erhält man:

$$\text{div}\vec{A} = \frac{1}{g_u g_v g_w} \left[\frac{\partial}{\partial u}(g_v g_w A_u) + \frac{\partial}{\partial v}(g_u g_w A_v) + \frac{\partial}{\partial w}(g_u g_v A_w) \right] . \tag{8.15}$$

Naheliegend ist die Frage, warum nicht auch $\text{grad}\varphi$ nach diesem Verfahren bestimmt worden ist. Denn (7.3) stellt auch für $\text{grad}\varphi$ eine Integraldarstellung zur Verfügung. Selbstverständlich ginge das. Es ist nur unbequem, da hier die Einheitsvektoren des lokalen Dreibeins $\vec{e}_u, \vec{e}_v, \vec{e}_w$ explizit vorkommen. Es ist nun bei der für $\text{grad}_u \varphi \equiv \vec{e}_u \cdot \text{grad } \varphi$ benötigten Bildung $\vec{e}_u \cdot d\vec{F}$ der Vektor $\vec{e}_u$ fest zuhalten, aber $\overrightarrow{dF}$ ist nur auf der linken, nicht aber auf der rechten Seitenfläche parallel hierzu. Man hat deshalb $\vec{e}_u(u, v, w) \cdot \vec{e}_u(u + \Delta u, v, w) \neq 1$ zu beachten. Eben deshalb wurde wiederholt darauf hingewiesen, dass nur solche Integraldarstellungen für die Übertragung in krummlinige Koordinaten bequem sind, bei denen der Integrand *skalar* ist, weil dann die ortsabhängigen Einheitsvektoren $\vec{e}_u, \vec{e}_v, \vec{e}_w$ *nicht* in Erscheinung treten, s. Kap. 7.

Analoges gilt für $\text{rot}\vec{A}$, dargestellt durch Flächenintegrale. Wir verfahren deshalb sogleich etwas anders.

Eine Kombination von (8.15) mit (8.14b) für das Feld $\vec{A}$ ergibt die Darstellung des *Laplace-operators* in krummlinig-orthogonalen Koordinaten.

$$\Delta\varphi = \text{div grad}\varphi = \frac{1}{g_u g_v g_w} \left[\frac{\partial}{\partial u} \left(\frac{g_v g_w}{g_u} \frac{\partial\varphi}{\partial u} \right) + \cdots + \frac{\partial}{\partial w} \left(\frac{g_u g_v}{g_w} \frac{\partial\varphi}{\partial w} \right) \right] . \tag{8.16}$$

Um schließlich $\text{rot}\vec{A}$ im lokalen, krummlinig-orthogonalen Dreibein $\vec{e}_u, \vec{e}_v, \vec{e}_w$ zu berechnen, benutzen wir die Darstellung (7.22) als Limes von Kurvenintegralen. Sie erweist sich als sehr bequem, da ähnlich wie in (7.1) für die $\text{div}\vec{A}$-Darstellung der Integrand die

Form eines Inneren Produktes hat, das lokale Dreibein also wiederum nicht explizit vorkommt.

Berechnen wir etwa die Komponente $\text{rot}_u \vec{A}$. Dazu wählen wir gemäß Abb. 8.2 als Randkurve C den Zug $P_1 \rightarrow Q_1 \rightarrow Q_4 \rightarrow P_4 \rightarrow P_1$. Die eingespannte Fläche hat die Größe $\Delta F = g_v g_w \Delta v \Delta w$. Die Orientierung von C bildet mit der Normalenrichtung $\vec{e}_u$ eine Rechtsschraube. Der Integrand lautet

$$\vec{A} \cdot \vec{dr} = A_v g_v \Delta v \bigg|_w + A_w g_w \Delta w \bigg|_{v+\Delta v} - A_v g_v \Delta v \bigg|_{w+\Delta w} - A_w g_w \Delta w \bigg|_v$$

$$= \frac{\partial}{\partial v}(g_w A_w)\Delta v \Delta w - \frac{\partial}{\partial w}(g_v A_v)\Delta w \Delta v \ .$$

Im Limes $\Delta F \rightarrow 0$ erhält man

$$\text{rot}_u \vec{A} = \frac{1}{g_v g_w}\left[\frac{\partial}{\partial v}(g_w A_w) - \frac{\partial}{\partial w}(g_v A_v)\right] \ . \tag{8.17a}$$

Analog ist bei den andren Komponenten u, v, w zyklisch zu vertauschen. Man kann das in Determinantenform zusammenfassen:

$$\text{rot}\vec{A} = \begin{vmatrix} \dfrac{\vec{e}_u}{g_v g_w} & \dfrac{\vec{e}_v}{g_w g_u} & \dfrac{\vec{e}_w}{g_u g_v} \\[2mm] \partial_u & \partial_v & \partial_w \\[1mm] g_u A_u & g_v A_v & g_w A_w \end{vmatrix} \ . \tag{8.17b}$$

Diese allgemeinen Formeln sind nun für konkrete krummlinig-orthogonale Koordinaten individuell hinzuschreiben. Die nächsten Abschnitte bringen zwei der wichtigsten Beispiele. Doch gibt es noch eine Vielzahl weiterer nützlicher Koordinatensysteme, für die man bei Bedarf die metrischen Koeffizienten g_i bestimmen und in (8.14) bis (8.17) einsetzen kann.

Die im Literaturverzeichnis aufgeführten Tabellenwerke enthalten solche Formeln. Als nützlich in diesem Zusammenhang soll zusätzlich das Werk von Moon und Spencer (1961) genannt werden.[1]

8.2.2   Die Formeln in Zylinderkoordinaten

Die metrischen Koeffizienten g_ρ, g_φ, g_z für zylindrische Polarkoordinaten sind in (8.11) angegeben worden. Die Differentialoperationen lauten in diesem speziellen Koordinatensystem gemäß (8.14) bis (8.17) so:

$$\text{grad}_\rho \phi = \frac{\partial \phi}{\partial \rho}, \quad \text{grad}_\varphi \phi = \frac{1}{\rho}\frac{\partial \phi}{\partial \varphi}, \quad \text{grad}_z \phi = \frac{\partial \phi}{\partial z} \ ; \tag{8.18}$$

---

[1] Moon, P.; Spencer, D. E.: Field Theory Handbook. Berlin-Heidelberg-New York-Göttingen 1961

$$\operatorname{div}\vec{A} = \frac{1}{\rho}\frac{\partial(\rho A_\rho)}{\partial\rho} + \frac{1}{\rho}\frac{\partial A_\varphi}{\partial\varphi} + \frac{\partial A_z}{\partial z} \; ; \tag{8.19}$$

$$\Delta\phi = \frac{1}{\rho}\frac{\partial}{\partial\rho}\left(\rho\frac{\partial\phi}{\partial\rho}\right) + \frac{1}{\rho^2}\frac{\partial^2\phi}{\partial\varphi^2} + \frac{\partial^2\phi}{\partial z^2} \; ; \tag{8.20}$$

$$\left.\begin{array}{rl} \operatorname{rot}_\rho\vec{A} &= \dfrac{1}{\rho}\dfrac{\partial A_z}{\partial\varphi} - \dfrac{\partial A_\varphi}{\partial z} \,, \\[2mm] \operatorname{rot}_\varphi\vec{A} &= \dfrac{\partial A_\rho}{\partial z} - \dfrac{\partial A_z}{\partial\rho} \,, \\[2mm] \operatorname{rot}_z\vec{A} &= \dfrac{1}{\rho}\dfrac{\partial(\rho A_\varphi)}{\partial\rho} - \dfrac{1}{\rho}\dfrac{\partial A_\rho}{\partial\varphi} \,. \end{array}\right\} \tag{8.21}$$

8.2.3 Die Formeln in Kugelkoordinaten

Die für sphärische Polarkoordinaten geltenden metrischen Koeffizienten $g_r, g_\vartheta, g_\varphi$ sind in (8.13) bestimmt worden. Spezialisierung von (8.14) bis (8.17) liefert:

$$\operatorname{grad}_r\phi = \frac{\partial\phi}{\partial r}, \quad \operatorname{grad}_\vartheta\phi = \frac{1}{r}\frac{\partial\phi}{\partial\vartheta}, \quad \operatorname{grad}_\varphi\phi = \frac{1}{r\sin\vartheta}\frac{\partial\phi}{\partial\varphi} \,. \tag{8.22}$$

$$\operatorname{div}\vec{A} = \frac{1}{r^2}\frac{\partial(r^2 A_r)}{\partial r} + \frac{1}{r\sin\vartheta}\frac{\partial(\sin\vartheta A_\vartheta)}{\partial\vartheta} + \frac{1}{r\sin\vartheta}\frac{\partial A_\varphi}{\partial\varphi} \,. \tag{8.23}$$

$$\Delta\phi = \frac{1}{r^2}\frac{\partial}{\partial r}\left(r^2\frac{\partial\phi}{\partial r}\right) + \frac{1}{r^2\sin\vartheta}\frac{\partial}{\partial\vartheta}\left(\sin\vartheta\frac{\partial\phi}{\partial\vartheta}\right) + \frac{1}{r^2\sin^2\vartheta}\frac{\partial^2\phi}{\partial\varphi^2} \,. \tag{8.24}$$

$$\left.\begin{array}{rl} \operatorname{rot}_r\vec{A} &= \dfrac{1}{r\sin\vartheta}\dfrac{\partial(\sin\vartheta A_\varphi)}{\partial\vartheta} - \dfrac{1}{r\sin\vartheta}\dfrac{\partial A_\vartheta}{\partial\varphi}, \\[2mm] \operatorname{rot}_\vartheta\vec{A} &= \dfrac{1}{r\sin\vartheta}\dfrac{\partial A_r}{\partial\varphi} - \dfrac{1}{r}\dfrac{\partial(r A_\varphi)}{\partial r}, \\[2mm] \operatorname{rot}_\varphi\vec{A} &= \dfrac{1}{r}\dfrac{\partial(r A_\vartheta)}{\partial r} - \dfrac{1}{r}\dfrac{\partial A_r}{\partial\vartheta} \,. \end{array}\right\} \tag{8.25}$$

Abschließend sei noch einmal auf den Hinweis b. in Abschn. 4.6.2 aufmerksam gemacht. Um z. B. $(\Delta\vec{A})_r$ in sphärischen Polarkoordinaten auszurechnen, verwende man $\operatorname{rot}(\operatorname{rot}\vec{A}) = \vec{\nabla}\times(\vec{\nabla}\times\vec{A}) = \vec{\nabla}(\vec{\nabla}\cdot\vec{A}) - (\vec{\nabla}\cdot\vec{\nabla})\vec{A}$. Also ist

$$\Delta\vec{A} = \operatorname{grad}(\operatorname{div}\vec{A}) - \operatorname{rot}(\operatorname{rot}\vec{A}) \,.$$

Damit lassen sich alle Komponenten von $\Delta\vec{A}$ durch wiederholtes Anwenden der Formeln für grad, div, rot in sphärischen Polarkoordinaten bestimmen. Eine etwas längere, aber klare Rechnung ergibt für $(\Delta\vec{A})_r = \operatorname{grad}_r(\operatorname{div}\vec{A}) - \operatorname{rot}_r(\operatorname{rot}\vec{A})$ den Ausdruck

$$(\Delta\vec{A})_r = \Delta A_r - \frac{2}{r^2}A_r - \frac{2}{r^2\sin\vartheta}\frac{\partial}{\partial\vartheta}\sin\vartheta A_\vartheta - \frac{2}{r^2\sin\vartheta}\frac{\partial}{\partial\varphi}A_\varphi \,. \tag{8.26}$$

Nicht einmal dann, wenn A_ϑ und A_φ Null sein sollten, ist die r-Komponente von $\Delta\vec{A}$ durch ΔA_r gegeben. Nur in kartesischen Koordinaten gilt $(\Delta\vec{A})_i = \Delta A_i$.

8.2.4 Übungen zum Selbsttest: Differentialoperationen in krummlinigen Koordinaten

1. Wie heißen die Komponenten von $\mathrm{grad}(\vec{a}\cdot\vec{r})$ im begleitenden Dreibein sphärischer Polarkoordinaten? (Polarachse in $\vec{a}$-Richtung legen.)
2. Der Gradient von $\phi = xyz = r^3 \sin^2\vartheta \cos\vartheta \sin\varphi \cos\varphi$ ist in Kugelkoordinaten anzugeben.
3. Bestimmen Sie grad div $\vec{e}_r$ und rot $\vec{e}_\vartheta$ in Kugelkoordinaten. (Rechnen Sie in krummlinigen, aber zum Vergleich auch in kartesischen Koordinaten. Sie lernen, erstere zu schätzen.)
4. Der Laplaceoperator in Zylinderkoordinaten ist auf $\phi(\vec{r}) = r$ anzuwenden.
5. Welche Komponenten hat $\mathrm{rot}(\vec{\omega}\times\vec{r})$ in zylindrischen Polarkoordinaten? Dazu bestimme man erst $\vec{A} := \vec{\omega}\times\vec{r}$ in diesen Koordinaten.

Gewöhnliche Differentialgleichungen 9

Die wichtigste und vielleicht häufigste Art, in der Naturgesetze formuliert werden, sind *Differentialgleichungen*. Das sind solche Gleichungen, in denen die Ableitung(en) der gesuchten Funktion(en) vorkommt. Die interessierende Funktion $y(x)$ ist nicht direkt und unmittelbar gegeben, sondern wird durch eine Gleichung bestimmt, die auch ihre Ableitung y' enthält, möglicherweise auch höhere Ableitungen y'', ... Es besteht dann die Aufgabe, $y(x)$ aus dieser Gleichung zu bestimmen. Das bezeichnet man als *Lösen* der Differentialgleichung.

Von *gewöhnlichen Differentialgleichungen* sprechen wir, wenn eine oder mehrere (N) Funktionen $y_a(x)$, $a = 1, 2, \ldots, N$ gesucht werden, die jeweils nur von einer Variablen abhängen, x genannt oder auch t (die Zeit). Einige für Physiker besonders wichtige Beispiele sind die Bewegungsgleichungen der Mechanik von NEWTON, LAGRANGE oder HAMILTON. Sucht man die Bahnkurve $\vec{r}(t)$ eines (punktförmigen) Körpers der Masse m als Funktion der Zeit t, so stellt die Newtonsche Bewegungsgleichung $m\ddot{\vec{r}}(t) = \vec{K}(\vec{r}(t))$ mit vorgegebenem Kraftfeld $\vec{K}(\vec{r})$ einen Satz von drei gewöhnlichen Differentialgleichungen 2. Ordnung dar (*n-ter Ordnung*, wenn Ableitungen bis zur Ordnung n einschließlich vorkommen). $N = 3$ deshalb, weil drei Funktionen $x(t)$, $y(t)$, $z(t)$ zu bestimmen sind, die die Komponenten des Ortsvektors $\vec{r}(t)$ bedeuten. Zur Erinnerung: Der Punkt über $\vec{r}(t)$ bedeutet die Ableitung nach der Zeit, zwei Punkte die zweite Ableitung nach der Zeit; $\ddot{\vec{r}}$ ist die Beschleunigung, ein Vektor.

Die N (hier gleich 3) Differentialgleichungen sind i. Allg. miteinander „gekoppelt", d. h. können nur gemeinsam gelöst werden. So ist es z. B., wenn $\vec{K}(\vec{r}) = -\gamma m M \vec{r}/r^3$ die Gravitationskraft ist. Beim harmonischen Oszillator andererseits ist die Kraft linear von der Auslenkung abhängig, $\vec{K}(\vec{r}) = -c\vec{r}$; dann zerfällt das Newtonsche Gleichungssystem in je einzelne Gleichungen für je eine Komponente, $m\ddot{x}(t) = -cx(t)$, analog für $y(t)$ und $z(t)$. In diesem einführenden Abschnitt werden überwiegend gewöhnliche Differentialgleichungen für nur eine Funktion behandelt werden, in der Mehrzahl von 1. oder 2. Ordnung.

Wenn die gesuchte Funktion von mehreren Variablen abhängig ist, z. B. das elektrische Potenzial φ als Funktion des Ortes $\vec{r}$, also $\varphi(x, y, z)$, dann treten anstelle der gewöhnli-

S. Großmann, *Mathematischer Einführungskurs für die Physik*,
DOI 10.1007/978-3-8348-8347-6_9,
© Vieweg+Teubner Verlag | Springer Fachmedien Wiesbaden 2012

chen Ableitung partielle Ableitungen auf. Differentialgleichungen, in denen die partiellen Ableitungen von Funktionen mehrerer Variabler vorkommen, heißen *partielle Differentialgleichungen*. Ein wichtiges physikalisches Beispiel ist die Bestimmung des elektrostatischen Feldes $\vec{E}(\vec{r})$ aus einer vorgegebenen Ladungsverteilung $\rho(\vec{r})$. Es gilt div $\vec{E} = \rho/\epsilon_0$. Drückt man $\vec{E}$ durch sein Potenzialfeld $\varphi(\vec{r})$ aus, $\vec{E} = -\text{grad } \varphi$, so ergibt sich durch Einsetzen

$$\text{div grad } \varphi = \Delta\varphi = \partial^2\varphi/\partial x^2 + \partial^2\varphi/\partial y^2 + \partial^2\varphi/\partial z^2 = -\rho(\vec{r})/\epsilon_0 \,.$$

Gegeben ist $\rho(\vec{r})$ und die absolute Dielektrizitätskonstante ϵ_0, gesucht ist das Potenzial $\varphi(x, y, z)$ aus einer partiellen Differentialgleichung 2. Ordnung.

Zur Lösung partieller Differentialgleichungen wird einiges in Kap. 10 (Randwertprobleme) gesagt werden. Dieses Kapitel beschäftigt sich mit den Grundregeln zur Lösung gewöhnlicher Differentialgleichungen.

9.1 Physikalische Motivation

Wir betrachten ein Stück Uran oder einen Behälter mit radioaktivem Jod. Dauernd zerfallen Atomkerne in unregelmäßiger Folge. Dadurch nimmt die Zahl der noch vorhandenen ^{238}U- oder ^{131}I-Kerne ständig ab. Die Zahl der Zerfälle ist offenkundig umso größer, je mehr nichtzerfallene Kerne vorhanden sind und je länger das Zeitintervall ist, in dem wir die Zerfälle zählen.

Diese einfachen und experimentell gut zu verifizierenden Feststellungen setzen wir in eine Formel um. Sie wird eine Differentialgleichung sein. Sei $N(t)$ die zur Zeit t vorhandene Zahl noch nicht zerfallener Atomkerne. Während eines kleinen Zeitintervalls Δt mögen $\Delta N(t)$ Zerfälle stattfinden. Die eben geschilderte experimentelle Feststellung lautet dann

$$\Delta N(t) = -\lambda N(t)\Delta t \,. \tag{9.1}$$

Das Minuszeichen kennzeichnet die Abnahme von $N(t)$, d. h. $\Delta N < 0$. Die Proportionalitätskonstante λ heißt „Zerfallsrate". Das Zerfallsgesetz (9.1) ist äquivalent (für $\Delta t \to 0$) zur gewöhnlichen Differentialgleichung 1. Ordnung

$$\frac{dN(t)}{dt} = -\lambda N(t) \,. \tag{9.2}$$

Hieraus muss $N(t)$, die zur Zeit t noch vorhandene Zahl unzerfallener Atomkerne, bestimmt werden. Natürlich handelt es sich um mittlere Angaben. Die Zerfallsrate λ kennzeichnet die mittlere Zahl der Zerfälle pro Atomkern und pro Zeit. Je größer λ, desto wahrscheinlicher der Zerfall eines Kerns, desto kürzer seine Lebensdauer bzw. die eng damit verbundene Halbwertszeit, nach der gerade noch die Hälfte der ursprünglich vorhandenen Atomkerne nicht zerfallen ist. Typische Halbwertszeiten sind 8 d für ^{131}I, 30 a für ^{90}Sr und für ^{137}Cs, $4,5 \cdot 10^9$ a für ^{238}U.

Abb. 9.1 Eindimensionale Bewegung eines Kolbens in einem Rohr unter dem Einfluss einer Federkraft

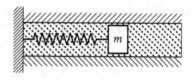

Ähnliche Überlegungen gelten für das Wachstum von Populationen. Oft ist der Zuwachs $\Delta N(t)$ einer Population aus $N(t)$ Individuen während einer Zeitspanne Δt proportional zu N und zu Δt (Malthus, 1798)[1]. Der Proportionalitätsfaktor a, bezeichnet als Wachstumsrate, kennzeichnet den Zuwachs pro Zeit und pro Individuum und hängt von der Qualität der für die Vermehrung wichtigen Lebensbedingungen ab. Bei zu groß werdender Population verschlechtern sich allerdings i. Allg. die Wachstumsbedingungen, beschreibbar (Verhulst, 1838)[2] durch eine kleiner werdende effektive Wachstumsrate $a(1 - bN)$. Erreicht N den Wert $1/b$, ist kein weiteres Wachstum mehr möglich, da die effektive Rate dann Null ist. Diese Wachstumsgesetze ergeben für $N(t)$ die Differentialgleichung

$$\frac{dN}{dt} = a(1 - bN)N \,. \tag{9.3}$$

Ein weiteres Beispiel liefert die Bewegung eines Stempels der Masse m in einem Hohlzylinder unter dem Einfluss einer Federkraft, Abb. 9.1. Seine Auslenkung $x(t)$ aus der Ruhelage $(x = 0)$ ändert sich als Funktion der Zeit mit der Geschwindigkeit $v(t) = dx(t)/dt \equiv \dot{x}$. Zwei Kräfte treten auf:

1. Die Federkraft $K_F = -cx$ versucht den Stempel in die Ruhelage zurückzubringen.
2. Die Bewegung wird durch eine Reibungskraft K_R gebremst; diese ist erfahrungsgemäß von der Geschwindigkeit abhängig, unter gewissen Bedingungen proportional zu v, unter anderen proportional zu v^2 oder anderen v-Potenzen, also $K_R = -\beta|v|^\alpha \mathrm{sgn}\, v$.

Nach dem Newtonschen Gesetz bestimmt die Summe der Kräfte das Produkt aus Masse und Beschleunigung, also $m\ddot{x}(t)$. Deshalb ergibt das Newtonsche Bewegungsgesetz eine Differentialgleichung 2. Ordnung für die Auslenkung $x(t)$ des Stempels,

$$m\ddot{x}(t) = -cx - \beta|\dot{x}|^\alpha \mathrm{sgn}\, \dot{x} \,. \tag{9.4}$$

Analog liefert das Newtonsche Gesetz für eine unter dem Einfluss konstanter Erdbeschleunigung g nach unten fallenden Masse m (s. Abb. 9.2) bei geschwindigkeitsproportionaler Bremsung die Differentialgleichung für die Höhe $h(t)$

$$m\ddot{h} = -mg - \beta\dot{h} \,. \tag{9.5}$$

---

[1] Malthus, 1798
[2] Verhulst, 1838

Abb. 9.2 Der Fall einer Masse unter dem Einfluss der Schwerkraft und der Reibung durch Luftmoleküle

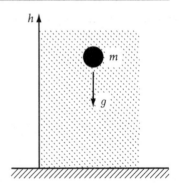

Abb. 9.3 Serienschaltkreis („in Reihe") aus Kondensator C und Widerstand R an einer Wechselspannung $U(t)$ (Serienschwingkreis)

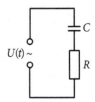

Weitere Beispiele physikalischer Differentialgleichungen entnehmen wir der Elektrizitätslehre. Ein Kondensator der Kapazität C und ein Widerstand R werden in Reihe an eine Wechselstromquelle $U(t) = U_0 \sin(\omega t)$ geschaltet, s. Abb. 9.3. Nach dem Kirchhoffschen Gesetz gilt $U_R + U_C = U(t)$. Die Spannung U_R am Widerstand ist nach dem Ohmschen Gesetz gleich dem Produkt aus Widerstand R und Stromstärke I, $U_R = RI$; die Spannung U_C am Kondensator ist mit der darauf befindlichen Ladung Q gemäß $Q = CU_C$ verbunden; C bezeichnet die Kapazität, das „Ladungs-Fassungsvermögen". Da die Ladung Q durch den Strom I auf den Kondensator gelangt, gilt der Zusammenhang $I = \dot{Q}$. Aus dem Kirchhoffschen Gesetz folgern wir deshalb eine Differentialgleichung für $Q(t)$ (und damit für $I(t)$):

$$R\dot{Q} + \frac{Q}{C} = U_0 \sin(\omega t). \tag{9.6}$$

Bei manchen Schaltelementen ist der Zusammenhang zwischen Spannung und Strom bzw. Ladung nichtlinear (also nicht zueinander proportional). So ist es z. B. bei sogenannten Varaktordioden („variable capacity"). In der Regel gilt der lineare Zusammenhang dann nur bei kleinen *Änderungen* der physikalischen Größen. Zum Beispiel bewirkt eine kleine Spannungs*änderung* ΔU am Varaktor eine kleine Ladungs*änderung* ΔQ, jedoch hängt der Proportionalitätsfaktor, der die Bedeutung einer „differentiellen Kapazität" hat, von der Spannung ab, $\Delta Q = C(U)\Delta U$.

Die unmittelbare Konsequenz ist, dass der gesuchte Zusammenhang $Q(U)$ zwischen Ladung und Spannung am Varaktor aus einer Differentialgleichung zu gewinnen ist,

$$\frac{dQ}{dU} = C(U) . \tag{9.7}$$

Die differentielle Kapazität von Varaktordioden ermittelt man experimentell häufig zu

$$C(U) = \frac{C_V}{1 + U/U_V} . \tag{9.8}$$

Dies besagt, für kleine Spannungen U hat der Varaktor eine praktisch konstante Kapazität, nämlich C_V, doch bei zunehmender Spannung verringert sich $C(U)$ mehr und mehr. C_V und U_V sind bauelementtypische Konstanten.

Erst wenn man aus (9.7) mit (9.8), also durch Lösen einer (einfachen) Differentialgleichung, die gesuchte Funktion $Q(U)$ ermittelt hat, kann man ihre Umkehrfunktion $U(Q)$ bilden und anstelle von Q/C in (9.6) einsetzen

$$R\dot{Q} + U(Q) = U_0 \sin(\omega t) . \tag{9.9}$$

Diese Differentialgleichung liefert dann $Q(t)$, d. h. den zeitlichen Verlauf der Ladung am Varaktor. Mittels $U(Q(t))$ kann man die Spannung am Varaktor und mittels $\dot{Q} = I$ den Strom als Funktion der Zeit berechnen.

Die Lösung $Q(U)$ von (9.7), (9.8) ergibt *keinen* linearen Zusammenhang zwischen U und Q (also Q nicht proportional zu U). Deshalb ist $U(Q)$ in (9.9) ebenfalls nichtlinear, und deshalb heißt (9.9) eine *nichtlineare Differentialgleichung*. Die Lösungen nichtlinearer Differentialgleichungen sind wegen ihrer besonders interessanten Eigenschaften Gegenstand intensiver Forschung.

Ein charakteristisches Phänomen nichtlinearer Differentialgleichungen ist das Auftreten von „Chaos". Eine Lösung heißt *chaotisch*, wenn sie dauernd zeitabhängig ist, sich dabei aber nicht periodisch verhält, in einem beschränkten Wertebereich bleibt, sowie kleinste Änderungen des Anfangswertes zu völlig anderem Lösungsverlauf führen.

Chaos ist zwar bei *einer* nichtlinearen Differentialgleichung für *eine* gesuchte Funktion noch nicht möglich, auch noch nicht bei zweien für zwei Funktionen, wohl aber bei drei (oder mehr) gekoppelten nichtlinearen Differentialgleichungen für *drei* Funktionen $x(t)$, $y(t)$, $z(t)$. Chaotisches Verhalten gehört deshalb zum physikalischen Alltag.

Die Differentialgleichung (9.9) heißt „inhomogen", weil sie ein von der gesuchten Funktion (hier Q) unabhängiges (nicht mit $Q \to 0$ verschwindendes) Glied enthält (hier die rechte Seite). Auch (9.6) ist eine inhomogene Differentialgleichung, und zwar bei konstantem C eine bezüglich der gesuchten Funktion Q lineare. Gleichung (9.5) ist linear, inhomogen (wegen $-mg$). Gleichung (9.4) enthält kein inhomogenes Glied. Falls $\alpha = 1$, ist diese Differentialgleichung linear, sonst (für $\alpha \neq 1$) nichtlinear. Gleichung (9.3) ist eine nichtlineare Differentialgleichung (wegen des Gliedes $\sim N^2$), (9.2) eine lineare. Gleichungen (9.2), (9.3), (9.6) sind 1. Ordnung, (9.4) und (9.5) sind 2. Ordnung.

Wohin man bei den physikalischen Anwendungen auch schaut, immer wieder stößt man auf Differentialgleichungen, lineare oder nichtlineare, homogene oder inhomogene, 1., 2. oder n. Ordnung, gewöhnliche oder partielle. Als unabhängige Variable kann die Zeit t, der Ort $\vec{r}$, die Spannung U oder eine sonst geeignete physikalische Größe auftreten.

Dieser Abschnitt macht deshalb einsichtig, warum es sich lohnt, die wichtigsten Lösungsmethoden für Differentialgleichungen kennenzulernen.

9.2   Lösen von Differentialgleichungen

Nachdem die große Bedeutung von Differentialgleichungen wohl offenkundig geworden ist, stellt sich die Frage, wie man sie lösen kann. Zunächst werden Differentialgleichungen 1. Ordnung für *eine* Funktion $y(x)$ *einer* Variablen x betrachtet, definiert über einem Definitionsbereich, $x \in I$, $y \in J$, zusammen $(x, y) \in I \times J$. Aufgelöst nach der Ableitung $y'(x)$ haben sie die Form

$$y' = f(x, y) \, . \tag{9.10}$$

Die konkrete Gestalt von $f(x, y)$ hängt vom Problem ab. Zum Beispiel wäre in (9.9) $f(t, Q)$ durch $-U(Q)/R + (U_0/R)\sin(\omega t)$ gegeben. In (9.7) hängt die rechte Seite überhaupt nicht von der gesuchten Funktion Q ab, sondern $f(U, Q) = C(U)$. In (9.3) wiederum kommt auf der rechten Seite die unabhängige Variable t nicht vor, also $f(t, N) = a(1 - bN)N$. $f(x, y)$ kann also sehr unterschiedlich aussehen.

Was heißt nun, die Differentialgleichung (9.10) zu *lösen*? Dazu ist eine solche Funktion $y(x|I)$ zu suchen, für die im Definitionsbereich, also für alle $x \in I$, folgende Gleichung erfüllt ist: $y'(x) = f(x, y(x))$.

Gibt es eine solche Lösung stets? Gibt es vielleicht sogar mehrere? Diese Fragen nach der Existenz und der Eindeutigkeit der Lösung von Differentialgleichungen beschäftigen die mathematischen Kollegen sehr. In manchen Fällen können sie sie erschöpfend beantworten, in anderen sind Existenz und Eindeutigkeit noch offen (z. B. für die partiellen Differentialgleichungen von Flüssigkeitsströmungen, die Navier-Stokes-Gleichungen). Den Physiker regen Existenz- und Eindeutigkeitsfragen eher weniger auf. Die Natur macht uns vor, *dass* es *eine* Lösung gibt.

Allerdings, und diesen Aspekt der Eindeutigkeit müssen wir uns klarmachen, bedarf es zusätzlich zur Differentialgleichung stets noch der Vorgabe von Anfangswerten oder Randwerten. Beim radioaktiven Zerfall oder beim Populationswachstum z. B. kann man die ursprüngliche Anzahl $N(t = 0) = N_0$ offenkundig frei und willkürlich wählen. Bei der Bewegung von Massen (also bei (9.4) oder (9.5)) kann man sowohl den anfänglichen Ort $x(t = 0) = x_0$ als auch die anfängliche Geschwindigkeit $\dot{x}(t = 0) \equiv v(t = 0) = v_0$ frei wählen. Die Anzahl der wählbaren Vorgaben hängt von der Ordnung der gewöhnlichen Differentialgleichungen und von deren Anzahl ab: Man benötigt n Vorgaben bei jeder Differentialgleichung n. Ordnung.

Ohne weitere Vorgaben hat eine Differentialgleichung als solche also viele Lösungen. Erst durch Anfangs- oder Randwerte wählt man genau eine davon aus. Deshalb sprechen wir von der „allgemeinen Lösung" $y(x|c, I)$, in der ein offener Parameter c frei ist (eventuell auch mehrere), dessen Wert erst durch die Wahl einer Anfangsbedingung festgelegt wird. Eine Lösung von (9.10) ist dann eine Funktion $y(x|x_0, y_0, I)$, die einerseits

$$y'(x|x_0, y_0, I) = f(x, y(x|x_0, y_0, I)), \quad x \in I \, , \tag{9.11a}$$

für alle x identisch erfüllt, andererseits der Anfangsbedingung genügt

$$y(x = x_0|x_0, y_0, I) = y_0 \, . \tag{9.11b}$$

Folgenden Möglichkeiten begegnet man: Es *gibt* eine und zwar *genau eine* Lösung durch den gewählten Anfangspunkt (x_0, y_0). Oder: Eine solche Lösung existiert nicht; bei stetigen Funktionen f passiert einem das allerdings nicht. Oder: Es gibt trotz Wahl einer Anfangsbedingung $y(x_0) = y_0$ mehrere Lösungen. Oder: Man kann sich zwar einer Lösung sicher sein, jedoch nur in einer hinreichend kleinen Umgebung des Anfangswertes x_0 (lokale Existenz). Oder: Es existiert eine Lösung für alle $x \in I$ (globale Lösung).

Doch nun in die konkrete Praxis der Lösungsmethoden.

9.3 Trennung der Variablen

9.3.1 Verfahren

Besonders einfach ist der Fall, bei dem die rechte Seite von $y' = f(x, y)$ allein von der unabhängigen Variablen x abhängt,

$$y' = f(x) . \tag{9.12}$$

Dann ist $y(x)$ offenbar eine Stammfunktion von $f(x)$, d. h.

$$y(x) = \int^{x} f(x')\mathrm{d}x' + c . \tag{9.13a}$$

Man sieht, wie ein freier Parameter c automatisch auftaucht, der durch einen vorgegebenen Anfangswert $y(x_0) = y_0$ festgelegt werden kann

$$y(x) = y_0 + \int_{x_0}^{x} f(x')\mathrm{d}x' . \tag{9.13b}$$

Ein Beispiel ist die Differentialgleichung (9.7) für die Ladung Q auf einer Varaktordiode bei vorgegebener differentieller Kapazität (9.8). Die Lösung lautet hier

$$Q(U) = \int \frac{\mathrm{d}U' C_\mathrm{V}}{(1 + U'/U_\mathrm{V})} = C_\mathrm{V} U_\mathrm{V} \ln(1 + U/U_\mathrm{V}) + \mathrm{const} .$$

Die Konstante legen wir dadurch fest, dass aus physikalischen Gründen ohne angelegte Spannung (also für $U = 0$) auch keine Ladung vorhanden sein soll (also $Q(U = 0) = 0$). Folglich ist const $= 0$. Die für (9.9) benötigte Umkehrfunktion lautet dann

$$U(Q) = U_\mathrm{V} \left(e^{\frac{Q}{C_\mathrm{V} U_\mathrm{V}}} - 1 \right) . \tag{9.14}$$

Sofern Ladung und Spannung klein sind, liefert die Taylorentwicklung $U \approx Q/C_\mathrm{V}$, den bekannten linearen Zusammenhang. Im Allgemeinen aber reagiert die Spannung stark auf

Abb. 9.4 Leibnizsches Subtangentenproblem. Man suche die Funktion, deren Subtangente an jeder Stelle dieselbe Länge l hat, also $y' = y/l$

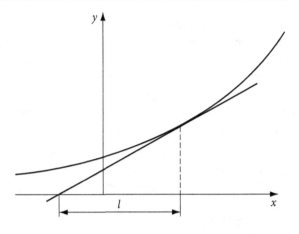

Ladungsänderungen (exponentiell) beziehungsweise führen Spannungsänderungen nur zu kleinen Ladungsanpassungen (logarithmisch).

Der nächste einfache Fall ist, wenn in der Differentialgleichung (9.10) $y' = f(x, y)$ die rechte Seite allein von der gesuchten Funktion y abhängt,

$$y' = f(y) . \tag{9.15}$$

So ist es in den Beispielen (9.2), (9.3) oder in dem hübschen historischen Subtangentenproblem (Abb. 9.4) von LEIBNIZ (1684), dem Mitbegründer der klassischen Analysis. In diesen Fällen (9.15) gelingt die Lösung der Differentialgleichung so:

Wir *trennen* unter Beachtung von $y' = \mathrm{d}y/\mathrm{d}x$ die unabhängige Variable x von der gesuchten Variablen y

$$\frac{\mathrm{d}y}{f(y)} = \mathrm{d}x . \tag{9.16}$$

Von dieser differentiellen Gleichung bilden wir auf beiden Seiten entweder das unbestimmte Integral,

$$\int^{y} \frac{\mathrm{d}\eta}{f(\eta)} = x + \text{const} , \tag{9.17a}$$

oder sogleich unter Verwendung des Anfangswertes $y(x_0) = y_0$ das bestimmte Integral

$$\int_{y_0}^{y} \frac{\mathrm{d}\eta}{f(\eta)} = x - x_0 . \tag{9.17b}$$

Die Kontrolle durch Differenzieren ist wohl evident: links nach y, rechts nach x ableiten ergibt wieder (9.16). Zwar liefert (9.17) erst den funktionalen Zusammenhang $x = x(y)$, aber hieraus folgt als Umkehrfunktion sofort (notfalls graphisch) $y = y(x|x_0, y_0)$.

9.3.2 Beispiele zur übenden Erläuterung

Radioaktiver Zerfall, (9.2): Trennung der Variablen ergibt

$$\frac{dN}{N} = -\lambda dt \ . \tag{9.18}$$

Wir führen links und rechts das bestimmte Integral aus; wenn die Zeit von 0 bis t läuft, verändert sich die Anzahl der noch nicht zerfallenen Kerne von N_0 bis $N(t)$.

$$\ln N \Big|_{N_0}^{N(t)} = -\lambda \Big|_0^t \ , \quad \text{also} \quad \ln N(t) - \ln N_0 = -\lambda(t - 0) \ ,$$

somit $\ln(N(t)/N_0) = -\lambda t$ mit der Umkehrfunktion $N(t) = N_0 \exp(-\lambda t)$.

Ähnlich berechnen wir die Lösung des Subtangentenproblems, $y(x) = y_0 \exp(-x/l)$, vgl. Abb. 9.4.

Man wird (und sollte) fragen, wozu der Aufwand? In beiden Beispielen ist doch die Aufgabe, eine Funktion zu suchen, deren Ableitung bis auf einen Faktor mit eben der Funktion übereinstimmt. Wir wissen doch, dass gerade die Exponentialfunktion durch diese Eigenschaft charakterisiert ist. Richtig, aber wie ist es dann im Fall (9.3)? Oder gar bei (9.4), wo für $c = 0$ für die Geschwindigkeit $v(= \dot{x})$ die Differentialgleichung (für den Fall $v > 0$)

$$\dot{v} = -\zeta v^\alpha \tag{9.19}$$

gelöst werden muss (β/m ist mit ζ abgekürzt worden)?

Zunächst die Lösung des Verhulstmodells durch Trennung der Variablen. $a dt = dN/[N(1 - bN)] = \left(1/N + b/(1 - bN)\right)dN$; integrieren von 0 bis t bzw. von N_0 bis $N(t)$ gibt $at = \ln\left(\frac{N(t)}{N_0}\right) - \ln\left[\frac{1-bN(t)}{1-bN_0}\right]$; Umkehrfunktion

$$N(t) = \frac{N_0}{bN_0 + (1 - bN_0) \exp(-at)} \ . \tag{9.20}$$

Die Lösung läuft im Definitionsbereich $t \in I = [0, \infty)$ und im Wertebereich $J = [N_0, b^{-1})$. Sofern bzw. solange die Wachstumshinderung durch die bereits vorhandene Population nicht recht wirksam ist, also bN_0 klein, erhält man exponentielles Wachstum, $N(t) = N_0 \exp(at)$. Schließlich wird asymptotisch der stationäre Wert $1/b$ erreicht.

Nun zur Abnahme der Geschwindigkeit unter dem Einfluss bremsender Reibung, siehe (9.19). Für geschwindigkeitsproportionale Reibung, also $\alpha = 1$, finden wir die Lösung sofort durch Vergleich mit dem radioaktiven Zerfallsgesetz: $v = v_0 e^{-\zeta t}$. Der Anfangswert v_0 beeinflusst das zeitliche Abklingen nicht. Vielmehr wird dies allein durch die Abklingrate ζ charakterisiert. Die Geschwindigkeit sinkt exponentiell.

Falls jedoch $\alpha \neq 1$ ist, ist alles ganz anders. Trennung der Variablen ($v > 0$ unterstellt) ergibt jetzt $dv/v^\alpha = -\zeta dt$. Somit $\left(v^{1-\alpha} - v_0^{1-\alpha}\right)/(1 - \alpha) = -\zeta t$. Die Lösung als Umkehrfunktion lautet

$$v(t|v_0) = \left[v_0^{1-\alpha} - (1 - \alpha)\zeta t\right]^{\frac{1}{(1-\alpha)}} \ . \tag{9.21}$$

Abb. 9.5 Lösungen $v(t|v_0, I)$
(9.21) der Differentialgleichung (9.19) für verschiedene
Bremsgesetze $K_R = -m\zeta v^\alpha$
(s. Abb. 9.6). Nach einer Anfangsphase folgt ein Potenzabfall
($\alpha > 1$), exponentieller Abfall
($\alpha = 1$), Bremsung in endlicher
Zeit ($\alpha < 1$), linear ($\alpha = 0$).
($\zeta/v_0^{1-\alpha} = 1$ gesetzt)

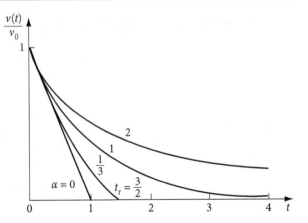

Man erkennt schon am Nenner $1 - \alpha$, dass $\alpha \neq 1$ wesentlich ist und $\alpha = 1$ eine Sonderrolle
spielt. Im Allgemeinen ist die Lösung ein Potenzgesetz und nicht exponentiell!

Bei überproportional mit der Geschwindigkeit abfallender Reibung, $\alpha > 1$, lautet das
Gesetz für den zeitlichen Abfall nach einer Anfangsphase (Abb. 9.5)

$$v(t) = [(\alpha - 1)\zeta t]^{\frac{-1}{(\alpha-1)}}, \quad t \gg \frac{v_0^{(1-\alpha)}}{(\alpha - 1)\zeta}, \tag{9.22}$$

ist also ein Potenzgesetz $v(t) \sim t^{-1/(\alpha-1)}$.

Wegen der relativ immer schwächer werdenden Bremsung kommt die Bewegung erst
asymptotisch zur Ruhe. Interessante, charakteristische Eigenschaften der Lösung (9.22)
sind einmal ihre Unabhängigkeit vom Anfangswert v_0 für nicht zu kleine t („Universali-
tät", was es im linearen Fall $\alpha = 1$ nicht gibt), zum anderen ihre *Selbstähnlichkeit*,

$$v(\lambda t) = \lambda^\chi v(t), \quad \text{mit} \quad \chi = \frac{-1}{(\alpha - 1)}. \tag{9.23}$$

Diese besagt: gleichzeitige Umskalung der Zeit *und* der Geschwindigkeit lässt die
Lösung unverändert. Diese Eigenschaft der Selbstähnlichkeit oder Selbstaffinität ist *die* typische Signatur nichtlinearer Gleichungen und bestimmt vielfältig das Naturgeschehen. Der
Selbstähnlichkeitsexponent χ ist durch die Nichtlinearität der Gleichung bestimmt und somit bei gegebener Gleichung auch universell.

Selbstähnlichkeit ersetzt bei *nichtlinearen* Gleichungen das für (homogene) lineare Gesetze typische Überlagerungsprinzip. Letzteres besagt: Sind $v_1(t)$ und $v_2(t)$ zwei Lösungen
der Differentialgleichung, so ist auch die Summe $v_s(t) = v_1(t) + v_2(t)$ eine Lösung. Diese
Überlagerungsfähigkeit gilt nur bei $\alpha = 1$, also nur für lineare Gleichungen.

Bei unterproportional mit v abnehmender Reibung, $\alpha < 1$, wo mit abnehmender Geschwindigkeit die Bremsung relativ immer effektiver wird, kommt die Bewegung nach
endlicher Zeit $t_r = v_0^{(1-\alpha)}/(1 - \alpha)\zeta$ zur Ruhe (Abb. 9.5). Am effektivsten wird bei $\alpha = 0$

Abb. 9.6 Bremswiderstand $K_R = -m\zeta v^\alpha$ durch Luftreibung als Funktion der Geschwindigkeit. Aufgetragen ist v^α gegen v für verschiedene α

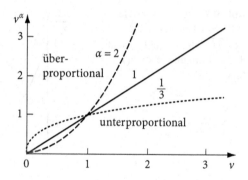

gebremst. Der Definitionsbereich ist für $\alpha < 1$ nicht mehr $I = [0, \infty)$, sondern $I = [0, t_r]$, jedoch $J = [v_0, 0]$ in allen Fällen. Bei $\alpha \geq 1$ und $\alpha = 0$ ist $J = [v_0, 0)$.

Wir können auch etwas über die Nicht-Eindeutigkeit der Lösung einer Differentialgleichung lernen. Sei z. B. $\alpha = \frac{1}{2}$, also

$$\dot{v} = -\zeta\sqrt{v} \, . \tag{9.24}$$

Trennung der Variablen liefert $dv/\sqrt{v} = -\zeta dt$, also $2(\sqrt{v} - \sqrt{v_0}) = -\zeta(t - 0)$, deshalb heißt die Lösung zu $v(0) = v_0$

$$v(t) = \left(\sqrt{v_0} - \zeta\frac{t}{2}\right)^2 \, . \tag{9.25}$$

Ruhe wird erreicht bei $t_r = 2\sqrt{v_0}/\zeta$, s. Abb. 9.7 und 9.5. Die Lösung (9.25) behält formal auch für $t > t_r$ ihren Sinn, ist aber physikalisch nicht brauchbar, da ja v unter dem Einfluss von Reibung nicht anwachsen kann. An der Stelle $t = t_r$, $v(t_r) = 0$ nehmen *zwei* verschiedene Lösungen ihren Ausgang. Neben (9.25), geschrieben als $v(t) = (\zeta(t - t_r)/2)^2$, $t \geq t_r$, gibt es als weitere Lösung $v(t) = 0$. Als Ursache machen wir aus, dass für $v = 0$ bei der Variablentrennung im Nenner von $dv/\sqrt{v}$ Null auftritt! Warnleuchte!

In der Lösung (9.21) für beliebiges α kann man übrigens $\alpha \to 1$ gehen lassen und findet die exponentielle Lösung $v(t) = v_0 \exp(-\beta t)$ wieder. Dazu beachte man die Identität $a = e^{\ln a}$, also $v(t) = \exp[\{\ln[v_0^{1-\alpha} - (1 - \alpha)\zeta t]\}/(1 - \alpha)]$. Der Exponent hat für $\alpha \to 1$ die Gestalt $0/0$. Um den Grenzwert auszurechnen, kann man die l'Hospitalsche Regel (1696) anwenden, d. h. Zähler und Nenner nach α ableiten und dann erst $\alpha \to 1$. Man erhält für den Exponenten $(\ln v_0 - \zeta t)$, woraus die o. g. exponentielle Lösung folgt.

Schon diese Beispiele verdeutlichen die unglaubliche Lösungsvielfalt, die in Differentialgleichungen steckt. Die Gleichungen enthalten das alles wie ein Kondensat. Das macht sie so geeignet zur konzentrierten Beschreibung der Natur. In diesem einführenden Buch kann aber leider nur ein kleiner Teil des spannenden und abwechslungsreichen Kapitels „Differentialgleichungen" behandelt werden.

Das (nächste) Beispiel der autokatalytischen Reaktionen zeigt, dass das Lösungsintervall (= der Definitionsbereich) I nicht nur deshalb endlich sein kann, weil anschließend die Eindeutigkeit verloren geht (wie eben beim Bremsgesetz), sondern dass außerhalb überhaupt keine Lösung mehr existiert.

Abb. 9.7 Lösung (9.25) der Differentialgleichung $\dot{v}(t) = -\zeta\sqrt{v(t)}$ (9.24). Bei t_r erfolgt flaches Einmünden, da $\dot{v}(t_r) = 0$. $(\zeta/\sqrt{v_0} = 1)$

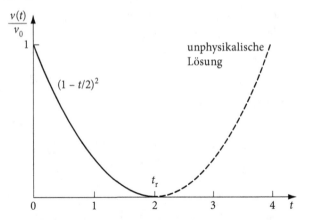

Die Differentialgleichung für die zeitliche Änderung der Konzentration $c(t)$ einer autokatalytisch reagierenden Substanz B lautet

$$\dot{c}(t) = kc_A c^2(t) \, . \tag{9.26}$$

Wir verstehen sie so: In einer chemischen Reaktion oder Reaktionskette gehe eine Substanz A (mit der Konzentration c_A) in eine Substanz B über, $A \rightarrow B$, unter Mitwirkung anderer Substanzen. Von Katalyse spricht man, wenn eine der mitwirkenden Substanzen, genannt K, für den Ablauf der Reaktion oder Reaktionskette nötig ist, am Ende aber wieder abgegeben wird, $A + K \rightarrow B + K$. Autokatalyse liegt vor, wenn die katalytische Anwesenheit der Endsubstanz B selbst zur Einleitung der Umwandlung von A nach B notwendig ist, eventuell sogar mehrfach (m-fach); z. B. $A + 2B \rightarrow B + 2B$. Jede dieser molekularen Reaktionen verändert die Anzahl der B-Moleküle um 1, doch finden sie nur statt beim Zusammentreffen eines A- und zweier B-Moleküle. Genau dies drückt (9.26) aus, wobei k die Reaktionsrate ist und c_A, wie gesagt, die (als groß und praktisch konstant angesehene) Konzentration der Ausgangssubstanz A bezeichnet sowie c die Konzentration der Substanz B.

Trennung der Variablen in (9.26) gibt $dc/c^2 = kc_A dt$, also $-1/c + 1/c_0 = kc_A t$, also

$$c(t|c_0, I) = \frac{c_0}{1 - kc_A c_0 t} \, . \tag{9.27}$$

In der autokatalytischen Reaktion wächst also die Konzentration c des Produktes B rapide an und strebt bereits nach endlicher Zeit $t_{crit} = 1/kc_A c_0$ gegen unendlich. Experimentell geschieht das selbstverständlich nicht, da die Substanz A vorher verbraucht wäre (mit $c_A \rightarrow 0$ geht $t_{crit} \rightarrow \infty$), aber die einmal für gültig gehaltene Differentialgleichung (9.26) hat die Eigenschaft, eine Lösung nur zwischen 0 und t_{crit} zu haben, d. h. $I = [0, t_{crit})$. Man beachte, dass I von der Anfangsbedingung c_0 abhängt.

9.3.3 Separable Differentialgleichungen

Unter welchen Bedingungen ist die Trennung der Variablen möglich, die in diesem Abschnitt als eines der wichtigsten Lösungsverfahren behandelt worden ist? Offenbar stets dann, wenn in der allgemeinen Differentialgleichung (9.10) $f(x, y) = h(x)g(y)$ in ein Produkt von zwei Funktionen zerfällt, die jeweils nur von x bzw. nur von der Funktions-Variablen y abhängen. $f(x, y)$ heißt dann „separabel".

Die Trennung der Variablen ist dann möglich und führt auf $dy/g(y) = h(x)dx$. Integration liefert

$$\int_{y_0}^{y} \frac{d\xi}{g(\xi)} = H(x) - H(x_0) \,. \tag{9.28}$$

Dabei ist $H(x)$ Stammfunktion von $h(x)$, d. h. $H'(x) = h(x)$. Ferner ist $y(x = x_0) = y_0$ der Anfangswert. Die linke Seite lässt sich als $\phi(y) - \phi(y_0)$ schreiben. $\phi(y)$ ist unter der Voraussetzung $g(y) \neq 0$ monoton in y und erlaubt deshalb eine eindeutige Umkehrfunktion, genannt ϕ^{-1}. Die Lösung separabler Differentialgleichungen (9.10) lautet somit

$$y(x|x_0, y_0; I) = \phi^{-1}(H(x) - H(x_0) + \phi(y_0)) \,. \tag{9.29}$$

Damit ist eine explizite Lösung per Konstruktion gefunden. Die bisherigen Beispiele waren Sonderfälle, $g(y) = 1$ oder $h(x) = 1$. Die Anfangswerte sind explizit eingearbeitet. Das Lösungsintervall I wird durch das Erreichen der Nullstelle y_c von $g(y)$ bestimmt, also $g(y_c) = 0$.

Offenbar hängt die Lösung (9.29) vom Verhalten von ϕ für y oder $y_0 \to y_c$ ab und dies wiederum davon, wie schnell der Nenner $g(\xi) \to 0$ für $\xi \to y_c$. Es gilt folgende Aussage (hier nicht explizit bewiesen):

Hinreichende Bedingung für die Eindeutigkeit der Lösung (9.29) ist, dass das (uneigentliche) Integral

$$\int_{y_0 \to y_c}^{y} \frac{d\xi}{g(\xi)} \to \infty \tag{9.30}$$

divergiert. Betrachten wir unsere Beispiele in diesem Licht, etwa die autokatalytischen Reaktionen (wo z. B. $g(y) \sim y^2$) oder das Widerstandsgesetz K_R (wo $g(y) \sim y^\alpha$, s. (9.19)). Hier ist jeweils $y_c = 0$. Es kommt auf $\int_{y_0 \to 0} d\xi/\xi^\alpha$ an, also auf $y_0^{1-\alpha}$ für $y_0 \to 0$. Sofern $\alpha > 1$, ist das Kriterium der Eindeutigkeit erfüllt. Wenn aber $\alpha < 1$, gibt es mehrere Lösungen, wie nach (9.25) erklärt, nämlich außer (9.29) auch noch $y(x) \equiv 0$.

Zusammengefasst: Die Divergenz von $\int_{y_0 \to y_c} d\xi/g(\xi)$ für y_0 gegen die Nullstelle y_c von $g(y)$ ist hinreichende Bedingung für die Eindeutigkeit der Lösung unter Trennung der Variablen. Hinreichende Bedingung wiederum für die Gültigkeit des Kriteriums (9.30) ist die „Lipschitz-Stetigkeit" von $g(y)$, d. h. $|g(y_1) - g(y_2)| \leq L|y_1 - y_2|$ für alle y_1, y_2 im Definitionsbereich von $g(y)$. Sie ist jedenfalls erfüllt, sofern $g(y)$ im Definitionsbereich (also insbesondere bei y_c) differenzierbar ist. Bei differenzierbarem $g(y)$ *existiert* eine Lösung des Anfangswertproblems und dann *stimmen* zwei Lösungen in einer gewissen Umgebung von x_0 *überein*.

Obiges Beispiel: Für $\alpha < 1$ ist $g'(y) \sim y^{\alpha-1} \to \infty$ für $y \to 0$, also *keine* Differenzierbarkeit an der Stelle $y_c = 0$, somit verträglich mit fehlender Eindeutigkeit. Falls $\alpha \geq 1$, sind Existenz und Eindeutigkeit gewährleistet.

9.4 Lineare Differentialgleichungen 1. Ordnung

Lineare Differentialgleichungen 1. Ordnung für *eine* Funktion $y(x)$ haben definitionsgemäß die Form

$$y' = p(x)y + q(x) \,. \tag{9.31}$$

Sofern $q(x) = 0$, sprechen wir von einer *homogenen* linearen Differentialgleichung 1. Ordnung. $q(x)$ heißt *Inhomogenität*. Die Lösung der (homogenen oder inhomogenen) linearen Differentialgleichung (9.31) ist auf eingefahrenen Standardgleisen geschlossen analytisch möglich:

i. Zunächst die homogene Differentialgleichung $y' = p(x)y$. Offenbar ist Trennung der Variablen möglich, $dy/y = p(x)dx$, also unter der Anfangsbedingung $y(x = x_0) = y_0$ ist $\ln y - \ln y_0 = \int_{x_0}^{x} p(\xi)d\xi$. Das o. g. Eindeutigkeitskriterium ist erfüllt. Die eindeutige (und offenkundig existierende) Lösung der homogenen linearen Differentialgleichung heißt somit

$$y(x|x_0, y_0) = y_0 \exp \int_{x_0}^{x} p(\xi)d\xi \,. \tag{9.32}$$

ii. Nun zur inhomogenen Differentialgleichung (9.31). Sei, wie auch immer, wenigstens eine Lösung $y_s(x)$ gefunden worden. Wir nennen sie „spezielle Lösung". In ihr muss nicht notwendigerweise eine freie Konstante vorkommen. Deshalb hätten wir Schwierigkeiten, eine Anfangsvorgabe $y(x_0) = y_0$ zu befriedigen. Aber bei Kenntnis einer speziellen Lösung ist es leicht, sich die allgemeine Lösung von (9.31) zu beschaffen. Wir suchen sie in der Form $y(x) = y_s(x) + u(x)$. Einsetzen in (9.31) liefert $y_s' + u' = p(y_s + u) + q$, also $u' = pu$, da ja y_s die volle inhomogene Gleichung löst. $u(x)$ muss somit als Lösung der homogenen Gleichung bestimmt werden, enthält (via Stammfunktion) eine freie Konstante und ermöglicht die Befriedigung von Anfangsbedingungen.
Es gilt folglich der schöne, oft verwendete Satz.

Satz Die allgemeine Lösung einer linearen Differentialgleichung findet man als Summe einer speziellen „inhomogenen Lösung" und der allgemeinen „homogenen Lösung".

iii. Wie findet man nun aber eine spezielle Lösung der inhomogenen linearen Differentialgleichung (9.31)? Ohne sie geht ja nichts. Der Schlüssel heißt:

Variation der Konstanten. Erinnern wir uns an die Form (9.32) der homogenen Lösung, $y(x) = C \exp \int^x p(\xi) \mathrm{d}\xi$. Die Konstante C ließ sich durch die Anfangsbedingung bestimmen. Wir tun das jetzt aber nicht, sondern suchen nach der speziellen inhomogenen Lösung, indem wir statt der Konstanten C eine Funktion $C(x)$ zulassen, also $y(x) = C(x) \exp \int_{x_0}^x p(\xi) \mathrm{d}\xi$ ansetzen[3]. Dann trachten wir $C(x)$ so zu bestimmen, dass $y(x)$ die inhomogene Gleichung (9.31) löst.

Einsetzen des Ansatzes mit veränderlichem („variiertem") C in (9.31) gibt $y' \equiv C' \exp(\int p) + pC \exp(\int p) = py + q$. Es bleibt für $C(x)$ die Differentialgleichung übrig

$$C'(x) = q(x) \exp\left(-\int_{x_0}^x p(\xi)\mathrm{d}\xi\right).$$

Diese ist (nach Abschn. 9.3) unmittelbar zu integrieren, weil die rechte Seite eine wohlbekannte Funktion von x allein ist

$$C(x) = \int_{x_0}^x \mathrm{d}\tilde{x} q(\tilde{x}) \exp\left(-\int_{x_0}^{\tilde{x}} p(\xi)\mathrm{d}\xi\right) + C(x_0).$$

Der Ansatz gebietet für den Anfangswert $y(x_0) = C(x_0) \cdot \exp 0$, also $C(x_0) = y_0$. All dies setzen wir in den Ansatz ein und haben damit nicht nur eine spezielle Lösung gefunden, sondern sogleich die allgemeine Lösung mit eingearbeiteter Anfangsbedingung

$$y(x) = y_0 \exp \int_{x_0}^x p(\xi)\mathrm{d}\xi + \int_{x_0}^x \mathrm{d}\xi_1 q(\xi_1) \exp\left(\int_{x_0}^x p(\xi_2)\mathrm{d}\xi_2 - \int_{x_0}^{\xi_1} p(\xi_2)\mathrm{d}\xi_2\right). \quad (9.33)$$

Der Exponent des zweiten Summanden kann vereinfacht werden zu $\int_{\xi_1}^x p(\xi_2)\mathrm{d}\xi_2$. Der zweite Summand selbst wäre im Übrigen eine spezielle Lösung der inhomogenen Gleichung (nachrechnen!). Der erste Summand löst nur die homogene Gleichung.

Unter Verwendung einer Stammfunktion $P(x)$ von $p(x)$ kann man die allgemeine Lösung der linearen Differentialgleichung auch so schreiben

$$y(x) = ce^{P(x)} + \int^x q(\tilde{x})e^{P(x)-P(\tilde{x})}\mathrm{d}\tilde{x}. \quad (9.34)$$

Zwei Beispiele physikalisch interessierender linearer Differentialgleichungen sind bereits bei der physikalischen Motivation in Abschn. 9.1 erwähnt worden. Ihre Lösung nach den jetzt dargestellten Methoden sei den Übungen überlassen (s. Abschn. 9.9).

---

[3] Man mache sich klar, dass das keinerlei Einschränkung oder besondere Annahme ist. $C(x)$ ist eben nichts anderes als die zu suchende Lösung mal $\exp(-\int p(\xi)\mathrm{d}\xi)$.

9.5   Lineare Differentialgleichungen 2. Ordnung

Viele physikalische Differentialgleichungen enthalten zweite Ableitungen, sind also von 2. Ordnung. Das ist z. B. bei den meisten Problemen der klassischen Mechanik der Fall, da das Newtonsche Gesetz Aussagen über die Beschleunigung $\ddot{r}$ macht. Beispiele sind (9.4) bzw. (9.5). Elektrische Schwingkreise mit Widerständen, Kondensatoren und Spulen führen ebenfalls auf zweite Ableitungen (s. z. B. Aufgabe 3 in Abschn. 9.9) usw. Das Musterbeispiel einer linearen Differentialgleichung 2. Ordnung repräsentiert der (evtl. gedämpfte) harmonische Oszillator, wie er bereits eingangs von Kap. 9 erwähnt wurde,

$$m\ddot{x}(t) = -\beta\dot{x} - cx \ . \tag{9.35}$$

$x(t)$ ist die Auslenkung der Masse m aus der Ruhelage, c ist die Federkonstante (elastische Konstante, „stiffness"), $\sqrt{c/m} = \omega_0$ die Kennfrequenz des Oszillators, β bzw. $\beta/m = \zeta$ heißt Dämpfungskonstante. Die Reibungskraft K_R ist als geschwindigkeitsproportional vorausgesetzt worden; beim ungedämpften Oszillator setzt man $\beta = \zeta = 0$.

9.5.1   Homogene Gleichungen

Aus (9.35) gewinnt man das Paradigma einer homogenen linearen Differentialgleichung 2. Ordnung,

$$y'' + ay' + by = 0 \ . \tag{9.36}$$

y bedeutet beispielsweise die Auslenkung x eines Oszillators, die Stromstärke I oder die Spannung U an einem Widerstand, den Druck p in einer Schallwelle usw. y hängt von der Zeit t oder irgendeiner anderen unabhängigen Variablen x ab. a entspricht der Dämpfung ζ, b dem Quadrat der Kennfrequenz, ω_0^2.

Homogene lineare Differentialgleichungen sind für *konstante* Koeffizienten a, b standardmäßig lösbar. Hängen diese jedoch von der unabhängigen Variablen x ab, also $a(x)$, $b(x)$, so ergeben sich bereits spezielle, nicht mehr elementare Lösungsfunktionen. Beispiele solcher spezieller Funktionen der mathematischen Physik sind die Besselfunktionen, die Legendrefunktionen, die Mathieufunktionen, die hypergeometrischen Funktionen, Fehlerfunktionen usw. Ihre Eigenschaften sind inzwischen sehr gut bekannt, wenngleich zunächst nicht so gut vertraut wie die der Exponentialfunktion, von $\sin, \cos, \sinh, \cosh$ im Falle konstanter Koeffizienten a und b. Wir beschränken uns in diesem Einführungskurs auf konstante, reelle a, b.

Für homogene, lineare Differentialgleichungen 2. Ordnung gilt wiederum das *Überlagerungsprinzip*: Kennt man eine Lösung $y_1(x)$ und eine weitere Lösung $y_2(x)$, so sind auch die Summe von beiden, $y_1(x) + y_2(x) = y_s(x)$, sowie Vielfache, $Ay_{1,2}(x)$, wiederum Lösungen.

Bei Differentialgleichungen 2. Ordnung kann man zwei Anfangswerte $y(x_0) = y_0$ und $y'(x_0) = y_0'$ vorgeben oder stattdessen zwei Randwerte $y(x_a) = y_a$, $y(x_b) = y_b$. Unter

Abb. 9.8 Lösungen $y(t)$ der homogenen linearen Differentialgleichung 2. Ordnung mit konstanten Koeffizienten

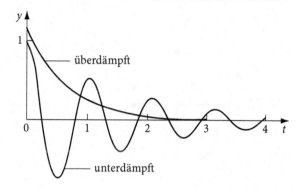

diesen Vorgaben gibt es genau eine Lösung; diese aber *gibt* es auch (abgesehen von gewissen Sonderfällen beim Randwertproblem). Man kann sie konstruktiv gewinnen.

Lineare, homogene Differentialgleichungen 2. Ordnung, ja allgemein n-ter Ordnung mit konstanten Koeffizienten löst man mithilfe des *Exponentialansatzes*. Die Idee dazu liest man aus (9.36) ab: Offenbar muss sich $y'(x)$ bis auf einen Faktor wie die Funktion $y(x)$ selbst verhalten. Ähnliches gilt für y'', das sich bis auf einen Faktor (a) wie y' bzw. bis auf einen anderen Faktor (b) wie y verhält. Funktionen aber, deren Ableitung bis auf einen Faktor mit der Funktion selbst übereinstimmt, sind die Exponentialfunktionen. Deshalb suchen wir die Lösung von (9.36) in der Form $y(x) \sim e^{\lambda x}$. Der offen gelassene Proportionalitätsfaktor ist wegen der Homogenität der Differentialgleichung sowieso frei, weil er sich herauskürzt. λ jedoch gilt es zu berechnen. Solche Werte von λ, die dabei herauskommen, die also im Exponentialansatz zulässig sind, heißen „Eigenwerte" der Differentialgleichung.

Der Exponentialansatz liefert durch Einsetzen in (9.36) für die Eigenwerte λ die Bestimmungsgleichung

$$\lambda^2 + a\lambda + b = 0 \,. \tag{9.37}$$

Dieses „charakteristische Polynom" (allgemein von n-ter Ordnung) hat die Lösungen (allgemein n komplexe Lösungen $\lambda_1, \ldots, \lambda_n$)

$$\lambda_{1,2} = -\frac{a}{2} \pm \sqrt{\frac{a^2}{4} - b} = -\frac{a}{2} \pm \sqrt{d} \,. \tag{9.38}$$

Sofern die „Diskriminante" $d = a^2/4 - b$ von Null verschieden ist, gibt es zwei verschiedene Eigenwerte λ_1, λ_2. Die allgemeine Lösung erhält man durch Überlagerung

$$y(x) = A_1 e^{\lambda_1 x} + A_2 e^{\lambda_2 x} \,. \tag{9.39}$$

Sie enthält zwei freie Konstanten, die man zur Anpassung an Anfangs- oder Randbedingungen verwendet. Der Anteil $a/2 \equiv \delta$ heißt Abklingrate (falls $a > 0$), die Größe $\sqrt{b} \equiv \omega_0$ heißt Kennfrequenz (falls $b > 0$):

i. Positive Diskriminante, $d > 0$: Es gibt 2 reelle Eigenwerte, die Teillösungen 1, 2 fallen oder wachsen exponentiell. Im ersteren (abfallenden) Fall $a > 0$ ist wegen $d > 0$ die

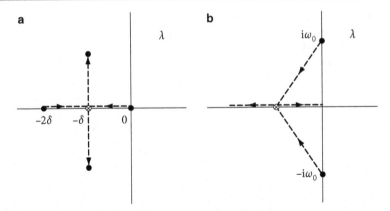

Abb. 9.9 Lage der Eigenwerte einer homogenen, linearen Differentialgleichung. **a** Wie sich die Eigenwerte λ in der komplexen λ-Ebene als Funktion der Kennfrequenz $\omega_0 = \sqrt{b} \in [0, \infty)$ für feste Abklingrate bzw. Dämpfung $\delta = a/2 > 0$ verändern. **b** Verhalten der Eigenwerte für feste Kennfrequenz als Funktion der Abklingrate $\delta \in [0, \infty)$

Abklingrate größer als die Kennfrequenz, $a/2 > \sqrt{b}$. Man spricht vom überdämpften Fall. $A_{1,2}$ sind reell.

ii. Negative Diskriminante, $d < 0$: Es gibt wiederum 2 Eigenwerte, jedoch komplexe, sogar $\lambda_2 = \lambda_1^*$, also zwei zueinander konjugiert komplexe Eigenwerte $\lambda_{1,2} = -a/2 \pm i\omega$, mit $\omega = \sqrt{-d} = \sqrt{b - a^2/4}$. Die Abklingrate ist kleiner als die Kennfrequenz, $a/2 < \sqrt{b}$, man spricht von unterdämpfter Schwingung. Die Lösung lässt sich als $y(x) = e^{-(a/2)x}(B_1 \sin \omega x + B_2 \cos \omega x)$ schreiben, $B_{1,2}$ reell.

Die Lösungen im über- bzw. unterdämpften Fall sind in Abb. 9.8, die Veränderung der Eigenwerte λ mit a, b in Abb. 9.9 graphisch dargestellt.

iii. Eine interessante Sonderrolle spielt der sog. „aperiodische Grenzfall", bei dem die Diskriminante d gerade Null ist, also $a^2/4 = b$. Dann muss $b > 0$ sein; die Abklingrate erfüllt $\delta = \omega_0$. Die Abklingzeit erweist sich als minimal. Es gibt nur *einen* Eigenwert $\lambda = -a/2 = -\delta$, also nur eine Lösung $\sim e^{-\delta x}$.

Woher bekommt man nun aber eine zweite Lösung, muss man doch wegen der 2. Ordnung an zwei Anfangs- oder Randvorgaben anpassen? Wieder hilft die Variation der Konstanten! Man setze $y(x) = c(x) \exp[(-a/2)x]$, bestimme y' und y'' und verwende (9.36). Das liefert für $c(x)$ die einfache (Differential-)Gleichung $c''(x) = 0$. Sie hat die Lösung $c(x) = A_1 + A_2 x$, gewonnen durch zweimaliges direktes Integrieren. Folglich lautet die allgemeine Lösung im aperiodischen Grenzfall

$$y(x) = A_1 e^{-\frac{a}{2}x} + A_2 x e^{-\frac{a}{2}x}. \tag{9.40}$$

Mit den zwei Konstanten $A_{1,2}$ kann man die Anfangsvorgaben erfüllen.

Spaßigerweise führt die eine Teillösung $\sim x e^{-ax/2}$ trotz globaler Dämpfung $\lambda = -a/2 < 0$ zu einem vorübergehenden Anwachsen. Sie steigt an bis zum Erreichen

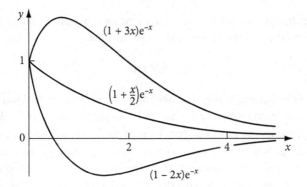

Abb. 9.10 Lösungen $y = (A_1 + A_2 x)e^{-ax/2}$ der homogenen linearen Differentialgleichung 2. Ordnung im aperiodischen Grenzfall $a/2 = \sqrt{b}$ bzw. $\delta = \omega_0$. Trotz Dämpfung erfolgt bei $x = 0$ zunächst ein Anwachsen, wenn nur $A_2 > A_1 a/2$ ist. Es wird stets ein Maximum (bei $2a^{-1} - A_1 A_2^{-1}$) erreicht, wenn nur $A_2 > 0$ ist

des Maximums $2/(ae)$ beim Wert $x_m = 2/a$, um danach vom exponentiellen Faktor $e^{-ax/2}$ auf Null gedrückt zu werden. Für hinreichend kleine aperiodische Dämpfung a kann die Anstiegsphase $2/a$ sehr lange dauern und kann der Maximalwert $2/(ae)$ beträchtlich sein! Abbildung 9.10 zeigt das typische Lösungsverhalten im aperiodischen Grenzfall.

Selbstverständlich kann auch in den beiden anderen Fällen $d > 0$ oder $d < 0$ ein vorübergehendes Ansteigen erfolgen.

9.5.2 Gekoppelte homogene Differentialgleichungen (N Variable)

Der Exponentialansatz funktioniert auch bei der Suche nach mehreren unbekannten Funktionen $y_1(x), y_2(x), \ldots, y_N(X)$, die einem *System* von N linearen, homogenen, gekoppelten Differentialgleichungen genügen,

$$y_i' = \sum_{j=1}^{N} a_{ij} y_j, \quad i = 1, 2, \ldots, N . \tag{9.41}$$

Die Koeffizienten a_{ij} seien konstant und aus physikalischen Gründen reell. Der e-Ansatz wäre $y_i(x) = Y_i \exp(\lambda x)$; in (9.41) eingesetzt, führt er auf N homogene lineare Gleichungen für N unbekannte Konstante $Y_1, Y_2, \ldots, Y_N$

$$\sum_{j=1}^{N} (\lambda \delta_{ij} - a_{ij}) Y_j = 0, \quad i = 1, 2, \ldots, N . \tag{9.42}$$

Dieses lineare Gleichungssystem hat genau dann eine nichttriviale Lösung (d. h. nicht alle Y_j gleich Null), wenn die Systemdeterminante verschwindet,

$$|\lambda \delta_{ij} - a_{ij}| = 0 . \tag{9.43}$$

Entwickelt man die Determinante, so erhält man ein Polynom N-ter Ordnung in λ, das nach dem Gaußschen Fundamentalsatz genau N Lösungen λ_μ, hat, also $\lambda_1, \lambda_2, \ldots, \lambda_N$. Es gibt genau N Eigenwerte, die komplex sein können und möglicherweise auch zum Teil (oder ganz) einander gleich sein können. Letzteres heißt „*Entartung*" der Eigenwerte.

Sofern man N *verschiedene* Eigenwerte λ_μ, gefunden hat, erhält man die Lösung des gekoppelten Differentialgleichungssystems durch Überlagerung der $e^{\lambda_\mu x}$, $\mu = 1, 2, \ldots, N$.

$$y_i(x) = \sum_{\mu=1}^{N} A_\mu Y_i^{(\mu)} e^{\lambda_\mu x} . \tag{9.44}$$

Dabei sind die A_μ, $\mu = 1, 2, \ldots, N$ die offenen Zahlenkoeffizienten, die zur Anpassung an Anfangswerte benötigt werden. Die $Y_i^{(\mu)}$ sind für *festes* μ und $i = 1, 2, \ldots, N$ die Lösungen von (9.42) beim Eigenwert λ_μ. Sei heißen „*Eigenvektoren*". Es gibt N solcher Eigenvektoren, nämlich zu jedem der verschiedenen λ_μ genau einen. Jeder dieser Eigenvektoren $Y_i^{(\mu)}$ hat N Komponenten, $i = 1, 2, \ldots, N$.

Bei Entartung kann es vorkommen (muss aber nicht), dass es weniger als N Eigenvektoren gibt. Dann findet man weitere Lösungen wie im aperiodischen Grenzfall durch Variation der Konstanten. Falls die (reelle) Koeffizientenmatrix a_{ij} symmetrisch ist, kann das allerdings nicht passieren; dann gibt es trotz Entartung stets genau N Eigenvektoren.

Die $Y_i^{(\mu)}$ sind aus einer homogenen Gleichung (s. (9.42)) zu bestimmen. Deshalb ist ein gemeinsamer Faktor frei. Man pflegt ihn durch Normierung festzulegen,

$$\sum_{i=1}^{N} |Y_i^{(\mu)}|^2 = 1, \quad \mu = 1, 2, \ldots, N . \tag{9.45}$$

Übrigens, eine homogene, lineare Differentialgleichung n-ter Ordnung ist äquivalent einem Satz von n gekoppelten linearen Differentialgleichungen 1. Ordnung. Wir machen uns das am Beispiel (9.36) für $n = 2$ klar. Setze $y = y_1$ und $y' = y_2$, so folgt

$$\begin{aligned} y_1' &= y_2 \\ y_2' &= -ay_2 - by_1 \end{aligned} \quad \text{oder} \quad \begin{pmatrix} y_1' \\ y_2' \end{pmatrix} = \begin{pmatrix} 0 & 1 \\ -b & -a \end{pmatrix} \begin{pmatrix} y_1 \\ y_2 \end{pmatrix} . \tag{9.46}$$

Man liest die Koeffizientenmatrix a_{ij} unmittelbar ab. Sie ist i. Allg. nicht symmetrisch. Die Eigenwerte sind gemäß (9.43) zu berechnen, also

$$\begin{vmatrix} \lambda & -1 \\ b & \lambda + a \end{vmatrix} = \lambda(\lambda + a) + b = 0 . \tag{9.47}$$

Dies stimmt mit (9.37) überein, wie es sein muss.

Sehr interessant ist der aperiodische Grenzfall, $b = a^2/4$. Dann hat die Matrix a_{ij} zwei miteinander entartete Eigenwerte (aus $(\lambda + a/2)^2 = 0$), aber nur einen einzigen Eigenvektor, s. Aufgabe 5 in Abschn. 9.9. Wann immer die Zahl der Eigenvektoren kleiner ist als die Zahl der Eigenwerte (d. h. als der Rang der Matrix a_{ij}), nennt man die Matrix „*defekt*". Der aperiodische Grenzfall also führt auf eine defekte Koeffizientenmatrix.

Bei symmetrischen Differentialgleichungssystemen (9.41) ist $a_{ij} = a_{ji}$ (allgemeiner: hermitesch, $a_{ij} = a_{ji}^*$). Sie sind nie defekt. Es gibt stets N Eigenwerte λ_μ, nicht notwendig verschieden, sowie genau N Eigenvektoren.

9.5.3   Inhomogene Differentialgleichungen

Wie lässt sich eine eventuelle Inhomogenität $f(x)$ in einer linearen Differentialgleichung 2. Ordnung mit konstanten Koeffizienten behandeln?

$$y''(x) + ay'(x) + by(x) = f(x) \qquad (9.48)$$

Völlig analog zu linearen Differentialgleichungen 1. Ordnung gilt die Aussage: Die allgemeine Lösung der inhomogenen Gleichung (9.48) besteht aus der Summe einer speziellen Lösung $y_s(x)$ der inhomogenen Gleichung plus der allgemeinen Lösung $y_h(x)$ der homogenen Gleichung. Mit letzterer lassen sich Anfangs- oder Randbedingungen erfüllen.

Homogene Gleichungen haben wir mittels Exponentialansatzes zu lösen gelernt. Woher bekommt man aber eine spezielle Lösung der inhomogenen Gleichung? Wieder ist das Stichwort: durch Variation der Konstanten. Nur, da man ja jetzt *zwei* Lösungen $y_1(x)$, $y_2(x)$ der homogenen Differentialgleichung hat, entsprechend den *beiden* Eigenwerten λ_1, λ_2, hat der Ansatz zur Variation der Konstanten jetzt die Form

$$y(x) = C_1(x)y_1(x) + C_2(x)y_2(x) . \qquad (9.49)$$

Ableiten ergibt $y' = C_1 y_1' + C_1' y_1 + (2 \text{ statt } 1)$ sowie $y'' = C_1 y_1'' + 2C_1' y_1' + C_1'' y_1 + (2 \text{ statt } 1)$. In (9.48) eingesetzt folgt $C_1 y_1' + C_2 y_2' + (C_1' y_1 + C_2' y_2)' + a(C_1' y_1 + C_2' y_2) = f$. Da man ja zufrieden ist, wenn man überhaupt eine Lösung findet, wie speziell auch immer, versucht man es mit einem von a unabhängigen Ansatz

$$C_1' y_1 + C_2' y_2 = 0, \quad C_1' y_1' + C_2' y_2' = f . \qquad (9.50)$$

Dies sind zwei Gleichungen für zwei unbekannte Funktionen C_1', C_2'. Man löst sie wie üblich. Voraussetzung für die Lösbarkeit ist, dass die Systemdeterminante

$$W(x) = \begin{vmatrix} y_1 & y_2 \\ y_1' & y_2' \end{vmatrix} \neq 0 \quad \text{für alle } x .$$

$W(x)$ heißt Wronski-Determinante. Sie ist durch die Lösungen der homogenen Differentialgleichung bestimmt. Die gesuchte Lösung von (9.50) lautet $C_1'(x) = -f(x)y_2(x)/W(x)$

und $C_2'(x) = -f(x)y_1(x)/W(x)$, und die gesuchten „variierbaren Konstanten" $C_1(x)$, $C_2(x)$ für (9.48) sind die Stammfunktionen der rechten Seiten dieser Lösung, also durch gewöhnliche Integration zu ermitteln. Inklusive der beiden Integrationskonstanten erhält man aus (9.49) nicht nur die zunächst gesuchte spezielle Lösung, sondern sogar die allgemeine Lösung der inhomogenen Differentialgleichung (9.48).

Aufgabe 6 in Abschn. 9.9 widmet sich einer physikalischen Anwendung.

9.6 Geometrische Methoden

Zur Veranschaulichung, aber auch wenn analytische Rechnungen nicht möglich erscheinen, bedient man sich gern geometrischer Methoden. Die Differentialgleichung $y' = f(x, y)$ ordnet in der x-y-Ebene jedem Punkt aus dem Definitionsbereich von f, also $(x, y) \in I \times J = \mathbb{U}(\subseteq \mathbb{R}^2)$, eine Richtung zu, eben y', s. Abb. 9.11. Die Zahlentripel (x, y, y') bzw. $(x, y, f(x, y))$ heißen „Linienelemente", die Gesamtheit der Linienelemente heißt „Richtungsfeld" $\{(x, y, f(x, y)) | (x, y) \in \mathbb{U} \subseteq \mathbb{R}^2\}$. Die gesuchte Lösung $y = y(x)$ muss sich an jeder Stelle (x, y) dem jeweiligen Linienelement anschmiegen. Deshalb ist das Richtungsfeld zum Erraten des Lösungsgraphen $y(x)$ sehr hilfreich. Ausgehend vom Anfangswert (x_0, y_0) leitet einen das Richtungsfeld weiter.

Beachtung verdienen die *Isoklinen*, d. h. die Linien mit gleicher Neigung $y' = f(x, y) = c$. Man kann $\mathbb{U}$ mit ihnen überziehen, s. z. B. Abb. 9.12.

Geometrische Methoden helfen auch, die beiden gekoppelten Differentialgleichungen

$$\dot{x}_1 = f_1(x_1, x_2), \quad \dot{x}_2 = f_2(x_1, x_2) \tag{9.51}$$

für die beiden Funktionen $x_1(t), x_2(t)$ zu studieren. Hilfsmittel ist der sogenannte *Phasenraum*, hier der $\mathbb{R}^2 = \{(x_1, x_2)\}$. Eine Lösung $(x_1(t), x_2(t))$ ist eine Kurve in diesem Phasenraum, am Anfangswert $x_1(t_0), x_2(t_0)$ beginnend. Der Definitionsbereich $\mathbb{U} \subseteq \mathbb{R}^2$ des Differentialgleichungssystems (9.51) ist die Punktmenge $\{x_1, x_2\}$, für die f_1, f_2 definiert sind.

Zuerst sucht man nach stationären Lösungen $x_1^{(S)}(t) = c_1$ und $x_2^{(S)}(t) = c_2$. Für sie ist $\dot{x}_1 = \dot{x}_2 = 0$. Man findet sie (analytisch oder durch numerische Nullstellensuche) aus den beiden Gleichungen

$$f_1\left(x_1^{(S)}, x_2^{(S)}\right) = 0, \quad f_2\left(x_1^{(S)}, x_2^{(S)}\right) = 0 . \tag{9.52}$$

Die Lösungen sind Punkte $(x_1^{(S)}, x_2^{(S)}) \equiv P_S \in \mathbb{R}^2$ im Phasenraum, nummeriert durch den Index S (für „stationär"). In der Nähe dieser stationären Punkte lässt sich (i. Allg.) das Gleichungssystem (9.51) *linearisieren*. Dazu schreiben wir $x_i(t) = x_i^{(S)} + \delta x_i(t)$, $i = 1, 2$, und schreiben (9.51) um in Gleichungen für $\delta x_i(t)$. Links steht jeweils $\delta \dot{x}_{1,2}$. Rechts begnügen wir uns mit dem Anfang der Taylorentwicklung

$$f_i\left(x_1^{(S)} + \delta x_1, x_2^{(S)} + \delta x_2\right) \approx f_i\left(x_1^{(S)}, x_2^{(S)}\right) + \frac{\partial f_i}{\partial x_1}\delta x_1 + \frac{\partial f_i}{\partial x_2}\delta x_2 .$$

Abb. 9.11 Einige Linienelemente (im 2. Quadranten) und ein Richtungsfeld (im 1. Quadranten) einer Differentialgleichung, schematisch

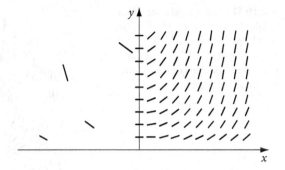

Da $f_i(x_1^{(S)}), x_2^{(S)}) = 0$ gemäß (9.52), wird aus dem im Allgemeinen komplizierten, nichtlinearen Gleichungssystem (9.51) ein gekoppeltes *lineares* Gleichungssystem

$$\begin{pmatrix} \delta\dot{x}_1 \\ \delta\dot{x}_2 \end{pmatrix} = L \begin{pmatrix} \delta x_1 \\ \delta x_2 \end{pmatrix}, \quad L(P_S) := \begin{pmatrix} \dfrac{\partial f_1}{\partial x_1} & \dfrac{\partial f_1}{\partial x_2} \\ \dfrac{\partial f_2}{\partial x_1} & \dfrac{\partial f_2}{\partial x_2} \end{pmatrix}. \tag{9.53}$$

Dieses beschreibt die Lösung $x_1(t), x_2(t)$ in der Nähe des jeweiligen stationären Punktes P_S. Alle hierfür notwendige Information über die Differentialgleichung steckt in der Matrix L, gebildet aus den partiellen Ableitungen $\partial f_i(x_1, x_2)/\partial x_j$, berechnet am jeweils betrachteten stationären Punkt P_S. Gibt es mehrere P_S, so gibt es auch mehrere (verschiedene) $L(P_S)$.

In der Nähe der stationären Punkte sind wir somit auf vertrautem Boden: Gekoppelte lineare Differentialgleichungen haben wir in Abschn. 9.5.2 ausführlich studiert. Das Verhalten der Lösungen im Geltungsbereich der linearen Näherung (9.53) lässt sich vollständig durch die Eigenwerte λ und die Eigenvektoren der Matrix L beschreiben, die alle von P_S abhängen.

Seien z. B. beide Eigenwerte λ_μ reell und negativ; dann nehmen beide Abweichungen $\delta x_i \sim e^{-\lambda_{1,2} t}$ ab, die Lösung strebt gegen den stationären Punkt (und zwar monoton). P_S heißt (Punkt-)Attraktor (Abb. 9.13). Ist ein Eigenwert negativ reell, der andere positiv reell, strebt die eine Eigenlösung auf P_S zu, die andere davon weg. Beides geschieht exponentiell in t, gemäß

$$\begin{pmatrix} x_1^{(\mu)} \\ x_2^{(\mu)} \end{pmatrix} e^{\lambda_\mu t}, \quad \text{vgl. (9.44) .}$$

$(x_1^{(\mu)}, x_2^{(\mu)})^{\mathrm{T}}$ bezeichnet[4] den zum Eigenwert λ_μ, gehörigen Eigenvektor der Matrix L. Die Eigenvektoren charakterisieren *Richtungen* im Phasenraum. Diese sind in Abb. 9.13 angegeben; ein gemeinsamer (positiver oder negativer) Vorfaktor ist natürlich offen. $\lambda_1 >$

---

[4] T bedeutet transponiert

Abb. 9.12 Isoklinenfeld der Differentialgleichung $y' = xy$. Die Isoklinen sind Hyperbeln $y = c/x$; die Lösung $y = y_0 \exp[(x^2 - x_0^2)/2]$ (durch Trennung der Variablen gewonnen) wird deutlich (*gestrichelt*)

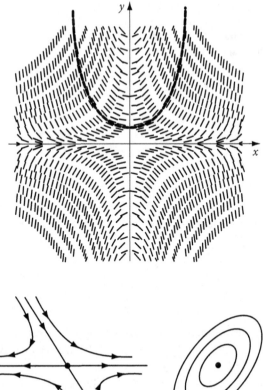

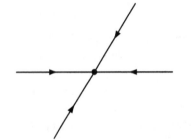

Abb. 9.13 Verschiedenes Verhalten von Lösungen gekoppelter Differentialgleichungen für zwei Variable im Phasenraum $\mathbb{R}^2 = \{(x_1, x_2)\}$ in der Nähe stationärer Punkte. Es handelt sich um einen Punktattraktor, einen Sattelpunkt und einen „elliptischen" Punkt

$0, \lambda_2 < 0$ kennzeichnet einen Sattelpunkt, $\lambda_1 > 0$ und $\lambda_2 > 0$ einen allseits abstoßenden stationären Punkt (Repellor).

Sind die Eigenwerte rein imaginär, laufen die Lösungen um den stationären Punkt P_S herum (Abb. 9.13), erreichen ihn aber nicht; $\delta x_i(t)$ ist dann periodisch. Die Eigenvektoren sind nicht mehr reell, sondern komplex. Sie kennzeichnen deshalb nicht mehr Richtungen, wohl aber Lage und Halbachsenlänge der elliptischen Bewegung im Phasenraum nahe P_S. Bei komplexen Eigenwerten λ_μ, schließlich spiralen die Lösungen $\delta x_i(t)$ in den statioären Punkt P_S hinein oder aus ihm heraus, je nach Realteil des Eigenwerte.

Entfernt man sich aus der linearen Umgebung (9.53) eines stationären Punktes, hat man dem zweidimensionalen Richtungsfeld im Phasenraum zu folgen. An jeder Stelle $P = (x_1, x_2)$ gibt die Differentialgleichung (9.51) einen Richtungsvektor $\vec{f}$ mit den Komponenten (f_1, f_2) an. Ihm hat sich die Lösungskurve anzuschmiegen, wenn sie durch P läuft.

Aus dem Richtungsfeld $\{P, \vec{f}(P) | P \in \mathbb{U} \subseteq \mathbb{R}^2\}$ kann man den Lösungsverlauf anschaulich gut ermitteln.

9.7 Chaos

Als weiteres Beispiel für die Nützlichkeit geometrischer Methoden zum Studium von Differentialgleichungen möchte ich jetzt das *typische* Lösungsverhalten beschreiben. Es ist besonders einfach, wenn nur *eine* Gleichung für *eine* Funktion $x_1(t)$ vorliegt („eindimensionale Bewegung"),

$$\dot{x}_1 = f_1(x_1) \, . \tag{9.54a}$$

Man kann sie, wie in Abschn. 9.3 ausführlich behandelt, durch Trennung der Variablen lösen. Wie aber kann die Lösung *typischerweise* aussehen?

Der Phasenraum ist 1-dimensional, s. Abb. 9.14a. Entweder läuft $x_1(t)$ gegen einen stationären Punkt $x_1^{(S)}$ oder es läuft von ihm weg, gegen einen anderen oder nach unendlich. Jedenfalls bewegt sich $x_1(t)$ im Phasenraum (auf der Linie) stets in derselben Richtung, immer nach links oder immer nach rechts. $x_1(t)$ kann nicht umkehren, also auch nicht oszillieren; sonst würde es ja die Punkte eines Phasenraumintervalles mal mit positivem $\dot{x}_1$, mal mit negativem $\dot{x}_1$ durchlaufen. Das ist aber unmöglich, da durch die Bewegungsgleichung (9.54a) an jeder Stelle x_1 die Geschwindigkeit $\dot{x}_1$ festliegt. Eindimensionale Bewegung muss also monoton sein, entweder ins Unendliche oder gegen einen stationären Punkt (Abb. 9.15).

Liegen *zwei* Differentialgleichungen für *zwei* Variable vor

$$\dot{x}_1 = f_1(x_1, x_2), \quad \dot{x}_2 = f_2(x_1, x_2) \, , \tag{9.54b}$$

ist der Phasenraum 2-dimensional, ein Teil von oder der ganze $\mathbb{R}^2$. Das Streben der Lösung nach unendlich oder gegen einen stationären Punkt ist auch jetzt möglich (Punktattraktor), s. Abb. 9.15. Es gibt aber einen zusätzlichen Bewegungstyp, eine zusätzliche „dynamische Qualität", nämlich periodische Bewegungen (Abb. 9.14b und 9.16), $x_i(t+T) = x_i(t)$ für alle t und geeignetes T, die Periode. Die Lösung von (9.54b) ist dann dauerhaft zeitlich veränderlich, wiederholt sich aber mit der Periode T immer wieder. Sofern der Phasenraumpunkt $(x_1(t), x_2(t))$ von den verschiedensten Anfangswerten ausgehend für wachsende Zeit t stets gegen dieselbe periodische Phasenraumbahn strebt, so heißt diese *Grenzzyklus* oder *periodischer Attraktor*.

Statt des $\mathbb{R}^2$ kann der Phasenraum auch eine endliche, abgeschlossene Menge (ein Kompaktum) mit periodischen Randbedingungen sein, z. B. die Oberfläche eines Torus. Dann *kann* die Lösungskurve nicht nach unendlich laufen. Statt gegen einen Punktattraktor oder einen periodischen Attraktor zu streben, kann sie dann auch im Laufe der Zeit den kompakten Phasenraum (oder eventuell nur Teile davon) dicht ausfüllen. Bei Transformation in den physikalischen Ortsraum ergibt das eine quasiperiodische Bewegung. Zur Verdeutlichung ein einfaches Beispiel: $x_1(t) = \rho \cos \varphi_1(t), x_2(t) = \rho \sin \varphi_2(t)$, wobei ρ konstant sei und die Winkel φ_i die (9.54b) entsprechenden Bewegunggleichungen $\dot{\varphi}_1(t) = \omega_1$, $\dot{\varphi}_2(t) = \omega_2$ erfüllen. Die $f_i(\varphi_1, \varphi_2)$ sind somit konstant, ω_i. Sofern ω_1/ω_2 rational ist, entsteht eine periodische Bewegung $\varphi_i(t) = \omega_i t + \varphi_{i,0}$, modulo 2π. Falls jedoch ω_1/ω_2 irrational, ist die Bewegung der $x_{1,2}(t)$ quasiperiodisch bzw. überdeckt $(\varphi_1(t), \varphi_2(t))$ im Laufe der Zeit das Quadrat $[0, 2\pi] \times [0, 2\pi]$ vollständig.

Bei *drei* Differentialgleichungen für *drei* Variable $x_1(t), x_2(t), x_3(t)$ ist der Phasenraum 3-dimensional, also der $\mathbb{R}^3$ oder Teile davon. Ein wichtiges, berühmtes Beispiel beschreibt die Geschwindigkeit $x_1(t)$ einer Flüssigkeitsströmung zwischen zwei horizontalen Platten im Schwerefeld, wobei die untere Platte wärmer als die obere ist (RAYLEIGH-BÉNARD-SALZMAN-LORENZ). Die Temperaturschwankung in der Flüssigkeit ändert sich mit der Amplitude $x_2(t)$ und der infolge der Strömung entstehende verstärkte Wärmestrom durch die Flüssigkeit habe die Größe $x_3(t)$. Diese drei physikalischen Variablen $x_i(t)$, $i = 1, 2, 3$, genügen einem System von drei gekoppelten, nichtlinearen Differentialgleichungen, genannt die Lorenzgleichungen; diese lassen sich aus den hydrodynamischen Strömungsgleichungen von NAVIER-STOKES begründen.

$$
\begin{aligned}
\dot{x}_1 &= -\sigma x_1 + \sigma x_2 &&= f_1(x_1, x_2, x_3)\,, \\
\dot{x}_2 &= a x_1 - x_2 - x_1 x_3 &&= f_2(x_1, x_2, x_3)\,, \\
\dot{x}_3 &= -b x_3 + x_1 x_2 &&= f_3(x_1, x_2, x_3)\,.
\end{aligned}
\tag{9.54c}
$$

Die Parameter σ (Prandtlzahl, etwa $\sigma = 10$) und b (etwa $b = 8/3$) sind durch die Art der Flüssigkeit (Wasser o. Ä.) sowie durch die Gleichungen von NAVIER und STOKES für die Hydrodynamik festgelegt. a ist proportional zur Temperaturdifferenz ΔT zwischen den Platten und wird vom Experimentator kontrolliert und verändert.

Der 3-dimensionale Phasenraum, allgemeiner der N-dimensionale Phasenraum bei N Differentialgleichungen für N Funktionen $x_1(t), x_2(t), \ldots, x_N(t)$ ist nicht eben (also nicht

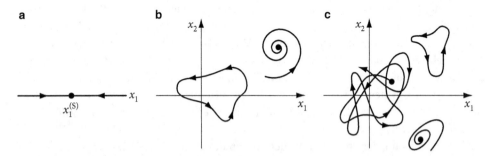

Abb. 9.14 Dynamische Qualitäten N-dimensionaler Systeme $\{x_1(t), x_2(t), \ldots, x_N(t)\}$ als Lösung gekoppelter nichtlinearer Differentialgleichungen. **a** 1-dimensionaler Phasenraum ($N = 1$), Punktattraktor. **b** 2-dimensionaler Phasenraum ($N = 2$), Punktattraktor (*rechts*) oder/und Grenzzyklus (*links*). **c** ($N = 3$), Projektion des Phasenraums auf die x_1, x_2-Ebene, Punktrepellor (oder auch -attraktor), Grenzzyklus, chaotischer Attraktor

Abb. 9.15 Streben in einen stationären Zustand $x_1^{(S)}$. Bei eindimensionaler Bewegung ist das nur monoton möglich, bei zwei- und mehrdimensionaler Bewegung auch oszillatorisch

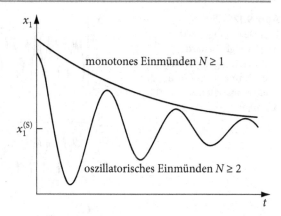

zweidimensional) darstellbar. Wohl aber gibt es Projektionen auf Teilebenen, s. Abb. 9.14c. Aus der bisherigen Diskussion, insbesondere nach (9.51), ist klar, es gibt jedenfalls die bekannten dynamischen Qualitäten: Streben gegen einen stationären Punkt (Punktattraktor, alle drei Eigenwerte von L reell negativ) oder nach unendlich (mindestens einer ist positiv). Sodann (imaginäre Eigenwerte) gibt es periodische Lösungen. Wieder aber gibt es durch die Erhöhung der Dimension von $N = 2$ auf $N = 3$ eine zusätzliche, neue dynamische Qualität, die in 1- bzw. 2-dimensionalen Phasenräumen noch nicht möglich ist, sondern erst für $N \geq 3$ vorkommt. Sie wird als *Chaos* bezeichnet. Abbildung 9.14c zeigt eine chaotische Lösung im Phasenraum, Abb. 9.17 zeigt die Lösungen $x_i(t)$ direkt als Funktionen der Zeit.

In der Natur trifft man chaotisches Verhalten sehr oft an. Dies ist durch die Forschung erst in den letzten Dekaden des letzten Jahrhunderts richtig klar geworden. Vorher hielt man Messsignale wie in Abb. 9.17 für verrauscht und damit wertlos. Außer bei der schon erwähnten Strömung einer von unten erwärmten Flüssigkeitsschicht sieht man Chaos z. B. bei ozeanischer oder atmosphärischer Turbulenz, bei den Konzentrationsschwankungen in mehrkomponentigen chemischen Reaktionen, in biologischen oder physiologischen Systemen (etwa bei Herzrhythmen), bei den erdhistorischen Veränderungen von Stärke und Richtung des magnetischen Erdfeldes, bei Molekülschwingungen, im Laserlicht, Bewegun-

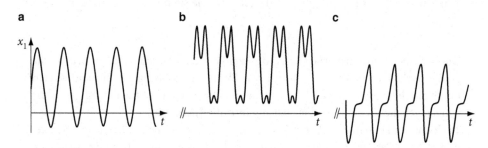

Abb. 9.16 Verschiedene periodische Bewegungen

Abb. 9.17 Chaotische Bewegungen wie im Rayleigh-Benard-Wärmeleitungsexperiment. Hier: Numerische Lösung des Gleichungssystems (9.54c) für $\sigma = 10$, $b = 8/3$, $a = 25$

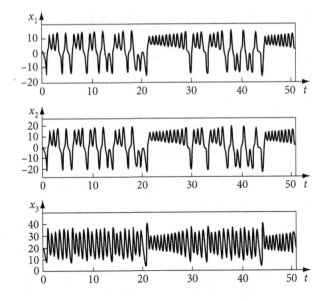

gen von Himmelskörpern und Satelliten, und, und, und. Wann immer ein Naturgeschehen durch ein $N \geq 3$-dimensionales Differentialgleichungssystem beschreibbar ist, findet man außer dem Streben in den Ruhezustand (Punktattraktor) und außer der periodischen Bewegung (Zyklusattraktor) auch chaotische Bewegung, und zwar andauernd!

Ob bei 4- und mehr-dimensionalen Systemen neben „stationär", „periodisch" und „chaotisch" weitere, neue dynamische Qualitäten dazukommen oder nur komplizierteres Chaos, ist heute noch nicht endgültig klar.

Während man 1-dimensionale Bewegungen (9.54a) noch analytisch ausrechnen kann (Trennung der Variablen), ist analytische Rechnung schon bei 2-dimensionaler Bewegung nur manchmal möglich. Praktisch unmöglich ist eine analytische Berechnung im Fall von Chaos, $N \geq 3$. Man muss (9.54c) mit numerischen Methoden mittels Computer integrieren. Deshalb ist die Erforschung von Chaos erst vorangekommen, seit Computer für die Forscher zur Verfügung stehen.

Welches sind nun die *charakteristischen Merkmale chaotischer Lösungen* von Differentialgleichungen $\dot{x}_i(t) = f_i(x_1, \ldots, x_N)$, $i = 1, 2, \ldots, N$, wie sie für $N \geq 3$ auftreten? Es sind dies:

i.   Die Lösungen sind andauernd („auf ewig") zeitlich veränderlich. Auch für beliebig lange Zeit verändern sich die $x_i(t)$ mit t, wird kein zeitunabhängiger Zustand erreicht. Physikalisch heißt das, obwohl das System unter konstanten, zeitunabhängigen Bedingungen gehalten wird, ist es von sich aus „unruhig", „nervös".

ii. Trotz dauernder zeitlicher Veränderung wiederholt sich niemals dasselbe Verhalten. Es gibt keine Periode T, sodass $x_i(t + T) = x_i(t)$ für alle t wäre. Die $x_i(t)$ sind aperiodisch.

iii. Obwohl dauernd zeitveränderlich, obwohl sich nie im Ablauf wiederholend, bleiben die $x_i(t)$ innerhalb gewisser endlicher Schranken. In diesem Sinne ist chaotisches Verhalten stabil.

iv. Um chaotische Lösungen $x_i(t)$ durch Überlagerung von sin- und cos-Schwingungen darzustellen, bedarf es unendlich vieler, unendlich dichtliegender verschiedener Frequenzen. Das Frequenzspektrum ist kontinuierlich und breitbandig. Diese Entdeckung war sehr überraschend, weil es die – voreilige – Meinung war, die Zahl der benötigten Frequenzen sei gleich der Zahl der Variablen x_i, also N.

v. Bei Differentialgleichungen mit chaotischen Lösungen hängt der zeitliche Verlauf der $x_i(t)$ „empfindlich" von den *Anfangsbedingungen* ab. Löst man einmal mit $x_i(t_0) = x_{i,0}$ und sodann mit $x_i(t_0) = x_{i,0} + \epsilon_i$, so sind beide Lösungen $x_i(t)$ qualitativ ähnlich wie in Abb. 9.17, aber nach kurzer Zeit schon unterscheiden sie sich voneinander beliebig stark. Beide sind irregulär, aber völlig verschieden. Das widerspricht nicht einer i. Allg. stetigen Abhängigkeit der Lösung von den Anfangswerten. Zu fest gewählter Zeit t werden mit $\epsilon_i \to 0$ auch die Lösungen gleich. Aber bei festen ϵ_i und wachsender Zeit t werden sie zunehmend verschieden.

vi. Chaotische Systeme fordern geradezu auf, nicht die einzelne irreguläre Lösung $x_i(t)$ zu verfolgen, sondern zeitliche Mittelwerte zu betrachten. Beispiele sind $\langle x_i(t)\rangle = \int_{t_0}^{t_0+T} x_i(t')\mathrm{d}t'/T$ für möglichst großes $T(\to \infty)$, $\langle x_i(t)x_j(t)\rangle$, die Varianz $\langle [x_i(t) - \langle x_i\rangle]^2\rangle$ usw. Korrelationen $\langle [x_i(t) - \langle x_i\rangle][x_j(t+\tau) - \langle x_j\rangle]\rangle = C_{ij}(\tau)$ fallen mit τ ab, oft exponentiell, manchmal mit einer Potenz, $\sim \tau^{-\nu}$.

Die empfindliche Abhängigkeit von den Anfangsbedingungen bei chaotischen Systemen hat eine bemerkenswerte Konsequenz: Längerfristige Vorhersagbarkeit ist nicht mehr möglich, der Kausalitätsbegriff bedarf der Revision. Mathematisch ist die Vorgabe von Anfangswerten $x_{i,0}$ ein Akt der Definition bzw. der Wahl. Bei Naturvorgängen jedoch ist der Anfangszustand i. Allg. erst durch Messung festzustellen.

Da jede Messung prinzipiell mit einem endlichen Messfehler behaftet ist, bewirkt die empfindliche Abhängigkeit von den Anfangswerten, dass man den zeitlichen Verlauf nur so lange voraussagen kann, wie alle Lösungen mit ϵ-benachbartem Anfangswert sich nicht um mehr als einen tolerierbaren Abstand δ unterscheiden. Diese „Vorhersagbarkeitszeit" τ_{vorh} hat i. Allg. die Größenordnung (vgl. Abb. 9.18)

$$\tau_{\text{vorh}} \approx K^{-1}\ln\left(\frac{\delta}{\epsilon}\right). \tag{9.55}$$

K ist die aus dem Differentialgleichungssystem bestimmbare mittlere Rate, mit der sich infinitesimal benachbarte Lösungen voneinander entfernen. Je genauer man den Anfangszustand misst (ϵ kleiner), je größere Unterschiede in den $x_i(t)$ man toleriert (δ größer), desto länger kann man den Lösungsverlauf vorhersagen (τ_{vorh} größer). Gleichung (9.55) regelt auch das Erreichbare bei Wettervorhersagen. Verdichtung des Messstellennetzes verkleinert ϵ und vergrößert damit τ_{vorh}. Stets aber ist prinzipiell die Vorhersage nur *endlich* lange. Und – der Aufwand zur Verbesserung von ϵ in τ_{vorh} wirkt sich nur logarithmisch aus,

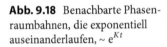

Abb. 9.18 Benachbarte Phasen-
raumbahnen, die exponentiell
auseinanderlaufen, $\sim e^{Kt}$

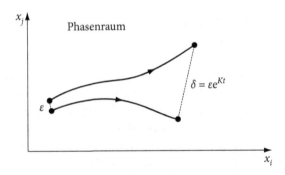

also höchst wenig. (Die Größe K hat übrigens etwas mit den sog. LYAPUNOV-Exponenten
zu tun.)

Für $t \ll \tau_{\mathrm{vorh}}$ ist der Lösungsverlauf durch die Anfangswerte hinreichend bestimmt,
trotz Messungenauigkeit. Man kann dann also sagen, welche Voraussetzung zu welchem
Ergebnis führt. Der Zeitablauf ist in diesem Sinne kausal. Für $t \gg \tau_{\mathrm{vorh}}$ jedoch ist der
Zeitablauf nicht mehr aus der (ϵ-genauen) Anfangssituation bestimmbar. Man kann seine
Ursache nicht angeben, da sie unterhalb des Messrasters lag. Kausalität verliert in nichtli-
nearen, chaotischen Systemen in diesem Sinne ihre Prüfbarkeit und damit ihre Bedeutung.
In diesem Sinne sind chaotische Systeme also *nicht* kausal.

Eine Fülle von Naturerscheinungen folgt Gesetzen, deren mathematische Form gekoppelte nichtlineare Differentialgleichungen $\dot{x}_i = f_i(x_1, \ldots, x_N)$ sind. Dazu gehören
insbesondere die mechanischen Systeme, Himmelskörper, Maschinen usw.

Schon *ein* Massenpunkt hat drei Orts- und drei Geschwindigkeits-Koordinaten, also
$N = 6$, immer noch $N = 4$ bei Bewegung in der Ebene, wird also in der Regel chaotisches Verhalten zeigen. Das überkommene und noch heute psychologisch tief verwurzelte
Verständnis der Naturwissenschaft besagt: Kennt man erst einmal die Bewegungsgesetze
(Differentialgleichungen), so kann man alles voraussagen, beherrschen, so ist alles determi-
niert und determinierbar (LAPLACE, 1776). Die Existenz von Chaos im Lösungsverhalten
als Regelfall erweist dieses als Vorurteil, erweist die klassische Kausalität als Aberglauben.

Determiniertheit und Chaos widersprechen sich nicht nur nicht, sondern bedingen einander: Die nichtlinearen Differentialgleichungen bewirken ja durch ihren Charakter gerade
die empfindliche Abhängigkeit von den Anfangsbedingungen. Man spricht von *determinis-
tischem Chaos*.

Als einführende und vertiefende Literatur seien Großmann (1983) und Schuster (1995)
empfohlen.[5]

---

[5] Großmann, S.: Phys. Bl. 39, 139–145, 1983; Schuster, H. G.: Deterministic Chaos – An Introduction.
VCH-Wiley, Weinheim, 1995 (3. Auflage)

9.8   Iterative Lösungsverfahren (Algorithmen)

Es gibt noch eine Anzahl weiterer Differentialgleichungstypen, bei denen mehr oder weniger raffinierte Verfahren zu einer analytischen Lösung führen. Sie spielen in manchen Anwendungen eine Rolle. Bei einigen Differentialgleichungen, die man oft antrifft, sind die Lösungseigenschaften in Tabellen und Handbüchern zusammengestellt. Dazu gehören die Besselsche Differentialgleichung, die hypergeometrische Differentialgleichung, u. a. m.

Wenn die bekannten Methoden sowie die Tabellen- und Handbücher versagen, integriert man heute Differentialgleichungen numerisch. Die dazu verwendeten iterativen Algorithmen sind Verbesserungen von einfachen, anschaulichen Iterationsmethoden, die historisch wie heute der Ausgangspunkt analytischer Existenzbeweise sind:

1. Das Polygonzug- oder Euler-Cauchy-Verfahren, worauf der Existenzsatz von G. Peano (1890) beruht (Existenz einer Lösung, aber nicht notwendig deren Eindeutigkeit),
2. das Integralgleichungsverfahren, worauf der Existenz- und Eindeutigkeitssatz von E. Picard und E. L. Lindelöf (1890 bzw. 1894) gründet.

9.8.1   Euler-Cauchysches Polygonzugverfahren

Vorgelegt sei die Differentialgleichung $y' = f(x, y)$ sowie der Anfangswert $y(x_0) = y_0$. Im Abstand h von x_0, also bei $x_1 = x_0 + h$, lautet die gesuchte Lösung dann $y(x_1) = y(x_0 + h) \approx y_0 + hy'(x_0) = y_0 + hf(x_0, y_0) \equiv y_1$, sofern h so klein gewählt wird, dass die Taylorentwicklung schnell, also nach dem ersten Glied, abgebrochen werden darf. Von diesem näherungsweisen Lösungspunkt (x_1, y_1) ausgehend bestimmt man in derselben Weise den nächsten Punkt (x_2, y_2) als Näherung für $(x_2, y(x_2))$, usw.

So ermittelt man mithilfe des computerfähigen Algorithmus

$$x_{n+1} = x_n + h, \quad y_{n+1} = y_n + hf(x_n, y_n) \tag{9.56}$$

durch wiederholte Anwendung (*Iteration*) eine Punktfolge (x_0, y_0), (x_1, y_1), (x_2, y_2), ... (x_n, y_n), deren Verbindung einen Polygonzug liefert, der die gesuchte Lösung näherungsweise repräsentiert.

So einfach, so vorsichtig sollte man sein. Jedenfalls sollte h möglichst klein gewählt werden. Trotzdem ist nicht einmal bei stetigen Funktionen $f(x, y)$ sicher, ob Verkleinern von h die Näherung y_n im Vergleich zu $y(x_n)$ verbessert (d. h. die Konvergenz mit h ist nicht notwendig monoton). Besondere Aufmerksamkeit verdient, dass mit dem Polygonzugverfahren nur ein Stück der Lösung (eine „lokale" Lösung) zu konstruieren ist.

Der *Existenzsatz* von G. Peano (1890) besagt: Falls $f(x, y)$ stetig ist, gibt es eine Nullfolge $\{h_i\}$ von Schrittweiten, sodass die zugehörigen Polygonzüge in einer Umgebung von (x_0, y_0) gegen eine differenzierbare Funktion $y(x)$ konvergieren, die das Anfangswertproblem löst.

Weder wird die Eindeutigkeit garantiert, noch wird gesagt, wie groß die Umgebung (eine offene Menge, die den Anfangspunkt enthält) tatsächlich ist. Beides hängt von den Eigenschaften von $f(x, y)$ ab.

9.8.2 Integralgleichungsverfahren

Dieses Integralgleichungsverfahren erfordert stärkere Voraussetzungen, sagt dann allerdings auch mehr aus. Es ist ein *Ur-Verfahren* für eine Fülle physikalischer Anwendungen von der klassischen Physik über Störungsmethoden der Quantentheorie bis hin zur Quantenfeldphysik und Statistischen Physik.

Ausgangspunkt ist die *formale Integration* der Differentialgleichung entlang der zu suchenden Lösung $y(x)$. Diese erfüllt ja die Gleichung (s. auch (9.11)) $dy(x)/dx = f(x, y(x))$ für alle $x \in I$. Diese Gleichung integrieren wir bezüglich x auf, beginnend mit x_0. Wir bekommen $y(\hat{x})\Big|_{x_0}^{x} = \int_{x_0}^{x} f(\tilde{x}, y(\tilde{x})) d\tilde{x}$. Beachten wir noch $y(x_0) = y_0$, so ergibt sich die Gleichung

$$y(x) = y_0 + \int_{x_0}^{x} f(\tilde{x}, y(\tilde{x})) d\tilde{x} . \tag{9.57}$$

Zwar steht links die gesuchte Lösung explizit da. Um sie aber auszurechnen, muss man auf der rechten Seite das Integral bestimmen. Das wäre kein grundsätzliches Problem, brauchte man dazu nicht eben die erst zu berechnende Funktion $y(\tilde{x})$ im ganzen Intervall von x_0 bis x. Solange man sie noch nicht kennt, kann man sie also in das Integral in (9.57) auch nicht einsetzen. Gleichung (9.57) ist also so etwas wie die integrierte Form der ursprünglichen Differentialgleichung und heißt deshalb „*Integralgleichung*".

Diese Integralgleichung ist noch nicht die Lösung selbst. Allerdings enthält die Integralgleichung bereits explizit die Anfangswerte (x_0, y_0).

> Man vergewissere sich, dass durch Differenzieren aus der Integralgleichung (9.57) sich die ursprüngliche Differentialgleichung ergibt. Letztere enthält die Anfangswerte nicht.

Könnte man die gesuchte Lösung wenigstens näherungsweise erraten, z. B. durch einen Ansatz $y_1(x)$, so ließe sich die rechte Seite der Integralgleichung (9.57) im Prinzip ausrechnen: $y_0 + \int_{x_0}^{x} f(\tilde{x}, y_1(\tilde{x})) d\tilde{x}$. Die sich ergebende Funktion heiße $y_2(x)$. Unter gewissen Voraussetzungen an $f(x, y)$ erweist sich $y_2(x)$ als bessere Näherung, als es $y_1(x)$ war. Dann natürlich wiederholen wir das Spiel. Einsetzen von $y_2(x)$ auf der rechten Seite liefert links ein $y_3(x)$, usw. Unter den „gewissen" Voraussetzungen konvergiert die aus der Iteration

$$y_{n+1}(x) = y_0 + \int_{x_0}^{x} f(\tilde{x}, y_n(\tilde{x})) d\tilde{x} \tag{9.58}$$

gewonnene Funktionenfolge $y_1(x), y_2(x), \ldots, y_n(x), \ldots$ gegen eine differenzierbare Grenzfunktion $y(x) = \lim_{n \to \infty} y_n(x)$, die dann die Integralgleichung und damit das Anfangs-

Abb. 9.19 Fortsetzung der Lösungen
einer allgemeinen Differentialgleichung
$y' = f(x, y)$ bis zum Rand des Definiti-
onsbereichs $\mathbb{U} \subseteq \mathbb{R}^2$ von $f(x, y)$ unter den
Bedingungen des Existenz- und Eindeu-
tigkeitssatzes von Picard/Lindelöf (f stetig
und y-Lipschitz)

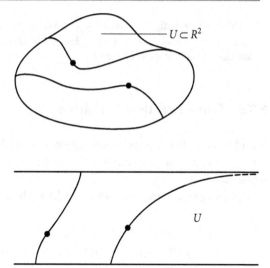

wertproblem der Differentialgleichung löst. Was natürlich immer geht, ist das primitivste
Erraten einer ersten „Näherung" für $y(\tilde{x})$ im Integral von (9.57), nämlich $y(\tilde{x})$ durch y_0
zu ersetzen und daraus $y_1, y_2, \dots$ zu berechnen.

Die „gewissen" Bedingungen, unter denen die Iteration (9.58) mit $n \to \infty$ konvergiert, klärt
der folgende Satz von E. Picard (1890) und E. L. Lindelöf (1894).

Satz von Picard/Lindelöf: Es existiert, und zwar eindeutig, die Lösung der Differentialgleichung $y' = f(x, y)$ mit der Anfangsbedingung $y(x_0) = y_0$ unter der Voraussetzung, dass
$f(x, y)$ auf einer offenen Menge $\mathbb{U} \subseteq \mathbb{R}^2$ stetig ist sowie bezüglich y die Lipschitzbedingung
erfüllt.

Diese Lösung, so besagt der Satz ferner, kann immer bis zum Rand von $\mathbb{U}$ fortgesetzt werden, d. h. sie hört nicht irgendwo in $\mathbb{U}$ auf. Sollte der Rand teilweise im Unendlichen liegen,
so kann die Lösung auch bis dorthin fortgesetzt werden (Abb. 9.19). Lösungen zu verschiedenen Anfangswerten können sich nicht schneiden; im Schnittpunkt gäbe es dann ja mehrere
Lösungen, im Gegensatz zur Eindeutigkeitsaussage.

Der Satz von Picard/Lindelöf nennt *hinreichende* Bedingungen. Man kennt auch Differentialgleichungen, die sie nicht erfüllen und trotzdem eindeutige Lösungen haben.

Die *Stetigkeit* von $f(x, y)$ an einer Stelle x_1, y_1 meint selbstverständlich die Stetigkeit bezüglich beider Variablen gemeinsam, nicht nur bezüglich jeweils einer bei fester anderer.
Somit $|f(x_1, y_1) - f(x, y)| < \epsilon$ sofern nur $((x_1 - x)^2 + (y_1 - y)^2)^{1/2} < \delta = \delta(\epsilon)$ für an-
sonsten beliebige Lage von x, y (bei gegebenem (x_1, y_1)).

$f(x, y)$ heißt *Lipschitz-stetig* bezüglich y auf einer offenen Menge $\mathbb{U} \subseteq \mathbb{R}^2$ wenn f stetig
ist und wenn es zu jedem Punkt $(x_0, y_0) \in \mathbb{U}$ eine Umgebung $\mathbb{V} \subseteq \mathbb{U}$ gibt sowie eine (mög-
licherweise von $\mathbb{V}$ abhängige) Konstante L, sodass $|f(x, y_1) - f(x, y_2)| \le L|y_1 - y_2|$ gilt, für
alle (x, y_1) und für alle (x, y_2) aus $\mathbb{V}$. Nützlich zu wissen ist: Hinreichend für die Lipschitz-
Stetigkeit bezüglich y ist die Existenz und Beschränktheit der partiellen Ableitung nach y.

Lipschitz-Stetigkeit ist durchaus mehr als Stetigkeit. Man betrachte z. B. die Funktion
$f(x) = \sqrt{x}$. Sie ist in $[0, 1]$ stetig. Für alle $x \ne 0$ sieht man das durch Restgliedabschätzung,
und für $x = 0$ folgt es direkt aus $|f(h) - f(0)| = \sqrt{h} \to 0$ für $h \to 0$. Diese Funktion ist aber

nicht Lipschitz-stetig. Wäre nämlich $|f(x_1) - f(x_2)| < L|x_1 - x_2|$ für alle $x_1, x_2 \in (0, 1)$, so würde man für $x_1 = h$, $x_2 \to 0$ erhalten, dass $\sqrt{h} < Lh$ bzw. $1 < L\sqrt{h}$ wäre, was für hinreichend kleines h zum Widerspruch führte.

9.8.3   Praxis iterativer Verfahren

Wir üben beide Iterationsverfahren an einem einfachen Beispiel. Die Differentialgleichung laute $y' = y$, der Anfangswert sei $y(x_0 = 0) = y_0 = 1$. Natürlich kennen wir die Lösung schon, nämlich $y(x) = e^x$.

Das Polygonzugverfahren liefert mit $(0, 1)$ als Startpunkt folgende Punkte:

$$
(x_1, y_1) = (h, 1 + h \cdot 1) \,,
$$
$$
(x_2, y_2) = (x_1 + h, y_1 + hy_1') = (2h, 1 + h + h(1 + h)) = (2h, (1 + h)^2), \dots ,
$$
$$
(x_n, y_n) = (x_{n-1} + h, y_{n-1} + hy_{n-1}')
$$
$$
\doteq (x_{n-1} + h, y_{n-1} + hy_{n-1}) = (x_{n-1} + h , (1 + h)y_{n-1})
$$
$$
= (x_{n-2} + 2h, (1 + h)(1 + h)y_{n-2}) = (nh, (1 + h)^n) \,.
$$

(Bei $\doteq$ ist die Differentialgleichung eingesetzt worden.) Sofern h klein genug ist, gilt $(1 + h)^n = (1 + h)^{\frac{1}{h}nh} \approx e^{nh} = e^x$.

Nun dasselbe mit der Integralgleichung. Wir beginnen der Einfachheit halber mit $y_1(x) = 1$ (d. h. mit konstanter Anfangsfunktion, deren Wert gleich dem Anfangswert y_0 ist)

$$
y_2(x) = 1 + \int_0^x f(\tilde{x}, y_1(\tilde{x}))\mathrm{d}\tilde{x} = 1 + \int_0^x y_1(\tilde{x})\mathrm{d}\tilde{x} = 1 + \int_0^x \mathrm{d}\tilde{x} = 1 + x \,.
$$

Hieraus

$$
y_3(x) = 1 + \int_0^x y_2(\tilde{x})\mathrm{d}\tilde{x} = 1 + x + \frac{x^2}{2} \quad \text{usw. ,}
$$
$$
y_n(x) = 1 + x + \frac{x^2}{2} + \dots + \frac{x^n}{n!} \,.
$$

Offensichtlich entsteht die Exponentialreihe, d. h. für $n \to \infty$ ist $y_\infty(x) = e^x$.

Wie bereits gesagt, bedarf insbesondere das Polygonzugverfahren erheblicher Verbesserungen, um schnell genug über einen hinreichend großen Bereich $[x_0, x]$ zuverlässig zu konvergieren, mit guter Fehlerkontrolle.

Heute verwendet man als solche Verbesserungen i. Allg. Runge-Kutta- oder Stoer-Bulirsch-Verfahren zur numerischen Integration von Differentialgleichungen. Hingewiesen sei auf einige nützliche Bücher, in denen Methoden zur numerischen Lösung gewöhnlicher Differentialgleichungen nachzulesen sind, s. die kleine Literaturauswahl im Anhang.

Dieses Kapitel 9 sollte deutlich machen, dass Differentialgleichungen eine der wichtigsten Möglichkeiten zur Formulierung von Naturgesetzen darstellen und dass ihre Lösung und ihre Analyse mit gut ausgearbeiteten Methoden möglich ist. Im Anhang ist deshalb in einem separaten Teil eine Auswahl weiterführender Literatur angegeben.

9.9 Übungen zum Selbsttest: Differentialgleichungen

1. (a) Bestimmen Sie die Lösung der linearen inhomogenen Differentialgleichung $m\dot{v} = -mg - \beta v$, wobei $v = \dot{h}$ die Fallgeschwindigkeit eines Steins der Masse m im Schwerkraftfeld der Erde ist (g Erdbeschleunigung), s. (9.5). $-\beta v$ beschreibt die Luftreibung. Hinweis: Variation der Konstanten.
   (b) Welche stationäre Lösung hat diese Differentialgleichung?

2. Untersuchen Sie die inhomogene lineare Differentialgleichung (9.6) für die Ladung $Q(t)$ auf dem Kondensator des Schaltkreises Abb. 9.3, $\dot{Q} + Q/RC = (U_0/R)\sin(\omega t)$:
   (a) Wie lautet die Lösung ohne äußere Spannung ($U_0 = O$)?
   (b) In welcher Zeit ist die anfängliche Ladung Q_0 auf Q_0/e abgesunken?
   (c) Welchen zeitlichen Verlauf nehmen Strom $I(t)$ und Spannung $U(t)$ am Widerstand?
   (d) Wie lautet bei Variation der Konstanten die Differentialgleichung für $c(t)$ zur Lösung der inhomogenen Gleichung ($U_0 \neq 0$)?
   (e) Welche Lösung hat diese Differentialgleichung für $c(t)$?
   (f) Die Lösung $Q(t)$ der inhomogenen Differentialgleichung besteht aus einem zeitlich abklingenden und aus einem anhaltend oszillierenden Anteil; wie lauten sie?
   (g) Die andauernd oszillierende Lösung lässt sich in der Form $Q_\infty \sin(\omega t - \alpha)$ darstellen; wie lauten die Amplitude Q_∞ dieser erzwungenen Schwingung und wie ihre Phase α?
   (h) Diskutieren Sie Q_∞ und α als Funktion der Stärke U_0 und der Frequenz ω der antreibenden Wechselspannung.

3. Ein elektrischer Schwingkreis (analog zu dem in Abb. 9.3) enthalte neben einer äußeren Wechselspannungsquelle $U(t)$ einen Kondensator, einen Widerstand und eine Spule, jeweils gekennzeichnet durch die Kapazität C, den Ohmschen Widerstand R und die Induktivität L. Die jeweiligen Spannungen an diesen Bauelementen lauten $U_C = Q/C$, $U_R = RI$ und $U_L = L\dot{I}$ (Induktionsgesetz). Nach dem Kirchhoffschen Gesetz ist die Summe der Spannungen an diesen Elementen gleich der äußeren Spannung. Es ergibt sich eine lineare, inhomogene Differentialgleichung 2. Ordnung für den Strom $I(t)$:
   (a) Wie lautet diese?
   (b) Welchen Wert hat die Kennfrequenz ω_0 des Schwingkreises und wie groß ist seine Dämpfung ζ?
   (c) Bestimmen Sie die Eigenwerte der homogenen Differentialgleichung. (Weiteres: s. Aufgabe 6.)

4. Bestimmen Sie die durch die Anfangswerte $y(0) = y_0$ und $y'(0) = 0$ gekennzeichnete Lösung der homogenen, linearen Differentialgleichung (9.36) 2. Ordnung mit konstanten, reellen Koeffizienten, ausgedrückt durch die Eigenwerte der Gleichung.

5. Lösen Sie das gekoppelte, lineare, homogene Differentialgleichungssystem, das dem aperiodischen Grenzfall eines gedämpften harmonischen Oszillators entspricht. Die beiden Differentialgleichungen für den Ort $x(t)$ und die Geschwindigkeit $v(t)$ lauten $\dot{x} = v$, $\dot{v} = -(a^2/4)x - av$:

   (a) Schreiben Sie sie in Matrixform.

   (b) Welche Eigenwerte hat die Koeffizientenmatrix?

   (c) Es gibt nur einen einzigen Eigenvektor der Matrix (weshalb sie „defekt" heißt), wie lautet er?

   (d) Formulieren Sie den Ansatz zur Variation der Konstanten.

   (e) Geben Sie die Funktionen $c_1(t)$, $c_2(t)$ an.

   (f) Wie lautet nunmehr die allgemeine Lösung?

   (g) Bestimmen Sie die freien Konstanten (Koeffizienten der Überlagerung) so, dass $x(0) = 1$, $v(0) = 0$ ist bzw. $x(0) = 0$, $v(0) = 1$.

6. Erzwungene Schwingungen eines elektrischen Serienschwingkreises mit der Differentialgleichung $\ddot{I} + 2\delta\dot{I} + \omega_0^2 I = F_a \cos(\omega_a t)$. Dabei bedeuten $2\delta = R/L$ sowie $\omega_0^2 = 1/LC$. Berechnen Sie die Lösung mit den Methoden aus Abschn. 9.5. Nach dem Abklingen von Einschaltschwingungen gibt es eine ungedämpfte periodische Lösung, die man auch dadurch ermitteln kann, dass man in die Differentialgleichung mit dem Ansatz $I(t) = I_\infty \cos(\omega_a t - \alpha)$ eingeht:

   (a) Wie lautet I_∞ als Funktion von F_a, ω_a und von ω_0, δ?

   (b) Geben Sie die Phasenverschiebung α an.

   (c) Wie verhalten sich I_∞, und α für $\omega_a \to 0$ bzw. $\omega_a \to \infty$?

   (d) Wie hängt α von der Stärke F_a des äußeren Antriebs ab?

   (e) Für welche Anregungsfrequenz ω_a ist die erzwungene Amplitude I_∞ am größten?

   (f) Die erzwungene Amplitude I_∞ ist am Maximum sehr groß, sogar ∞ für $\delta = 0$; wie hängt $(I_\infty/F_a)_{\max}$ von δ ab (für den Fall $\omega_{a,\max} \neq 0$)?

   (g) Mit wachsender Dämpfung nimmt die Höhe des Resonanzmaximums ab; für welchen Wert von δ ist I_∞ am Resonanzmaximum gerade genauso groß wie bei $\omega_a = O$?

   (h) Verifizieren Sie, dass die Standardmethoden aus Abschn. 9.5 zum selben Resultat führen wie obiger Ansatz.

7. (a) Bestimmen Sie beim nichtlinearen 3-Variablen-Differentialgleichungssystem (9.54c), den Lorenz-Gleichungen, die stationären Lösungen.

   (b) Wie lauten die Matrizen L_0, $L_{1,2}$ für die linearisierte Bewegung um die stationären Punkte P_0, $P_{1,2}$?

   (c) In welchem a-Bereich ist P_0 stabil? Dazu muss man die Eigenwerte von L_0 bestimmen.

   (d) Die drei Eigenwerte $\lambda_j^{(1,2)}$ für die Bewegung um $P_{1,2}$ sind Lösungen einer Gleichung 3. Grades, wie lautet sie?

   (e) Ein Eigenwert $\lambda_1^{1,2}$ um $P_{1,2}$ muss reell, negativ sein, warum?

(f) Im Bereich $1 < a < a_{\text{crit}}(< \infty)$ treten außer $\lambda_1^{(1,2)}$ zwei konjugiert komplexe Eigenwerte $\lambda_{2,3}^{(1,2)}$ mit negativem Realteil auf. Also ist $P_{1,2}$ in diesem a-Bereich stabil. Wenn $a > a_{\text{crit}}$, sind alle stationären Lösungen instabil. Dann treten die chaotischen Lösungen (Abb. 9.17) auf. Berechnen Sie a_{crit}. (Anleitung: Bei a_{crit} kreuzen $\lambda_{2,3}^{(1,2)}$ als Funktion von a die imaginäre Achse, sind also rein imaginär, $\lambda_{2,3}^{(1,2)} \equiv \pm i\lambda_0$; das Polynom zur Berechnung der Eigenwerte heißt dann $(\lambda - \lambda_1)(\lambda - i\lambda_0)(\lambda + i\lambda_0) = \lambda^3 - \lambda_1\lambda^2 + \lambda_0^2\lambda - \lambda_1\lambda_0^2 = 0$. Offenbar gilt: Koeffizient von λ^2 mal Koeffizient von λ gleich absolutes Glied; daraus folgt a_{crit}).

8. Einfache Modelle nichtlinearer Differentialgleichungen sind Differenzengleichungen, in denen die Zeitvariable t diskrete Schritte $t = t_0 + \tau\Delta t$ durchläuft, $\tau = 0, 1, 2, \ldots$ Einfache, aber wichtige Beispiele sind $x_{\tau+1} = 4ax_\tau(1 - x_\tau)$; $x_{\tau+1} = 1 - 2|x_\tau - 1/2|$; $x_{\tau+1} = mx_\tau + b$, modulo 1. Stets soll $0 \leq x_\tau \leq 1$ sein. Die Parameter a, m, b werden gewählt und dann festgehalten. $0 \leq a \leq 1$. Beginnend mit einem gewählten Anfangswert x_0 berechne man x_1, daraus $x_2, \ldots, x_n, \ldots$:

(a) mittels Taschenrechner,

(b) zeichnerisch.

Randwertprobleme

Eine der wichtigsten Aufgabenstellungen in der Physik ist die Bestimmung von Vektorfeldern aus ihren Quellen, Wirbeln und vorgeschriebenen Randwerten.

Wir untersuchen jetzt die Struktur von Vektorfeldern $\vec{F}(\vec{r})$ im Hinblick auf ihre physikalisch wichtigen Eigenschaften. Die wichtigsten sind die Quellen und Wirbel eines Feldes. Die Quellen sind durch das skalare Feld $\rho(\vec{r}) := \operatorname{div} \vec{F}(\vec{r})$ gegeben, die Wirbel durch das Vektorfeld $\vec{\omega}(\vec{r}) := \operatorname{rot} \vec{F}(\vec{r})$. Die Wirbelverteilung $\vec{\omega}(\vec{r})$ ihrerseits hat selber keine Quellen, $\operatorname{div} \vec{\omega} = 0$ (s. Abschn.4.5.3, Nr. 3). – Es ist also eine einfache Differenzierübung, die Quellen und Wirbel eines vorgelegten Vektorfeldes zu bestimmen

Bei sehr vielen physikalischen Problemen ist die Fragestellung aber gerade umgekehrt: Man kennt die Quellen und Wirbel und möchte dasjenige Vektorfeld $\vec{F}(\vec{r})$ aufspüren, welches sie erzeugt.

Ist das überhaupt möglich? Gibt es verschiedene Felder, die sich bezüglich Quellen und Wirbel gar nicht unterscheiden? Wie findet man sie? Die Beantwortung dieser Fragen ist die Grundlage vieler klassischer Gebiete der Physik, etwa der Elektrodynamik, der Hydrodynamik, usw. Es ist eine *Integrations* aufgabe zu lösen. Möchte man doch von den differentiellen Eigenschaften div $\vec{F}$, rot $\vec{F}$ auf $\vec{F}$ selbst schließen. Das ist wegen des Vektorcharakters des gesuchten Feldes und der Differentialoperationen allerdings etwas komplizierter als die Integration einer skalaren Funktion. Der Schlüssel zur Lösung ist der Gaußsche Satz in seiner von GREEN benutzten Form. Standard-Lösungen heißen daher Greensche Funktionen.

Für eine erste Einführung in die Mathematik für die Physik ist dieses Kapitel vielleicht noch nicht nötig. Spätestens aber für die Elektrodynamik muss man sich hiermit vertraut machen. Die Greenschen Funktionen gehören zum modernen Rüstzeug des Physikers.

10.1 Die Rolle der Randbedingungen; Eindeutigkeitssatz

Es lohnt sich, zuerst die Frage zu studieren, wieviele Felder $\vec{F}(\vec{r})$ es sein können, die ein gegebenes Quellenfeld $\rho(\vec{r})$ und ein Wirbelfeld $\vec{\omega}(\vec{r})$ verursachen können. Dies wird die anschließende explizite Konstruktion von $\vec{F}(\vec{r})$ erleichtern und verständlicher machen.

S. Großmann, *Mathematischer Einführungskurs für die Physik*,
DOI 10.1007/978-3-8348-8347-6_10,
© Vieweg+Teubner Verlag | Springer Fachmedien Wiesbaden 2012

Angenommen, es gäbe mehrere Felder $\vec{F}'(\vec{r})$, $\vec{F}''(\vec{r})$,... mit demselben Quellenfeld $\rho(\vec{r})$ und Wirbelfeld $\vec{\omega}(\vec{r})$. Dann ist $\delta\vec{F}(\vec{r}) = \vec{F}'(\vec{r}) - \vec{F}''(\vec{r})$ offenbar sowohl quellenfrei als auch wirbelfrei. Muss es deshalb Null sein, also $\vec{F}' = \vec{F}''$? Um die Antwort zu finden, schränken wir zuerst das Gebiet V ein, in dem $\vec{F}$ aus $\rho, \vec{\omega}$ bestimmt werden soll: Es sei einfach zusammenhängend!

Dann impliziert rot $\delta\vec{F} =$ rot $\vec{F}' -$ rot $\vec{F}'' = \vec{\omega} - \vec{\omega} = 0$ die Existenz eines Skalarfeldes $\psi(\vec{r})$ mit $\delta\vec{F} = -\text{grad}\,\psi$. Wegen div $\delta\vec{F} =$ div $\vec{F}' -$ div $\vec{F}'' = \rho - \rho = 0$ erfüllt ψ die Laplace-Gleichung $\Delta\psi = 0$. Multipliziere mit ψ, und integriere über V (falls es endlich ist; sonst über ein endliches Teilgebiet des $\mathbb{R}^3$): $\int \psi\Delta\psi dV = 0$. Partielle Integration mittels Gaußschem Satz ergibt

$$\int_V |\text{grad}\,\psi|^2 dV = \oint_{F_V} \psi\text{grad}_n\psi df \; . \tag{10.1}$$

Dies erlaubt, vom Rand F_V zwingend auf das Innere von V zu schließen: Falls die Ableitung in Normalenrichtung, $\text{grad}_n\psi$ *oder* falls ψ selbst auf dem Rande F_V Null ist, muss der positiv definite Integrand in (10.1) null sein, muss also $|\text{grad}\,\psi| = 0$ überall in V sein, damit also $\vec{F}' = \vec{F}''$ sein.

Die Bedeutung dieser Voraussetzungen ist: Entweder ist $-\text{grad}_n\psi = F_n' - F_n'' = 0$, stimmen also die beiden Felder mit denselben Quellen und Wirbeln in ihren Normalkomponenten auf dem Rande überein. Oder aber es ist $\psi = 0$ auf dem Rande F_V. Das bedeutet die Übereinstimmung der Tangentialkomponenten $\vec{F}_{t'} = \vec{F}_{t''}$ auf F_V, wie man so schließt: $\psi(\vec{r}) = 0$ für alle $\vec{r} \in F_V$ heißt auch $\psi(\vec{r} + \vec{dr}) = 0$ für alle $\vec{dr}$ in tangentialer Richtung. Somit ist $\vec{dr} \cdot \text{grad}\,\psi = 0$, d. h. $\text{grad}\,\psi$ ist senkrecht zu jedem Tangentenvektor, also $\text{grad}_t\psi = 0$.

Zu beachten ist, dass die mathematische Randbedingung $\psi = 0$ zwar die Übereinstimmung der Tangentialkomponenten zur Folge hat, dieser Schluss aber nicht umkehrbar ist. Aus $\vec{\delta F_t} = 0$ kann man (in Wiederholung des eben gebrachten Argumentes) rückwärts nur schließen, dass ψ auf dem Rand konstant ist, nicht notwendig aber Null. $\psi = $ const genügt jedoch in (10.1) auch, sofern der Rand aus einer einzigen, zusammenhängenden Fläche F_V besteht. Man ziehe const vor das Integral, welches wegen $\int \text{grad}_n\psi df = -\int \text{div}\,\vec{\delta F} dV = -\int 0 dV$ verschwindet.

Damit können wir folgenden Sachverhalt präzise formulieren:

Ein (differenzierbares) Feld $\vec{F}$ ist in einem einfach zusammenhängenden endlichen Gebiet, das von nur einer Randfläche umschlossen wird, eindeutig durch seine Quellen und Wirbel bestimmt, wenn man *zusätzlich* entweder seine Normalkomponente F_n *oder* seine Tangentialkomponente $\vec{F}_t$ auf dem Rande vorgibt.

Ergänzung: Besteht der Rand aus K Teilflächen $F_k, k = 1, 2, \ldots, K$, so gilt die Eindeutigkeitsaussage, wenn bei Vorgabe der Tangentialkomponente $\vec{F}_t$ auf F_V zusätzlich noch $K - 1$ der Integrale $\int_{F_K} \vec{F}(\vec{r}) \cdot d\vec{f}(\vec{r})$ vorgeschrieben werden. (In manchen physikalischen Anwendungen entspricht das der Vorgabe der Ladungen auf $K - 1$ metallischen Flächenstücken.) Für das Differenzfeld $\vec{\delta F}$ verschwinden dann die entsprechenden Integrale; auf dem verbleibenden Flächenstück auch noch, argumentiert wie oben wegen div $\vec{\delta F} = 0$.

Die in K Summanden zerfallende rechte Seite von (10.1), in der die auf den jeweiligen Teilflächen F_k möglicherweise verschiedenen konstanten Skalarfelder ψ_k vor das jeweilige Integral zu ziehen sind, verschwindet demzufolge und erlaubt den Eindeutigkeitsschluss $|\text{grad}\,\psi| = 0$.

Der Schluss muss modifiziert werden, wenn das Gebiet ganz oder teilweise bis Unendlich reicht, etwa der ganze $\mathbb{R}^3$ ist. Dann ist es nicht sinnvoll, auf dem Rande des willkürlich ausgewählten endlichen Teilvolumens V etwas über ψ oder $\text{grad}_n\,\psi$ aussagen zu wollen. Man muss dann $V \to \infty$ betrachten.

Man kann aus Gleichung (10.1) immer noch Nutzen ziehen, wenn $\psi(r)$ asymptotisch für $r \to \infty$ wie eine Potenz abfallen sollte, $\psi(r) \sim 1/r^\alpha$. Dann wäre $\text{grad}_n\,\psi \sim 1/r^{\alpha+1}$ und $\oint \psi\text{grad}_n\,\psi\,\mathrm{d}f \sim r^{-\alpha-(\alpha+1)+2}$. Die zusätzliche 2 im Exponenten kommt von $\mathrm{d}f \sim r^2$, sofern V allseits groß wird. Das Oberflächenintegral verschwindet also sicherlich dann, wenn $\alpha + \alpha + 1 - 2 > 0$ ist, d. h. $\alpha > 1/2$ ist. Sofern also das gesuchte Feld $\vec{F}$ asymptotisch mindestens wie $r^{-3/2}$ gegen Null geht, ist es durch seine Quellen und Wirbel eindeutig bestimmt. (Aus (10.1) schließe im Limes $V \to \infty$, dass $\int_\infty |\text{grad}\,\psi|^2\mathrm{d}V = 0$, also $-\text{grad}\,\psi = \vec{F}' - \vec{F}'' = 0$ überall.)

Es gibt viele Fälle, in denen das interessierende Feld $\vec{F}$ tatsächlich asymptotisch abfällt; oft sogar wie r^{-2} oder noch stärker. Zum Beispiel ist es so für ein durch eine elektrische Ladung q erzeugtes Kraftfeld, $|\vec{F}(\vec{r})| = \frac{|q|}{|\vec{r}-\vec{r}_0|^2}$ (q befinde sich an der Stelle $\vec{r}_0$). Es treten aber auch physikalische Fragen auf, in denen das Feld asymptotisch *nicht* abfällt, z. B. konstant wird, oder in denen man nicht weiß, ob es abfällt. Trotzdem ist Eindeutigkeit gesichert, wenn nur die sehr schwache Voraussetzung erfüllt wird, dass $|\vec{F}|$ asymptotisch nicht stärker als $\ln r$ ansteigt. Der Beweis ist etwas umständlicher als mittels der (zwar richtigen, aber dafür nicht nützlichen) Gleichung (10.1). Er ist aber methodisch sehr geeignet, um das spätere Verfahren daran zu lernen, $\vec{F}$ explizit zu konstruieren.

Man multipliziere $\Delta\psi = 0$ nach Umtaufen von $\vec{r}$ in $\vec{r}'$ mit $1/|\vec{r} - \vec{r}'|$ und integriere über alle $\vec{r}'$ eines endlichen Teilvolumens V. $\vec{r}$ sei ein beliebiger sog. *„Aufpunkt"*. Zweimalige Anwendung der partiellen Integration mittels Gaußschem Satz ergibt

$$\int\limits_V \mathrm{d}V(\vec{r}')\psi(\vec{r}')\Delta' \frac{1}{|\vec{r} - \vec{r}'|} = \oint\limits_{F_V} \mathrm{d}f(\vec{r}') \left\{ \psi(\vec{r}')\text{grad}_n' \frac{1}{|\vec{r} - \vec{r}'|} - \frac{1}{|\vec{r} - \vec{r}'|}\text{grad}_n'\psi(\vec{r}') \right\} .$$

Nun ist für $|\vec{r} - \vec{r}'| \neq 0$ leicht nachzurechnen, dass $\Delta'(1/|\vec{r} - \vec{r}'|) = 0$, siehe auch (4.42). Nachdem inzwischen aber in Abschn. 5.6 die δ-Funktion besprochen wurde, kann man die Singularität bei $\vec{r} = \vec{r}'$ mit erfassen. Es gilt die für unzählige Anwendungen nützliche Formel

$$\Delta \frac{1}{|\vec{r} - \vec{r}'|} = -4\pi\delta(\vec{r} - \vec{r}') . \tag{10.2}$$

Dabei bedeutet $\delta(|\vec{r} - \vec{r}'|) = \delta(x - x')\delta(y - y')\delta(z - z')$ und die Wirksamkeit unter einem Integral ist gemäß (5.41) $\int f(\vec{r}')\delta(\vec{r} - \vec{r}')\mathrm{d}V(\vec{r}') = f(\vec{r})$; an Stelle eines einfachen Integrals tritt das Volumenintegral. Übrigens darf in (10.2) Δ oder Δ' stehen; ist wohl klar. Im nächsten Abschnitt wird (10.2) bewiesen werden.

Mit (10.2) kann das Volumenintegral ausgeführt werden. In obiger Gleichung steht dann links $-4\pi\psi(\vec{r})$, also ist

$$- 4\pi\psi(\vec{r}) = \oint_{F_V} \mathrm{d}f(\vec{r}') \left\{ \psi(\vec{r}')\mathrm{grad}'_\mathrm{n}\frac{1}{|\vec{r} - \vec{r}'|} - \frac{1}{|\vec{r} - r'|}\mathrm{grad}'_\mathrm{n}\psi(\vec{r}') \right\} . \qquad (10.3)$$

Hieraus erhält man mittels $-\mathrm{grad}\,\psi = \overrightarrow{\delta F} = \vec{F}' - \vec{F}''$ das zu untersuchende Differenzfeld.

$$\overrightarrow{\delta F}(\vec{r}) = \oint_{F_V} \frac{\mathrm{d}f(\vec{r}')}{4\pi} \left\{ \psi(\vec{r}')\mathrm{grad}\,\mathrm{grad}'_\mathrm{n}\frac{1}{|\vec{r} - \vec{r}'|} - \mathrm{grad}'_\mathrm{n}\psi(\vec{r}')\mathrm{grad}\frac{1}{|\vec{r} - r'|} \right\} . \qquad (10.4)$$

Das Feld $\delta\vec{F}(\vec{r})$ im Inneren wird ausgedrückt durch die Werte der Normalkomponente ($\hat{=} \mathrm{grad}'_\mathrm{n}\psi(\vec{r}')$) bzw. der Tangentialkomponente ($\hat{=} \psi(\vec{r}')$) auf dem Rand. Hieran erkennt man besonders schön, wie die Randwerte das Feld im Inneren bestimmen, sofern (wie für $\delta\vec{F}$ der Fall) weder Quellen noch Wirbel Beiträge liefern.

Uns interessiert nun $V \to \infty$. Dann rückt der Rand immer weiter weg. Man erwartet deshalb anschaulich, dass das Integral (10.4) gegenüber kleinen Verschiebungen von $\vec{r}$ unempfindlich wird. Daher bilden wir die Ableitung irgendeiner Komponente δF_i nach x_j:

$$\frac{\partial \delta F_i}{\partial x_j} = \oint_{F_V} \frac{\mathrm{d}f(\vec{r}')}{4\pi} \left\{ \psi(\vec{r}')\partial_j\partial_i\mathrm{grad}'_\mathrm{n}\frac{1}{|\vec{r} - \vec{r}'|} - \mathrm{grad}'_\mathrm{n}\psi(\vec{r}')\partial_j\partial_i\frac{1}{|\vec{r} - \vec{r}'|} \right\} .$$

Dies lässt sich abschätzen, indem man als Volumen V um $\vec{r}$ die Kugel mit einem beliebig großen Radius R legt und die Voraussetzung $|\mathrm{grad}'_\mathrm{n}\psi(\vec{r}')| \le |\delta\vec{F}'(\vec{r}')| < c\ln R$, folglich $|\psi(\vec{r}')| < \bar{c}R\ln R$ verwendet. Man verifiziert durch Ausdifferenzieren

$$\left| \partial_i\partial_j\frac{1}{|\vec{r} - \vec{r}'|} \right| < AR^{-3}, \quad \left| \partial_i\partial_j\mathrm{grad}_\mathrm{n}\frac{1}{|\vec{r} - \vec{r}'|} \right| < AR^{-4} ,$$

mit einer geeigneten Konstanten A, für alle $i, j = 1, 2, 3$. Folglich ist

$$\frac{\partial \delta F_i}{\partial x_j} < 2\bar{A}\frac{\ln R}{R}, \quad i, j = 1, 2, 3 .$$

Im Grenzfall $R \to \infty$, d. h. $V \to \infty$, ist also $\delta\vec{F}(\vec{r})$ von $\vec{r}$ unabhängig, konstant. Wenn $\vec{F}'$ und $\vec{F}''$ nun an wenigstens einer Stelle übereinstimmen, ist diese Konstante Null und folglich $\overrightarrow{\delta F}$ überhaupt Null. Dies bedeutet die Eindeutigkeit $\vec{F}' = \vec{F}''$.

Es ist klar, dass die Beseitigung eines konstanten Unterschiedes explizit vorausgesetzt werden muss. Denn Quellen und Wirbel sind durch Differenzieren aus $\vec{F}$ zu gewinnen; dabei fiele eine Konstante sowieso weg. Auch die Bedingung eines höchstens logarithmischen Ansteigens für $\vec{r} \to \infty$ ist gegenüber einer additiven Konstante unempfindlich.

Deshalb wären außer $\vec{F}$ auch $\vec{F} + \vec{c}$ für beliebiges konstantes $\vec{c}$ Felder mit denselben Quellen, Wirbeln und Randeigenschaften. Durch Angabe des Feldes an *einer* Stelle lässt sich die $\vec{c}$-Mehrdeutigkeit aber ausschließen.

Wir fassen zusammen: Im unendlichen Raum, einfach zusammenhängend, ist ein Vektorfeld durch seine Quellen und Wirbel eindeutig bestimmt, wenn es asymptotisch höchstens wie $\ln r$ ansteigt und wenn es an einer Stelle einen vorgegebenen Wert hat.

Dies gilt insbesondere, wenn das Feld asymptotisch konstant ist oder wie $1/r^2$ abfällt, was physikalisch oft der Fall ist. – Die Bedingung über das asymptotische Verhalten ist im $\mathbb{R}^3$ das Äquivalent zur Vorgabe von Normalkomponente oder Tangentialkomponente am Rande eines endlichen Gebietes. – Man merke sich, dass erst die Beachtung von Randbedingungen das Feld $\vec{F}$ aus seinen Quellen und Wirbeln eindeutig zu bestimmen gestattet!

Bemerkung

Die Idee des Eindeutigkeitsbeweises im unendlichen Raum in der beschriebenen Allgemeinheit stammt erst aus dem Jahr 1905, von O. BLUMENTHAL[1].

10.2 Bestimmung eines wirbelfreien Feldes aus seinen Quellen und Randwerten

Wir wissen nun, dass ein Feld durch folgendes Tripel eindeutig bestimmt ist: seine Quellen, seine Wirbel und seine Randwerte, letztere entweder durch die Normalkomponente allein oder die Tangentialkomponente allein (bei Rand im Endlichen) oder durch eine sanfte Wachstumsbeschränkung (bei Rand im Unendlichen). Wie kann man es konkret ausrechnen?

Zuerst sei eine besonders einfache Wirbelverteilung vorgeschrieben, nämlich rot $\vec{F} = \vec{\omega} = 0$ im ganzen, einfach zusammenhängenden Definitionsbereich. Für ein solches wirbelfreies Feld existiert ein skalares Potenzial φ. Es ist bis auf eine Konstante eindeutig durch $\vec{F}$ bestimmt

$$\vec{F} = -\operatorname{grad} \varphi, \quad \varphi(\vec{r}) = -\int^{\vec{r}} \vec{F}(\vec{r}') \cdot d\vec{r}' .$$

Die Kenntnis von $\vec{F}$ oder φ ist also äquivalent bis auf eine willkürliche Konstante in φ. Das Skalarfeld φ ist mit den Feldquellen verknüpft durch

$$\operatorname{div} \vec{F}(\vec{r}) = -\Delta \varphi(\vec{r}) = \rho(\vec{r}) . \tag{10.5}$$

Diese Gleichung lässt sich mit Methoden lösen, die wir schon beim Eindeutigkeitssatz gelernt haben. Das wird jetzt gezeigt.

---

[1] Math. Ann. **61**, 235 (1905)

10.2.1 Feld einer Ladungsverteilung im unendlichen Raum

Wir betrachten zunächst ein im ganzen $\mathbb{R}^3$ zu bestimmendes Feld $\vec{F}$, ohne physikalisch vorgegebene Ränder zur Eingrenzung eines endlichen Bereiches. Ferner soll $\vec{F}$ asymptotisch genügend schnell verschwinden. Dann müssen auch die Quellen asymptotisch gegen Null gehen, da ja $\rho = \text{div}\,\vec{F}$ ist. Am Ende des Abschnitts wird angegeben, wie man die Bedingungen an $\vec{F}(\vec{r})$ für $r \to \infty$ mildern kann.

Verfahren wir wieder wie vorher: Taufe $\vec{r}$ in Gleichung (10.5) um in $\vec{r}'$, multipliziere mit $1/|\vec{r} - \vec{r}'|$, integriere bezüglich $\vec{r}'$ über ein Teilvolumen V und wende zweimal den Gaußschen Satz an. Dann entsteht wiederum eine Gleichung wie früher, jedoch mit einem zusätzlichen Term $\sim\rho$.

$$\int\limits_V dV(\vec{r}')\varphi(\vec{r}')\Delta'\frac{1}{|\vec{r}-\vec{r}'|} + \oint\limits_{F_V} df(\vec{r}')\left\{\frac{1}{|\vec{r}-\vec{r}'|}\text{grad}'_n\,\varphi(\vec{r}') - \varphi(\vec{r}')\text{grad}'_n\frac{1}{|\vec{r}-\vec{r}'|}\right\}$$

$$= -\int\limits_V dV(\vec{r}')\frac{\rho(\vec{r}')}{|\vec{r}-\vec{r}'|}\,. \tag{10.6}$$

Wir könnten wieder die nützliche Formel (10.2) anwenden. Es soll aber die Gelegenheit genutzt werden, um sie jetzt abzuleiten. Deshalb wählen wir als Volumen V eine große Kugel um $\vec{r}$, bei der jedoch um den Mittelpunkt herum eine sehr kleine Kugel mit dem Radius $\epsilon\,(\searrow 0)$ herausgeschnitten worden ist, s. Abb. 10.1. Dann ist für alle $\vec{r}' \in V$ stets $\vec{r} \neq \vec{r}'$, per Konstruktion, also $\Delta'(1/|\vec{r}-\vec{r}'|) = 0$ in V. Der erste Summand in (10.6) ist somit Null. Dafür besteht jetzt die Oberfläche F_V aus der äußeren Kugeloberfläche und aus der inneren, gegen die herausgeschnittene ϵ-Kugel. Die äußere Kugelschale trägt für $V \to \infty$ wegen unserer Voraussetzung nichts bei, da $\varphi(\vec{r}) \sim r^{-\alpha}$ asymptotisch verschwinden soll; es genügt sogar $\alpha > 0$, beliebig (da $\text{grad}'_n 1/|\vec{r}-\vec{r}'| \sim 1/r'^2$ das Anwachsen des Flächenelementes $\sim r'^2$ bereits kompensiert). Von der ϵ-Kugeloberfläche – mit Flächennormale in Richtung $\vec{r}$, damit sie gemäß Gaußschem Satz aus V herausweist – trägt der zweite Summand auch nichts bei, da er im Limes $\epsilon \to 0$ verschwindet; $df \sim \epsilon^2$, $1/|\vec{r}-\vec{r}'| \sim 1/\epsilon$. Der dritte Summand jedoch ergibt $-4\pi\varphi(\vec{r})$. (Denn $df(\vec{r}')\text{grad}'_n\frac{1}{|\vec{r}-\vec{r}'|} = \epsilon^2 d\Omega\frac{1}{\epsilon^2} = d\Omega \to 4\pi$.) Auf der rechten Seite von Gleichung (10.6) kann man den Limes $\epsilon \to 0$ sofort vollziehen, da die $1/\epsilon$-Singularität gegenüber dem Volumenelement $\epsilon^2 d\epsilon d\Omega$ nicht wirksam werden kann, reguläres $\rho(\vec{r}')$ vorausgesetzt. Resultat:

$$\varphi(\vec{r}) = \frac{1}{4\pi}\int\limits_\infty \frac{dV(\vec{r}')\rho(\vec{r}')}{|\vec{r}-\vec{r}'|} \tag{10.7}$$

ist die Lösung der Potenzialgleichung (10.5) im ganzen Raum

$$\Delta\varphi(\vec{r}) = -\rho(\vec{r}), \quad \text{siehe 10.5,}$$

genannt *Poissongleichung* (falls $\rho = 0$: *Laplacegleichung*).

Abb. 10.1 Integationsvolumen in (10.6) zum
Beweis der δ-Funktionsdarstellung (10.2)

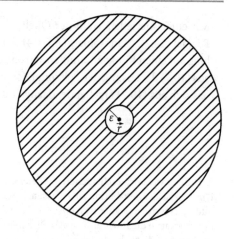

Anschaulich: Das Feld $\varphi(\vec{r})$ an der Stelle $\vec{r}$ ist eine Summe (Integral) der Beiträge der Quellen $\rho(\vec{r}')$ an allen Stellen $\vec{r}'$, gewichtet nach ihrem Abstand $1/|\vec{r} - \vec{r}'|$. Sofern $\rho \neq 0$ nur in einem *endlichen* Teilvolumen, ist der Integrationsbereich in (10.7) de facto endlich (statt über den ganzen $\mathbb{R}^3$) und wegen des Nenners ist

$$\varphi(\vec{r}) \sim \frac{1}{r}, \quad r \to \infty .$$

Die Voraussetzung an das asymptotische Verhalten ist also bei einer *endlich* ausgedehnten Quellenverteilung erfüllt (mit $\alpha = 1$, s. o.). „Endlich ausgedehnte Quellen" heißt natürlich nicht, dass $\vec{F}(\vec{r})$ selbst nur in einem endlichen Gebiet ungleich Null wäre; nur div $\vec{F}$ ist außen Null.

Sollte $\rho(\vec{r})$ nicht auf ein endliches Gebiet beschränkt sein, so müssen die Quellen jedenfalls doch asymptotisch hinreichend stark verschwinden, so dass $\varphi(\vec{r})$ asymptotisch $\sim r^{-\alpha}$ gegen Null geht. Nur unter dieser Voraussetzung gilt (10.7).

Das gesuchte Feld $\vec{F}(\vec{r})$ selbst berechnet man aus φ mittels Gradientenbildung, $-\mathrm{grad}\,\varphi$.

$$\vec{F}(\vec{r}) = \frac{1}{4\pi} \int\limits_{\infty} \mathrm{d}V(\vec{r}')\rho(\vec{r}')\frac{\vec{r} - \vec{r}'}{|\vec{r} - \vec{r}'|^3} . \tag{10.8}$$

Bei *endlich* ausgedehnter Quellenverteilung gilt für $r \to \infty$ gerade $|\vec{F}| \sim r^{-2}$.
Zwei Ergänzungen:

i.   Man kann die Voraussetzung über das asymptotische Verhalten wesentlich mildern. Es genügt ein beliebiges Verschwinden des Feldes $\vec{F}$ selbst, nicht notwendig nach einem Potenzgesetz (O. Blumenthal, 1905, l. c.). Statt (10.8) bilde man das leicht modifizierte Integral

$$\vec{F}_1(\vec{r}) = \frac{1}{4\pi} \int\limits_{\infty} \mathrm{d}V(\vec{r}')\rho(\vec{r}')\left[\mathrm{grad}'\frac{1}{|\vec{r} - \vec{r}'|} - \mathrm{grad}'\frac{1}{|\vec{r}_0 - \vec{r}'|}\right] . \tag{10.9}$$

$\vec{r}_0$ ist beliebig, aber fest.

ii. Mit einer speziellen Wahl der Quellen verifiziert man sofort unsere früher benutzte
Formel (10.2). Man wähle $\rho(\vec{r}') = 4\pi\delta(\vec{r}' - \vec{r}_0)$ in (10.7), d. h. lasse die Quellenvertei-
lung auf einen Punkt zusammenschrumpfen. Dann ist $\varphi(\vec{r}) = 1/|\vec{r} - \vec{r}_0|$. Es ist aber $\varphi(\vec{r})$
aus (10.7) die Lösung der Poissongleichung $\Delta\varphi = -\rho$. Die spezielle Wahl von $\rho(\vec{r}')$ und
das sich aus (10.7) ergebende, dazugehörige $\varphi(\vec{r})$ in (10.5) eingesetzt liefert

$$\Delta\frac{1}{|\vec{r} - \vec{r}_0|} = -4\pi\delta(\vec{r} - \vec{r}_0), \quad \text{q. e. d.}$$

Für die etwas Fortgeschritteneren: Gleichung (10.2) ist eine Distributionsgleichung. Auch
$1/|\vec{r} - \vec{r}_0|$ ist als Distribution aufzufassen. Distributionen können beliebig oft differenziert und
integriert werden. Daher ist $\Delta(1/|\vec{r} - \vec{r}_0|)$ auch eine Distribution. Natürlich gelten für Distri-
butionen auch die Integralsätze. Als Distributionsgleichung kann man (10.2) direkt beweisen.
Man wende die beiden Seiten auf eine Testfunktion $\psi(\vec{r})$ an (glatt, kompakter Träger)

$$\int_V \psi(\vec{r})\Delta\frac{1}{|\vec{r} - \vec{r}_0|}dV(\vec{r}) \overset{?}{=} -4\pi\int_V \psi(\vec{r})\delta(\vec{r} - \vec{r}_0)dV(\vec{r}) \,.$$

Rechts ergibt sich $-4\pi\psi(\vec{r}_0)$. Links genügt die Integration über eine kleine ϵ-Kugel um $\vec{r}_0$,
weil für $\vec{r} \neq \vec{r}_0$ sowieso der Integrand Null ist ($\Delta 1/|\vec{r} - \vec{r}_0| = 0$). $\psi(\vec{r})$ kann dann als $\psi(\vec{r}_0)$
herausgezogen werden. Das verbleibende Integral schreibe man mit dem Gaußschen Satz als
Oberflächenintegral

$$\psi(\vec{r}_0)\oint_{F_\epsilon} \text{grad}_n\frac{1}{|\vec{r} - \vec{r}_0|}df(\vec{r}), \quad \text{d.h.} \quad \psi(\vec{r}_0)\left(-\frac{1}{\epsilon^2}\right)\epsilon^2 4\pi \,.$$

Damit ist die immer wieder anzuwendende Formel (10.2) direkt verifiziert worden.

$$\Delta\frac{1}{|\vec{r} - \vec{r}_0|} = -4\pi\delta(\vec{r} - \vec{r}_0) \,, \quad \text{s. (10.2).}$$

10.2.2   Feld einer Ladungsverteilung bei endlichem Rand; Greensche Funktionen

Sei eine Quellenverteilung $\rho(\vec{r})$ in einem Raumgebiet V gegeben, das einen endlichen Rand
F_V hat (stückweise glatt). Um das wirbelfreie Feld $\vec{F}(\vec{r})$ zu berechnen, dessen Quellenfeld
$\text{div}\,\vec{F}$ gerade ρ ist, gehen wir zunächst wieder so vor wie eben. $\vec{F} = -\text{grad}\,\varphi$, also $\Delta\varphi(\vec{r}) =$
$-\rho(\vec{r})$. Nun $\vec{r}$ in $\vec{r}'$ umbenennen, mit $1/|\vec{r} - \vec{r}'|$ multiplizieren, über V integrieren, zweimal
partiell integrieren. Man erhält wieder (10.6). Bei der Auswertung, z. B. mit (10.2) oder auch
mittels des ϵ-punktierten Volumens, bleiben nun aber die Oberflächenbeiträge des äußeren
Randes bestehen. Sie fielen vorher weg, weil $F_V \to \infty$ und $\varphi \to 0$ im Unendlichen. Somit

ist

$$\varphi(\vec{r}) = \frac{1}{4\pi} \int_V dV(\vec{r}') \frac{\rho(\vec{r}')}{|\vec{r} - \vec{r}'|}$$

$$+ \oint_{F_V} \frac{df(\vec{r}')}{4\pi} \left\{ \frac{1}{|\vec{r} - \vec{r}'|} \text{grad}'_n \varphi(\vec{r}') - \varphi(\vec{r}') \text{grad}'_n \frac{1}{|\vec{r} - \vec{r}'|} \right\} . \qquad (10.10)$$

Diese Gleichung ist zwar richtig, i. Allg. aber nicht bequem anwendbar. Sie drückt das Feld $\varphi(\vec{r})$ an den inneren Punkten $\vec{r} \in V$ durch die Quellen $\rho(\vec{r}')$ aus sowie durch die Werte der Felder φ *und* $\text{grad}_n \varphi$ auf dem Rande. Das heißt, sowohl die Tangentialkomponente als auch die Normalkomponente von $\vec{F}$ auf dem Rande wären nötig, um $\varphi(\vec{r})$ auszurechnen. Im Allgemeinen kennt man aber nicht beides zugleich. Man kann sich auch nicht etwa beides zugleich willkürlich vorgeben. Denn durch $\rho(\vec{r})$ und z. B. die Normalkomponente F_n auf dem Rande ist das ganze Feld im Inneren bereits eindeutig bestimmt, wie wir in (10.1) gesehen haben. Man kann dann einfach ausrechnen, wie die Tangentialkomponente des Feldes bei $\vec{r} \to$ Rand lautet. Für Willkür ist da kein Platz mehr. Gleichung (10.10) ist also zwar richtig, setzt aber zuviel Information voraus, um genutzt werden zu können.

Man kann sich nun helfen, indem man die benötigte Information verringert. Dies wird erreicht, wenn man $1/|\vec{r} - \vec{r}'|$ durch eine andere, geschickter gewählte Funktion ersetzt. Die bisherigen Überlegungen dienten der Motivation dazu. – Von $1/|\vec{r} - \vec{r}'|$ ist nur benutzt worden, dass der Laplace-Operator Δ' daraus $-4\pi\delta(\vec{r} - \vec{r}')$ macht (um $\varphi(\vec{r})$ aus dem Volumenintegral in (10.6) zu isolieren). Es gibt aber noch mehr Funktionen $G(\vec{r}, \vec{r}')$, die diese Eigenschaft haben. Zum Beispiel:

$$G(a\vec{e}_1, \vec{r}') = \frac{1}{|a\vec{e}_1 - \vec{r}'|} - \frac{1}{|a\vec{e}_1 + \vec{r}'|}, \qquad a > 0,$$

erfüllt für alle $\vec{r}'$ der Halbebene $x' \geq 0$ die Gleichung $\Delta' G(a\vec{e}_1, \vec{r}') = -4\pi\delta(a\vec{e}_1 - \vec{r}')$. Denn der andere Summand, $-4\pi\delta(a\vec{e}_1 + \vec{r}')$, ist immer Null für $x' \geq 0$. $G(a\vec{e}_1, \vec{r}')$ hat aber die weitere Eigenschaft, dass $G = 0$ für alle $\vec{r}'$ aus der y-z-Ebene, d. h. für alle $\vec{r}' = y\vec{e}_2 + z\vec{e}_3$ (und $x' = 0$). Nämlich $|a\vec{e}_1 - \vec{r}'| = (a^2 + y^2 + z^2)^{1/2} = |a\vec{e}_1 + \vec{r}'|$ für $x' = 0$.

Man erkennt: Einerseits gewinnt man durch die Einschränkung auf die Halbebene mehr mögliche Funktionen $G(\vec{r}, \vec{r}')$, die unter Δ' zur δ-Funktion werden. Andererseits haben diese Funktionen dann besondere Eigenschaften auf dem Rande.

Wegen der häufigen Anwendungen lohnt sich eine Definition.

▸ **Definition** Eine Funktion $G_{Rd}(\vec{r}, \vec{r}')$, die in einem gewissen (endlichen, teilweise endlichen, unendlichen) Gebiet der Poissongleichung mit Punktquelle genügt,

$$\Delta' G_{Rd}(\vec{r}, \vec{r}') = -4\pi\delta(\vec{r} - \vec{r}'), \qquad (10.11)$$

und die *außerdem* auf dem Rande Rd eine gewisse Randbedingung erfüllt, heißt „*Greensche Funktion*".

Zusatz

Falls insbesondere

$$G_D(\vec{r}, \vec{r}\,') = 0 \,, \quad \text{alle } \vec{r}\,' \in \text{Rd, alle } \vec{r} \in V \,, \tag{10.12a}$$

sprechen wir von der Dirichletschen Greenschen Funktion.

Sofern

$$\text{grad}_n' \, G_N(\vec{r}, \vec{r}\,') = -\frac{4\pi}{F_V}, \text{ alle } \vec{r}\,' \in \text{Rd} \,, \quad \text{alle } \vec{r} \in V \,, \tag{10.12b}$$

nennt man die Greensche Funktion die *Neumannsche*. (F_V = Flächeninhalt der Randfläche; additive Eichkonstante in G_N frei.)

Ein Beispiel für eine Greensche Funktion vom Dirichlet-Typ ist $G(a\vec{e}_1, \vec{r}\,')$, wie soeben hingeschrieben. Sie löst die Poissongleichung in der rechten Halbebene mit einer Quelle bei $a\vec{e}_1$ und verschwindet am Rand, $G(a\vec{e}_1, \vec{r}\,') = 0$ für $\vec{r}\,' \in y$-z-Ebene.

Charakteristisch für die Dirichletsche Greensche Funktion ist, dass man sie durch *ei*-*ne* (zudem sehr einfache) Randbedingung definiert. Die *Funktion* soll Null sein; über die Normalableitung wird nichts gesagt. Bei der Neumannschen Greenschen Funktion wird nur die *Ableitung* in Normalenrichtung festgelegt sowie eine additive Eichkonstante. Dies sind Prototypen von Vorgaben: entweder nur die Normalableitung vorgeben oder nur die Tangentialableitung.

Es gibt systematische Methoden, um Greensche Funktionen G_D oder G_N für die verschiedensten Gebiete zu berechnen. Sie führen in diesem Einführungskurs zu weit. Die Aussage genüge, dass es solche Greenschen Funktionen für glatt (evtl. stückweise) berandete Gebiete in der Tat gibt. Für viele physikalisch interessante Gebiete kann man sie in Nachschlagewerken finden[2].

Die Greenschen Funktionen sind nun der Schlüssel zur Lösung unserer Aufgabe, ein wirbelfreies Vektorfeld $\vec{F}$ aus seinen Quellen $\rho(\vec{r})$ und vorgegebener Normalkomponente $\vec{F}_n$ oder Tangentialkomponente $\vec{F}_t$ auf dem Rande zu bestimmen. Dazu wiederholen wir kurz unseren früheren Gedankengang, nur jetzt mit einer Greenschen Funktion $G_{Rd}(\vec{r}, \vec{r}\,')$ statt mit $1/|\vec{r} - \vec{r}\,'|$. Es resultiert

$$\varphi(\vec{r}) = \frac{1}{4\pi} \int\limits_V dV(\vec{r}\,') \rho(\vec{r}\,') G_{Rd}(\vec{r}, \vec{r}\,')$$

$$+ \oint\limits_{F_V} \frac{df(\vec{r}\,')}{4\pi} \left\{ G_{Rd}(\vec{r}, \vec{r}\,') \text{grad}_n' \varphi(\vec{r}\,') - \varphi(\vec{r}\,') \text{grad}_n' G_{Rd}(\vec{r}, \vec{r}\,') \right\} \,. \tag{10.13}$$

Dies entspricht völlig der Gleichung (10.10). Nur ist jetzt noch für $G_{Rd}(\vec{r}, \vec{r}\,')$ eine Randbedingung wählbar! Das nutzen wir. Sei etwa die Tangentialkomponente des gesuchten Feldes $\vec{F}$, d.h. $\varphi(\vec{r}\,')$ auf dem Rande bekannt und damit vorgeschrieben. Dann ist $\text{grad}_n' \varphi(\vec{r}\,')$ berechenbar, wenn auch noch unbekannt, jedenfalls *nicht* frei wählbar. Wir werden den entsprechenden Term in (10.13) los, indem wir G_{Rd} als Dirichletsche Greensche Funktion

---

[2] Zum Beispiel in: P. H. Morse, H. Feshbach, Methods in Theoretical Physics, Vol. 1 und 2, Mc Graw-Hill, New York etc., 1953.

wählen: $G_D(\vec{r},\vec{r}')$. Nach (10.12a) ist sie Null auf dem Rand. Der erste Summand im Oberflächenintegral für $\varphi(\vec{r})$ fällt deshalb weg. Der zweite aber ist berechenbar, weil sowohl G_D als auch φ auf dem Rand bekannt sind.

Analog kann man überlegen, wenn die Normalkomponente des Feldes $\vec{F}$ vorgegeben ist. Dann ist zwar $\mathrm{grad}_n'(\vec{r}')$ bekannt, nicht aber $\varphi(\vec{r}')$. Man verwende deshalb die Neumannsche Greensche Funktion $G_N(\vec{r},\vec{r}')$. Für sie ist der letzte Summand in (10.13) zwar nicht Null, wohl aber konstant, $+\langle\varphi\rangle$. Dabei ist $\langle\varphi\rangle = \int \frac{\mathrm{d}f(\vec{r}')}{F_V}\varphi(\vec{r}')$ der Mittelwert von $\varphi(\vec{r}')$ über die Randfläche.

Es ist durchaus sinnvoll, dass beim Neumannschen Randwertproblem eine solche additive Konstante für $\varphi(\vec{r})$ noch frei wählbar vorhanden sein muss. Denn alle vorgegebenen Informationen über φ betreffen Ableitungen. Sowohl die Differentialgleichung (10.5) als auch die vorgeschriebenen Randbedingungen $\mathrm{grad}_n'\varphi(\vec{r}')$ sind gegen eine additive Konstante, genannt „Eichkonstante", unempfindlich.

Andererseits wäre es auch unzulässig, etwa als Randbedingung für $G_N(\vec{r},\vec{r}')$ zu fordern: $\mathrm{grad}_n'G_N(\vec{r},\vec{r}') = 0$. Dies stünde nämlich im Widerspruch zur Differentialgleichung (10.11) für Greensche Funktionen überhaupt. Integriert man diese nämlich über V bezüglich $\vec{r}'$ und wendet den Gaußschen Satz an, erhält man

$$\oint_{F_V} \mathrm{d}f(\vec{r}')\,\mathrm{grad}_n'\,G_N(\vec{r},\vec{r}') = -4\pi\ .$$

Diese Beziehung ist zwar mit Gleichung (10.12b) verträglich, nicht aber mit $\mathrm{grad}_n'\,G_N(\vec{r},\vec{r}') = 0$ für $\vec{r}'$ auf dem Rande.

Zusammengefasst:

i. Bestimmen eines wirbelfreien Vektorfeldes $\vec{F}(\vec{r})$ mit Hilfe seines Potenzials $\varphi(\vec{r})$ via $-\mathrm{grad}\,\varphi = \vec{F}$ aus der Quellenverteilung $\mathrm{div}\,\vec{F}(\vec{r}) = \rho(\vec{r})$ und der vorgeschriebenen Tangentialkomponente $\vec{F}_t(\vec{r}')$ auf dem Rand eines einfach zusammenhängenden, endlichen Gebietes, realisiert durch Vorgabe von $\varphi(\vec{r}')$, $\vec{r}' \in \mathrm{Rd}$: Man konstruiere zuerst die Greensche Funktion vom Dirichlet-Typ als Lösung von (10.11) und (10.12a). Das gesuchte Potenzial lautet dann

$$\varphi(\vec{r}) = \frac{1}{4\pi}\int_V \mathrm{d}V(\vec{r}')\rho(\vec{r}')G_D(\vec{r},\vec{r}') - \frac{1}{4\pi}\oint_{F_V} \mathrm{d}f(r')\varphi(\vec{r}')\mathrm{grad}_n'G_D(\vec{r},\vec{r}')\ . \quad (10.14)$$

ii. Bestimmen eines wirbelfreien Feldes $\vec{F}(\vec{r})$ aus seinen Quellen $\rho(\vec{r})$ und seiner Normalkomponente F_n auf dem Rand, d. h. von $\mathrm{grad}_n'\varphi(\vec{r}')$ für $\vec{r}' \in \mathrm{Rd}$:
Man konstruiere zuerst die Greensche Funktion vom Neumann-Typ als Lösung von (10.11) und (10.12b). Das gesuchte Potenzial berechnet sich dann aus

$$\varphi(\vec{r}) = \frac{1}{4\pi}\int_V \mathrm{d}V(\vec{r}')\rho(\vec{r}')G_N(\vec{r},\vec{r}')$$

$$+ \frac{1}{4\pi}\oint_{F_V} \mathrm{d}f(\vec{r}')G_N(\vec{r},\vec{r}')\mathrm{grad}_n'\varphi(\vec{r}') + \langle\varphi\rangle_{\mathrm{Rd}}\ . \quad (10.15)$$

Der Mittelwert $\langle\varphi\rangle_{\mathrm{Rd}} = \oint_{F_V} \varphi(\vec{r}')\frac{\mathrm{d}f(\vec{r}')}{F_V}$ ist frei wählbar; diese Wahl heißt „Eichung" des Potenzials.

Das Gebiet ist als einfach zusammenhängend vorauszusetzen, damit man aus der Wirbelfreiheit von $\vec{F}$ auf die Potenzialdarstellung schließen kann; $\varphi(\vec{r})$ wäre sonst mehrdeutig. Der Rand des Gebietes kann ganz oder teilweise im Endlichen liegen. Er muss zumindest stückweise glatt sein, damit $\mathrm{grad}'_{\mathrm{n}}\, G_{\mathrm{D}}(\vec{r}, \vec{r}')$ bzw. $G_{\mathrm{N}}(\vec{r}, \vec{r}')$ integrierbare Funktionen bezüglich $\vec{r}'$ sind, $\vec{r}' \in \mathrm{Rd}$, für alle $\vec{r}$ aus V.

Bemerkungen

1. Im unendlichen Raum fallen die Oberflächenintegrale weg, und als Greensche Funktion dient $1/|\vec{r}-\vec{r}'|$. Dies ist aus Abschn. 10.2.1 bekannt. Es lässt sich aber auch aus der Definition der Greenschen Funktion konsequent ermitteln:

Da die Quelle in der definierenden Gleichung (10.6) nur von $\vec{r} - \vec{r}'$ abhängt und die Randbedingung $G(\vec{r}, \vec{r}') \to 0$, $\vec{r}' \to \infty$ auch keine Stelle $\vec{r}$ auszeichnet, muss G im unendlichen Raum eine Funktion $G(\vec{r} - \vec{r}')$ sein, kann also nur von $\vec{r} - \vec{r}'$ abhängen. (Beachten Sie aber, dass sonst für G_{Rd} diese Translationsinvarianz *nicht* gilt, da der im Endlichen gelegene Rand sehr wohl verschiedene $\vec{r}$ zu unterscheiden erlaubt, nämlich ob z. B. $\vec{r}$ nahe dran oder weiter weg ist etc. Daher ist G_{Rd} *nicht* nur von $\vec{r} - \vec{r}'$ abhängig, sondern von $\vec{r}, \vec{r}'$ einzeln. (Man beachte jedoch die spätere Bemerkung.)

Zurück zum unendlichen Raum. Da die definierenden Eigenschaften auch keine Richtung auszeichnen, kann $G(\vec{r} - \vec{r}')$ nur von $R := |\vec{r} - \vec{r}'|$ abhängig sein. Die Differentialgleichung (10.11) lautet für $R \ne 0$

$$\frac{1}{R^2}\frac{\mathrm{d}}{\mathrm{d}R}\left(R^2\frac{G(R)}{\mathrm{d}R}\right) = 0, \quad R \ne 0 \, .$$

(Man schreibe einfach $\Delta G(R)$ in Kugelkoordinaten.) Die allgemeine Lösung ist offenbar $G(R) = c_2 + c_1/R$. Damit $G \to 0$ für $R \to \infty$, muss $c_2 = 0$ sein. Also $G(\vec{r} - \vec{r}') = c_1/|\vec{r} - \vec{r}'|$. Wende Δ' an, (10.2), und vergleiche mit (10.11). Also muss $c_1 = 1$ sein. Die Greensche Funktion im unendlichen Raum *muss* also $1/|\vec{r} - \vec{r}'|$ sein.

So ordnet sich die Lösung (10.7) im unendlichen Raum in das allgemeine Verfahren mit den Greenschen Funktionen ein.

2. Die Greenschen Funktionen sind stets bezüglich Quellpunkt $\vec{r}'$ und Aufpunkt $\vec{r}$ symmetrisch

$$G_{\mathrm{D,N}}(\vec{r}, \vec{r}') = G_{\mathrm{D,N}}(\vec{r}', \vec{r}) \, . \tag{10.16}$$

Das ist leicht aus der für alle $\varphi(\vec{r})$ richtigen Gleichung (10.13) zu schließen. Man wähle z. B. für $\varphi(\vec{r})$ speziell $G(\vec{r}_{\mathrm{a}}, \vec{r})$. Die zugehörige Quelle $-\Delta\varphi = \rho$ ist dann wegen (10.11) $\rho(\vec{r}) = 4\pi\delta(\vec{r}-\vec{r}_{\mathrm{a}})$. Einsetzen in (10.13):

$$G(\vec{r}_{\mathrm{a}}, \vec{r}) = \int \mathrm{d}V(r')\delta(\vec{r}' - \vec{r}_{\mathrm{a}})G(\vec{r}, \vec{r}')$$

$$+ \oint \frac{\mathrm{d}f(\vec{r}')}{4\pi}\left\{G(\vec{r}, \vec{r}')\mathrm{grad}'_{\mathrm{n}}\,G(\vec{r}_{\mathrm{a}}, \vec{r}') - G(\vec{r}_{\mathrm{a}}, \vec{r}')\mathrm{grad}'_{\mathrm{n}}\,G(\vec{r}, \vec{r}')\right\} \, .$$

Das Oberflächenintegral ist sowohl für die Dirichletsche Randbedingung Null ($G(\vec{r}, \vec{r}') = 0 = G(\vec{r}_{\mathrm{a}}, \vec{r}')$, $\vec{r}' \in \mathrm{Rd}$) als auch für die Neumannsche ($\langle G(\vec{r}, \vec{r}')\rangle_{\mathrm{Rd}} - \langle G(\vec{r}_{\mathrm{a}}, \vec{r}')\rangle_{\mathrm{Rd}} = \mathrm{const} - \mathrm{const} = 0$ bei $\vec{r}$-unabhängiger Wahl der Eichkonstanten), so dass $G(\vec{r}_{\mathrm{a}}, \vec{r}) = G(\vec{r}, \vec{r}_{\mathrm{a}})$ übrig bleibt, q. e. d.

Die gestellte Aufgabe, aus den Quellen und den Randwerten das zugrunde liegende wirbelfreie Feld $\vec{F}$ zu bestimmen, ist damit prinzipiell vollständig gelöst bzw. auf die Berechnung der passenden Greenschen Funktion zurückgeführt. Hierfür gibt es, wie erwähnt, systematische Methoden.

10.3 Wirbel- und quellenfreie Vektorfelder

Es ist nützlich, als nächsten speziellen Fall Vektorfelder $\vec{F}$ zu betrachten, die weder Wirbel noch Quellen haben. Sie interessierten uns bereits bei der Untersuchung der Frage, inwieweit Wirbel und Quellen das sie verursachende Feld eindeutig bestimmen (s. Abschn. 10.1). Sie sind uns sehr nützlich sowohl in physikalischen Anwendungen als auch zur Lösung der Aufgabe, quellenfreie Felder aus ihren Wirbeln zu finden, s. Abschn. 10.4.

Methodisch sind wir durch Spezialisierung der Ergebnisse aus Abschn. 10.2 sofort fertig: Man setze einfach $\rho = 0$ in (10.13–10.15). Denn wirbel- und quellenfreie Felder $\vec{F}$ in einfach zusammenhängenden Gebieten sind durch ein Potenzial $\varphi(\vec{r})$ darstellbar, $-\text{grad}\,\varphi = \vec{F}$, und es ist $\Delta\varphi(\vec{r}) = 0$, alle $\vec{r} \in V$. Umtaufen von $\vec{r} \to \vec{r}'$, Multiplikation mit $G_{\text{Rd}}(\vec{r}, \vec{r}')$, Integration über V bezüglich $\vec{r}'$, zweimal partiell integrieren (Gaußscher Satz) und Anwendung von (10.11) ergibt

$$\varphi(\vec{r}) = \oint \frac{\mathrm{d}f(\vec{r}')}{4\pi} \left\{ G_{\text{Rd}}(\vec{r}, \vec{r}')\text{grad}'_{\text{n}}\,\varphi(\vec{r}') - \varphi(\vec{r}')\text{grad}'_{\text{n}}\,G_{\text{Rd}}(\vec{r}, \vec{r}') \right\} . \tag{10.17}$$

Im unendlichen Raum $\mathbb{R}^3$ ist ein Feld, das weder Quellen noch Wirbel hat und asymptotisch abfällt, trivial, d. h. $\vec{F} = 0$. Die Randterme sind dann Null. In *endlichen*, einfach zusammenhängenden Gebieten dagegen *gibt* es nicht-triviale Felder $\vec{F}$, die weder Quellen noch Wirbel haben. Sie werden *vollständig bestimmt* durch ihre Werte am Rand. Es genügt, entweder nur ihre Normalkomponente $F_{\text{n}}(\vec{r}')$ vorzugeben, $\vec{r}' \in \text{Rd}$:

$$\vec{F}(\vec{r}) = -\text{grad}\,\varphi(\vec{r}) = \oint_{F_V} \frac{\mathrm{d}f(\vec{r}')}{4\pi} F_{\text{n}}(\vec{r}')\,\text{grad}\,G_{\text{N}}(\vec{r}, \vec{r}') . \tag{10.18}$$

$G_{\text{N}}(\vec{r}, \vec{r}')$ ist die Neumannsche Greensche Funktion des einfach zusammenhängenden Gebietes V mit stückweise glatter Randfläche F_V, s. (10.11), (10.12b).

Oder man gibt die Tangentialkomponente $\vec{F}_{\text{t}}(\vec{r}')$ für $\vec{r} \in \text{Rd}$ vor, realisiert durch $\varphi(\vec{r}')$, $\vec{r}' \in \text{Rd}$. Dann ist

$$\varphi(\vec{r}) = -\oint_{F_V} \frac{\mathrm{d}f(\vec{r}')}{4\pi} \varphi(\vec{r}')\text{grad}'_{\text{n}}\,G_{\text{D}}(\vec{r}, \vec{r}') , \tag{10.19a}$$

$$\text{bzw.} \quad \vec{F}(\vec{r}) = \oint_{F_V} \frac{\mathrm{d}f(\vec{r}')}{4\pi} \varphi(\vec{r}')\text{grad}\,\text{grad}'_{\text{n}}\,G_{\text{D}}(\vec{r}, \vec{r}') . \tag{10.19b}$$

$G_{\mathrm{D}}(\vec{r}, \vec{r}')$ ist die Dirichletsche Greensche Funktion, die auf dem Rande Null ist, s. (10.11), (10.12a).

Man kann die Wirbel- und Quellenfreiheit leicht noch einmal explizit nachprüfen. rot-Anwendung ergibt auf den grad... sowieso Null, div-Anwendung ergibt $\Delta G_{\mathrm{Rd}}(\vec{r}, \vec{r}') = -4\pi\delta(\vec{r} - \vec{r}') \Rightarrow 0$, da $\vec{r}' \in \mathrm{Rd}$ und $\vec{r}$ im Innern verschieden sind.

Ein Beispiel für eine physikalische Anwendung: Strömungsfelder von inkompressiblen Fluiden sind quellenfrei, div $\vec{v} = 0$. Haben sie überdies keine Wirbel, rot $\vec{v} = 0$, so sind sie allein randbedingt. Zum Beispiel sind manche Bewegungen von Kernmaterie im Atomkern von diesem Typ. Bewegt man den Rand $F_V(t)$, ergeben sich Strömungsfelder, die man bei Vorgabe der Normalkomponente $v_{\mathrm{n}}(\vec{r}', t)$ so darstellen kann:

$$\vec{v}(\vec{r}, t) = \oint_{F_V(t)} \frac{\mathrm{d}f(\vec{r}')}{4\pi} v_{\mathrm{n}}(\vec{r}', t) \operatorname{grad} G_{\mathrm{N}}(\vec{r}, \vec{r}; t) \,. \tag{10.20}$$

Anmerkungen

1. Unterscheide die beiden Gradienten in (10.19b) o. Ä. Einmal wird nach $\vec{r}$ und einmal nach $\vec{r}'$ differenziert. $G(\vec{r}, \vec{r}')$ ist wegen des Randes aber nicht nur von $\vec{r} - \vec{r}'$ abhängig, sondern von $\vec{r}$ und $\vec{r}'$ einzeln.

2. Der ungeübte Leser könnte eventuell einem Fehlschluss unterliegen. Wenn z. B. der Rand starr ist und $\vec{F}$ im Inneren ein Strömungfeld $\vec{v}$, so hätte dieses auf dem Rande keinen Beitrag in Normalen-richtung. Also, so der Irrtum, könne man sich die Tangentialbewegung vorschreiben. Aber: *Keine Strömung senkrecht zum Rand ist bereits eine Randwert-Vorgabe*, nämlich $v_{\mathrm{n}} = 0$. (10.20) liefert dann $\vec{v} = 0$, insbesondere also auch $\vec{v}_{\mathrm{t}} = 0$ auf dem Rand, m. a. W. ein nicht-triviales inkompres-sibles wirbelfreies Strömungsfeld in einem endlichen Gebiet ist *nur* infolge einer Randbewegung möglich.

3. Der Leser mag versucht sein, aus $\Delta\varphi = 0$ wie im Abschn. 10.1 zu schließen, dass $\varphi = 0$ oder zumindest konstant. Er multipliziert mit φ und integriert über V

$$\int_V \varphi\Delta\varphi\,\mathrm{d}V = 0, \quad \text{d.h.} \quad -\int_V |\operatorname{grad}\varphi|^2\mathrm{d}V + \oint_{F_V} \mathrm{d}f\varphi\operatorname{grad}_{\mathrm{n}}\varphi = 0 \,.$$

Beide Terme müssen aber keineswegs einzeln verschwinden. Sie kompensieren sich gegenseitig. Beim Eindeutigkeitssatz wussten wir zusätzlich etwas über φ oder $\operatorname{grad}_{\mathrm{n}}\varphi$ auf dem Rand! Daher dort der Schluss, $\operatorname{grad}\varphi = 0$, alle $\vec{r} \in V$.

10.4   Bestimmung eines quellenfreien (inkompressiblen) Feldes aus seinen Wirbeln

Quellenfreie Vektorfelder $\vec{F}(\vec{r})$ sind gekennzeichnet durch die Eigenschaft

$$\operatorname{div}\vec{F} = 0 \,.$$

Solche Felder heißen auch inkompressibel, da aus der Kontinuitätsgleichung $\partial_t n + \text{div } n\vec{v} = 0$ (s. (4.50)) für nicht orts- und zeitabhängige, eben „inkompressible" Materiedichte n folgt $\text{div } \vec{v} = 0$; ist doch das erste Glied $\partial_t n$ dann Null und im zweiten Glied kann man das konstante n ausklammern und kürzen. – Alle magnetischen Kraftfelder $\vec{B}(\vec{r})$ haben diese Eigenschaft ($\text{div } \vec{B} = 0$); hierdurch wird ausgedrückt, dass es keine zu den elektrischen Ladungen analogen magnetischen Quellen gibt.

Quellenfreie Felder haben i. Allg. Wirbel, $\text{rot } \vec{F} =: \vec{\omega}$. Bei Strömungsfeldern $\vec{v}(\vec{r})$ ist das eine alltägliche Erfahrung. Bei magnetischen Kraftfeldern sind die felderzeugenden elektrischen Ströme die Feldwirbel, $\text{rot } \vec{B} = \mu_0 \vec{j}$ (μ_0 Induktionskonstante, $\vec{j}$ elektrischer Stromdichtevektor).

Wie kann man ein quellenfreies Feld $\vec{F}$ aus seinen Wirbeln bestimmen? Wir können uns denken, dass dazu noch Randwerte vorzuschreiben sind. Und zwar, wie in Abschn. 10.1 gefunden, sollte man entweder die Normalkomponente oder die Tangentialkomponente vorgeben.

10.4.1 Wirbelfeld im unendlichen Raum

Gesucht sei ein Feld $\vec{F}$ mit der Eigenschaft $\text{div } \vec{F} = 0$, keine Quellen, aber mit bekannten Wirbeln $\vec{\omega}(= \text{rot } \vec{F})$. Diese müssen natürlich die Kompatibilitätsbedingung $\text{div } \vec{\omega} = 0$ erfüllen. $\vec{F}$ soll im ganzen Raum definiert sein und asymptotisch verschwinden. (Entweder $\sim 1/r^2$, oder aber man muss den folgenden Formeln konvergenzverbessernde Zusätze geben, analog zu Ausdruck (10.9).)

Wegen der Quellenfreiheit stellen wir gemäß Abschn. 6.2.9 $\vec{F}$ durch ein Vektorpotenzial $\vec{A}$ dar[3], $\vec{F} = \text{rot } \vec{A}$. In $\vec{A}$ ist noch ein beliebiger additiver ($\text{grad } \chi$)-Term willkürlich und offen. Die konkrete Wahl heißt „Eichung". Sie entspricht der Festlegung der Eichkonstanten im skalaren Potenzial φ in Abschn. 10.2. Wegen der Eichfreiheit hat $\vec{A}$ keine physikalische Bedeutung für sich, sondern nur $\text{rot } \vec{A}$. Ähnliches gilt prinzipiell für φ; doch schon φ-Differenzen sind eichunabhängig, also physikalisch interpretierbar. $\varphi(\vec{r}_1) - \varphi(\vec{r}_2)$ ist z. B. im elektrischen Feld die Spannung (in Volt) zwischen $\vec{r}_1$ und $\vec{r}_2$.

Das Vektorpotenzial gehorcht der Gleichung

$$\text{rot } \vec{F} = \text{rot}(\text{rot } \vec{A}) = \vec{\omega} \,. \tag{10.21}$$

Sie lautet in kartesischen Koordinaten

$$\text{grad}_i(\text{div } \vec{A}) - \Delta A_i = \omega_i, \quad i = 1, 2, 3 \,. \tag{10.22}$$

Offensichtlich ist es zweckmäßig, $\vec{A}$ so zu eichen, dass

$$\text{div } \vec{A} = 0 \,. \tag{10.23}$$

---

[3] Zur Bestimmung eines Vektorfeldes $\vec{A}$ aus Quellen, Wirbeln und Randbedingungen siehe auch: W. Macke, Elektrodynamische Felder, Nr. 424

Dies ist möglich: Sei etwa zunächst irgendein $\vec{A}$ mit rot $\vec{A} = \vec{F}$ gefunden, aber mit div $\vec{A} \neq 0$. Man addiere dann $\vec{A} + \operatorname{grad} \chi$ und bestimme χ aus der Gleichung $\Delta \chi = -\operatorname{div} \vec{A}$. Diese Aufgabe ist mit den Mitteln aus Abschn. 10.2 lösbar. Also ist div $(\vec{A} + \operatorname{grad} \chi) = 0$, das Vektorpotenzial $A + \operatorname{grad} \chi$ somit richtig geeicht.

In der Eichung (10.23) erfüllt jede Komponente A_i des Vektorpotenzials die Poissongleichung

$$\Delta A_i = -\omega_i, \quad i = 1, 2, 3 , \tag{10.24}$$

so wie sie das skalare Potenzial φ mit seinen Quellen ρ verknüpft, s. (10.5). Deshalb brauchen wir die Lösung nur aus (10.2) abzuschreiben:

$$A_i(\vec{r}) = \frac{1}{4\pi} \int\limits_{\infty} dV(\vec{r}\,') \omega_i(\vec{r}\,') \frac{1}{|\vec{r} - \vec{r}\,'|}, \quad i = 1, 2, 3 . \tag{10.25}$$

Mittels (10.2) vergewissert man sich, dass (10.25) tatsächlich (10.24) löst. Brauchbar ist die Lösung jedoch nur dann, wenn das Tripel A_1, A_2, A_3 auch die Eichbedingung $\partial_1 A_1 + \partial_2 A_2 + \partial_3 A_3 = \operatorname{div} \vec{A} = 0$ erfüllt! Denn nicht (10.24), sondern (10.21) ist die interessierende Differentialgleichung. Beide sind nur dann äquivalent, wenn die Eichung div $\vec{A} = 0$ erfüllt ist! Beim skalaren Potenzial φ gab es keine analoge Nebenbedingung.

Aber wir haben Glück! Denn (man summiere i von 1 bis 3)

$$\operatorname{div} \vec{A} = \partial_i A_i(\vec{r}) = \frac{1}{4\pi} \int\limits_{\infty} dV(\vec{r}\,') \omega_i(\vec{r}\,') \partial_i \frac{1}{|\vec{r} - \vec{r}\,'|}$$

kann umgeformt werden. Ersetze zuerst ∂_i durch $-\partial_i'$, die Ableitung nach $\vec{r}\,'$. Dann(!) kann partiell integriert werden. Wegen des asymptotischen Verschwindens der Wirbel $\vec{\omega}$ (gemeinsam mit dem Feld) bleiben keine Randterme zurück. Also ist

$$\operatorname{div} \vec{A} = \frac{1}{4\pi} \int\limits_{\infty} dV(\vec{r}\,') \frac{\operatorname{div}' \vec{\omega}(\vec{r}\,')}{|\vec{r} - \vec{r}\,'|} .$$

Wie Eingangs erwähnt, muss aber div $\vec{\omega} = 0$ sein, da $\vec{\omega}$ ja ein reines Wirbelfeld ist, per Definition. Folglich ist der Integrand Null und $\vec{A}$ korrekt geeicht, div $\vec{A} = 0$. Die Lösung (10.25) erzeugt das gesuchte Feld

$$\vec{F}(\vec{r}) = \operatorname{rot} \vec{A}(\vec{r}) = \frac{1}{4\pi} \int\limits_{\infty} dV(\vec{r}\,') \operatorname{grad} \frac{1}{|\vec{r} - \vec{r}\,'|} \times \vec{\omega}(\vec{r}\,')$$

$$= \frac{1}{4\pi} \int\limits_{\infty} dV(\vec{r}\,') \vec{\omega}(\vec{r}\,') \times \frac{\vec{r} - \vec{r}\,'}{|\vec{r} - \vec{r}\,'|^3} . \tag{10.26}$$

Diese Formel drückt z. B. die magnetische Feldstärke ($\vec{B}$ statt $\vec{F}$) durch die physikalischen Ströme ($\mu_0 \vec{j}$ statt $\vec{\omega}$) aus. Sie heißt dann das *Gesetz von* BIOT *und* SAVART.

10.4.2 Wirbelfeld im endlichen Bereich

Bei der Suche nach dem Felde $\vec{F}$, dessen Wirbel $\vec{\omega}$ in einem *endlichen* Gebiet V bekannt sind, muss man zusätzliche Informationen über die Randwerte von $\vec{F}$ haben, um das Feld im Inneren von V berechnen zu können. Das haben wir schon in Abschn. 10.1 gelernt. Es genügt, entweder *nur* die Normalkomponente *oder nur* die Tangentialkomponente von $\vec{F}$ vorzuschreiben.

Man könnte leicht die Idee haben, analog vorzugehen wie in Abschn. 10.4.1, d. h. $1/|\vec{r}-\vec{r}'|$ durch $G_{\mathrm{Rd}}(\vec{r},\vec{r}')$ zu ersetzen und zu (10.25) Oberflächenterme hinzuzufügen. Warnen sollte einen jedoch, dass zu deren Auswertung dann entweder $A_i(\vec{r}')$ selbst auf der Oberfläche vorzugeben wäre oder aber $\mathrm{grad}'_{\mathrm{n}} A_i(\vec{r}')$. Da aber, wie bereits gesagt, $\vec{A}$ keine unmittelbare physikalische Bedeutung hat, wird man solche Vorgaben im Allgemeinen kaum machen können. Sie könnten ja auch durch (an sich erlaubtes) Umeichen zerstört werden.

Aber auch ein formales Hindernis tritt auf. Man kann die Eichung der zu (10.25) analogen Lösung mit $G_{\mathrm{Rd}}(\vec{r},\vec{r}')$ statt $1/|\vec{r}-\vec{r}'|$ gar nicht verifizieren. Denn $\partial_i G_{\mathrm{Rd}}$ kann *nicht* in $-\partial'_i G_{\mathrm{Rd}}$ umgewandelt (und dann auf $\mathrm{div}'\,\vec{\omega}(\vec{r})'$ zurückgeführt) werden, da $G_{\mathrm{Rd}}(\vec{r},\vec{r}')$ nicht nur von der Differenz $\vec{r}-\vec{r}'$ abhängt.

Deshalb lösen wir unsere Aufgabe anders. Auch im endlichen Gebiet V ist (10.25) mit Integration über V statt ∞ eine Lösung von (10.24) mit richtiger Eichung, sofern $\vec{\omega} = 0$ auf dem Rand oder wenigstens $\omega_{\mathrm{n}}(\vec{r}') = 0$, $\vec{r}' \in \mathrm{Rd}$. (Dann tragen die Randterme bei der Prüfung von $\mathrm{div}\,\vec{A} = 0$ nichts bei.)

$$\vec{F}_\omega(\vec{r}) := \frac{1}{4\pi} \int\limits_V dV(\vec{r}')\,\vec{\omega}(\vec{r}') \times \frac{\vec{r}-\vec{r}'}{|\vec{r}-\vec{r}'|^3} \tag{10.27}$$

ist deshalb ein quellenfreier Vektor mit dem Wirbelfeld $\vec{\omega}$. Nur seine Randwerte sind i. Allg. nicht die vorgeschriebenen. Wir bestimmen deshalb anschließend noch ein quellenfreies *und* wirbelfreies Feld $\vec{F}_0(\vec{r})$ in V, das die Randwerte von $\vec{F} - \vec{F}_\omega$ hat: die von $\vec{F}$ sind vorgegeben, die von $\vec{F}_\omega$ aus (10.27) auszurechnen. $\vec{F}_0(\vec{r})$ kann nach den Überlegungen von Abschn. 10.3 eindeutig bestimmt werden.

Das gesuchte Feld $\vec{F}$ ist dann

$$\vec{F} = \vec{F}_\omega + \vec{F}_0 \,.$$

Denn $\mathrm{rot}\,\vec{F} = \mathrm{rot}\,\vec{F}_\omega + 0 = \vec{\omega}$ und $\vec{F}\big|_{\mathrm{Rd}} = \vec{F}_\omega\big|_{\mathrm{Rd}} + (\vec{F} - \vec{F}_\omega)\big|_{\mathrm{Rd}} = \vec{F}\big|_{\mathrm{Rd}}$, d. h. $\vec{F}_\omega$ beschreibt die Wirbelbeiträge, $\vec{F}_0$ den Einfluss des Randes für das Gesamtfeld $\vec{F}$.

Falls z. B. $F_{\mathrm{n}}(\vec{r}')$, $\vec{r}' \in \mathrm{Rd}$ gegeben ist und $\omega_{\mathrm{n}}(\vec{r}') = 0$, $\vec{r}' \in \mathrm{Rd}$:

$$\begin{aligned}
\vec{F}(\vec{r}) &= \frac{1}{4\pi} \int\limits_V dV(\vec{r}')\,\vec{\omega}(\vec{r}') \times \frac{\vec{r}-\vec{r}'}{|\vec{r}-\vec{r}'|^3} \\
&\quad + \frac{1}{4\pi} \oint\limits_{F_V} df(\vec{r}')\,\delta F_{\mathrm{n}}(\vec{r}')\,\mathrm{grad}\,G_{\mathrm{N}}(\vec{r},\vec{r}') \,.
\end{aligned} \tag{10.28}$$

$\delta F_{\mathrm n}(\vec r')$ ist die Differenz aus dem $\vec F$-Randwert und dem des ersten Integrals, $G_{\mathrm N}(\vec r, \vec r')$ die Neumannsche Greensche Funktion des Gebietes V, s. (10.11), (10.12b)

Ergänzung
Sollten die Wirbel $\vec\omega(\vec r)$ doch bis zum Rande reichen und dort $\omega_{\mathrm n}(\vec r') \neq 0$ sein, so kann man (durch Raten) finden, dass man statt $\vec A(\vec r)$ aus (10.25) besser

$$\vec A(\vec r) = \frac{1}{4\pi}\int_V \mathrm dV(\vec r')\,\frac{\vec\omega(r')}{|\vec r - \vec r'|} + \frac{1}{4\pi}\oint_{F_V} \frac{\vec F(\vec r') \times \overrightarrow{\mathrm df}(\vec r')}{|\vec r - \vec r'|} \tag{10.29}$$

nimmt, um $\vec F_\omega = \mathrm{rot}\ \vec A$ zu erzeugen. Denn $\Delta\vec A = \vec\omega$, da der zweite Term nichts beiträgt, ist doch $\delta(\vec r - \vec r') = 0$ für $\vec r' \in \mathrm{Rd}$, $\vec r' \in V$. Aber auch div $\vec A = 0$:

$$4\pi\mathrm{div}\,\vec A = \int \mathrm dV'\omega'\cdot\mathrm{grad}\frac{1}{|\vec r - \vec r'|} + \oint \mathrm{grad}\frac{1}{|\vec r - \vec r'|}\cdot(\vec F(\vec r')\times\overrightarrow{\mathrm df}(\vec r'))$$

$$= -\oint\overrightarrow{\mathrm df}'\cdot\left[\frac{\vec\omega'}{|\vec r - \vec r'|} + \mathrm{grad}'\frac{1}{|\vec r - \vec r'|}\times\vec F'\right]$$

$$= -\oint\overrightarrow{\mathrm df}'\cdot\mathrm{rot}'\frac{\vec F'}{|\vec r - \vec r'|},\quad\text{da}\ \vec\omega' = \mathrm{rot}'\vec F',$$

$$= -\int \mathrm dV'\mathrm{div}'\mathrm{rot}'\frac{\vec F'}{|\vec r - \vec r'|} = 0,\quad\text{da div rot}\ldots = 0\,.$$

Man beachte, dass in das Oberflächenintegral von (10.29) nur $F_{\mathrm t}$ eingeht. Die Formel ist also anwendbar, wenn die Tangentialkomponente $\vec F_{\mathrm t}$ bekannt ist.

10.5   Der (Helmholtzsche) Hauptsatz der Vektoranalysis

Aus dem Gelernten kann man eine sehr allgemeine, schöne Aussage gewinnen, die historisch bedeutsam war und für Anwendungen von prinzipiellem Wert ist.

▶ **Helmholtzscher Hauptsatz über Vektorfelder** Ein über einem einfach zusammenhängenden Gebiet mit (eventuell nur stückweise) glatter Randfläche definiertes Vektorfeld $\vec F$ lässt sich stets additiv zerlegen in einen wirbelfreien ($\vec F_\rho$) und einen quellenfreien ($\vec F_\omega$) Anteil

$$\vec F(\vec r) = \vec F_\rho(\vec r) + \vec F_\omega(\vec r)\,. \tag{10.30}$$

Dieser Satz wurde zuerst im Wesentlichen bewiesen von STOKES, 1849[4]. Vervollständigt wurde der Beweis von HELMHOLTZ in seiner Wirbelarbeit 1859. Unter Abschwächung der Voraussetzungen (nicht mehr Feldabfall $\sim r^{-2}$, sondern nur irgendein Abfall für $r \to \infty$)

---
[4] Trans. Cambr. Phil. Soc. Bd. **9**, 1849 = ges. Werke, Bd. 2, S. 243.

bewies O. Blumenthal den Satz 1905[5]. Sind die Quellen und Wirbel nur in einem endlichen Volumen ungleich Null, fällt sowohl $\vec{F}_\rho(\vec{r})$ als auch $\vec{F}_\omega(\vec{r})$ asymptotisch $\sim r^{-2}$ ab. So wurde es von Abraham-Föppl in der Theorie der Elektrizität I behandelt und hat in die Lehrbuchliteratur Eingang gefunden.

Die Zerlegung ist eindeutig bei Festlegung von Randwerten für die einzelnen Summanden. Insbesondere im unendlichen $\mathbb{R}^3$ ist sie bis auf eine additive Konstante eindeutig, sofern $\vec{F}$ asymptotisch $\sim r^{-2}$ abfällt bzw. $\vec{F}_\rho, \vec{F}_\omega$ höchstens wie $\ln r$ ansteigen.

Die Beweisidee ist kurz zu schildern, die explizite Durchführung mit den dargestellten Methoden aus Kap. 10 dauert etwas länger; darauf sei hier verzichtet. Die Idee ist: Man bestimme $\rho = \text{div}\,\vec{F}$ und $\vec{\omega} = \text{rot}\,\vec{F}$; berechne ein Feld $\vec{F}_\rho$, dessen Quellen gerade ρ sind, das aber wirbelfrei ist. Dann ist $\vec{F} - \vec{F}_\rho =: \vec{F}_\omega$, ein Feld, das quellenfrei ist, $\text{div}\,\vec{F}_\omega = 0$, aber die Wirbel $\text{rot}\,\vec{F}_\omega = \vec{\omega}$ hat. Die Aufgabe, ein wirbelfreies Feld aus seinen Quellen und ein quellenfreies Feld aus seinen Wirbeln zu bestimmen, wurde in den Abschn. 10.2 bzw. 10.4 gelöst. Daraus folgt (10.30).

Im unendlichen Raum bei schwächster Voraussetzung an den Feldabfall lautet die Zerlegung explizit:

$$\vec{F}(\vec{r}) = \vec{F}_c + \frac{1}{4\pi} \int_\infty dV(\vec{r}')\rho(\vec{r}')\text{grad}' \left(\frac{1}{|\vec{r} - \vec{r}'|} - \frac{1}{|\vec{r}_0 - \vec{r}'|} \right)$$

$$+ \frac{1}{4\pi} \int_\infty dV(\vec{r}')\vec{\omega}(\vec{r}') \times \text{grad}' \left(\frac{1}{|\vec{r} - \vec{r}'|} - \frac{1}{|\vec{r}_0 - \vec{r}'|} \right), \tag{10.31}$$

$\vec{F}_c$ konstanter Vektor, $\vec{r}_0$ beliebiger Hilfspunkt. Sofern jeder Summand in den Integralen einzeln konvergiert, vereinfacht sich mit $\vec{r}_0 \to \infty$ und $\vec{F}_c = 0$ die Formel zu

$$\vec{F} = \frac{1}{4\pi} \int_\infty dV(\vec{r}')\rho(\vec{r}')\text{grad}' \frac{1}{|\vec{r} - \vec{r}'|}$$

$$+ \frac{1}{4\pi} \int_\infty dV(\vec{r}')\vec{\omega}(\vec{r}') \times \text{grad}' \frac{1}{|\vec{r} - \vec{r}'|} . \tag{10.32}$$

10.6 Vektordifferentialgleichungen

In der Physik kommt oft die Aufgabe vor, Vektor- und Skalarfelder zugleich aus Differentialgleichungen zu bestimmen, in denen sie miteinander verkoppelt vorkommen. Beispielsweise sind in der Elektrodynamik das elektrische und das magnetische Feld miteinander verknüpft; diese Erkenntnis Maxwells war ein historischer Durchbruch und führte zur Entdeckung elektromagnetischer Wellen durch H. Hertz. Oder: Bei einer Strömung sind zugleich der Druck (Skalar) und die Geschwindigkeit (Vektor) als Funktionen

---

[5] Math. Ann. **61**, 235 (1905).

des Ortes zu bestimmen. Sind dann auch noch Randbedingungen zu erfüllen, kann die Lösung dieses NAVIER-STOKESschen Problems recht kompliziert werden.

Deshalb bemüht man sich, die gesuchten Felder durch entkoppelte Gleichungen zu beschreiben. Das gelingt tatsächlich oft. Ein weiteres Bestreben ist, die Vektorgleichungen auf skalare Differentialgleichungen zu reduzieren. Auch das erweist sich als möglich. Deshalb ist auch die skalare Greensche Funktion *der* Prototyp von lösendem Integralkern. In diesem Abschnitt werden zunächst in den wichtigsten physikalischen Beispielen die Gleichungen entkoppelt und dann auf skalare Aufgaben zurückgeführt.

10.6.1 Elektromagnetische Felder

Die elektrischen und die magnetischen Feldstärke-Vektorfelder $\vec{E}(\vec{r}, t)$ und $\vec{B}(\vec{r}, t)$ genügen den Maxwellschen Gleichungen

$$(\mathrm{I}) \quad \operatorname{div} \vec{E} = \rho/\epsilon\epsilon_0 \,, \tag{10.33a}$$

$$(\mathrm{II}) \quad \operatorname{rot} \vec{E} = -\partial_t \vec{B} \,, \tag{10.33b}$$

$$(\mathrm{III}) \quad \operatorname{div} \vec{B} = 0 \,, \tag{10.33c}$$

$$(\mathrm{IV}) \quad \operatorname{rot} \vec{B} = \mu\mu_0 \vec{j} + \mu\mu_0 \epsilon\epsilon_0 \partial_t \vec{E} \,. \tag{10.33d}$$

$\rho(\vec{r}, t)$ ist die elektrische Ladungsdichte und $\vec{j}(\vec{r}, t)$ der Stromdichtevektor. ϵ_0, μ_0 sind die Dielektrizitäts- und Permeabilitätskonstanten im Vakuum, ϵ, μ die entsprechenden Korrekturfaktoren durch die Anwesenheit von homogener, isotroper Materie.

Gleichung (10.33) kann unter verschiedenen Gesichtspunkten gelesen werden: So werden die Quellen (I, III) und Wirbel (II, IV) der Kraftfelder $\vec{E}, \vec{B}$ angegeben. So wird die zeitliche Veränderung dieser Felder vorgeschrieben (II, IV). So gibt es zwei homogene Feldgleichungen (II, III) und zwei inhomogene (I, IV). Die Verkopplung der elektrischen und magnetischen Phänomene ist offensichtlich. Zum Glück sind die Gleichungen linear, sofern ϵ und μ Materialkonstanten sind, die nicht von $\vec{E}$ und $\vec{B}$ abhängen. Da sie partielle Ableitungen enthalten, bedarf es zur Festlegung der Lösungen noch der Angabe und Befriedigung von Randbedingungen. Doch ist dies nicht der Inhalt dieses Abschnitts.

10.6.1.1 Statische elektromagnetische Felder

Der erste Schritt zur Entkopplung ist nun die Abtrennung möglicherweise vorhandener statischer, d. h. zeitunabhängiger Felder, die durch statische Ladungen $\rho(\vec{r})$ bzw. stationäre Ströme $\vec{j}(\vec{r})$ erzeugt werden. Die Linearität der Gleichungen (10.33) gestattet die Identifizierung und Abtrennung des statischen Feldanteils

$$\vec{E} \equiv \vec{E}(\vec{r}, t) + \vec{E}(\vec{r}), \quad \vec{B} \equiv \vec{B}(\vec{r}, t) + \vec{B}(\vec{r}) \,. \tag{10.34}$$

Die Statik zerfällt dann automatisch in

$$\text{div}\,\vec{E}(\vec{r}) = \frac{\rho(\vec{r})}{\epsilon\epsilon_0}, \quad \text{rot}\,\vec{E}(\vec{r}) = 0 \tag{10.35}$$

$$\text{und} \quad \text{div}\,\vec{B}(\vec{r}) = 0, \quad \text{rot}\,\vec{B}(\vec{r}) = \mu\mu_0\,\vec{j}(\vec{r})\,. \tag{10.36}$$

Vorausgesetzt wird, dass es keine rein linear in t ansteigenden Felder gibt. Physikalisch kann das auch gar nicht sein, da endliche Quellen keine unbeschränkt anwachsenden Felder erzeugen können. $\vec{E}(\vec{r})$ ist ein reines Quellenfeld, $\vec{B}(\vec{r})$ ein reines Wirbelfeld. Wir haben das ausführlich besprochen. Es gelten die Darstellungen

$$\vec{E}(\vec{r}) = -\text{grad}\,\varphi(\vec{r}), \quad \vec{B}(\vec{r}) = \text{rot}\,\vec{A}(\vec{r})\,. \tag{10.37}$$

Das skalare Potenzial $\varphi(\vec{r})$ genügt der Gleichung

$$\Delta\varphi(\vec{r}) = -\frac{\rho(\vec{r})}{\epsilon\epsilon_0}\,. \tag{10.38}$$

Die Elektrostatik ist damit sowohl von der Magnetostatik *entkoppelt* als auch auf die *skalare* Poissongleichung (10.38) zurückgeführt. Die Magnetostatik ist zwar auch *entkoppelt*, aber noch vektoriell. Reine Wirbelfelder, wie es $\vec{B}(\vec{r})$ eines ist, sind eben etwas anders als reine Quellenfelder, wie $\vec{E}(\vec{r})$. Die Rückführung von Wirbelfeldern auf skalare Gleichungen wird uns noch ausführlich beschäftigen, s. Abschn. 10.6.4.

Die konventionelle Lösung von (10.36) macht vom Vektorpotenzial $\vec{A}$ nach (10.37) Gebrauch. Mit der Eichung

$$\text{div}\,\vec{A} = 0\,, \tag{10.39}$$

genannt Lorentz-Eichung, ist

$$\text{rot}\,(\text{rot}\,\vec{A}) = \vec{\nabla} \times (\vec{\nabla} \times \vec{A}) = \text{grad}\,(\text{div}\,\vec{A}) - \Delta\vec{A} = -\Delta\vec{A}\,. \tag{10.40}$$

Somit entsteht zwar wieder eine Poissongleichung,

$$\Delta\vec{A}(\vec{r}) = -\mu\mu_0\,\vec{j}(\vec{r})\,, \tag{10.41}$$

diese ist aber noch *vektoriell*. Die Lorentz-Eichung (10.39) von $\vec{A}$ ist *möglich,* da statische Ströme stets quellenfrei sind (Erhaltungssatz),

$$\text{div}\,\vec{j}(\vec{r}) = 0\,. \tag{10.42}$$

Das ist eine unmittelbare Konsequenz der Kontinuitätsgleichung $\partial_t\rho + \text{div}\,j = 0$ für den statischen Fall $\partial_t\rho = 0$. Bildet man div ... von (10.41), so erweisen sich die Eichung (10.39) und der Erhaltungssatz (10.42) als miteinander verträglich, ja einander bedingend.

Die Vektorgleichung (10.41) zerfällt *nur in kartesischen Koordinaten* in drei Zahlenglei-
chungen für die Komponenten A_i.

$$\Delta A_i(\vec{r}) = -\mu\mu_0 j_i(\vec{r}), \quad i = 1, 2, 3 \, . \tag{10.43}$$

Hängen jedoch die Koordinateneinheitsvektoren $\vec{e}_i$ in $\vec{A} = A_i \vec{e}_i$ vom Ort ab, wie es
bei krummlinigen Koordinatensystemen regelmäßig der Fall ist, dann ist (10.36) *nicht* zu
(10.41) äquivalent. Erinnert sei etwa an (8.26): Die Radialkomponente von (10.41) in Kugelkoordinaten ist *nicht* die Poissongleichung (10.43) für die Radialkomponente $A_r(\vec{r})$.

Die erwünschte Reduzierung der Magnetostatik auf ein skalares Problem ist also eigentlich noch nicht gelungen. Aber selbst die Entkopplung der Gleichungen für die Komponenten $A_i(\vec{r})$ ist nicht erreicht! Denn die Lorentz-Eichung (10.39) verknüpft ja alle drei
A_i miteinander. Man muss also selbst in kartesischen Koordinaten die drei Gleichungen
(10.43) gemeinsam lösen.

Löst man sie einzeln, so *ist*

$$A_i(\vec{r}) = \frac{\mu\mu_0}{4\pi} \int \frac{j_i(\vec{r}')\mathrm{d}V(\vec{r}')}{|\vec{r} - \vec{r}'|}, \quad i = 1, 2, 3 \tag{10.44}$$

eine Lösung. Vektoriell zusammengefasst

$$\vec{A}(\vec{r}) = \frac{\mu\mu_0}{4\pi} \int \frac{\vec{j}(\vec{r}')\mathrm{d}V(\vec{r}')}{|\vec{r} - \vec{r}'|} \, . \tag{10.45}$$

Nun hat man großes Glück! Die Eichung (10.39) erweist sich wegen der Quellenfreiheit
(10.42) der Stromdichte als erfüllt, sofern $\vec{j} \cdot \vec{\mathrm{d}F} = 0$, also keine Ströme über die Ränder
fließen bzw. falls es keine Ränder gibt, weil V bis unendlich reicht. Anderenfalls hat man
im Allgemeinen die Eichung verletzt, und (10.45) ist nicht das gesuchte Vektorpotenzial.

Die Erfüllung der Randbedingungen steht aber selbst im glücklichen Fall, dass (10.45)
Lösung ist, noch aus. Man schafft das, indem man *zusätzlich* eine Lösung der homogenen
Gleichungen (10.36) addiert, also für $\vec{j}(\vec{r}) = 0$. Dann aber ist rot $B_{\mathrm{hom}}(\vec{r}) = 0$, man kann
ein magnetisches Potenzial einführen und die geeignete Lösung einer skalaren Laplace-
Gleichung berechnen.

10.6.1.2 Feldgetriebene Ströme in Leitern

Nachdem die statischen Felder (sofern vorhanden) abgespalten und bestimmt sind, bleiben
für die echt zeitabhängigen Felder $\vec{E}(\vec{r}, t)$ und $\vec{B}(\vec{r}, t)$ die vollen Maxwellschen Gleichungen
(10.33) zu lösen. Der nicht unwichtige Fortschritt ist jedoch, dass man aus $\partial_t \vec{E}(\vec{r}, t)$ bzw.
$\partial_t \vec{B}(\vec{r}, t)$ *ohne* Integrationskonstanten die Felder $\vec{E}(\vec{r}, t)$ und $\vec{B}(\vec{r}, t)$ bestimmen könnte, da
es ja konstruktionsgemäß keine additiven, zeitunabhängigen Felder mehr zusätzlich gibt.

Bevor wir das ausnutzen, betrachten wir den in leitenden Medien vorkommenden Fall,
dass zwar Ströme $\vec{j}(\vec{r}, t)$ fließen, sog. Ohmsche Ströme, angetrieben vom elektrischen Feld,

$$\vec{j}(\vec{r}, t) = \sigma \vec{E}(\vec{r}, t), \tag{10.46}$$

aber keine makroskopischen Ladungen ρ auftreten. Dann vereinfachen sich die Maxwell-schen Gleichungen (10.33) zu

$$\operatorname{div} \vec{E}(\vec{r}, t) = 0 \,, \tag{10.47a}$$

$$\operatorname{rot} \vec{E}(\vec{r}, t) = -\partial_t \vec{B}(\vec{r}, t) \,, \tag{10.47b}$$

$$\operatorname{div} \vec{B}(\vec{r}, t) = 0 \,, \tag{10.47c}$$

$$\operatorname{rot} \vec{B}(\vec{r}, t) = \mu \mu_0 \sigma \vec{E}(\vec{r}, t) + \mu \mu_0 \epsilon \epsilon_0 \partial_t \vec{E}(\vec{r}, t) \,. \tag{10.47d}$$

Jetzt sind sowohl $\vec{E}$ als auch $\vec{B}$ quellenfrei. Für $\vec{B}$ ist das klar, für $\vec{E}$ ist das eine Konsequenz der fehlenden Ladungen. Die Ströme (10.46) sind wiederum quellenfrei.

Nun zur Entkopplung. Man bilde rot von (10.47d) und setze (10.47b) ein oder umgekehrt

$$\operatorname{rot} \operatorname{rot} \vec{B} = -\mu \mu_0 \sigma \partial_t \vec{B} - \mu \mu_0 \epsilon \epsilon_0 \partial_t^2 \vec{B} \,. \tag{10.48}$$

Genau dieselbe Gleichung erfüllt auch $\vec{E}(\vec{r}, t)$ für sich. Bezüglich der Zeit tritt eine Kombination von erster Ableitung (wie bei Diffusionsgleichungen) und von zweiter Ableitung (wie bei Wellengleichungen) auf.

$$D_t := \mu \mu_0 \sigma \partial_t + \mu \mu_0 \epsilon \epsilon_0 \partial_t^2 \tag{10.49}$$

sei die Abkürzung für die (nicht von $\vec{r}$ abhängenden) zeitlichen Ableitungen, wie sie in der Telegraphengleichung typischerweise vorkommen.

Zwar sind nun die *Vektorfelder* $\vec{B}$ und $\vec{E}$ entkoppelt, aber die Bedingung der Quellenfreiheit (10.47a bzw. 10.47c) verkoppelt immer noch *die Komponenten* untereinander. Um diese Kopplung loszuwerden, führen wir wiederum die magnetischen bzw. elektrischen Vektorpotenziale ein,

$$B = \operatorname{rot} \vec{A}_B, \quad \vec{E} = \operatorname{rot} \vec{A}_E \,. \tag{10.50}$$

Dann sind die Maxwell-Gleichungen (10.47a und 10.47c) automatisch erfüllt. Die Vektorfelder $\vec{A}_{B,E}$ sind aus derselben Differentialgleichung

$$\operatorname{rot} \left(\operatorname{rot} \operatorname{rot} \vec{A} + D_t \vec{A} \right) = 0 \tag{10.51}$$

zu berechnen. Sie wird sich als *die* typische Gleichung zur Berechnung von reinen Wirbelfeldern erweisen. Sie ist scheinbar komplizierter als (10.48), da rot gleich 3-mal statt nur 2-mal vorkommt. Doch erweist sich die dritte Anwendung von rot als große Hilfe. Verwendet man nämlich (10.40), so fällt wegen rot grad . . . = 0 der Summand mit div $\vec{A}$ automatisch weg, ohne dass man $\vec{A}$ nach (10.39) eichen müsste. (10.51) wird zu

$$\operatorname{rot} \left(-\Delta \vec{A} + D_t \vec{A} \right) = 0 \,. \tag{10.52}$$

Es bleibt die Reduktion auf eine skalare Gleichung zu leisten. Das wird in Abschn. 10.6.4 geschehen. Vorher sollen noch weitere Beispiele den paradigmatischen Charakter von Gleichung (10.51) erhärten.

10.6.1.3   Elektromagnetische Wellen

Die Maxwellschen Gleichungen garantieren die lokale Ladungserhaltung automatisch,

$$\partial_t \rho(\vec{r}, t) + \operatorname{div} \vec{j}(\vec{r}, t) = 0 \ . \tag{10.53}$$

Zum Beweis kombiniere man (I) und (IV). – Wir nutzen das nun für rein zeitabhängige Felder (nach Abspaltung der Statik) aus. Materie mag vorhanden sein, $\epsilon \neq 1$, $\mu \neq 1$, jedoch keine Leitungsströme, $\sigma = 0$. Außerdem seien ϵ und μ feldunabhängige Materialparameter. Gleichung (10.33a) liefert $\epsilon\epsilon_0 \operatorname{div} \vec{E}(\vec{r}, t) = \int^t [\partial_t \rho(\vec{r}, t')] dt' = -\int^t \operatorname{div} \vec{j}(\vec{r}, t') dt'$. Man erhält eine quellenfreie Kombination,

$$\operatorname{div} \left(\partial_t \vec{E}(\vec{r}, t) + \frac{\vec{j}(\vec{r}, t)}{\epsilon\epsilon_0} \right) = 0 \ . \tag{10.54}$$

Also kann man die erste Maxwell-Gleichung (I) dadurch automatisch erfüllen, dass man für diese *Kombination* ein Vektorpotenzial $\vec{A}_E(\vec{r}, t)$ einführt.

$$\partial_t \vec{E}(\vec{r}, t) + \frac{\vec{j}(\vec{r}, t)}{\epsilon\epsilon_0} =: \operatorname{rot} \vec{A}_E(\vec{r}, t) \ . \tag{10.55}$$

Kennte man $\vec{A}_E$ (und die Ströme), so wüsste man auch $\vec{E}(\vec{r}, t)$, da es keine zeitunabhängige Integrationskonstante gibt, per Konstruktion der Abspaltung der Statik.

Aus $\vec{E}$ bestimmt man sodann direkt mit (10.33b) das Magnetfeld $\vec{B}$,

$$\vec{B}(\vec{r}, t) = - \int^t \operatorname{rot} \vec{E}(\vec{r}, t') dt' \ . \tag{10.56}$$

Da $\vec{B}$ somit ein reines Wirbelfeld ist, wird die dritte Maxwell-Gleichung (10.33c) automatisch befriedigt. Es verbleibt nur noch die vierte Gleichung (10.33d). Sie dient dazu, das Vektorpotenzial $\vec{A}_E$ zu bestimmen – mit einer Gleichung von der Art (10.51)!

Nämlich, $\operatorname{rot} \vec{B}(\vec{r}, t) = \mu\mu_0\epsilon_0(\partial_t\vec{E} + \vec{j}/\epsilon_0) = \mu\mu_0\epsilon\epsilon_0 \operatorname{rot} \vec{A}_E$. Man differenziere nach t und verwende (10.33b): $-\operatorname{rot} \operatorname{rot} \vec{E} = \mu\mu_0\epsilon\epsilon_0 \operatorname{rot} \partial_t\vec{A}_E$. Man differenziere erneut nach t und führe die Darstellung (10.55) ein:

$$\operatorname{rot} \left[\operatorname{rot} \operatorname{rot} \vec{A}_E(\vec{r}, t) + \mu\mu_0\epsilon\epsilon_0 \partial_t^2 \vec{A}_E(\vec{r}, t) - \operatorname{rot} \frac{\vec{j}(\vec{r}, t)}{\epsilon\epsilon_0} \right] = 0 \ . \tag{10.57}$$

Gegenüber (10.51) ist die zeitliche Ableitung D_t nun vom reinen Wellentyp. Die Wellengeschwindigkeit c wird durch $c^{-2} = \mu\mu_0\epsilon\epsilon_0$ bestimmt. Zusätzlich hat (10.57) eine Inhomogenität, nämlich $\operatorname{rot} \vec{j}(\vec{r}, t)$. Die Quellen von $\vec{j}$ gehen hier nicht ein, sondern nur die Wirbel; erstere legen ρ fest. Im übrigen aber stoßen wir mit (10.57) wieder auf die Mustergleichung (10.51).

Man kann statt $\vec{A}_E$ auch ein das magnetische Feld bevorzugendes magnetisches Vektorpotenzial einführen mittels

$$\vec{B} = \operatorname{rot} \vec{A}_B \ .$$

Dadurch ist (10.33c) erfüllt. Kennt man $\vec{A}_B$, so kennt man $\vec{B}$, aber über die vierte Maxwell-Gleichung (10.33d) auch $\partial_t \vec{E}(\vec{r}, t)$ und damit $\vec{E}(\vec{r}, t)$ (keine zeitunabhängige Integrationskonstante)

$$\partial_t \vec{E}(\vec{r}, t) = -\frac{\vec{j}(\vec{r}, t)}{\epsilon\epsilon_0} + \frac{\text{rot } \vec{B}(\vec{r}, t)}{\mu\mu_0\epsilon\epsilon_0} \, . \tag{10.58}$$

Zusammen mit dem Ladungserhaltungssatz (10.53) erkennt man, dass die erste Maxwell-Gleichung erfüllt ist; man bilde div von (10.58):

$$\partial_t \left(\text{div } \vec{E}(\vec{r}, t) - \frac{\rho(\vec{r}, t)}{\epsilon\epsilon_0} \right) = 0 \, ,$$

also (keine Integrationskonstante!) gilt (10.33a). Es bleibt, die homogene Gleichung (10.33b) zu nutzen, um $\vec{A}_B$ zu bestimmen. Dann wären $\vec{E}, \vec{B}$ aus $\vec{A}_B$ und $\vec{j}$ berechnet. Differenziere (10.33b) nach t und setze die Darstellung (10.58) ein:

$$\text{rot} \left[\text{rot rot } \vec{A}_B(\vec{r}, t) + \mu\mu_0\epsilon\epsilon_0\partial_t^2 \vec{A}_B(\vec{r}, t) - \mu\mu_0\vec{j}(\vec{r}, t) \right] = 0 \, . \tag{10.59}$$

Auch das magnetische Vektorpotenzial erfüllt die kanonische Gleichung (10.51) mit demselben D_t wie in der Gleichung für $\vec{A}_E$, aber mit etwas anderer Inhomogenität.

Der Rechengang ist also: Vorgegeben $\vec{j}$ über den Ladungserhaltungssatz $\rho(\vec{j})$. Man bestimme dann $\vec{A}_B(\vec{j})$ oder $\vec{A}_E(\vec{j})$ aus der kanonischen Gleichung mit der dreifachen Rotation (s. Abschn. 10.6.4, etwas später) und daraus $\vec{B}(\vec{j}), \vec{E}(\vec{j})$.

Abschließend ein Hinweis: Natürlich lassen sich auch alle besprochenen Fälle zugleich behandeln, also Statik, $\sigma \neq 0$, elektromagnetische Wellen.

10.6.2 Elastische Körper

Bewegungen der Atome in elastischen Körpern sind z. B. Scher- und Kompressionswellen mit den jeweiligen Geschwindigkeiten c_S und c_K. Für nicht zu kurze Wellenlängen bedient man sich der Kontinuumstheorie. Die Materieelemente am Ort $\vec{r}$ mögen unter Deformation um $\vec{s}(\vec{r}, t)$ verschoben werden. Es gilt dann folgende Bewegungsgleichung für das Beschleunigungsfeld der Verschiebung $\vec{s}(\vec{r}, t)$

$$\partial_t^2 \vec{s}(\vec{r}, t) = c_K^2 \text{grad div } \vec{s} - c_S^2 \text{rot rot } \vec{s} - \alpha \text{grad } T \, , \tag{10.60}$$

$$\partial_t T(\vec{r}, t) = \chi \Delta T(\vec{r}, t) \, . \tag{10.61}$$

$T(\vec{r}, t)$ ist die lineare, lokale Temperaturabweichung vom konstanten Ausgangswert T_0 ohne Deformation. χ ist die Temperaturleitfähigkeit (oder thermische Diffusivität), eine Materialkonstante. α ist der thermische Ausdehnungskoeffizient; er koppelt das Temperaturfeld an das Verschiebungsfeld.

Es sind 4 Felder aus 4 Gleichungen zu bestimmen, nämlich $\vec{s}, T$. Die Ankopplung ist in diesem Falle nicht tiefgehend, da ja erst T aus (10.61) berechnet werden könnte und dann

in der $\vec{s}$-Gleichung als Inhomogenität steht. Wir gehen so vor: Der longitudinale Teil von
(10.60) wird durch ein skalares Potenzial dargestellt

$$c_K^2 \operatorname{div} \vec{s} - \alpha T =: \partial_t^2 \phi \; . \tag{10.62}$$

Dann ist

$$\partial_t^2 (\vec{s} - \operatorname{grad} \phi) = -c_S^2 \operatorname{rot} \operatorname{rot} \vec{s} \; , \tag{10.63}$$

also der Vektor

$$\vec{F} := \vec{s} - \operatorname{grad} \phi \tag{10.64}$$

als quellenfrei (d. h. als rein transversal) anzusehen, $\operatorname{div} \vec{F} = 0$. Er hat deshalb ein Vektorpotenzial $\vec{A}$ mit $\vec{F} = \operatorname{rot} \vec{A}$.

Aus $\vec{A}$ und ϕ folgt

$$\vec{s} = \operatorname{rot} \vec{A} + \operatorname{grad} \phi \; . \tag{10.65}$$

Aus $\vec{s}, \phi$ folgt mit (10.62)

$$T = \frac{c_K^2}{\alpha} \Delta \phi - \frac{1}{\alpha} \partial_t^2 \phi \; . \tag{10.66}$$

Die Kenntnis von ϕ und $\vec{A}$ ersetzt somit diejenige von $T, \vec{s}$. Die Bewegungsgleichun-
gen für ϕ und $\vec{A}$ entkoppeln aber, denn setzt man die Darstellung $T(\phi)$ aus (10.66) in die
Bewegungsgleichung (10.61) für T ein, entsteht die skalare Differentialgleichung höherer
Ordnung

$$(\partial_t - \chi \Delta)(\partial_t^2 - c_K^2 \Delta)\phi = 0 \; . \tag{10.67}$$

Die Lösungen sind Überlagerungen von Wellenbewegungen mit der Geschwindigkeit
c_K und Wärmeleitung mit der Diffusivität χ.

Die Gleichung für $\vec{A}$ steht in Gestalt von (10.63) schon da, weil rechts unter rot auch $\vec{s}$
durch $\vec{F}$ ersetzt werden kann und auf beiden Seiten $\vec{F} = \operatorname{rot} \vec{A}$ zu schreiben ist.

$$\operatorname{rot} (\operatorname{rot} \operatorname{rot} \vec{A} + c_S^{-2} \partial_t^2 \vec{A}) = 0 \; . \tag{10.68}$$

Wiederum stoßen wir auf unsere kanonische Gleichung mit der dreifachen Rotation.
Der Zeitableitungsoperator D_t hat hier die Bedeutung $c_S^{-2} \partial_t^2$, ist also wieder vom reinen
Wellentyp.

Natürlich hätte man für $\vec{F}$ die Wellengleichung mit der zweifachen Rotation stehen lassen können, doch hätte man dann die interne Kopplung der Komponenten von $\vec{F}$ durch
$\operatorname{div} \vec{F} = 0$ bei der Lösung zu beachten. $\vec{A}$ ist davon frei.

Noch ein Hinweis: ϕ ist durch (10.62) nur bei rein zeitabhängigen Problemen eindeutig definiert. Stets jedoch *liefern* die Lösungen $\phi, \vec{A}$ von (10.67) und (10.68) Lösungen der
elastischen Gleichungen (10.60), (10.61). Wir werden noch sehen, dass es auch genug sind
und sich auch Randbedingungen erfüllen lassen.

10.6.3 Flüssigkeitsströmungen

Die Bewegungsgleichungen für Flüssigkeiten oder Gase legen das lokale Geschwindigkeitsfeld $\vec{v}(\vec{r}, t)$, den Druck $p(\vec{r}, t)$ und die Dichte $\rho(\vec{r}, t)$ fest. Auch die Entropiedichte s oder die Temperatur T gehörte noch dazu, doch sei auf deren Ankopplung verzichtet, d. h. entweder s oder T seien konstant. Druck und Dichte hängen über die Zustandsgleichung (die adiabate oder isotherme) eng miteinander zusammen. Für die *Abweichungen* von den totalen Gleichgewichtswerten p_0 und ρ_0 gilt

$$p(\vec{r}, t) = c_0^2 \rho(\vec{r}, t) \ . \tag{10.69}$$

c_0 ist die Schallgeschwindigkeit (adiabat oder isotherm, je nach physikalischer Situation). Für die Dichte gilt die Kontinuitätsgleichung

$$\partial_t \rho + \mathrm{div}\,(\rho \vec{v}) = 0 \ . \tag{10.70}$$

NAVIER und STOKES gaben um 1845 die Bewegungsgleichung für $\vec{v}$ an, deren physikalische Bedeutung die lokale Impulserhaltung ist:

$$\rho(\partial_t \vec{v} + \vec{v} \cdot \mathrm{grad}\,\vec{v}) = -\mathrm{grad}\,p - \mathrm{grad}\,U + \eta \Delta \vec{v} + \left(\zeta + \frac{\eta}{3}\right) \mathrm{grad}\,(\mathrm{div}\,\vec{v}) \ . \tag{10.71}$$

U beschreibt ein vorgegebenes äußeres Potenzialfeld; η und ζ sind die Scherviskosität und die Kompressionsviskosität, vorgegebene Materialkonstanten des betrachteten Fluids.

Die physikalisch interessantesten, Turbulenz darstellenden Lösungen folgen aus der *nicht* linearen Gleichung (10.71). Die Mathematik nichtlinearer Differentialgleichungen ist erheblich komplexer als diejenige linearer Differentialgleichungen. Eine neue, noch nicht sehr weit erforschte Welt tut sich da auf. Wir müssen uns jedoch im Folgenden auf Strömungen mit so kleinen Geschwindigkeiten $\vec{v}$ beschränken, dass (10.71) linearisiert werden darf. Dann aber, so wird sich zeigen, stoßen wir erneut auf unsere kanonische Gleichung mit der dreifachen Rotation.

Seien also $\vec{v}(\vec{r}, t)$ und die Abweichungen $p(\vec{r}, t), \rho(\vec{r}, t)$ von den Gleichgewichtswerten p_0, ρ_0 klein. Die linearisierten Bewegungsgleichungen, die sog. Stokesschen Gleichungen kompressibler Strömungsvorgänge lauten dann

$$\partial_t p(\vec{r}, t) = -\rho_0 c_0^2 \mathrm{div}\,\vec{v}(\vec{r}, t) \ , \tag{10.72}$$

$$\partial_t \vec{v}(\vec{r}, t) = -\mathrm{grad}\left(\frac{p}{\rho_0} + \frac{U}{\rho_0}\right) - v_0 \mathrm{rot}\,\mathrm{rot}\,\vec{v} + \mu_0 \mathrm{grad}\,(\mathrm{div}\,\vec{v}) \ . \tag{10.73}$$

Dabei ist $\Delta \vec{v} = \mathrm{grad}\,(\mathrm{div}\,\vec{v}) - \mathrm{rot}\,\mathrm{rot}\,\vec{v}$ geschrieben worden, und $v_0 = \eta/\rho_0$, $\mu_0 = (\zeta + 4\eta/3)/\rho_0$ sind die sogenannten kinematischen Zähigkeitskonstanten.

Diesmal ist die Verkopplung der 4 Felder $\vec{v}, p$ stärker als bei der elastischen Bewegung. p kann nicht ohne $\vec{v}$ und $\vec{v}$ nicht ohne p berechnet werden. Der inkompressible Grenzfall ergibt sich durch $c_0^2 \rightarrow \infty$, also

$$\mathrm{div}\,\vec{v} = 0 \tag{10.74}$$

statt (10.72).

Wie entkoppeln wir diesmal? Offenbar können wir den longitudinalen (grad...) Teil von (10.73) durch Einführung von

$$\frac{p}{\rho_0} + \frac{U}{\rho_0} - \mu_0 \operatorname{div} \vec{v} =: -\partial_t \phi \tag{10.75}$$

erfassen und erhalten

$$\partial_t (\vec{v} - \operatorname{grad} \phi) = -v_0 \operatorname{rot} \operatorname{rot} \vec{v} . \tag{10.76}$$

Also ist der Vektor

$$\vec{F}(\vec{r}, t) = \vec{v}(\vec{r}, t) - \operatorname{grad} \phi(\vec{r}, t) \tag{10.77}$$

als reines Wirbelfeld aufzufassen, also div $\vec{F} = 0$, hat also ein Potenzial $\vec{A}$ mit $\vec{F} = \operatorname{rot} \vec{A}$. Da man unter der Rotation auch $\vec{v}$ durch $\vec{F}$ ersetzen kann, liefert (10.76) sofort eine (entkoppelte) Gleichung für $\vec{F}$ und damit für $\vec{A}$,

$$\operatorname{rot} (\operatorname{rot} \operatorname{rot} \vec{A} + v_0^{-1} \partial_t \vec{A}) = 0 . \tag{10.78}$$

Da ist sie wieder, unsere kanonische Gleichung (10.51) mit der dreifachen Rotation. Diesmal ist der Zeitableitungsoperator D_t vom reinen Diffusionstyp, also 1. Ordnung $(1/v_0)\partial_t$. Während $\vec{A}$ den transversalen Teil von $\vec{v}$ bestimmt,

$$\vec{v} = \vec{F} + \operatorname{grad} \phi = \operatorname{rot} \vec{A} + \operatorname{grad} \phi , \tag{10.79}$$

also rot $\vec{v}$ = rot $\vec{F}$ und div $\vec{v}$ = div grad ϕ, ist die Kenntnis des Skalars ϕ der Angabe des Druckes äquivalent. Aus der definierenden Gleichung (10.75) folgt nämlich sofort

$$p = \rho_0 \mu_0 \Delta \phi - \rho_0 \partial_t \phi - U . \tag{10.80}$$

So wie die Vektorgleichung (10.73) für $\vec{v}$ zur Vektorgleichung (10.78) für den transversalen Teil rot $\vec{A}$ führte, erhalten wir aus der skalaren Gleichung (10.72) eine für das longitudinale Potenzial ϕ. Setze (10.80) mit (10.79) in (10.72) ein:

$$\Delta \phi + \frac{\mu_0}{c_0^2} \partial_t \Delta \phi - \frac{1}{c_0^2} \partial_t^2 \phi = \frac{1}{\rho_0 c_0^2} \partial_t U . \tag{10.81}$$

Im Allgemeinen wird das äußere Potenzialfeld U nicht von der Zeit abhängen, so dass in (10.81) rechts eine Null steht. ϕ hängt dann nicht von U ab, wohl aber p. Für inkompressible Strömungen, $c_0^2 \to \infty$, vereinfacht sich die ϕ-Gleichung zu

$$\Delta \phi = 0 . \tag{10.82}$$

10.6.4 Reduktion der Vektorpotenzialgleichung auf eine Amplitudengleichung

Alle behandelten physikalischen Beispiele gekoppelter linearer partieller Differentialgleichungen für Vektor- und Skalarfelder haben uns – neben einer Gleichung für ein skalares Potenzial ϕ – immer wieder auf dieselbe *kanonische Gleichung* (10.51) mit der *dreifachen Rotation* geführt. Sie gilt es nun zu untersuchen.

Ihr Hauptvorteil war schon erläutert worden: Für $\vec{A}$ gibt es keine die Komponenten verkoppelnde Nebenbedingung mehr. Ihr zweiter Vorteil wird sich jetzt zeigen: Mit *einer* Lösung $\vec{A}$ von (10.51) erzeugt man sich sogleich eine *zweite* Lösung, die im Allgemeinen linear unabhängig ist, nämlich rot $\vec{A}$. Man kann sie mit verschiedenen Vorfaktoren addieren, auch unterschiedliche Lösungen von (10.51), $\vec{A}_1$ bzw. rot $\vec{A}_2$, für die Superposition verwenden und erhält $\vec{A} = \vec{A}_1 + $ rot $\vec{A}_2$ bzw. $\vec{F} = $ rot $\vec{A}_1 + $ rot rot $\vec{A}_2$. Für $\vec{v}, \vec{s}$, usw. als die physikalischen Felder bedeutet das: Zwei transversale Komponenten plus eine longitudinale (grad ϕ) überlagert beschreiben im dreidimensionalen Raum in aller Regel ein Vektorfeld vollständig und allgemein. Die wegen der Linearität der Gleichungen noch offenen konstanten Vorfaktoren lassen sich zur Erfüllung von vorgeschriebenen Randbedingungen nutzen. Das führt dann zwar leider meist zu einer Verkopplung der drei genannten Komponenten, doch geschieht das ja nun post festum, *nach* der eigentlich schwierigen Aufgabe, die Vektordifferentialgleichungen zu lösen.

Zunächst das homogene Problem. Man löse also

$$\text{rot}\left(\text{rot rot } \vec{A} + D_t\vec{A}\right) = 0 \qquad (10.83)$$

für das Vektorpotenzial $\vec{A}(\vec{r}, t)$, dem keine Eichbedingung auferlegt ist. D_t ist eine Summe von Zeitableitungen ∂_t, ∂_t^2, evtl. bis ∂_t^n, mit konstanten Koeffizienten. Ortsableitungen und D_t können also vertauscht werden, z. B. rot $D_t \ldots = D_t \text{rot} \ldots$:

i. Erzeugung einer weiteren Lösung. Angenommen, ein Feld $\vec{A}$ löse die Ausgangsgleichung (10.83). Wendet man dann (nunmehr zum vierten Mal) rot an, erhält man

$$\text{rot}\left(\text{rot rot}[\text{rot } \vec{A}] + D_t[\text{rot } \vec{A}]\right) = 0 \ . \qquad (10.84)$$

Folglich löst auch rot $\vec{A}$ die kanonische Gleichung (10.83). Da im Allgemeinen $\vec{A}$ und rot $\vec{A}$ linear unabhängig sind, hat man mit *einer* Lösung gleich *zwei* gefunden.

ii. Reduzierung auf eine skalare Differentialgleichung. Zunächst ist wegen rot rot $\vec{A} = $ grad (div $\vec{A}$) $- \Delta\vec{A}$ und rot grad $\ldots = 0$ die Gleichung (10.83) *äquivalent* zu

$$\text{rot}\left(-\Delta\vec{A} + D_t\vec{A}\right) = 0 \ . \qquad (10.85)$$

Sodann zerlegen wir den Vektor $\vec{A}$ in einen die Stärke und einen die Richtung angebenden Faktor.

$$\vec{A}(\vec{r}, t) = a(\vec{r}, t)\hat{\vec{A}} \ . \qquad (10.86)$$

Das skalare Feld $a(\vec{r}, t)$ werde im folgenden mit „Vektorpotenzial-Amplitude", kurz mit „Amplitude" bezeichnet, das Richtungsvektorfeld $\hat{\vec{A}}$ mit „Potenzial-Vektorträger". Eine prinzipiell zugelassene Abhängigkeit von $\vec{r}$, t ist bei $\hat{\vec{A}}$ nicht extra gekennzeichnet worden. Unser Standpunkt ist nun, dass wir das Vektorträgerfeld $\hat{\vec{A}}$ frei *wählen*, uns *vorgeben*, so dass nur noch $a(\vec{r}, t)$ aus den kanonischen Gleichungen (10.83) bzw. (10.85) ermittelt werden muss. Die für $a(\vec{r}, t)$ verbleibende Amplitudengleichung bestimmt nur noch *eine skalare Funktion* und nicht mehr einen Vektor.

Zweierlei wird man bedenken. Zunächst, die Gleichung für $a(\vec{r}, t)$ hängt in ihrer Form natürlich von der Wahl des Vektorträgers $\hat{\vec{A}}$ ab. Für eine eingeschränkte Klasse von Vektorträgern kann man sich jedoch davon überzeugen (siehe später), dass die $a(\vec{r}, t)$-Gleichung von der konkreten Wahl des Vektorträgerfeldes $\hat{\vec{A}}(\vec{r}, t)$ innerhalb dieser Klasse *nicht* abhängt. Diese Unterklasse von „vereinfachenden Vektorträgern" lässt sich erschöpfend darstellen durch

$$\hat{\vec{A}} = \vec{A}_0 + A_1 \vec{r} \ . \tag{10.87}$$

$\vec{A}_0$ ist ein *konstanter* Vektor und A_1 ist eine *konstante* Zahl. Wählt man $\hat{\vec{A}}$ nach (10.87), so lautet die skalare Bestimmungsgleichung für die Amplitude $a(\vec{r}, t)$:

$$\Delta a(\vec{r}, t) = D_t a(\vec{r}, t) \ . \tag{10.88}$$

Sodann die Frage: Hat man genug Lösungen gefunden? Die Faktorisierung (10.86) ist natürlich noch keine Einschränkung. Erst die spezielle Wahl (10.87) ist es. Doch zeigt sich, dass die durch $a(\vec{r}, t)$ und $\hat{\vec{A}}$ nach (10.87) gewonnene Lösung, zusammen mit der erwähnten weiteren Lösung rot$A$, offenbar den gesamten Lösungsraum der transversalen physikalischen Felder aufspannt. In Einzelfällen zeigt das der konkrete Umgang, in anderen Einzelfällen gibt es einen mathematischen Beweis[6]. Machen wir es hier nur plausibel, warum es so sein sollte.

Betrachten wir z. B. $\vec{v}(\vec{r}, t)$ aus (10.79); für $\vec{s}(\vec{r}, t)$ nach (10.65) gilt wörtlich dasselbe, für $\vec{E}(\vec{r}, t)$ bzw. $\vec{B}(\vec{r}, t)$ in leicht abgewandelter Form auch. Diese Vektorfelder haben *drei* Komponentenfunktionen im dreidimensionalen Raum. Ebensoviele unabhängige Funktionen enthält (mindestens) die Darstellung der Lösung durch das skalare (ϕ) und das vektorielle ($\vec{A}$) Potenzial trotz der Einschränkung des Vektorträgers (10.87). Sie lautet

$$\vec{v}(\vec{r}, t) = \operatorname{grad} \phi(\vec{r}, t) + \operatorname{rot} \left[a_1(\vec{r}, t) \hat{\vec{A}} \right] + \operatorname{rot} \operatorname{rot} \left[a_2(\vec{r}, t) \hat{\vec{A}} \right] \ . \tag{10.89}$$

Sowohl $a_1(\vec{r}, t)$ als auch $a_2(\vec{r}, t)$ sollen Lösungen der kanonischen Differentialgleichung (10.88) sein. Sie dürfen verschieden sein oder sich nur in der Wahl konstanter Vorfaktoren unterscheiden und tragen deshalb eine Numerierung. Auch (10.89) enthält *drei* unabhängige Funktionen, den Komponentenfunktionen äquivalent. (10.89) ist nicht eine Zerlegung nach den Komponenten eines (mit Geschick oder Willkür erwählten) Koordinatensystems,

---

[6] P. Chadwick, E. A. Trowbridge, Proc. Camb. Phil. Soc. **63**, 1177 (1967).

sondern problemangepasst nach Quellenteil und Wirbelteil, letzteren in zwei orthogonale Summanden zerlegt. (Bei Wellen mit Ausbreitungsvektor $\vec{k}$ zeigt in der Tat der erste Term in (10.89) parallel zu $\vec{k}$, die beiden hinteren senkrecht zu $\vec{k}$ sowie untereinander senkrecht.)

Nun zum Beweis, dass für die Vektorträgerklasse (10.87) sich die kanonische Vektorgleichung mit der dreifachen Rotation auf die Differentialgleichung (10.88) für die Zahlenfunktion $a(\vec{r}, t)$ vereinfacht. Er soll in kartesischen Koordinaten formuliert werden, gilt aber unabhängig vom Koordinatensystem als Vektoraussage. Auch wird die Beweisführung gleich so angelegt, dass klar wird, warum (10.87) die allgemeinst mögliche Vektorträgerform ist, soll die a-Gleichung von $\overset{\approx}{A}$ unabhängig sein.

Vorübung: Sei $\overset{\approx}{A} = \vec{A}_0$ ein konstanter Vektor. Dann kann man ihn in (10.85) durch Δ und D_t durchziehen und erhält

$$\vec{A}_0 \times \mathrm{grad}\,(-\Delta a + D_t a) = 0 \,. \tag{10.90}$$

Dies wird offensichtlich durch (10.88) gelöst, was zu zeigen war. Zwar muss (…) nicht Null sein, sondern dürfte eine beliebige Funktion $f(\vec{A}_0 \cdot \vec{r}, t)$ sein, die ja unter $\vec{A}_0 \times \mathrm{grad}$ keinen Beitrag lieferte. Doch bereichert das *nicht* das physikalische Feld rot $\vec{A}$. Denn gleich gut wie $\vec{A}$ ist $\vec{A}' = \vec{A} + \mathrm{grad}\,\Lambda$ mit beliebiger Funktion Λ. Man kann dann Λ so wählen, dass $f(\vec{A}_0 \cdot \vec{r}, t)$ gerade kompensiert wird. Deshalb darf o. B. d. A. die Funktion f von vornherein wegbleiben, *ohne* die gesuchte Lösung einzuengen.

Jetzt der Beweis. Die i-Komponente von (10.85) lautet in kartesischen Koordinaten:

$$\epsilon_{ijk}\partial_j\partial_l\partial_l a(\vec{r}, i)\hat{A}_k = \epsilon_{ijk}\partial_j D_t a(\vec{r}, t)\hat{A}_k \,. \tag{10.91}$$

Führt man alle drei Ableitungen nach der Produktregel aus, entsteht die Gleichung

$$\epsilon_{ijk}\big(a_{|j|l|l}\hat{A}_k + 2a_{|j|l}\hat{A}_{k|l} + a_{|j}\hat{A}_{k|l|l} + a_{|l|l}\hat{A}_{k|j} + 2a_{|l}\hat{A}_{k|j|l} + a\hat{A}_{k|j|l|l}\big)$$
$$= \epsilon_{ijk}\big(\hat{A}_k\partial_j D_t a + \hat{A}_{k|j}D_t a\big) \,. \tag{10.92}$$

ϵ_{ijk} ist, wie üblich, der vollständig antisymmetrische Tensor 3. Stufe und $|j$ usw. bezeichnet die Ableitung ∂_j usw. Von vornherein ist klar, dass $\hat{A}_k$ nicht von t abhängen darf, soll es eine Chance geben, die entstehende Gleichung für $a(\vec{r}, t)$ von $\overset{\approx}{A}$ freizuhalten. Bei der bevorzugten Wahl (10.87) ist $\hat{A}_{k|j} = A_1\delta_{kj}$. Die Konstante A_1 fällt aus der Gleichung heraus, Ableitungen von δ_{kj} (z. B. $\delta_{kj|l}$) sind Null, die Glieder $\sim \delta_{kj}$ fallen weg, da eine symmetrische (δ_{kj}) auf eine antisymmetrische (ϵ_{ijk}) Größe trifft. Es überlebt

$$\epsilon_{ijk}\hat{A}_k\partial_j(\Delta a - D_t a) = 0 \,. \tag{10.93}$$

Als Vektorgleichung geschrieben ist das gerade (10.90), jetzt mit $\overset{\approx}{A}$ statt $\vec{A}_0$. Q. e. d.

Es geht aber offenbar auch nicht allgemeiner, sofern der Einfluss von $\hat{A}_k$ aus der Endgleichung verschwinden soll. Solange $\hat{A}_k$ beliebig ist, kompensiert kein Summand den anderen. Damit z. B. $\hat{A}_{k|j}$ wegfällt, ist hinreichend und notwendig, dass es symmetrisch ist. (3 letzte

Glieder links, letztes Glied rechts weg.) Damit $\hat{A}_{k|l}\,a_{|j|l}$ wegfällt, muss sogar $\hat{A}_{k|l} = \delta_{kl}\hat{A}$ sein. Um $\hat{A}_{k|l|l}$ wegzubekommen, muss $\hat{A}_{|l} = 0$ gelten, also $\hat{A}$ eine Konstante A_1 sein.

Aus $\hat{A}_{k|j} = A_1\delta_{kj}$ folgt durch Integrieren sofort (10.87) als allgemeinste Möglichkeit, bei der $\vec{A}$ *nicht* in der Gleichung für $a(\vec{r}, t)$ auftaucht.

Natürlich *dürfte* man $\hat{A}$-Einflüsse in der a-Gleichung akzeptieren. Doch wird sie dann im Allgemeinen komplizierter, was – wie gesagt – unnötig ist. Die Einsicht, dass man die Fülle physikalischer Vektor-Randwertprobleme auf entkoppelte skalare Gleichungen für $a(\vec{r}, t)$ (gemäß (10.88)) und ϕ zurückführen kann mit allgemeinst wählbarem Vektorträgerfeld $\hat{A} = \vec{A}_0 + A_1\vec{r}$, ist U. BROSA zu verdanken[7]. Ansätze mit $\vec{A}_0$ bzw. $\sim \vec{r}$ sind unter Bezug auf spezielle Symmetrien des physikalischen Problems seit längerem in der Lehrbuchliteratur zu finden, Es sei betont, dass die Darstellung (10.89) für Vektorfelder *unabhängig* von eventuellen Symmetrien der Geometrie des physikalischen Problems gilt, also *stets* die Entkopplung und Rückführung auf Differentialgleichungen für die Funktionen a und ϕ gelingt.

Bestehen bleibt die nachträglich mögliche Kopplung infolge von Randbedingungen. Um sie erträglicher zu gestalten, wird man $\hat{A}$ gerne eventuell vorhandenen Symmetrien anpassen. Zum Beispiel ist für kugelsymmetrische Fragen $\hat{A} = \vec{r}$ eine zweckmäßige Wahl, für Zylindersymmetrie ist es $\vec{A} = \vec{e}_z$. Wie aber gesagt, *unabhängig* von solchen Symmetrien ist stets nur die a-Differentialgleichung zu behandeln, keine Vektor-Differentialgleichung mehr.

Nachzutragen bleibt, wie man eine *inhomogene Vektorgleichung* wie (10.59) analog behandeln kann. Ließe sich der Strom*vektor* $\vec{j}$ durch ein zulässiges Vektorträgerfeld darstellen, also von der Form 10.87,

$$\vec{j}(\vec{r}, t) = j(\vec{r}, t)\hat{A}, \tag{10.94}$$

wobei $j(\vec{r}, t)$ eine skalare Funktion der Argumente sein soll, wählt man natürlich eben dieses Vektorträgerfeld auch für das Vektorpotenzial. Dann kann man $\hat{A}$ aus (10.59) wie beschrieben herausziehen. Die entstehende Gleichung für die Vektorpotenzial-Amplitude $a(\vec{r}, t$ lautet dann (anstelle von (10.88))

$$\Delta a(\vec{r}, t) - D_t a(\vec{r}, t) = \mu\mu_0 j(\vec{r}, t). \tag{10.95}$$

Man löst sie auf den beschriebenen Wegen: die den Randwerten entsprechende skalare Greensche Funktion berechnen usw.

Die Form (10.94) für die Stromdichte $\hat{j}(\vec{r}, t)$ ist natürlich nicht die allgemeinst mögliche. Stets aber kann man drei linear unabhängige Vektorträger $\hat{A}_\nu$, $\nu = 1, 2, 3$ aus der zulässigen Klasse (10.87) auswählen und $\vec{j}(\vec{r}, t)$ danach entwickeln

$$\vec{j}(\vec{r}, t) = \sum_{\nu=1}^{3} j_\nu(\vec{r}, t)\hat{A}_\nu. \tag{10.96}$$

---

[7] Habilitationsschrift, Marburg, 1985.

Für jeden Summanden $v = 1, 2, 3$ entsteht dann die Aufgabe (10.95), d. h. erwächst ein $a_v(\vec{r}, t)$, skalar und ungekoppelt. Durch Überlagerung findet man

$$\vec{A}(\vec{r}, t) = \sum_{v=1}^{3} a_v(\vec{r}, t)\hat{\vec{A}}_v \; . \tag{10.97}$$

10.6.5   Zusammenfassung in Darstellungssätzen

Man kann die Methode, gekoppelte Vektordifferentialgleichungen auf *entkoppelte, skalare* Differentialgleichungen zurückzuführen, so zusammenfassen:

Zunächst werde sichergestellt, dass alle räumlichen Differentiationen koordinatenunabhängig mittels $\vec{\nabla}$ (d. h. grad, div, rot) geschrieben werden. Dann spaltet man den longitudinalen Teil ($\sim$ grad...) ab durch Definition eines skalaren Potenzials $\phi(\vec{r}, t)$. Die verbleibende Vektorgleichung wird mit Hilfe eines Vektorpotenzials gelöst, das die kanonische Gleichung mit der dreifachen Rotation erfüllt. Eichfreiheiten bleiben jeweils offen, sind aber jetzt nicht mehr wesentlich. Eine Kopplung infolge Erfüllung einer Eichbedingung entsteht nicht. Die Vektorpotenzial-Gleichung wird durch Abspalten eines beliebigen Vektorträgers aus der allgemeinst zulässigen Klasse $\vec{A}_0 + A_1\vec{r}$, s. (10.87), auf die skalare Wellen-, Diffusions- oder Telegraphengleichung zurückgeführt. Danach befriedigt man die Randbedingungen.

Das Ergebnis sind Darstellungssätze wie z. B. für die Hydrodynamik:

$$\vec{v}(\vec{r}, t) = \operatorname{grad}\phi + \operatorname{rot} a_1\hat{\vec{A}} + \operatorname{rot}\operatorname{rot} a_2\hat{\vec{A}} \; , \tag{10.98}$$

$$p(\vec{r}, t) = -\rho_0\partial_t\phi + \rho_0\mu_0\Delta\phi - U \; , \tag{10.99}$$

$(D_t \triangleq v_0^{-1}\partial_t)$

$$\Delta a - v_0^{-1}\partial_t a = 0 \; , \tag{10.100}$$

$$\left[1 + \frac{\mu_0}{c_0^2}\partial_t\right]\Delta\phi - c_0^{-2}\partial_t^2\phi = \partial_t\frac{U}{\rho_0}c_0^2 \; . \tag{10.101}$$

Die so bestimmten $\vec{v}, p$ erfüllen die linearisierten Grundgleichungen realer Flüssigkeiten (10.72), (10.73).

Ein entsprechender Satz für lineare Bewegungen in elastischen Körpern lässt sich aus (10.65), (10.66) mit (10.67) und (10.68) hinschreiben. Diesmal ist $D_t \triangleq c_S^{-2}\partial_t^2$.

Die elektrischen und magnetischen Felder werden durch

$$\vec{E}(\vec{r}, t) = -\operatorname{grad}\phi + \operatorname{rot}\operatorname{rot} a_1\hat{\vec{A}} + \operatorname{rot}\partial_t a_2\hat{\vec{A}}$$

$$- \left(\frac{1}{\epsilon\epsilon_0}\right)\int^t \vec{j}(\vec{r}, t')e^{(\sigma/\epsilon\epsilon_0)(t'-t)}\mathrm{d}t' \; , \tag{10.102}$$

$$\vec{B}(\vec{r}, t) = \operatorname{rot}\left(\mu\mu_0\sigma + \mu\mu_0\epsilon\epsilon_0\partial_t\right)a_1\hat{\vec{A}} - \operatorname{rot}\operatorname{rot} a_2\hat{\vec{A}} \tag{10.103}$$

dargestellt. ϕ bzw. a_1, a_2 genügen den Funktionsgleichungen

$$\Delta\phi(\vec{r}) = -\frac{\rho(\vec{r})}{\epsilon\epsilon_0} \,, \tag{10.104}$$

$$\Delta a_1 - (\mu\mu_0\sigma\partial_t + \mu\mu_0\epsilon\epsilon_0\partial_t^2)a_1 = -\frac{1}{\epsilon\epsilon_0} \int^t j(\vec{r}, t')e^{(\sigma/\epsilon\epsilon_0)(t'-t)}\mathrm{d}t' \,, \tag{10.105}$$

$$\Delta a_2 - (\mu\mu_0\sigma\partial_t + \mu\mu_0\epsilon\epsilon_0\partial_t^2)a_2 = 0 \,. \tag{10.106}$$

Vorausgesetzt ist, dass die makroskopische Stromdichte $\vec{j}(\vec{r}, t)$ dasselbe Vektorträgerfeld hat wie das Potenzial, $\vec{j} = j\overset{\Rightarrow}{A}$. Die statischen Ladungen $\rho(\vec{r})$ sind separiert, die zeitlich veränderlichen Ladungen ergeben sich aus der durch bewegte Ladungen erzeugten Stromdichte $\vec{j}(\vec{r}, t)$ mittels Erhaltungssatz $\partial_t\rho = -\mathrm{div}\,\vec{j}$. Neben diesem Strom gibt es noch den Ohmschen Strom $\sigma\vec{E}(\vec{r}, t)$. (Stationäre Ströme $\vec{j}(\vec{r})$ seien schon separiert.) Dies zusammen repräsentiert die allgemeine Lösung der Maxwellschen Gleichungen der Elektrodynamik (siehe auch Brosa, l. c.), bei konstanten Materialparametern σ, ϵ, μ, also für homogene und isotrope Materie im elektromagnetischen Feld.

Lösungen der Übungen zum Selbsttest

Abschnitt 1.2.6

1. $1, \sqrt{2}, \sqrt{2}, 1$
2. $|i - (1+i)| = |-1| = 1 < 1 + \sqrt{2}, \quad |i - (1-i)| = |-1+2i| = \sqrt{5} < 1 + \sqrt{2},$
   $|(1+i) - (1-i)| = |2i| = 2 < \sqrt{2} + \sqrt{2}$, usw.
3. kartesisch $\dfrac{x^2 - y^2}{x^2 + y^2} + i \dfrac{2xy}{x^2 + y^2}$, polar $e^{2\varphi i}$, $\dfrac{|z|}{|z^*|} = 1$
4. $e^{i\frac{2}{\pi}}, e^{i\pi}, \sqrt{2}e^{\pm \frac{\pi}{4}i}$
5. $\dfrac{4}{5} + i\dfrac{3}{5}$, $e^{i\arctan \frac{3}{4}}$ gleich $e^{0,64i}$ oder $e^{i\frac{\pi}{4,88}}$, φ ist $\approx 37°$
6. $\dfrac{1-i}{1+i}$
7. Vorzeichen beim Wurzelziehen vergessen
8. Für $k = 0$: $e^{\frac{i\pi}{2n}} = \cos \dfrac{\pi}{2n} + \sin \dfrac{\pi}{2n}$, 1 (wie im Reellen),

   $\sqrt{i} = e^{i\left(\frac{\pi}{4} + k\pi\right)} = \pm\cos\dfrac{\pi}{4} \pm i\sin\dfrac{\pi}{4} = \pm\dfrac{\sqrt{2}}{2} \pm i\dfrac{\sqrt{2}}{2} = \dfrac{\pm 1}{\sqrt{2}}(1+i)$
9. $-4 - 2i, \quad -6 - 4i, \quad -2 - 8i, \quad -4 + i$
10. $|z| = 1, \quad \varphi = \pi + \arctan\dfrac{4/5}{3/5} = 4,06889 \doteq 233,13°, \quad z = e^{4,06889i} = e^{-2,21430i}$

Abschnitt 2.2.2

1. Skalar, Vektor, Skalar, Skalar, Vektor, Skalar, Skalar
4. $-(\vec{K}_1 + \vec{K}_2 + \cdots + \vec{K}_6)$

S. Großmann, *Mathematischer Einführungskurs für die Physik*,
DOI 10.1007/978-3-8348-8347-6,
© Vieweg+Teubner Verlag | Springer Fachmedien Wiesbaden 2012

Abschnitt 2.2.6

2. $|\vec{r}_1 + \vec{r}_2| \leq |\vec{r}_1| + |\vec{r}_2|$, $|\vec{r}_1 - \vec{r}_2| \geq |\vec{r}_1| - |\vec{r}_2|$

3. $x = 2$, $y = -1$

4. $\overrightarrow{AB} = (2, -6, 3)$, $r = 7$, $\cos\varphi_1 = \dfrac{2}{7}$, $\cos\varphi_2 = -\dfrac{6}{7}$, $\cos\varphi_3 = \dfrac{3}{7}$,

    $\varphi_1 = 73,4°$, $\varphi_2 = 149°$, $\varphi_3 = 64,6°$

5. $2\vec{e}_1 + 5\vec{e}_2 - 8\vec{e}_3$, $21\vec{e}_1 - 2\vec{e}_2 - 15\vec{e}_3$, $\sqrt{1757} \approx 42$, $\vec{e} = \dfrac{1}{42}(24\vec{e}_1 - 34\vec{e}_2 - 5\vec{e}_3)$

Abschnitt 2.3.5

1. 0, -12, 9

2. $\sqrt{29}$, 5, 0, $\sqrt{341}$, 4

3. $\cos\varphi_1 = \dfrac{4}{5}$, d.h. $\varphi_1 = 37°$; $\cos\varphi_2 = -\dfrac{3}{5}$, d.h. $\varphi_2 = 126,8°$; $\cos\varphi_3 = 0$,

    d.h. $\varphi_3 = 90°$; $\cos\varphi_a = -1$, d.h. $\varphi_a = 180°$; $\cos\varphi_b = \dfrac{1}{10}$, d.h. $\varphi_b = 84,25°$

4. $\dfrac{16}{\sqrt{30}}$

5. Zum Beispiel: $\vec{e}_1, \vec{e}_2, \vec{e}_3$ bzw. $\dfrac{1}{\sqrt{2}}(\vec{e}_1 + \vec{e}_2)$, $\sqrt{\dfrac{2}{3}}\left[\dfrac{1}{2}(\vec{e}_1 - \vec{e}_2) + \vec{e}_3\right]$, $\dfrac{1}{\sqrt{3}}(\vec{e}_1 - \vec{e}_2 - \vec{e}_3)$

Abschnitt 2.4.5

1. Ja, Drehung um $90°$ um die 1-Achse

2. $\begin{pmatrix} \dfrac{\sqrt{2}}{2} & \dfrac{\sqrt{2}}{2} & 0 \\[2mm] -\dfrac{\sqrt{2}}{2} & \dfrac{\sqrt{2}}{2} & 0 \\[2mm] 0 & 0 & 1 \end{pmatrix}$

3. $(\sqrt{2}, 0, 0)$ und $\left(\dfrac{\sqrt{2}}{2}, \dfrac{\sqrt{2}}{2}, 1\right)$

4. $\left(a'_{lm}\right) = \begin{pmatrix} a & 0 & 0 \\ 0 & b & 0 \\ 0 & 0 & c \end{pmatrix}$

5. 2

Abschnitt 2.5.6

1. $\vec{e}_k = D_{ki}^{-1}\vec{e}_i = D_{ik}\vec{e}_i$

2. $\alpha A + \alpha B$, $\quad A$, $\quad 0$, $\quad \begin{pmatrix} -7 & 1 & -4 \\ -3 & 12 & -16 \\ -3 & -2 & -11 \end{pmatrix}$, $\quad$ ja, $\quad -28$, $\quad 1$, $\quad -1520$

4. $AB = A$, $\quad AC = \begin{pmatrix} 22 & -48 & 56 \\ 20 & -20 & 50 \\ -24 & -32 & 24 \end{pmatrix}$, $\quad CA = \begin{pmatrix} -4 & 56 & -16 \\ -72 & 28 & -8 \\ -44 & 31 & 2 \end{pmatrix}$,

   also $AC \neq CA$, $\quad BA = A$, $\quad A^2 = \begin{pmatrix} 13 & 11 & 0 \\ 3 & 14 & -2 \\ 2 & -14 & 8 \end{pmatrix}$, $\quad B^n = B$,

   $ABC = AC$, s. o., $\quad CBA = CA$, s. o.

5. $AB = \begin{pmatrix} 0 & 0 \\ 1 & 0 \end{pmatrix}$, $\quad BA = 0$

6. Bilde die adjungierte Gleichung von $A^{-1}A = \mathbf{1}$

8. $(DE)_{ij} = D_{ik}E_{kj}$, $\quad (DE)_{in} = D_{ik}E_{km}D_{il}E_{ln} = \delta_{kl}E_{km}E_{ln} = E_{lm}E_{ln} = \delta_{mn}$

Abschnitt 2.6.4

1. $a^2b^2 + ab^3$, $\quad 0$
2. -12
6. $-\lambda^3 + c_2\lambda^2 - c_1\lambda + c_0$, wobei $c_2 = \mathrm{Sp}A = a_{ii}$, $c_0 = |A|$ und
   $c_1 = (a_{22}a_{33} - a_{32}a_{23}) + (a_{11}a_{33} - a_{31}a_{13}) + (a_{11}a_{22} - a_{21}a_{12})$
7. $-1, -1, 3, 7$

Abschnitt 2.7.5

1. $-3\vec{e}_2 + 5\vec{e}_1$, $\quad -\vec{e}_3$, $\quad \vec{e}_1 + \vec{e}_2 + \vec{e}_3$, $\quad \vec{e}_1 + \vec{e}_2 + 2\vec{e}_3$
2. $(-1, 4, 10)$, $\quad -4(1, -4, 10)$, $\quad -2(\vec{r}_1 \times \vec{r}_2)$
3. $\sqrt{117}$, $\quad \dfrac{1}{\sqrt{117}}(-1, 4, 10)$
4. $a^2b^2 \sin^2\alpha + a^2b^2 \cos^2\alpha = a^2b^2$
5. $\vec{v} = \vec{\omega} \times \vec{r} = (2, 3, -4)$, $\quad \vec{v} = \vec{\omega} \times (\vec{r} - \vec{a}) = (1, 1, -1)$

Abschnitt 2.8.6

1. -7
2. 0

4. $2\vec{a} \cdot (\vec{b} \times \vec{c})$

5. $-, -, -, (\vec{e}_1, \vec{e}_2, \vec{e}_3)$

Abschnitt 2.9.5

1.a. $\lambda_1 = 5, \quad \lambda_2 = -1$ und $\begin{bmatrix} 1 \\ 2 \end{bmatrix}, \begin{bmatrix} 1 \\ -1 \end{bmatrix}$, linear **un**abhängig

1.b. $\lambda_1 = 2 + i, \quad \lambda_2 = 2 - i(= \lambda_1^*)$ und $\begin{bmatrix} 1 \\ -1+i \end{bmatrix}, \begin{bmatrix} 1 \\ -1-i \end{bmatrix}$, linear **un**abhängig

2.   keine

3.   nicht gedämpft, sondern anwachsend, $\kappa = 2$, Eigenfrequenz $\omega = 0$, $\lambda_1 = \lambda_2 = 2$,

    $\begin{bmatrix} 1 \\ 1 \end{bmatrix}$

4. $|A| = -5 = \lambda_1 \lambda_2, \quad |A| = 5 = \lambda_1 \lambda_2, \quad |A| = 4 = \lambda_1 \lambda_2,$

    $\text{Sp}A = 4 = \lambda_1 + \lambda_2, \quad \text{Sp}A = 4 = \lambda_1 + \lambda_2, \quad \text{Sp}A = 4 = \lambda_1 + \lambda_2$

5. $\lambda_1 = \cos\varphi + i\sin\varphi, \quad \lambda_2 = \cos\varphi - i\sin\varphi, \quad \lambda_1 = \lambda_2^*, \quad \begin{bmatrix} 1 \\ i \end{bmatrix}, \begin{bmatrix} 1 \\ -i \end{bmatrix}$, linear unab-

    hängig,

    $x_{\lambda_1}^* \cdot x_{\lambda_2} = 0$, orthogonal, normal, $DD^+ = D^+D = 1, |D| = 1 = \lambda_1\lambda_2,$

    $\text{Sp}D = 2\cos\varphi = \lambda_1 + \lambda_2, \quad |\lambda_1| = |\lambda_2| = 1$

Abschnitt 3.2.4

1. $\dfrac{12 + 5x + 6x^4}{x(2 + x + 3x^4)}, \quad 6x^2 \dfrac{\text{tg}(x^3 - 1)}{\cos^2(x^3 - 1)}, \quad \dfrac{2xe^{-x^2}}{(1 + e^{-x^2})^2}, \quad \dfrac{1}{2} \dfrac{1}{\sqrt{x(1-x)}},$

    $\dfrac{2}{(1-x)^2} \cosh\left(\dfrac{1+x}{1-x}\right), \quad -ae^{-ax}\log(\cos x) + e^{-ax} \dfrac{-\sin x}{\ln 10 \cos x}$

2. $-12t^3 + 9t^2 - 1, \quad (8t^3 - 4t + 1, -5t^4 + 4t^3 + 6t^2 - 4t - 1, -5t^4 + 1),$

    $\dfrac{(1 - t + t^3)(-1 + 3t^2) + (t^2 - 1)2t + (-1 + t + t^2)(1 + 2t)}{\sqrt{(1 - t + t^3)^2 + (t^2 - 1)^2 + (-1 + t + t^2)^2}},$

    $\vec{a} \times \dfrac{d^2\vec{a}}{dt^2} = 2(-t, 1 - t, 1 - t)$

4. $\vec{r} \cdot \left(\dfrac{d\vec{r}}{dt} \times \dfrac{d^3\vec{r}}{dt^3}\right)$

5. $\vec{v} = (-\omega\sin\omega t, \omega\cos\omega t, 0), \quad \vec{r} \times \vec{v} = \omega(0, 0, 1)$

6. $\left(e^{-\sin t}(-\cos t), \dfrac{1}{\cos^2 t}, \dfrac{2t}{1 + t^2}\right), \quad \left(e^{-\sin t}(\sin t + \cos^2 t), \dfrac{2\sin t}{\cos^3 t}, \dfrac{2(1 - t^2)}{(1 + t^2)^2}\right),$

    für $t = 0$ also: $\vec{r} = (1, 0, 0), \quad \dfrac{d\vec{r}}{dt} = (-1, 1, 0),$

$$\frac{d^2\vec{r}}{dt^2} = (1,0,2), \quad |\vec{r}| = 1, \quad \left|\frac{d\vec{r}}{dt}\right| = \sqrt{2}, \quad \left|\frac{d^2\vec{r}}{dt^2}\right| = \sqrt{5}$$

Abschnitt 3.3.6

1. $\vec{r}(t) = (a \sin \omega t, l - \sqrt{l^2 - a^2 \sin^2 \omega t}, vt)$
2. Die Verbindungsgerade liegt fest, $y = h_0 + (h_1 - h_0)\dfrac{x - x_0}{x_1 - x_0}$, die Parabel hat noch ein freies Bestimmungsstück, z. B. den Durchhang oder die Länge der Leitung $\vec{r}(x) = (x, y(x), 0)$ mit

$$\left(y(x) = h_0 + (h_1 - h_0)\frac{x - x_0}{x_1 - x_0} + a(x - x_0)(x - x_1)\right)$$

3. $\dfrac{ds}{dt} = 1 + 2t^2, \quad s(t) = s_0 + t + \dfrac{2}{3}t^3, \quad \kappa = \dfrac{2}{(1 + 2t^2)^2} = \tau, \quad \vec{t} = (1,0,0), \quad \vec{n} = (0,1,0),$
   $\vec{b} = (0,0,1)$ für $t = 0$

5. $s = 2\varphi, \quad \kappa = \dfrac{1}{4}\sqrt{1 + \sin^2 \frac{\varphi}{2}}, \quad \tau = -\dfrac{1}{4}\dfrac{\cos \frac{\varphi}{2}\left(2 + \sin^2 \frac{\varphi}{2}\right)}{1 + \sin^2 \frac{\varphi}{2}},$

$$\vec{t} = \frac{1}{2}\left(1 - \cos\varphi, \sin\varphi, 2\cos\frac{\varphi}{2}\right), \quad \vec{n} = \frac{1}{\sqrt{1 + \sin^2 \frac{\varphi}{2}}}\left(\sin\varphi, \cos\varphi, -\sin\frac{\varphi}{2}\right),$$

$$\vec{b} = \frac{1}{\sqrt{1 + \sin^2 \frac{\varphi}{2}}}\left(-\cos^3 \frac{\varphi}{2}, \sin\frac{\varphi}{2}\left(1 + \cos^2 \frac{\varphi}{2}\right), -\sin^2 \frac{\varphi}{2}\right)$$

Abschnitt 4.1.4

1. Äquipotenzialflächen sind eben
2. Feld einer Ladung bzw. zweier (gleichnamiger oder entgegengesetzter) Ladungen
3. Dipolfeld
5. Wirbelfeld $\vec{r} \times \vec{e}_3$
6. Fortlaufende ebene Wellen, Geschwindigkeit der Ebenen gleicher Phase $\vec{v} = \dfrac{\omega}{k}\vec{k}^0$, Felder senkrecht auf $\vec{k}$ bzw. $\vec{v}$

Abschnitt 4.2.4

1. $\vec{a} \cdot \vec{b} = -3x^2y^2z^2, \quad \vec{a} \times \vec{b} = (x^2y^3z - x^2yz^3, -xy^2z^3 + x^3y^2z, x^3yz^2 - xy^3z^2),$

$$\frac{\partial(\vec{a} \cdot \vec{b})}{\partial x} = -6xy^2z^2, \quad \frac{\partial^2(\vec{a} \cdot \vec{b})}{\partial y \partial z} = -12x^2yz, \text{ usw.,}$$

$$\frac{\partial(\vec{a} \times \vec{b})}{\partial y} = (3x^2y^2z - x^2z^3, -2xyz^3 + 2x^3yz, x^3z^2 - 3xy^2z^2) \text{ usw.}$$

2. $\partial_i\varphi = -x_i(1+\alpha r)\dfrac{e^{-\alpha r}}{r^3}$, $\dfrac{\partial^2\varphi}{\partial x^2} + \dfrac{\partial^2\varphi}{\partial y^2} + \dfrac{\partial^2\varphi}{\partial z^2} = \alpha^2\dfrac{e^{-\alpha r}}{r}$,

für $\alpha = 0$ erhält man $\partial_i\varphi = -\dfrac{x_i}{r^3}$, $\dfrac{\partial^2\varphi}{\partial x^2} + \dfrac{\partial^2\varphi}{\partial y^2} + \dfrac{\partial^2\varphi}{\partial z^2} = 0$

3. $\dfrac{\partial}{\partial x}\vec{A} = \left(\dfrac{x}{r}, \sin y, yze^{xyz}\right)$, $\dfrac{\partial^2}{\partial x^2}\vec{A} = \left(\dfrac{1}{r} - \dfrac{x^2}{r^3}, 0, y^2z^2e^{xyz}\right)$,

$\dfrac{\partial^2\vec{A}}{\partial x\partial y} = \left(-\dfrac{xy}{r^3}, \cos y, (z+xyz^2)e^{xyz}\right)$ usw.

4. $\dfrac{p_i}{r^3} - 3\dfrac{\vec{p}\cdot\vec{r}}{r^5}x_i$

Abschnitt 4.3.6

1. $(3x^2z^3 + 4x^3y^4, 2yz^2 + 4x^4y^3, 2y^2z + 3x^3z^2)$, $(0,2,-2)$, $(-17,-68,3)$
2. $(\sin(yz), xz\cos(yz), xy\cos(yz))$
3. $(f'(x), f'(y), f'(z))$, $(f'(x)f(y)f(z), f(x)f'(y)f(z), f(x)f(y)f'(z))$
4. nichts, sinnlos
5. $\varphi(\vec{a}\cdot\vec{r})$, $\varphi(r)$,   z. B. $\varphi = x^2 + y^2 + az$,   z. B. $\varphi = \dfrac{x^2}{a^2} + \dfrac{y^2}{b^2} + \dfrac{z^2}{c^2}$

6. $\vec{n} = \dfrac{\text{grad}\,\varphi}{|\text{grad}\,\varphi|}$

7. $\vec{n} = \dfrac{\left(\frac{x}{a^2}, \frac{y}{a^2}, \frac{z}{b^2}\right)}{\sqrt{\frac{x^2}{a^4} + \frac{y^2}{a^4} + \frac{z^2}{b^4}}}$, $\left(\dfrac{1}{\sqrt{2}}, \dfrac{1}{\sqrt{2}}, 0\right)$, $\dfrac{\left(1,1,\frac{a}{b}\right)}{\sqrt{2+\frac{a^2}{b^2}}}$, $\dfrac{\left(-1,\sqrt{2},-\frac{a}{b}\right)}{\sqrt{3+\frac{a^2}{b^2}}}$, $(0,0,1)$, $(0,-1,0)$

8. $\vec{a}^0\cdot\text{grad}\,\varphi = \dfrac{3xyz}{\sqrt{x^2 + y^2 + z^2}}$, $\sqrt{3}$, $\sqrt{3}$, $-\sqrt{3}$

9. $\varphi(\vec{r}) = \dfrac{1}{|\vec{a}-\vec{r}|} = \dfrac{1}{a}\left(1 + \dfrac{\vec{a}\cdot\vec{r}}{a^2} - \dfrac{1}{2}\dfrac{\vec{r}^2}{a^2} + \dfrac{3}{2}\dfrac{(\vec{a}\cdot\vec{r})^2}{a^4} + \cdots\right)$

10. $\sum\limits_{n_0}^{\infty}\dfrac{1}{n!}\left(i\vec{k}\cdot\vec{r}\right)^n$

11. $\dfrac{\partial}{\partial\vec{r}}\dfrac{1}{r} = \dfrac{\partial}{\partial\vec{r}}\dfrac{1}{\sqrt{\vec{r}^2}} = -\dfrac{1}{2}\dfrac{1}{\sqrt{\vec{r}^2}^3}2\vec{r} = -\dfrac{\vec{r}}{r^3}$, $f'(r)\dfrac{\vec{r}}{r}$

Abschnitt 4.4.4

1. $\dfrac{\vec{a}\cdot\vec{r}}{r}$
2. $(3+n)r^n$
3. $\text{grad}\,\varphi = \cos(\vec{k}\cdot\vec{r})\vec{k}$, $\text{grad}\,\psi = -2\alpha e^{-\alpha r^2}\vec{r}$,
   $\text{div}\,\text{grad}\,\varphi = -k^2\sin(\vec{k}\cdot\vec{r})$, $\text{div}\,\text{grad}\,\psi = (4\alpha^2r^2 - 6\alpha)e^{-\alpha r^2}$
4. $\text{div}\,\vec{r}^0 = \dfrac{2}{r}$, $\text{grad}\,\text{div}\,\vec{r}^0 = -\dfrac{2\vec{r}}{r^3}$

5. $\dfrac{3}{r^4}$

6. $f = \dfrac{a}{r^3}$

7. 0

Abschnitt 4.5.5

1. $-$, $\quad \operatorname{div}\vec{A} = 2, \quad \operatorname{rot}\vec{A} = 0, \quad \operatorname{div}\vec{B} = 0, \quad \operatorname{rot}\vec{B} = (0, 0, -2)$

2. $a = 4, \quad$ nein

3. $\varphi = xyz + 6x^2 y - 4y^2 z^3 + \text{const}$

4. $\operatorname{div}\vec{A} = 0, \quad \operatorname{rot}\vec{A} = (0, 0, -f'(y))$

5. $\vec{B} \cdot \operatorname{rot}\vec{A} - \vec{A} \cdot \operatorname{rot}\vec{B}$

6. Die i-Komponente lautet: $A_i \operatorname{div}\vec{B} - B_i \operatorname{div}\vec{A} + \vec{B} \cdot \operatorname{grad} A_i - \vec{A} \cdot \operatorname{grad} B_i$

Abschnitt 4.6.3

1. $\vec{r} \cdot \operatorname{rot}\vec{A}$

3. $\vec{A} \cdot \vec{\nabla}\varphi = (\vec{A} \cdot \vec{\nabla})\varphi = y^4 z^3 + 2x^4 yz^4 - 3x^3 y^4 z^5,$

  $\vec{B} \cdot \vec{\nabla}\vec{A} = (\vec{B} \cdot \vec{\nabla})\vec{A} = (-2xyz, x^4 y + 3x^2 yz^2, -2xy^3 z^4 + 2x^3 yz^4 - 3x^3 y^3 z^2),$

  $\vec{A} \times \vec{\nabla}\varphi = (3x^4 y^2 z^3 + 2x^3 y^3 z^6, -x^2 y^4 z^6 - 3xy^4 z^2, 2xy^3 z^3 - x^3 y^2 z^4),$

  $\vec{\nabla}(\vec{A} \cdot \vec{B}) = (-4x^3 z^2 - 3x^2 y^3 z^3, 3y^2 z - 3x^3 y^2 z^3, y^3 - 2x^4 z - 3x^3 y^3 z^2),$

  $\vec{\nabla} \cdot (\vec{A} \cdot \vec{B}) = 2x^3 yz - 6x^2 y^2 z^4 - 4xy^2, \quad \vec{\nabla} \cdot (\varphi\vec{B}) = y^3 z^4 - 2x^2 yz^4 + 3x^2 y^3 z^2,$

  $\Delta\varphi = 2xz^3 + 6xy^2 z$

4. $f'(\vec{r})\vec{r}^0$

6. $\dfrac{\psi\varphi' - \varphi\psi'}{\psi^2} \dfrac{\vec{r}}{r}$

7. $\operatorname{grad}\operatorname{div}\vec{r}^0 = -\dfrac{2\vec{r}}{r^3}$

8. $\operatorname{div}\operatorname{grad}\varphi = \Delta\varphi = 0, \quad \operatorname{rot}\operatorname{grad}\varphi = 0$ sowieso, Beispiel $\varphi = \dfrac{1}{r}$

10. 0

11. $\operatorname{div}\vec{A} = 0, \quad \operatorname{rot}\vec{A} = \operatorname{grad}\varphi\Delta\psi - \operatorname{grad}\psi\Delta\varphi + (\operatorname{grad}\psi \cdot \vec{\nabla})\operatorname{grad}\varphi - (\operatorname{grad}\varphi \cdot \vec{\nabla})\operatorname{grad}\psi$

12. Quellen: 0, Wirbel: $\vec{B} \cdot \vec{\nabla}\vec{A} - \vec{A} \cdot \vec{\nabla}\vec{B}$

Abschnitt 5.2.3

1. $a(b - a) + \dfrac{1}{2}(b - a)^2, \quad$ also $\dfrac{1}{2}b^2 - \dfrac{1}{2}a^2$

2. $\displaystyle\int_a^b \sqrt{1 + (f'(x))^2}\,dx$

3. $\varphi(\vec{r}) = \int \dfrac{\rho(r)\mathrm{d}x}{|\vec{r} - \vec{e}x|}$, $\vec{e}$ Einheitsvektor in Geradenrichtung, Koordinatennullpunkt auf der Geraden.

Abschnitt 5.2.6

2. a. 4,   b. 0,   c. 1,   d. $\dfrac{3}{8}$,   e. 0,   f. 2,   g. $e - 1$,   h. 2,   i. $\dfrac{1}{4}$

3. $\dfrac{U_0^2}{2R} T \left(1 - \dfrac{\sin 2T}{2T} \right)$

Abschnitt 5.3.3

1. $\dfrac{1}{2} f^2(x)$

2. $\dfrac{1}{2} \sin^2 \alpha$

3. $- \ln |\cos \varphi|$

4. $\dfrac{1}{\omega} \sin(\varphi + \omega t)$

5. $-\dfrac{1}{2} e^{-x^2}$

6. $\dfrac{-1}{b(a + b\xi)}$

7. $(1 + x) \ln(1 + x) - x + \text{const}$

8. $I_0 = \dfrac{2}{\pi}$, $I_1 = \dfrac{2}{\pi} - \dfrac{2^2}{\pi^2}$, $I_m = \dfrac{2}{\pi} - \dfrac{2^2}{\pi^2} m(m - 1) I_{m-2}$ für $m \geq 2$

9. $\dfrac{\alpha + \omega e^{-\frac{\alpha \pi}{2\omega}}}{\alpha^2 + \omega^2}$

10. $\dfrac{1}{2} \left[1 - e^{-x^2} - x^2 e^{-x^2} \right]$

11. $\dfrac{1}{2} \left[-x e^{-x^2} + \dfrac{\sqrt{\pi}}{2} \operatorname{erf} x \right]$

12. $\dfrac{a^{m+1} \ln a}{m + 1} - \dfrac{a^{m+1} - 1}{(m + 1)^2}$, m ganz, positiv

13. $I_0 = e - 1$, $I_n = e - n I_{n-1}$ für $n = 1, 2, \ldots$

14. 1

15. $\dfrac{U_0^2}{2R} T \left(1 - \dfrac{\sin 2T}{2T} \right)$

Abschnitt 5.4.5

1. $\arctan(b + 3) - \arctan(a + 3)$, $\dfrac{\pi}{2} - \arctan 3$, π, $\dfrac{\pi}{2}$

2. $b \to \infty$ sicher (gem. Kriterium) möglich, falls $n > 1$,
   $a \to 0$ sicher (gem. Kriterium) möglich, falls $n < 1$

3. $\ln \dfrac{b^2 - 1}{a^2 - 1}$,   sofern $a > 1, b > 1$,

   $\ln \dfrac{b^2 - 1}{1 - a^2}$,   sofern $0 \le a < 1$ und $b > 1$,

   Hauptwertintegral, existiert nicht als allgemeines uneigentliches Integral.

4. 0, Hauptwertintegral

5. $\ln \ln b - \ln \ln a$

6. $\dfrac{\pi}{2}$

7. $\dfrac{\pi}{4}, 0, -\dfrac{\pi}{4}$

8. Existiert für $\alpha > 0$ bzw. $\alpha > 1$

9. $\dfrac{\pi}{2e}$ bzw. $\dfrac{1}{2}$

Abschnitt 5.5.4

1. $\dfrac{1}{e}$

2. $F_0(\alpha) = \dfrac{\sqrt{\pi}}{2} \dfrac{1}{\sqrt{\alpha}}$, $F_n = \left(-\dfrac{\partial}{\partial \alpha} \right)^n F_0(\alpha) \Big|_{\alpha=1} = \dfrac{\sqrt{\pi}}{2} \dfrac{1}{2^n} (2n-1)!!$,

   wobei $(2n-1)!! = 1 \cdot 3 \cdot 5 \cdots (2n-1)$ definiert ist.

3. $F_0(a, \alpha) = \dfrac{1}{\alpha} (1 - e^{-\alpha a})$, $F_n(a) = \left(-\dfrac{\partial}{\partial \alpha} \right)^n F_0(a, \alpha) \Big|_{\alpha=1}$

4. $\dfrac{\pi}{2}, 0, -\dfrac{\pi}{2}$ für $\alpha > 0$, $\alpha = 0$, $\alpha < 0$,

   α-Ableitung kann nicht unter das Integral gezogen werden

5. $F_1(y) = \int f(x, y) dx = \dfrac{-x}{x^2 + y^2}$, $F_2(x) = \int f(x, y) dy = \dfrac{y}{x^2 + y^2}$,

   $\int F_1(y) dy = -\arctan \dfrac{y}{x}$, $\int F_2(x) dx = \arctan \dfrac{x}{y}$,

   es kommt auf die *Reihenfolge* $x \to \infty$ bzw. 0 und $y \to \infty$ bzw. 0 an.

Abschnitt 5.6.5

1. 0

2. 0 bzw. $\dfrac{1}{1 + \frac{\pi^2}{4}}$

3. 0 bzw. $\dfrac{1}{e}$

4. $\dfrac{1}{2|x_0|}\left(\delta(x+x_0)+\delta(x-x_0)\right)$

5. $\pm\pi\delta(x)$,   Hauptwert: $P\dfrac{1}{x}$

6. Sei $\dot{x}(-\infty)=0$ und $x(-\infty)=0$, dann $\dot{x}(t)=\begin{cases} 0 & t<t_0 \\ a & t>t_0 \end{cases}$ und $x(t)=\begin{cases} 0 & t<t_0 \\ at & t>t_0 \end{cases}$

Abschnitt 6.1.3

1. $(-\cos\alpha,\ \arctan\alpha,\ 2(\sqrt{\alpha}\sinh\sqrt{\alpha}-\cosh\sqrt{\alpha}))+\vec{c}$

2. $(\cosh x)\,\vec{a}_1-\left(\dfrac{1}{\gamma}e^{-\gamma x}\right)\vec{a}_2+\vec{c}$

3. $\vec{v}(t)=-gt\vec{e}_3+\vec{v}(0)$, $\vec{r}(t)=-\dfrac{1}{2}gt^2+\vec{v}(0)t+\vec{r}(0)$

4. $\vec{r}(t)=\vec{r}(0)+\vec{v}(0)t+(\cos\omega t,\ \sin\omega t,\ 0)$,

   gleichmäßig geradlinige Bewegung, überlagert von Kreisbewegung um die 3-Achse

5. $s=\displaystyle\int_0^t\sqrt{v_1(0)^2+v_2(0)^2+(v_3(0)-gt')^2}\,dt'$,

   a. $s=\dfrac{1}{2}gt^2$,   b. $s=\dfrac{1}{2}\left[v_0t\sqrt{1+\left(\dfrac{gt}{v_0}\right)^2}+\dfrac{v_0^2}{g}\ln\left(\dfrac{gt}{v_0}+\sqrt{1+\left(\dfrac{gt}{v_0}\right)^2}\right)\right]$,

   für kleine t also $s\approx v_0t$, für große t ist $s\approx\dfrac{1}{2}gt^2$, c. wie b.

   d. nur asymptotisch wie b., sonst etwas anders, aber elementar.

Abschnitt 6.2.8

1. a. einfach,   b. einfach,   c. zweifach,   d. zweifach,   e. je nach Lage der Türen,
   f. einfach,   g. 2^N-fach,   h. einfach

3. $-\dfrac{7}{6}$

4. 303

5. $\left(\dfrac{8}{11},\ \dfrac{4}{5},\ 1\right)$, abhängig von der Kurvenform

6. $\left(-\dfrac{27}{30},\ -\dfrac{2}{3},\ \dfrac{7}{5}\right)$, abhängig von der Kurvenform

7. ja, $\varphi=y^2z^3\sin x-x^4z+\text{const}$

9. $\mp200\pi$

10. $\omega\pi R^2$, $\omega\pi$

11. Ja, zufällig ergeben aber beide Wege das Kurvenintegral 1.

Abschnitt 6.3.2.4

2. (ρ, φ, z) lauten $(1, 0°, 1), (1, 90°, -1), (\sqrt{2}, 225°, 1),$
   (r, ϑ, φ) lauten $(\sqrt{2}, 45°, 0°), (\sqrt{2}, 135°, 90°), (\sqrt{3}, 54, 7°, 225°)$
3. (x, y, z) lauten $\left(-\dfrac{3}{4}, \dfrac{3\sqrt{3}}{4}, \dfrac{3\sqrt{3}}{2}\right), (-1, 0, 0), (0, 0, -1), (0; 1, 68; 1, 08)$
4. Summe der Fahrstrahlen zu den Brennpunkten, $\xi = \dfrac{r_1 + r_2}{2f}$, und Polarwinkel φ als elliptische Koordinaten, $x = a \cos \varphi, y = b \sin \varphi$, wobei $a = f\xi$ und $b = f\sqrt{\xi^2 - 1}$ die Halbachsen sind und $2f$ der Brennpunktabstand
5. $\varphi = $ const und $\varphi = $ const $+ \pi$
6. Mantel innen (R_0, φ, z), Mantel außen $(R_0 + d, \varphi, z)$, wobei $\varphi \in [0, 2\pi), z \in [0, h]$; Boden $(r, \varphi, 0)$, wobei $r \in [0, R_0 + d], \varphi \in [0, 2\pi)$

Abschnitt 6.3.3.3

1. $\dfrac{1}{10}$
2. πR_0^2
3. 0 und $\dfrac{4R_0^5}{15}$

Abschnitt 6.3.4.4

1. $\dfrac{1}{\sqrt{x^2 + y^2}}$
2. $\dfrac{\partial(x, y)}{\partial(\psi, \varphi)} = f^2(\sinh^2 \psi \cos^2 \varphi + \cosh^2 \psi \sin^2 \varphi)$
4. siehe Formel (6.66) mit (6.61)

Abschnitt 6.3.6

1. $4\pi R_0^3$
2. 3
3. 0, beidemal
4. $hR_0^3 \left(\dfrac{h}{6}, \dfrac{h}{6}, \dfrac{R_0}{8}\right)$
5. 0

Abschnitt 6.4.6

1. $\pi R^2 h$

2. $\dfrac{4\pi}{3} R^3$

3. $\dfrac{2\pi^2}{3} R^3 a$

4. 0

6. a. Für einen Quader mit Koordinatenursprung in der Mitte und Koordinatenachsen senkrecht zu den Seitenflächen ist V zu beschreiben durch $-\dfrac{a}{2} \le x \le \dfrac{a}{2}, -\dfrac{b}{2} \le y \le \dfrac{b}{2}, -\dfrac{c}{2} \le z \le \dfrac{c}{2}$; seine Masse ist $m = \rho_0 abc$; man ermittelt $q_{11} = \dfrac{ma^2}{12}, q_{22} = \dfrac{mb^2}{12}, q_{33} = \dfrac{mc^2}{12}$. $q_{ij} = 0$ für $i \ne j$.

b. Für eine Kugel vom Radius R und Mittelpunkt im Koordinatenursprung ist $q_{11} = q_{22} = q_{33} = \dfrac{4\pi}{15} \rho_0 R^5$ und $q_{ij} = 0$ sonst; q_{ij} hängt von der Wahl des Koordinatenursprungs ab: $q'_{ij} = q_{ij} + md^2$ bei achsenparalleler Verschiebung des Nullpunktes um d; mit $m = \dfrac{4\pi}{3} \rho_0 R^3$ folgt $q_{11} = q_{22} = q_{33} = \dfrac{mR^2}{5}$

7. $(128, -24, 384)$, $\dfrac{768}{5}$

Abschnitt 7.4

1. 0

2. $4\pi c R_0^2$, $\quad \mathrm{div}\,\vec{A} = \dfrac{2c}{r}$, $\quad$ Gesamtladung $4\pi c R_0^2$

3. a. 0, $\quad$ b. $4\pi e$

Abschnitt 7.7

1. $\int_F \overrightarrow{dF}$, $\quad$ also $\quad$ a. $\pi R^2 \vec{n}$, $\quad$ b. $ab\vec{n}$, $\quad$ c. $\vec{F}$,
   dabei ist $\vec{n}$ jeweils der Einheitsvektor senkrecht zur Fläche mit Richtung gemäß Umlaufsinn

2. $\int (\mathrm{grad}\,\varphi \times \mathrm{grad}\,\psi) \cdot \overrightarrow{dF}$

3. Alle relevanten Integrale sind 0

Abschnitt 8.1.4

1. $\vec{r} = r\vec{e}_r \mathrel{\hat{=}} (r, 0, 0)$

2. $\frac{1}{2}Br\sin(\sphericalangle \vec{B},\vec{r})\vec{e}_\varphi \triangleq \left(0, \frac{1}{2}Br\sin(\sphericalangle \vec{B},\vec{r}), 0\right)$

3. In zylindrischen Koordinaten: $(\sqrt{2},0,2),(0,\rho,z)$;
   in sphärischen Koordinaten: $(\sqrt{6},0,0),(r\cos^2\vartheta, -r\sin\vartheta\cos\vartheta, r\sin^2\vartheta)$

4. $(1,0,0)$

5. $\dfrac{\partial \vec{e}_r}{\partial r}=0,\ \dfrac{\partial \vec{e}_r}{\partial \vartheta}=\vec{e}_\vartheta,\ \dfrac{\partial \vec{e}_r}{\partial \varphi}=\sin\vartheta\,\vec{e}_\varphi;\ \dfrac{\partial \vec{e}_\vartheta}{\partial r}=0,\ \dfrac{\vec{e}_\vartheta}{\partial \vartheta}=-\vec{e}_r,\ \dfrac{\vec{e}_{\partial\vartheta}}{\partial \varphi}=\cos\vartheta\,\vec{e}_\varphi;$

   $\dfrac{\partial \vec{e}_\varphi}{\partial r}=0,\ \dfrac{\partial \vec{e}_\varphi}{\partial \vartheta}=0,\ \dfrac{\partial \vec{e}_\varphi}{\partial \varphi}=-(\sin\vartheta\,\vec{e}_r + \cos\vartheta\,\vec{e}_\vartheta)$

Abschnitt 8.2.4

1. $(a\cos\vartheta, -a\sin\vartheta, 0)$

2. $\left(3r^2\sin^2\vartheta\cos\vartheta\,\dfrac{\sin 2\varphi}{2},\ r^2(3\cos^2\vartheta-1)\sin\vartheta\,\dfrac{\sin 2\varphi}{2},\ r^2\sin\vartheta\cos\vartheta\cos 2\varphi\right)$

3. $\left(-\dfrac{2}{r^2},0,0\right),\ \left(0,0,\dfrac{1}{r}\right)$

4. $\dfrac{2}{\sqrt{\rho^2+z^2}}$

5. Das Feld in zylindrischen Polarkoordinaten ist $(0,\omega\rho,0)$, seine Rotation $(0,0,2\omega)$

Abschnitt 9.9

1. a. $v(t|0,v_0) = \left(v_0 + \dfrac{mg}{\beta}\right)e^{-\frac{\beta t}{m}} - \dfrac{mg}{\beta}$ b. $v^{(s)} = -\dfrac{mg}{\beta}\ (= v(t\to\infty))$

2. a. $Q(t) = Q_0 e^{-\frac{t}{RC}}$ b. $t_{\frac{1}{e}} = RC$

   c. $I = \dot{Q} = -\dfrac{Q_0}{RC}e^{-\frac{t}{RC}}$ und $U_R = -\dfrac{Q_0}{C}e^{-\frac{t}{RC}}$

   d. $\dot{c}(t) = \dfrac{U_0}{R}\sin(\omega t)e^{\frac{t}{RC}}$

   e. $c(t) = c(0)+\dfrac{U_0}{R}J(t)$ mit $J(t) = \dfrac{\omega}{\omega^2 + (RC)^{-2}} + e^{\frac{t}{RC}}\dfrac{(RC)^{-1}\sin(\omega t) - \omega\cos(\omega t)}{\omega^2 + (RC)^{-2}}$

   f. $\left[Q_0 + \dfrac{U_0}{R}\dfrac{\omega}{\omega^2 + (RC)^{-2}}\right]e^{-\frac{t}{RC}}$ und $\dfrac{U_0}{R}\dfrac{1}{\omega^2 + (RC)^{-2}}[(RC)^{-1}\sin(\omega t)-\omega\cos(\omega t)]$

   g. $Q_\infty = \dfrac{U_0 C}{\sqrt{1+(\omega RC)^2}}$ und $\alpha = \arctan(\omega RC)$ h. –

3. a. $L\ddot{I} + R\dot{I} + C^{-1}I = \dot{U}(t)$ b. $\omega_0 = \dfrac{1}{\sqrt{LC}}$ und $\xi = \dfrac{R}{L}$

   c. $\lambda_{1,2} = -\dfrac{R}{2L} \pm \sqrt{\left(\dfrac{R}{2L}\right)^2 - \dfrac{1}{LC}}$

4. $y(x) = y_0 \left(\dfrac{\lambda_2}{\lambda_2 - \lambda_1} e^{\lambda_1 x} + \dfrac{\lambda_1}{\lambda_1 - \lambda_2} e^{\lambda_2 x} \right)$

5. a. $\begin{pmatrix} 0 & 1 \\ -\frac{a^2}{4} & -a \end{pmatrix}$ b. $\lambda_1 = \lambda_2 = -\dfrac{a}{2}$ c. $Y \sim \begin{pmatrix} 1 \\ -\frac{a}{2} \end{pmatrix}$

   d. $\begin{pmatrix} c_1(t) \\ c_2(t) \end{pmatrix} e^{-\frac{at}{2}}$ e. $c_1(t) = t$, $c_2(t) = 1 - \dfrac{ta}{2}$

   f. $A_1 \begin{pmatrix} 1 \\ -\frac{a}{2} \end{pmatrix} e^{-\frac{at}{2}} + A_2 \begin{pmatrix} t \\ 1 - \frac{at}{2} \end{pmatrix} e^{-\frac{at}{2}}$

   g. $A_1 = 1$, $A_2 = \dfrac{a}{2}$ bzw. $A_1 = 0$, $A_2 = 1$

6. a. $I_\infty = \dfrac{F_a}{\sqrt{(\omega_0^2 - \omega_a^2)^2 + (2\delta\omega_a)^2}}$ b. $\alpha = \arctan\left[\dfrac{2\delta\omega_a}{\omega_0^2 - \omega_a^2} \right]$

   c. $I_\infty = \dfrac{F_a}{\omega_0^2}$, $\alpha = 0$ bzw. $I_\infty = \dfrac{F_a}{\omega_a^2} \to 0$, $\alpha = \pi - \dfrac{2\delta}{\omega_a} \to \pi$

   d. gar nicht   e. $\omega_{a,\max} = \sqrt{\omega_0^2 - 2\delta^2}$ oder $= 0$

   f. $\left(\dfrac{I_\infty}{F_a} \right)_{\max} = \dfrac{1}{2\delta\sqrt{\omega_0^2 - \delta^2}}$ g. $\delta = \dfrac{\omega_0}{\sqrt{2}}$ h. –

7. a. Es gibt drei stationäre Lösungen $P_S = \left(x_1^{(S)}, x_2^{(S)}, x_3^{(S)} \right)$:

   $P_0 = (0,0,0)$, $P_1 = (\sqrt{b(a-1)}, \sqrt{b(a-1)}, a-1)$, $P_2 = (-\sqrt{b(a-1)}, -\sqrt{b(a-1)}, a-1)$,

   erstere für alle a, letztere beiden nur für $a \geq 1$

   b. $L_0 = \begin{pmatrix} -\sigma & \sigma & 0 \\ a & -1 & 0 \\ 0 & 0 & -b \end{pmatrix}$, $L_{1,2} = \begin{pmatrix} -\sigma & \sigma & 0 \\ 1 & -1 & \pm\sqrt{b(a-1)} \\ \pm\sqrt{b(a-1)} & \pm\sqrt{b(a-1)} & -b \end{pmatrix}$.

   c. $\lambda_1^{(0)} = -b$, $\lambda_{2,3}^{(0)} = -\dfrac{1+\sigma}{2}\left(1 \pm \sqrt{1 - 4\sigma\dfrac{1-a}{(1+\sigma)^2}} \right)$, also ist P_0 für $0 \leq a < 1$ stabil, für

   $1 < a$ jedoch instabil (Sattel)

   d. $\lambda^3 + (1 + b + \sigma)\lambda^2 + b(a + \sigma)\lambda + 2b\sigma(a-1) = 0$

   e. Da eine Gleichung 3. Grades stets mindestens eine reelle Lösung hat und da für $a > 1$ alle Koeffizienten positiv sind

   f. $a_{\mathrm{crit}} = \dfrac{\sigma(\sigma + b + 3)}{\sigma - b - 1}$; der Zahlenwert bei $\sigma = 10$, $b = \frac{8}{3}$ ist $a_{\mathrm{crit}} = \frac{470}{19} = 24{,}736\,842\ldots$

8. –

Kleine Literaturauswahl

Allgemeines

1. BRONSTEIN, I. N.; SEMENDJAJEW, K. A.: Taschenbuch der Mathematik, 7. Aufl. Harri Deutsch, Frankfurt 2008
2. Teubner-Taschenbuch der Mathematik, Hrsg. E. ZEIDLER. Wiesbaden 2003
3. BOURNE, D. E.; KENDALL, P. C.: Vektoranalysis. 2. Aufl. Teubner, Stuttgart 1988
4. GRAUERT, H.; FISCHER, W.; LIEB, J.: Differential- und Integralrechnung, I, II, III. Berlin-Heidelberg-New York 1976/1978. Heidelberger Taschenbücher, Bd. 26, 36, 43
5. JOOS, G.; RICHTER, E.: Höhere Mathematik für den Praktiker. 13. Aufl. Harri Deutsch, Frankfurt 1994
6. FISCHER, H.; KAUL, H.: Mathematik für Physiker, 3 Bde (7. Aufl., 3. Aufl., 2. Aufl.). Teubner, Stuttgart-Leipzig-Wiesbaden 2010, 2008, 2006
7. MOON, P.; SPENCER, D. E.: Field Theory Handbook. Berlin-Heidelberg-New York-Göttingen 1961

Numerische Methoden

1. STOER, J.; BULIRSCH, R.: Einführung in die Numerische Mathematik, 10. Aufl. Springer, Berlin etc. 2007
2. PRESS, W. H.; FLANNERY, B. P.; TEUKOLSKY, S. A.; VETTERLING, W. T.: Numerical Recipes in C++. 2. Aufl., Cambridge University Press, Cambridge 2002; siehe auch Internet

Differentialgleichungen

1. COLLATZ, L.: Differentialgleichungen. 7. Aufl. Teubner, Wiesbaden 1990, siehe auch Internet
2. GROSSMANN, S.: Phys. Bl. 39, 139–145 (1983)
3. HEUSER, H.: Gewöhnliche Differentialgleichungen. 5. Aufl. Teubner, Wiesbaden 2006
4. KAMKE, E.: Differentialgleichungen, Lösungsmethoden und Lösungen I, II, 10. bzw. 6. Aufl., Stuttgart 1983/1979
5. ARNOLD, V. I.: Gewöhnliche Differentialgleichungen. 2. Aufl. Springer, Berlin 2001
6. ARNOLD, V. I.: Geometrical Methods in the Theory of Ordinary Differential Equations. 2. Aufl. Springer, Berlin 1997
7. BLICKENSDÖRFER, A.; ESCHMANN, W. G.; NEUNZERT, H.; SCHELKES, K.: Analysis 2. 3. Aufl. Springer, Berlin 1998, Kap. 24
8. SCHUSTER, H. G.: Deterministic Chaos – An Introduction. VCH-Wiley, Weinheim, 1995 (3. Auflage)

Sachwortverzeichnis